安全技术经典译丛

信息安全原理与实践

(第 2 版)

[美] Mark Stamp 著
张 戈 译

清华大学出版社
北 京

Mark Stamp
Information Security: Principles and Practice, 2nd Edition
EISBN：978-0-470-62639-9

北京市版权局著作权合同登记号 图字：01-2011-6159

图书在版编目(CIP)数据

信息安全原理与实践: 第 2 版 / (美)斯坦普(Stamp, M.) 著; 张戈 译. —北京：清华大学出版社，2013.5（2023.1 重印）
（安全技术经典译丛）
书名原文: Information Security: Principles and Practice, 2nd Edition
ISBN 978-7-302-31785-2

Ⅰ. ①信… Ⅱ. ①斯… ②张… Ⅲ. ①信息系统— 安全技术 Ⅳ. ①TP309

中国版本图书馆 CIP 数据核字(2013)第 059893 号

责任编辑：王 军 李维杰
装帧设计：牛艳敏
责任校对：蔡 娟
责任印制：丛怀宇

出版发行：清华大学出版社
网 址：http://www.tup.com.cn, http://www.wqbook.com
地 址：北京清华大学学研大厦 A 座 **邮 编**：100084
社 总 机：010-83470000 **邮 购**：010-62786544
投稿与读者服务：010-62776969，c-service@tup.tsinghua.edu.cn
质 量 反 馈：010-62772015，zhiliang@tup.tsinghua.edu.cn
印 装 者：三河市铭诚印务有限公司
经 销：全国新华书店
开 本：185mm × 260mm **印 张**：31 **字 数**：754 千字
版 次：2013 年 5 月第 1 版 **印 次**：2023 年 1 月第 9 次印刷
定 价：128.00 元

产品编号：042292-04

作者简介

我在信息安全领域已有将近 20 年的经验了，其中包括在行业中和政府里从事的一些宽泛的工作内容。我的职业经历包括在美国国家安全局(National Security Agency，NSA)的7 年多，以及随后在一家硅谷创业公司的两年时间。虽然关于我在 NSA 的工作，我不能说太多，但是我可以告诉你——我的职业头衔曾经是密码技术数学家。在这个行业当中，我参与设计并开发了一款数字版权管理安全产品。这段现实世界中的工作经历，就像三明治一样被夹在学术性的职业生涯之间。身处学术界时，我的研究兴趣则包含了各式各样广泛的安全主题。

当我于 2002 年重返学术界时，于我而言，似乎没有一本可用的安全教科书能够与现实世界紧密相连。我觉得我可以撰写一本信息安全方面的书籍，以填补这个空缺，同时还可以在书中包含一些对于处于职业生涯的 IT 专业人士有所裨益的信息。基于我已经接收到的反馈情况，第 1 版显然已经获得了成功。

我相信，从既是一本教科书，又可作为专业人员的工作参考这个双重角色来看，第 2 版将会被证明更具价值，但是因此我也会产生一些偏见。可以说，我以前的很多学生如今都从业于一些领先的硅谷科技公司。他们告诉我，在我的课程中学到的知识曾令他们受益匪浅。于是，我当然就会很希望，当我之前在业界工作时也能有一本类似这样的书籍作为参考，那样我的同事们和我就也能够受惠于此了。

除了信息安全之外，我当然还有自己的生活。我的家人包括我的妻子 Melody，两个很棒的儿子 Austin(他的名字首字母是 AES)和 Miles(感谢 Melody，他的名字首字母不至于成为 DES)。我们热爱户外运动，定期会在附近做一些短途的旅行，从事一些诸如骑自行车、登山远足、露营以及钓鱼之类的活动。此外，我还花了太多的时间，用在我位于 Santa Cruz 山间的一座待修缮的房子上。

致 谢

我在信息安全领域的工作始于我在读研究生的时候。我要感谢我的论文指导老师 Clyde F. Martin，是他将我带领到这个引人入胜的主题当中。

在 NSA 的 7 年多时间，关于安全方面，我所学到的要比我在其他任何地方一辈子能够学到的都要多。从进入业界开始，我就要感谢 Joe Pasqua 和 Paul Clarke，是他们给我机会能够参与到令人兴奋且富于挑战性的项目当中。

然后要感谢的是圣何塞州立大学(San Jose State University)的同学们，他们为本书的第 1 版做出了巨大的贡献。他们是 Fiona Wong、Martina Simova、Deepali Holankar、Xufen Gao、Subha Rajagopalan、Neerja Bhatnager、Amit Mathur、Ali Hushyar、Smita Thaker、Puneet Mishra、Jianning Yang、Konstantin Skachkov、Jian Dai、Thomas Nikl、Ikai Lan、Thu Nguyen、Samuel Reed、Yue Wang、David Stillion、Edward Yin 和 Randy Fort。

还有 Richard Low，我在 SJSU 的同事，他为本书较早期的版本提供了富有价值的反馈信息。David Blockus(上帝保佑他安息)是值得特别提到的一位，在本书第 1 版写作过程中特别关键的一段时期，他为每一章都提供了详尽的注释。

对于这本书的第 2 版，我在 SJSU 的许多硕士研究生都“毛遂自荐”要充当校对。在对本书手稿进行错误修正的过程中，以下这些同学付出了时间和精力：Naidele Manjunath、Mausami Mungale、Deepti Kundu、Jianrui (Louis) Zhang、Abhishek Shah、Sushant Priyadarshi、Mahim Patel、Lin Huang、Eilbroun Benjamin、Neha Samant、Rashmi Muralidhar、Kenny Zhang、Jyotsna Krishnaswamy、Ronak Shah、Gauri Gokhale、Arnold Suvatne、Ashish Sharma、Ankit Patel、Annie Hii、Namrata Buddhadev、Sujandharan Venkatachalam 和 Sathya Anandan。此外，Piyush Upadhyay 还在本书第 1 版中发现了几处错误。

还有许多其他人都为本书提供了建设性的意见和建议。在此，我想对 Bob Harris(宾夕法尼亚州立大学)表示特别感谢，他为本书提供了视觉加密的例子和练习。另外，John Trono(圣迈克尔学院)也针对本书提出了许多的评论和问题，也要深表谢意。

毫无疑问，错误仍然在所难免。当然，所有尚存的疏漏和瑕疵均是我个人的责任。

推 荐 序

十年前我在北京大学为计算机系研究生讲授“网络与信息安全”课程，那段时间正是信息安全快速发展时期，许多新兴的网络攻击方法正在实践中不断浮现(比如 Code Red 攻击)，一些安全协议也正在形成并被采纳到实际的系统中(比如 Windows 2000 使用了 Kerberos v5)。当时找不到合适的教材能够涵盖除了密码学以外更丰富的内容，所以我不得不花大量的精力将这些内容组织起来，推荐学生使用的教材是 William Stallings 的 *Cryptography and network security: principles and practice* 以及一本讲述网络攻防技术的 *Hacking Exposed*。我整理出来的讲义在北京大学计算机研究所的网站上全部开放，至今还可以从 Internet 上下载到(当年的官方下载站点已不再可用，但通过搜索引擎仍可以在其他的安全网站上找到)。

即使在离开北京大学以后，我仍然能看到和听到这些讲义被其他的老师采用。我曾经努力找个机会将这套讲义中的内容编写成教材，以便可以受益更多的人。在某家知名的出版社，我提交了这一选题，但最终没能通过，原因是密码学部分的内容不能超过两章篇幅，而我坚持要三章。或许他们的确不认可我的选题，因而拒绝了我的出版请求，这让我很沮丧，后来我忙别的事情去了，放下了这一选题。

虽然放下了安全的选题，但我在多年来的研究开发工作中一直没有离开过安全这一话题，只不过更加注重实用性，譬如怎么自动找到代码中的缺陷、移动操作系统中的多账户隔离以及移动支付安全等。这些安全议题来源于工程实践和移动互联网络环境中新的需求，有些可以利用传统的安全技术加以改进来实现，有些则需要全新的设计。此外，软件的代码安全和缺陷分析是个不断深入的话题，随着计算能力的提高以及编程技术的发展，软件趋向于越来越安全，挖掘软件漏洞的成本也越来越高。

上个月张戈说他翻译了 Mark Stamp 的 *Information Security: Principles and Practice* 一书，并大略地介绍了这本书的内容，特别是该书引入了最近几年来一些新的安全技术。张戈十年前参加过我的网络与信息安全课程，并且跟我的一位研究生学生合作从事过生物特征认证用于 DRM 的研究课题。我相信他的判断，也相信他有能力翻译好这本书。

我阅读了张戈的译稿，有些图表和形式化描述尚未插入，不过并不影响我的阅读和理解。全书读下来的深切感受是，这正是当年我所需要的一本教材。如果现在让我再讲授网络与信息安全课程，我会毫不犹豫选择这本书作为教材。具体而言，我认为本书具有以下一些特点：

- 本书的内容结构符合信息安全的全局观，从基础的密码学，到实用系统中涉及访问控制的两个重要方面——身份认证和授权过程，再到具体的安全协议，最后讨论软件实现的各种问题和操作系统安全。尽管内容广博，作者恰当地选取了最为核心和实用的部分来展开讲述，而并非面面俱到地罗列各种安全技术。因而本书在广度和深度方面做了极好的平衡。学生在阅读本书时，不仅可以学到信息安全理论，还可以掌握一些实用技能。

- 本书的叙述风格不同于一般的教科书，即使是一些偏理论性的内容，作者也采用文字描述和生活例子来讲述。相对地，在理论解释和形式化描述方面比较轻笔墨。我不确定这种风格是否优于严谨的形式化描述，但我相信许多工科(或文科)的学生比较偏爱这种形式，而数学系的学生可能不会欣赏(以我之心度他人)。此外，基于作者自身丰富的安全背景和见识，他在内容讲解过程中也穿插了许多实际发生过的案例，从而使得本书的内容更有可读性，并且作者展露的观点更有说服力。
- 本书也提供了大量丰富的参考资料和文献。如果仅仅作为一本教材，这可能并不必要，但是对于想要深入某一章节或者进一步理解某些话题的读者而言，这无疑是知识宝库了。因此，对于安全领域有经验的工程师或研究者，本书也是不错的参考书。
- 对最新安全技术的跟进。正如张戈向我介绍的，这本书还收进了最近几年关注的一些安全热点，以及实际发生的有关网络协议、软件缺陷等方面的攻击、防护和改进。仅此一点，我阅读完本书后，颇有收获。

从内容本身来看，译稿的质量非常到位，看得出张戈花了不少功夫来处理译文，并且是在理解原文的基础上进行转译的。这基本上印证了我最初听到他翻译本书的消息时所做的判断。

最后，无论是在校学生、工程师还是研究人员，若要全面地学习或理解信息安全，本书是不错的选择。

潘爱民
2013 年 5 月于北京

译 者 序

Stamp 博士的这本书是不可多得的一部信息安全技术的专业级指南。从全书来看，既具有科班的正统性，又足够通俗易懂，而且读来生动有趣，对有志于迈入信息安全这个专业领域的人士而言，确实可以作为非常不错的起点和重要的技术参考。

在前言中，作者提及了本书写作的两个目标，译者认为本书达成了既定的两个目标并实现了很好的平衡。简单地说，就是这本书既透彻讲解了复杂的问题，又不至于陷入繁琐的细节。对于读者来说，可以较小成本掌握足够多的信息，颇具性价比。

这本书涉及的内容比较宽泛，但同时架构又相当紧致。广泛的选材有助于信息的实例化表述，毕竟信息安全领域涉及的知识博杂，且注重实践。另一方面，收敛的结构则非常便于把握脉络，建立体系化观点，这也是作为专业安全人士所必须具备的。全书从密码学技术、访问控制、协议以及软件安全这 4 个大的方面进行素材组织和深入讲解，一些跨界和边缘性议题也分别根据各自特点归纳到了相应的章节之中。对于信息安全技术而言，这 4 个方面基本可以涵盖绝大多数主题，此为完整性；而从对于安全技术的理解和运用来说，这 4 个方面也可以构成一脉相承的理论体系，层次清晰，提纲挈领，此为系统性。

除了兼顾信息量充足和结构的系统化之外，本书的另一个特色是繁简有度。譬如关于分组密码技术的实例解析，关于高级密码分析技术，关于口令问题，关于 IPSec 协议，关于软件逆向工程和数字版权管理等主题，都通过条分缕析给出了详尽透彻的讲解；而关于某些众所周知的加密算法和哈希函数，关于各色行业标准，关于多级安全模型，关于入侵检测系统，关于软件开发安全和可信操作系统等主题，则采用了简单明快一语中的的叙述风格。诸如此类的例子还有很多，这样的安排容易让人既对重点内容印象深刻，又能于作者的快人快语之间把握相关的结论。

信息安全是一个在实践中不断发展的领域，而作者对这个领域知识的讲授方式也确实体现出了作为教师的职业经验和专长。对于许多主题的阐述，诸如经典加密技术和恶意软件等内容，读来均有娓娓道来水到渠成之感。不仅如此，又由于作者在安全行业的公司生涯以及在政府部门的研究经历，本书许多内容的组织都不乏案例性和实践感。比如，在第 5 章中介绍哈希函数及各色加密应用时，渗透着实战性，令人有“学以致用”的体悟；又比如第 9 章中对于安全协议设计的讲解，其步步为营的展开方式，颇有“授人以渔”之感。

思考题部分也是本书的一大亮点。这些题目不单单是对每章主要内容的回顾，其中有相当数量的题目都启人深思，甚至目的就是为了引发讨论，便于读者自发地学习和掌握相关知识。除此之外，还有不少题目都衍生出了新的概念和内容，成为扩展学习的最佳切入点。当然，从实践的角度看，很多习题也都提供了动手练习的机会，并准备了素材，甚至其中一些任务的完成，还需要读者展开一番较为深入的自学和研究。这也正体现了西方理工学科教育的优势和精髓，值得大家参考和借鉴。

值得一提的是，作为一部工程技术类专著，作者在行文中始终保持着风趣幽默的风格，这一方面令知识和技术生动起来，另一方面也令远隔千山万水的作者倍感亲切。

最后说说翻译。

通常来说，翻译工作追求的是“信、达、雅”三个目标。对于技术性读物的译作来说，大部分情况下都应确保前两个目标，而这两个目标，恰是对译者两个方面能力的要求：一是要充分了解该技术领域，要有专业性，如此方能“信”；二是对源和目标两种语言的完全掌握和熟练应用，这涉及思维水平和语言表达能力，是“达”的保证。于译者本人而言，在本书的翻译过程中，亦未敢怠慢，始终心存此念，力求不负所托。

实践中，在“信”和“达”之间的平衡，相信对于大多数译者来说都是一种挑战，这源自英语和汉语之间结构的巨大差异，本质上也是思维方式的不相适应。在实现这种语言映射的过程中，译者们既要恪守专业精神，又要发挥“人工智能”，在踌躇和思量之间进行着二次创作，其中有推敲琢磨殚精竭虑之苦，亦有水到渠成意境全生之快。译者本人虽不乏信心和勇气，但鉴于能力和时间有限，相信不当和疏漏之处仍不在少数，恳请读者谅解并批评指正，不胜感激。

另外，对于原文中存在的个别错误和疏忽，在译文中也已做了尽力修改。翻译方面的不足，译者自当一力承担。

感谢在本书翻译过程中给予我大力支持的家人和朋友。

希望您阅读愉快并有所收获。

张　戈
2012 年冬于北京

前言

我讨厌黑盒子。我写作本书的目的之一就是要将某些惯用的黑盒子拆解开来，公之于众，这些黑盒子在当今的信息安全类书籍中比比皆是。另一方面，我也不希望你劳神费力地钻入牛角尖去对付那些琐碎的细枝末节(若你果真有此爱好的话，还可以移步去看相关的 RFC 文档)。所以，我通常会一笔带过那些我确信与当前所讨论主题并不相干的局部和详情。至于在上述两个貌似互斥的目标之间，我是否已实现了合理的平衡，还有赖于读者您的判定。

我已努力追求所提供的内容能够保持与时俱进，以便可以涵盖更加宽泛的诸多议题。我的目标是要对每一个议题覆盖得恰到好处，使得所提供的具体内容刚好足够你去领会相关的基本安全问题，同时又不至于陷入到无谓的细节当中不能自拔。我也会尝试对一些要点进行不断地强调和反复重申，以便那些关键性的信息不至于滑出你的视野。

我的另一个目标是要把这些主题以一种生动鲜活并且充满趣味的形式呈现出来。如果任何计算机科学的主题都能够做到富有乐趣并令人兴奋，那么信息安全也理应如此。安全是正在进行时，安全还处于新闻热议中——这个话题显然足够新鲜活泼，也足以激动人心。

我也尝试在这些素材当中注入一点点的幽默感。人们说，幽默源自伤痛。所以，其中的冷暖，请根据我开玩笑的水平细细品味，我只能说我所引领的是一种令人向往的梦幻生活。不管怎样，大部分真正不良的俏皮话都挤在狭小的脚注里，所以倒不至于太跑题。

有些信息安全的教科书会堆砌大块干燥乏味且一无是处的理论说辞。任何一本这样的著作，读来都会像研读一本微积分教材那般充满刺激和挑战。另外的一些读本所提供的内容，则看起来就像是一种对于信息的随机性收集，而其中的信息却是显然毫不相干的事实罗列。这就会给人们留下一种印象，安全实际上根本不是一个有机结合的主题。此外，还有一些书籍，会将一些高级的管理学上的老生常谈汇集到一起作为主题来介绍。最后，另有一些文本和教义选择聚焦在信息安全领域中与人相关的因素上面。虽然所有的这些教授方法都有其自身的定位，但我还是认为，首先并且也最为重要的是：对于处在基础层面的技术的固有优势和不足，安全工程师必须要有扎扎实实的理解。

信息安全是一个庞大的主题，而且又不像其他更为成熟的一些学科领域，所以对于像这样的一本书究竟应该包含哪些素材，或者到底如何组织才最佳，也都无法给出清晰明确的回答。我选择围绕以下 4 个主要议题来组织本书：

- 密码学技术
- 访问控制
- 协议
- 软件安全

根据我的习惯，这些议题都是相当有弹性的。举个例子，在访问控制这一议题之下，我包含了有关身份认证和授权相关的传统主题，同时也包含了诸如防火墙和 CAPTCHA 验证码之类的非传统主题。关于软件的议题尤其灵活，其中包含了形形色色的多个主题，就像安全软件开发、恶意软件、软件逆向工程以及操作系统之类的内容。

虽然这本书是着眼于对实践问题的研究，但我还是尽量覆盖了足够多的基本原理，以备你可以在这个领域中展开更深入的研究。而且，我也力争尽可能地最小化所需要的背景知识。特别是，对于数学形式的表达，已经控制到了最低限度(在附录中有简要的回顾，其中包含了本书中涉及的所有数学主题)。尽管存在这些自我强加的限制因素，但我仍然相信，相比除此之外的大部分安全类书籍，这本书容纳了更具实质性的密码学技术相关内容。此外，所需要的计算机科学知识背景也被降到了最低——入门级的计算机组成原理课程(或是与此相当的经验)已经是绰绰有余了。如果有一些编程经验，再加上一点儿汇编语言的基本知识，将会有助于更好地理解某几个小节的内容，不过这都不是必需的。还有几个小节会涉及一些网络技术基础知识，所以在附录中也包含简短的关于网络技术的回顾，提供了足够多的背景材料。

如果你是一名信息技术方面的专业人士，正在尝试学习更多有关安全的内容，那么我建议你完整地阅读本书。不过，如果你想躲过那些最有可能带来羁绊，同时又对全书的整体性阅读不会产生重要影响的素材，那么你大可以放心地跳过4.5节、整个的第6章(虽然6.6节值得强力推荐)以及8.4节。

如果你正在讲授一门安全课程，那么你需要认识到，这本书所包含的素材已经超过了一个学期的课程所能涵盖的内容。通常情况下，在我的本科生安全课程中，我所遵循的课程计划就如表Q-1中给出的课程表。这个课程安排允许有充足的时间去覆盖一些可选的主题。

如果认为表Q-1中所示的课程表过于繁忙(共需40个课时)，你可以砍掉第8章的8.9节，以及第12章和第13章中的某些主题。当然，关于这个课程表，还有许多其他的调整也都是可行的。

表Q-1　推荐的课程安排

章　　名	学　　时	说　　明
第1章 引言	1	讲解全部
第2章 加密基础	3	讲解全部
第3章 对称密钥加密	4	跳过3.3.5节
第4章 公开密钥加密	4	跳过4.5节
第5章 哈希函数及其他	3	跳过5.6节、5.7节中攻击细节部分以及5.9.1节
第6章 高级密码分析	0	跳过整章
第7章 认证	4	讲解全部
第8章 授权	2	跳过8.4.1、8.4.2和8.10节
第9章 简单认证协议	4	跳过9.4节
第10章 真实世界中的安全协议	4	跳过WEP或GSM部分
第11章 软件缺陷和恶意软件	4	讲解全部
第12章 软件中的安全	4	跳过12.3节
第13章 操作系统和安全	3	讲解全部，如果时间允许的话

安全不是旁观者的运动——进行大量的课后问题练习，对于学习本书中提供的素材是非常有必要的。有许多主题，在课后的思考题中会展现得更加淋漓尽致，并且常常还会引入一些附加主题。归结到一点，就是你解决的问题越多，你就能够学到越多。

基于这本书的一门安全课程，对于个人和团体项目而言，都会是理想的选择。第6章的内容对于加密类的项目来说就是非常好的资源，而附注的参考书目则提供了一个查找更多其他项目主题的出发点。此外，许多课后思考题本身就能很好地融入课堂讨论中，或是非常适合作为课内的作业安排(例如，可以参见第 10 章中的思考题 19，或者第 11 章中的思考题 33)。

这本教科书的网站地址是：http://www.cs.sjsu.edu/~stamp/infosec/。在这里，你可以找到 PowerPoint 幻灯片文件，在课后思考题中提到的所有文件、勘误表等等。如果我是第一次讲授这门课程，我会特别愿意使用这些 PowerPoint 幻灯片文件，毕竟它们已经历了“实战”的千锤百炼，并且经过了若干轮的反复改进。此外，出版方还可以为教师提供一本问题解答手册，可联系 wkservice@vip163.com 申请。

关于如何使用附录也值得在此做些说明。附录 F.1 与第 8 章 8.9 节和 8.10 节的内容相关，也与整个第 III 部分内容有关。即便在网络技术方面有扎实的基础，这部分素材也很可能仍然是值得去回顾的，因为网络术语并不总是能够保持一致，并且这里的内容聚焦于安全方面。

附录 F.2 的数学基础则要负责对贯穿全书的多个不同地方提供解释和支持。基本的模运算(附录 F.2.2)分别出现在第 3 章和第 5 章的几个小节当中，而相对比较高级的一些概念则是第 4 章和第 9 章的 9.5 节中所必需的。我已经发现，我的绝大多数学生都需要重新温习有关模运算的基础知识。其实，只需要花上大约 20 到 30 分钟的课堂时间，就可以遍历有关模运算的这些素材。相比不管不顾一头扎到公开密钥加密技术当中，花这点儿时间还是很值得的。请相信我。

在附录 F.2.3 中，我们就排列置换进行了简要的讨论，这是第 3 章中最为凸显的一个概念。而基本的离散概率知识(附录 F.2.4)则在本书中多处都会遇到。最后，附录 F.2.5 中提供的基础线性代数理论只有在 6.5 节才需要用到。

就像任何庞大而且复杂的软件组件必然会包含有 bug 一样，这本书也不可避免地会有错误。我真心地希望听到你找出了任何的错误——无论大或小。我将会在本教材的网站上维护一个持续更新的勘误表。另外，如果你对这本书未来的版本有任何意见或建议，请不要犹豫，立刻告诉我。

第 2 版有什么新的内容呢？

对于第 2 版来说，一个主要的变化就是，课后思考题的数量和分类都有大幅增加。除了新增的和改进的课后思考题之外，也增加了一些新的主题，还有一些新的背景知识和素材也被包含了进来。实际上，所有现存的内容都经过了更新和澄清，并且所有已知的错误均已获得了修正。新加入的主题的例子包括实际的 RSA 计时攻击、关于僵尸网络的讨论以及安全证书涉及的范围等。新增加的背景素材包括关于 Enigma 密码机的一小节内容，另外还有一部分内容谈到了经典的“橘皮书”之安全观。

信息安全是一个快速发展的领域，自本书第 1 版于 2005 年出版以来，业界已经发生了不少重大的变化。但是不管怎样，本书的基本结构仍然保持不变。我相信本书的组织和议题的列举在过去这 5 年当中已经受住了考验。正因为如此，第 2 版在内容上的改变更多是一种进化，而并非革命。

目　录

第II部分 访问控制

第Ⅲ部分　协议

第Ⅳ部分 软件

第 1 章 引言

"Begin at the beginning," the King said, very gravely,
"and go on till you come to the end: then stop."
— Lewis Carroll, *Alice in Wonderland*

1.1 角色列表

根据老传统，Alice 和 Bob(译者注：信息安全类教科书里的两大主角)是本书中的两个好人，如图 1-1 所示。另外，我们时不时地还会根据需要引入其他更多的好人，如 Charlie 和 Dave 等。

图 1-1 Alice 和 Bob

在本书里，图 1-2 所示的 Trudy 通常是指一个搞破坏的坏家伙，他总是试图以某些方式对系统进行攻击。一些信息安全书籍或文章的作者们会组建一个坏小子团队，其中会以不同的人名分别暗示特定的恶意活动。于是在这种情况下，Trudy 就是“入侵者”，Eve 则是“窃听者”，诸如此类。为简单起见，本书里的 Trudy 扮演的是一个无恶不作的坏家伙[1]。

---

1. 你可能希望知道，为什么要用 Tweedledee 和 Tweedledum 这样的一张图片来代表 Trudy。事实上，Trudy 是个典型的女性名字。那么，为什么要用一个坏女孩来指代两个坏小子呢？有一个可能的原因就是，我们有时候确实需要两个坏小子，所以，在图片里既有 Tweedledee 也有 Tweedledum，这样用起来比较方便。还有另一个合理的解释就是：你永远也不会知道谁会扮演“Trudy”。虽然这些都能够很好地说明本书为 Trudy 选择这幅 Tweedle 兄弟图片的原因，但实际的情况却是作者本人觉得这样一幅似是而非的图片非常有意思。

图 1-2　Trudy

还要说明一点，Alice、Bob、Trudy 以及其他的一干角色都不一定必须是真实的人。举个例子，诸多常见的场景之一就包含这样的角色配置：Alice 代表一台便携式电脑，Bob 代表一台服务器，而 Trudy 代表一个真实的人。

1.2　Alice 的网上银行

假设 Alice 开展了网上银行(简称网银)业务，我们相应地将其命名为 Alice 网银[2]或者简称为 AOB。那么 Alice 的信息安全涉及哪些内容呢？如果 Bob 是 Alice 的客户，那么他的信息安全又涉及哪些内容呢？Bob 和 Alice 的关注点是否相同呢？如果从 Trudy 的视角观察 AOB，那么我们又能看到什么样的安全弱点呢？

首先，结合 Alice 网银，我们来考察传统的信息安全三要素：机密性、完整性和可用性，它们也可以简称为 CIA[3]。然后，我们再把注意力投向更多其他可能的安全考量上。

1.2.1　机密性、完整性和可用性

机密性针对的是防止对信息进行未授权的“读”。对于 Alice 网银来说，可能不会过多关注所要处理信息的机密性，除非一种情况，就是客户一定要这么做。例如，Bob 不想让 Trudy 知道他的存款账户里有多少钱。因此，如果 Alice 网银疏于保护这类信息的机密性，就将会面临相关的法律问题。

完整性要面对的是防止或者至少是检测出未授权的“写”(对数据的改变)。Alice 网银必须保护账号信息的完整性，以防 Trudy 擅自增加她自己账户里的余额，或是改变 Bob 账户里的余额。需要注意的是：机密性和完整性不是一回事。举个例子，即便 Trudy 不能读取某些特定的数据，她也还是有可能修改这些不可读的数据，这种行为如果未被检测到，就将破坏数据的完整性。在这种情况下，Trudy 可能并不知道她对数据做了什么样的修改(因为她不能读取数据)。但是，有时候她并不关心这个，只要制造出麻烦就足够了。

拒绝服务攻击，简称 DoS 攻击，是一个相对来说比较新的问题。这类攻击力图降低信息的可获得性。随着拒绝服务攻击的增长，直接导致数据可用性演变成信息安全领域的一个基本议题。可用性对 Alice 网银和 Bob 都是一个问题——如果 Alice 网银的网站不可用，

2. 千万不要跟“Alice 的餐馆”(见参考文献[135])弄混淆了。
3. 此 CIA，非彼 CIA(译者注：Central Intelligence Agency)。

银行就不可能从客户交易中赚到钱，Bob也不可能做成他自己的生意。这样Bob也许就要另找其他地方做生意了。如果Trudy对Alice心生怨恨，或者她只是想作恶，她就有可能尝试对Alice网银发起拒绝服务攻击。

1.2.2 CIA并不是全部

机密性、完整性和可用性仅仅是信息安全这个大剧本的开头。从头来说吧，请考虑客户Bob登录他的计算机这样一种情形。Bob的这台计算机怎么确定登录的这个“Bob”是真实的Bob，而不是Trudy冒充的？当Bob登录他在Alice网银上的账户时，Alice网银如何知道这个登录的“Bob”是真实的Bob，而不是Trudy假冒的？虽然这两个身份认证问题表面上看起来差不多，但是背后的机理却有着天壤之别。

在一台独立的计算机上进行身份认证，典型的过程需要验证Bob的口令。为了确保安全，这会用到密码学领域的一些精巧技术。另一方面，通过网络的身份认证将打开门户，面对许多类型的攻击，而这些攻击往往与在一台独立计算机上相对应的那些情形无关。一种潜在的情况是，通过网络传送的消息有可能被Trudy看到；更糟糕的是，Trudy有可能拦截消息、篡改消息甚至插入她自己处心积虑制造的假消息。如此一来，Trudy只需要费点劲重新发送Bob之前发送过的老消息，便能骗取Alice网银相信她就是真实的Bob。因为信息安全从业者都会有一种职业性的多疑[4]，所以我们总是会设想最坏的情况。在任何情况下，跨过网络的身份认证都需要仔细地关注“协议”，即交互过程中消息的组成和次序。另外，密码学技术在安全协议领域也扮演了重要的角色。

一旦Bob通过Alice网银的身份认证(即身份验证)，Alice网银接下来就必须对Bob的行为施加约束。例如，Bob不能查看Charlie的账户余额或者在Alice网银系统里安装新的财务软件。然而，作为Alice网银的系统管理员，Sam就能够安装新的财务软件。实施这类约束被称为授权。注意，授权就是将约束施加在已认证用户的操作行为上。既然身份认证和授权都是针对资源访问的问题，那么我们把这两个议题放在“访问控制”这个标题下统一讨论。

迄今为止，前面讨论的所有信息安全机制都是在软件层面实现的。那么，仔细想想，在现代计算机系统中，除了硬件，还有什么不是软件呢？当今，软件系统趋于庞大、复杂，而且充满了各种各样的bug。软件bug不仅仅带来麻烦，而且是潜在的安全问题，因为它们可能引起系统行为异常。当然，Trudy喜欢异常。

什么样的软件缺陷是安全问题，它们又是如何被攻击者利用的？Alice网银怎么能够确保软件正在正常运行？Alice网银的软件开发人员如何能够减少(或者更理想一点儿，如何能够消灭)他们软件中的安全缺陷呢？我们将在第11章再来考察这些与软件开发相关的问题(以及其他更多的内容)。

虽然bug可能(而且也确实会)带来安全缺陷的增加，但这些问题却是善意的软件开发

4. 据传闻，雅虎公司的安全人士就以“多疑妄想狂”的头衔而自诩。

工程师们在无意之间造成的。另一方面，有些软件在编写的时候就存有不良企图。今天，类似的恶意软件(malware)，包括众所周知的计算机病毒和蠕虫蔓延在互联网的各个角落。这些讨厌的家伙们都是怎么干的呢？为了限制他们带来的危害，Alice 网银能够做些什么呢？Trudy 又能做些什么来提高这些恶作剧的威力呢？在第 11 章，我们还将讨论这些内容以及相关的问题。

当然，Bob 也有许多软件方面的担忧。例如，当 Bob 在他的计算机上输入口令时，他怎么能够知道自己的口令没有被捕获并发送给了 Trudy 呢？如果 Bob 在 www.alicesonlinebank.com 上进行一次交易，他又怎么能够知道他在屏幕上看到的交易与他实际去银行柜台办理的交易是一模一样的呢？也就是说，Bob 如何才能确信他的软件按设定的行为在工作，而不是按不法之徒 Trudy 的意愿在工作呢？我们也将讨论这些类似的问题。

一旦讨论到软件和安全，我们就需要触及操作系统(Operating System，OS)这个话题。操作系统本身是非常庞大和复杂的软件集成，在任何系统中，操作系统都要负责执行大量的安全策略。因此，要充分领会信息安全的挑战，掌握一些基本的操作系统知识是很有必要的。我们也会简要地介绍可信操作系统的概念，也就是对于操作系统，我们能够切实地为之建立合理的信任度，从而可以确信它能够执行正确的任务。

1.3 关于本书

兰普森(见参考文献[180])认为，真实世界的安全可以归结为如下 3 点：

- 规范/策略——系统的目的是什么？
- 实现/机制——如何做到？
- 正确性/可靠性——系统真的可以正常运转吗？

生性谨慎的本书作者在此谨慎地[5]增加第 4 点：

- 人性化——系统能否应付那些“聪明的”用户？

本书主要聚焦在实现/机制方面。本书作者认为，对于入门级的课程，这样的安排是恰当的，不仅如此，本质上，安全机制的优势、劣势以及内在的局限性，都直接影响着安全的其他所有方方面面。换句话说，没有对安全机制的合理理解，就不可能对其他安全主题展开充分讨论。

本书内容共分为 4 个主要部分。第 I 部分着重讨论密码学技术，第 II 部分则涵盖访问控制相关内容，第 III 部分的主题是协议，最后一部分主要讨论那些庞杂并且相对界限不够清晰的软件类话题。希望之前有关 Alice 网银[6]的讨论，已经使你相信：这些主要的议题都与现实世界的信息安全密切相关。

本章接下来的部分，将对本书 4 部分重点议题中的每一个，都做快速预览。随后，以小结作为本章结束，当然，最后还有一些有趣的习题可以作为家庭作业。

5. 呈现给你的这句话来自“Department of Redundancy Department”句式。
6. 你确实已经认真看过了，对吗？

1.3.1 密码学技术

密码学技术(或者直白地说“密码”)是基本的信息安全工具之一。密码学技术的用途非常广泛，能够为机密性、完整性以及许多其他关键的信息安全功能提供有力的支撑。我们将要具体而且细致地讨论密码学技术的相关内容，因为对于信息安全领域来说，任何实质性的讨论，都要以此作为基本的背景。

关于密码学技术的讨论，我们不妨先看一看几个经典的密码系统，并从这里展开我们的旅程。除了显而易见的历史价值和趣味性之外，这些经典密码系统均揭示了密码学中的一些基本原则，而这些原则在现代数字加密系统中仍在运用，只是以用户更容易接受的方式呈现出来而已。

基于这些背景，我们就可以开始学习现代密码技术。对称密钥密码学和公开密钥密码学在信息安全领域均扮演着非常重要的角色，对于这两个议题，我们将分别利用完整的一章进行讨论。接下来，我们将转向哈希函数的讨论，这是另一种基本的信息安全工具。哈希函数常常用在信息安全领域的多个不同场景中，有时候，这些应用场景显得不那么直观，甚至可能会有点不可思议的感觉。

然后，我们将简要地考察一下与密码学有关的几个特定议题。例如，我们将讨论信息隐藏，这个技术的目的是确保 Alice 和 Bob 之间完成通信，并且攻击者 Trudy 无法了解任何被传送的信息内容。这非常接近数字水印的概念，当然，数字水印是我们要简要介绍的另一个话题。

在密码学技术这部分的最后一章中，我们主要讨论密码分析，即破解密码系统的方法。虽然这部分相对而言技术性较强，也涉及一些专业性的信息，但是理解这些攻击方法有助于理清现代密码系统背后的许多设计原则。

1.3.2 访问控制

如上所述，访问控制解决的是身份认证和授权的问题。在身份认证领域，我们将关注许多有关口令的议题，口令是今天最常用的身份认证形式，但这主要是因为口令的成本低廉，而绝不是因为在诸多选择中这种方式最为安全[7]。

我们将讨论如何安全地存储口令，然后我们还将深入地探讨与安全口令选择相关的问题。虽然选择合理强壮并且相对也容易记忆的口令是可行的，但是要想在“聪明的”用户身上实施这些策略，其难度却大得令人吃惊。在任何情况下，弱口令都是大部分系统中的主要安全隐患之一。

口令的替代方案包括生物特征和智能卡。我们将讨论这些替代认证方式的安全优势。特别地，我们将会探讨几种生物特征认证方法的具体细节。

授权是对已认证的用户施加约束。当 Alice 网银确信 Bob 就是真实的 Bob 之后，就必

7. 如果有人问你，即便在有更好的选择可用时，一些弱的安全方法为什么也仍然在使用呢？正确的答案永远都是：价钱。

须针对 Bob 的行为施加约束。施加这些约束条件有两种经典的方法：所谓的访问控制列表[8]和访问能力列表(矩阵)。我们也将会考察这些方法各自的利弊得失。

谈到授权，会很自然地引出一些特定的相关话题。我们将讨论多级安全性(以及与分隔项有关的主题)。例如，美国政府和军方对信息有“绝密”和“机密”的不同分级——一些用户可以看到所有这两类信息，而另外一些用户只能看到“机密”的信息，还有一些人两类信息都不能看。如果这些不同类型的信息都存储在单一的系统中，那么我们如何施加这样的约束条件呢？这就是棘手的授权问题，其中蕴含的潜在意义甚至已经超出了分级军事系统的范畴。

多级安全性很自然地让我们步入安全模型这样纯粹的理论领域。这些安全模型背后的思想是对系统的基本安全需求进行排列和设计。理想情况下，我们可以通过验证少量简单的特性来确认给定的系统是否符合某个特定的安全模型。一个系统如果确实符合某个安全模型，该系统就将自动地继承这个安全模型定义或具备的所有安全特性。我们只介绍两种最简单的安全模型，它们都衍生自与多级安全性相关的场景中。

在讨论多级安全性的过程中，我们会有机会谈一谈隐藏通道和接口控制。隐藏通道是指通信中的无意识通路，这样的通路在现实世界中是很常见的，并且会带来潜在的安全问题。另一方面，接口控制则是一种举措，这种举措在合法的用户查询操作中，试图限制数据库中敏感信息的无意间泄露。在真实世界中，隐藏通道和接口控制都是不易有效解决的难题。

既然防火墙是网络上的一种访问控制形式，那么我们也就进一步地延伸了访问控制的常规定义，使其能够包含防火墙技术。无论采用什么类型的访问控制措施，攻击仍然都会发生。入侵检测系统的设计目的是用于检测正在进行中的攻击行为。在讨论完防火墙的议题之后，我们还会简要地谈谈入侵检测技术。

1.3.3 协议

接下来我们展开对安全协议的探讨。首先，我们来了解通过网络进行身份认证的常规问题。这里，我们将举出一些实例，每个实例都会说明某个特定的安全隐患。例如，消息重放就是一个很要命的问题，因此我们必须想到有效的途径来防止这类攻击。

密码学技术在认证协议中证明了其基础重要性。我们将给出利用对称密钥加密技术的安全协议实例，还会给出基于公开密钥加密方案的安全协议实例。哈希函数在安全协议中也扮演着举足轻重的角色。

正所谓微言大义，对于一些简单的认证协议的学习，将使我们能够洞察到源自安全协议领域的一些精妙设计。协议中一些看起来无足轻重的变化，有时能彻底改变协议的安全性。我们也将重点强调几个特定的技巧，这些技巧在真实世界的安全协议设计中都是很常用的。

接着，我们就可以开始对几个真实世界的安全协议的学习了。首先，我们来看所谓的

8. 访问控制列表(Access Control List，ACL)是信息安全领域衍生出的众多常用词汇之一。

安全 Shell，即 SSH，这是一个相对简单的例子。然后，我们再来了解安全套接字层，即SSL，在当今互联网上的安全电子商务应用中，这是应用非常广泛的安全协议之一。SSL协议具备简洁优雅并且高效的特征。

我们还将讨论 IPSec，这是另一个互联网安全协议。从概念上说，SSL 和 IPSec 有许多相似之处，但是它们的实现方式截然不同。相对于 SSL 协议，IPSec 更加复杂，甚至常常被说成过度设计。显然，正是由于这种复杂性，IPSec 提供了许多相当重要的安全特性——尽管这需要经历冗长且开放的开发过程。通过在 SSL 和 IPSec 之间进行比较，我们可以揭示在安全协议开发过程中的一些内在挑战和必要的折中。

我们要讨论的另一个真实协议是 Kerberos，这是一个基于对称密钥加密技术的认证系统。Kerberos 遵循一些全然不同于 SSL 和 IPSec 的设计方法。

我们还将讨论两个无线安全协议：WEP 和 GSM。这两个协议都有许多安全弱点，包括潜在的与密码技术相关的问题和协议本身的问题，这些都将是很有趣的学习案例。

1.3.4 软件安全

在本书的最后一部分，我们将关注与安全和软件相关的几个方面。这是一个庞大的话题，三章的篇幅，我们几乎只能够触及皮毛。我们将从讨论安全缺陷和恶意软件入手，这些我们在前面的章节中也会提到。

我们还将探讨软件逆向工程，这有助于说明：在无法接触源代码的情况下，专业的攻击者是如何解构软件的。然后，我们再应用之前新获得的有关攻击者的知识去探讨版权管理相关的问题，这实际上给出了一个非常好的例子，从而能够说明软件层面安全的局限性，特别是当软件自身运行的环境并不太平的时候。

与软件相关的最后议题是操作系统。操作系统是许多安全操作的仲裁人，因此，理解操作系统如何实现和实施安全是非常重要的。我们也会讨论所谓“可信操作系统”的需求，这里的“可信”意味着，即使在受到攻击的情况下，我们对操作系统的行为合理性也应有充分的信心。有了这些背景知识，我们再来考察微软公司近期的一次尝试，其目标是为 PC 平台开发可信操作系统。

1.4 人的问题

人们总是习惯于破坏既定的最优安全规程和计划，而且投机取巧的程度近乎不可思议。例如，假设 Bob 想从 amazon.com 网站购买一件商品，他可以用他的 Web 浏览器通过 SSL 协议(我们将在本书第Ⅲ部分讨论这个协议)安全地接入 Amazon，其中 SSL 协议依赖于各种加密技术(详见本书第 I 部分)。访问控制问题在这类交易的过程中就会凸显(本书第Ⅱ部分将介绍这个主题)，最后，所有的这些安全机制都要在软件中实现并执行(这是本书第Ⅳ部分的内容)。说到这里，一切都还挺好。但是，在本书第 10 章，我们将看到一种针对这个交易的实际攻击，该攻击会导致 Bob 的 Web 浏览器产生告警。如果 Bob 正视这个告警并且采取恰当的反应，那就不会发生有效的攻击。遗憾的是，如果 Bob 是典型的普通用户(就像大多数人那样)，那么他将会忽略掉这个告警，这样做的后果是将使所有这些精心设计的安全方案完全失效。这就意味着无论加密系统、协议、访问控制机制以及软件等所有这些安全设施在实践中表现得多么完美无瑕，这些事实都无法改变如下结局：整个安全方案都有可能因用户的错误而彻底葬送。

再举一个例子，让我们来看一下用户口令这种常见的安全机制。用户想选用容易记忆的口令，但是这也使得 Trudy 猜测口令更加容易——在第 7 章我们会讨论这个问题。一个可能的解决方案是给用户指派强壮的口令(译者注：往往是复杂且不易记忆的口令)。然而，这通常不是好办法，因为这样很可能导致口令被书写和张贴在显著的位置，于是比起允许用户自主选择他们的(弱)口令那种方式来，这个方案很可能使系统更不安全。

如上所述，本书主要聚焦在理解安全机制上——主要关注安全里的螺栓和螺母。不过，贯穿在本书中的许多场景都会凸显出各种各样的有关人的问题。关于人这个独立的话题，完全可以写出一整本书。但是有一个基本的原则是确定的，即从某种安全的视角看，最佳的解决方案是从方程式中尽可能地移除人。事实上，我们也将看到一些诸如此类的具体案例。

关于人在信息安全里扮演的角色，如果想要了解更多这方面的信息，那么 Ross Anderson 的书(见参考文献[14])是很好的资源。Anderson 的这本书包含了大量的失效安全机制的案例研究，其中许多案例都至少有一个根源在于人的本性等主观方面。

1.5 原理和实践

本书不是一本理论书籍。虽然理论的重要性毋庸置疑，但笔者坚持认为，信息安全的许多方面还没有成熟到足以开展有意义的理论研究的程度[9]。当然，一些议题天然地就比其他主题更加理论化。但是，即便是许多非常理论化的信息安全主题也可以得到充分理解，而不必深入到理论层面。例如，密码学技术可以(也常常是)从高等数学的角度来教授。不过，除了极少数的例外，一些基础的数学知识就足够理解重要的密码技术原理了。

笔者向来注重实效，所以会有意识地尽量把注意力放在实用性的问题上，但是也会为读者理解和体会背后的基本概念提供足够的深度。其实目的就是要深入到某种恰当的程度，不至于因为繁琐的细节一下子就把读者吓倒。诚然，这需要一种微妙的平衡，而且毫无疑问地会有许多人不认同在这里或在那里是否取得了合理的平衡。无论如何，本书触及大量的安全议题，这些议题涉及宽泛的各类基本原理，而这种宽泛必然会以损失严谨和细节为代价。对于渴望了解与这些主题相关的更多理论研究的读者，Bishop 的书(见参考文献[34])当然就是首选了。

9. 仅举一个例子，我们来考虑臭名昭著的缓冲区溢出攻击。一直以来，这种攻击无疑是最严重的软件安全缺陷(详见 11.2.1 节)攻击。这种特殊攻击的背后是什么正统的理论呢？没有。这仅仅是由于现代处理器中存储单元排列方式的一种巧合而已。

1.6 思考题

The problem is not that there are problems. The problem is expecting otherwise and thinking that having problems is a problem.
— Theodore I. Rubin

1. 信息安全领域的基本挑战包括机密性、完整性和可用性，或者简称 CIA。

   a. 请给出机密性、完整性、可用性的术语定义。
   b. 请给出机密性比完整性更重要的具体实例。
   c. 请给出完整性比机密性更重要的具体实例。
   d. 请给出可用性最重要的具体实例。

2. 站在银行的立场看，其客户数据的完整性和机密性，通常哪一个更重要呢？站在银行客户的立场上，又是哪个更为重要呢？

3. 假如 Alice 提供的不是网上银行服务，而是一种在线国际象棋游戏服务，暂且就称之为 Alice 在线象棋(AOC)吧。玩家们按月支付一定的费用，就可以登录 AOC 和另外一个水平相当的玩家进行比赛。

   a. 请问，在什么情况下，机密性对于 AOC 和他的客户都会很重要？请解释为什么？
   b. 请问，完整性为什么是必需的？
   c. 请问，为什么可用性会是一个重要的考虑因素？

4. 假如 Alice 提供的不是网上银行服务，而是一种在线国际象棋游戏服务，简称 Alice 在线象棋(AOC)。玩家们按月支付一定的费用，就可以登录 AOC 和另外一个水平相当的玩家进行比赛。

   a. 请问，在 AOC 中，加密技术应该用于何处？
   b. 请问，访问控制应该用于何处？
   c. 请问，安全协议将用于何处？
   d. 请问，软件安全是 AOC 要考虑的因素吗？请解释为什么？

5. 有些作者会区分秘密性(secrecy)、私密性(privacy)和机密性(confidentiality)。针对这样的用法，其中的秘密性(secrecy)等同于我们使用的术语机密性(confidentiality)，而其中的私密性(privacy)是指用于个人数据的秘密性(secrecy)，而其中的机密性(confidentiality)(在这样的有点误导意味的含义下)是指不泄露某特定信息的一种义务或责任。

   a. 在现实环境中，在什么情况下，私密性(privacy)会是重要的安全议题？
   b. 在现实环境中，在什么情况下，机密性(confidentiality)(在上述有点误导意味的含义下)会是至关重要的安全议题？

6. RFID 标签是一种非常小的设备，能够在空中发射数字给近距离的接收器。RFID 标签主要用于跟踪库存，同时，这个技术也有很多其他的潜在用途。例如，RFID 标签可用于护照，甚至还有人建议在纸币中使用以便防伪。未来，人们可能会被大片的 RFID 标签数字所包围，而这些数字提供了大量的关于人的信息。

   a. 广泛使用 RFID 标签后，讨论下若干有关隐私保密方面的担忧。

   b. 除了隐私保密之外，讨论下可能因 RFID 标签的广泛应用而衍生出的其他安全问题。

7. 密码系统有时候被认为是脆弱的。这是指，密码系统本身的设计可能很健壮，但是一旦密码系统被破解，通常就意味着满盘皆输。相反，有些安全部件则可以“适度妥协”而不至于完全崩溃——具体的安全措施可能因为这种妥协而失效，但是一些有效的安全等级保护得以保持。

   a. 除了密码系统，请再给出一个其他的例子，说明其中的安全是脆弱的。

   b. 请再举一个例子，说明安全并不脆弱，可以“适度妥协”而不至于完全崩溃。

8. 请阅读 Diffie 和 Hellman 的经典论文(见参考文献[90])。

   a. 请简要总结一下这篇论文。

   b. Diffie 和 Hellman 给出了通过非安全通道分发密钥的系统(参见这篇论文的第 3 节)。请说明这个系统是如何工作的？

   c. Diffie 和 Hellman 还设想了“单向编译器”，用于构建公开密钥加密系统。你是否相信这会是可行的解决方案？请解释为什么？

9. 最著名的第二次世界大战密码机是德国的恩尼格玛密码机 Enigma(下面第 10 个问题同样针对的是这台密码机)。

   a. 请画一幅图，说明恩尼格玛密码机的内部工作机理。

   b. 恩尼格玛密码机后来被盟军破解，情报人员通过恩尼格玛密码机窃听并获得了无法估量的巨大收益。讨论一下，因恩尼格玛密码机消息被破解导致的第二次世界大战中的重大事件。

10. 德国恩尼格玛密码系统是最著名的第二次世界大战密码机(同上面第 9 个问题)。该系统被盟军破解后，情报人员由恩尼格玛密码系统获得的消息毋庸置疑是无价之宝。最初，盟军非常谨慎地使用从破解的恩尼格玛密码机消息中获得的情报——有时候，盟军甚至并不使用会带来收益的信息。然而，在战争的后期，盟军(特别是美军)就大意多了，实际上他们逐渐开始使用从破解的恩尼格玛密码机消息中获得的所有情报。

    a. 盟军之所以非常小心地使用从破解的恩尼格玛密码机消息中获得的情报，是因为怕德军意识到密码系统已经被破解。如果德军已经意识到恩尼格玛密码系统被破解了，那么他们会采取什么样的措施呢？展开讨论并给出两种不同的解决之道。

    b. 当战争进行到某个时间点的时候，德军显然已经明白恩尼格玛密码系统被破解了。但是，该系统仍然在继续使用，直至战争结束。请问，为什么德军还会继续使用恩尼格玛密码系统呢？

11. 当你想要向你的计算机认证你自己的身份时，最常见的方式是输入你的用户名和口令。用户名被看做公开的信息，因此，实际上是口令在证明你。你的口令就是“你所知道的东西”。

    a. 基于“你是什么”来进行认证也是可能的，也就是说，通过物理特征来认证。这样的物理特征被称为生物特征。请举一个基于生物特征认证的例子。
    b. 基于“你有什么”来进行认证也是可能的，也就是说，通过你所拥有的东西来认证。请举一个基于“你有什么”进行认证的例子。
    c. 双因素认证需要在这三种认证手段(你所知道的、你所拥有的、你本身就是)中选择两种来一起使用。请举一个日常生活中使用双因素认证的例子，并说明其中都使用了哪两种认证方式。

12. 验证码(见参考文献[319])往往用于辅助实现一种对于接入访问的约束，该约束针对的是实体的人(相对于其他自动化的接入访问过程)。

    a. 请举一个现实世界的例子，说明在你接入访问某些资源时，会被要求处理验证码。面对要处理的验证码，你都需要做些什么呢？
    b. 请讨论：针对你在a中描述的验证码的作用，都有哪些不同种类的技术方法可能会用来破坏其功效？
    c. 针对你在a中描述的验证码的作用，都有哪些非技术方法，可能会用于破坏其功效，请列举出来。
    d. 在a中描述的验证码的实际效果如何？验证码的用户友好性又如何呢？
    e. 为什么你会讨厌验证码呢？

13. 我们可以假设某个特定的安全协议是设计良好且安全的。然而，还存在一种相当普遍的情形，用于实现该安全协议的信息不足。在这样的情况下，协议无法工作，理想情况是不允许在参与者之间(比如Alice和Bob之间)发生交易。不过，在现实世界中，协议设计人员必须考虑如何解决协议无法工作的情况，并做出抉择。作为实际的问题，必须同时考虑安全性和便捷性。逐一评价下面针对协议无法工作情况的解决方案，指出其相对的优劣势。确保同时考虑这些解决方案的相对安全性和用户友好性。

    a. 当协议无法工作时，给Alice和Bob都提供简明的警告。但是，就像协议能够正常工作一样，交易继续进行，其中不需要Alice和Bob的任何干涉。
    b. 当协议无法工作时，给Alice提供简明的警告，由她决定(例如通过点击某个复选框)交易应该继续进行，还是应该终止。
    c. 当协议无法工作时，给Alice和Bob都提供通知，同时交易终止。
    d. 当协议无法工作时，交易终止，并且不给Alice和Bob任何解释。

14. 在信息安全领域，自动柜员机(ATM)是非常有意思的学习案例。安德森(见参考文献[14])指出，当自动柜员机(ATM)刚研发出来时，大部分注意力都放在了防范高科技攻击上。然而，现实世界中大部分对自动柜员机(ATM)进行的攻击都绝对是低技术含量的。

a. 对自动柜员机(ATM)的高科技攻击的例子可能要包括破解加密系统和身份认证协议等。如果可能的话，那么请找出一个现实世界中实际发生的案例，说明该案例是针对自动柜员机(ATM)实施的高科技攻击，并解释其中具体的细节。
b. 肩窥是低技术含量攻击的例子。在这样的场景下，Trudy 站在 Alice 的背后排队，当 Alice 输入她的 PIN 码时，Trudy 就偷看 Alice 按下的数字，然后 Trudy 打晕 Alice 并拿走她的 ATM 卡。请再举出一个实际发生过的低技术含量的对自动柜员机(ATM)攻击的例子。

15. 巨大而复杂的软件系统，总是包含了大量的软件缺陷(bug)。

a. 对于像 Alice 和 Bob 这样忠实的用户来说，遍布缺陷的软件当然令人不快。但是，为什么这还会是安全问题呢？
b. 为什么 Trudy 却喜欢遍布缺陷的软件呢？
c. 请笼统地说说，Trudy 会如何利用软件中的缺陷去破坏系统的安全性呢？

16. 恶意软件是指有意包藏不良企图的软件，也就是说，恶意软件是设计出来专用于危害和破坏系统安全性的。恶意软件呈现出许多广为人知的不同类型，包括病毒、蠕虫、特洛伊木马等。

a. 请问，你的计算机曾经感染过恶意软件吗？如果感染过，那么这些恶意软件都做了些什么？你是怎么解决这些问题的？如果你从未感染过恶意软件，那就说说为什么你会如此走运。
b. 过去，大部分所谓的恶意软件只是设计出来捉弄用户玩的。如今，各种迹象表明，大部分写出来的恶意软件是为了追逐利益。那么，恶意软件究竟如何做到有利可图呢？

17. 在电影《上班一条虫》(见参考文献[223])中，软件开发人员试图修改公司的软件，以便在每次财务交易中，所有不足一分的结余都流入开发人员自己的腰包，而不是归入公司。这个想法基于下面这样的经验：在任何特定的交易中，没有人会留意那些一分一毫的损失，但是假以时日，这个开发人员将积累起一大笔金钱。这种类型的攻击有时候也被称为香肠攻击。

a. 请找出一个现实世界中香肠攻击的实例。
b. 在电影中，这个香肠攻击失败了，为什么呢？

18. 一些商业软件是闭源的，意思是用户不能够获得其源代码。另一方面，还有一些软件是开源的，意思是其源代码对用户来说是可获得的。

a. 请举一个你用的(或者曾经用过的)闭源软件的例子。
b. 请举一个你用的(或者曾经用过的)开源软件的例子。
c. 对于开源软件，Trudy 都能做些什么来查找软件中的安全缺陷呢？

d. 对于闭源软件，Trudy 又能做些什么来查找软件中的安全缺陷呢？
e. 对于开源软件，Alice 都能做些什么来使软件更加安全呢？
f. 对于闭源软件，Alice 又能做些什么来使软件更加安全呢？
g. 开源软件和闭源软件，哪一种的固有安全性会更好呢？请说明为什么？

19. 有句话说复杂性是安全的敌人。

a. 请举一个商业软件的例子以印证上面这句话。也就是说，请找一个庞大而且复杂的软件实例，说明其中包含着重大的安全问题。
b. 请再举一个安全协议的例子以印证上面的这句话。

20. 假如你手里的这本书，是由我这样辛苦赚钱养家的作者在网上售卖(以 PDF 文件的形式)，打个比方说，标价为 5 美元。那么，相比现在的实际情况，作者将从每个拷贝的销售中挣更多的钱！而且购买本书的人也将节省一大笔钱。

a. 请问，在线售卖图书会涉及哪些安全议题呢？
b. 从版权拥有者的角度看，如何才能够使在线图书的销售更加安全呢？
c. 在 b 中你所提供的解决方案的安全性如何呢？请思考，针对你所提供的方案，会有哪些可能的攻击方式？

21. 在参考文献[255]的 PPT 幻灯片中描述了一个安全课程项目，在该项目中，学生们成功地攻击了波士顿地铁系统。

a. 请总结各种不同类型的攻击并思考：使得每次攻击都能成功的关键弱点是什么？
b. 这些学生计划在所谓的“黑客大会”(见参考文献[80])上做一次演讲，现在参考文献[255]中的这个 PPT 幻灯片就是他们本来要在那大会上演讲的。在波士顿高速运输管理局的要求下，一位法官签署了一份临时性的法院制止令(自解除)，该法令禁止学生们讨论他们的这项工作。基于幻灯片里的材料，你认为这是正当的吗？
c. 请问，什么是战争拨号和战争驾驶？什么是战争卡丁车？
d. 请评论一下“关于战争卡丁车的情景视频”(你可以在参考文献[16]里找到该视频的链接)的制作质量。

第I部分　加　　密

第 2 章 加密基础

MXDXBVTZWVMXNSPBQXLIMSCCSGXSCJXBOVQXCJZMOJZCVC
TVWJCZAAXZBCSSCJXBQCJZCOJZCNSPOXBXSBTVWJC
JZDXGXXMOZQMSCSCJXBOVQXCJZMOJZCNSPJZHGXXMOSPLH
JZDXZAAXZBXHCSCJXTCSGXSCJXBOVQX
— plaintext from Lewis Carroll, *Alice in Wonderland*

The solution is by no means so difficult as you might
be led to imagine from the first hasty inspection of the characters.
These characters, as any one might readily guess,
form a cipher—that is to say, they convey a meaning...
— Edgar Allan Poe, *The Gold Bug*

2.1 引言

在这一章里，我们将要讨论密码学里的一些基本概念。这些讨论将为后面的密码技术相关章节的学习奠定基础，进而为贯穿于全书的诸多素材的理解提供有力支撑。我们将会尽可能地避免艰深晦涩的数学表达。尽管如此，这本书里仍将提供足够的细节，以便您不仅能明白“是什么”，而且还会对“为什么”有一定程度的理解。

在作为引言的本章之后，接下来的关于密码技术的几章将分别聚焦在如下 4 个方面的内容：

- 对称密钥加密体系
- 公开密钥加密体系
- 哈希函数
- 高级密码分析

另外，我们还会涵盖其他一些特别的专题。

2.2 何谓“加密”

说到“加密”，实际上包括如下几个基本术语：

- 密码学——制作和破解“秘密代码”的技艺和科学。
- 加密(加密系统)——“秘密代码”的制作过程。
- 密码分析——“秘密代码”的破解过程。
- 加密——根据情况不同，这个词语可以看成上述所有术语(甚至还有诸如此类的更多说法和词汇)中任何一个的同义词，具体场合的精确含义应该根据上下文来判定清楚。

“密码”或“加密系统”用于“加密”数据。对于原始的未加密的数据，我们称之为“明文”；对于加密的结果，我们称之为“密文”。通过称为“解密”的过程，我们把密文恢复成原始的明文。“密钥”是一个重要的概念，我们用它来配置密码系统以实施加密和解密。

在“对称密钥”密码体系中，加密和解密使用的是同样的密钥，如图 2-1[1]中所示的黑盒密码系统说明了这个特性。另外，还有所谓“公开密钥”加密技术的概念，其中用到的加密和解密密钥是不同的。既然使用不同的密钥，公开加密密钥就成为可能的了——这就是公开密钥这个名字的由来[2]。在公开密钥加密中，加密密钥被相应地称为“公钥”，而解密密钥则需要确保机密，被称为“私钥”。在对称密钥加密中，密钥被称为“对称密钥”。我们需要区分清楚这些关于密钥的术语，以免混淆。

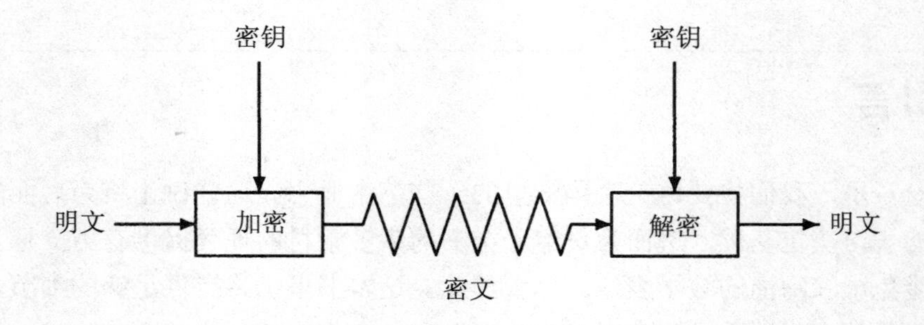

图 2-1 黑盒加密示意图

对于理想的密码系统，要能够确保：在没有密钥的情况下，想从密文恢复出明文是不可能的。也就是说，即使攻击者，如 Trudy，完全了解系统使用的算法以及许多其他的相关信息(本书后续将进一步细化和明确说明这些内容)，她也不能在没有密钥的情况下恢复出明文。这是加密系统的目标，虽然现实往往并非能够如愿以偿。

密码学的基本原则之一是：密码系统的内部工作原理对于攻击者，如 Trudy，是完全可见的，唯一的秘密就是密钥。这就是所谓的 Kerckhoffs 原则(译者注：在密码学中，

1. 这是在本书中你能够看到的唯一黑盒子。
2. 公开密钥加密又称为非对称加密，就是因为考虑到加密密钥和解密密钥不一样这个事实。

kerckhoffs 原则由 Anguste kerckhoffs 提出：所谓密码系统是安全的，表明可以公开除了密钥之外的整个密码系统的一切内容。与之相对的原则或理念是 security through obscurity，其强调通过对系统或算法的保密来实现安全)，信不信由你，这个原则确实是因一个名叫 Kerckhoffs 的家伙而命名的。1883 年，Kerckhoffs 作为荷兰语言学者和密码专家，列举了 6 条关于密码设计和使用的基本原则(见参考文献[164])。如今以他的名字命名的原则指出：密码系统决不能强制保密，必须容许可以轻而易举地落入敌方之手(见参考文献[165])，也就是说，密码系统的设计不再是秘密。

Kerckhoffs 原则的关键是什么呢？毕竟，对于 Trudy 来说，如果她不知道密码系统如何工作，攻击加密系统时就必定会更加困难。那么，为什么我们会想要让 Trudy 的日子过得更惬意呢？事实上，如果你的安全依赖于秘密设计的系统，那么至少会有下面几个问题。首先，即使可以保密，所谓“秘密”加密系统的细节也极少会长期保持机密性。逆向工程可能会被用于从软件恢复出算法实现，而且，即使算法嵌入到所谓的防篡改硬件中，有时也仍然会遭受逆向工程攻击，进而被泄露。其次，更加令人担忧的是这样一个事实：当算法本身一旦暴露在公众明察秋毫的视野之下，秘密的加密算法和系统将不再有任何安全性可言，而这样的例子由来已久，层出不穷。查阅参考文献[29]，你可以找到一个相对而言比较近的例子，其中微软就违背了 Kerckhoffs 原则。

密码专家们不会轻易相信加密算法是值得使用的，除非经受住大量密码专家在跨度较长的一段时间内的广泛和公开的分析。最起码的一点就是任何不满足 Kerckhoffs 原则的加密算法都是不可信的。换句话说，对于密码系统，要假设都是有问题的，除非被证明是有效可用的。

Kerckhoffs 原则常常会被极大地扩展到密码学领域之外，以至于覆盖到了安全领域的各个方面。在其他相关环境里，这个基本原则往往代表了“安全设计本身应置于公众的审视之下”的理念。这是基于这样一种信念：更多的“眼球”(译者注：关注)意味着更容易暴露出更多的安全缺陷，从而最终会使得系统更加安全(因为能够弥补所暴露出的安全缺陷)。虽然 Kerckhoffs 原则(包括在狭义的加密概念中的形式和更广义的扩展环境中的存在)似乎已经基本上获得了广泛认可，但是在现实世界中，仍因许多实际的诱惑使得违背这一基本原则的实例时有发生，而且几乎无一例外地伴随着灾难性的后果。贯穿本书，我们将亲眼目睹几个安全失效的例子，这些例子均是由于未能遵从可敬的 Kerckhoffs 先生的忠告而直接导致失败的。

接下来，我们将简要地看看几个经典的密码系统。虽然加密技术的历史是一个非常有吸引力的话题，但是这部分素材的目的还是为一些关键概念的理解提供基础的入门性引导，而这些关键概念在现代密码学领域也日益凸显。换言之，请读者注意这些有关经典密码系统的内容，因为我们在接下来的两章里和许多案例中还将再次提及所有这些关键概念，而在后续的章节中，我们也会持续地运用这些概念。

2.3 经典加密

在本节中，我们来考察 4 类经典的密码，它们中的每一个都分别说明了与现代密码系统密切相关的一个特性。要讨论的第一个例子是简单替换，这是最古老的密码系统之一，它的使用可以追溯到至少两千年以前，这个例子也非常适合说明一些基本的攻击类型和手段。在第二个例子中，我们要将注意力转向一类称为“双重换位加密法”的密码技术，其中包含了现代密码学中使用的一些重要概念。我们还要讨论经典的密码本方法，因为许多现代密码系统都可以看成这些经典密码本的“电子”版本。最后，我们要考察所谓的一次性密码本，这是一类可以被证明为安全的，并且有实际意义的密码系统。除此之外，本书中其他的密码系统(以及常规使用的密码系统)都不是可无法证明为安全的。

2.3.1　简单替换密码

首先，我们来考察一类称为简单替换密码的方法，我们给出一个特别简单的实现案例。在这个最简单的例子中，消息的加密是通过将当前字母替换为在常规字母表中第 n 个位置之后的那个字母来完成的。例如，当选择 n=3 时，这个替换(其中 n 相当于密钥)如下：

明文：	a	b	c	d	e	f	g	h	i	j	k	l	m	n	o	p	q	r	s	t	u	v	w	x	y	z
密文：	D	E	F	G	H	I	J	K	L	M	N	O	P	Q	R	S	T	U	V	W	X	Y	Z	A	B	C

这里，我们采用如下约定：明文写成小写字母，而密文写成大写字母。在这个例子里，密钥可以简洁地以数字“3”来表示，因为轮换的偏移量就是事实上的密钥。

用这个密钥“3”，我们就可以加密如下明文消息：

$$\text{fourscoreandsevenyearsago} \qquad \text{式(2.1)}$$

通过查找上面列表里的每一个明文字母，可以逐步完成在密文行中相应字母的替换；或者也可以简单地将每个字母逐个置换成常规字母表里该字母之后第 3 个位置的那个字母。对于式(2.1)中的这个特定的明文字符串，加密的结果就是：

IRXUVFRUHDAGVHYHABHDUVDIR

为了解密这个简单的替换，我们需要在密文行中查看密文字母并将其置换为明文行中的对应字母；或者也可以将每一个密文字母向前移动三个位置(当然是在常规字母表里的位置)。这个简单的“三位偏移”替换方法就是著名的凯撒密码[3]。

“三位偏移”的轮换算法没什么神奇的，无论多少位的轮换也都一样。如果我们限定这种简单替换密码仅在常规字母表中进行轮换，那么可能的密钥 n 将属于{0, 1, 2, ... , 25}这个集合的元素之一。假设 Trudy 截获了密文消息：

CSYEVIXIVQMREXIH

并且她猜想该密文是通过一种简单的基于“n 位偏移”的替换算法加密的。那么，她

3. 历史学家通常认为凯撒密码得名于伟大的罗马帝国统治者，而并非那个大名鼎鼎的凉拌沙拉菜名。

就可以尝试 26 个可能密钥里的每一个，通过使用每一个假定的密钥来“解密”密文消息，并且检查所获得的假定结果明文是否有实际含义。如果该消息确实是通过“n 位偏移”来加密的，Trudy 就完全能够找到真实的明文，进而获得密钥。平均而言，这大约只需经过 13 次尝试。

这种强力攻击就是 Trudy 可以经常尝试的事情之一。假定 Trudy 拥有充足的时间和资源，她将会最终遍历到那个正确的密钥从而破解消息密文。这种在所有密码攻击中最基本的方法就是所谓的“穷举式密钥检索”。既然这种攻击常常会被使用，那么要使得可能的密钥数量(译者注：密钥空间的大小)足够大，以至于对 Trudy 来说，仅仅使用这种简单的尝试所有密钥的方法无法在任何合理的时间度量内完成，这是非常必要的(虽然有了这一切都还远远不够)。

那么，多大的密钥空间算是足够大呢？假设 Trudy 有一台高速的计算机(或者有一组计算机)，计算能力是每秒钟完成 2^{40} 个密钥的测试[4]。这样算来，大小为 2^{56} 的密钥空间将会在 2^{16} 秒的时长内被遍历完毕，即大约耗费 18 个小时；而对于大小为 2^{64} 的密钥空间的穷举式密钥检索，则会耗费超过半年的时间；如果密钥空间大小为 2^{128}，那么遍历该空间需要超过 9×10^{18} 年的漫长时间。对于现代对称密钥加密系统，典型的密钥长度一般是 128 位或更长，由此可以提供 2^{128} 或更大的密钥空间。

现在，我们回来继续讨论简单替换密码。如果仅仅允许在常规字母表中轮换的方式，那么可能的密钥数量实在是太少了，因为 Trudy 可以非常快速地完成穷举式密钥检索。那么，还有什么办法能够让我们再增加密钥的数量吗？事实上，完全没有必要将简单替换操作仅局限在“常规字母表中的 n 位轮换方式”，因为任何一种 26 个字母的排列组合都可以作为密钥。例如，下面的排列组合就给出了可用于简单替换密码的密钥，这并不是基于常规字母表的轮换。

明文：	a	b	c	d	e	f	g	h	i	j	k	l	m	n	o	p	q	r	s	t	u	v	w	x	y	z
密文：	Z	P	B	Y	J	R	G	K	F	L	X	Q	N	W	V	D	H	M	S	U	T	O	I	A	E	C

总体而言，简单替换密码可以采用字母表的任何排列组合作为密钥，这就意味着将有 $26!\approx2^{88}$ 个可能的密钥数量。那么利用 Trudy 的每秒钟可执行 2^{40} 次密钥计算的超级快速的计算机，要尝试完该简单替换的所有可能的密钥，就需要花费超过 890 万年的时间。当然，她有望利用这个时间的一半就能找到正确的密钥(就平均概率而言)，也就是 445 万年。既然 2^{88} 个密钥的数量远远大于“Trudy 在任何合理的时间度量内能够尝试的个数”，那么这个加密方案就满足对于任何可行的加密方案至关重要的第一个需求——密钥空间足够大，以至于穷举式密钥检索在事实上不可行。如此一来，是否就意味着简单替换密码系统是固

4. 1998 年，电子前沿基金会(Electronic Frontier Foundation，EFF)研制了一种特殊用途的密钥破解机，专用于破解数据加密标准(Data Encryption Standard，DES，在下一章我们将详细讨论这种加密算法)。这个破解机造价 22 万美元，集成了大约 43200 个处理器，其中每个处理器运行在 40 MHz 频率下，总体而言，这台机器能够在每秒钟完成大约 250 万次密钥的测试(见参考文献[156])。由此再推算至配备了 4 GHz 处理器的最强大的个人计算机，可以得出，Trudy 能够在这样的一台机器上每秒钟完成 2^{30} 次密钥的测试。因此，如果她能够接入 1000 台这样的计算机，她就将会获得每秒钟 2^{40} 次密钥测试的能力。

若金汤的呢？我们在这里可以掷地有声地回答：绝非如此！在下一节我们将要介绍的安全攻击中，你将能够一目了然。

2.3.2　简单替换的密码分析

假设 Trudy 截获了下面的密文，她猜想该密文是通过运用简单替换加密方案生成的，而使用的密钥可能是常规字母表的任何一种排列：

PBFPVYFBQXZTYFPBFEQJHDXXQVAPTPQJKTOYQWIPBVWLXTOXBTFXQWA
XBVCXQWAXFQJVWLEQNTOZQGGQLFXQWAKVWLXQWAEBIPBFXFQVXGTVJV
WLBTPQWAEBFPBFHCVLXBQUFEVWLXGDPEQVPQGVPPBFTIXPFHXZHVFAG
FOTHFEFBQUFTDHZBQPOTHXTYFTODXQHFTDPTOGHFQPBQWAQJJTODXQH
FOQPWTBDHHIXQVAPBFZQHCFWPFHPBFIPBQWKFABVYYDZBOTHPBQPQJT
QOTOGHFQAPBFEQJHDXXQVAVXEBQPEFZBVFOJIWFFACFCCFHQWAUVWFL
QHGFXVAFXQHFUFHILTTAVWAFFAWTEVOITDHFHFQAITIXPFHXAFQHEFZ
QWGFLVWPTOFFA　　式(2.2)

既然对于 Trudy 来说尝试 2^{88} 个所有可能的密钥是太大的工作量(实际上是个不可能完成的任务)，那她为什么不聪明点呢？如果明文是用英语书写的，Trudy 就可以利用图 2-2 中的英文字母频率统计，再结合式(2.2)中的密文的相应频率统计来辅助破解，该密文中相应的频率统计如图 2-3 所示。

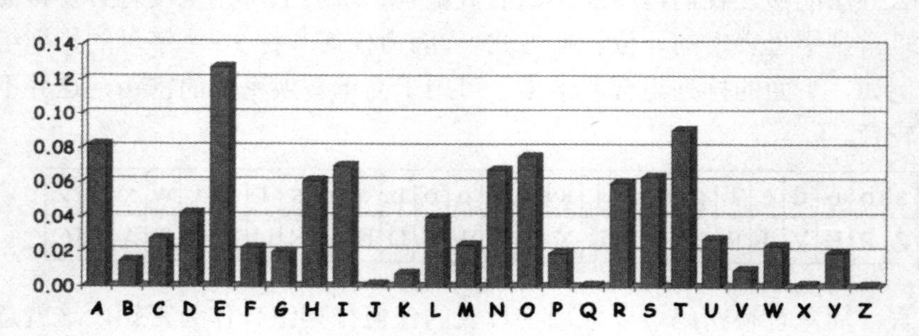

图 2-2　英文字母的频率统计

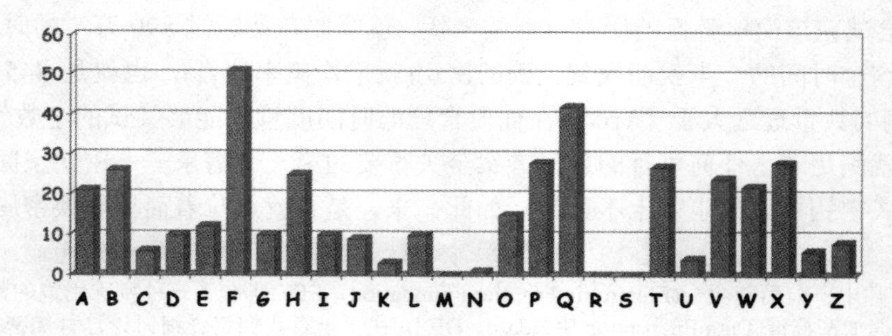

图 2-3　密文字母的频率统计

从图 2-3 中的密文字母的频率统计来看，可以了解到“F”是加密后的消息中最常用的字母。按照图 2-2 中的统计规律，“E”是英语中最常使用的字母。因此，Trudy 推测很可能是字母“F”替换了字母“E”。继续如法炮制，Trudy 就可以尝试可能的替换组合，直到她识别出单词，由此她将逐渐对自己的猜测树立起信心。

最初使用这种方式，最容易确定的单词可能是第一个词，因为 Trudy 不知道在文本中单词之间的间隔位置。既然第三个明文字母貌似是字母“e”，按照前两个字母的频率统计规律，Trudy 就可以合理猜测(结果确实被证明是正确的)明文中的第一个单词是“the”。将这些替换组合应用到剩下的密文文本中，她将能够猜出更多的字母替换，并初步开始揭示谜底。Trudy 在这么做的过程中很可能会产生一些错误，但是伴随着合理使用可用的相关统计信息，她将在比 445 万年少得多的时间里发现明文。

这个针对简单替换密码的攻击表明，大的密钥空间并非就可以确保安全。这个攻击还说明了密码方案设计人员必须防范聪明的攻击。但是，我们如何才能防范所有这些攻击呢？毕竟时时刻刻都有新的攻击被发明出来。确实，答案就是我们不能彻底防范一切攻击。那么得到的结果就是，只有当密码方案经受了有经验的密码专家们大规模的分析之后，我们才可以信赖，越多的资深密码专家尝试破解密码方案而无法成功，我们对该密码系统就会越有信心。

2.3.3　安全的定义

关于安全的密码方案，合理的定义不止一个。理想情况下，我们当然希望能有严格的数学证明来说明针对系统不存在任何可行的攻击，但是这样的密码系统极其罕见，并且可证明为安全的密码方案对大部分应用来说都非常不切实际。

既然无法奢望对密码系统的安全性进行严格证明，那么我们所能够要求的就是已知著名的攻击行为在该系统上无效，即从所谓的计算不可行概念的含义上来思考。鉴于这看起来将是最为至关重要的一个特性，我们将使用稍微有点儿不同的定义来说明。我们称密码系统是安全的，则意味着已知的著名攻击需要耗费和穷举式密钥检索一样巨大的工作量才能破解它。换句话说，尚未发现捷径攻击。

请注意，根据我们的定义，拥有较少数量密钥的安全密码系统可能比拥有较多数量密钥的非安全密码系统更容易被攻破。虽然这看起来有悖常理，但其实对这种看似荒唐的情形也能有合理的解释。我们给出的定义，其依据是密码系统永远无法提供比穷举式密钥检索更高的安全性，因此密钥的长度可以被看成该系统安全性水平的“标签”。一旦发现捷径攻击，该密码算法就失去了确保系统能够提供密钥长度所标示的“标签”级安全水平的能力。简而言之，捷径攻击的出现表明密码系统存在设计缺陷。

另外还要注意，在实践中，我们必须选择安全的密码算法(在我们所定义的安全的意义上)并且要拥有足够大的密钥空间，以便使得穷举式密钥检索在现实中不可行。当需要选择密码系统来保护敏感数据时，上述两个因素都是需要慎重考虑的。

2.3.4　双换位密码

在这一小节，我们来讨论另一种经典的密码方案，从而能够说明一些重要的基本概念。本节给出的双换位密码实例是常用的双换位密码方案的一种较弱的形式。我们之所以要使用这种形式的密码方案，是因为它提供了一种轻量级的更简单的方案，并且能够澄清我们力求说明的所有要点。

用双换位密码方案加密，我们首先要将明文写在一个给定大小的矩阵中，然后对行和列依据特定的序列进行置换操作。例如，假设我们写下明文 attackatdawn 到一个 3×4 的矩阵中：

$$\begin{bmatrix} a & t & t & a \\ c & k & a & t \\ d & a & w & n \end{bmatrix}$$

现在，如果我们按照(1, 2, 3)→(3, 2, 1)的方式转换(或置换)矩阵的行，然后再按照(1, 2, 3, 4)→(4, 2, 1, 3)的方式转换矩阵的列，就可以得到：

$$\begin{bmatrix} a & t & t & a \\ c & k & a & t \\ d & a & w & n \end{bmatrix} \to \begin{bmatrix} d & a & w & n \\ c & k & a & t \\ a & t & t & a \end{bmatrix} \to \begin{bmatrix} n & a & d & w \\ t & k & c & a \\ a & t & a & t \end{bmatrix}$$

然后，密文就可以从最终的数组中得出：

$$\text{NADWTKCAATAT} \qquad \text{式(2.3)}$$

对于双换位密码方案，密钥包括矩阵的尺寸以及行和列的置换。任何知道密钥的人都可以简单地将密文排进特定尺寸的矩阵中并执行反向置换操作，即可恢复出明文。例如，为了解密式(2.3)，可以先将密文排进一个 3×4 的矩阵，然后将列标识为(4, 2, 1, 3)，并重新将其排为(1, 2, 3, 4)，再将行标识为(3, 2, 1)，并重新将其排为(1, 2, 3)：

$$\begin{bmatrix} N & A & D & W \\ T & K & C & A \\ A & T & A & T \end{bmatrix} \to \begin{bmatrix} D & A & W & N \\ C & K & A & T \\ A & T & T & A \end{bmatrix} \to \begin{bmatrix} A & T & T & A \\ C & K & A & T \\ D & A & W & N \end{bmatrix}$$

这样，可以看到我们已经恢复出了明文，即 attackatdawn。

该方案的缺陷在于，不像简单替换密码那样，双换位密码并没有对消息中出现的明文字母做任何掩饰和伪装。而其优势在于双换位密码对于“基于明文消息中所包含的统计信息的攻击行为”具备一定的抵抗力，因为明文的统计信息完全分散在了密文中。

即便是这个双换位密码方案的简化版本，也不是轻而易举就能够破解的。这种将明文信息通过密文进行混淆的思想非常有效，以至于为现代分组加密方法所借鉴甚至倚重，这些我们在下一章即会了解。

2.3.5 一次性密码本

一次性密码本，也被称为弗纳姆(Vernam)密码，是一种可证明为安全的密码系统。在历史上，它用于许多不同的时间和地点，但是对于大多数情况该方案并不实用。不过，一次性密码本确实能够很好地说明一些重要的概念，而这些概念我们很快就将再次碰到。

为简单起见，我们讨论仅有 8 个字母的字母表。我们的字母表以及与相应字母对应的二进制表示如表 2-1 所示。要说明的很重要的一点是：字母和二进制位之间的映射关系不是秘密的。这个映射的作用，举例来说，就类似于 ASCII 表。当然，ASCII 表也不是什么秘密。

表 2-1　小型字母表

字　母	e	h	i	k	l	r	s	t
二 进 制	000	001	010	011	100	101	110	111

假设 Alice 刚刚找到了一份做间谍的工作，她想使用一次性密码本加密如下明文消息：

heilhitler

她首先查询表 2-1，将明文字母转换为如下二进制字符串：

001 000 010 100 001 010 111 100 000 101

一次性密码本的密钥由随机选择的二进制字符串组成，该密钥字符串与明文消息有相等的长度。该密钥与明文消息做异或运算以生成密文消息。从更偏数学的角度来讲，更为地道的表达是：我们将明文和密钥串以 2 为模相加。

我们将二进制位 x 和二进制位 y 的异或运算表示为 $x \oplus y$。因为 $x \oplus y \oplus y=x$，所以解密运算是通过对密文使用相同的密钥做异或运算来完成的。现代对称密钥加密算法以各种各样不同的方式在运用异或运算这个神奇的特性，这些我们也会在下一章逐渐了解。

现在，假定 Alice 有如下密钥：

111 101 110 101 111 100 000 101 110 000

该密钥的长度对于加密 Alice 上面的明文消息是合适的。然后就可以开始加密，Alice 按如下方式计算密文消息：

	h	e	i	l	h	i	t	l	e	r
明文：	001	000	010	100	001	010	111	100	000	101
密钥：	111	101	110	101	111	100	000	101	110	000
密文：	110	101	100	001	110	110	111	001	110	101
	s	r	l	h	s	s	t	h	s	r

转换这些密文的二进制位为字母，待发送的密文消息就成为 srlhssthsr。

当 Alice 的接头人 Bob 收到 Alice 的消息后，他用同样的共享密钥来解密消息，就可以恢复出明文，如下：

	s	r	l	h	s	s	t	h	s	r
密文：	110	101	100	001	110	110	111	001	110	101
密钥：	111	101	110	101	111	100	000	101	110	000
明文：	001	000	010	100	001	010	111	100	000	101
	h	e	i	l	h	i	t	l	e	r

现在让我们来考虑几个场景。首先，假设 Alice 有一个敌人，名字叫 Charlie，就在她所在的间谍组织内部。Charlie 声称用于加密 Alice 的消息的实际密钥是：

101 111 000 101 111 100 000 101 110 000

Bob 解密该密文消息时，使用 Charlie 给他的密钥，就将得到如下结果：

	s	r	l	h	s	s	t	h	s	r
密文：	110	101	100	001	110	110	111	001	110	101
密钥：	101	111	000	101	111	100	000	101	110	000
明文：	011	010	100	100	001	010	111	100	000	101
	k	i	l	l	h	i	t	l	e	r

而 Bob 完全不明白这个加密过程中的问题，于是就得要求将 Alice 带来进行质询。

下面我们来考虑另一个不同的场景。假设 Alice 被敌人抓获，而且敌人也已经截获了这个密文。抓捕 Alice 的敌人急切地想要知道该消息的内容，而 Alice 也在威逼利诱之下提供了该绝密消息的加密密钥。Alice 声称她实际上是消息交易的中间商，并拿出了“密钥”作为证明。Alice 提供的“密钥”如下：

111 101 000 011 101 110 001 011 101 101

抓捕 Alice 的敌人用这个“密钥”对密文实施“解密”，他们将获得如下结果：

	s	r	l	h	s	s	t	h	s	r
密文：	110	101	100	001	110	110	111	001	110	101
密钥：	111	101	000	011	101	110	001	011	101	101
明文：	001	000	100	010	011	000	110	010	011	000
	h	e	l	i	k	e	s	i	k	e

Alice 的敌人并不是非常了解这个加密涉及的相关内容，于是对她给予表彰并释放了她。

即便没有形式化的证明，这些例子也足以表明为什么一次性密码本的方法是可证实为安全的。该方案的基准原则是：如果密钥是随机选取的，并且仅使用一次，那么当攻击者看到密文时，根本无法获得关于消息原文自身的任何信息(除了消息的长度之外，事实上，消息长度是可用填充位来伪装的)。也就是说，对于给定的密文，通过合理选择适当的“密钥”，就可以生成相等长度的任何“明文”，于是所有可能的明文具有相同的概率。因此，密文根本无法提供有关明文的任何有意义的信息。从密码分析专家的角度来说，没有什么比这更好的了(译者注：这几乎是分析和破解难度最大的情况)。

当然，我们这里的讨论适用于一次性密码本方法在正确使用的情况下。密钥(或者再加上填充位)必须随机选取，必须仅使用一次，并且必须仅仅为 Alice 和 Bob 二人所知。

既然我们无法做到比可证明的安全性更好，那么我们为什么不一直使用一次性密码本呢(译者注：如上所述，一次性密码本不就是最佳的选择吗)？遗憾的是，该方法对于大多数应用来说很不实际。为什么会是这种情况呢？这里的一个关键问题是：需要与消息体本身等长的密码本，因为密码本正是密钥自身，所以必须安全地共享给消息的目标接收方，而且应该是在密文消息被解密之前。如果我们可以安全地传送密码本，那么为什么不简单地采用同样的方式直接传送明文消息，而要花费大力气去做加密呢？

下面，我们来看一个历史上的例子，其中使用的一次性密码本方法确实有效，尽管有其局限性。不过，对于现代的高数据率加密系统来说，一次性密码本加密就完全属于不切实际的方案了。

说到这里，我们先来看看为什么一次性密码本仅能使用一次？假如我们有两个明文消息 P_1 和 P_2，我们进行加密：$C_1=P_1 \oplus K$ 和 $C_2=P_2 \oplus K$，也就是说，我们有两个消息被加密，它们是用同一个一次性密码本密钥 K 加密的。在密码分析行业里，这称为 depth。对于使用一次性密码本加密的 in depth(有相同的 depth)的两个密文来说，我们可以得到如下计算：

$$C_1 \oplus C_2=P_1 \oplus K \oplus P_2 \oplus K=P_1 \oplus P_2$$

我们可以看到在这个问题当中，密钥已经完全消失了。在这种情况下，密文确实会供出有关背后的明文的一些信息。看待这个问题的另一个角度是考虑穷举式密钥检索。如果密码本仅使用一次，攻击者就没有办法了解到猜测的密钥对错与否。但是如果两个消息是 in depth 的，那么对于正确的密钥，必然会有两个猜测的明文都有确定含义。这就为攻击者提供了一种途径用来区分正确的密钥和错误的密钥。密钥被重复使用的次数越多，问题就只能变得越严重(或者从 Trudy 的角度来说，情况就越好)。

下面我们来看一个一次性密码本加密的例子，其中就对同一密钥使用了两次，即出现了 in depth。使用表 2-1 中同样的二进制位编码，并假设我们有如下两条消息：

$$P_1=\text{like}=100\ 010\ 011\ 000 \text{ 和 } P_2=\text{kite}=011\ 010\ 111\ 000$$

这两条消息都使用相同的密钥 K= 110 011 101 111 来加密，就有：

	l	i	k	e
P_1:	100	010	011	000
K:	110	011	101	111
C_1:	010	001	110	111
	i	h	s	t

和

	k	i	t	e
P_2:	011	010	111	000
K:	110	011	101	111
C_2:	101	001	010	111
	r	h	i	t

如果作为密码分析者的 Trudy 了解到这些消息是 in depth 的，她立刻就会发现消息 P_1 和 P_2 的第 2 个字母和第 4 个字母是相同的，因为对应的密文字母是相同的。但是，真正具备毁灭性的是这样一个事实：Trudy 现在可以猜测假想的消息 P_1，并使用 P_2 来验证她的猜

测结果。打个比方说，Trudy 在仅知道 C_1 和 C_2 的情况下，猜测 P_1= kill = 011 010 100 100，那么她可以找到对应的假想密钥，如下：

	k	i	l	l
假想 P_1:	011	010	100	100
C_1:	010	001	110	111
假想 K:	001	011	010	011

然后，她就可以用这个密钥 K 来“解密” C_2，从而获得

C_2:	101	001	010	111
假想 K:	001	011	010	011
假想 P_2:	100	010	000	100
	l	i	e	l

因为这个 K 不能产生具有有效意义的 P_2，所以 Trudy 就完全可以放心地确定她所猜测的 P_1 不正确。当 Trudy 最终猜出 P_1=like 时，她就将获得那个正确的密钥 K，并且通过解密发现 P_2=kite，这样就确认了这次猜测的密钥的正确性，从而也就确认了对这两条消息解密的正确性。

2.3.6 VENONA 项目

所谓的 VENONA 项目(见参考文献[315])就提供了一个真实世界中使用一次性密码本的实例。在 20 世纪 30 年代，来自某国的间谍带着他们的一次性密码本密钥潜入了美国。每当需要向首脑报告消息时，这些间谍就使用他们的一次性密码本来加密这些消息，于是这些消息就可以安全地被送回。这些间谍非常成功，他们的消息也总是能够命中当时最为敏感的美国政府机密。值得一提的是，第一颗原子弹的研发就是当时诸多间谍活动的焦点之一。不少人物，如 Rosenberg 夫妇、Alger Hiss 以及许多其他有名的间谍，还有很多从未被确认真实身份的人们，在 VENONA 消息通信中均有不俗的表现。

这些间谍受过良好的培训，从不重复使用密钥，但是仍有许多被截获的密文消息最终为美国密码分析专家所破译。为什么会这样呢？一次性密码本加密不是已经被认为是可证实安全的吗？事实上，这里的问题在于，用来产生密码本的方法里存在缺陷，因此从长期来看密钥实际上还是存在重复的问题。结果就是，存在许多消息是 in depth 的，这就会导致对于大量的 VENONA 流量来说，存在被成功地进行密码分析的可能。

图 2-4 中给出了非常有趣的 VENONA 解密的部分内容。该消息引用自 David Greenglass 和他的妻子 Ruth。LIBERAL 是指 Julius Rosenberg，他和他的妻子因为在涉及原子弹的间谍活动中的罪行最终被执行了死刑[5]。对于任何二战时代历史的爱好者来说，VENONA 解

5. David Greenglass 在监狱里服了 10 年刑，但这仅是他刑期的一部分(他实际上被判了 15 年)。他后来声明自己在提供一次至关重要的证词时撒了谎，该证词是关于 Ethyl Rosenberg 对于原子弹间谍活动的参与程度，很可能正是这段证词对 Ethyl Rosenberg 被判处死刑起到了决定性的作用。(译者注：Ethyl Rosenberg 是 Julius Rosenberg 的妻子，两人因涉嫌泄露原子弹机密间谍活动，于 1953 年被处死)

密(见参考文献[315])都会是非常引人入胜的阅读素材。

```
[C% Ruth] learned that her husband [v] was called up by the army
but he was not sent to the front.  He is a mechanical engineer
and is now working at the ENORMOUS [ENORMOZ] [vi] plant in
SANTA FE, New Mexico.

[45 groups unrecoverable]

detain VOLOK [vii] who is working in a plant on ENORMOUS. He is a
FELLOWCOUNTRYMAN [ZEMLYaK] [viii].  Yesterday he learned that
they had dismissed him from his work.  His active work in
progressive organizations in the past was cause of his dismissal.

In the FELLOWCOUNTRYMAN line LIBERAL is in touch with CHESTER [ix].
They meet once a month for the payment of dues.  CHESTER is
interested in whether we are satisfied with the collaboration and
whether there are not any misunderstandings.  He does not inquire
about specific items of work [KONKRETNAYa RABOTA]. In as much
as CHESTER knows about the role of LIBERAL's group we beg consent
to ask C. through LIBERAL about leads from among people who are
working on ENOURMOUS and in other technical fields.
```

图 2-4 VENONA 项目中解密的消息(1944 年 9 月 21 日)

2.3.7 电报密码本

经典的电报密码本，顾名思义，就是类似字典一样的书，其中包含(明文)单词和对应的(密文)译码单词。要加密给定的单词，加密工作者只需要简单地在电报密码本里查到这个单词，并把它替换为相应的译码单词即可。解密的过程，使用倒置的密码本，同样可以直接进行查找恢复出明文。表 2-2 中就包含了德国在第一次世界大战期间使用的非常著名的电报密码本的一部分摘录内容。

表 2-2 摘录自德军电报密码本的片段

明 文	密 文
Februar	13605
fest	13732
finanzielle	13850
folgender	13918
Frieden	17142
Friedenschluss	17149
⋮	⋮

例如，要想使用表 2-2 中的电报密码本来加密德语单词 Februar，整个单词将被替换为 5 位十进制数字的译码单词 13605。这个电报密码本是用于加密的，而对应的倒置密码本，也就是将 5 位十进制数字的译码单词按数字顺序排列的密码本，则用于解密。电报密码本就是一种形式的替换密码，但是这种替换要简单易操作得多，因为替换是面向整个单词的，甚至在某些情况下，还会面向整个短语。

表 2-2 中所示的电报密码本就是用于加密著名的 Zimmermann 电报的密码。1917 年，正值第一次世界大战如火如荼之际，德国外交大臣阿瑟·齐默尔曼(Arthur Zimmermann)发了一封加密电报给德国驻墨西哥城大使。该密文消息如图 2-5(见参考文献[227])所示，最终这个密文消息被英军截获。彼时，英国人和法国人正在与德国开战，而美国人则保持中立姿态(见参考文献[307])。

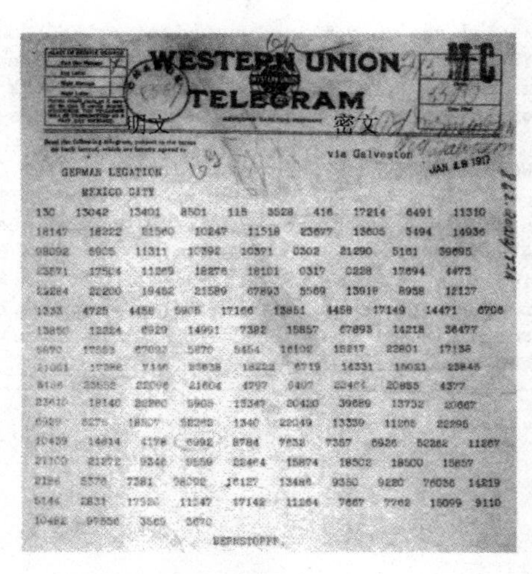
WESTERN UNION
TELEGRAM

via Galveston
JAN 19 1917

GERMAN LEGATION
MEXICO CITY

130 13042 13401 8501 115 3528 416 17214 6491 11310
18147 18222 21560 10247 11518 23677 13605 3494 14936
98092 5905 11311 10392 10371 0302 21290 5161 39695
23571 17504 11269 18276 18101 0317 0228 17694 4473
22284 22200 19452 21589 67893 5569 13918 8958 12137
1333 4725 4458 5905 17166 13851 4458 17149 14471 6706
13850 12224 6929 14991 7382 15857 67893 14218 36477
5870 17553 67893 5870 5454 16102 15217 22801 17138
21001 17388 7446 23638 18222 6719 14331 15021 23845
3156 23552 22096 21604 4797 9497 22464 20855 4377
23610 18140 22260 5905 13347 20420 39689 13732 20667
6929 5275 18507 52262 1340 22049 13339 11265 22295
10439 14814 4178 6992 8784 7632 7357 6926 52262 11267
21100 21272 9346 9559 22464 15874 18502 18500 15857
2188 5376 7381 98092 16127 13486 9350 9220 76036 14219
5144 2831 17920 11347 17142 11264 7667 7762 15099 9110
10482 97556 3569 3670

BERNSTORFF.

图 2-5　Zimmermann 电报

俄国人恢复了德军电报密码本的一个被破坏的版本，然后将这部分密码本传给了英国人。经过艰苦卓绝的密码分析，英国人得以补齐该电报密码本中的缺失内容，恰逢其时他们刚好得到了 Zimmermann 电报，于是他们就成功地解密了这个著名的报文(见参考文献[83])。该电报表明，德国政府正在计划开展无限制潜艇战，同时也认为这将很可能导致与美国的战争。对此，Zimmermann 告诉他们的大使——德国应该尽量争取墨西哥为同盟国以应付与美国的作战。为促成此事，给墨西哥开出的条件是：墨西哥将会重新收复在德克萨斯州、新墨西哥州和亚利桑那州失去的大片土地。Zimmermann 电报在美国被披露后，公众舆论大哗，矛头直指德国，随即在路西塔尼亚号沉没后(译者注：路西塔尼亚(Lusitania)是一艘英国客船，在从纽约驶往英国的途中受到德国潜艇的攻击。这艘客船在 18 分钟之内沉没，船上 1200 人死亡，其中包含 129 名美国人)，美国对德宣战。

最初，英国人很犹豫是否要发布 Zimmermann 电报，因为他们担心德国人意识到他们的密码已被破解，那么他们很可能会停止使用该电报密码本。然而，解密 Zimmermann 电报报文之后，英国人仔细查看了他们截获的其他消息，这些消息几乎是在相同的时间段内传送的。令他们大吃一惊的是，他们发现了这封挑拨离间性电报的另一个不同版本，神奇之处是该版本在发送时并未实施加密[6]。后来，英国人发布的 Zimmermann 电报的版本就是非常符合这个未加密版本的报文。正如英国方面所期待的，德国人认定他们的电报密码本

6. 显而易见，该消息最初并没有被引起注意，正是因为它没有加密。这里的教训是，使用弱的密码加密可能比完全不加密的效果更糟，实在是有些讽刺意味。在第 10 章，我们将针对这个问题展开更多的讨论。

并未遭遇破解，并继续用来加密敏感消息，直到战争结束。

典型的电报密码本的安全性主要依赖于该密码本实体自身的物理安全性。也就是说，电报密码本必须确保安全存放以防落入敌方之手。另外，基于统计学方法的攻击，类似于那些用于破解简单替换密码的手段，也适用于电报密码本，虽然所需要的数据量要大得多。对电报密码本进行统计技术攻击更加困难，其根源在于一个事实，即相应的“字母表”的尺寸实在是比常规26个字母的字母表大太多了。因此，之前必须收集非常多的数据，才有可能在杂乱无章的各类数据基础之上建立起有效的统计信息。

在第二次世界大战的晚期，电报密码本已被广泛使用。密码技术专家们已经认识到，这些密码本正经受着基于统计学方法的攻击。因此，需要阶段性地为电报密码本加密方法更换新的密码本。鉴于更换密码本是高成本、高风险的过程，于是就产生了许多延长电报密码本使用周期的技术。被广泛使用的所谓“添加剂技术”就是为了解决这个问题。

假设对于某个特定的电报密码本密码，译码单词全部都是5位十进制数字，那么对应的“添加剂密码本”将包含长长的随机生成的5位十进制数字的列表。当明文消息被转换为一系列的5位十进制数字的译码单词后，将从该“添加剂密码本”的数字列表中选取起始位置，从起始位置起的5位十进制“添加剂”数字序列将被附加到译码单词串上，从而生成最终的密文。对其解密时，先将同样的“添加剂序列”从密文中去掉，然后再在电报密码本中查找译码单词。需要注意的是，在加密和解密消息时，就像电报密码本自身一样，“添加剂密码本”也是必需的。

通常情况下，在“添加剂密码本”中，起始位置的选择是由消息发送者随机选取，并以清晰明确的方式(或是以一种略微模糊的方式)置于传送报文的开头。这个关于“添加剂”的信息是所谓的消息指示符(Message Indicator，MI)的一部分。消息指示符包含了所有的非机密信息，而这些非机密信息又是消息的目标接收方解密消息所必需的。

如果“添加剂”素材仅使用一次，那么最终的加密方案将等同于一次性密码本，因而也是可证实为安全的。然而在实际使用中，“添加剂”往往会重复使用多次。因而，任何经过重复“添加剂”处理的消息将使得它们的译码单词串是被相同的密钥所加密，这里所指的密钥包括电报密码本和特定的“添加剂”序列。所以，任何经过重复“添加剂”序列处理的消息都可用于收集统计信息，这些统计信息恰恰就是攻击潜在的电报密码本所需要的。

现代分组加密方法运用复杂的算法从明文生成密文(反之亦然)，但是从更高的层面上看，分组加密算法可以被视为电报密码本，其中每一个密钥决定了一个独立的不同的密码本。也就是说，现代分组加密算法包含了数量巨大的不同的独立密码本，而密钥为这些密码本建立了索引。其中，“添加剂”的概念也会继续使用，其形式就是所谓的初始化向量IV(Initialization Vector)，这在分组加密技术中是很常用的(有时在流加密技术中也会使用)。在下一章我们将讨论分组加密技术的具体内容。

2.3.8 1876选举密码

在1876年的美国总统大选中，两党实际上是势均力敌。当时，内战的阴影尚且萦绕于美国人民的心头，前联邦正在推进激进的重建方案，整个国家仍处于严重的分裂局面。

当时选举中的竞争者分别是共和党的卢瑟福德·海斯和民主党的塞缪尔·蒂尔登。蒂尔登在普选中获得了微弱的数量上的优势，但是最终总统职位角逐的胜负则取决于选举团。在选举团中，每个州都派遣自己的代表团，对于几乎所有的州，都是由代表团全体对候选人进行投票，以决定在该特定的州中谁将获得最大数量的选票[7]。

1876 年，在所有选举团中，有 4 个州的代表团争执[8]得不可开交，而这恰恰就左右着最终全局的胜负。最后，两党同意成立一个由 15 名成员组成的选举委员会，由该委员会来决定哪个州的代表团的意见将被采纳，从而最终决定总统的候选人。该选举委员会最终决定所有 4 个州都支持卢瑟福德·海斯，于是卢瑟福德·海斯成为美国总统。塞缪尔·蒂尔登的支持者立刻指控瑟福德·海斯的人贿赂了选举委员会官员，从而暗中投了自己一方的选票。但是，人们并没有找到相关的证据。

选举结束了几个月之后，在曾经富有争议的几个州，有记者发现了曾经从塞缪尔·蒂尔登的支持者传递给选举官员的大量加密消息。其中一种加密方法就是使用了局部的电报密码本，并辅以对单词的移位操作。该电报密码本加密仅仅施加于重要的单词，而相应的换位操作是固定置换，该置换操作施加在给定长度的所有消息上。其所限定的消息长度分别是 10 个、15 个、20 个、25 个和 30 个单词，所有的消息将被填充补齐到这几种长度规格之一。表 2-3 中给出了该电报密码本的一小片段。

表 2-3 1876 选举事件中的电报密码本片段

明 文	密 文
Greenbacks	Copenhagen
Hayes	Greece
Votes	Rochester
Tilden	Russia
telegram	Warsaw
⋮	⋮

对于一条含有 10 个单词的消息，要执行的置换操作表示如下：

9, 3, 6, 1, 10, 5, 2, 7, 4, 8

实际的密文消息如下：

Warsaw they read all unchanged last are idiots can't situation

通过逆向置换和替换密文信息中的“Warsaw”为“telegram”，即可解密该消息得到：

Can’t read last telegram.
Situation unchanged.
They are all idiots.

7. 但是，关于“选举团代表投票给特定的候选人”的细节并无相关的法律解释或要求，于是，选民可能会“移情别恋”，转投与他(或她)们在自己的州普选上的选择相对立的另一方，这样的事情时有发生。

8. 根据 2000 年大选的预测表明，也许这 4 个争议州的其中之一会是佛罗里达州。

针对这种比较弱的加密方案进行密码分析，相对而言是容易完成的(见参考文献[124])。既然对于给定长度的消息的置换会被反复使用，那么许多特定长度的消息将是 in depth 的，就置换以及电报密码本而言确实是这样。于是，密码分析专家们就能够对所有相同长度的消息进行对比，这就使得相对比较容易发现其中的固定置换，即便是完全不了解该局部电报密码本的相关信息。当然，密码分析者首先必须足够聪明，能够想到“对给定长度的所有消息施加统一的置换”这种可能性。不过，一旦具备这种洞察力，置换算法就很容易被破解了。接下来，电报密码本的破解可以根据上下文的情况来推测，而且还可以借助一些非加密的消息来辅助判断，这些非加密消息为加密的密文消息提供了一定的上下文语境。

那么，这些解密的消息揭示了什么真相呢？爆料该消息的记者发现一种啼笑皆非的情况，塞缪尔·蒂尔登的支持者曾经试图在这几个争论不休的州中贿赂相关的官员。从某种角度来说，这个事件中颇具讽刺意味的是，塞缪尔·蒂尔登的拥护者准确无误地犯下了他们控诉对方的罪行。

无论如何，这个加密的设计的确是比较初级，强度也确实不高。由此，我们得到的一个重要的教训就是：密钥的重复使用是可以被利用的安全缺陷。在这种情况下，置换每被重复使用一次，就将给密码分析专家们提供更多的信息，以供调整和校准对置换的推测。在现代加密系统中，我们要尽量限制对单个密钥的使用，以免密码分析者能够积累足够的信息，并且要竭力控制因特定密钥一旦暴露而引发的危害。

2.4 现代加密技术的历史

Don't let yesterday take up too much of today.
— Abraham Lincoln

纵观整个 20 世纪，密码技术在重大的世界性事件中扮演了非常重要的角色。在 20 世纪后期，密码技术逐渐成为商业上以及业务往来中通信的关键性技术，并且一直到今天仍是如此。

Zimmermann 电报事件是 20 世纪里密码分析技术在政治和军事事件中最初崭露头角的几个案例之一。在本小节，我们再提及其他几个发生在 20 世纪的经典历史事件。想了解更多关于密码技术的历史，最好的参考资料是 Kahn 撰写的书籍(见参考文献[159])。

1929 年，美国国务卿史汀生(Henry L. Stimson)终止了美国政府的官方密码分析活动，他使用了一句道德上恒久的说法——“君子不看彼此的邮件”(见参考文献[291])，来为他的决定寻求正义支持。这项决定后来在“偷袭珍珠港”事件爆发后被证明是代价高昂的错误。

在日本人 1941 年 12 月 7 日发起对珍珠港的突袭之前，美国已经重新启动了密码分析计划。第二次世界大战期间盟军密码分析专家的成功是举世瞩目的，而这段时间也往往被看成密码分析技术的黄金年代。事实上，所有重要的轴心国密码系统均被盟军破解了，从这些系统中获得的情报的价值是难以估量的。

在太平洋战区，所谓的紫色密码主要用于日本政府高层之间的通信。该密码在珍珠港被袭击之前就被美国密码分析专家们破解了，但是获得的情报(代码为 MAGIC)并没有明确地显示出有关即将发生的这次攻击的迹象。日本帝国海军使用了一个称为 JN-25 的密码系统，该系统也被美国人破解了。来自 JN-25 的情报几乎是确定无疑地发挥了巨大作用，特别是在扩展到后来的珊瑚海海战和中途岛战场时，都起到了决定性的作用，使得美国人能够在太平洋战场上第一次以弱胜强阻止了日军的挺进。而日本海军经历此关键一役的重大损失之后，再也未能恢复元气。

在欧洲，德国的恩尼格玛密码机(代号为 ULTRA)是整个战争中盟军主要的情报来源之一(见参考文献[104]和[118])。我们常常听到关于 ULTRA 情报的价值是如此珍贵，以至于迫使丘吉尔下决心不透露有关英国城市考文垂即将遭到德国纳粹空军轰炸袭击的消息，因为关于这次袭击的主要消息来源正是对恩尼格玛密码机情报的解密(见参考文献[69])。据称丘吉尔是担心这样的预警可能会提醒德国人，他们的密码系统已经被破解了。当然，这并没有发生，并有可靠的史料记载。不过，要使用如此珍贵的 ULTRA 情报，但又不能泄露恩尼格玛密码机已经被破解的事实，这的确是个巨大的挑战(见参考文献[42])。

恩尼格玛密码机最初是被波兰密码分析专家们破解的。波兰沦陷之后，这些密码分析专家逃亡到法国，但是不久之后法国也落入纳粹之手，这些波兰密码分析专家最终奔往了英国，并在那里将他们的密码分析成果分享给英国同行们[9]。一个英国专家组，其中的成员还包括大名鼎鼎的计算机科学先驱艾伦·图灵，完成了对恩尼格玛密码机的进一步破解方案(见参考文献[104])。

图 2-6 显示了一台恩尼格玛密码机的图片。关于恩尼格玛密码机的内部工作原理的更多细节，请查阅本章最后给出的思考题讨论部分的内容，对于该密码机的密码分析攻击，我们将在第 6 章中再给出说明。

图 2-6　恩尼格玛密码机(感谢 T. B. Perera 和 Enigma 博物馆提供的资料)

在第二次世界大战之后的若干年里，密码技术逐渐地从黑盒子技艺的状态走进了科学领域。特别是 1949 年，克劳德·艾尔伍德·香农的奠基性文章《保密系统的通信理论》

9. 值得一提的是，英国不允许波兰密码分析专家们在英国继续开展他们在恩尼格玛密码机上的工作。

(*Information Theory of Secrecy Systems*)的发表，标志了这种历史性的转折。香农证明了一次性密码本方法是安全的，而且他还提出了两个密码系统设计的基本原则：扰乱(confusion)和扩散(diffusion)。这两个基本原则从提出到现在一直在指导着对称密钥加密系统的设计。

根据香农的设计思想，扰乱，通俗地讲，定义为混淆明文和密文之间的相关性。而扩散是一种将明文中的统计特性扩散并使其湮没于整个密文之中的思路。简单替换密码和一次性密码本加密都仅仅利用了扰乱原则，而双换位密码则是仅有扩散特性的加密方案。既然一次性密码本是可证明为安全的，那么显而易见，单独一条扰乱原则也是足够的，但是，貌似仅仅遵循单一的扩散原则就不够了。

这两个概念，即扰乱和扩散，从它们最初被发表到今天，都是紧密相关的。在随后的章节，我们将清楚地看到这些概念对于现代分组加密方法的设计仍旧是非常关键的。

密码学技术的主要应用领域一直是在政府和军事方面，这种情况一直延续到近些年才有所改变。真正戏剧性的转变发生在20世纪70年代，很大程度上是由于计算机革命所引发的对大量的电子信息数据要实施保护的需求。到20世纪70年代中期，甚至连美国政府也意识到对于安全加密技术存在着合法合理的商业诉求。而且显而易见，在当时相关的商业化产品中其极度匮乏。于是，美国国家标准局(National Bureau of Standards，NBS)[10]，发起了对加密算法的征集项目，该想法源于NBS想要选择一种算法并将其确立为美国政府的官方加密标准。经过一个特别的过程，最终确定的加密算法就是所谓的数据加密标准(Data Encryption Standard)，或简称为DES。

在现代加密技术的历史上，DES的地位和所起的作用无论如何强调都不算夸张。在下一章中，我们还将进一步地讨论DES算法的更多细节。

在DES算法之后，学术界对密码学技术的兴趣迅速升温。就在DES算法现世后不久，公开密钥密码学就被发明了(或者更准确地说，是被重新发掘了)。到了20世纪80年代，就开始有了每年一度的CRYPTO加密技术会议(译者注：International Cryptology Conference开始于1981年，每年在美国加利福尼亚的Santa Barbara举办一次)，该会议为这个领域的一些高质量工作和成果提供了持续的资源汇集平台。20世纪90年代，Clipper Chip的发明和对逐渐过气的DES算法的更新换代是加密技术领域成就卓越的两个典型实例。

各国政府仍在继续资助那些在加密技术及相关领域工作的主要组织。但是，一旦加密技术的精灵逃出那个机密的魔瓶之后，显然就不可能再将它重新关进去了。

2.5 加密技术的分类

在接下来的三章里，我们将分别聚焦在三个大的密码学技术分类上：对称密钥(也可通俗地称为对称密码)加密技术、公开密钥(也可通俗地称为公钥密码)加密技术以及哈希函数。在这里，我们先对这些不同的技术分支做非常简要的概览。

10. 美国国家标准局已被重新命名为美国国家标准与技术研究所(National Institute of Standards and Technology)，或简称为NIST，也许这是一种努力，以图回收三个字母的缩写词，从而延缓政府机构将其最终用尽的进程。

之前所讨论的每一个经典密码技术方案都属于对称密钥加密技术。现代对称密钥加密技术可以分为流密码加密和分组密码加密两种。流密码加密技术推广了一次性密码本的方案，只是为了密钥的可管理性牺牲了可证明的安全性。分组密码加密技术从某种意义上看，是经典的电报密码本方案的推广。在分组密码加密方案中，密钥决定了密码本，只要密钥保持不变，就意味着使用同一个密码本。反过来，当密钥改变时，就相当于选择了一个不同的密码本。

虽然流密码技术在第二次世界大战之后的相当长时间里占据主流地位，但是，在今天分组密码技术则是对称密钥加密领域的王者，当然也有少量举世著名的特例。一般来说，分组密码技术相对而言更容易优化以便于用软件实现，而流密码技术往往通过硬件实现以获得最优的性能。

顾名思义，在公开密钥加密技术中，加密密钥可以公开。对应每一个公开密钥，都有相应的解密密钥，这就是所谓的私钥。毫不奇怪，私钥就不是公开的，必须保持私密性。

如果你将你的公开密钥张贴在互联网上，任何人只要接入了互联网，就能够为你加密一条消息，而不必对该密钥做任何事先的安排。这与对称密钥加密方式是截然不同的，对称密钥加密在实施之前必须由参与方事先协商出共同的密钥来。在公开密钥加密方法为人们所接受之前，对称密钥的安全分发是现代加密技术的阿喀琉斯之踵。考察一下著名的沃克家族间谍网的事迹，你就可以找到令人瞩目的案例，其中很容易看到对称密钥分发系统失效的例子。东窗事发之前，沃克家族向某国出售美国军方的加密系统密钥长达近20年之久。公开密钥加密技术并没有彻底消除密钥分发的问题，因为私钥必须在合适的使用者手上，而绝不能让其他人获得。

公开密钥加密技术还有一个有些出乎意料但确实非常有用的特性，这源自在公开密钥加密技术的世界里没有等价的对等密钥。假设对一条消息使用私钥进行“加密”，而不是使用公钥。因为公钥是公开的，所以任何人都可以解密这条消息。乍一看，这样的加密貌似毫无用处。但是，这实际上可以作为一种数字形式的亲笔手写签名——任何人都可以验证这个签名，但是只有签名者才有可能创建出这个签名来。关于所有的这些主题，我们会在后面的章节中谈及数字签名时再进行更多更具体的说明。

任何我们可以通过对称密码系统加密的内容，也都可以通过公钥密码系统来完成。而公钥密码技术还能够让我们完成一些对称密码技术无法实现的任务。那么，为什么不使用公钥密码技术来处理一切问题呢？主要的原因就是性能问题——对称密钥加密相比公开密钥加密在速度上的优势是数量级上的。如此一来，对称密钥加密如今常用于加密大数据量的数据，而公开密钥加密则在现代信息安全领域中扮演了其他几个关键的角色。

我们要讨论的第三个主要的加密技术分支就是加密哈希函数[11]。这些函数接受任何长度的输入，产生定长的输出。除此以外，哈希函数还必须满足一些非常严格的条件。例如，如果输入发生一个二进制位或几个二进制位的变化，那么输出应该改变大约原来一半的二

11. 注意不要将这里的哈希函数与其他计算环境上下文中你可能遇到的类似词汇弄混淆了。

进制位数。另外，要想找出能够通过哈希函数产生同样输出的任何两个输入，这必须是计算上不可行的。这样一个函数的用处似乎也不是那么显而易见，甚至根本就不存在这种类型的函数，但是我们可以看到，满足条件的哈希函数确实存在，并且已经可以证实：在处理不可思议的各种类别的诸多问题中，哈希函数展现了非常重要的作用。

2.6　密码分析技术的分类

密码分析的目的是恢复出明文，找到密钥，甚至是二者兼得。根据柯克霍夫斯原理(Kerckhoffs' Principle)，我们假定，作为密码分析者，Trudy完全了解算法的内部工作原理。另一个基本的假设是Trudy能够接触到密文——若非如此，我们为什么还费心费力地进行加密呢？如果Trudy仅仅知道算法和密文，那么她必须实施“仅密文”攻击。从Trudy的角度来看，这是有可能存在的最为不利的密码分析场景。

如果Trudy能够访问到已知的明文，那么她成功的机会可能会提升。也就是说，Trudy可能知道一些明文并且能够观察到所对应的密文。这些匹配的明文-密文对也许能提供关于密钥的一些信息。当然，如果所有的明文都是可知的，那么恢复密钥不再有任何意义。但是，情况往往是Trudy仅能够接触(或者猜测出)部分明文信息。例如，许多类型的数据都包含特定的具备典型特征的信息头(电子邮件文本就是一个非常好的例子)，如果这些数据信息被加密，黑客就很可能猜测得到与一些密文信息相对应的若干明文信息。

往往更令人吃惊的是，Trudy实际上能够选择明文来加密，以观察和分析所生成的密文。不用大惊小怪，这就是所谓的“选择明文”攻击。怎么可能让Trudy来选择明文呢？在随后的章节，我们将会看到：有些安全协议可以加密要发送的任何信息，并且能够返回相应的密文。另外，Trudy得以有限程度地访问加密系统的情况也是可能存在的，这样就给她加密自己选择的明文提供了可能性。举个例子来说，Alice可能在去吃午饭的时候忘了退出她的计算机，于是Trudy就能够在Alice回来之前加密一些选定的消息。这种类型的“午饭攻击”(lunchtime attack)可能呈现出各种各样的形态，几乎无处不在。

对于攻击者来说，潜在的更有利的一种情况是“自适应选择明文”攻击。在这种场景下，Trudy选择明文，观察相应的结果密文，再基于观察到的密文选择下一个明文。在某种情况下，这能够使Trudy的密码分析工作的难度大幅度地降低。

“相关密钥攻击”在某些应用场景中也不可小觑。这种攻击的思想是：当密钥以某种特定的方式相关联时，就据此去寻找系统中的安全弱点。

密码技术专家们有时候会担心存在其他类型的攻击手段，这时候他们往往会觉得有必要再发表一些学术文章以寻求验证。任何情况下，只有当尚未发现有效的捷径攻击手段时，密码系统方可被认为是安全的。

最后，我们来看一种特定的攻击场景，这种攻击仅适用于公钥密码系统，不适用于对称密钥加密的情况。假如Trudy截获了一段用Alice的公开密钥加密的密文。如果Trudy想猜测出给定的明文消息“是”或“不是”原来的明文，那么她可以用Alice的公钥加密这些假定的明文消息。如果有某个明文匹配了该密文，那么该消息即被破解。这种攻击方式被称为前向检索。虽然前向检索攻击不适用于破解对称密钥加密系统，但我们将会看到这种方法在某些应用中可能会用于攻击哈希函数。

正如前面我们所看到的，密钥空间的尺寸必须足够大，才能防止攻击者去尝试所有可能的密钥(发起穷举式密钥检索攻击)。前向检索攻击给出的暗示是：对于公开密钥加密，我们必须也确保明文消息的空间足够大，以使攻击者不能够通过简单地加密所有可能的明文消息串来发起此类攻击行为。在实践中，这倒是容易实现，正如我们即将在第4章中看到的那样。

2.7 小 结

在本章，我们探讨了几个经典的密码系统，包括简单替换密码、双换位密码、电报密码本以及一次性密码本。其中每一个都阐明了密码学技术中的一些关键要点，这些要点我们还将在后续的章节中再次回顾。另外，我们还讨论了加密技术和密码分析技术的几个基本方面。

在下一章，我们将把注意力转移到现代对称密钥加密技术上，随后的章节再分别覆盖公开密钥加密技术、哈希函数以及密码分析等专题。对于密码学技术，我们还将在本书再往后面的一些章节里再次提及，尤其是在安全协议方面，加密技术是其至关重要的组成部分。事实上，在信息安全领域，加密技术无处不在，刻意地回避只能引起不恰当的误导。

2.8 思考题

1. 在信息安全领域，柯克霍夫斯原则(Kerckhoffs' Principle)就像是母亲和苹果派(译者注：美语中的一种比喻，说明某个原则或价值观显而易见并获得普遍认同)，并且完全卷在了一起。

   a. 请给出柯克霍夫斯原则在加密技术领域的定义。

   b. 请举出一个真实世界中违背柯克霍夫斯原则的例子，并说明其中是否导致了某些安全问题？

   c. 有时，柯克霍夫斯原则的应用更为广泛，甚至超出了它原本严格的密码技术相关定义。请给出一个柯克霍夫斯原则应用得更为广泛的定义。

2. Edgar Allan Poe 于1843年发表的短篇小说《金甲虫》特别描述了一次密码分析攻击。

   a. 请问，其中破解的密码方案是什么类型的？具体是怎么破解的？

   b. 请问，这次密码分析攻击成功的后果如何？

3. 假设使用凯撒密码加密，请找出与下面密文信息相对应的明文：

VSRQJHEREVTXDUHSDQWU

4. 给定如下密文信息，请找出对应的明文和密钥：

CSYEVIXIVQMREXIH

提示：密钥是常规字母表的位移偏移量。

5. 假设我们拥有一台计算机，每秒钟能够执行 2^{40} 个密钥的测试。

   a. 如果密钥空间的大小为 2^{88}，那么通过穷举式密钥检索找到密钥，预计需要多长时间(以年为单位)?
   b. 如果密钥空间的大小为 2^{112}，那么通过穷举式密钥检索找到密钥，预计需要多长时间(以年为单位)?
   c. 如果密钥空间的大小为 2^{256}，那么通过穷举式密钥检索找到密钥，预计需要多长时间(以年为单位)?

6. 1876 年美国总统大选中那个比较弱的加密所使用的方案包括对给定长度的句子进行固定的单词级置换。为表明这种方案为什么安全性较弱，寻找相应的(1,2,3, ... ,10)置换，以便能够产生如下乱序语句，其中“San Francisco”是作为单词处理。另外请注意：3 条语句均使用相同的置换。

   first try try if you and don’t again at succeed
   only you you you as believe old are are as
   winter was in the I summer ever San Francisco coldest spent

7. 1876 年美国总统大选中那个比较弱的加密使用的方案是：局部的电报密码本辅以单词级的置换。修改这个方案以便能使其更加安全。

8. 下面的问题有助于理解扰乱和扩散的概念。

   a. 请给出密码学技术领域使用的术语“扰乱”和“扩散”的定义。
   b. 在本章中讨论的经典加密技术中，哪些仅仅使用了扰乱原则?
   c. 在本章中讨论的经典加密技术中，哪些仅仅使用了扩散原则?
   d. 在本章中讨论的经典加密技术中，哪些同时使用了扰乱原则和扩散原则?

9. 恢复出第 22 页(式 2.2)所示的简单替换密码例子中的明文和密钥。

10. 确定与本章开头引用的在《爱丽丝漫游仙境》中出现的那段密文对应的明文和密钥。
    提示：该消息是用一种简单替换密码方法加密的，而且明文中没有空格和标点符号。

11. 解密下面这个用简单替换密码加密的消息：

GBSXUCGSZQGKGSQPKQKGLSKASPCGBGBKGUKGCEUKUZKGGBSQEICA
CGKGCEUERWKLKUPKQQGCIICUAEUVSHQKGCEUPCGBCGQOEVSHUNSU
GKUZCGQSNLSHEHIEEDCUOGEPKHZGBSNKCUGSUKUASERLSKASCUGB
SLKACRCACUZSSZEUSBEXHKRGSHWKLKUSQSKCHQTXKZHEUQBKZAEN
NSUASZFENFCUOCUEKBXGBSWKLKUSQSKNFKQQKZEHGEGBSXUCGSZQ
GKGSQKUZBCQAEIISKOXSZSICVSHSZGEGBSQSAHSGKHMERQGKGSKR
EHNKIHSLIMGEKHSASUGKNSHCAKUNSQQKOSPBCISGBCQHSLIMQGKG
SZGBKGCGQSSNSZXQSISQQGEAEUGCUXSGBSSJCQGCUOZCLIENKGCA
USOEGCKGCEUQCGAEUGKCUSZUEGBHSKGEHBCUGERPKHEHKHNSZKGGKAD

12. 编写一个程序，帮助密码分析专家解密简单替换密码。该程序需要以密文作为输入，计算字母的出现频率，并显示出来给密码分析专家们看。另外，该程序还应该允许密码分析专家们猜测密钥，并进而能够显示使用该假定密钥“解密”消息后得到的对应的输出结果。

13. 扩展思考题12中描述的程序，以便能够初步尝试对消息进行解密。一种合理的破解推进途径是：使用计算所得的字母频率统计和已知的英语语言字母频率统计，对密钥进行初步猜解。然后，从假定的解密结果中，统计其中呈现出来的字典词汇的个数并将其作为得分。接下来，对密钥中的每个字母，尝试将其与相邻的字母(指在频率统计排列的意义上)进行交换，再重新计算得分。如果得分有所提升，就更新该密钥为新的猜测值；如果得分没有提高，就不改变猜解的密钥。继续重复这个过程，直到完整地遍历字母表后得分不再提高为止。至此，你将可以为密码分析专家们展示出你的推测和解密。为在手工计算阶段帮助密码分析专家们，你的程序必须能确保思考题12中的各项程序功能运行正常。

14. 加密如下消息：

we are all together

用4行乘4列的双换位密码(即本书中描述的那类双换位密码)进行加密，使用的行置换如下：

$$(1, 2, 3, 4) \to (2, 4, 1, 3)$$

使用的列置换如下：

$$(1, 2, 3, 4) \to (3, 1, 2, 4)$$

15. 解密如下密文：

IAUTMOCSMNIMREBOTNELSTRHEREOAEVMWIH
TSEEATMAEOHWHSYCEELTTEOHMUOUFEHTRFT

该消息使用双换位密码(即本书中描述的那类双换位密码)加密，所使用的矩阵是 7 行乘 10 列。提示：第一个单词是“there”。

16. 请列出针对双换位密码(即本书中描述的那类双换位密码)的自动化攻击，并说明其要点。假定矩阵尺寸已知。

17. 以下方案可以使双换位密码的强度大大提升。首先，将明文置于一个 $n \times m$ 数组中，就像本书中描述的那样。然后，进行列置换，并按列写出加密密文的中间结果。也就是说，第一列给出密文的前 n 个字母，第二列给出接下来的 n 个字母，依此类推。接下来重复这个过程，也就是说，将中间密文置于一个 $n \times m$ 数组中，再进行列置换，并按列写出密文。请你尝试通过使用这种方法，用 3×4 的数组，以及置换(2, 3, 1, 4)和(4, 2, 1, 3)来加密明文信息 attackatdawn。

18. 基于表 2-1 中的字母编码方式，下面的两个密文消息是使用相同的一次性密码本加密的：

KHHLTK 和 KTHLLE

请找出与每个消息对应的所有可能的明文，以及相应的一次性密码本。

19. 基于表 2-1 中的字母编码方式，下面的密文消息使用一次性密码本进行加密：

KITLKE

a. 如果明文是“thrill”，那么请问密钥是什么？
b. 如果明文是“tiller”，那么请问密钥是什么？

20. 假如你有一条消息包含 1024 位，请设计一个方案，将 64 位长的密钥扩展为 1024 位的字符串，以便结果字符串可以与消息进行异或运算，就像执行一次性密码本加密。如此加密的结果是否和一次性密码本一样安全呢？对于任何一个与之类似的加密方案，是否有可能和一次性密码本加密具有同样的安全性呢？

21. 请设计一个电报密码本加密方案，可以加密任何二进制分组，而不仅仅只限于加密特定单词。你的加密方案应该包含尽量多的各种可能的电报密码本，并通过密钥来决定加密(或解密)特定消息时使用哪一个密码本。讨论一下针对你的加密方案会存在哪些可能的攻击。

22. 假定下面截取的是某个经典电报密码本加密方案中的一部分被解密的密码本片段。

123	once
199	or
202	maybe
221	twice
233	time
332	upon
451	a

请解密如下密文：

242, 554, 650, 464, 532, 749, 567

假设有如下附加序列用于加密该消息：

119, 222, 199, 231, 333, 547, 346

23. 仿射密码是简单替换密码的一种类型，其中每一个字母都按照规则 $c=(a \cdot p+b) \bmod 26$(关于 mod 运算的讨论，详见附录)进行加密。此处，p、c、a 以及 b，每一个都是 0 至 25 之间的数字，其中 p 代表明文字母，c 代表密文字母，a 和 b 是常数。对于明文和密文，0 对应“*a*”，1 对应“*b*”，依此类推。考虑使用仿射密码加密后产生的密文 QJKES REOGH GXXRE OXEO，请确定常数 a 和 b，并解密该消息。提示：明文字母“t”加密为密文字母“H”，明文字母“o”加密为密文字母“E”。

24. 维格内尔加密法(Vigenere cipher)使用“*n* 位偏移”序列的简单替换密码来加密，其中的偏移量使用关键词作为索引，“A”代表偏移 0 位，“B”代表偏移 1 位，依此类推。举个例子，如果关键词是“DOG”，那么第 1 个字母被加密时使用 3 位偏移量的简单替换密码，第 2 个字母使用 14 位偏移量的简单替换密码，第 3 个字母使用 6 位偏移量的简单替换密码，接下来该模式重复，即第 4 个字母加密时使用 3 位偏移量，第 5 个字母加密时使用 14 位偏移量，依此类推。请对如下密文进行密码分析，即设法确定该密文的明文和密钥。说明：这个特定的消息使用维格内尔密码加密，关键词是由 3 个字母组成的英文单词。

CTMYR DOIBS RESRR RIJYR EBYLD IYMLC CYQXS RRMLQ FSDXF OWFKT CYJRR IQZSM X

25. 假设在行星 Binary 上，书面语言使用的字母表只包含两个字母：X 和 Y。再假设在这样的 Binarian 语言中，字母 X 出现的时间占 75%，而字母 Y 出现的时间占 25%。最后，假如你有两个 Binarian 语言的消息，其消息长度相等。

    a. 如果你来比较这两条消息的对应字母，那么需要多长时间才能够将这些字母匹配起来？
    b. 假如这两条消息中的其中一条是用简单替换密码加密的，其中字母 X 加密为 Y，字母 Y 加密为 X。现在你再来比较这两条消息(其中一条加密了，另一条没有加密)中对应的字母，又需要多少时间才能够将这些字母匹配起来？
    c. 假如这两条消息都使用简单替换密码进行加密，其中字母 X 加密为 Y，字母 Y 加密为 X。现在你再来比较这两条消息(两条消息都被加密了)中对应的字母，又需要多少时间才能够将这些字母匹配起来？
    d. 假设换一种情况，你获得了两个随机产生的消息，同样是只使用了两个字母 X 和 Y。如果你去比较这两条消息的对应字母，那么需要多长时间才能够将这些字母匹配起来？
    e. 什么是重合指数法(Index of Coincidence，IC)？提示：请参见参考文献[148]中的例子。

f. 在维格内尔加密算法中，如何利用重合指数法确定关键词的长度(请参考思考题 24 中关于维格内尔加密算法的定义)？

26. 在本章，我们讨论了一种前向检索攻击。

  a. 请说明如何实施前向检索攻击。
  b. 请说明如何能够阻止针对公开密钥加密系统的前向检索攻击。
  c. 请说明为什么前向检索攻击不能用于破解对称密钥加密系统。

27. 考虑“单向”函数 h。然后，给定值 $y=h(x)$，从 y 直接找到 x 是不可行的。请思考如下问题：

  a. 假设 Alice 可以计算 $y=h(x)$，其中 x 是 Alice 的薪酬，单位是美元。如果 Trudy 得到了 y，那么她如何能够确定 Alice 的薪酬 x 呢？提示：针对这个问题，使用前向检索攻击。
  b. 为什么你的攻击没有违背 h 的单向特性？
  c. 请问，Alice 如何能够防止此类攻击？我们假设 Trudy 能够访问到函数 h 的输出，Trudy 也知道输入中包含了 Alice 的薪酬，并且 Trudy 还了解输入的格式。另外，这里没有密钥可用，所以 Alice 不能够对输出的值进行加密。

28. 假设某个特定的加密方案使用 40 位的密钥，并且加密是安全的(尚未有已知的捷径攻击)。

  a. 平均而言，一次穷举式检索攻击需要多大的工作量？
  b. 假如可以获得已知明文，请列举一种攻击方案并说明其要点。
  c. 在仅知道密文的情况下，你将如何发起对该加密系统的攻击呢？

29. 假设 Alice 用一种安全的加密方案加密了一条消息，该方案使用 40 位的密钥。Trudy 知道密文和加密算法，但是她不知道明文和密钥。Trudy 计划实施一次穷举式检索攻击，也就是说，她打算尝试每一个可能的密钥，直到她能够找到那个正确的密钥。请思考如下问题：

  a. 平均而言，Trudy 在找到那个正确的密钥之前要尝试多少个密钥呢？
  b. Trudy 如何才能够知道她找到了那个正确的密钥呢？注意：对于 Trudy 来说，因为有太多的选择，所以不可能手工去检查每一个密钥，她必须有一些自动化的手段来判定假设的密钥正确与否。
  c. 在 b 的测试中，你的自动测试的工作量多大？
  d. 在 b 的测试中，你预计会有多少错误警报？也就是说，由不正确的密钥产生的假想的解密结果能够通过测试的概率多大？

第 3 章

对称密钥加密

The chief forms of beauty are order and symmetry...
— Aristotle

"You boil it in sawdust: you salt it in glue:
You condense it with locusts and tape:
Still keeping one principal object in view—
To preserve its symmetrical shape."
— Lewis Carroll, *The Hunting of the Snark*

3.1 引言

在本章，我们要讨论对称密钥加密技术家族的两个分支：流密码加密和分组密码加密。流密码加密推广了一次性密码本的思想，只可惜，这里我们换用相对而言比较小的密钥(其可管理性也更好)，但牺牲了一部分的可证明安全性。密钥被延展到长长的二进制码流中，然后这个二进制码流的用途就类似于一次性密码本。正如一次性密码本加密算法家族的其他成员一样，流密码加密仅仅利用了扰乱原则(我们在这里继续沿用香农提出的术语)。

分组密码加密技术可以看成经典的电报密码本加密技术的现代传承，其中由密钥来决定电报密码本的选择。分组密码加密算法的内部工作机制可能会令人感到相当恐怖，因此一种简单易行的理解方式就是，头脑里要树立“分组密码加密算法本质上就是电报密码本的‘电子化’版本”这样的理念。从内部实现上看，分组密码加密同时运用了扰乱和扩散两个原则。

我们将要充分地深入考察两个流密码加密算法，分别是 A5/1 和 RC4，这两个算法都已获得广泛运用。A5/1 算法(用于 GSM 无线通信网络的空中接口消息加密)是一大类基于硬件实现的流密码加密系统的优秀代表。RC4 则用于很多场合，包括 SSL 协议和 WEP 协议。RC4 算法的设计非常有利于软件的高效实现，事实上，该算法也因此在诸多流密码加密方案中独树一帜。

在分组密码加密领域，我们将详细考察DES，因其相对而言比较简单(从分组密码加密的标准上看确实如此)，同时又是所有此类算法的鼻祖，是分组密码加密算法相比其他算法得以自成一派的源头。我们也将简要地浏览几个其他的常用分组密码加密方案。随后，我们还要研究分组密码加密方案用于机密性用途的诸多方式中的几个典型代表，而且我们还会考虑分组密码加密方案在数据完整性领域所扮演的角色，实际上数据完整性与数据机密性是同等重要的安全范畴。

本章的目的是介绍对称密钥加密技术，并且在一定程度上熟悉其内部工作原理和用途。也就是说，我们会更多地关注“如何”而不是“为何”。要想理解为什么分组密码加密方案设计成这样，就必须了解高级密码分析技术的方方面面。我们将在第6章讨论密码分析技术之后再触及这些理念。

3.2　流密码加密

流密码加密方案使用 n 位长度的密钥 K，并将其延展至长长的密钥流中。然后该密钥流与明文 P 进行异或运算，生成密文 C。通过神奇的异或运算，相同的密钥流可以用来从密文 C 恢复出明文 P。注意：密钥流的用法完全等同于一次性密码本加密方法中的密码本(或密钥)。在Rueppel撰写的书(见参考文献[254])中可以找到非常优秀的关于流密码加密技术的介绍。如果想要了解该领域中的诸多挑战和研究难题，那么读者可以查阅参考文献[153]。

流密码加密方案的功能可以简单地看成如下公式：

$$\text{StreamCipher}(K)=S$$

其中：K 是密钥，S 表示生成的结果密钥流。切记：密钥流并非密文，而仅仅是二进制位串，就如同我们使用的一次性密码本。

现在，给定密钥流 $S = S_0, S_1, S_2 \ldots$以及明文 $P = P_0, P_1, P_2 \ldots$，我们通过按位的异或运算即可生成密文 $C = C_0, C_1, C_2 \ldots$，过程如下：

$$C_0 = P_0 \oplus S_0, C_1 = P_1 \oplus S_1, C_2 = P_2 \oplus S_2, \ldots$$

要解密密文 C，密钥流 S 将被再次使用：

$$P_0 = C0 \oplus S_0, P_1 = C_1 \oplus S_1, P_2 = C_2 \oplus S_2, \ldots$$

假定发送者和接收者使用相同的流密码加密算法，并且他们都知道密钥 K，那么这个系统就相当于提供了现实的通用型一次性密码本。可是，最终的加密算法并不是可证明为安全的(正如本章末尾所列思考题中探讨的情况一样)。所以，我们是牺牲了可证明安全性以向实用性妥协。

3.2.1 A5/1 算法

我们要研究的第一个流密码加密方案是 A5/1，该方案用于 GSM 蜂窝电话网络中的数据机密性加密(GSM 相关内容会在第 10 章探讨)。这个算法有其数学表达，但是也可以通过相对比较简单的接线图予以说明。这两种描述在此我们都会呈现。

A5/1 算法使用 3 个线性反馈移位寄存器(linear feedback shift register)(见参考文献[126])，或简称为 LFSR，我们分别将其标识为 X、Y 和 Z。寄存器 X 有 19 位，可以表示为$(x_0, x_1, \ldots ,x_{18})$；寄存器 Y 有 22 位，可以表示为$(y_0, y_1, \ldots ,y_{21})$；而寄存器 Z 有 23 位，可以表示为$(z_0, z_1,\ldots ,z_{22})$。当然，并非像大部分计算机极客(geek，意指技术不一定很好的电脑发烧友)所热衷的两极对立场景那样随意，这里要使用三个共包含 64 位二进制的线性反馈移位寄存器，这个设计绝非偶然。

绝非巧合的是，A5/1 算法的密钥 K 也是 64 位。该密钥用于三个线性反馈移位寄存器的初始填充，也就是说，该密钥用于充当三个寄存器的初始值。这三个寄存器用密钥填充之后，就可以开始生成密钥流了。但是，在描述如何生成密钥流之前，我们需要就寄存器 X、Y 和 Z 进一步介绍一下。

当轮到寄存器 X 的步骤时，要执行如下一系列操作：

$$t=x_{13} \oplus x_{16} \oplus x_{17} \oplus x_{18}$$
$$x_i=x_{i-1} \text{ for } i=18, 17, 16, \ldots , 1$$
$$x_0=t$$

同样，对于寄存器 Y 和 Z，每一个步骤也都分别包括如下操作：

$$t=y_{20} \oplus \mathrm{y}_{21}$$
$$y_i=y_{i-1} \text{ for } i=21, 21, 19, \ldots , 1$$
$$y_0=t$$

和

$$t=z_7 \oplus z_{20} \oplus z_{21} \oplus z_{22}$$
$$z_i= z_{i-1} \text{ for } i=22, 21, 20, \ldots , 1$$
$$z_0=t$$

给定三个二进制位 x、y 和 z，定义多数投票函数 $\mathrm{maj}(x, y, z)$。也就是说，如果 x、y 和 z 的多数为 0，那么函数返回 0；否则，函数返回 1。因为二进制位的个数为奇数，所以不会存在无法判决的情况，因此该函数的定义不会存在问题[1]。

在 A5/1 加密算法中，对于生成的每一个密钥流的位，都将执行如下操作。首先，我们计算：

1. 我们已经适度简化了这个过程。实际上，寄存器被密钥填充之后，在能够生成任何密钥流之前，还要紧跟着复杂的前奏(一系列的初始化步骤)。在这里，我们略去这个前奏过程。

$$m=\text{maj}(x_8, y_{10}, z_{10})$$

然后，执行寄存器 X、Y 和 Z 的各自步骤(或者不执行，根据计算执行结果的情况而定)如下：

- 如果 $x_8=m$，那么执行 X 步骤。
- 如果 $y_{10}=m$，那么执行 Y 步骤。
- 如果 $z_{10}=m$，那么执行 Z 步骤。

最终，单独密钥流的位 s 通过如下计算生成：

$$s=x_{18} \oplus y_{21} \oplus z_{22}$$

该位将与明文进行异或运算(在加密的情况下)，或者与密文进行异或运算(在解密的情况下)。我们接下来重复这整个过程，以生成所需数量的密钥流位数。

请注意，在执行寄存器的相关步骤时，根据位的移动情况，寄存器的内容可能会发生变化。结果是，每生成一个密钥流的位之后，寄存器 X、Y 和 Z 中的至少两个内容会发生改变，这意味着新的位处在了 x_8、y_{10} 和 z_{10} 的位置上。由此，我们就能够重复这个过程并生成一个新的密钥流的位。

虽然看起来这样生成单独的密钥流位是种非常复杂的方式，但是 A5/1 算法很容易以硬件实现，并能够以与时钟速率相匹配的效率生成密钥流位。还有一点，从单一的 64 位的密钥能够生成的密钥流位数实际上是无限的，即使最终的密钥流将会重复。图 3-1 显示了 A5/1 算法的连线图。想要了解关于 A5/1 算法的更多细节，请参考其他的资料，如参考文献[33]。

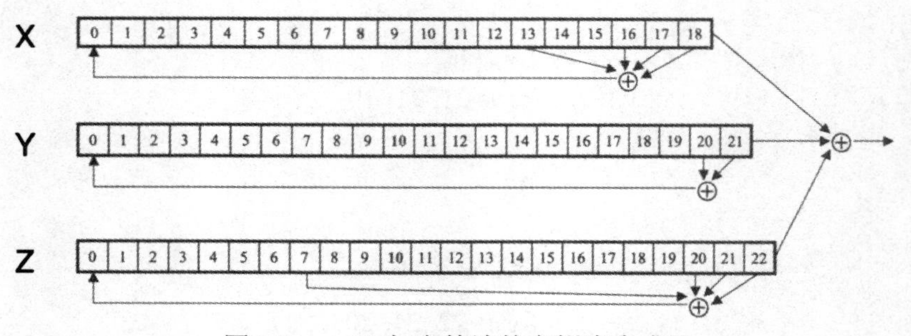

图 3-1　A5/1 加密算法的密钥流生成器

A5/1 加密算法是一个非常富有代表性的例子，该方案代表了一大类基于移位寄存器并以硬件实现的流加密算法。此类系统曾经在对称密钥加密领域大行其道，但是近年来，分组密码加密已经明显地占了上风，取代了流密码加密的昔日辉煌地位。而且现如今，在需要流密码加密系统的场合，一般很可能会选择 RC4 算法，我们接下来就要讨论它。

为什么会有如此多的系统从流密码加密技术转向分组密码加密技术呢？在过去的年代，处理器速度较慢，基于移位寄存器的流密码加密方案在匹配相对而言较高的数据速率系统(如语音系统)时，是非常必要的。而过去那些基于软件的加密方案不能足够快地生成二进制位信息以适应这些应用。然而到了今天，基于软件的加密方案已经几乎能够适应任何应用了。而且，分组密码加密方案相对容易设计，并能够胜任流密码加密系统所能完成的一切，甚至还能够做得更多。这些就是为什么分组密码加密技术的应用一直呈上升趋势的主要原因。

3.2.2　RC4 算法

RC4 是流密码加密算法，但是相比 A5/1，RC4 就像个全然不同的异类。RC4 算法经过优化非常适合软件实现，而 A5/1 算法则设计用于硬件实现。RC4 算法在每一步生成密钥流字节，而 A5/1 算法每次只生成单独的密钥流位。所有其他的方面都基本相同(当然，永远不可能完全一样)，但是，每步生成字节要比每次生成单一的二进制位要好得多。

RC4 算法非常简单明了，因为该算法本质上就是查找表，而该表包含所有可能的 256 个字节的值的排列。使得该算法成为强大的加密方案的关键技巧在于：每次生成密钥流字节后，查找表就被修改，当然查找表总会包含{0, 1, 2, ... ,255}的一个排列。因为这种持续更新，该算法的查找表以及相应的加密算法自身都为密码分析者提供了移动靶。

整个 RC4 算法就是基于字节的。该算法的第一个阶段，用密钥初始化查找表。我们将密钥表示为 key[i]，这里 $i = 0,1, \ldots , N-1$，其中每一个 key[i]都是一个字节。我们将查找表表示为 $S[i]$，其中每一个 $S[i]$也都是一个字节。图 3-2 中显示了对排列 S 初始化的伪码。RC4 算法的一个非常有趣的特性是：密钥大小可以是从 1 到 256 字节之间的任何长度。并且，该密钥仅仅用于初始化排列 S。注意，256 字节的数组 K 简单地被密钥重复填充，直到将数组填满。

```
for i = 0 to 255
    S[i] = i
    K[i] = key[i mod N]
next i
j = 0
for i = 0 to 255
    j = (j + S[i] + K[i]) mod 256
    swap(S[i],S[j])
next i
i = j = 0
```

图 3-2　RC4 算法初始化

在初始化阶段之后，图 3-3 显示了每个密钥流字节依据算法逐步生成的过程。我们将输出结果表示为 keystreamByte，这是单字节，可用于与明文消息进行异或运算(加密时)或者与密文消息进行异或运算(解密时)。在第 5 章，我们还会提到 RC4 密钥流字节的另一可能应用。

```
i = (i + 1) mod 256
j = (j + S[i]) mod 256
swap(S[i], S[j])
t = (S[i] + S[j]) mod 256
keystreamByte = S[t]
```

图 3-3　RC4 密钥流字节

RC4 算法被视为能够自修改查找表的算法，优雅、简单、软件实现高效。不过，还是存在一种针对 RC4 特定用法的颇具可行性的攻击手段(见参考文献[112]、[195]、[294])。但是，如果我们对率先生成的前 256 个密钥流字节弃之不用，该攻击就不可行了。这可以通过对初始化阶段简单地增加额外的 256 个步骤来实现，其中每一个附加步骤按照图 3-3 中的算法生成并丢弃一个密钥流字节。只要 Alice 和 Bob 都实施这样的附加步骤，他们就能够使用 RC4 算法安全地通信。

RC4 算法用在很多的应用系统中，包括 SSL 协议和 WEP 协议。不过，该算法相当老旧，并且未能面向 32 位处理器进行优化(事实上，该算法的优化面向古老的 8 位处理器)。尽管如此，在接下来的很多年里，RC4 算法在加密技术领域肯定还会是主要的角色。

流密码加密技术虽然曾经风靡一时，但是相比分组密码加密技术而言，它如今已经日渐式微。有人甚至更加激进，宣告了流密码加密技术的消亡(见参考文献[74])，而且作为例证，他们指出了事实：近年来已经鲜有在开发新的流密码加密技术方面的认真严肃的投入。不过，现如今有一类重要的应用，其数量正呈现增长的态势，这些应用专注在流密码加密技术方面多于分组密码加密技术方面。这类应用的例子包括无线设备、资源严重受限的设备以及数据速率极高的系统等。毋庸置疑，宣告流密码加密技术消亡的说法实在是有点言过其实。

3.3 分组密码加密

迭代计算的分组密码加密方案将明文分割成固定长度的分组，并生成固定长度的密文分组。在大部分的分组密码加密方案的设计里，密文都是通过“用函数 F 对明文进行若干轮的迭代计算”得到的。这个函数 F，依赖于前一轮计算的输出和密钥 K。通常称这个函数为轮函数，不是因为函数自身的形式，而是由于它会在实施加密的过程中被重复使用多轮。

分组密码加密方案的设计目标是安全高效。开发安全性较好的分组密码加密方案，或开发性能优异的分组密码加密方案，都不是非常困难的事情。但是，要想设计出既安全又高效的分组密码加密方案，就需要密码专家的高级技艺。

3.3.1 Feistel 密码

Feistel 密码的命名来自分组密码加密技术的先驱 Horst Feistel，这是一条加密方案设计的通用原则，而并非特定的密码方案。在 Feistel 密码方案中，明文分组 P 被分割为左右两部分，可以如下表示：

$$P=(L_0, R_0)$$

对于加密过程的每一轮 i，这里 $i = 1,2, \dots , n$，新的左半部分和右半部分分别依如下规则计算生成：

$$L_i = R_{i-1} \quad \text{式(3.1)}$$
$$R_i = L_{i-1} \oplus F(R_i\text{-}1, K_i) \quad \text{式(3.2)}$$

其中 K_i 是第 i 轮的子密钥。子密钥派生自密钥 K，并遵循特定的密钥调度算法。最终，密文 C 就是最后一轮加密的输出：

$$C=(L_n, R_n)$$

无须费力熟记式(3.1)和(3.2)，只需要掌握每一轮的 Fiestel 密码加密如何工作即可，这要容易得多。请注意，式(3.1)告诉我们：在分割中，“新”的左半部分就是“旧”的右半部分。另一方面，式(3.2)表明：在分割中，“新”的右半部分是“旧”的左半部分与函数的输出进行异或运算的结果，该函数以“旧”的右半部分和子密钥为输入参数。

当然，必须能够对密文进行解密。Feistel 密码结构的优美之处就在于：无论对于多么怪异的轮函数，都可以轻松执行解密。这仍然得益于异或运算的神奇之处，我们能够分别依据式(3.1)和(3.2)来计算出 R_{i-1} 和 L_{i-1}，这就使得我们可以反向执行整个过程。对于 $i = n, n-1, \ldots, 1$，解密的规则如下：

$$R_{i-1}=Li$$
$$L_{i-1}=R_i \oplus F(R_{i-1}, K_i)$$

这个解密过程的最终结果就是明文 $P=(L_0, R_0)$，于是如愿以偿。

这里再次强调，只要轮函数 F 的输出能够生成正确的二进制位的个数，任何轮函数 F 就都可以在 Feistel 密码结构中正常工作。还有一个特别的优点在于：该设计并不要求函数 F 必须是可逆的。不过，Feistel 密码方案并非对于所有可选的函数 F 都能够确保安全。不妨举一个例子，如下轮函数：

$$F(R_{i-1}, K_i)=0 \text{ 对所有 } R_{i-1} \text{ 和 } K_i \quad \text{式(3.3)}$$

它是一个合法的轮函数，因为我们确实可以用这个函数 F 来实施加密和解密。但是，如果 Alice 和 Bob 决定使用包含式(3.3)中定义的轮函数的 Feistel 密码方案，Trudy 就一定会心花怒放。

请注意，关于 Feistel 密码方案的安全性的所有问题最终都归结为轮函数的问题和密钥调度的问题。密钥调度往往不是主要的问题，因此绝大部分密码分析都会聚焦于轮函数 F。

3.3.2 DES

Now there was an algorithm to study;
one that the NSA said was secure.
— Bruce Schneier, in reference to DES

数据加密标准(Data Encryption Standard)常常被亲切地唤作 DES[2]，说起该算法的研

2. “内行”们都会发 DES 的音为连读，类似“fez”或“pez”的节奏，而不是简单读出三个字母 D-E-S。当然，你也可以说数据加密标准，但是那样就太不“酷”了。

发，还得追溯回20世纪70年代那个计算技术尚且蒙昧的时代。这个算法的设计基于所谓的Lucifer密码，那是当时IBM公司的一个团队开发的一种Feistel密码方案。DES是一种出人意料的简单的分组密码加密方案，但是Lucifer如何演变为DES的故事可就说来话长了。

在20世纪70年代中期之前，对于美国政府的官员们来说，有一件显而易见的事，那就是存在着对于安全加密的合理合法的商业诉求。当时，计算机革命正方兴未艾，数字化信息数据的数量和敏感性都正值快速提升时期。

20世纪70年代中期，加密技术对于机密的军事和政府机构这些圈子以外的人们而言，知之甚少，而且几乎不会被提及(并且对于绝大部分领域，至今仍旧如此)。其结果就是，各行各业无法判断加密技术产品的价值，从而致使大部分此类产品的质量都非常低劣。

在这种背景下，美国国家标准局(National Bureau of Standards)或简称NBS(也就是如今的NIST，即美国国家标准与技术研究所)发起了邀请，以征集加密技术提案。胜出的提案将成为美国政府标准，也几乎肯定将成为事实上的工业标准。由于最后收集到的合格可行的提案非常之少，因此情况很快就变得一目了然，IBM的Lucifer密码方案几乎成为唯一有力的竞争者。

此刻，NBS还有一个问题：在NBS中几乎没有密码技术专家。因此，他们转而投向美国政府的密码技术专家们，即绝密的国家安全局(National Security Agency)或简称NSA[3]。NSA为美国军方和政府设计、开发加密算法，这些算法专用于加密高度敏感的信息。不过，NSA还戴着一顶黑帽子，因为其掌管了信号情报，即SIGINT，所以这个组织负责千方百计地从外部源头获取情报信息。

NSA并不情愿掺和到DES这个事情当中，但是迫于压力，最后不得不同意研究Lucifer密码的设计并给出意见，前提是不公开他们在其中充当的角色。当这个消息大白于天下之时(见参考文献[273]，在美国这当然是不可避免的事情[4])，许多人都怀疑NSA在DES方案中植入了后门以便他们可以独自破解该密码方案。显而易见，NSA所承担的SIGINT任务这顶黑帽子，以及人们对政府普遍不信任的氛围加剧了这种担忧。从维护NSA的声誉角度，值得注意的是30年来的高强度密码分析仍未找到DES中的后门。无论如何，这种猜疑从一开始就玷污了DES的名誉。

经过一些细微的调整以及一些不那么细微的修改，Lucifer密码方案最终成为DES。其中，最明显的变化是密钥的长度从128位降到了64位。可是，经过仔细的密码分析，显示64位密钥中的8位实际上最终被丢弃了。因此，事实上的密钥长度仅有56位。这种修改的后果之一就是，对于穷举式密钥检索，其预期工作量从2^{127}降低为2^{55}。按照这种方式计算，DES算法相比Lucifer密码方案要容易破解2^{72}倍。

---

3. 美国国家安全局(NSA)的密级如此之高以至于它的雇员都开玩笑地说，NSA实际上是No Such Agency的简写(译者注：No Such Agency的英文意思是——不存在的局)。

4. 笔者曾参加过NSA主任(又称DIRNSA)组织的一次座谈。在座谈中，DIRNSA问了一个发人深省的问题：“你们想知道我们正在着手解决什么问题吗？”想都不用想，所有听众异口同声地热切响应“是的”，期待着他们能够从这个绝密间谍机关里听到最隐秘的内幕消息。而此时DIRNSA的回应是：“请去阅读纽约时报的头版吧！”

可以理解的是，人们怀疑 NSA 曾经插手故意地弱化 DES 加密方案。不过，后来关于该算法的密码分析表明，对其攻击的成本仅仅略微小于尝试 2^{55} 个密钥的成本。其结果表明，有 56 位密钥长度的 DES 算法可能与具有更长密钥的 Lucifer 密码方案具有大抵相当的安全强度。

对 Lucifer 密码方案的细微改变包括替换盒(substitution boxes)，或简称为 S-box，这将在下面描述。这些改变尤其会加深对后门的猜疑。但是，随着时间的推移，可以越来越清楚地看到，对 S-box 的修改实际上增强了该算法，它能够提供一定程度的保护以对抗我们多年之后才得以了解的若干密码分析技术(至少 NSA 之外的人们这么说过，他们自己则并没有讲)。一个无法回避的结论就是，无论是谁修改了 Lucifer 密码算法(当然包括 NSA)，他们一定都知道自己在做什么，事实上，他们确实极大地强化了这个算法。如果想了解关于 NSA 在 DES 开发过程中的角色和更多信息，见参考文献[215]和[273]。

现在，是该来了解 DES 算法具体细节方面的时候了。DES 是具备如下基本特性的 Feistel 密码方案：

- 共 16 轮计算
- 64 位分组长度
- 56 位密钥
- 48 位子密钥

DES 算法的每一轮相对而言都比较简单，至少从分组密码加密方案的设计标准上看来是如此。DES 算法的 S-box 是其最重要的安全特性之一。我们可以看到，S-box(或类似的结构)是现代分组密码加密方案设计的共同特征。在 DES 算法中，每一个 S-box 将 6 个二进制位映射到 4 个二进制位，该算法共使用 8 个不同的 S-box。这些 S-box 加在一起，将 48 个二进制位映射到 32 个二进制位。DES 算法中的每轮计算都使用同一组 S-box，而其中每一个 S-box 都被实现为一个查找表。

既然 DES 算法是 Feistel 密码结构，那么加密计算应遵循式(3.1)和(3.2)。图 3-4 中呈现了 DES 算法的单独一轮的接线图，其中相应连线旁边的每个数字都表示二进制位的个数。

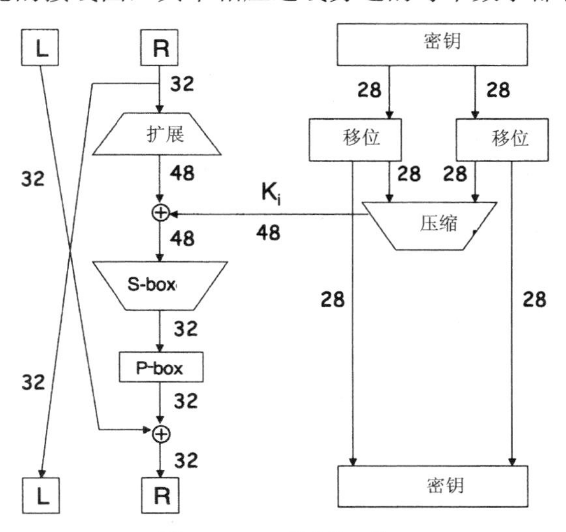

图 3-4　DES 算法的一轮

图 3-4 中未展现更多的计算细节，而 DES 算法的轮函数 F 可以如下公式表示：

$$F(R_{i-1}, K_i)=P\text{-box}(\text{S-boxes}(\text{Expand}(R_{i-1}) \oplus K_i)) \qquad 式(3.4)$$

基于这个轮函数，DES 算法可以看成公式(3.1)和(3.2)中定义的 Feistel 密码加密方案。按照式(3.1)，新的左半部分仅仅就是旧的右半部分的复制。而轮函数 F 的组成包括排列扩展、附加的子密钥、S-box 和 P-box 等，正如式(3.4)所示。

排列扩展将其输入从 32 位扩展到 48 位，再用子密钥与该结果进行异或运算。然后，S-box 压缩 48 位为 32 位，再将结果传递给 P-box。将 P-box 的输出与旧的左半部分进行异或运算，得到新的右半部分。

接下来，我们来描述函数 F 的各个组成的具体细节，以及用于计算子密钥 K_i 的算法。但是，非常重要的一点是：胸中要有大局，要认识到 DES 算法的整体结构事实上相当简单。实际上，DES 算法中的有些操作无论如何都对安全性提升无所裨益，如果将这些尽数剥离以揭示其本质的安全特性，那么该算法将变得越发简单。

贯穿我们这里的讨论，以及本书中其他部分的论述，我们将采用这样的约定：二进制位从左向右编号，起始的编号从 0 开始[5]。DES 算法中排列扩展的 48 位输出结果包含如下二进制位：

31	0	1	2	3	4	3	4	5	6	7	8
7	8	9	10	11	12	11	12	13	14	15	16
15	16	17	18	19	20	19	20	21	22	23	24
23	24	25	26	27	28	27	28	29	30	31	0

依照我们的约定，32 位的输入罗列为：

0	1	2	3	4	5	6	7	8	9	10	11	12	13	14	15
16	17	18	19	20	21	22	23	24	25	26	27	28	29	30	31

DES 算法的 8 个 S-box 中的每一个都将 6 个二进制位映射为 4 个二进制位，因此每个 S-box 都可被视作 4 行 16 列的数组，可以半字节(4 位二进制值)存储于各自的 64 个位置。从这个角度看，对于每一个被构造的 S-box，4 行中的每一行都可以看成十六进制数字 0,1,2, ... , E, F 的一个排列。表 3-1 显示 DES 算法中的第一个 S-box，表中 S-box 的 6 位输入表示为 $b_0b_1b_2b_3b_4b_5$。注意，这里的第一位输入和最后一位输入用于对行的索引，而中间的 4 位则用于对列的索引。我们还可以看到表中也给出了十六进制的输出。如果读者觉得这里提供的 S-box 还不够，那么可以在教科书的网站上找到 DES 算法的所有 8 个 S-box。

5. 笔者并非恐龙(意指某些 Fortran 程序员)，因此索引编号从 0 开始，而不是从 1 开始。

表 3-1　DES S-box 1

	$b_1b_2b_3b_4$															
B_0b_5	0	1	2	3	4	5	6	7	8	9	A	B	C	D	E	F
0	E	4	D	1	2	F	B	8	3	A	6	C	5	9	0	7
1	0	F	7	4	E	2	D	1	A	6	C	B	9	5	3	8
2	4	1	E	8	D	6	2	B	F	C	9	7	3	A	5	0
3	F	C	8	2	4	9	1	7	5	B	3	E	A	0	6	D

DES 算法中的置换盒，也就是 P-box，实际上对该加密算法的安全性没什么帮助，这个设计的真实意图看起来已经湮没在历史的迷雾中了。一个貌似合理的解释是：设计人员想要让 DES 算法更难于用软件来实现，因为毕竟该算法最初面向基于硬件实现的思路来设计。这显然是希望 DES 算法仅仅局限于用硬件实现的层面，也许他们的理念是这样做将会使该算法更容易保密。事实上，S-box 本身最初就是机密设计，因此毫无疑问保密就是第一要务。但意料之中的是，DES 算法的 S-box 被逆向工程之后，随即就被公之于世。为保持完整性，列出 P-box 的置换如下：

15	6	19	20	28	11	27	16	0	14	22	25	4	17	30	9
1	7	23	13	31	26	2	8	18	12	29	5	21	10	3	24

DES 算法中唯一至关重要的剩余部分就是密钥分配算法，该算法主要用于生成子密钥。该算法是个比较复杂的处理过程，其最终的效果只不过就是在每轮运算中从 56 个二进制位中选出来 48 个。当然这个算法的细节至关重要，毕竟分组密码加密设计因密钥分配算法的瑕疵而遭受攻击的事情已有先例。

跟前面一样，我们还是由左至右，从编号 0 开始罗列 56 位 DES 密钥。我们首先从 DES 密钥中抽出 28 个二进制位，排列在一起，将其命名为 *LK*。最初，*LK* 包括如下 DES 密钥二进制位：

49	42	35	28	21	14	7
0	50	43	36	29	22	15
8	1	51	44	37	30	23
16	9	2	52	45	38	31

DES 密钥中剩余的 28 个二进制位也被排列起来并赋给变量 *RK*。最初，*RK* 包括如下 DES 密钥二进制位：

55	48	41	34	27	20	13
6	54	47	40	33	26	19
12	5	53	46	39	32	25
18	11	4	24	17	10	3

在我们详细说明密钥分配算法之前，我们需要先介绍几个概念。我们先定义排列

LP 如下：

13	16	10	23	0	4	2	27	14	5	20	9
22	18	11	3	25	7	15	6	26	19	12	1

以及 RP 如下：

12	23	2	8	18	26	1	11	22	16	4	19
15	20	10	27	5	24	17	13	21	7	0	3

最后，我们再给出如下定义：

$$r_i = \begin{cases} 1, & \text{如果 } i \in \{1,2,9,16\} \\ 2, & \text{其他} \end{cases}$$

图 3-5 中给出了 DES 算法的密钥分配算法，说明该算法如何用于生成 48 位子密钥。

```
for each round i = 1, 2, ..., n
    LK = cyclically left shift LK by r_i bits
    RK = cyclically left shift RK by r_i bits
    The left half of subkey K_i consists of bits LP of LK
    The right half of subkey K_i consists of bits RP of RK
next i
```

图 3-5　DES 密钥分配(调度)算法

值得注意的是，通常写代码来实现 DES 算法时，我们很可能不想实现如图 3-5 所示的密钥分配算法。先用这个密钥分配算法确定每个密钥 K_i(依据初始的 DES 密钥)，再简单地将这些值硬编码到我们的程序中，如此将更有效率。

为完整起见，关于 DES 算法还有两个其他特性需要说明。最初，在第一轮运算之前，该算法对明文执行了初始的排列置换，最后一轮运算结束之后再执行其逆置换。另外，在加密时，最后一轮运算之后对左右两部分进行互换，因此实际的密文是(R_{16}, L_{16})，而不是(L_{16}, R_{16})。这两处古怪的设计对安全目标均无任何帮助，我们在后续的讨论中会将其忽略。不过，这些都是 DES 算法的组成部分。所以，如果你想要调用 DES 加密的结果，你就必须实现这些处理过程。

在 DES 算法安全性方面有几个概念可能颇具启发意义。首先，数学家非常擅长解决线性方程问题，在 DES 算法中，唯一非线性的部分就是 S-box。鉴于这些令人困扰的数学家们的存在，线性加密算法自然会存在固有弱点，所以 S-box 就构成了 DES 算法安全性的基石。事实上，扩展排列在其中扮演着重要的安全角色。当然，不严谨地看，在某种程度上密钥分配算法也扮演着较为重要的安全角色。待我们在第 6 章讨论完线性密码分析攻击及差分密码分析攻击之后，所有的这些分析将会越发显而易见。想要了解 DES 加密方案设计的更多细节，请参见参考文献[258]。

尽管对 DES 算法的设计存在担心，特别是 NSA 在其中所扮演角色的特殊性，但是 DES

算法显然经受住了时间的检验(见参考文献[181])。如今，DES 算法的脆弱之处仅仅是因为密钥长度太短，而并非其他任何令人瞩目的捷径攻击。虽然在理论上有人提出了一些攻击方案，在某种程度上能够比穷举式密钥检索耗费较少的工作量，但是所有实际的 DES 破解者[6]至今仍然仅仅是尝试所有可能的密钥，直到遍历至那个正确的密钥为止，也就是说，还是使用穷举式密钥检索。因此，确定无疑的是，DES 算法的设计者很清楚他们在做什么。

当我们在后面第 6 章中研究高级密码分析技术时，我们还会讨论关于 DES 算法的更多内容。事实上，DES 算法的历史意义无论如何强调都不过分。DES 算法可以视为发展现代对称密钥加密技术背后的推动力，其中最令人啼笑皆非的是 NSA 在极不情愿的情况下成了 DES 的教父。

接下来，我们来描述三重 DES，这个算法常用于有效地扩展 DES 算法的密钥长度。介绍完三重 DES 之后，我们将快速地浏览几个其他的分组密码加密方案。然后，我们再比较具体地讨论绝对简单的分组密码加密算法。

3.3.3　三重 DES

在转向其他分组密码加密方案之前，我们先来讨论 DES 方案的一种流行变体，即所谓的三重 DES，或简写为 3DES。但是，在开始讨论之前，我们需要先定义几个符号。假设 P 是明文分组，K 是密钥，而 C 是对应的密文分组。对于 DES 方案，C 和 P 都是 64 位，而 K 是 56 位，但我们这里的符号是泛指，我们使用如下符号来表示用密钥 K 加密明文 P：

$$C=E(P, K)$$

而对应的解密过程，我们表示为：

$$P=D(C, \mathrm{K})$$

请注意，对于同一密钥，加密和解密是逆运算，即：

$$P=D(E(P, K), K) \text{和} C=E(D(C, K), K)$$

但是，通常来说，当 $K_1 \neq K_2$ 时：

$$P \neq D(E(P, K_1), K_2) \text{和} C \neq E(D(C, K_1), K_2)$$

DES 算法曾一度非常盛行，几乎无处不在。但是，该算法的密钥长度如今确实不够用了。不过，对于成堆的 DES 应用，并非毫无办法。有个聪明的办法能够以更长的密钥使用 DES 算法。直觉来看，双重 DES 似乎就是这样一种可行的方案，可以表示如下：

$$C=E(E(P, K_1), K_2) \qquad \text{式(3.5)}$$

这貌似获得了 112 位密钥(两个 56 位 DES 密钥)的好处，唯一的缺陷只是因为执行了

6. 千万别跟乐之薄饼弄混了(译者注：这里“破解者”的原文是 crackers，而 Ritz crackers 是乐之薄饼(卡夫牌的一种饼干))。

两遍 DES 运算而损失了效率。

但是，对双重 DES 存在一种中间人攻击，致使该算法与单一 DES 算法的强度几乎相当。虽然这样的攻击可能也不完全现实，因其太过于理想化。这种攻击是一种选择明文攻击，意味着我们要假定攻击者总是能够选择特定的明文 P 并得到相应的密文 C。

因此，假设 Trudy 选定特定的明文 P 并得到了相应的密文 C，对于双重 DES 就是 $C=E(E(P, K_1), K_2)$。Trudy 的目标是找到密钥 K_1 和 K_2。朝着这个既定目标，Trudy 首先预计算大小为 2^{56} 行的表，表中包含成组的值 $E(P, K)$和 K，其中 K 涵盖各种可能的密钥值。Trudy 将这个表按值 $E(P, K)$进行排序。现在，用她的这个表以及密文 C，Trudy 就可以用密钥 $\tilde{K}$ 解密 C，直到她在这个表中找到值 $X=D(C, \tilde{K})$。于是，基于这个表的建立方式，我们就有某个 K 使得 $X=E(P, K)$。那么 Trudy 现在就有如下等式：

$$D(C, \tilde{K})=E(P,K)$$

其中 $\tilde{K}$ 和 K 都是已知的。这样，Trudy 就已经发现可以通过用密钥 $\tilde{K}$ 加密等式两端来找到 112 位的密钥，也就是如下公式：

$$C=E(E(P, K), \tilde{K}),$$

也就是说，在式(3.5)中，我们可以得到 $K_1=K$ 和 $K_2=\tilde{K}$。

这个对双重 DES 的攻击需要 Trudy 预计算、排序并存储含有 2^{56} 个元素的超级大表。但是，这个表的计算是一次性的工作。因此，如果我们多次使用这个表(以多次攻击双重 DES 算法[7])，计算该表的工作量就可以依据攻击进行的次数而获得分摊效果。忽略这个必需的预计算大表的工作量，其他的工作量还包含计算 $D(C, K)$并在大表中查找匹配项。这个工作量预计是 2^{55}，几乎与对单一 DES 算法实施穷举式密钥检索攻击的工作量基本相当。所以，从某种意义上可以说，双重 DES 算法并不比单一 DES 算法更加安全。

既然双重 DES 并不安全，那么三重 DES 是否会好一些呢？在考虑相应的攻击之前，我们需要先给出三重 DES 明确的定义。首先，从逻辑上看三重 DES 的定义貌似应该是：

$$C=E(E(E((P, K_1), K_2), K_3)$$

但是，实际上并非如此。相反，三重 DES 的定义如下：

$$C=E(D(E(P, K_1), K_2), K_1)$$

请注意，三重 DES 仅仅使用了两个密钥，采取“加密——解密——加密”的方式，即 EDE 模式，取代了“加密——加密——加密”的模式，即 EEE 模式。仅使用两个密钥的原因是 112 位密钥已经足够了，而且三个密钥并不能大幅提高安全性(请参见本章思考题 42)。但是，为什么用 EDE 模式取代 EEE 模式呢？令人不可思议的一个原因就是为了能够向后

7. 只有在具备选择明文的条件的情况下，大表预计算的工作量是一次性的。如果我们仅仅拥有已知明文，那么我们需要在每次发起攻击时都计算一次大表。具体请参见本章思考题 18。

兼容，如果三重 DES 使用的密钥 $K_1=K_2=K$，那么它将蜕变为单一 DES，因为：

$$C=E(D(E(P, K), K), K)=E(P, K)$$

那么现在，针对三重 DES 的攻击是什么情况呢？我们可以确定地说，用于对付双重 DES 的那种类型的中间人攻击放在此处就不现实了，因为大表的预计算基本不可行或者说单次攻击的成本不切实际。更多细节请查看本章思考题 42。

三重 DES 方案如今已经相当普遍。但是，随着高级加密标准的问世，以及一些其他可选的现代加密方案的出现，三重 DES 应该会像老兵一样，逐渐淡出历史舞台。

3.3.4 AES

到 20 世纪 90 年代，所有人，甚至包括美国政府，都意识到 DES 算法已经走到了尽头，完全没有效用可言了。DES 算法最要命的问题是其密钥长度只有 56 位，而这对于穷举式密钥检索攻击基本没有抵抗力。针对某特定目的的 DES 攻击者曾组织起来并能够在大约一个小时里找到 DES 算法的密钥。在互联网上，利用志愿者计算机的分布式攻击也已经成功地找到了 DES 算法的密钥(见参考文献[98])。

20 世纪 90 年代初，NIST，即曾经的 NBS，发起加密技术方案征集，相应提案将成为高级加密标准，即 AES。这次不像 20 年前 NBS 征集提案时那么惨淡，NIST 被淹没在众多优质的提案中。候选者的范围被缩减为 5 个终极选手，最终 Rijndael(这个词的发音有点儿像“rain doll”)算法当选。关于 AES 竞选的信息，见参考文献[182]，有关 Rijndael 算法的具体细节，请参见参考文献[75]。

AES 的竞争选拔是以一种完全开放的方式开展，不像 DES 的征集选拔，这次 NSA 是公开地以评委之一的身份参与其中。结果是，没有任何可信的说法去宣扬 AES 中被插入了后门。事实上，AES 在密码学技术相关领域获得了高度评价。Shamir 曾经表示，他相信，用 256 位密钥的 AES 算法加密的数据将是“永久安全的”，无论在计算技术上发生什么可以想得到的进展(见参考文献[73])。

跟 DES 算法一样，AES 算法也是一种迭代式分组加密方案。与 DES 不同的是，AES 算法没有采用 Feistel 密码结构设计。这个事实主要蕴含这样一个要求：为了能够实施解密，AES 的运算操作必须是可逆的。还有一点与 DES 算法不同，就是 AES 算法包含了高度数学化的结构。我们这里对该算法仅仅做快速概览，有关 AES 算法方方面面的各种浩瀚的信息和资料比比皆是，而我们将很大程度上忽略那些优雅的数学结构。无论如何，这都是一次冒险的博弈，毕竟历史上没有任何一种加密方案经历严格审查的时间像 AES 这么短暂。关于 Rijndael 算法的更多细节，见参考文献[7]和[75]。

关于 AES 算法的一些基本事实如下：

- 分组大小为 128 位[8]。
- 有三种密钥长度可供选择，分别是 128、192、及 256 位。

8. Rijndael 算法实际上支持的分组长度包括 128、192、以及 256 位，并且独立于密钥长度。不过，较大的分组长度并不是 AES 算法官方标准的一部分。

- 依密钥的长度不同，运算的轮次从 10 轮至 14 轮不等。
- 每轮包含 4 个函数，分为 3 个层次。如下列出了这 4 个函数(括号中标明了相应的层次)：
  — Bytesub(非线性层)
  — ShiftRow(线性混合层)
  — MixColumn(非线性层)
  — AddRoundkey(密钥添加层)

AES 算法将 128 位的分组看成 4×4 的字节数组，如下：

$$\begin{bmatrix} a_{00} & a_{01} & a_{02} & a_{03} \\ a_{10} & a_{11} & a_{12} & a_{13} \\ a_{20} & a_{21} & a_{22} & a_{23} \\ a_{30} & a_{31} & a_{32} & a_{33} \end{bmatrix}$$

字节替换操作应用到每个字节 a_{ij}，也就是说，b_{ij}= ByteSub(a_{ij})，输出的 b_{ij} 数组如下所示：

$$\begin{bmatrix} a_{00} & a_{01} & a_{02} & a_{03} \\ a_{10} & a_{11} & a_{12} & a_{13} \\ a_{20} & a_{21} & a_{22} & a_{23} \\ a_{30} & a_{31} & a_{32} & a_{33} \end{bmatrix} \rightarrow \text{ByteSub} \rightarrow \begin{bmatrix} b_{00} & b_{01} & b_{02} & b_{03} \\ b_{10} & b_{11} & b_{12} & b_{13} \\ b_{20} & b_{21} & b_{22} & b_{23} \\ b_{30} & b_{31} & b_{32} & b_{33} \end{bmatrix}$$

字节替换在 AES 中的地位近似于 DES 中的 S-box，可以视它为两个数学函数的非线性且可逆的组合，或者还可以简单地将其看成查找表。我们这里从后一种角度来观察。图 3-6 显示了字节替换的查找表，例如，ByteSub(3c)=eb，因为 eb 出现在表 3-5 中的第 3 行、第 c 列。

	0	1	2	3	4	5	6	7	8	9	a	b	c	d	e	f
0	63	7c	77	7b	f2	6b	6f	c5	30	01	67	2b	fe	d7	ab	76
1	ca	82	c9	7d	fa	59	47	f0	ad	d4	a2	af	9c	a4	72	c0
2	b7	fd	93	26	36	3f	f7	cc	34	a5	e5	f1	71	d8	31	15
3	04	c7	23	c3	18	96	05	9a	07	12	80	e2	eb	27	b2	75
4	09	83	2c	1a	1b	6e	5a	a0	52	3b	d6	b3	29	e3	2f	84
5	53	d1	00	ed	20	fc	b1	5b	6a	cb	be	39	4a	4c	58	cf
6	d0	ef	aa	fb	43	4d	33	85	45	f9	02	7f	50	3c	9f	a8
7	51	a3	40	8f	92	9d	38	f5	bc	b6	da	21	10	ff	f3	d2
8	cd	0c	13	ec	5f	97	44	17	c4	a7	7e	3d	64	5d	19	73
9	60	81	4f	dc	22	2a	90	88	46	ee	b8	14	de	5e	0b	db
a	e0	32	3a	0a	49	06	24	5c	c2	d3	ac	62	91	95	e4	79
b	e7	c8	37	6d	8d	d5	4e	a9	6c	56	f4	ea	65	7a	ae	08
c	ba	78	25	2e	1c	a6	b4	c6	e8	dd	74	1f	4b	bd	8b	8a
d	70	3e	b5	66	48	03	f6	0e	61	35	57	b9	86	c1	1d	9e
e	e1	f8	98	11	69	d9	8e	94	9b	1e	87	e9	ce	55	28	df
f	8c	a1	89	0d	bf	e6	42	68	41	99	2d	0f	b0	54	bb	16

图 3-6　AES 算法字节替换

行移位操作是对 4×4 字节数组中每一行的字节进行循环移位。该操作如下所示：

$$\begin{bmatrix} a_{00} & a_{01} & a_{02} & a_{03} \\ a_{10} & a_{11} & a_{12} & a_{13} \\ a_{20} & a_{21} & a_{22} & a_{23} \\ a_{30} & a_{31} & a_{32} & a_{33} \end{bmatrix} \rightarrow \text{ShiftRow} \rightarrow \begin{bmatrix} a_{00} & a_{01} & a_{02} & a_{03} \\ a_{11} & a_{12} & a_{13} & a_{10} \\ a_{22} & a_{23} & a_{20} & a_{21} \\ a_{33} & a_{30} & a_{31} & a_{32} \end{bmatrix}$$

也就是说，第一行不移位，第二行循环左移一个字节，第三行循环左移两个字节，而最后一行循环左移三个字节。注意，行移位是可逆的，仅需向相反的方向移位即可。

接下来，对 4×4 字节数组的每列执行列混合操作，如下所示：

$$\begin{bmatrix} a_{0i} \\ a_{1i} \\ a_{2i} \\ a_{3i} \end{bmatrix} \rightarrow \text{MixColumn} \rightarrow \begin{bmatrix} b_{0i} \\ b_{1i} \\ b_{2i} \\ b_{3i} \end{bmatrix} \text{其中} i=0,1,2,3$$

列混合包括移位和异或操作，最有效的实现方式是查找表。整个列混合操作都是非线性且可逆的，再加上字节替换，这就相当于达成了与 DES 中 S-box 类似的目的。

轮密钥合并操作很直接。类似于 DES 算法，有一个密钥分配算法用于生成每轮的子密钥。假如 k_{ij} 是某轮计算的 4×4 的子密钥数组，那么该子密钥将与当前的 4×4 字节数组进行异或运算，如下所示：

$$\begin{bmatrix} a_{00} & a_{01} & a_{02} & a_{03} \\ a_{10} & a_{11} & a_{12} & a_{13} \\ a_{20} & a_{21} & a_{22} & a_{23} \\ a_{30} & a_{31} & a_{32} & a_{33} \end{bmatrix} \oplus \begin{bmatrix} k_{00} & k_{01} & k_{02} & k_{03} \\ k_{10} & k_{11} & k_{12} & k_{13} \\ k_{20} & k_{21} & k_{22} & k_{23} \\ k_{30} & k_{31} & k_{32} & k_{33} \end{bmatrix} = \begin{bmatrix} b_{00} & b_{01} & b_{02} & b_{03} \\ b_{10} & b_{11} & b_{12} & b_{13} \\ b_{20} & b_{21} & b_{22} & b_{23} \\ b_{30} & b_{31} & b_{32} & b_{33} \end{bmatrix}$$

我们这里忽略 AES 的密钥分配算法，但是正如所有的分组密码加密算法，密钥分配算法是关乎加密算法安全性的至关重要的部分。最后，如前所述，这 4 个函数——分别用于字节替换、行移位、列混合以及轮密钥合并，都是可逆的。其结果是，整个完整的算法是可逆的，于是，AES 就可以用于加密和解密了。

3.3.5　另外三个分组密码加密算法

在这一节，我们还要简要地考察三个著名的分组密码加密算法，它们分别是：国际数据加密算法(IDEA，the International Data Encryption Algorithm)、Blowfish 以及 RC6。这几个算法在设计上各具匠心，都有不少可圈可点之处。在 3.3.6 节，我们会较为具体地研讨 TEA(the Tiny Encryption Algorithm)算法(见参考文献[323])。

IDEA 出自 James L. Massey 之手，他是现代最伟大的密码学技术专家之一，虽然其知名度未必很高。IDEA 算法最重要的创新特性是对混合模运算的使用。这个算法结合了模 2 加法(也就是所谓的异或运算)和模 2^{16} 加法以及 Lai-Massey 乘法结构，该结构几乎就相当于模 2^{16} 乘法。这些操作共同产生了非常必要的非线性，结果就是这里不再需要显式的 S-box 了。Massey 显然是第一个使用这种方案的，如今此类设计已经很普遍了。想要了解 IDEA 算法更多的设计细节，见参考文献[201]。

Blowfish 算法是 Bruce Schneier 最中意的加密算法之一，毫无疑问这是他本人的杰作。Bruce Schneier 不仅是著名的密码技术专家，还是一位安全相关领域孜孜不倦且涉猎颇广的著者。Blowfish 算法有意思的地方在于使用了与密钥相关的 S-box，而并非采用固定的 S-box，也就是说，该算法基于密钥生成其 S-box。实际情况表明典型的 Blowfish 算法的 S-box 强度很高。想要了解关于 Blowfish 算法的更多信息，见参考文献[262]。

RC6 算法则要归功于 Ron Rivest。Ron Rivest 在加密技术领域的成就可以说真正值得大书特书，包括公开密钥加密系统 RSA，前面提到的 RC4 流密码加密方案，以及最流行的哈希函数之一——MD5。RC6 算法的非同寻常之处在于使用了基于数据的循环移位算法(见参考文献[247])。该加密算法的核心运算操作依赖于数据，这是前所未有的创举。RC6 是 AES 的候选算法之一，不过最终败给了 Rjindael 算法。

对于诸多应用于分组密码加密算法设计中的变换，从这三个加密算法中看也仅仅是窥豹一斑。在分组密码算法中，这些令人眼花缭乱的变换都要追求安全性和性能之间的理想平衡。在第 6 章，我们将讨论线性密码分析和差分密码分析，届时，分组密码加密算法设计当中这种固有的基本权衡将会体现得淋漓尽致。

3.3.6 TEA 算法

我们要讨论的最后一个分组密码加密算法是 TEA(Tiny Encryption Algorithm)。到目前为止，我们在前面所呈现的连线图可能会使你得出如下结论：分组密码加密算法必须是复杂的。TEA 却能够很好地说明，事实并非如此。

TEA 算法使用 64 位长度的分组和 128 位长度的密钥。该算法设定基于 32 位单词的计算结构，其中所有的操作都是内在地模 2^{32} 的，任何第 32 位之后的二进制位都会被自动地截除。计算的轮数是可变的，但是必须足够大。通常明智的做法是选择 32 轮以确保安全。不过，TEA 算法的每一轮更像 Feistel 密码结构(类似 DES 算法那样的结构)的两轮，所以这大约相当于 DES 算法的 64 轮，已经很可观了。

分组密码加密算法设计中，在每轮运算的复杂性和需要执行的轮数之间，始终要进行一种内在的权衡。类似 DES 这样的密码算法力求在二者之间达成平衡。而 AES 算法则尽可能地减少运算的轮数，其代价就是会有更加复杂的轮函数。某种意义上，TEA 算法可以被看做走向了与 AES 算法设计思路相反的另一个极端，因为 TEA 算法使用非常简单的轮函数。不过，其轮运算如此简单的直接结果就是，运算的轮数必须足够大才能获得较高的安全水平。图 3-7 中给出了 TEA 加密算法的伪码(其中运用了 32 轮运算)，其中“《”是左移位(非循环)操作，而“》”是右移位(非循环)操作。

$(K[0], K[1], K[2], K[3]) =$ 128 bit key
$(L, R) =$ `plaintext` (64-bit block)
`delta` $=$ `0x9e3779b9`
`sum` $= 0$
`for` $i = 1$ `to` 32
　　`sum` $=$ `sum` $+$ `delta`
　　$L = L + (((R \ll 4) + K[0]) \oplus (R + \texttt{sum}) \oplus ((R \gg 5) + K[1]))$
　　$R = R + (((L \ll 4) + K[2]) \oplus (L + \texttt{sum}) \oplus ((L \gg 5) + K[3]))$
`next` i
`ciphertext` $= (L, R)$

图 3-7　TEA 加密算法

关于 TEA 算法，有种有意思的情况值得引起注意，那就是这个算法不是 Feistel 密码结构，所以需要分别独立地加密和解密例程。不过，TEA 算法在尽可能地接近 Feistel 密码结构，虽然实际上它并不是——TEA 算法使用加法和减法取代了异或运算。即便如此，对于 TEA 算法来说，需要分别独立地加密和解密例程这件事并不是一个太大的问题，毕竟所需的代码行是如此之少，而且即使执行很多轮次，该算法也仍然是相当高效的。图 3-8 给出了 TEA 的解密算法，此处仍设定其执行 32 轮运算。

$(K[0], K[1], K[2], K[3]) =$ 128 bit key
$(L, R) =$ `ciphertext` (64-bit block)
`delta` $=$ `0x9e3779b9`
`sum` $=$ `delta` $\ll 5$
`for` $i = 1$ `to` 32
　　$R = R - (((L \ll 4) + K[2]) \oplus (L + \texttt{sum}) \oplus ((L \gg 5) + K[3]))$
　　$L = L - (((R \ll 4) + K[0]) \oplus (R + \texttt{sum}) \oplus ((R \gg 5) + K[1]))$
　　`sum` $=$ `sum` $-$ `delta`
`next` i
`plaintext` $= (L, R)$

图 3-8　TEA 解密算法

对于 TEA 算法，存在一种稍微有点儿晦涩的相关密钥攻击(见参考文献[163])。也就是说，如果密码分析者了解到两个 TEA 消息的加密密钥是以某种非常特殊的方式相互关联的，就可以恢复出明文。在绝大多数环境中，这都是一种低概率的攻击，兴许你可以放心地忽略不计。但是，如果你担心的正是这样一种攻击行为，那么还有一种 TEA 算法的稍微复杂点的变种，称为扩展 TEA，或简称为 XTEA(见参考文献[218])，该扩展算法可以解决上述潜在的问题。此外，还有 TEA 的简化版本，称为简版 TEA，或简称为 STEA，当然这个简版算法非常脆弱，主要用于阐述一些特定类型的攻击手段(见参考文献[208])。

3.3.7　分组密码加密模式

使用流密码加密方案非常简单，你只要生成与明文(或密文)长度相等的密钥流，再执行异或运算即可。使用分组密码加密算法也非常简单，如果你恰好有分组的数据需要加密的话。但是，如何使用分组密码加密算法对多个分组进行加密呢？事实证明，这并不像直观地看起来那么简单。

现在，假设我们有多个明文分组，比如：

$$P_0, P_1, P_2, \ldots$$

对于固定的密钥 K，分组密码加密算法就是电报密码本，因为它在明文分组和密文分组之间创建了固定的映射。按照这种电报密码本的思想，显而易见的可行方案就是以所谓的电子密码本模式(electronic codebook mode)应用分组密码加密算法，或简称为 ECB 模式。在 ECB 模式中，我们使用如下公式进行加密：

$$C_i = E(P_i, K) \text{其中 } i = 0, 1, 2, \ldots$$

然后，我们可以按如下公式进行解密：

$$P_i = D(C_i, K) \text{其中 } i=0, 1, 2, \ldots$$

这种方案看起来可行，但是ECB模式实际上存在非常严重的安全问题。因此，最后的结果就是在实践中从来不会使用这种方式。

我们来简单说明一下。假设使用ECB模式，攻击者观察到$C_i=C_j$，那么他就知道$P_i=P_j$。虽然这看起来可能纯属偶然，但是确实存在这种可能性：攻击者知道明文的一部分，那么任何与已知分组的匹配就揭示出了另一个分组的明文。而且，即使攻击者不知道P_i或P_j，一些信息也还是会被泄露，也就是说，他们至少会知道这两个明文分组是相同的。我们当然不想给密码分析者任何免费的午餐，特别是当我们有简单有效的办法来规避这种风险的时候。

对于这种看似无足轻重的弱点可能产生的后果，Massey(见参考文献[196])给出了一个令人印象深刻的实例。我们在图3-9中给出了一个类似的例子，其中显示了一幅Alice的图像(未经压缩处理)，旁边是同样的一幅图像在经过ECB模式加密之后的结果。要知道，图3-9右边图像中的每一个分组都已经被加密，但是，所谓的分组，在明文中和在用ECB加密的密文中都是同一个分组。请注意，无论使用哪种分组密码加密都差不多，图3-3中奇妙的结果仅仅取决于使用了ECB加密模式这一事实，而与具体加密算法的细节无太大关系。在这种情况下，对Trudy来说，从密文猜测出明文就并非难事了。

图3-9　Alice与ECB加密模式

图3-9中展示的ECB加密模式的问题就是所谓"新唯密文攻击"的基础，关于这种"新唯密文攻击"的讨论见参考文献[95]。这种众所周知的攻击类型的新版本的拥护者创建了一个视频，其中还提供了一个相关结果的演示，并辅以大量天花乱坠的营销宣传(见参考文献[239])。

幸运的是，有更好的方式使用分组密码加密算法，并且可以规避ECB加密模式的弱点。现在我们来讨论最常用的方法，即分组密码的链加密模式(cipher block chaining mode)，或简称为CBC。在CBC模式中，分组的密文将在下一个明文分组被加密之前用于混淆明文信息。CBC模式的加密公式如下所示：

$$C_i = E(P_i \oplus C_{i-1}, K)\text{，其中 } i=0,1,2,\ldots \qquad \text{式(3.6)}$$

通过如下公式，可以再实现对所得结果的解密

$$P_i=D(C_i, K) \oplus C_{i-1}，其中\ i=0,1,2,\ldots \quad 式(3.7)$$

因为没有密文分组 C_{-1}，所以第一个分组需要进行特殊处理。初始化向量(initialization vector)，或简称为 IV，可被用于顶替这个位置，实现相当于密文分组 C_{-1} 的作用。由于密文不需要保密，因此既然 IV 扮演了类似密文分组的角色，就没必要保密。但是，IV 应该是随机选择的。

使用 IV，CBC 加密模式的第一个分组如下加密：

$$C_0=\mathrm{E}(P_0 \oplus \mathrm{IV}, K)$$

其他分组使用式(3.6)加密。第一个分组的解密情况如下所示：

$$P_0=D(C_0, K) \oplus \mathrm{IV}$$

其他密文分组的解密使用式(3.7)。既然 IV 不必保密，它就往往是在加密时随机生成并作为首个“密文”分组进行发送(或存储)。无论如何，在进行解密时，对该 IV 都必须做相应的处理。

CBC 加密模式的好处是同样的明文并不会产生同样的密文。将图 3-9 中显示的 Alice 的图像用 ECB 模式进行加密的结果，与图 3-10 中显示的将 Alice 的图像用 CBC 模式加密的结果进行比较，可以非常明显地看到这一点。

图 3-10 Alice 选择 CBC 加密模式

由于是采用链式加密，对于 CBC 模式的可能顾虑就是差错传播。在密文被传送的过程中，可能会发生无意的干扰混乱，使得为 0 的位变成为 1 的位，或者相反。如果某个单独的传送差错使得整个明文无法恢复，那么 CBC 加密模式在实际中将毫无用处。幸运的是，并不会发生这样的情况。

假设密文分组 C_i 发生误码错误，比如被误传为 $G \neq C_i$，那么：

$$P_i \neq D(\mathrm{G}, \mathrm{K}) \oplus \mathrm{G}_{i-1}\ 和\ \mathrm{P}_{i+1} \neq D(G_{i+1}, K) \oplus G$$

但是

$$P_{i+2}=D(C_{i+2}, K) \oplus C_{i+1}$$

以及所有的后续分组都会被正确解密。也就是说，每一个明文分组仅仅依赖于两个相继的密文分组，因此错误并不会传播到两个分组之外。但是，二进制位的差错就能够导致两个完整的分组错乱，在类似无线网络这种高差错率的环境中，仍然是一个严重的问题。流密码加密方案不会有这种问题，独立的密文位的错乱仅仅导致独立的明文位的错乱，这正是流密码加密方案常常被基于无线的应用作为首选的原因之一。

另一个关于分组密码加密方案的顾虑是复制-粘贴攻击。假设有如下明文：

Money␣for␣Alice␣is␣$1000
Money␣for␣Trudy␣is␣$2␣␣␣

其中“␣”是空格符，该明文使用64位分组长度的分组密码加密方案进行加密。假设每个字符需要8个二进制位(如8位的ASCII码)，则明文分组如下所示：

P_0=Money␣fo
P_1=r␣Alice␣
P_2=is␣$1000
P_3=Money␣fo
P_4=r␣Trudy␣
P_5=is-$2␣␣␣

假设该数据使用ECB模式加密[9]，那么密文分组将根据公式 $C_i = E(P_i, K)$(其中 $i = 0, 1, \ldots, 5$)进行计算。

现在假定Trudy知道这里使用了ECB加密模式，她了解明文的通用结构，并且她知道她将会收到$2。但是，Trudy不知道Alice将会收到多少，虽然她推测一定要比$2多得多。如果Trudy能够重新排列密文分组的顺序如下：

$$C_0, C_1, C_5, C_3, C_4, C_2, \qquad \text{式(3.8)}$$

那么Bob将解密该信息如下：

Money␣for␣Alice␣is␣$2␣␣␣
Money␣for␣Trudy␣is␣$1000

从Trudy的角度看，这显然是个更好的结果。

你可能会认为CBC加密模式将消除复制-粘贴攻击。如果是这样，你就错了。对于CBC加密模式，复制-粘贴攻击仍然是有可能的，即便实际难度增加了一点儿，甚至还会有部分数据被破坏。在本章末尾的思考题里，我们将进一步探讨这个问题。

使用分组密码加密方案，也能够生成密钥流，其类似流密码加密方案中的密钥流被使用。实现这个想法，有几种不同的可选方案。不过，我们这里只讨论最流行的一种，即所谓的计数器模式(counter mode)，或简称为CTR。类似CBC加密模式，CTR加密模式同样

9. 当然，你永远都不应该使用ECB加密模式。不过，同样的问题已经在其他加密模式(甚至是其他类型的加密方案)中凸显出来。不过，用ECB加密模式最容易说明这个问题。

使用 IV。CTR 加密模式的加密公式如下：

$$C_i=P_i \oplus E(\mathrm{IV}+i, K)$$

解密过程则通过如下公式完成[10]：

$$P_i=C_i \oplus E(\mathrm{IV}+i, K)$$

CTR 加密模式常常用于需要随机存取的场景。虽然 CBC 加密模式也可以非常直截了当地用于随机存取，但是在某些随机存取的场合，CBC 模式确实不是理想的选择。有关情况可以参见本章思考题 27。

除了 ECB、CBC 和 CTR 模式，还有很多其他的分组密码加密模式。更多通用的有关加密模式的描述，见参考文献[258]。不过，这里讨论的三种加密模式基本上可以满足绝大多数的分组密码加密应用。

最后，值得注意的是，数据的机密性一般来自略有不同的两个方面。一方面，我们要加密数据，以便其可以通过不安全的通道进行传送。另一方面，我们要加密数据，以便其可以在不安全的介质上存放，比如存储在计算机硬盘上。对称密钥加密技术可用于解决这两个紧密相关的问题中的任何一个。而且更进一步地，对称密钥加密技术还能够用于保护数据的完整性，我们在 3.4 节中将会看到。

3.4　完整性

不同于机密性针对的是防止非授权的读操作，完整性关注的是检测非授权的写操作。举个例子来说，假如你从一个账户向另一个账户进行电子转账，你可能不希望别人知道这个交易。在这个场景下，加密将能够有效地提供所需要的机密性。但是，无论你是否关注这个交易的机密性，你都一定希望该交易能够准确地完成，而这就是完整性所要支持的场合。

在 3.3 节，我们研究了分组密码加密方法及其在机密性方面的应用。这里，我们要展现出分组密码加密技术也能用于提供数据完整性。

一定要认识到机密性和完整性是两个截然不同的概念，这是非常重要的。任何方式的加密，包括从一次性密码本方案到现代分组密码加密方案，都无法保护数据不被恶意地或是无意地修改。如果 Trudy 改变了密文，或者传输过程中发生了误码，那么数据的完整性都将被破坏。我们当然想要能够自动地检测这种变化的发生。我们已经看到的几个例子均显示加密并不能确保数据完整性，你也应该能举出更多类似的实例。

消息认证码，或简称为 MAC(Message Authentication Code)，就是一种使用分组密码加密技术以确保数据完整性的方案。它的过程很简单，就是采用 CBC 加密模式加密数据，然后丢弃除最后一个分组之外的所有密文分组。这个最后的密文分组，即所谓的 CBC 剩余，就起到 MAC 的作用。于是，MAC 的公式如下，假设共有 N 个数据分组，分别为 $P_0, P_1, P_2, \ldots, P_{N-1}$：

$$C_0=E(P_0 \oplus \mathrm{IV}, K), C_1=E(P_1 \oplus C_0, K), \ldots,$$
$$C_{N-1}=E(P_{N-1} \oplus C_{N-2}, K)=\mathrm{MAC}$$

请注意：这里我们使用了初始化向量 IV，另外，这里还需要有共享的对称密钥。

为简单起见，我们假定 Alice 和 Bob 需要保护完整性，但是他们并不关注机密性。那么，利用 Alice 和 Bob 共享的密钥 K，Alice 计算消息认证码 MAC 并发送明文消息、初始化向量 IV 以及消息认证码 MAC 给 Bob。Bob 接收到消息后，使用密钥、接收到的初始化向量 IV 以及明文消息来计算消息认证码 MAC。如果他计算出的“MAC”与接收到的 MAC 相匹配，那么他会对接收到的数据的完整性表示认可。另一方面，如果 Bob 计算得出的“MAC”与接收到的 MAC 不匹配，那么 Bob 知道一定有什么地方出错了。再次强调一下，正如 CBC 加密模式所要求的，发送方和接收方必须事先共享对称密钥 K。

为什么这种消息认证码MAC的计算机制能够奏效呢？我们假定Alice发送如下内容给 Bob：

$$\text{IV}, P_0, P_1, P_2, P_3, \text{MAC}$$

现在，对于传送中的数据，如果 Trudy 修改明文分组 P_1，比如说，将其改为 Q，那么当 Bob 尝试验证消息认证码 MAC 时，他执行的计算过程如下：

$$C_0=E(P_0 \oplus \text{IV}, K), \tilde{C}_1=E(Q \oplus C_0, K), \quad \tilde{C}_2=E(P_2 \oplus \tilde{C}_1, K),$$

$$\tilde{C}_3=E(P_3 \oplus \tilde{C}_2, K)= \text{“MAC”} \neq \text{MAC}$$

该机制能够奏效的原因是，在消息认证码 MAC 的计算过程中，对于一段明文消息的任何修改都将传播到后续的分组中。

回想我们之前的讨论，在 CBC 模式的解密过程中，密文分组中的改变仅仅影响两个恢复出的明文分组。相比之下，消息认证码 MAC 恰恰利用了 CBC 模式的加密过程中的一个事实，即在明文消息中的任何改变，几乎一定会传播到最后一个分组。这正是使得消息认证码 MAC 能够提供完整性保护的关键特性。

大多数情况下，机密性和完整性都是必需的。为使这两者均得以保护，我们可以用一个密钥计算消息认证码 MAC，再用另一个密钥加密数据。但是，这样计算的工作量，相比单独保证机密性或是单独保护完整性，会是原来的两倍。为了效率着想，使用单独的一个 CBC 加密模式，既获得对数据机密性的保护，也获得对数据完整性的保护，将是真正有益的方案。因此，假如我们用 CBC 模式加密数据一次，并发送生成的密文和计算得到的“MAC”。于是，我们将发送完整的密文信息，并附带最后一个密文分组(这是第二遍)。也就是说，最后的密文分组将被复制和发送两次。显而易见，同样的东西发送两次并不能带来任何附加的安全性。不过，令人遗憾的是，仅仅使用单独的数据加密过程，既要获得机密性，又要获得完整性，好像也没有其他明显奏效的方案。对上述这些议题，在本章最后的思考题中还将进一步展开探讨。

基于 CBC 加密模式来计算消息认证码 MAC，并不是保护数据完整性的唯一途径。哈希 MAC，或简称 HMAC，是另一个提供数据完整性保护的标准解决方案。另外，也可以选择数字签名技术。我们将在第 5 章讨论 HMAC，在第 4 章和第 5 章讨论数字签名技术。

3.5 小结

在本章，我们触及了对称密钥加密技术方面的大量素材。对称密钥加密技术有两种不同的类型：流密码加密和分组密码加密。我们简要地讨论了两种流密码加密方案：A5/1 和 RC4。另外，流密码加密技术是一次性密码本方案的推广，其中牺牲了可证明的安全性，换来了实用性。

另一方面，分组密码加密技术可被视为与经典的电报密码本方案相对应的“电子”版本。我们比较充分地讨论了分组密码加密方案 DES 的细节，也简要地提及了几种其他的分组密码加密方案。然后，我们考察了应用分组密码加密技术的各种不同模式(特别是 ECB、CBC 和 CTR 模式)。我们还说明并展现了利用 CBC 加密模式的分组密码加密技术可以提供数据完整性保护。

在后面的章节中，我们将会看到对称密钥加密技术在认证协议中也是非常有用的。顺便提一下，有个非常有意思的现象值得注意：流密码加密、分组密码加密、哈希函数(在后续章节中将会谈到)这三者是完全等价的。从这个意义上说，任何任务，只要你可以使用三者中的一种来实现，你也都可以使用另外两种方式来完成，虽然在某些情况下，实际这么做会很不自然。据此，这三者就可以被认为是等价的密码技术“原语”。

对称密钥加密技术原本是个宏大深邃的话题，我们这里仅仅是浮光掠影而已。但是，有了本章提供的这些背景作为依托，对于后续章节中逐渐凸显的涉及对称密钥加密技术的任何问题，我们就都可以从容应对了。

最后，要想真正理解分组密码加密方案设计背后的机理，必须在密码分析领域进行更加深入的探究。本书第 6 章将针对高级密码分析技术展开讨论，如果想要对分组密码加密方案的设计原理有更深入的理解，那么请不要错过这部分内容。

3.6 思考题

1. 流密码加密方案可以看成一次性密码本方案的推广。我们在前面曾介绍过，一次性密码本方案是可证明为安全的。那么，我们为什么不能采用之前用于一次性密码本的论据，来证明流密码加密方案也是可证明为安全的呢？

2. 这个问题针对的是流密码加密方案。

   a. 如果我们生成了一个足够长的密钥流，那么密钥流最终必然会重复。为什么？
   b. 如果密钥流发生重复，为什么就会有安全问题？

3. 假如 Alice 使用流密码加密方案加密明文 P，得到了密文 C，然后 Alice 发送 C 给 Bob。假设 Trudy 碰巧知道明文 P，但是 Trudy 并不知道该流密码加密方案所使用的密钥 K。

   a. 请说明：Trudy 可以非常容易地确定用于加密 P 的密钥流。
   b. 请说明：实际上，Trudy 能够用她选择的明文，比如 P'，替换掉 P。也就是说，证明 Trudy 能够创建密文消息 C'，这样当 Bob 对 C' 解密之后他将得到 P'。

4. 这个问题针对的是 A5/1 加密方案。对于如下每个问题，请回答并给出你的理由。

   a. 平均而言，寄存器 X 步骤的执行频率如何？
   b. 平均而言，寄存器 Y 步骤的执行频率如何？
   c. 平均而言，寄存器 Z 步骤的执行频率如何？
   d. 平均而言，所有三个寄存器步骤都执行的频率如何？
   e. 平均而言，只有两个寄存器步骤执行的频率如何？
   f. 平均而言，只有一个寄存器步骤执行的频率如何？
   g. 平均而言，没有寄存器步骤执行的频率如何？

5. 实现 A5/1 算法。假定经过某特定的步骤，各寄存器中的值如下所示：

$$X=(x_0, x_1, \ldots, x_{18})=(1010101010101010101)$$
$$Y=(y_0, y_1, \ldots, y_{21})=(1100110011001100110011)$$
$$Z=(z_0, z_1, \ldots, z_{22})=(11100001111000011110000)$$

   列出接下来的 32 位密钥流，并且请给出这 32 位密钥流生成之后寄存器 X、Y 和 Z 中的内容。

6. 对于三个二进制位 x、y 和 z，maj(x, y, z)函数定义为多数投票的结果。也就是说，如果三个二进制位中有两个或两个以上的位的值为 0，那么该函数返回值 0；否则，该函数返回值 1。请写出该函数的真值表，并请派生出与 maj(x, y, z)函数等价的布尔函数。

7. RC4 加密算法包括查找表 S，该查找表包含 256 个字节的值以及两个索引变量 i 和 j。

   a. 这里的查找表 S 被初始化为包含了 0, 1, 2, …, 255 的特定排列，在算法中的每一步，S 都包含一个排列。请问这是如何得到的？也就是说，请问为什么查找表 S 总是包含一个排列呢？
   b. 请问在现实世界中，RC4 算法都用在哪些地方？

8. 这个问题针对的是 RC4 流密码加密方案。

   a. 请为 RC4 算法的状态矢量空间的大小找到合理上限。也就是说，对于 RC4 加密算法的各种不同的可能状态的数量，为之找到最大值。提示：RC4 算法包括查找表 S 和两个索引变量 i 和 j。可以统计所有可能的不同查找表 S 的个数，以及不同的索引下标 i 和 j 的个数，再计算这些数的乘积。
   b. 在分析流密码加密方案时，为什么状态矢量空间的大小是密切相关的？

9. 实现 RC4 算法。假定密钥包括如下 7 个字节：0x1A、0x2B、0x3C、0x4D、0x5E、0x6F 和 0x77。针对下面每一项，请给出以 16×16 数组形式表示的查找表 S，其中每个数组元素都以十六进制表示。

   a. 请列出初始化阶段完成以后的排列 S 以及索引下标 i 和 j。
   b. 请列出密钥流的前 100 个字节生成以后的排列 S 以及索引下标 i 和 j。
   c. 请列出密钥流的前 1000 个字节生成以后的排列 S 以及索引下标 i 和 j。

10. 假设 Trudy 有一条用 RC4 加密算法加密的密文消息——详见图 3-2 和图 3-3。对于 RC4 算法，其加密公式由 $c_i = p_i \oplus k_i$ 给出，其中 k_i 是密钥流的第 i 个字节，p_i 是明文消息的第 i 个字节，而 c_i 是密文消息的第 i 个字节。假如 Trudy 知道第一个密文消息字节和第一个明文消息字节，也就是说，Trudy 知道 c_0 和 p_0。

    a. 请证明 Trudy 能够确定密钥流的第一个字节 k_0。
    b. 请证明 Trudy 能够将 c_0 替换为 c_0'，其中，c_0'能够解密成 Trudy 所选择的任何一个字节，比如 p_0'。
    c. 假如 CRC 算法(见参考文献[326])用于检测传输中的错误。那么，Trudy 在 b 中的攻击仍然能够成功吗？请给予说明。
    d. 假如这里使用了基于密码学技术的完整性校验(比如 MAC 或 HMAC 中的一种，抑或使用数字签名)。那么，Trudy 在 b 中的攻击仍然能够成功吗？请给予说明。

11. 这个问题针对的是 Feistel 密码结构。

    a. 何谓 Feistel 密码结构，请给出其定义。
    b. 请问，DES 是 Feistel 密码结构吗？
    c. 请问，AES 是 Feistel 密码结构吗？
    d. 为什么说 TEA(Tiny Encryption Algorithm)算法“几乎”是 Feistel 密码结构呢？

12. 请考虑含 4 轮运算的 Feistel 密码方案。据此考虑，若明文表示为 $P=(L_0, R_0)$，对应的密文表示为 $C=(L_4, R_4)$。依据 L_0、R_0 以及子密钥，对于如下每一个轮函数，请问密文 C 分别是什么？

    a. $F(R_{i-1}, K)=0$
    b. $F(R_{i-1}, K_i)=R_{i-1}$
    c. $F(\mathrm{R}_{i-1}, K_i)=K_i$
    d. $F(\mathrm{R}_{i-1}, K_i)=R_{i-1} \oplus K_i$

13. 在单独的一轮计算中，DES 算法同时运用了扰乱和扩散原则。

    a. 请给出在 DES 算法的轮运算中对扰乱原则的应用。
    b. 请给出在 DES 算法的轮运算中对扩散原则的应用。

14. 这个问题针对的是 DES 加密方案。

    a. 请问，每个明文分组包含多少二进制位？

b. 请问，每个密文分组包含多少二进制位？
c. 请问，密钥包含多少二进制位？
d. 请问，每个子密钥包含多少二进制位？
e. 请问，一共包含多少轮运算？
f. 请问，一共包含多少个 S-box？
g. 请问，一个 S-box 需要多少位的输入？
h. 请问，一个 S-box 生成多少位的输出？

15. DES 算法要对最后一轮运算的输出互换位置，也就是说，最终的密文不是 $C = (L_{16}, R_{16})$，而是 $C = (R_{16}, L_{16})$，请问这个互换操作的目的是什么？

16. 请回顾本章讨论的对双重 DES 加密算法的攻击。假定我们将双重 DES 加密算法的定义换成 $C = D(E(P, K_1), K_2)$，请描述针对这个加密算法的中间人攻击。

17. 请回顾本章之前提到的，对于分组密码加密方案，由密钥分配算法基于密钥 K 来确定每一轮的子密钥。假设 $K = (k_0k_1k_2\ldots k_{55})$是 56 位的 DES 密钥。

a. 依据密钥的各位 k_i，请分别列出 16 轮 DES 算法的各个子密钥 K_1, K_2, …, K_{16} 的 48 位二进制串。
b. 做一张表，要包含所有的子密钥数量，而且其中每一个密钥位 k_i 都要被使用到。
c. 请问，你是否能够设计 DES 的密钥分配算法，其中每一个密钥位被利用的次数要相等。

18. 请回顾本章之前讨论的针对双重 DES 算法的中间人攻击。假设选择明文是可行的，那么这种攻击要破解 112 位密钥，耗费的工作量与采用穷举式密钥检索攻击来破解 56 位密钥所需的工作量大体相当，也就是说，大约是 2^{55}。

a. 如果我们仅仅有已知明文可用，而不可以选择明文，那么要实施对双重 DES 算法的攻击，我们需要的工作量有什么变化吗？
b. 对于双重 DES 算法，已知明文版本的中间人攻击的实施要素是什么？

19. AES 算法包括 4 个函数，分为 3 个层次。

a. 在这 4 个函数中，哪些主要着眼于扰乱原则，哪些又主要着眼于扩散原则？请回答并给出相应的理由。
b. 在这 3 个层次中，哪些主要着眼于扰乱原则，哪些又主要着眼于扩散原则？请回答并给出相应的理由。

20. 实现 TEA(Tiny Encryption Algorithm)算法。

a. 请使用你的 TEA 算法加密如下 64 位明文分组：

0x0123456789ABCDEF

使用如下 128 位密钥：

0xA56BABCD00000000FFFFFFFFABCDEF01

请解密密文，验证你是否能够得到原始的明文信息。

b. 请使用 a 中的密钥，分别采用本书讨论的三种分组密码加密模式(ECB 模式、CBC 模式以及 CTR 模式)来加密和解密下面的消息：

Four score and seven years ago our fathers brought forth on this continent, a new nation, conceived in Liberty, and dedicated to the proposition that all men are created equal.

21. 请参考图 3-4，给出类似的 TEA 加密算法的图解。

22. 请回顾本章前面所述：初始化向量(IV)不必保密。

a. 请问，初始化向量(IV)需要是随机的吗？

b. 请讨论，如果初始化向量(IV)的选择是有序的，而并非是随机生成的，那么在加密方案的安全性上会带来哪些可能的缺点(或优点)？

23. 请给出图解以说明 CBC 加密模式的加密和解密过程。请注意，这些图解要与所使用的特定分组密码加密方案无关。

24. 计数器模式加密的公式如下：

$$C_i=P_i \oplus E(\mathrm{IV}+i, K)$$

假设我们换用如下公式：

$$C_i=P_i \oplus E(K, \mathrm{IV}+i)$$

如此一来，是否安全？请说明为什么？

25. 假如我们按照如下规则，使用分组密码加密方案实施加密。

$$C_0=\mathrm{IV} \oplus E(P_0, K),\ C_1=C_0 \oplus E(P_1, K),\ C_2=C_1 \oplus E(P_2, K),\ \ldots$$

a. 请问相对应的解密规则是什么？

b. 请给出这种加密模式相比 CBC 加密模式的两个安全弱点。

26. 假设有 10 个密文分组以 CBC 模式进行加密。证明这里可能存在复制-粘贴攻击。也就是说，请证明，确实存在重新安排这些分组的可能，而且这种分组的重排使得一些分组消息仍能够正确地被解密，即便这些分组事实上已经不是正确排序的了。

27. 请说明，如何对以 CBC 模式加密的数据实施随机访问。相比 CTR 加密模式，对于随机访问，使用 CBC 加密模式是否有什么明显的劣势？

28. CTR 加密模式使用分组密码加密方案生成密钥流。请再设计一种不同的方案，使用分组密码加密方案作为流密码生成器。你的方法是否支持随机访问？

29. 假设式(3.8)中的密文以 CBC 模式加密，而并非以 ECB 模式加密。如果 Trudy 认为使用的是 ECB 加密模式，并尝试与前文讨论的同样的复制-粘贴攻击，那么哪个分组将会被正确解密？

30. 请从本书网站上下载文件 Alice. bmp 和 Alice. jpg。

    a. 使用 TEA 加密算法，以 ECB 加密模式加密 Alice. bmp，并保留前 10 个分组不加密。观察加密后的图像，你看到了什么？请对该结果予以说明。
    b. 使用 TEA 加密算法，以 ECB 加密模式加密 Alice.jpg，并保留前 10 个分组不加密。观察加密后的图像，你看到了什么？请对该结果予以说明。

31. 假如 Alice 和 Bob 决定一直使用相同的初始化向量 IV，而不是随机地选择初始化向量 IV。

    a. 请讨论，在使用 CBC 加密模式的情况下，这会产生哪些安全问题？
    b. 请讨论，在使用 CTR 加密模式的情况下，这会产生哪些安全问题？
    c. 如果一直使用相同的初始化向量 IV，那么 CBC 加密模式和 CTR 加密模式，哪个会更安全一些？

32. 假设 Alice 和 Bob 使用 CBC 加密模式实施加密。

    a. 如果他们总是使用固定的初始化向量 IV，相对于随机选择初始化向量 IV，那么会产生什么安全问题？请给予说明。
    b. 假如 Alice 和 Bob 依顺序选择初始化向量 IV，也就是说，他们第一次使用 0 作为初始化向量 IV，然后使用 1 作为初始化向量 IV，接下来再使用 2，依此类推。相比随机地选择初始化向量 IV，这会产生什么安全问题？

33. 请给出运用分组密码加密方案加密一部分分组数据的两种思路。你的第一个思路应该使得密文的长度是完整的分组长度，而你的第二个思路则不要考虑扩展数据。讨论一下这两种思路各自可能存在的安全问题。

34. 请回顾前文所述，消息认证码 MAC 源自 CBC 加密模式的剩余，也就是说，MAC 是数据以 CBC 模式加密时的最后一个密文分组。假定数据为 X、密钥为 K 以及初始化向量为 IV，定义函数 $F(X)$为 X 的 MAC 值。

    a. 请问，F 是个单向函数吗？也就是说，给定 $F(X)$，是否就能够确定出 X?
    b. 请问，F 具备抗冲突能力吗？也就是说，给定 $F(X)$，是否能够找到值 Y，使得 $F(Y)=F(X)$?

35. 假设 Alice 使用 DES 加密算法来计算消息认证码 MAC。然后，她发送明文消息、初始化向量 IV 以及相对应的 MAC 给 Bob。如果 Trudy 在 Bob 接收到该消息之前修改了明文中的某个分组，那么，请问 Bob 觉察不到这种数据变更的可能性有多大呢？

36. Alice 有 4 个明文分组，分别是 P_0、P_1、P_2、P_3，她使用 CBC 加密模式加密这些分组后得到 C_0、C_1、C_2、C_3。然后，她发送初始化向量 IV 和密文给 Bob。当 Bob 接收到密文时，他就计划着手验证消息的完整性，方式如下：他首先实施解密得到假定的明文消息，然后他再次使用 CBC 加密模式重新加密明文以及接收到的初始化向量 IV。如果他获得了与最后的密文分组相同的 C_3，他就可以信赖明文消息的完整性。

    a. 假设 Trudy 将分组 C_1 的值改为 X，而保持其他的分组消息和初始化向量 IV 不变。Bob 能够检测到该数据的完整性缺失吗？

b. 假设 Trudy 将分组 C_3 的值改为 Y，而保持其他的分组消息和初始化向量 IV 不变。Bob 能够检测到该数据的完整性缺失吗？

c. 请问 Bob 检测数据完整性的方法是否安全呢？

37. Alice 使用 CBC 加密模式加密 4 个明文分组，分别为 P_0、P_1、P_2、P_3，然后她将结果密文分组 C_0、C_1、C_2、C_3 和初始化向量 IV 发送给 Bob。假如 Trudy 有能力在 Bob 接收到密文之前修改任何密文分组的内容。如果 Trudy 知道 P_1，那么证明她能够用 X 来替换 P_1。提示：先确定出 C，使得如果 Trudy 使用 $\tilde{C}$ 来替换 C_0，那么当 Bob 解密 C_1 时，他将得到的是 X 而不是 P_1。

38. 假设我们使用密钥 K 以 CBC 模式加密数据，并且使用密钥 K 来计算消息认证码 MAC：$K \oplus X$，其中的 X 是已知的常数。假如将被加密的密文和消息认证码 MAC 从 Alice 发送给 Bob，证明 Bob 将能够检测到复制-粘贴攻击。

39. 假设 Alice 有 4 个明文分组，分别为 P_0、P_1、P_2、P_3。她使用密钥 K_1 来计算消息认证码 MAC，再使用密钥 K_2 采取 CBC 加密模式对数据实施加密获得 C_0、C_1、C_2、C_3。Alice 发送初始化向量 IV、密文消息以及消息认证码 MAC 给 Bob。Trudy 截获了消息并使用 X 替换 C_1，于是 Bob 接收到了初始化向量 IV、C_0、X、C_2、C_3 以及消息认证码 MAC。Bob 想要尝试验证该数据的完整性，通过先解密数据(使用密钥 K_2)，再基于解密获得的假定明文来计算 MAC(使用密钥 K_1)。

a. 请证明 Bob 将能够检测出 Trudy 的篡改。

b. 假设 Alice 和 Bob 仅仅共享单独的对称密钥 K。他们已经协商好，令 $K_1=K$，$K_2=K \oplus Y$，这里 Y 对于 Alice、Bob 和 Trudy 均为已知。如果 Alice 和 Bob 使用与上述完全相同的框架，那么这种情况下是否会有安全问题，会产生什么安全问题呢？

40. 假设 Alice 和 Bob 有两个安全的分组密码加密方案可用，比方说加密方案 A 和加密方案 B。其中，方案 A 使用 64 位密钥，而方案 B 使用 128 位密钥。Alice 倾向于使用方案 A，而 Bob 则希望利用 128 位密钥获得更进一步的安全支持，因此他坚持使用方案 B。作为折中方案，Alice 提议他们使用方案 A 加密，但是要对每个消息加密两次，分别使用两个相互独立的 64 位密钥。假如针对这两个加密方案均无捷径攻击可供利用。请问，Alice 建议的解决方案是否与 Bob 的方案一样安全呢？

41. 假设 Alice 拥有一个安全的分组密码加密方案，但是该方案仅仅使用 8 位密钥。为使这个加密方案“更加安全”，Alice 生成随机的 64 位密钥 K，并迭代执行该加密方案 8 次。也就是说，她按照如下规则对明文 P 实施加密：

$$C = E(E(E(E(E(E(E(E(P, K_0), K_1), K_2), K_3), K_4), K_5), K_6), K_7)$$

其中，$K_0, K_1, \ldots, K_7$ 分别是 64 位密钥 K 的各个字节。

a. 假如已知明文可用，请问：要想确定密钥 K，需要多少工作量？

b. 假如是仅密文攻击，请问：要想破解这个加密方案，需要多少工作量？

42. 假设我们给出使用 168 位密钥的三重 DES(3DES)的定义如下：

$$C=E(E(E(P, K_1), K_2), K_3)$$

假设我们能够计算并存储大小为 2^{56} 的表，而且还可以选择使用明文攻击。请证明，这个三重 DES(3DES)并不比常规的 3DES 更安全，常规的三重 DES 仅仅使用 112 位的密钥。提示：可以使用模拟针对双重 DES 算法的中间人攻击。

43. 假定你知道消息认证码 MAC 的值 X 和用于计算 MAC 值的密钥 K，但是你不知道原始消息是什么(将这个问题与第 5 章的思考题 16 进行对比，会很有启发意义)。

    a. 请证明你能够构造消息 M，也能够为其计算生成 MAC 值等于 X。注意，我们假设你是知道密钥 K 的，并且你要用密钥 K 来计算上述两个消息认证码 MAC。
    b. 请问，会有多少个你可以自由选择的消息 M？

第 4 章 公开密钥加密

You should not live one way in private, another in public.
— Publilius Syrus

Three may keep a secret, if two of them are dead.
— Ben Franklin

4.1 引言

在这一章，我们来深入研究公开密钥加密技术这一举世瞩目的主题。公开密钥加密技术有时候也被称为非对称加密技术或双密钥加密技术，甚至还会被称为非密钥加密技术，但是我们在本书中还是继续使用公开密钥加密技术这一表述。

在对称密钥加密技术中，同一个密钥既用于加密数据，也用于解密数据。在公开密钥加密技术中，一个密钥用于加密，另一个不同的密钥用于解密，其结果就是，加密密钥可以被公开。这套理论消除了对称密钥加密技术中一个最令人头疼的问题，就是：如何安全地分发对称密钥。当然，世上没有免费的午餐，因为公开密钥加密技术在处置和分发密钥时也有其自身的问题(请参见下面有关公钥基础设施的内容)。无论如何，公开密钥加密技术在现实世界的许多应用中都获得了巨大的成功。

事实上，相比前面一段描述的双密钥加密和解密来说，公开密钥加密技术往往定义得更为宽泛。实际上，任何包含加密应用且涉及一些关键性信息需要公开的系统都可能被视为公开密钥的密码系统。例如，本章中要讨论的一种流行的公开密钥密码系统可能仅仅用于建立共享的对称密钥加密系统，而自身并不去做任何实际数据的加密和解密工作。

公开密钥加密相对传统密码学来说是比较新生的技术领域。该技术是由在英国政府通信总部(GCHQ，相当于英国的 NSA)工作的密码专家们于 20 世纪 60 年代末和 70 年代初发明的，随后不久一些学术研究人员也独立地发明了该技术(见参考文献[191])。政府的密码专家们显然没有真正理解他们这个发现的全部潜力，以至于这项技术一直处于沉睡的状态，直到学术界将其推向风口浪尖，其最终的影响无异于在密码学领域掀起了一场革命。令人匪夷所思的是，公开密钥加密技术是如此之新的发现，而想想人类已经使用对称密钥加密技术好几千年了。

在本章，我们将考察大部分最为重要也最为广泛使用的公开密钥加密系统。实际上，众所周知的公开密钥加密系统相对而言比较少，而获得广泛应用的就更少了。相比起来，存在着大量的对称密钥加密方案，而且其中有相当大数量的方案都在实践中获得了运用。每一个公开密钥加密系统都基于非常特殊的数学结构，这就使得要想开发新的公开密钥加密系统会显得格外困难[1]。

公开密钥加密系统基于单向陷门函数。“单向”的意思是指该函数从一个方向计算非常容易，但是从另一个方向计算就非常困难(例如，困难到以至于计算上不可行)。“陷门”的特性确保了攻击者不能使用公开的信息恢复出私密的信息。因式分解就是一个例子——它是单向函数。因为生成两个素数 p 和 q 并计算它们的乘积 $N=pq$，相对来说比较容易；但是，给定足够大的数值 N，要想找到它的因子 p 和 q，就很困难。我们也能够基于因式分解构建陷门，不过，这里我们要留个悬念，在 4.3 节再来讨论这个主题(请参见有关 RSA 的内容)。

请大家回顾一下，在对称密钥加密技术中，明文被写作 P，密文被写作 C。但是，在公开密钥加密技术中，传统的表示是，我们用 M 表示将要加密的消息，不过，加密的结果仍然会表示为密文 C。以下，我们就遵从这样的传统表述方式。

为了实施公开密钥加密方案，Bob 必须有一对密钥，包括公开密钥(公钥)和对应的私有密钥(私钥)。任何人都能够使用 Bob 的公开密钥来加密一条消息以仅供 Bob 亲眼目睹，但是只有 Bob 能够解密该消息。因为，我们假定的前提是只有 Bob 拥有他的私有密钥。

Bob 也能够通过使用他自己的私钥来“加密”消息 M，从而应用他的数字签名到这个消息上。注意，任何人都能够“解密”该消息，因为这仅仅需要 Bob 的公钥，而公钥是公开的。你可能会相当疑惑，什么情况下会这么使用。事实上，这是公开密钥加密技术最有用的特性之一。

数字签名就像是手写体的签名一样，甚至有过之而无不及。Bob 是唯一的能够以 Bob 身份实施数字签名的人，因为他是唯一能够访问他的私钥的人。“只有 Bob 能够手写出他的手写体签名”在原则上是讲得通的[2]，而“只有 Bob 能够以 Bob 的身份完成数字签名”却是能够在实践中落实的。任何能够获得 Bob 的公钥的人都能够验证 Bob 的数字签名，这比雇佣手写体专家来验证 Bob 的非数字形式的手写体签名要实用得多。

与个人签名的手写体版本相比，Bob 签名的数字化版本还有一些额外的优势。其中之一就是，数字签名会牢牢地绑定到文档本身，而手写体签名则有可能被影印到另一个文档之上。对于数字签名不可能存在影印式攻击。甚至更为重要的一个事实是：通常来讲，没有私钥的情况下要想伪造数字签名是不可能的。在非数字化的世界里，伪造的 Bob 的手写签名可能只有训练有素的专家才能够检测出来(如果这不是完全不可能的话)。然而，对于

1. 公开密钥加密体系绝对不是无源之水、无本之木。
2. 实际上可就完全不是这么回事了。

伪造的数字签名，任何人都能够非常容易并且以自动化的方式对其进行检测，因为验证签名仅仅需要 Bob 的公钥，而任何人都可以获得这个公钥。

接下来，我们将要详细地讨论几个公开密钥加密体系。我们要考虑的第一个公钥系统是背包密码系统。实际上这个安排恰如其分，其原因是：背包系统是最早被实际提出来的公开密钥加密系统之一。虽然我们将要展示的背包系统已知是不安全的了，但是这个系统相对而言比较容易理解，而且非常适合用来说明这一类系统的所有重要特性。在背包系统之后，我们要讨论公开密钥加密技术的黄金标准，也就是 RSA 体制。最后，我们将以对 Diffie-Hellman 密钥交换体制的检阅来结束我们这次短暂的公开密钥加密体系之旅，而 Diffie-Hellman 密钥交换体制也已广泛地应用于各种实践当中。

随后，我们还要讨论椭圆曲线加密方案，或简称为 ECC 算法。请注意，ECC 本质上并不是加密系统，但是它为公开密钥加密技术提供了一个截然不同的数学领域。ECC 加密体制的优势是它比较高效(不管是时间性能，还是空间性能均比较好)，因而在资源受限的环境中备受欢迎，诸如在无线设备或手持终端应用等方面。事实上，近年来美国政府采用的公开密钥加密方案都是基于 ECC 加密体制的。

公开密钥加密技术天然地就比对称密钥加密技术更数学化。因此，现在就是回顾和浏览相关数学主题的一个好时机，你可以在后面的附录里找到这些主题。特别要强调的是，在本章我们假定读者具备基本的模运算知识的应用能力。

4.2　背包加密方案

在 Diffie 和 Hellman 的那篇影响深远的开创性论文(见参考文献[90])中，他们预测了公开密钥加密方案是可行的，但是他们“仅仅”提出了密钥交换算法，而不是切实可行的加密和解密系统。这之后不久，Merkle-Hellman 背包加密方案就被提出了，该方案的提出者是 Merkle 和 Hellman，当然具体详情你可以自己去了解。我们随后还会再次谈到 Hellman 其人，但是值得注意的是，Merkle 也是公开密钥加密技术的创始人之一。他写了一篇预言公开密钥加密技术的开创性论文(见参考文献[202])。Merkle 的论文大约与 Diffie 和 Hellman 的那篇论文在同一时间提交发表，虽然这篇论文的问世时间晚了不少。由于种种原因，Merkle 对公开密钥加密技术的贡献常常得不到应有的尊重。

Merkle-Hellman 背包加密系统基于一个数学问题[3]，该问题往往被看成 NP 完全问题(见参考文献[119])。这个问题看起来能够作为一个安全的公开密钥加密方案的理想候选。

这个背包问题可以如下方式描述。给定一个集合，共包含 n 个权重值，分别标识如下：

$$W_0, W_1, \ldots, W_{n-1}$$

3. 颇具讽刺意味的是，背包加密系统并非基于著名的背包问题。相反，它基于一个更加受限、约束更强的问题，也称子集和(subset sum)问题。不过，这个加密系统被称为背包加密已是广为人知的了，为避免我们一贯的书生意气，后面我们将把这个加密系统以及背后的数学问题都统称为背包。

并给出期望的和 S，要求找到 $a_0, a_1, \ldots, a_{n-1}$，其中每一个 $a_i \in \{0, 1\}$，使得如下等式：

$$S=a_0W_0+ a_1W_1+ \ldots + a_{n-1}W_{n-1},$$

能够成立(如果能找到这样的等式的话)。例如，假设这些权重值如下：

85, 13, 9, 7, 47, 27, 99, 86

所期望的和 S=172，那么，对于这个问题存在一个解决方案，如下等式所示：

$$a=(a_0, a_1, a_2, a_3, a_4, a_5, a_6, a_7)=(11001100)$$

因为 85+13+47+27=172.

虽然常规的背包问题是已知的 NP 完全问题，但是在某些特定的情况下，仍然有在线性时间内求解的可能。超递增的背包问题与常规的背包问题类似，除了如下区别：当将权重值从小到大排列起来时，每一个权重值都大于前面所有权重值相加的和。比如：

3, 6, 11, 25, 46, 95, 200, 411 式(4.1)

就是一个超递增的背包问题。解决超递增的背包问题还是比较容易的。假设我们给定式(4.1)中的权重值集合以及期望的和值 S=309。要解决这个问题，我们只需从最大权重值开始，逐步向最小的权重值进行计算，就有望在线性时间内恢复出 a_i。因为 S<411，我们就得出 a_7=0。接下来，由于 S>200，那么一定有 a_6=1，因为剩余所有权重值的和要小于 200。接着，我们计算 S=S−200=109，这是我们新的目标和值。因为 S>95，所以我们得到 a_5=1，然后我们再计算 S=109−95=14。继续如法炮制，我们就得到了最终结果 a=10100110，我们能够轻松地证实这个问题获得了解决，因为 3+11+95+200=309。

接下来，我们列举一系列相关的步骤以形成流程，使之可以用于构造背包加密系统。这个流程始于超递增的背包问题，基于该问题我们可以生成包含一对公钥和私钥的密钥对。下面先列出这些步骤，之后，我们再使用一个特定的例子对这个流程进行详细说明。

(1) 生成一个超递增的背包。

(2) 将这个超递增的背包转换为常规的背包。

(3) 公钥便是常规背包。

(4) 私钥就是超递增的背包以及相关的转换因子。

下面我们将会看到，使用常规背包实施加密非常容易，并且在能够获得私钥的情况下，解密也很简单。不过，如果没有私钥，要想从密文消息恢复出明文消息，看起来 Trudy 就必须求解 NP 完全问题了，也即常规背包问题。

现在，我们将给出一个特定的实例。在这个实例中，我们将遵循上面列出的各个步骤。

(1) 这个实例中，我们选择如下超递增的背包：

(2, 3, 7, 14, 30, 57, 120, 251)

(2) 为了将这个超递增的背包转换成常规背包，我们必须选择乘数 m 和模数 n，还要使得 m 和 n 是互素的，并且 n 要大于超递增背包中所有元素值的和。对于本例，我们选取

的乘数 m=41，模数 n=491。然后，通过模乘法运算，根据超递增背包计算常规背包，如下：

$$2m=2\cdot 41=82 \bmod 491$$
$$3m=3\cdot 41=123 \bmod 491$$
$$7m=7\cdot 41=287 \bmod 491$$
$$14m=14\cdot 41=83 \bmod 491$$
$$30m=30\cdot 41=248 \bmod 491$$
$$57m=57\cdot 41=373 \bmod 491$$
$$120m=120\cdot 41=10 \bmod 491$$
$$21m=251\cdot 41=471 \bmod 491$$

计算出的结果背包为(82, 123, 287, 83, 248, 373, 10, 471)。请注意，这个背包确实看起来像是常规背包[4]。

(3) 公钥就是这个常规背包，如下：

公钥：(82, 123, 287, 83, 248, 373, 10, 471)

(4) 私钥就是这个超递增背包，加上转换因子的乘法逆，如 $m^{-1} \bmod n$。对于这个实例，计算结果如下：

私钥：(2, 3, 7, 14, 30, 57, 120, 251)以及 $41^{-1} \bmod 491=12$

假设 Bob 的公钥和私钥对分别由步骤(3)和(4)给定。如果 Alice 想要为 Bob 加密消息(以二进制形式表示)M=10010110，她就利用在她的消息中值为 1 的二进制位，据此来选择常规背包中的元素，将这些元素相加求和就得到了对应的密文。在这种情况下，Alice 执行如下计算：

$$C=82+83+373+10=548$$

要想解密这个密文，Bob 使用他的私钥执行如下计算，得到：

$$C\cdot m^{-1} \bmod n=548\cdot 12 \bmod 491=193$$

然后 Bob 针对值 193 求解超递增背包问题。因为 Bob 拥有私钥，所以要从中恢复出明文是比较容易的(在线性时间内就可以完成)。最后，明文的二进制表示为 M=10010110，其换算成十进制是 M=150。

请注意，在这个例子中，我们有：

$$548=82+83+373+10$$

这就遵从如下等式：

4. 表象可能是靠不住的。

$$\begin{aligned}548m^{-1} &= 82m^{-1}+83m^{-1}+373m^{-1}+10m^{-1} \\ &= 2mm^{-1}+14mm^{-1}+57mm^{-1}+120mm^{-1} \\ &= 2+14+57+120 \\ &= 193 \bmod 491\end{aligned}$$

这个例子表明，与 m^{-1} 相乘的运算将藏身于常规背包问题域的密文转换到了超递增背包问题域，从而使得 Bob 能够很容易地解决该问题，找到相应的一系列权重值。事实证明该方案的解密公式执行起来一般都相当直截了当。

在没有私钥的情况下，攻击者 Trudy 如果能够找到该公钥集合元素的一个子集，使得其权重值相加的和等于密文 C，她就能够破解明文消息。在上面的例子里，Trudy 必须找到背包(82, 123, 287, 83, 248, 373,10, 471)的一个子集，使得其中元素的权重值之和恰好等于 548。这看起来就是一个常规的背包问题，也就是说似乎已经变成了一个众所周知的难题。

在背包加密系统里，陷门函数存在于我们运用模运算将超递增背包问题转换为常规背包问题时，因为该转换因子对于攻击者来说是无法得到的。该函数的单向特性在于一个事实：使用常规背包实施加密非常容易，但是在没有私钥的情况下，要想解密显然是非常困难的。当然，有了私钥，我们就能够将问题转换为超递增背包问题，解决起来就容易了。

背包问题看起来确实是对症下药了。首先，构造包含公钥和私钥的密钥对是相当容易的。而且，给定了公钥，实施加密是非常容易的，而了解了私钥则会使解密过程非常容易。最后，在没有私钥的情况下，看起来 Trudy 就将不得不去解决 NP 完全问题了。

可惜这个精巧的背包加密系统是不安全的。该方案于 1983 年被 Shamir 使用一台 Apple II 计算机破解(见参考文献[265])。该攻击依赖于一种称为格基规约的技术，我们将在第 6 章详细地讨论这个技术。问题的根本在于该方案中从超递增背包问题派生出的所谓“常规背包问题”并不是真正的常规背包问题——事实上，它是一种非常特殊的高度结构化的背包案例，而格基规约攻击能够利用这种结构的特点比较容易地恢复出明文(可以较高的概率完成)。

自从 Merkle-Hellman 背包方案被破解之后，针对基于背包问题的加密技术已开展了大量的研究。如今，已经有了许多看起来比较安全的背包加密方案的变种，但是鉴于“背包”这个名词已经被永久地玷污了，所以人们都不太愿意使用这些加密方案。想要了解更多的关于背包加密系统的信息，见参考文献([88]、[179]和[222]。

4.3 RSA

正如许多其他价值不菲的公开密钥加密系统一样，RSA 体制的命名来自于它的三个公认的发明者：Rivest、Shamir 和 Adleman。我们在之前已经与 Rivest 和 Shamir 打过交道了，我们以后还将再次提及他们两个。事实上，Rivest 和 Shamir 是现代加密技术的两大巨擎。不过，早在 Rivest、Shamir 和 Adleman 三人独立地发明 RSA 概念的几年之前，RSA 的理念实际上已被英国政府通信总部(GCHQ)的克利福·柯克斯(Cliff Cocks)提出(见参考文献[191])。这并没有在任何程度上削弱 Rivest、Shamir 和 Adleman 三人的成就，因此英国政府通信总部(GCHQ)的工作是保密的，甚至在机密的加密技术领域内也绝非广为人知，所以诸如此类的事情往往更多是被视作奇闻异事，而并不会被认为是用于实用的系统[5]。

如果你曾经困惑为什么人们对于大数的因式分解有如此狂热的兴趣，那就是因为 RSA 加密体制能够通过大数的因式分解被破解。但是，相对于因式分解是个早已广为人知的难题这一情形，还有一些难题，比如背包问题，人们对它们的了解肯定就没有那么多了。在当今加密技术盛行的风气之下，RSA 所赖以存在的因式分解问题之所以困难，是因为有大量聪明的人们已经充分关注过这个问题，但是显然尚未有人能够找到有效的解决方案。

为了生成 RSA 算法的公钥和私钥的密钥对，先要选择两个大素数 p 和 q，并计算出它们的乘积 $N=pq$。然后，选择与乘积$(p-1)\ (q-1)$互素的数 e。最后，计算出数 e 的模$(p-1)\ (q-1)$的乘法逆元素，命名该逆元素为 d。于是，我们就有 N，它是两个素数 p 和 q 的乘积，以及数 e 和数 d，这些数值满足公式 $ed = 1 \bmod (p-1)\ (q-1)$。现在，我们丢弃因数 p 和 q。

这时，数 N 是模数，e 是加密指数，而 d 是解密指数。最后，该 RSA 密钥对的组成如下：

公钥：(N, e)

和

私钥：d

在 RSA 加密算法中，加密和解密过程是通过求幂模运算完成的。要通过 RSA 算法加密数据，我们将明文文本消息 M 视为一个数，对其按指数 e 求幂并模 N，如下所示：

$$C=M^{e} \bmod N$$

要解密 C，求幂模运算使用解密指数 d 完成相应的操作过程，具体如下：

$$M=C^{d} \bmod N$$

RSA 加密体制的解密原理很可能不是那么一目了然，我们在这里将以较短的篇幅来证明其有效性。我们先暂时假定 RSA 体制运行有效。现在，如果 Trudy 能够分解模数 N(这个是公开的)，那么她将能够获得 p 和 q。然后，她可以使用公钥的另一个值 e，轻松地找到私钥值 d，因为 $ed = 1 \bmod (p-1)\ (q-1)$，而找到模运算的逆元素的计算是简单的。换句话说，对模的因式分解使得 Trudy 能够恢复出私钥，进而破解 RSA 加密方案。但是，因式分解是否是破解 RSA 加密方案的唯一法门尚不得而知。

RSA 加密体制真的确实有效吗？给定 $C=M^{e} \bmod N$，我们必须证明如下等式：

$$M=C^{d} \bmod N=M^{ed} \bmod N \qquad 式(4.2)$$

为此，我们需要引用如下数论中的标准结论(见参考文献[43])：

欧拉定理：如果数 x 与数 n 互素，那么 $x^{\phi(n)} = 1 \bmod n$。

再回顾之前对 e 和 d 的选取符合如下等式：

---

5. 还有一点也很值得注意，间谍们好像从来都不去考虑数字签名的概念。

$$ed=1 \bmod (p-1)(q-1)$$

而且 $N=pq$，这意味着：

$$\phi(N)=(p-1)(q-1)$$

(如果你对 ϕ 函数不够熟悉，就请参见附录)。这两个事实结合在一起，就意味着下面的等式成立：

$$ed-1=k\,\phi(N)$$

对于某些整数 k，我们不需要知道 k 的精确值。

现在，我们已经具备了解决这个难题的所有必要条件，现在就可以开始验证：RSA 加密体制确实能够正确地解密。请看如下等式：

$$\begin{aligned} C^d &= M^{ed}=M^{(ed-1)+1}=M\cdot M^{ed-1} \\ &= M\cdot M^{k\phi(N)}=M\cdot 1^k=M \bmod N \end{aligned} \qquad \text{式(4.3)}$$

在式(4.3)的第一行里，我们只不过是对指数增加了 0；在式(4.3)的第二行里，我们利用欧拉定理消除了看起来很可怕的 $M^{\phi(N)}$。这就证实了 RSA 体制的解密指数确实解密了密文 C。当然，这个过程是人为设定的，因为 e 和 d 的选取使得欧拉定理能够生效，进而使所有的输出能够达成所期望的最终结果。这所有的一切恰恰就是数学家们的行为做派。

4.3.1 教科书式的 RSA 体制范例

现在我们来考察一个简单的 RSA 加密方案的例子。比方说，要生成 Alice 的密钥对，我们选择两个“大的”素数：$p=11$，$q=3$。那么，模数就是 $N=pq=33$，并且可以计算出 $(p-1)(q-1)=20$。接下来，我们选取加密指数为 $e=3$，根据 RSA 体制要求，这个指数与 $(p-1)(q-1)$ 是互素的。然后，我们再来计算相应的解密指数，在这个例子中，该指数 $d=7$，因为 $ed=3\cdot 7=1 \bmod 20$。现在，我们得到：

Alice 的公钥：$(N, e) = (33,3)$

以及

Alice 的私钥：$d=7$

与其他公开密钥加密方案相同，Alice 的公钥是公开的，但是只有 Alice 自己可以访问她的私钥。

现在，假定 Bob 想要发送一条消息 M 给 Alice。另外，假设该消息用一个数字来表示，为 $M=15$。Bob 先查找 Alice 的公钥 $(N, e)=(33,3)$，再按如下方式计算密文：

$$C=M^e \bmod N=15^3=3375=9 \bmod 33$$

这就是他之后发送给 Alice 的消息。

要解密密文 C=9，Alice 使用她的私钥 d=7 进行计算，如下：

$$M=C^d \bmod N=9^7=4,782,969=144,938\cdot 33+15=15 \bmod 33$$

于是 Alice 就从密文 C=9 中恢复出了原始的明文消息 M=15。

在上述教科书式的 RSA 加密体制范例中，还存在几个主要的问题。首先，所谓“大的”素数其实并不大，对 Trudy 来说分解这个模数将是小菜一碟。在现实世界中，模数 N 典型的大小通常至少是 1024 位，而长度为 2048 位或更大的模数值也是常常会用到的。

对于大多数教科书式的 RSA 加密范例(包括我们上面提供的这个)来说，同样严重的问题还有：这些方案可能遭受前向检索攻击，正如我们在第 2 章中讨论过的那样。请回顾一下，在前向检索中，Trudy 能够猜想可能的明文消息 M，再使用公钥对这个明文 M 进行加密。如果结果与密文 C 相匹配，那么 Trudy 已经恢复出了明文 M。防止此类攻击(也包括一些其他类型的攻击)的方式是为消息附加随机的二级制位。为简单起见，这里我们不去讨论具体的填充附加操作，但值得注意的是，有几种填充附加模式是常常被使用的，包括奇特的所谓 PKCS#1v1.5 填充(见参考文献[91])和最优非对称加密填充(Optimal Asymmetric Encryption Padding，简写为 OAEP，见参考文献[226])。任何现实世界中的 RSA 实现方案必定会使用某种诸如此类的填充附加模式。

4.3.2　重复平方方法

针对大数以及大的指数执行求幂模的运算是代价非常高昂的命题。要使得这个计算更容易管理(从而使得 RSA 加密体制更有效率也更实用)，常常会使用一些特定的技巧，其中最基本的技巧就是重复平方方法(也常被称为平方-乘方法)。

举个例子来说，假如我们想要计算 5^{20} 模 35 的值。自然，我们会简单地将数字 5 和其自身相乘 20 次，然后将结果模 35，从而规约出如下值：

$$5^{20}=95,367,431,640,625=25 \bmod 35 \qquad \text{式(4.4)}$$

但是，这个计算方法将导致在模规约运算之前产生一个巨大的数值，尽管事实上最终的计算结果被限定在了区间 0 到 34 之间。

现在假定我们想要实施 RSA 加密运算，比如公式 $C=M^e \bmod N$；或者实施 RSA 解密运算，比如公式 $M=C^d \bmod N$。在安全的 RSA 体制实现方案中，模数 N 的长度至少是 1024 位。其结果就是，对于 e 或 d 的典型取值，所涉及的数值将是如此巨大，以至于要按照式(4.4)中初级的运算方法来计算 $M^e \bmod N$ 是不可能的。幸运的是，重复平方方法允许我们计算这样的求幂运算，并且不会在任何中间步骤中产生出难以处理的大数。

重复平方方法通过每次构建一个二进制位的方式来生成指数并完成计算。在每个步骤中，我们将当前的指数值乘以 2，如果其二进制扩展形式在相应的位置有值 1，我们就还要对指数计算的结果再加上 1。

我们怎么能够对指数乘以 2(甚至再加上 1)呢？基本的求幂运算特性告诉我们，如果对 x^y 求平方，就可以得到$(x^y)^2 = x^{2y}$，以及 $x\cdot x^y = x^{y+1}$。所以，可以很方便地对任何指数乘以 2

或者加上 1。从模运算的基本特性(请参见附录)，可以知道我们能够通过模数来规约任何中间结果，于是就可以避免极其巨大的数值计算。

一个好例子胜过千言万语。我们再来考察 5^{20}。首先，请注意指数 20 以二进制形式表示为 10100，指数 10100 可以一次一位地被构建出来，从高阶二进制位开始，如下：

$$(0, 1, 10, 101, 1010, 10100)=(0, 1, 2, 5, 10, 20)$$

结果就是指数 20 能够通过一系列的步骤构造出来，其中每一个步骤包含了乘以 2，并且当 20 的二进制扩展形式中的下一位的值为 1 时，就加 1，也就是说：

$$1=0\cdot 2+1$$
$$2=1\cdot 2$$
$$5=2\cdot 2+1$$
$$10=5\cdot 2$$
$$20=10\cdot 2$$

现在计算 5^{20}，重复平方方法的执行过程如下：

$$5^1=(5^0)^2\cdot 5^1=5 \bmod 35$$
$$5^2=(5^1)^2=5^2=25 \bmod 35$$
$$5^5=(5^2)^2\cdot 5^1=25^2\cdot 5=3125=10 \bmod 35$$
$$5^{10}=(5^5)^2=10^2=100=30 \bmod 35$$
$$5^{20}=(5^{10})^2=30^2=900=25 \bmod 35$$

请注意，在上述每一个步骤中都有一次求模规约。

在重复平方算法中，虽然要执行很多个步骤，但每一个步骤都很简单、高效，并且我们绝不会遇到“不得不处理大于模数立方的数值”的情况。与之相比，在式(4.4)运算过程中我们不得不处理巨大的中间值。

4.3.3　加速 RSA 加密体制

另外一个可用于加速 RSA 加密体制的技巧是，对于所有用户，使用同一加密指数 e。众所周知，这并不会在任何方面削弱 RSA 加密体制的强度。不同用户的解密指数(即私钥)将是不同的，因为对于每个密钥对，p、q 以及相应的 N 的选取是不同的。

令人吃惊的是，通常加密指数的合适选择是 e=3。选择这个 e 值，每一次公钥加密仅仅需要两次乘法运算。不过，私钥的运算操作仍然代价高昂，因为对于 d 没有什么特殊的结构可以利用。这往往是可以接受的，因为许多加密任务可能需要在一个中心服务器上完成，而解密操作则可以通过多个分布式的客户端计算机高效完成。当然，如果中心服务器需要计算数字签名，那么小数值的 e 并不能减轻其工作负荷。即使数学是很强大有效的工具，但是为所有用户选择共同的 d 值，也肯定不是一个好主意。

对于加密指数选取为 e=3 的方案，如下立方根攻击是可能的。如果明文消息 M 满足 $M<N^{1/3}$，那么 $C=M^e=M^3$，也就是说，模 N 的操作无效。其结果是，攻击者能够仅仅计算 C

的常规的立方根，即可获得 M。在实践中，通过对明文消息 M 附加填充足够的二进制位，就很容易避免这种情况，只需满足 $M>N^{1/3}$ 即可。

如果多个用户都使用 $e=3$ 作为他们的加密指数，那么还存在另一种类型的立方根攻击。如果对于同一个消息 M，使用三个不同用户的公钥分别加密，生成的密文比如是 C_0、C_1 和 C_2，那么中国剩余定理(Chinese Remainder Theorem，见参考文献[43])可用于恢复明文消息 M。在实践中，这也很容易避免，方法就是对每个消息 M 随机附加填充信息，或者在每个消息 M 中增加一些用户指定的信息，这样每个消息实际上就会互不相同了。

另一个流行的通用加密指数是 $e=2^{16}+1$。选取这个 e 值，每个加密运算仅需要执行 17 个重复平方算法的步骤。$e=2^{16}+1$ 的另一个优势是，在运用中国剩余定理的攻击者成功破解消息密文之前，同样的加密消息密文必须已经先行发送给 $e=2^{16}+1$ 个用户。

接下来，我们考察 Diffie-Hellman 密钥交换算法，这是公开密钥加密算法中迥然不同的异类。不同于 RSA 加密体制是依赖于大数因式分解的难度，Diffie-Hellman 则是基于所谓的离散对数问题。

4.4 Diffie-Hellman 密钥交换算法

Diffie-Hellman 密钥交换算法，或简称为 DH，是由英国政府通信总部(GCHQ)的 Malcolm Williamson 所发明，其后不久，该算法又被它的命名者 Whitfield Diffie 和 Martin Hellman 独立地再次发明(见参考文献[191])。

我们在这里讨论的 Diffie-Hellman 算法版本是密钥交换算法，因为它仅仅能够用于建立共享的秘密。共享秘密的结果通常用于共享的对称密钥。需要强调的是，在本书中，“Diffie-Hellman”和“key exchange”这两个用词往往一起出现——DH 不是用于数据加密或数字签名，相反，这个机制仅仅允许用户建立共享的对称密钥。这绝非易事，因为在对称密钥加密技术中，密钥建立和管理是基本的问题之一。

DH 算法的安全性依赖于离散对数问题的计算难度。假设给定 g 以及 $x=g^k$。那么，要想确定 k，就需要计算对数 $\log_g(x)$。现在给定 g、p 以及 $g^k \bmod p$，要找到 k 的问题就类似于对数问题，但是要在一种离散的设定条件下。这个对数问题的离散版本，自然地，就被称为离散对数问题。据我们所知，这个离散对数问题也非常难解，虽然就像因式分解问题一样，它是否是诸如 NP 完全类问题，还尚未可知。

DH 算法的数学构造相对而言比较简单。设定 p 为素数，并假定 g 是生成器，即对于任何的 $x\in\{1, 2, \ldots, p-1\}$，都存在指数 n，使得 $x=g^n \bmod p$。这里，素数 p 和生成器 g 是公开的。

对于实际的密钥交换过程，Alice 随机地选择秘密的指数 a，Bob 随机地选择秘密的指数 b。Alice 计算 $g^a \bmod p$，并将结果发送给 Bob，而 Bob 计算 $g^b \bmod p$，也将结果发送给 Alice。然后，Alice 执行如下计算：

$$(g^b)^a \bmod p=g^{ab} \bmod p$$

而Bob执行如下计算：

$$(g^a)^b \bmod p = g^{ab} \bmod p$$

最后，$g^{ab} \bmod p$ 就是共享的秘密，其典型的用途是作为对称密钥。在图4-1中给出了DH密钥交换过程的说明。

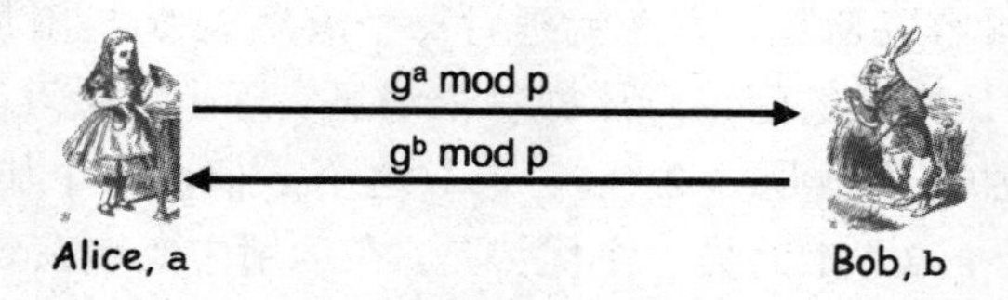

图4-1 Diffie-Hellman 密钥交换

攻击者Trudy能够看到 $g^a \bmod p$ 和 $g^b \bmod p$，而且看起来她距离那个共享秘密 $g^{ab} \bmod p$ 也非常接近。但是：

$$g^a \cdot g^b = g^{a+b} \neq g^{ab} \bmod p$$

显然，Trudy需要找到 a 或 b，看起来这就需要她去解决一个困难的离散对数问题。当然，如果Trudy能够通过其他方法找到 a 或 b，或 $g^{ab} \bmod p$，就能够破解这个系统。但是，据目前所知，破解DH体制的唯一途径就是求解离散对数问题。

关于DH算法，还有一个基本的问题，那就是该算法容易遭受中间人攻击，或简称为MiM攻击[6]。这是一种主动型攻击，其中Trudy将自己置于Alice和Bob之间，截获从Alice发送给Bob的消息，同样也截获从Bob发送给Alice的消息。Trudy如此部署，将使DH密钥交换很容易地就被彻底破坏了。在这个过程中，Trudy建立共享的秘密，比方说，和Alice共享 $g^{at} \bmod p$，和Bob共享另一个秘密 $g^{bt} \bmod p$，如图4-2所示。无论是Alice还是Bob，都不会觉察到这其中有任何问题，于是，Trudy就能够读到或改写Alice和Bob之间传递的任何消息了[7]。

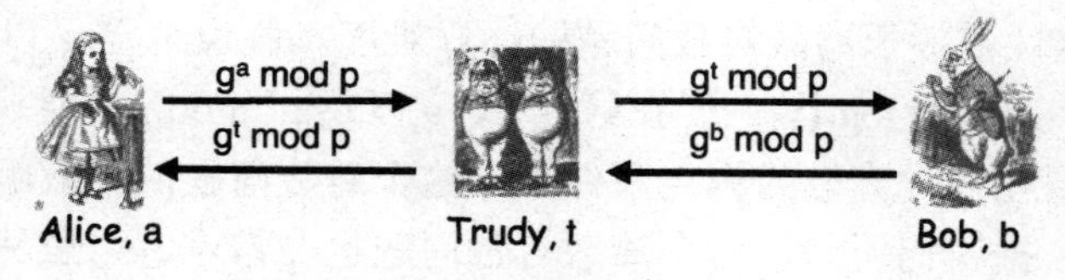

图4-2 Diffie-Hellman 体制中的中间人攻击

当使用DH密钥交换体制时，图4-2中呈现的中间人攻击是很严重的顾虑。现在已经有一些可行的方法用于预防此类攻击，下面给出其中的几种：

- 使用共享对称密钥对DH密钥交换过程实施加密。

---

6. 笔者本人出于某些方面的考虑，不希望使用“middleperson”这一术语。

7. 这里潜在的问题是信息交互的参与者们未经过身份认证。在这个例子里，Alice并不知道她是否是在和Bob交流，而Bob也并不知道他是否是在和Alice交流。还需要几章之后，我们才能去讨论有关身份认证协议的问题。

- 使用公钥对 DH 密钥交换过程实施加密。
- 使用私钥对 DH 密钥交换过程中的值进行数字签名。

在这一点上，你应该会感到很困惑。毕竟，如果我们已经有共享的对称密钥(如上述项目列表的第 1 条)或一对公开密钥对(如上述项目列表的第 2、3 条)，那么为什么我们还需要再使用 DH 体制建立对称密钥呢？这是个非常好的问题。在本书第 9 章和第 10 章讨论协议时，我们再对此给出令人信服的解释。

4.5　椭圆曲线加密

对于公开密钥加密技术所要求的“实施复杂难解的数学操作”来说，椭圆曲线提供了另一个可选的领域。我们举个例子来说明，这里有一个椭圆曲线加密的 Diffie-Hellman 版本。

椭圆曲线加密体制(Elliptic Curve Cryptography，ECC)的优势是：要获得同样等级的安全性，需要的二进制位数较少。从不利的方面来说，椭圆曲线体制的数学计算更加复杂，因此，椭圆曲线体制中的每个数学操作的代价都相对而言更加昂贵。总而言之，相对于标准的基于模运算的方法，椭圆曲线方法提供了很大的计算上的优势，如今美国政府的标准就反映了这一点——所有最近的公开密钥加密标准都基于椭圆曲线加密体制。而且，椭圆曲线加密体制在资源受限的环境中尤其重要，比如在手持终端设备上的诸多应用。

什么是椭圆曲线呢？椭圆曲线 E 就是由某个函数决定的图形，该函数的表达形式如下：

$$E：y^2=x^3+ax+b$$

该函数有特定的极值点，可表示为∞。图 4-3 中给出了典型的椭圆曲线图。

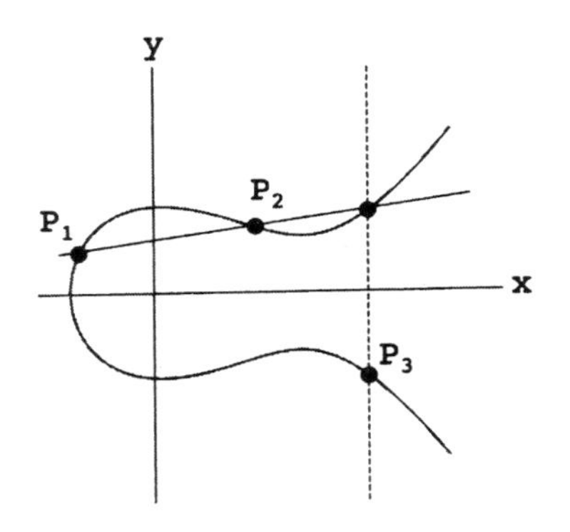

图 4-3　椭圆曲线示例

4.5.1　椭圆曲线的数学原理

图 4-3 还说明了用于计算数学上的椭圆曲线的方法。在椭圆曲线上，两点之“和”既有几何上的意义，也有算术上的解释。从几何上看，两点 P_1 和 P_2 定义如下：首先，做一条直线通过这两点，该直线往往会与椭圆曲线在另一点处相交，如果上述成立，就将交点(即所做直线与椭圆曲线的交叉点)围绕 x 轴做对称映射，获得对称点 P_3，于是可以得到两点

P_1和P_2之和的定义，如下：

$$P_3=P_1+P_2$$

图4-3已给出了以上说明的图示。而且，加法是椭圆曲线的计算中唯一需要的数学运算。

从加密技术的角度来说，我们希望处理的是离散的点集。这可以通过在通用椭圆曲线的计算等式上执行“mod p”运算来轻松地实现。如下：

$$y^2=x^3+ax+b(\text{mod p})$$

举一个例子，考虑如下椭圆曲线：

$$y^2=x^3+2x+3(\text{mod }5) \qquad \text{式(4.5)}$$

我们可以列出在这个曲线上的各个点(x，y)，方法是：对于 x 的所有取值，逐个选取并计算相应的 y 值(一个或多个值)。因为我们是基于模数 5 实施运算，所以我们只需考虑 x=0, 1, 2, 3, 4 的情况。在这个例子中，我们最后获得如下这些点：

$$x=0 \Rightarrow y^2=3 \Rightarrow \text{no solution mod } 5$$
$$x=1 \Rightarrow y^2=6=1 \Rightarrow y=1,4 \text{ mod } 5$$
$$x=2 \Rightarrow y^2=15=0 \Rightarrow y=0 \text{ mod } 5$$
$$x=3 \Rightarrow y^2=36=1 \Rightarrow y=1,4 \text{ mod } 5$$
$$x=4 \Rightarrow y^2=75=0 \Rightarrow y=0 \text{ mod } 5$$

也就是说，我们在式(4.5)中找到的点如下所示：

$$(1, 1)(1, 4)\ (2, 0)\ (3, 1)\ (3, 4)\ (4, 0)\text{和}\infty \qquad \text{式(4.6)}$$

接下来，我们再来考虑在椭圆曲线上增加两个点的问题。相比上述讨论过的几何定义，我们这里需要一个更便于计算的方法。表4-1给出了在椭圆曲线上增加两个点的代数计算方法的说明。

表4-1　椭圆曲线上的模 *P* 加法

假设：曲线 E：$y^2=x^3+ax+b(\text{mod } p)$

在曲线E上，$P_1=(x_1，y_3)$且$P_2=(x_2，y_2)$

寻找：$P_3=(x_3，y_3)=P_1+P_2$

算法：

$x_3=m^2-x^1-x^2(\text{mod } p)$

$y_3=m(x_1\text{-}x_3)\text{-}y1(\text{mod } p)$

$$\text{满足}m=\begin{cases}(y_2-y_1)\cdot(x_2-x_1)^{-1}\text{ mod }p,\ p_1\neq p_2\\(3x_1^2+a)\cdot(2y_1)^{-1}\text{ mod }p,\ p1=p2\end{cases}$$

特例1：如果 m=∞，那么 p3=∞

特例2：∞+p=p，对于所有 p

下面，我们使用表 4-1 中的算法，确定式(4.5)中椭圆曲线上的点 $P_3 = (1,4)+(3,1)$。首先，我们进行如下计算：

$$m=(1-4)/(3-1)=-3\cdot 2^{-1}=-3\cdot 3=1 \bmod 5$$

然后，计算：

$$x_3=1^2-1-3=-3=2 \bmod 5$$

和

$$y_3=1(1-2)-4=-5=0 \bmod 5$$

这样，在椭圆曲线 $y^2=x^3+2x+3 \pmod 5$ 上，就得到(1, 4)+(3, 1)=(2, 0)。请注意这个和值，点(2, 0)也位于该椭圆曲线上。

4.5.2　基于椭圆曲线的 Diffie-Hellman 密钥交换方案

现在，我们可以补充一些关于椭圆曲线的内容。让我们来考察一下 Diffie-Hellman 密钥交换方案的椭圆曲线版本，其公开信息包括一条椭圆曲线及该曲线上的一点。我们选取如下椭圆曲线：

$$y^2= x^3+11x+b \pmod{167} \qquad \text{式(4.7)}$$

我们暂时不给定 b 的值。接下来，我们选择任何一点(x, y)以及 b 的值，使得这一点位于最终的椭圆曲线之上。在这个例子中，我们选择了$(x, y)=(2,7)$。将 $x=2$ 和 $y=7$ 代入式(4.7)中，就可以确定 $b=19$。于是，该方案的公开信息就是：

$$y^2= x^3+11x+19 \pmod{167}\text{和点}(2,7) \qquad \text{式(4.8)}$$

Alice 和 Bob 每人都必须随机选择他们自己的秘密乘法因子[8]。假设 Alice 选择了 A=15，而 Bob 选择了 B=22。那么，Alice 执行如下计算：

$$A(2, 7)=15(2, 7)=(102, 88)$$

上述所有计算都是在式(4.8)的椭圆曲线上执行。Alice 将她的计算结果发送给 Bob。而 Bob 执行如下计算：

$$B(2, 7)=22(2, 7)=(9, 43)$$

他也将这个结果发送给 Alice。现在，Alice 将她从 Bob 那儿接收到的这个值乘以她自己的秘密乘法因子 A，也就是说，Alice 做如下计算：

$$A(9, 43)=15(9, 43)=(131, 140)$$

8. 既然我们已经知道如何在椭圆曲线上执行加法运算，这里我们就使用重复的加法运算来完成乘法计算。

类似地，Bob 执行如下计算：

$$B(102, 88)=22(102, 88)=(131, 140)$$

于是，Alice 和 Bob 就已经建立了共享的秘密，共享秘密可用作对称密钥。请注意，这个 Diffie-Hellman 密钥交换方案的椭圆曲线版本之所以能够有效工作，全在于 $AB \cdot P=BA \cdot P$，其中 A 和 B 分别是秘密乘法因子，而 P 是椭圆曲线上指定的点。这个方案的安全性依赖于如下事实：即使 Trudy 能够看到 $A \cdot P$ 和 $B \cdot P$，但是很显然，她也必须找到 A 或 B，然后才能够确定共享秘密。据目前所知，这个 Diffie-Hellman 密钥交换方案的椭圆曲线版本和常规的 Diffie-Hellman 密钥交换方案同样难于破解。事实上，对于给定长度的二进制位数，椭圆曲线版本的 Diffie-Hellman 密钥交换方案要难破解得多，而且它使得我们可以使用更小的数值获得同等级别的安全性。因为数值越小，其算法的效率越高。

不过，Trudy 也没有因此而丧失更多。令她稍感安慰的是：实际上，Diffie-Hellman 密钥交换方案的椭圆曲线版本与任何其他的 Diffie-Hellman 密钥交换方案一样，也容易遭受中间人攻击。

4.5.3　现实中的椭圆曲线加密案例

椭圆曲线加密体制在现实世界中已获得大规模的应用，为了说明其中一些设计思想，我们在此结合一个实际的案例进行解释。这个例子，作为一部分内容曾出现在 Certicom ECCp-109(译者注：加拿大 Certicom 公司是著名的 ECC 密码技术公司，该公司的网站上会公开发布一些有关椭圆曲线加密的技术文章和综述性文章)的挑战性问题中(见参考文献[52])，另外，在 Jao 的那个非常棒的调查中(见参考文献[154])，也讨论过这个案例。请注意，以下给定数字均以十进制表示，数字之间也不用逗号进行分隔。

我们做如下设定：

$$p = 564538252084441556247016902735257$$
$$a = 321094768129147601892514872825668$$
$$b = 430782315140218274262276694323197$$

再来考虑椭圆曲线 E：$y^2 = x^3+ax+b \pmod p$，我们令 P 点为

$$(97339010987059066523156133908935,149670372846169285760682371978898)$$

该点位于椭圆曲线 E 之上，再令 k=281183840311601949668207954530684。然后，将 P 点与自身相加 k 次，这里我们表示为 kP，于是我们得到点

$$(44646769697405861057630861884284,522968098895785888047540374779097)$$

这个点也位于椭圆曲线 E 上。

虽然这些数字确实很大，但是相比那些在“非椭圆曲线”公开密钥加密系统中必须要使用的数值，这几乎是微不足道的。举个例子来说，中等长度的 RSA 模值有 1024 位二进制，这相当于超过 300 个十进制位数长度的值。相对而言，在上面椭圆曲线的例子中，这

些数值的十进制位数长度仅仅相当于其 1/10 左右。

关于椭圆曲线加密技术这一热点话题，还有许多很好的信息和资源可供参考。如果想要获得更多相关解决方案，就请参见参考文献[251]；如果想要了解椭圆曲线相关的更多数学细节，就请参见参考文献[35]。

4.6　公开密钥体制的表示方法

在讨论公开密钥加密方法的应用之前，我们需要先来解决合理的表示方法的问题。既然在公开密钥加密系统中，每个用户都会拥有两个密钥，那么继续沿用我们在对称密钥加密体制中使用的表示方法，将会很不方便。另外，数字签名也是一类加密操作(使用私钥计算)，但是，当其应用于密文时，其还是解密操作。如果我们不是非常小心谨慎，那么这个表示方法的问题可能会变得很复杂。

对于公开密钥加密体制中的加密、解密和签名(见参考文献[162])，我们将采用下面的表示方法：

- 使用 Alice 的公钥加密消息 M：$C=\{M\}_{\text{Alice}}$
- 使用 Alice 的私钥解密密文消息 C：$M=[C]_{\text{Alice}}$
- Alice 签名[9]的消息 M 的表示方法：$S=[M]_{\text{Alice}}$

请注意，花括号表示使用公钥的操作，方括号代表使用私钥的操作，下标用来表明使用谁的密钥。这个方案确实有点麻烦，不过，笔者为这个表示方法所困，做出的这个差强人意之举也许是缺陷最少的了。最后，既然公钥操作和私钥操作是互相消解的，于是我们可以得到如下等式：

$$[\{M\}_{\text{Alice}}]_{\text{Alice}}=\{[M]_{\text{Alice}}\}_{\text{Alice}}=M$$

千万别忘了，公钥是公开的，因而任何人都能够去计算$\{M\}_{\text{Alice}}$。另一方面，私钥是私密的，所以只有 Alice 能够执行计算$[C]_{\text{Alice}}$或$[M]_{\text{Alice}}$。这意味着任何人都能够为 Alice 加密消息，但是仅有 Alice 本人能够解密相应密文。对于数字签名来说，只有 Alice 能够签名消息 M，但是，既然公钥是公开的，任何人就都能够验证这个签名。在下一章讨论过哈希函数之后，我们还将继续介绍有关数字签名及其验证的更多内容。

4.7　公开密钥加密体制的应用

你能够使用对称密钥加密方案完成的任何事情，也都可以通过公开密钥加密方案来完成，只不过要慢一些。这包括保护数据的机密性，类似的应用形式还有：通过不安全的通

9. 事实上，这并不是对消息进行数字签名的正确方法；详细内容请参见第 5 章 5.2 节。

道传送数据，或者在不安全的媒介上安全地存储数据等。此外，我们还能够将公开密钥加密体制用于保护数据的完整性——数字签名就能够起到对称密钥加密体制中消息认证码(MAC)的作用。

另外，还有一些任务我们能够通过公开密钥加密体制完成，但在对称密钥加密体制中没有类似解决方案。特别是，相比对称密钥加密体制，公开密钥加密体制提供了两大主要优点。第一个主要优点是，基于公开密钥加密体制，我们不需要事先建立共享的密钥[10]。第二个主要优点是，数字签名提供了完整性(详见思考题35)和不可否认性。下面我们还将更进一步地考察这两个主题。

4.7.1 真实世界中的机密性

相比公开密钥加密技术，对称密钥加密技术的主要优势是效率[11]。在数据机密性领域，公开密钥加密技术的主要优势是不需要预共享密钥这一事实。

是否有可能获得两全其美的解决方案呢？也就是说，我们是否能够既拥有对称密钥加密方案的效率，又不必提供事先的预共享密钥呢？答案毫无疑问是肯定的。要得到这样超级完美的结果，方法就是构建混合加密系统，其中公开密钥加密体制用于建立对称密钥，将这个生成的对称密钥用于加密数据。图4-4给出了混合加密系统的说明。

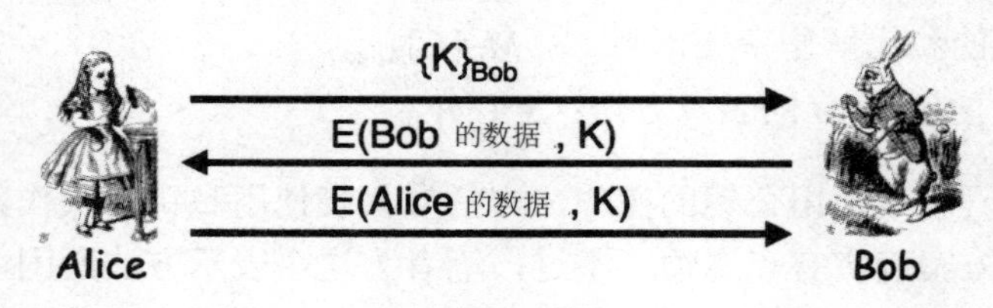

图4-4 混合加密系统

图4-4所示的混合加密系统仅仅用于说明目的和用途。事实上，Bob没有办法知道他正在同Alice通信——因为任何人都能够执行公钥加密操作——所以他有可能被愚弄，按照这样的协议，对敏感数据加密后再发送给所谓的“Alice”。在接下来的章节中，我们将就安全身份认证以及密钥建立协议进行更多的说明。在当今的实践中，混合加密方案(并结合安全身份认证)已经获得了广泛应用。

4.7.2 数字签名和不可否认性

如上所述，数字签名能够用于保护数据完整性。请回顾一下消息认证码MAC，那是使用对称密钥来提供数据完整性的一种方法。所以，谈及数据完整性，我们可以说，数字签名和消息认证码MAC是同样的好方法。另外，数字签名提供了不可否认性，而这一点

10. 当然，我们确实还需要使得参与通信的各方能够事先得到私钥。所以，密钥分发问题并未被彻底消除——只是表现为一种不同的形式。

11. 一个间接的好处是不需要公钥基础设施，或简称为PKI。我们将在下面讨论公钥基础设施(PKI)的相关内容。

正是对称密钥加密体制就其本质而言无法提供的。

为了更好地理解不可否认性，我们首先来看一个对称密钥加密案例中的数据完整性的例子。假设 Alice 从她最中意的股票商 Bob 那里订购了 100 股股票。为了确保她的订单的完整性，Alice 使用共享的对称密钥 K_{AB} 计算消息认证码 MAC。现在，假定在 Alice 下订单后不久，并且恰恰在她向 Bob 进行支付之前，股票交易系统丢失了该交易的所有数据。事情发生在这个节骨眼上，这提供了一种可能，即 Alice 可以声明她并未下过订单，也就是说，她能够否认这次交易。

Bob 是否能够证明 Alice 下过订单呢？如果他所拥有的只是 Alice 的消息认证码 MAC，那么他不能证明。因为既然 Bob 也知道共享的对称密钥 K_{AB}，他就能够伪造一条消息，并在该消息中显示“Alice 下了订单”。这里请注意，Bob 是知道 Alice 下过订单的(因为他头脑清醒，也不曾忘记)，但是他不能够在法庭上证明这一点，他缺少证据。

现在我们来考虑，在同样的场景下，假设 Alice 使用数字签名，而不是消息认证码 MAC。和消息认证码 MAC 一样，数字签名也能够提供数据完整性的验证。我们再一次假定股票交易系统丢失了交易的所有数据，并且 Alice 试图否认这次交易。这时 Bob 能够证实来自 Alice 的订单吗？是的，他能够做到，因为只有 Alice 可以访问她自己的私钥[12]。于是，数字签名就提供了数据完整性和不可否认性，而消息认证码 MAC 却只能够用于保护数据完整性。这仅仅取决于如下事实：对称密钥是 Alice 和 Bob 都知道的，然而 Alice 的私钥则仅有 Alice 本人可知[13]。在下一章，我们将针对数字签名和数据完整性展开更多讨论。

4.7.3 机密性和不可否认性

假设 Alice 和 Bob 有公开密钥加密系统可用，Alice 想要发送一条消息 M 给 Bob。为了机密性起见，Alice 将使用 Bob 的公钥加密消息 M。另外，为了获得数据完整性和不可否认性保护，Alice 可以使用她自己的私钥对消息 M 进行签名。但是，如果 Alice 是个非常关注安全性的人，想要既有机密性，又有不可否认性，她就不能只对消息 M 签名，因为那样不能提供数据机密性保护，她也不能只对消息 M 加密，因为这不能提供数据完整性保护。解决方案看起来似乎足够明确了——Alice 可以对消息进行签名和加密，然后再将其发送给 Bob，具体操作如下：

$$\{[M]_{\text{Alice}}\}_{\text{Bob}}$$

或者，对 Alice 来说，先加密消息 M，再对该结果实施签名是更好的方案。也就是说，Alice 要换成执行如下计算：

$$[\{M\}_{\text{Bob}}]_{\text{Alice}}$$

关于股票订单还会存在什么可能的问题吗？难缠的密码破译专家们有可能关注的仅

12. 当然，我们也可以设想 Alice 的私钥丢失了或是被损坏了。无论什么情况，一旦连私钥都落入不法分子之手，那就全盘皆输了。

13. “1”可能是最孤独的数字了，不过，一旦需要不可否认性，“2”比“1”差了可不是一点点。

仅只有这一个问题吗？

让我们再来考虑其他几个不同的场景，这些场景类似于在参考文献[77]中列出的情况。首先，假设 Alice 和 Bob 两人陷入了一场浪漫的恋爱。Alice 决定发送如下消息给 Bob：

$$M = \text{"I love you"}$$

而且，Alice 决定使用先签名再加密的方案。于是，Alice 将如下消息发送给 Bob：

$$\{[M]_{\text{Alice}}\}_{\text{Bob}}$$

后来，Alice 和 Bob 发生了一些恋人之间的小口角，于是正当 Bob 恶意难平的时候，出于谍报人员的职业习惯，他对这条签名的消息进行解密得到了$[M]_{\text{Alice}}$，接着又使用 Charlie 的公钥对其进行再次加密，也就是执行如下运算：

$$\{[M]_{\text{Alice}}\}_{\text{Charlie}}$$

然后，Bob 将这条消息发送给 Charlie，如图 4-5 所示。当然，Charlie 会认为 Alice 爱上了他，这给 Alice 和 Charlie 都带来了很多的麻烦和尴尬，Bob 却觉得很开心。

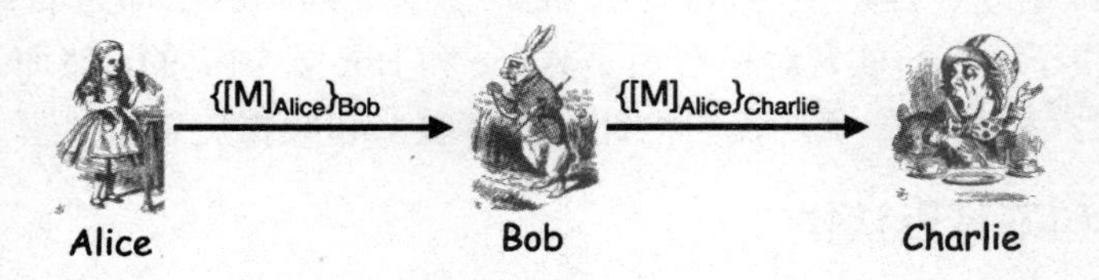

图 4-5 先签名再加密方式的缺陷

Alice 从这次痛苦的经历中吸取了教训，痛定思痛，发誓再也不做先签名后加密的这种傻事了。当她需要机密性和不可否认性时，Alice 将会始终遵循先加密后签名的方式。

一段时间以后，当 Alice 和 Bob 解决了他们之间先前的那些问题之后，Alice 发明了一种崭新的理论，她想要与 Bob 就此进行交流。这一次，她的消息文本如下(请参见参考文献[55])：

M = "Brontosauruses are thin at one end, much much thicker in the middle, then thin again at the other end"

这次，在发送消息给 Bob 之前，她忠实地采用了先加密后签名的方案，如下：

$$[\{M\}_{\text{Bob}}]_{\text{Alice}}$$

然而，Charlie 仍然对 Bob 和 Alice 耿耿于怀，他将自己伪装起来并扮作中间人，使得他能够在 Alice 和 Bob 之间的通信中截取所有的消息。Charlie 知道 Alice 正在研究一个崭新的理论，他也知道 Alice 只加密重要的消息。Charlie 猜测：这条加密并签名的消息一定非常重要，并且在某种程度上与 Alice 重要的新理论有关系。所以，Charlie 使用 Alice 的公钥计算出$\{M\}_{\text{Bob}}$，然后他再对其实施签名，之后将结果发送给 Bob，也就是说，Charlie 发送给 Bob 的消息如下：

$$[\{M\}_{\text{Bob}}]_{\text{Charlie}}$$

图 4-6 说明了这个场景。

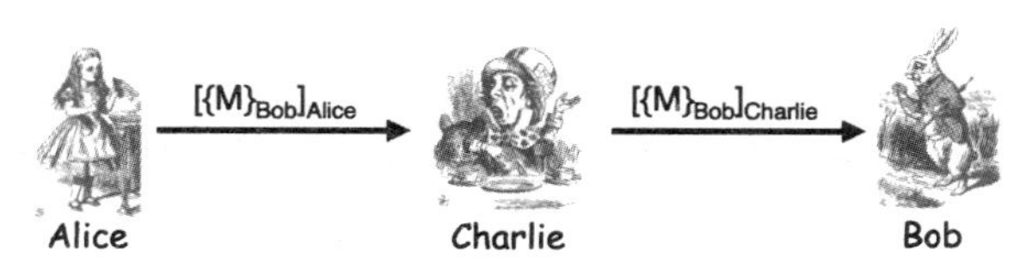

图 4-6　先加密后签名方式的缺陷

当 Bob 接收到来自 Charlie 的消息后，他会认为这个新的理论是 Charlie 的成果，于是他立即对 Charlie 予以奖励和提升。当 Alice 得知 Charlie 占有由她的重大创新理论带来的荣誉时，她就发誓再也不使用先加密后签名的方案了。

请注意，在第一个场景中，Charlie 假定$\{[M]_{\text{Alice}}\}_{\text{Charlie}}$一定是由 Alice 发送给 Charlie 的。这并不是有效的假定——因为 Charlie 的公钥是公开的，所以任何人都可能完成这样的加密。实际上，Charlie 唯一真正了解的是：在某个环节 Alice 对消息 M 实施了签名。这里的问题是，Charlie 显然忘了公钥是公开的这一事实。

在第二个场景中，Bob 假定$[\{M\}_{\text{Bob}}]_{\text{Charlie}}$一定源自 Charlie，这也不是有效的假设。同样，因为公钥是公开的，任何人都可以使用 Bob 的公钥加密消息 M。Charlie 一定对该加密消息实施了签名，这不假，但是那并不意味着 Charlie 完成了对消息的实际加密过程(或者甚至根本不知道明文消息的内容是什么)。

在上述两个案例中，潜在的问题就是：消息的接收者并不是清楚地理解公开密钥加密技术的工作原理和方式。对于公开密钥加密技术，有一些内在的局限性。其中大部分是因为任何人都可以实施公开密钥的操作这一事实。也就是说，任何人都可以加密一条消息，任何人也都可以验证数字签名。这个事实可能成为造成混乱的根源，如果你不够小心的话。

4.8　公开密钥基础设施

公开密钥基础设施，或简称为 PKI，是指在现实世界中，安全地使用公开密钥加密技术所必须具备的一切条件的总和。要想将 PKI 涉及的所有必备的部分进行汇集并组成一个可执行的整体，其困难和复杂程度难以想象。关于一些 PKI 的内在风险的讨论，请参见参考文献[101]。

数字证书(或称为公钥证书，抑或简称为证书)包含了用户的名称以及伴随的相关用户的公钥，该证书由证书权威机构签名，证书权威机构也可简称为 CA。例如，Alice 的证书就包括如下内容[14]：

14. 这里列出的式子已经过适当简化。事实上，在签名时，我们还需要使用哈希函数，但是在此处我们尚且对哈希函数了解不多。我们将在下一章给出关于数字签名的精确公式。无论如何，这个简化的签名已能说明有关证书的所有重要概念。

$$M=(\text{“Alice”}, \text{Alice 的公钥})\text{和 } S=[M]_{CA}$$

为了验证这个证书，Bob 将执行计算$\{S\}_{CA}$，并要检验该结果是否与 M 相匹配。

权威机构 CA 扮演可信的第三方，或简称为 TTP(Trusted Third Party)。通过对证书签名，CA 就为这样一个事实提供了担保：分发了相应的私钥给 Alice。也就是说，CA 创建了公钥和私钥对，并将公钥放在了 Alice 的证书中。然后，CA 对该证书实施签名(使用它自己的私钥)并把私钥发给 Alice。如果你信任 CA，你就会相信它确实将私钥发给了 Alice，而不是任何其他的人。

这里有一个不易觉察的重要细节，就是 CA 并不担保证书持有者的身份。证书扮演了公钥的角色，所以证书里都是公开的信息。这样，我们举个例子，Trudy 能够发送 Alice 的公钥给 Bob，并声称自己就是 Alice。Bob 这时一定要小心，绝对不能上当受骗。

当 Bob 接收到证书后，他必须验证数字签名。如果证书是由 Bob 信任的 CA 签名的，那么他使用 CA 的公钥进行验证。另一方面，如果 Bob 不信任这个 CA，那么该证书对他无效。任何人都可以创建数字证书并且声明为其他任何的人。Bob 在能够认定证书有效之前，必须信任相应的 CA 并验证其签名。

但是，这里所谓的“Alice 的证书是有效的”，其准确的含义是什么呢？这将给 Bob 提供哪些有用的信息呢？我们再来重复一遍，通过对证书实施签名，CA 就担保了如下事实：它发放了相应的私钥给 Alice，而不是其他任何人。换句话说，在证书里的公钥实际上是 Alice 的公钥，在这个意义上，只有 Alice 才拥有对应的私钥。

多说无益，我们不再白费口舌。验证了数字证书的签名之后，Bob 就确信了 Alice 持有相对应的私钥。非常关键的就是，除此之外，Bob 不应该再做任何其他更多的假定。举个例子，Bob 对证书的发送方是一无所知的——因为证书是公开的信息，所以任何人都可能会将其发送给 Bob。在后续的章节中，我们还会讨论安全协议，那时我们将会看到，Bob 是如何能够通过使用有效的证书来验证发送方身份的，但是，那对我们的要求，可不仅仅是验证数字证书上的签名那么简单。

除了必需的公钥之外，数字证书还可能包含几乎所有的其他信息，只要这些信息被认为对于通信参与方是有用的。但是，包含的信息越多，证书失效的可能性就越大。举个例子，对于公司来说，在数字证书中包含雇员的部门名称以及电话号码，这兴许是个挺有吸引力的想法。但是，随后的不可避免的任何机构重组都将会使得该证书无效。

如果 CA 稍有差池，后果也许就不堪设想。举个例子，VeriSign[15]曾经签发过一个为微软公司签名的数字证书给另外一方(见参考文献[136])，也就是说，VeriSign 将私钥给了其他人而不是给了微软。于是，这另一方就能够扮作微软公司(当然是电子形式)。这次特殊的错误很快就被发现了，于是该证书被撤销掉，当然这是在任何可能由此带来的危害发生之前。

这就提出了一个重要的公开密钥基础设施的问题，也就是数字证书撤销问题。通常，签发的数字证书都有一个有效期。但是，如果私钥被破解了，或者已经发现数字证书的签发有错误，那么证书必须立即撤销。大部分的 PKI 框架都需要定期发布证书撤销列表(Certificate

15. 当今，VeriSign 是最大的商业化数字证书签发者。

Revocation Lists，或简称为 CRL)，用于过滤受到损害不再适用的数字证书。某些情况下，这可能会给用户带来沉重的负担，因为可能会进一步导致错误或安全缺陷。

总结一下，任何 PKI 体系必须解决如下问题：

- 密钥生成和管理
- 数字证书授权(建立 CA 体系)
- 数字证书撤销

接下来，我们简要地讨论一下当今常用的诸多 PKI 信任模型中的几个典型实例。其中的基本问题是：要决定谁是你愿意信任的 CA。这里，我们遵循参考文献[162]中的相关术语。

可能最显而易见的信任模型就是垄断模型了，所谓垄断模型就是一套统一的信任体系架构，意即建立全局范围内的 CA。这种方案，对于任何碰巧赶上机遇成为最大商业化的 CA(目前是 VeriSign)来说，自然是求之不得的事了。还有人建议，政府应该承担垄断型 CA 的角色。不过，无论你相信与否，还是有许多人是不信任政府的。

垄断模型的一个主要缺陷就是为攻击提供了一个巨大的目标。垄断型 CA 一旦受到损害，整个 PKI 体系就都将失效。试想，如果你连 CA 都不能信任，那么整个系统当然对你就是毫无用处的了。

寡头模型，实际上与垄断模型仅有一步之遥。在这个所谓的寡头模型中，有多个可信的 CA。事实上，这正是如今在使用的方案——一个 Web 浏览器可能会配置上 80 个，甚至更多个 CA 的证书。一个安全敏感型用户，比如 Alice，就可以自由决定她愿意信任哪些 CA，不信任哪些 CA。另一方面，对于更典型的类似 Bob 这样的用户，往往是无论他们的浏览器中的默认设置配置为哪个 CA，他们都会选择信任。

相对于垄断模型，另一个极端就是混乱模型。在这种模型中，任何人都可以是 CA，完全由用户自己来决定他们想信任哪些 CA。事实上，这种方案在 PGP(译者注：PGP 是用于电子邮件服务的一种应用层安全通信协议)中被使用到，在那里它还有个名字，叫做“信任网”(web of trust)。

混乱模型可能会给用户带来巨大的负担。举个例子，假如你收到由 Frank 签名的数字证书，可你并不认识 Frank。但是，你非常信任 Bob，而 Bob 说 Alice 是值得信赖的，同时，Alice 又为 Frank 提供了担保。那么，你是否应该信任 Frank 呢？此类问题显然超越了普通用户的忍耐极限，为了避免这些令人头疼的判定，他们要么倾向于草率地信任所有人，要么干脆不信任任何人。

还有许多其他的 PKI 信任模型，其中的大部分模型都试图既提供适度的灵活性，又能够使得终端用户的负担降到最小。并不存在普遍认可的信任模型，这个事实本身正是 PKI 体系的主要问题之一。

4.9　小结

在这一章，我们涵盖了绝大多数最重要的公开密钥加密技术主题。我们从背包加密体制开始，该方案虽然已经被破解了，但却为我们提供了一个非常好的入门案例。然后，我们讨论了 RSA 加密体制和 Diffie-Hellman 密钥交换体制，并涉及了其中一些细节内容。

我们还讨论了椭圆曲线加密体制(Elliptic Curve Cryptography，ECC)，该方案很可能在未来将持续扮演重要的角色。别忘了，椭圆曲线加密体制并非一种特殊类型的加密系统，而是为公开密钥加密技术中数学计算的运用提供了另一种新的思路。

接下来我们还考察了数字签名和不可否认性，这是公开密钥加密技术带来的一些主要好处。我们也介绍了混合加密系统的思想，这正是公开密钥加密技术应用于现实世界中实现机密性保护的方式。我们还探讨了至关重要但又极易混淆的主题——数字证书。非常重要的是应该准确理解证书能做什么，不能提供什么。最后，我们非常简要地浏览了公开密钥基础设施 PKI 的相关概念，PKI 往往是部署公开密钥加密方案的主要难题。

到此为止，我们就结束了关于公开密钥加密技术的叙述。在本书后续章节中，你将会看到许多公开密钥加密技术的应用。特别是，在我们讨论到安全协议时，这里的许多主题还将再次浮出水面。

4.10 思考题

1. 这道思考题主要针对数字证书(即公钥证书)。

   a. 请问，数字证书必须包含的信息有哪些？
   b. 请问，数字证书可能包含的附加信息有哪些？
   c. 为什么说，对于数字证书，最小化其中包含的信息的数量，会是个好主意呢？

2. 假设 Bob 收到了 Alice 的数字证书，其发送方声称自己就是 Alice。请思考下面的问题。

   a. 在 Bob 验证该证书上的签名之前，他对于该证书发送方的身份能够知道多少呢？
   b. Bob 如何验证该证书上的签名呢？通过验证签名，Bob 能够获得什么有用的信息呢？
   c. 在 Bob 验证了该证书上的签名之后，他对于该证书发送方的身份又能够知道些什么呢？

3. 在实施加密时，公开密钥加密系统的操作方式就类似于基于 ECB(电子密码本)模式的分组加密方案。也就是说，明文消息会被截成多个分组，再对每个分组实施独立的加密操作。请思考下面的问题。

   a. 为什么说，采用分组密码加密方案实施加密时，ECB 模式不是个好主意呢？为什么使用链模式，如 CBC 模式，对于分组密码加密方案，其优势有多大呢？
   b. 当使用公开密钥加密方案时，为什么采用任何类型的链模式都是不必要的呢？
   c. 你关于 b 的原因分析是否也适用于分组密码加密方案呢？请说明为什么？

4. 假设 Alice 的 RSA 公钥是(e, N)，她的私钥是 d。Alice 想要对消息 M 实施签名，也就是说，她想要计算$[M]_{\text{Alice}}$。请列出她会用到的数学表达式。

5. 在式(4.3)中，我们证明了 RSA 加密是有效的，也就是说，我们展示了$[\{M\}_{\text{Alice}}]_{\text{Alice}} = M$。请就 RSA 的数字签名和验证，给出类似的证明，也就是证明：$\{[M]_{\text{Alice}}\}_{\text{Alice}} = M$。

6. 假设 Alice 的 RSA 公钥是$(N, e)=(33,3)$，她对应的私钥是 $d=7$。请考虑下面的问题。

   a. 如果 Bob 使用 Alice 的公钥加密消息 $M=19$，那么请计算对应的密文 C 是什么？并请证明 Alice 能够解密密文 C，得到明文 M。

   b. 假设 S 表示 Alice 对消息 $M=25$ 实施数字签名计算的结果，那么 S 的值是什么？如果 Bob 收到了消息 M 和相应的签名 S，请说明 Bob 验证该数字签名的过程，并请证明在这个特定的案例中，数字签名的验证能够成功通过。

7. 为什么说，在签名计算和解密操作中使用同一 RSA 密钥对，不是个好主意？

8. 为了加速 RSA 算法的执行速度，有可能对于所有的用户统一选择 $e=3$。但是，这为本章中讨论的立方根攻击创造了可能性。

   a. 请解释一下立方根攻击，并说明如何预防。

   b. 对于$(N, e)=(33,3)$和 $d=7$，请证明：当 $M=3$ 时，立方根攻击能够奏效，而当 $M=4$ 时却行不通。

9. 请回顾一下，对于 RSA 公钥系统，为所有的用户选择相同的加密指数 e 是可能的。出于性能方面的考虑，有时会选用公共的值 $e=3$。假定现在的情况就是如此，请考虑下面的问题。

   a. 什么是针对 RSA 加密体制的立方根攻击？在什么情况下该攻击能够成功？

   b. 请给出两种不同的防止立方根攻击的方法。需要注意的是，你的两种提议应该满足：在未使用公共的加密指数 $e=3$ 的情况下，仍然能够确保性能获得有效提升。

10. 请考虑 RSA 公钥加密系统。对于该加密体制来说，最广为人知的攻击就集中在对模的因式分解上，而其中最著名的算法(对于足够大的模数来说)就是所谓的数域筛(number field sieve)方法。根据二进制的位数不同，数域筛方法的工作量因子可以表示为如下等式：

$$f(n)=1.9223n^{1/3}(\log_2 n)^{2/3}$$

    其中，n 是待分解数值的二进制位的个数。例如，由于 $f(390)\approx 60$，因此对 390 位二进制长的 RSA 模数进行因子分解，所需要耗费的工作量大约等价于通过穷举式检索来找到 61 位二进制长的对称密钥需要花费的代价。

    a. 请绘制出函数 $f(n)$的图形，设定 $1\leq n\leq 10000$。

    b. 请问，对于 1024 位二进制长的 RSA 模数 N 来说，其提供的安全强度大约相当于长度为多少位的对称密钥？

    c. 请问，对于 2048 位二进制长的 RSA 模数 N 来说，其提供的安全强度大约相当于长度为多少位的对称密钥？

    d. 请问，要想提供与 256 位二进制长的对称密钥大致相当的安全强度，需要多大长度的 RSA 模数 N？

11. 请在图 4-1 所示的 Diffie-Hellman 密钥交换体制的图形中，清楚地标识出哪些信息是公开的，哪些信息是私密的。

12. 假如 Bob 和 Alice 共享对称密钥 *K*。请给出一种工作于 Bob 和 Alice 之间的 Diffie-Hellman 密钥交换体制的变体，要求其能够防止中间人攻击，并请绘制图解进行说明。

13. 请考虑 Diffie-Hellman 密钥交换协议。假设 Alice 将她的 Diffie-Hellman 值 $g^a \bmod p$ 发送给了 Bob，再进一步假设 Bob 想要使得最终两人共享的秘密数值是某个特定的值 *X*。那么请问，根据 Diffie-Hellman 密钥交换协议，Bob 是否能够选择他的 Diffie-Hellman 值，以使得 Alice 可以计算出共享的秘密数值 *X*? 如果可以，就请给出具体细节。如果不行，就请说明为什么不行？

14. 假设 Alice 和 Bob 共享 4 位数的 PIN 码 *X*。为了建立共享的对称密钥，Bob 建议采用如下协议：先由 Bob 生成随机密钥 *K*，并将其使用 PIN 码 *X* 进行加密，也就是说，计算出 $E(K, X)$。Bob 再将 $E(K, X)$发送给 Alice，Alice 使用共享的 PIN 码 *X* 解密该消息以获得 K。Alice 和 Bob 随后就使用对称密钥 *K* 来保护他们后续的通信会话。但是，Trudy 能够通过对 PIN 码 *X* 实施强力破解攻击，从而轻松地确定 *K*，所以这个协议并不安全。请修改这个协议，使其更加安全。请注意，Alice 和 Bob 仅仅共享这个 4 位数的 PIN 码 *X*，他们无法获得任何其他的对称密钥或公开密钥。提示：请考虑使用 Diffie-Hellman 密钥交换体制。

15. 数字签名提供了数据完整性的保护，消息认证码 MAC 也提供了数据完整性的保护。请问，为什么数字签名还能够提供不可否认性保护，而消息认证码 MAC 却不可以呢？

16. 混合加密系统既使用公开密钥加密技术，又使用对称密钥加密技术，由此该系统便可以兼得二者的益处。

    a. 请阐述一个混合加密系统，其中使用 Diffie-Hellman 密钥交换体制作为公钥技术部分，使用 DES 加密方案作为对称密钥技术部分。
    b. 请阐述一个混合加密系统，其中使用 RSA 体制作为公钥技术部分，使用 AES 加密方案作为对称密钥技术部分。

17. 请阐述针对 Diffie-Hellman 密钥交换体制的椭圆曲线版本的中间人攻击的执行过程。

18. 假设 Alice 对消息 *M*=“I love you”实施了数字签名，然后使用 Bob 的公钥将其加密，之后将结果发送给了 Bob。正如本章前面所讨论的，Bob 能够对结果实施解密，获得签名的消息，然后再加密该签名消息，比如说使用 Charlie 的公钥加密，最后将这个结果密文转发给 Charlie。请问，Alice 是否可以使用对称密钥加密技术防止此类“攻击”？

19. 当 Alice 发送一条消息 M 给 Bob 时，她和 Bob 约定使用如下协议：

(i) Alice 计算 $S=[M]_{\text{Alice}}$。
(ii) Alice 将(M, S)发送给 Bob。
(iii) Bob 收到消息后，计算 $V=\{S\}_{\text{Alice}}$。
(iv) 只要 $V=M$，Bob 就接受该数字签名为有效的。

对于这个协议，Trudy 有可能按照如下方式，对随机的“消息”伪造出 Alice 的签名。Trudy 首先生成值 R，然后计算 $N=\{R\}_{\text{Alice}}$，再把(N, R)发送给 Bob。根据上述协议，Bob 会计算 $V=\{R\}_{\text{Alice}}$，只要 $V=N$，Bob 就接受该签名。于是，Bob 就相信了 Alice 发送给他的带有数字签名的但无意义的“消息”N。结果就是，Bob 会迁怒于 Alice。

a. 此类攻击是需要我们认真对待的严重问题呢，还是仅仅算一种无关紧要的干扰而已呢？请说明理由。
b. 假设我们对该协议进行了修改，结果如下：

(i) Alice 计算 $S=[F(M)]_{\text{Alice}}$。
(ii) Alice 将(M, S)发生给 Bob。
(iii) Bob 收到消息后，计算 $V=\{S\}_{\text{Alice}}$。
(iv) 只要 $V=F(M)$，Bob 就接受该数字签名为有效的。
请问，函数 F 必须满足哪些条件，才能够防止上述令人深恶痛绝的攻击呢？

20. 假设 Bob 的背包加密方案的私钥包括(3,5,10,23)。另外，相对应的乘数 $m^{-1}=6$，模数 $n=47$。

a. 如果给定密文 $C=20$，那么请找出对应的明文。请以二进制形式表示。
b. 如果给定密文 $C=29$，那么请找出对应的明文。请以二进制形式表示。
c. 请给出 m 和该背包方案的公钥。

21. 假设对于背包加密系统，对应的超递增背包是(3, 5, 12, 23)，其中模数 n=47，乘数 m=6。

a. 请给出该背包加密方案的公钥和私钥。
b. 请加密消息 M=1110(以二进制形式表示)，给出十进制形式的加密结果。

22. 请考虑背包加密系统。假设公钥包括(18,30,7,26)和模数 $n=47$。

a. 如果乘数 m=6，那么请给出私钥。
b. 请加密消息 $M=1101$(以二进制形式表示)，给出十进制形式的加密结果。

23. 请证明：对于背包加密系统，在已知私钥的情况下，总是能够在线性时间长度内解密密文。

24. 对于本章给出的背包加密方案的例子，其密文没有执行模 n 规约计算。

    a. 请证明，对于本章中给出的这个特定案例，该背包加密方案在对密文执行模 n 规约的情况下仍然有效。
    b. 请证明上述结论总是成立。也就是说，请证明：密文是否执行模 n 规约计算，对于消息接收者来说都无差别。
    c. 从 Trudy 的角度看，上述情况(对密文执行模 n 规约计算与否)中哪种更有利？

25. 图 4-2 说明了针对 Diffie-Hellman 密钥交换方案的中间人攻击。假设 Trudy 想要建立单独的 Diffie-Hellman 值 $g^{abt} \bmod p$，以供她自己、Alice 和 Bob 三人共享。图 4-7 所示的攻击是否能够成功？请说明并给出理由。

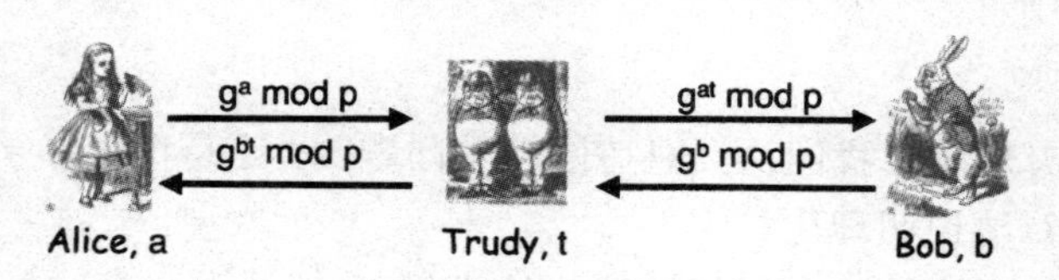

图 4-7　攻击示例

26. 本思考题针对的是 Diffie-Hellman 密钥交换体制。

    a. 对于 g 的选择来说，为什么 g=1 是不允许的？
    b. 对于 g 的选择来说，为什么 $g=p-1$ 是不允许的？

27. 在 RSA 公钥加密方案中，有时会使用通用的加密指数 e=3 或 $e=2^{16}+1$。从理论上看，如果我们使用公共的解密指数，比方说 d=3，那么 RSA 体制也仍将有效运行。请问，为什么使用 d=3 作为公共解密指数并不是一个好主意？你是否能够为 RSA 方案找到安全的公共解密指数 d？请详细说明。

28. 如果 Trudy 能够对模数 N 进行因子分解，她就能够破解 RSA 公钥加密系统。因子分解问题的复杂性水平尚不可知。假设有人能够证明整数因子分解是“真正的难题”，即在某种意义上说，它属于一类非常难解的问题(这是显然的)。那么这样的一个发现，其实际意义又在哪里呢？

29. 在 RSA 加密系统中，有可能 M=C，也就是说，明文消息和密文消息可能相同。

    a. 在现实中，这是否是个安全隐患呢？
    b. 对于模数 N=3127 以及加密指数 e=17，请找到至少一条消息 M，使得对其加密后得到自身。

30. 假设 Bob 使用如下 RSA 方案的变体。他首先选择 N，然后再找到两个加密指数 e_0 和 e_1，以及相应的解密指数 d_0 和 d_1。他请 Alice 加密她的消息 M 并发送给他，具体处理过程如下：首先计算 $C_0=M^{e_0} \bmod N$，然后加密 C_0 得到密文 $C_1=C_0^{e_1} \bmod N$。Alice 再将 C_1 发送给 Bob。请问，这种双重加密相对于单一的 RSA 加密方案是否提高了安全性？为什么？

31. Alice 接收到一条来自 Bob 的独立的密文消息 C，该消息是使用 Alice 的 RSA 公钥加密的。假设 M 为相对应的明文消息。Alice 按照如下规则向 Trudy 发出挑战，看 Trudy 是否能够恢复出正确的明文消息 M。Alice 发送密文 C 给 Trudy，而且 Alice 同意解密一条使用 Alice 的公钥加密的密文消息，只要该密文消息不是 C，并将解密的结果明文发送给 Trudy。请问，Trudy 是否有可能恢复出明文 M?

32. 假如你获得了如下一组 RSA 公钥，表示形式为(e, N)：

用户名	公钥
Alice	(3,5356488760553659)
Bob	(3,8021928613673473)
Charlie	(3,56086910298885139)

另外，你还知道，Dave 已经使用上述每一个公钥对同一条消息 M(并未附加填充信息)实施了加密，而且该消息 M 仅包含大小写的英文字母，并使用了参考文献[144]中的方法[16]进行编码。假定 Dave 计算的加密消息如下：

接收方	密文
Alice	4324345136725864
Bob	2102800715763550
Charlie	46223668621385973

a. 请利用中国剩余定理找到 M。
b. 还有其他可行的方法能找到 M 吗？

33. 正如本章所述，教科书式的 RSA 加密体制容易遭受前向检索攻击。防止这种攻击的一个简单方法是：在加密之前对明文消息附加随机的填充位。这里的问题表明，通过对明文附加填充位，还能够预防 RSA 加密体制的另一个问题。假设 Alice 的 RSA 公钥是(N, e)，她的私钥是 d。Bob 使用 Alice 的公钥加密消息 M(并未附加填充信息)，得到了密文 $C=M^e$ mod N。Bob 将 C 发送给 Alice，同往常一样，Trudy 截获了这条密文消息 C。

a. 假如 Alice 可以为 Trudy 解密 Trudy 自己选择的一条消息，只要消息不是 C。请证明，Trudy 能够轻松地确定 M。提示：请考虑 Trudy 选择 r，并请求 Alice 解密密文 $C'=Cr^e \bmod N$。
b. 为什么可以通过对消息附加填充位来预防这样的攻击呢？

---

16. 请注意，在参考文献[144]中，字母是以如下非标准的方式进行编码的：每个小写字母都被转换为与其相对应的大写 ASCII 值，大写字母则被转换为十进制数字表示，依据的规则是：A = 33, B = 34, ... , Z=58。

34. 假设 Trudy 获得了 RSA 加密的两条消息，这两条消息都是用 Alice 的公钥加密的，即 $C_0=M_0^e \bmod N$ 和 $C_1=M_1^e \bmod N$。Trudy 不知道 Alice 的私钥，也不知道明文消息。

    a. 请证明，Trudy 能够轻松地确定$(M_0 \cdot M_1)^e \bmod N$。
    b. 请问，Trudy 也能够确定$(M_0 + M_1)^e \bmod N$ 吗？
    c. 由于在 a 中呈现出来的特性，RSA 加密体制针对乘法操作来说就被称为同态的。最近，有人证明了一个全同态的加密体制(译者注：对于乘法和加法都是同态的)，也就是说，无论从乘法运算的同态特性来看(a 中所示)，还是从加法运算的同态特性来看(b 中所示)，该体制都能够支持，请参见[67]。讨论一下，实际可用的全同态加密体制都有哪些潜在的重要意义？

35. 这个思考题针对的是数字签名问题。

    a. 数字签名为什么能够提供数据完整性保护，具体是如何做到的？
    b. 数字签名为什么能够提供不可否认性保护，具体是如何做到的？

36. 在加密技术领域，请思考如下问题。

    a. 请对不可否认性给出定义。
    b. 请举一个例子，说明不可否认性是非常重要的。当然，要与本章中给出的例子不同。

37. 数字签名或消息认证码 MAC，都可用于提供加密技术中的数据完整性校验。

    a. 假设 Alice 和 Bob 想要使用一种加密技术中的数据完整性校验方法。你会推荐他们使用哪一种？是消息认证码 MAC 还是数字签名？为什么？
    b. 假如 Alice 和 Bob 需要一种加密技术中的数据完整性校验方法，另外他们还需要有不可否认性保护。你会推荐 Alice 和 Bob 使用哪一种？是消息认证码 MAC 还是数字签名？为什么？

38. Alice 想要显得“格外安全”，所以她向 Bob 提议：他们先计算消息认证码 MAC，然后再对 MAC 进行数字签名。

    a. 请问，Alice 的方法是否提供了一种数据完整性校验的密码学方法？为什么？
    b. 请问，Alice 的方法是否提供了一种不可否认性保护的密码学方法？为什么？
    c. 请问，Alice 的方法是个好的主意吗？为什么？

39. 在本章，我们展示了：你能够通过附加随机填充位的方式，来防止针对公开密钥加密系统的前向检索攻击。

    a. 请问，为什么人们喜欢最小化随机填充位的数量？
    b. 请问，多少位数的随机填充是必需的？请给出你的理由。
    c. 除了填充附加信息之外，是否还有其他简单可行的方案能够防止前向检索攻击呢？

40. 请考虑如下椭圆曲线：

$$E\text{：} y^2=x^3+7x+b(\text{mod } 11)$$

a. 请确定 b，使得点 P=(4, 5)位于椭圆曲线 E 上。

b. 利用在 a 中找到的 b，列出椭圆曲线 E 上的所有点。

c. 利用在 a 中找到的 b，在椭圆曲线 E 上找出(4, 5)+(5, 4)的和。

d. 利用在 a 中找到的 b，在椭圆曲线 E 上找出点 3(4, 5)。

41. 请考虑如下椭圆曲线：

$$E\text{：} y^2 = x^3 + 11x + 19 \ (\text{mod } 167)$$

a. 请验证点 P=(2, 7)是否位于椭圆曲线 E 上。

b. 假如在某个椭圆曲线版本的 Diffie-Hellman 密钥交换方案中使用了椭圆曲线 E 和点 P=(2, 7)，其中 Alice 选择的秘密值是 A=12，Bob 选择的秘密值是 B=31。请问，Alice 发送给 Bob 的值是多少？Bob 发送给 Alice 的值是多少？最后的共享秘密是多少？

42. Elgamal 数字签名体制使用包含三元组(y, p, g)的公钥以及私钥 x，其中的数值满足如下条件：

$$y=g^x \text{ mod } p \qquad \text{式(4.9)}$$

为了对消息 M 进行签名计算，要选择随机数 k，使得 k 与 p–1 互素，再执行如下运算：

$$a=g^k \text{ mod } p$$

然后找到值 s，使得满足如下等式：

$$M=xa+ks \text{ mod } (p-1)$$

这使用 Euclidean 算法很容易做到。只要满足如下等式，签名就通过了验证。

$$y^a a^s=g^M \text{ mod } p \qquad \text{式(4.10)}$$

a. 请选择三元组(y,p,g)和 x 的值，使得它们满足式(4.9)。请再选择一条消息 M，计算该消息的签名，并通过式(4.10)验证该签名的有效性。

b. 请给出 Elgamal 数字签名体制有效的数学证明。也就是说，证明式(4.10)在选取适当的取值后总是成立。提示：考虑使用费马小定理，其中给出：如果 p 是质数，并且 p 不能整除于 z，那么有 z^{p-1}=1 mod p。

第 5 章 哈希函数及其他

"I'm sure [my memory] only works one way." Alice remarked.
"I can't remember things before they happen."
"It's a poor sort of memory that only works backwards," the Queen remarked.
"What sort of things do you remember best?" Alice ventured to ask.
"Oh, things that happened the week after next,"
the Queen replied in a careless tone.
— Lewis Carroll, *Through the Looking Glass*

A boat, beneath a sunny sky
Lingering onward dreamily
In an evening of July —

Children three that nestle near,
Eager eye and willing ear,
⋮
— Lewis Carroll, *Through the Looking Glass*

5.1 引言

本章内容涵盖了加密哈希函数，之后，我们还会对几个与加密相关的零散话题做一些简要的探讨。乍看起来，加密哈希函数似乎显得非常神秘。不过，在信息安全领域，这些函数在超乎寻常的宽广范围里已经呈现出不可思议的应用价值。我们要考察加密哈希函数的标准应用(数字签名和哈希 MAC 等)，我们也会考察哈希函数的一些非标准但却很巧妙的应用(网上竞价和垃圾邮件减阻)。说起有关哈希函数的巧妙应用，这两个例子仅仅代表了冰山的一角。

在这里，我们还会适度地涵盖另一个无限延伸的话题，即加密相关的副作用问题。为使本章控制在合理的长度，我们仅仅讨论诸多有趣且实用的主题中的少数几个，而且对其中的每一个主题我们也只做简短的概览。这些主题包括秘密信息共享(我们会对视觉加密技术相关主题做快速浏览)、加密随机数以及信息隐藏技术(如隐写术和数字水印)等。

5.2　什么是加密哈希函数

在计算机科学领域，“哈希”这个术语承载了太多的含义。而在加密技术领域，哈希一词却有着非常精确的含义。所以，你最好是暂时性地忘掉其他那些萦绕在你脑海中的有关哈希的概念。

一个加密哈希函数 $h(x)$，必须满足下列所有条件：

- 压缩——对于任何长度的输入值 x，输出值 $y = h(x)$的长度都比较小。在实际使用中，通常输出值是固定长度的(比如 160 位长度的二进制值)，而无论输入值的长度是多少。
- 高效——对于任何的输入值 x，必须能够很容易地计算出 $h(x)$。当然，伴随着输入值 x 的长度增加，计算 $h(x)$所需要的计算量也会随之增加，但是，这不能增长得太快。
- 单向——给定任意值 y，要想找到一个值 x，使得 $h(x) = y$，将是计算不可行的。换一种不同的说法，即对于哈希运算，没有行之有效的逆运算。
- 抗弱碰撞性——给定 x 和 $h(x)$，要想找到任意 y，满足 $y \neq x$，并且 $h(y) = h(x)$，这是不可能的。
- 抗强碰撞性——要想找到任意的 x 和 y，使得 $x \neq y$，并且 $h(x) = h(y)$，这是不可能的。也就是说，我们不能够找到任何两个输入，使得它们经过哈希后会产生相同的输出值。

既然输入值的空间远远大于输出值的空间，那么许多碰撞是必然存在的。举个例子，假设一个特定的哈希函数生成一个 128 位二进制的输出。我们不妨考虑一下，比方说对于所有可能的 150 位二进制长度的输入值，那么平均而言，将有 2^{22}(意即超过 4 000 000)个输入值会被哈希到同一个输出值上。抗碰撞特性表明，所有这些碰撞都是计算上难以找到的。对此质疑很多，而且看起来，一个现实的问题就是，这样的函数可能并不存在。然而值得注意的是，确实存在非常实用的哈希函数。

在安全领域，哈希函数是非常有用的。哈希函数的一类特别重要的应用体现在数字签名的计算方面。在上一章，我们说过，Alice 对一条消息 M 实施签名，是通过使用她自己的私钥进行“加密”计算，也就是说，她要计算 $S = [M]_{\text{Alice}}$。如果 Alice 发送消息 M 和签名 S 给 Bob，Bob 就能够通过执行验证过程 $M = \{S\}_{\text{Alice}}$ 来验证该签名的有效性。但是，如果消息 M 很大，$[M]_{\text{Alice}}$ 就是一个成本很高的计算，更不用提发送消息 M 和签名 S 的带宽需求了，这两者都会很大。相比之下，在计算一个 MAC 时，加密的速度会很快，而且在发送时，我们也仅仅需要伴随着消息发送少量附加的校验位(比如 MAC)而已。

假设 Alice 有一个加密哈希函数 h。那么，h(M)可以被看做文档 M 的一个“指纹”，也就是说，$h(M)$比 M 小得多，但是它能够标识出 M。如果 M'不同于 M，那么即使仅仅相差一个单独的二进制位，哈希函数执行的结果也几乎肯定会不同[1]。而且，哈希函数的抗碰撞特性意味着，想要将消息 M 替换为任何不同的消息 M'，使得 $h(M) = h(M')$是不可能的。

---

1. 一旦哈希值发生相同的情况，该怎么办呢？好的，这说明你已经发现了一个碰撞，也就意味着你已经攻破了这个哈希函数，于是你就成为一个著名的密码破解专家了。所以，这是个双赢的好事。

现在，给定一个加密函数 h，Alice 首先通过哈希运算对消息 M 签名，再对哈希值实施数字签名，也就是说，Alice 执行计算 $S = [h(M)]_{\text{Alice}}$。哈希运算是很高效的(相对于分组加密算法而言)，而且仅有少量的二进制位数需要再被实施数字签名。因此，这里的运算效率与计算一个 MAC 是相当的。

然后，Alice 可以将消息 M 和签名 S 发送给 Bob，如图 5-1 所示。Bob 可以如此验证数字签名：对消息 M 计算哈希值，再将 Alice 的公钥应用于签名 S 上以获得另一个值，最后将两个值进行对比，看是否一致。也就是说，Bob 要验证 $h(M) = \{S\}_{\text{Alice}}$。请注意，这里仅有消息 M 和一些少量的附加校验位，即 S，需要从 Alice 发送给 Bob。于是，再一次获得了可以与使用 MAC 相媲美的开销(译者注：也就是传输带宽)。

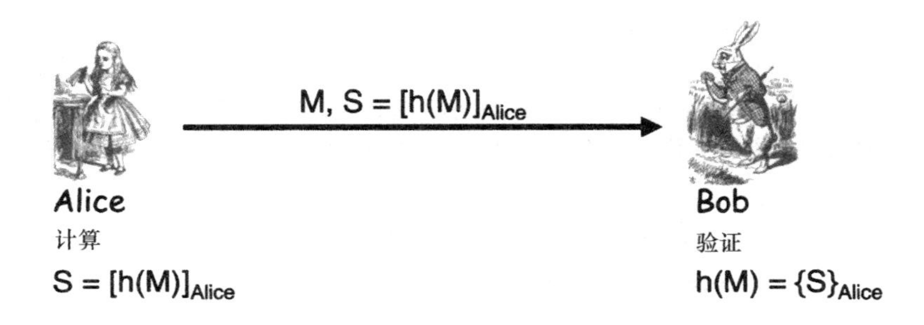

图 5-1　签名的正确方法

这种新的改进型的数字签名体制是否就安全呢？假设没有碰撞，那么对 $h(M)$签名和对消息 M 实施签名的效果一样好。事实上，对哈希值实施签名比起仅仅对消息本身实施签名，实际上会更加安全。但是，非常重要的是要认识到，现在数字签名的安全性不仅依赖于公钥系统的安全性，而且也依赖于哈希函数本身的安全性——如果二者中有任何一个比较弱，签名体制就可能会被破解。在本章末尾的思考题中，这些问题以及涉及的一些其他问题会被再次提及。

5.3　生日问题

所谓生日问题，是密码学的很多领域中的一个基本问题。我们之所以在这里讨论该议题，是因为它与哈希计算特别相关。

在我们正式进入生日问题讨论之前，我们先来考虑下面的热身练习。假如你和其他 N 个人同在一个房间里。那么，N 必须多大，你才有指望找到至少一个人和你有相同的生日呢？一个与此等价的表述方式是：N 必须多大，才会使得“有某个人与你生日相同”的概率大于 1/2 呢？与许多离散的概率计算一样，计算该情况的补集的概率会更容易些，也就是说，计算“在 N 个人当中，没有人和你有相同的生日”的概率，然后再从 1 中减去这个计算结果。

你的生日是在一年中特定的一天。如果一个人和你的生日不同，那么他或她的生日必定是在其他 364 天中的一天。假设所有的生日都是概率相等的，那么“一个随机选择的人不与你的生日相同”的概率就是 364/365。这样，所有的 N 个人都跟你的生日不同的概率就是$(364/365)^N$，于是，至少有一个人与你的生日相同的概率就是：

$$1-(364/365)^{N}$$

设置这个表达式等于 1/2，并解出 N，我们能够得到 $N=253$。既然一年有 365 天，我们可能会预期这个答案是依顺序的 365，确实如此，因为这样看起来好像更加合理。

现在我们来考察真正的生日问题。同样，仍然是假设在一个房间里有 N 个人。我们想要回答的问题是：N 必须多大，我们就可以期望有两个或者更多个人的生日相同？换句话说，房间里必须有多少个人，才能使得“有两个人或更多个人的生日相同的概率”大于 1/2？同样，仍然是先计算该情况的补集的概率然后再将这个结果从 1 中减去的方法比较简单。在这种情况下，其补集是房间里的 N 个人的生日各不相同。

我们给房间里的 N 个人分别编上号码 1，2，3，…，N。编号为 1 的人的生日是一年 365 天中的一天。如果所有人的生日各不相同，那么编号为 2 的人必须与编号为 1 的人的生日不相同，也就是说，编号为 2 的人的生日只能是剩余的 364 天中的任意一天。同样，编号为 3 的人的生日只能是再剩余的 363 天中的任意一天，依此类推。假设所有的生日都是概率相等的，考虑上述情况的补集，其最后的概率计算如下式所示：

$$1-365/365\cdot364/365\cdot363/365\cdots(365-\mathrm{N}+1)/365$$

设置这个表达式等于 1/2，并解出 N，我们得到 $N=23$。

生日问题往往也被说成是生日悖论(birthday paradox)，乍一看，在房间里只需要 23 个人，就有可能找到两个或更多个生日相同的人，这似乎确实有点儿不可思议。不过，稍加思考，这个结果就不会那么难以置信了。在这个问题中，我们是比较每两个人的生日。对于房间里的 N 个人来说，比较的次数就是 $N(N-1)/2\approx N^2$。既然总共也只有 365 个可能的不同生日，我们期望找到一个成功的匹配时，大致上就相当于 $N^2=365$ 时，也即是 $N=\sqrt{365}\approx19$ 时。由此来看，生日悖论也就没有那么神秘了。

生日问题与加密哈希函数又有什么关系呢？假如一个哈希函数 $h(x)$产生一个 N 位二进制长的输出。那么，一共有 2^N 个可能的不同哈希值。对于一个好的加密哈希函数来说，我们肯定希望所有的输出值是(至少基本上是)概率相同的。那么，既然 $\sqrt{2^{\mathrm{N}}}=2^{\mathrm{N}/2}$，根据生日问题立即就可以得到：如果我们对大约 $2^{N/2}$ 个不同的输入执行哈希运算，我们就有望找到一次碰撞，也就是说，我们就有可能找到两个不同的输入计算出相同的哈希值。这种针对哈希函数的强力攻击方法，非常类似于在对称密钥加密方案上实施的穷举式密钥检索攻击。

这里蕴含的意义是：对于一个生成 N 位二进制长度输出的安全哈希函数来说，一个计算开销大约以 $2^{N/2}$ 为因子的强力破解方式，就能够对其发起有效的攻击。相比较而言，对于一个密钥长度为 N 位二进制数的安全对称密钥加密方案来说，对其强力破解的计算开销的因子是 2^{N-1}。所以，安全哈希函数的输出必须是对称加密密钥二进制位数的大约两倍长，才能够获得与后者基本相当的安全水平——当然，前提是二者都是安全的，也就是说，对二者都不存在捷径攻击。

5.4 生日攻击

上面，我们讨论了哈希运算在数字签名运算中的角色。请回顾一下，如果 M 是 Alice 想要签名的消息，那么她计算 $S=[h(M)]_{\text{Alice}}$，并将 S 和 M 发送给了 Bob。

假设哈希函数 h 生成一个 n 位二进制长的输出。正如在参考文献[334]中所讨论的，Trudy 原则上能够发起一次生日攻击，具体如下：

- Trudy 选择一条“恶意”消息 E，这是她想让 Alice 签名的消息，但是 Alice 并不想对其签名。比方说，该消息可能会宣称 Alice 同意将她所有的钱都给 Trudy。
- Trudy 也创建了一条无害的消息 I，她有信心 Alice 愿意对这条消息签名。比方说，这可能是一条例行的消息，而这种类型的消息 Alice 定期都会签名。
- 然后，Trudy 通过对消息实施较小的编辑性修改，生成 $2^{n/2}$ 条该无害消息 I 的变体。这些无害的消息，我们分别标识为 I_i，其中 $\mathrm{i}=0,1,\ldots,2^{n/2}-1$，所有消息都与 I 的含义相同，但是既然消息本身不同，那么它们的哈希值也不一样。
- 同样，Trudy 创建出 $2^{n/2}$ 个恶意消息 E 的变体，我们分别标识为 E_i，其中 $i=0,1,\ldots,2^{n/2}-1$。这些消息也都与原始的恶意消息 E 表达同样的含义，但是它们的哈希值不一样。
- Trudy 对所有的恶意消息 E_i 以及所有的无害消息 I_i 实施哈希运算。根据上述生日问题的讨论，她就有希望找到一个碰撞，比方说，$h(E_j)=h(I_k)$。基于这样的一个碰撞，Trudy 将 I_k 发送给 Alice，并请 Alice 对其进行签名。既然这条消息看起来没有问题，Alice 就对其进行签名，并将 I_k 和$[h(I_k)]_{\text{Alice}}$ 返回给 Trudy。既然 $h(E_j)=h(I_k)$，那么由此可以得出$[h(E_j)]_{\text{Alice}}=[h(I_k)]_{\text{Alice}}$，于是，Trudy 实际上就已经获得了 Alice 对恶意消息 E_j 的签名。

请注意，在这个攻击中，Trudy 获得了 Alice 对于一条 Trudy 自选消息的签名，但是并没有以任何方式攻击潜在的公开密钥加密系统。这个攻击是一个针对哈希函数 h 的强力攻击，而哈希函数 h 是用于计算数字签名的。为了防止此类攻击，我们可以选择一个哈希函数，使得该哈希函数的输出值的长度 n 足够大，以至于 Trudy 无法完成 $2^{n/2}$ 个哈希值的计算。

5.5 非加密哈希

在深入考察特定加密哈希函数的内部工作原理之前，我们先来看看几个简单的非加密哈希运算。许多非加密哈希运算都有它们各自的用途，但是都不适合用于加密类应用。

考虑如下数据：

$$X=(X_0,X_1,X_2,\ldots,X_{n-1})$$

其中，每个 X_i 是一个字节，我们可以定义哈希函数 $h(X)$，如下：

$$h(X)=(X_0+X_1+X_2+...+X_{n-1}) \bmod 256$$

这毫无疑问提供了压缩功能，因为任何长度的输入都被压缩为 8 位二进制的输出。但是，这个哈希很容易被破解(从加密技术意义上说)，因为生日问题的结论告诉我们，只需对 $2^4=16$ 个随机选择的输入执行哈希运算，我们就有望找到一个碰撞。事实上，情况甚至比这更糟糕，因为碰撞很容易直接构造。举个例子，对两个字节进行互换，就总是能够产生一个碰撞，类似如下这种情况：

$$h(10101010,00001111)=h(00001111,10101010)=10111001$$

不仅这个哈希函数的输出长度太小，而且该方案内在的代数结构基本上也是非常脆弱的。

下面我们再来考察另一个非加密哈希的例子，跟前面一样，我们还是以字节方式来表示数据，表达式如下：

$$X=(X_0,X_1,X_2,...,X_{n-1})$$

这里，我们将哈希函数 $h(X)$定义为：

$$h(X)=(nX_0+(n-1)X_1+(n-2)X_2+...+2X_{n-2}+X_{n-1}) \bmod 256 \quad \text{式(5.1)}$$

那么这个哈希函数是否安全呢？至少，该函数在交换输入字节顺序的情况下能够输出不同的结果，例如：

$$h(10101010,00001111)\neq h(00001111,10101010)$$

但是，还是有问题。我们仍然逃不过生日问题带来的麻烦，而且相对而言也还比较容易地就能构造出碰撞来。例如：

$$h(00000001,00001111)=h(00000000,00010001)=00010001$$

尽管事实上这并不是一个安全的加密哈希算法，但是在一些特殊的所谓时间同步类非加密应用中，这个方案还是很有用的。关于这个案例的具体细节见参考文献[253]。

非加密哈希有时候会被错误地用作加密哈希，其中一个例子就是循环冗余校验，或简称为 CRC，见参考文献[326]。循环冗余校验码的计算本质上是长除法，将余数作为 CRC 计算的“哈希”值。与常规的长除法不同，在 CRC 的计算中，我们使用 XOR 运算替代了减法。

在一个 CRC 的计算过程中，除数被指定作为算法的一部分，数据作为被除数。举个例子，假设给定的除数是 10011，而有趣的是数据恰好是 10101011。那么，我们先对数据附加上 4 个 0(附加的位数要比除数的二进制位数少 1)，然后执行如下长除法运算：

```
             10110110
10011 ) 101010110000
        10011
         11001
         10011
          10101
          10011
           11000
           10011
            10110
            10011
             1010
```

CRC 校验和就是长除法运算的余数——在这个例子中，就是 1010。对于这种选择除数的方式，很容易找到碰撞，而且，事实上对于任何的 CRC 计算都很容易构造出碰撞，见参考文献[290]。

WEP(见参考文献[38])就是在需要实现加密数据完整性校验的地方错误地使用了 CRC 校验和。这个缺陷为许多针对协议的攻击敞开了方便之门。CRC 机制以及其他类似的校验和方法都仅仅是设计用于传输差错检测的,而不是用于检测对于数据的故意损害。也就是说，随机的传输差错几乎一定可以被检测出来(基于某些特定的限制因素)，但是，对于一个狡猾的敌人，却能够轻松地改变数据，并且保持 CRC 校验值不变。所以，对于数据的篡改将不会被发现。在加密技术范畴，我们必须防范狡猾的敌人，而不仅仅是自然发生的随机事件。

5.6 Tiger Hash

现在，我们将注意力转向一类特定的加密哈希算法，即所谓的 Tiger Hash。虽然 Tiger 不是一个特别流行的哈希算法，但是相对于一些大牌的哈希算法，它要稍微容易理解一些。

在深入探讨 Tiger 算法的内部工作原理之前，在这里有必要提一下当今的两个最流行的加密哈希算法。迄今为止，世界上最流行的哈希算法毫无疑问就是 MD5。MD5 中的“MD”并非指医学博士(Medicine Doctor)，而是消息摘要(Message Digest)的英文缩写。不管你相信与否，MD5 的前身是 MD4，而 MD4 本身又继承自 MD2。早期的 MD 系列哈希算法已经不再被认为是安全的了，主要是由于已经找到了相应的碰撞这一事实。实际上，MD5 的碰撞也很容易找到——你在一台 PC 上花几秒钟就能够生成一个碰撞，见参考文献[244][2]。所有的 MD 系列算法都是由加密领域的大师级人物 Ron Rivest 所发明。MD5 算法生成 128 位的输出值。

另一个可称得上是全世界最流行的哈希函数的有力竞争者，就是 SHA-1 算法，这是美

2. 请参见思考题 25，其中有关于 MD5 算法的一个碰撞的例子。

国政府的一个标准。作为一个官方的标准，SHA 理所当然地是三个单词的首字母缩写——SHA 表示安全哈希算法(Secure Hash Algorithm)。你可能会问，为什么要使用 SHA-1，而不是仅仅写作 SHA 呢？事实上，曾经有过一个算法叫 SHA(现在被称为 SHA-0)，但是该算法显然有些瑕疵，而在 SHA 算法之后很快就推出了 SHA-1 算法，当然，无需解释，在其中肯定进行了某些细微的修改和优化。

SHA-1 算法实际上非常类似于 MD5 算法。两个算法在实践中的主要不同在于 SHA-1 生成 160 位二进制长的输出值，这比 MD5 提供了更可观的安全边际。加密哈希函数，诸如 MD5 和 SHA-1 之类，以分组方式对消息实施哈希运算，其中每个分组会传递若干轮。在这个意义上，它们非常容易让人联想到分组加密。关于这两个哈希函数的具体细节，一个很好的参考资源来自 Schneier，见参考文献[258]。

只要没有发现碰撞，一个哈希函数就被认为是安全的。和分组加密方案一样，性能也是哈希函数在设计过程中要考虑的主要因素。打个比方，如果对一个消息 M，计算一个哈希值比对其实施签名的计算成本还要高，那么该哈希函数不是非常有用，至少对于数字签名来说是这样。

所谓雪崩效应，是所有加密哈希函数都会追求的一个理想特性。其目标是：在输入值中任何小的变化，都应该级联传递并导致输出结果较大的变化——就像雪崩一样。理想情况下，任何输入值的变化引发的输出值变化都是不相关的，这样，攻击者将不得不实施穷举式检索来寻找碰撞。

雪崩效应可能要在若干轮的计算之后才会出现，可是我们还希望运算轮数尽量地简单和高效。所以，从某种意义上说，哈希函数的设计人员面临着与迭代分组加密方案的设计人员相类似的权衡问题。

MD5 算法和 SHA-1 算法都不算特别有启发意义，因为这两个算法看起来都包含了或多或少的随机的变换集合。所以，我们不去讨论上述两个算法的细节，而是来详细看看 Tiger 哈希算法。Tiger 算法由 Ross Anderson 和 Eli Biham 发明，其设计看起来比 MD5 算法和 SHA-1 算法都更加结构化。事实上，Tiger 算法能够表示为与分组加密方案非常类似的一种形式，见参考文献[10]。

Tiger 算法设计得“又高效又强壮”，也因此而得其名。该算法还为 64 位处理器专门进行了性能优化的设计，并且它还可以替代 MD5、SHA-1 以及任何其他的具有相同或较小长度输出值的哈希算法[3]。

与 MD5 算法和 SHA-1 算法相似，Tiger 算法的输入先被分成 512 位二进制长度的分组，如果需要的话，就对输入值进行附加填充位，以补足成 512 的倍数位的长度。与 MD5 算法和 SHA-1 算法不同的是，Tiger 算法输出 192 位二进制长度的哈希值。192 位的长度大小

---

3. 对于任何安全的哈希算法，你都可以截短输出值以生成一个较小的哈希值。对于输出结果的这些二进制位值的任何子集都不会存在捷径攻击，除非对完整长度的哈希值就存在着捷径攻击。

的选择背后有其必然性，因为 Tiger 算法是为 64 位处理器设计，而 192 位刚好是三个 64 位字的长度。在 Tiger 算法中，所有的中间步骤也都包含了 192 位长的值。

Tiger 算法实现中的分组加密特性，从其应用了 4 个 S-box 这一事实就不难看出，这 4 个 S-box 的每一个都将 8 位二进制位映射为 64 位。Tiger 算法还使用了一个“密钥调度”的算法，不过由于这里没有密钥的概念，该算法实际是施加到了输入分组上，如下所述。

首先对输入值 X 进行附加填充位，使其长度满足 512 位二进制长的倍数，可以如下表示：

$$X=(X_0,X_1,\ldots,X_{n-1})$$

这里，每一个 X_i 都是一个 512 位二进制长的分组。Tiger 算法还对每一个 X_i 使用一个外层的轮运算，图 5-2 给出了这样的一个轮运算的图解。图 5-2 所示的 a，b 和 c，每一个都是 64 位二进制长的值。对于第一轮运算，(a, b, c)的初始值以 16 进制形式表示如下：

a=0x0123456789ABCDEF

b=0xFEDCBA9876543210

c=0xF096A5B4C3B2E187

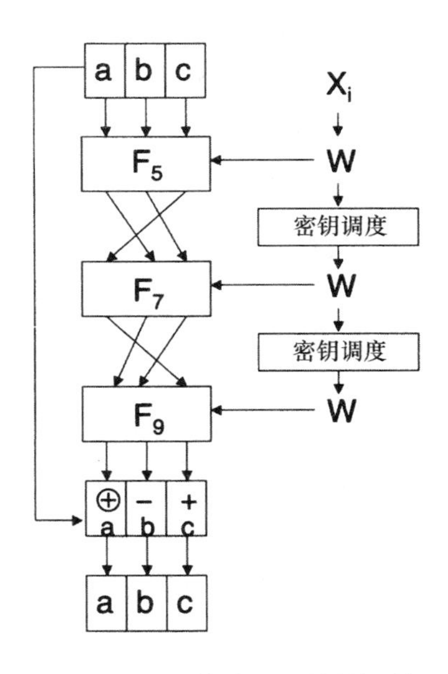

图 5-2　Tiger 算法外层的轮运算

一轮运算之后，输出的(a, b, c)就成为后续下一轮运算的初始三元组。最后一轮运算之后，最终输出的(a, b, c)就是 192 位二进制长的哈希值。从这个角度看，Tiger 算法确实看起来非常像一个分组加密方案。

请注意，首个外层轮函数 F_5 的输入是(a, b, c)，如果我们标记 F_5 的输出为(a, b, c)，那么 F_7 的输入为(c, a, b)。同样地，如果我们标记 F_7 的输出为(a, b, c)，那么 F_9 的输入为(b, c, a)。

图 5-2 中的每一个函数 F_m 都包含了 8 个如图 5-3 所示的内层轮运算。我们再令 W 表示内层轮运算的 512 位二进制的输入值，其可以表示如下：

$$W=(w_0,w_1,...,w_7)$$

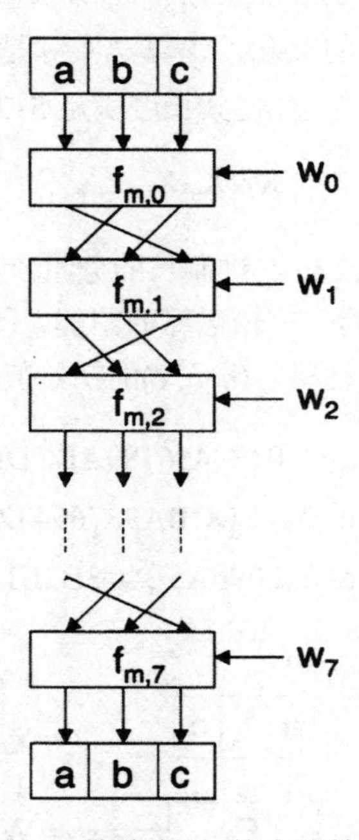

图 5-3　Tiger 算法中 F_m 的内层轮运算

其中每一个 w_i 都是 64 位二进制值。请注意，在图 5-3 中，每一行都表示成 64 位二进制量。

对于函数 $f_{m,i}$，当 $i = 0,1,2, ... ,7$ 时，其各自的输入值分别如下：

$$(a,b,c),(b,c,a),(c,a,b),(a,b,c),(b,c,a),(c,a,b),(a,b,c),(b,c,a)$$

其中各自对应的函数 $f_{m,i\text{-}1}$ 的输出标记为(a, b, c)。每一个 $f_{m,i}$ 都依赖于 a，b，c，w_i 和 m，其中 w_i 是 512 位二进制输入值 W 的第 i 个 64 位子分组。$f_{m,i}$ 的下标 m 是一个乘数，这一点接下来会再讨论。

我们将 c 写作下式：

$$c=(c_0,c_1,...,c_7)$$

其中，每一个 c_i 都是一个单独的字节。然后，$f_{m,i}$ 由下式给定：

$$\begin{aligned}
&c = c \oplus wi \\
&\alpha = \alpha - (S_0[c_0] \oplus S_1[c_2] \oplus S_2[c_4] \oplus S_3[c_6]) \\
&b = b + (S_3[c_1] \oplus S_2[c_3] \oplus S_1[c_5] \oplus S_0[c_7]) \\
&b = b \cdot m
\end{aligned}$$

这里，每一个 S_i 都是一个 S-box(即查找表)，将 8 位二进制映射为 64 位二进制。这些 S-box 都非常大，所以我们无法在此将其列出——想要了解有关这些 S-box 的更多细节，见参考文献[10]。

这样，我们还剩下的唯一没有讨论的就是所谓密钥调度算法了。假设令 W 为密钥调度算法的 512 位二进制输入值。同上，我们将 W 写作 $W=(w_0, w_1,\ldots, w_7)$，其中每一个 $\mathrm{w_i}$ 都是一个 64 位二进制值，我们再令 $\bar{w}_i$ 为 w_i 的二进制补数。那么，该密钥调度算法就如图 5-4 所示，其中最后的计算结果 $W=(w_0, w_1,\ldots, w_7)$给出了该算法的输出值。

$w_0=w_0-(w_7 \oplus \mathrm{0xA5A5A5A5A5A5A5A5})$
$w_1=w_1 \oplus w_0$
$w_2=\mathrm{x}_2+w_1$
$w_3=w_3-(w_2 \oplus (\tilde{w}_1<<19))$
$w_4=w_4 \oplus w_3$
$w_5=w_5+w_4$
$w_6=w_6-(w_5 \oplus (\tilde{w}_4>>23))$
$w_7=w_7 \oplus w_6$
$w_0=w_0+w_7$
$w_1=w_1-(\mathrm{w}_0 \oplus (\bar{\mathrm{w}}_7<<19))$
$w_2=w_2 \oplus w_1$
$w_3=w_3+w_2$
$w_4=w_4-(w_3 \oplus (\tilde{w}_2>>23))$
$w_5=w_5 \oplus w_4$
$w_6=w_6+w_5$
$w_7=w_7-(w_6 \oplus \mathrm{0x0123456789ABCDEF})$

图 5-4　Tiger 算法的“密钥调度”算法

总结一下，Tiger 哈希算法共包含 24 轮运算，这 24 轮运算可以看成是 3 个外层轮运算，而这每一个外层运算都包含了 8 个内层轮运算。该算法所有的中间步骤产生的哈希值都是 192 位二进制值。

据称，该算法中 S-box 的设计使得，仅仅经过 24 轮运算中的 3 轮计算，每一个输入的二进制位就会影响到 a，b 和 c 三者中的每一个。而且，密钥调度算法的设计使得，在消息中任何小的变化，都将影响到算法中间步骤产生的哈希值的多个二进制位。在 $f_{m,i}$ 计算过程中，最后一步的乘法也是该算法设计中的一个关键特性。它的目的是为了确保，对于一轮运算中每个 S-box 的输入，都将在下一轮的运算中混入到多个 S-box 中。最后，S-box、密钥调度算法以及乘法运算，合在一起确保了一个强烈的雪崩效应，见参考文献[10]。

Tiger 算法显然是从分组加密算法的设计中借鉴了很多思想理念，包括 S-box、多轮运算、混合模式运算、密钥调度算法等。从更高的层面看，我们甚至可以说 Tiger 算法应用了 Shannon 关于扰乱和扩散的基本原则。

5.7 HMAC

请回顾一下，我们曾讨论过：为了保护消息的完整性，我们可以为消息计算一个消息认证码 MAC，其中该 MAC 的计算是使用了 CBC 加密模式的分组加密方案，而 MAC 值就是最后一个密文分组，也被称为 CBC 剩余。既然一个哈希函数能够有效地生成一个文件的指纹信息，我们也就可以使用哈希函数来验证消息的完整性。

对于消息 M，Alice 是否能够仅仅通过先计算 $h(M)$，再将 M 和 $h(M)$都发送给 Bob 的方式，来保护该消息 M 的完整性呢？请注意，如果消息 M 发生变化，Bob 就将能够检测出变化，只要 $h(M)$没有被修改(反之亦然)。不过，如果 Trudy 将 M 替换为 M'，并把 $h(M)$替换为 $h(M')$，那么 Bob 将无法检测到这样的篡改。情况也没有那么糟糕——我们还是能够利用哈希函数来提供数据完整性保护，但是必须引入一个密钥以防止 Trudy 篡改哈希值[4]。或许最明显的方案就是让 Alice 使用一个对称密钥加密方案，对哈希值进行加密，即计算 $E(h(M),K)$，再把这个结果发送给 Bob。然而，实际上往往是使用一个略有不同的方法来计算哈希 MAC，该方案简称为 HMAC。

我们并不对哈希值实施加密操作，而是在计算哈希值时，直接将密钥混入消息 M 中。我们怎么才能将密钥混入到所谓的 HMAC 中呢？有两种显而易见的方式，分别是将密钥置于消息体之前，或者将密钥附加于消息体之后，即计算 $h(K, M)$或 $h(M, K)$。令人震惊的是，这两种方案都会引发潜在的精妙攻击。

假如我们选择计算 $h(K, M)$来得到 HMAC。大部分加密哈希算法都对消息实施分组哈希运算——对于 MD5、SHA-1 以及 Tiger 等，其分组长度均为 512 位二进制。因此，如果消息 $M = (B_1, B_2)$，其中每个 B_i 都是 512 位二进制长，那么：

$$h(M)=F(F(A,B_1),B_2)=F(h(B_1),B_2) \qquad \text{式(5.2)}$$

对于某些函数 F，这里的 A 是一个初始的固定不变的常数。例如，在 Tiger 哈希算法中，该函数 F 包含如图 5-2 所示的外层轮运算，其中，每一个 B_i 都对应了一个 512 位二进制长的输入分组，而 A 则对应了 192 位二进制长的初始值(a, b, c)。

如果 Trudy 选择了 M'，使得 $M' = (M, X)$，那么，Trudy 有可能利用等式(5.2)从 $h(K, M)$找到 $h(K, M')$，即便是在不知道 K 的情况下。因为，对于特定长度的 K，M 和 X，有下式：

$$h(K,M')=h(K,M,X)=F(\mathrm{h}(K,M),X) \qquad \text{式(5.3)}$$

其中函数 F 为已知。

那么，$h(M, K)$是一个更好的选择吗？它确实能够防止上述的攻击。但是，如果对于哈希函数 h，存在一个已知的碰撞，那么这种攻击仍会发生。也就是说，如果存在某个消息 M'，使得 $h(M') = h(M)$，那么通过式(5.2)，只要 M 和 M'的长度都是分组长度的整数倍，我们可以得到下式：

4. “世上没有免费的午餐”，这里为此又提供了一个案例。

$$h(K,M)=F(h(M),K)=F(h(M'),K)=h(M',K) \quad \text{式(5.4)}$$

也许这并不会像前一个案例那么让人担心——如果存在这样的一个碰撞，那么该哈希函数将被视为不安全的。但是我们可以轻松地消除这类攻击的可能性，当然，我们确实也应该努力这么做。

事实上，我们可以使用稍微精妙一点儿的方法将密钥混入到哈希运算中，从而能够预防上述两种潜在的问题。正如 RFC 2104[174]中所述，一种有效的计算 HMAC 值的方法如下[5]。假如令 B 为哈希运算的分组长度，以字节数表示。对于所有流行的哈希算法(MD5、SHA-1、Tiger，等等)，$B=64$。下面，我们定义：

$$\text{ipad} = \text{0x36} \qquad \text{重复 } B \text{ 次}$$

和

$$\text{opad} = \text{0x5C} \qquad \text{重复 } B \text{ 次}$$

那么，消息 M 的 HMAC 定义如下：

$$\text{HMAC}(K,M)=H(K\oplus \text{opad}, H(K\oplus \text{ipad}, M))$$

这个方案将密钥彻底地混入到哈希运算的结果当中。计算一个 HMAC 值虽然需要执行两遍哈希运算，但是请注意，第二次哈希运算仅作用于少量的二进制位——第一次哈希运算的输出，并使用了修改的附加填充密钥。所以，执行这两次哈希运算的开销，比起计算 $h(M)$所需要的开销，仅仅多了少许。

HMAC 能够用于保护消息的完整性，正如消息认证码 MAC 或数字签名一样。另外，HMAC 还有一些其他的用途，其中几个应用我们将在后面的章节中再介绍。值得注意的是，在一些应用中，有些人(包括偶有疏忽的笔者本人)会粗心大意地使用“带有密钥的哈希函数”来替代 HMAC。通常来说，一个“带有密钥的哈希函数”会是 $h(M, K)$的形式。但是，至少为了消息的完整性考虑，你也绝对应该坚持使用 RFC 中推荐的 HMAC 方法。

5.8　哈希函数的用途

一些利用哈希函数的标准应用包括身份认证、消息完整性保护(使用 HMAC)、消息指纹、错误检测以及高效数字签名等。对于加密哈希函数，还有许多其他的很精妙的，甚至有时候是令人吃惊的神奇应用。下面，我们将要考察两个非常有趣的实例，其中的哈希函数用于解决一些安全相关的问题。碰巧还有一个事实，就是任何你能够利用对称密钥加密机制完成的任务，你同样也能够利用加密哈希函数来实现，反之亦然。也就是说，从某种

5. 此处引用 RFC 文档有一个原因，这是笔者在被要求实现一个 HMAC 算法时偶然发现的。在查阅了一本著名的书(此处无需具名)中关于 HMAC 的定义之后，笔者着手编写实现该算法的代码。由于笔者向来小心谨慎，因此决定再去查阅一下 RFC 2104。令笔者吃惊的是，这本被公认为权威的书中有一处印刷错误，致使笔者正确实现的 HMAC 算法无法运行。如果你认为，RFC 文档除了最大限度地医治你的失眠之外一无是处的话，你就错了。的确不错，大部分 RFC 文档看起来确实是巧妙设计以最大化其催眠的潜力，但是尽管如此，它们有时还刚好能够帮你保住工作饭碗。

抽象意义上看，对称密钥加密体制和哈希函数是等价的。尽管如此，在实际情况中，既有对称密钥加密机制，又有哈希函数，二者兼得是非常有意义的。

接下来，我们简要地考察一下，在安全的网上竞价方案中哈希函数的应用情况。然后，我们还要讨论一个非常有意思的依赖于哈希算法实现垃圾邮件减阻的解决方案。

5.8.1 网上竞价

假设有一个物品在网上拍卖，而 Alice、Bob 以及 Charlie 都想要出价竞拍。这里的基本思想是，这些竞拍出价都应该是封闭的，也就是说，每一个竞拍者都有一次机会提交一个秘密的报价，只有当所有的报价都接收到之后，竞拍价格才会公开。依照惯例，报价最高的竞拍者获胜。

Alice、Bob 以及 Charlie，三人之间必然是互相不信任的，另外，他们也绝对都不会信任和接受竞投价格的网上服务。尤其是，每一个竞拍者都会理所当然地担心，该网上服务也许会泄露他们自己的报价给其他的竞拍者——或者有心使然，或者无意为之。打个比方，假设 Alice 报了一个$10.00 的价格，Bob 报了一个$12.00 的价格，如果 Charlie 能够在他自己报价之前就发现这些竞拍价格(当然也在竞拍截止期限之前)，他就可以出价$12.01 并获胜。这里的关键是没人愿意成为第一个(或者第二个)报价的竞拍者，因为后报价有可能成为一种优势。

为了努力消除这些担心，网上服务方提出了如下的方案。每一个竞拍者将确定他们各自的竞拍价格，比方说，Alice 出价为 A，Bob 出价为 B，Charlie 出价为 C，各自确保其报价秘密。然后，Alice 将提交 $h(A)$，Bob 将提交 $h(B)$，Charlie 将提交 $h(C)$。一旦所有三个经过哈希运算的报价都已接收到，网上服务方就在线公开发布这些哈希值，以供所有人查阅。在这个时间点上，所有三个参与者都将提交他们自己的实际报价，也就是 A，B 和 C。

为什么这个方案比起直接提交报价的单纯方案要好呢？如果该加密哈希函数是安全的，那么因为它是单向的，所以，先于竞争对手提交一个经过哈希运算处理的报价，看起来也没什么不利。另外，既然对该函数来说，确认一个碰撞是不可能的，那就不会有竞拍者能够在提交了他们自己报价的哈希值之后，再修改他们的报价。也就是说，报价的哈希值将竞拍者与他们的原始报价绑定在了一起，而且无需揭示有关报价自身的任何信息。如果率先提交一个报价的哈希值并无什么不利因素，并且一旦提交了报价的哈希值，便再没有任何办法能够改变报价，那么这个方案防止了如前所述的欺骗，而依据之前单纯的方案，就有可能导致这样的欺骗。

不过，这个网上竞价方案有一个问题——它可能会遭受前向检索攻击。庆幸的是，有一个简单的修复能够阻止前向检索攻击，而且不需要加密密钥(请参见本章末尾的思考题 17)。

5.8.2 垃圾邮件减阻

日益凸显的另一个哈希算法的有趣应用就是我们下面要介绍的垃圾邮件减阻技术。垃圾邮件是定义不受欢迎的、不请自来的批量电子邮件。[6]在下面这个方案中，Alice 想要拒

6. 垃圾，垃圾，垃圾，垃圾，......，可爱的垃圾！奇妙的垃圾！见参考文献[55]。

绝接收某一封电子邮件，除非她有证据表明是发送方花费了足够的精力创建(书写)了该电子邮件。这里，所谓的“精力”可以从计算资源耗费方面，特别是 CPU 运行周期等角度进行衡量。要想使这些想法行之有效，就必须使得接收方 Alice 能够很容易地验证发送方是否确实付出了这些努力，还要使得发送方在未付出必要的劳动的情况下行骗成为不可能。请注意，这样的一个方案并不会消除垃圾邮件，任何用户都能够发送此类邮件，但是该方法可以限制这类邮件的数量。

假如令 M 为电子邮件消息，令 T 为当前时间。电子邮件消息 M 包含了发送方和目标接收方的电子邮件地址，但是并不包含任何其他的地址。消息 M 的发送方必须确定一个值 R，使得下式成立：

$$h(\mathrm{M}, R, T) = (\underbrace{00...0}_{N}, X) \qquad 式(5.5)$$

也就是说，发送方必须找到一个值 R，使得等式(5.5)中的哈希运算的输出结果中前 N 个二进制位都是 0。一旦完成了这一步，发送方就发送三元组(M, R, T)。在接收方 Alice 接受该邮件之前，她需要验证时间 T 是否在不久之前，以及验证 $h(M, R, T)$是否以 N 个 0 开始。

我们再来看，每一次发送方都要选择一个随机值 R 并执行哈希计算，直到他找到一个随机值使得哈希结果以 N 个 0 开始为止。于是，平均而言，发送方就需要执行大约 2^N 次哈希计算。另一方面，接收方只需执行一次哈希计算便能够验证 $h(M, R, T)$是否是以 N 个 0 开始，而无论 N 的长度是多少。所以，发送方的开销(以执行哈希运算来衡量的话)大约是 2^N，而接收方的开销则仅是一次哈希计算。也就是说，发送方的计算开销呈现以 N 为幂的指数级增长，而接收方的开销相比之下则微不足道，而且跟 N 的值无关。

为使这个设计行之有效，我们需要选择一个 N，使得相应的计算开销处于常规的电子邮件用户能够接受的水平，但其成本又高到了垃圾邮件发送者无法忍受的程度。在这个设计中，还能够支持用户自主地选择他们个性化的 N 值，以便与其个人对垃圾邮件的容忍程度相匹配。举个例子来说，如果 Alice 痛恨垃圾邮件，她就可以选择大一些的值，比如令 $N = 40$。尽管这样很可能就阻止了垃圾邮件发送者，但是这样也很有可能阻止了许多正当合理的邮件发送者。另一方面，如果 Bob 并不介意会接收到一些垃圾邮件，但是他绝不希望阻止一个正常合理的邮件发送者，那他就很可能会设置一个比较小的值，比如，令 $N = 10$。

垃圾邮件发送者肯定不会喜欢这样的一个方案。正常合理的批量电子邮件发送者也可能不会喜欢这个方案，因为他们将必须耗费资源(也就是金钱)来执行大量的哈希运算。无论如何，这个设计都会是一个肯定要增加批量邮件发送成本的解决方案。

5.9　其他与加密相关的主题

在这一节，我们来讨论一些有趣的[7]与加密相关的主题，这些主题与迄今为止我们所讨论过的那些类型的话题似乎有点格格不入。首先，我们将要考察 Shamir 的秘密共享机制，这是一个在概念上很简单的过程，它可用于将一个秘密信息在多个用户之间进行分割。另

7. 这些主题之于自我陶醉的笔者来说，确实非常有意思。这就是笔者所谓“有趣”想要表达的真实含义。

外，我们还将讨论有关视觉加密技术的相关话题。

然后我们来考察随机性问题。在加密技术领域，我们常常需要使用随机密钥、大的随机素数等。我们将要讨论，在随机数实际生成的过程中会遇到的一些问题，我们还给出一个例子来说明不当的随机数选择可能会引发的安全隐患。

最后，我们还将简要地考察一下有关信息隐藏的主题，其目标是在其他的数据中隐藏信息，如将秘密的信息埋入到一幅 JPEG 图像中。如果只有发送者和接收者知道信息是被隐藏在数据中，那么该信息能够被有效传递，而且除了参与者之外，其他任何人都对这次通信的发生一无所知。信息隐藏是一个非常大的主题，我们在这里充其量也只能算是浮光掠影。

5.9.1　秘密共享

假设 Alice 和 Bob 想要共享一个秘密信息 S，以实现如下的效果：

- Alice 或者 Bob(当然也包括其他的任何人)都不能独自确定信息 S，除了瞎猜，再无更好的办法。
- Alice 和 Bob 在一起，就能够轻松地确定该信息 S。

乍看起来，这好像是提出了一个难题。但是，这其实非常容易解决，其解决方案本质上源于一个事实：两点决定一条直线。请注意，我们称其为秘密共享机制，是因为其中有两个参与者，而且双方必须协同合作才能恢复出秘密信息 S。

假设秘密信息 S 是一个实数。通过点$(0, S)$在平面上画一条直线 L，并给 Alice 指定直线 L 上的一点 $A = (X_0, Y_0)$，给 Bob 指定直线 L 上的另一点 $B = (X_1, Y_1)$。这样，Alice 和 Bob 各自都不掌握关于 S 的任何信息，因为通过一个独立的点存在无限多的直线。但是，合在一起，两个点 A 和 B 唯一确定了直线 L，这样就能够确定在 Y 轴上的截距，于是进而就获得了值 S。图 5-5 所示的图解方案“2 out of 2”就给出了这个例子的示意。

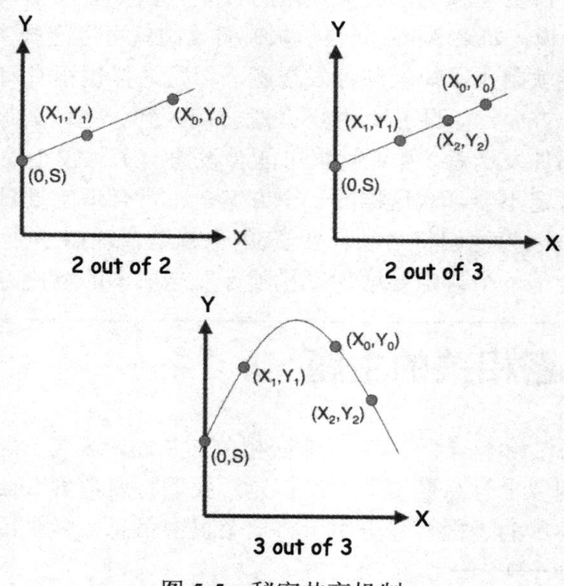

图 5-5　秘密共享机制

很容易就可以将这个思想扩展成为一个“m out of n”型的秘密共享机制，即对于任何的 $m \leqslant n$，其中 n 代表参与者的数量，那么其中任意的 m 个参与者合作，就能够恢复出共享的秘密。对于 $m = 2$，一条直线总是有效的。再比如，图 5-4 显示了一个“2 out of 3”型的秘密共享方案。

一条直线是一个一次多项式，它可以由两点唯一确定。然而一条抛物线是一个二次多项式，它可以由三个点唯一确定。一般而言，一个次数为 $m - 1$ 的多项式可以由 m 个点唯一确定。对于任意的 $m \leqslant n$，正是上述基本事实使得我们能够构造出一个“m out of n”型的秘密共享机制。例如，在图 5-4 中也给出了“3 out of 3”型秘密共享方案相对应的示意图。至此，广义的“m out of n”型秘密共享机制这一概念也应该很清晰了。

因为我们希望在计算机中存储这些量以实现秘密共享机制，所以我们更愿意处理离散数量，而不是计算实数。幸运的是，通过模 P 进行运算，该秘密共享机制同样能够出色运行，请参见参考文献[264]。这个优雅而且安全的秘密共享的概念要归功于 RSA 中的“S”(也就是 Shamir)。该设计被称为是绝对安全的，或者说是信息论安全的(请参见思考题 34)，不会有任何比这再好的方案了。

5.9.1.1　密钥托管

秘密共享机制可能会适用的一种特定应用是解决密钥托管问题，请参见[85，86]。假设我们需要让用户将他们的密钥交由一个官方的托管机构来存储，因而政府能够随后访问这些密钥以辅助犯罪调查任务[8]。一些人(主要是在政府里的)，曾经将密钥托管视为一种理想的方式，但是，他们将加密的事与其他类型的可以由一纸法令张贴宣告的事情相提并论了，比方说，参考类似对于传统的电话线的管控方式。曾几何时，美国政府还大力推行密钥托管，甚至发展到了开发出一个系统(包括 Clipper 芯片和 Capstone 芯片)的程度，该系统将密钥托管作为重要的特性之一[9]。密钥托管的想法广受非议，最终还是被抛弃了。见参考文献[59]，其中讲述了有关 Clipper 芯片的一段历史概要。

关于密钥托管的一个担心就是托管机构可能并不是值得信任的。实际上，这种担心还是有可能获得缓解的，方法就是通过拥有多个托管机构，并允许用户将其密钥在这些托管机构中的 n 个之间进行分割，使得必须得有 n 个托管机构中的 m 个协同合作才能恢复出密钥。原则上，Alice 可以选择她认为最值得信赖的托管机构，并将她的秘密使用一个“m out of n”型秘密共享机制在这些托管机构之间进行分割。

Shamir 的秘密共享机制可以用于实现这样的一个密钥托管方案。例如，假设 $N = 3$ 和 $m = 2$，Alice 的密钥是 S。于是，就可以使用图 5-4 展示的方案“2 out of 3”，这里我们再举个实例，Alice 可能会选择让司法部持有点(X_0, Y_0)，让商务部持有点(X_1, Y_1)，再让 Fred 的密钥托管公司持有点(X_2, Y_2),。于是，这三个托管机构中必须至少有两个协同合作才能确定 Alice 的密钥 S。

---

8. 据推测，也只是有一纸法庭命令而已。

9. 密钥托管的一些反对者喜欢说，美国政府在密钥托管上的尝试之所以失败，是因为他们试图将一个安全缺陷作为系统的特性加以推行。

5.9.1.2　视觉加密技术

Naor和Shamir(见参考文献[214])提出了一种有趣的视觉秘密共享机制。该机制是绝对安全的，这点与前文讨论过的基于多项式的秘密共享机制一样。在视觉秘密共享机制(也被称作视觉加密技术)中，解密潜在的图像并不需要执行任何计算。

在最简单的情况下，我们可以从一幅黑白图像入手，首先创建两个幻灯片，一个是给Alice的，另一个是给Bob的。每一个人的幻灯片看起来都是一个随机的黑白像素的集合，但是，如果Alice和Bob将他们的幻灯片叠放在一起，原始的图像就会出现(可能会有一些对比度上的损失)。另外，任何一个单独的幻灯片都无法产生关于潜在图像的任何信息。

这是如何实现的呢？在图5-6中，我们呈现了一个独立像素可能被分割成为“多份”的各种方法，其中一份进入Alice的幻灯片中，而相对应的另一份则进入Bob的幻灯片中。

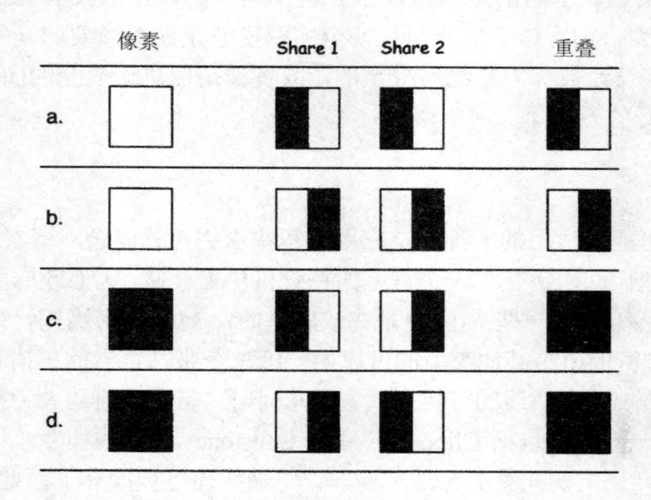

图5-6　像素分解

举个例子来说明，如果某个特定像素是白色，那么我们可以通过抛硬币的方式来决定是使用图5-6中的“a”行还是“b”行。然后，比方说，Alice的幻灯片从选定的行(a或者b)中获得了share 1部分，而Bob的幻灯片就获得了share 2部分。请注意，在Alice和Bob的幻灯片中，该像素的这两份信息各自的位置应该与这个像素在原始图像中的位置相同。在这种情况下，当Alice的幻灯片和Bob的幻灯片重叠起来时，最终的像素将会是半黑和半白。对于一个黑色像素，我们通过抛硬币来在“c”行和“d”行之间选择，然后我们再使用被选定的行来确定相应的像素部分。

请注意，如果原始的像素是黑色的，那么其分解的两份重叠之后总是生成一个黑色像素。另一方面，如果原始的像素是白色的，那么其分解的两份重叠之后将生成一个半白半黑的像素，这将被视觉感知为灰色。这个结果会损失一定的对比度(黑和灰相对于黑和白)，但是，原始的图像仍然可以清晰地辨别。为了给出一个实例，在图5-7中，我们呈现了一份Alice的幻灯片和一份Bob的幻灯片，同时伴随了两份幻灯片叠加合成的结果。不难看出，相对于原始图像，叠加合成的结果存在对比度损失。

图 5-7　Alice 的幻灯片、Bob 的幻灯片以及叠加合成的图像(由鲍伯·哈里斯提供)

这里介绍的视觉秘密共享的例子是一个“2 out of 2”型的共享方案。通过使用类似的技术，还可以开发出更通用的“*m* out of *n*”型共享方案。正如前面所提到的，基于多项式的秘密共享机制是绝对安全的(请参见思考题 36)，在同样的意义上，这些方案的安全性也是绝对的。

在参考文献[141]中，可以找到一个不错的视觉秘密共享的交互式实例。对于视觉加密，如果想要了解其诸多技术方面的更多信息，那么 Stinson 的网站[292]是个该去看看的地方。

5.9.2　随机数

在加密技术领域，生成对称密钥、生成 RSA 密钥对(意即随机选取大素数)以及生成 Diffie-Hellman 的秘密指数，这些都需要随机数。在后续的章节中，我们将看到在安全协议中也有非常重要的角色需要随机数来扮演。

当然，随机数广泛用于许多非安全类的应用中，诸如模拟仿真和各类统计应用等。在这样的情况下，随机数往往只需要具备统计上的随机性即可，也就是说，在某种统计学的意义上，他们必须是随机的，无特征可以区分的。

然而，加密技术中的随机数必须不仅是统计上随机的，而且它们还必须要满足严格得多的条件——它们必须是不可预测的。那么，是密码技术专家们难以(像其他场合那样)使用传统的随机数来完成任务呢，还是他们确实有合情合理的原因，就需要加密随机数满足如此多的苛刻要求呢？

要想理解不可预测性为什么在加密相关的应用中如此重要，请考虑下面的这个例子。假设有一个服务器专门为用户生成对称密钥。再进一步假设该服务器为一系列用户生成了如下的密钥：

- K_A 给 Alice 使用
- K_B 给 Bob 使用
- K_C 给 Charlie 使用
- K_D 给 Dave 使用

好，现在如果 Alice、Bob 和 Charlie 都不喜欢 Dave，他们就可以将他们的这些信息放在一起，看看是否有助于确定 Dave 的密钥。也就是说，Alice、Bob 和 Charlie 可以利用对于他们自己的密钥 K_A、K_B 和 K_C 的理解，来考虑这些信息是否有助于确定出 Dave 的密钥 K_D。如果能够根据对于密钥 K_A、K_B 和 K_C 的了解来预测 K_D，那么该系统的安全性是有缺陷的。

常用的伪随机数生成器就是可预测的，也就是说，给定足够大数量的输出值，后续的值将能够被很容易地确定。所以，伪随机数生成器不适用于加密类应用。

5.9.2.1　德州扑克

现在，我们来考虑一个现实世界中的例子，这个例子能够很好地说明生成随机数的错误方式。ASF 软件公司开发了一款在线版本的纸牌游戏，即大名鼎鼎的德州扑克(见参考文献[128])。在这个游戏中，首先给每个玩家发两张牌，正面朝下扣起来作为底牌。然后，完成一轮投注。接下来，翻开三张公共牌——所有玩家都可以看到公共牌，并可以考虑与他们自己手中的牌结合使用。进行第二轮投注之后，再次翻开一张公共牌，随后再进行一轮投注。最后，翻开最后的一张公共牌，这之后还可以再加投一次注。在所有保持持续跟进到最后的玩家中，谁能够从自己手里的两张底牌和翻开的 5 张公共牌中组成最好的一手牌(译者注：5 张牌，根据一定的规则决定其大小)，谁就是获胜者。图 5-8 给出了该游戏的示意说明。

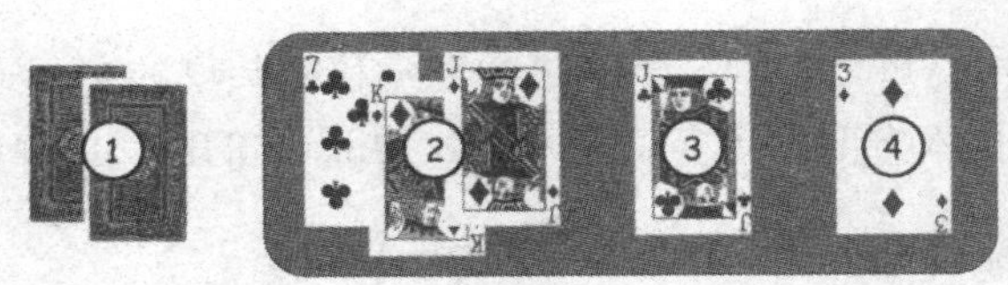

玩家手里的牌　　　放在桌子中间的公共牌

图 5-8　德州扑克

在这个游戏的在线版本中，随机数用于对一副虚拟的扑克执行洗牌操作。AFS 公司的扑克牌游戏软件在运用随机数来洗一副牌的时候，随机数的使用方式中有一个严重的缺陷。结果是，这个程序无法产生一个真正随机的洗牌结果，于是在游戏中，玩家就有可能实时地确定整副牌的情况。能够利用这个缺陷的玩家就可以作弊，因为他将能够知道所有其他玩家手里的牌，也能够在后面的公共牌被翻开之前就提前知道它们的信息。

怎么可能实时地就确定洗牌的结果呢？首先，请注意，对于一幅含有 52 张牌(译者注：德州扑克不使用大小王牌)的扑克来说，共有 $52! > 2^{225}$ 种不同的洗牌结果。AFS 公司的德州扑克程序中使用了一个“随机的”32 位二进制整数来确定洗牌的结果。因此，在 2^{225} 种所有可能的洗牌结果中，这个程序就不可能产生多于其中 2^{32} 种不同的洗牌结果。这是一个不可原谅的设计缺陷，但是，如果这仅仅是其中唯一的缺陷，那么问题也许还是只会停留在理论层面，而不至于引发实际的攻击行为。

为了生成“随机的”洗牌结果，该程序使用了伪随机数生成器，或简称为 PRNG，并将其使用 Pascal 程序设计语言进行实现。此外，在每次洗牌时，该伪随机数生成器都会基于新的种子值，但种子值基于一个已知的函数，即其值为自午夜 0 点以来所经历的毫秒数。因为在一天中包含的毫秒数为：

$$24 \cdot 60 \cdot 60 \cdot 1000 < 2^{27}$$

这样，实际上就会使得最后能够产生的不同洗牌结果的数量小于 2^{27}。

Trudy，作为攻击者，甚至能够更进一步。如果 Trudy 将她的时钟与服务器进行同步，她就有可能将需要检测的不同洗牌结果的数量降低为小于 2^{18}。对于这 2^{18} 种可能的洗牌结果，可以将其实时地一次性生成，并与公共牌进行比对检测，从而确定当前正在进行中的这手牌的实际洗牌结果。事实上，当第一轮的公共牌揭晓之后，Trudy 就能够唯一确定洗牌结果了，于是她就能够知道其他所有玩家最终整手牌的情况——甚至是在所有其他的玩家能够知道自己的整手牌之前就已经清楚了。

在必须使用不可预测性随机数的情况下，因使用可预测的随机数而产生负面影响的实践中，AFS 的德州扑克游戏程序是其中一个比较极端的例子。在这个例子中，所有可能生成的随机洗牌结果的数量太少了，以至于有可能实时地确定洗牌结果，从而实现了对系统的破解。

那我们如何才能够生成加密随机数呢？既然一个安全的流加密方案中的密钥流是不能够被预测的，那么，通过运用流加密方案，比方说 RC4 加密方案，所生成的密钥流必定就是加密随机数的一个很好的来源。当然，世上没有免费的午餐，在这里同样适用，密钥——类似于 RC4 算法中的初始化种子值——的选择依然是一个关键性的难题。

5.9.2.2　随机二进制位的生成

真正的随机性不仅非常难以找到，而且非常难以界定。对此，也许我们能够找到的最好办法就是利用熵的概念，这是克劳德 • 香农所发明的概念。熵是对不确定性的一种度量，或者，反过来说，是对一个数位序列的可预测性的度量。这里我们不会去深入探讨细节，但是，在参考文献[305]中，你可以找到一个非常不错的关于熵的讨论。

真正的随机性的来源确实存在。例如，放射性衰变就是随机的。但是，基于核放射技术的计算机肯定是不受欢迎的，所以我们必须寻找其他的来源。现在人们已经有相关的硬件设备，可以用来收集基于各种各样的物理以及热学特性产生的并且已知是不可预测的随机数位。随机性的另一个来源是臭名昭著的熔岩灯(见参考文献[200])，可以从其混沌行为中获得随机性。

因为软件本身是(也希望是)有确定性的，所以真正的随机数必须产生于任何代码之外。除了上面提到的特定设备之外，随机性的合理来源还包括鼠标的移动、键盘的敲打、特定的网络活动，等等。通过这些方法获得一些高质量的随机数位是有可能的，但是生成的这种随机数位的数量是有限的。想要了解更多的有关这些主题的信息，请参见参考文献[134]。

随机性是安全领域的一个非常重要但又往往会被忽视的主题。有一句话值得大家牢记：为生成秘密的量，而对伪随机过程的使用，会导致伪安全，见参考文献[162]。

5.9.3　信息隐藏

在这一节，我们将要讨论信息隐藏的两个方面，也就是隐写术和数字水印。隐写术，或称为隐藏书写，就是试图隐藏特定信息被传递这一事实。数字水印通常也包含了隐藏的信息，但是其用途略微不同。例如，一个版权所有者可能会在数字音乐中隐藏一个数字水印(其中包含了一些特定的身份信息)，以防止音乐被盗版，当然这也是徒劳无功的[10]。

隐写术有很长的历史，特别是在战争中很久之前就已经在使用。在近代之前，隐写术的应用远比加密技术应用得广泛。希罗多德(约公元前 440 年)曾经讲述过一个故事：一个希腊将军把一个奴隶的头剃光后，将有关波斯人入侵的报警消息写在了这个奴隶的头上，等他的头发重新长出来并掩盖住了情报消息之后，再把这个奴隶送出敌军封锁线，从而将情报传递给了另一位希腊将军[11]。

现代版本的隐写术涉及在各种媒介中隐藏信息，这些媒介包括诸如图像文件、音频数据，甚至是软件等，见参考文献[288]。这种类型的信息隐藏也可以被视为隐藏通道的形式之一。隐藏通道是一个独立的主题，我们将在第 8 章讨论多级安全性时再回到这个主题上来。

正如前面所提到的，数字水印是为了某种不尽相同的目的而实施的信息隐藏。数字水印有多种不同的类型，但是一种典型的组成是：将一个“不可见”的标识符插入到数据中。例如，可以将一个标识符添加到数字音乐上，以期望：如果有该音乐的盗版出现时，就可以通过从音乐中读取数字水印，从而可以从中区分出付费购买者和盗版嫌疑者。这样的技术已经被开发出来并实际用于了各种类型的数字媒介，当然也包括软件。尽管有着显而易见的潜在价值，数字水印还是只获得了非常有限的实际应用，并且还存在着某些明显的不足，见参考文献[71]。

数字水印的分类可以有很多种不同的方式。例如，我们可以考虑如下几种不同的数字水印类别：

- 不可见水印——在媒介中是不应该能被感知到的水印。
- 可见水印——设计上用于查阅的水印，如在一个文档上打上“TOP SECRET”的标记。

数字水印还可以按如下的方式分类：

- 鲁棒水印——设计上用于保持其可读性的水印，即使遭受了攻击和破坏。
- 敏感水印——设计为易损的水印，发生任何篡改都将导致破坏或损害。

举例来说明，我们可能希望将一个鲁棒且不可见的水印插入到数字音乐当中，以期望能够检测盗版。那么，当互联网上出现了该音乐的盗版时，也许我们就能够对其进行跟踪进而找到其源头。或者我们可能会将一个敏感且不可见的水印插入到一个音频文件中。在这种情况下，如果该数字水印因遭受破坏不可读或难以识别了，接收者就知道信息发生了篡改。这后一种方案本质上就是数据完整性校验。实际应用中，有可能还会考虑使用各种其他类型的数字水印组合。

许多现代货币都包含(非数字的)水印。一些当前流通的纸币以及近期美国的钞票，包括如图 5-9 所示的面值 20 美元的钞票，都有可视的水印。在这张 20 美元的纸币上，杰克逊总统的肖像被嵌入到其中(水印位置在纸币中间偏右的位置)，将纸币迎光透视，水印清

---

10. 显然，本文在这里使用“盗版”(译者注：原文使用的词是“piracy”，在英文中有“海盗行为，海上劫掠”等类似的原始含义)这个词，是希望能够唤起关于黑胡子海盗的印象(配上鹦鹉、木制假腿就更完整了)，他们手持刀剑，船载枪炮，凶神恶煞地对版权所有者发起攻击。当然，事实上大部分盗版往往不过是青少年所为——不管怎么样——他们对于给音乐实实在在地支付费用很少了解或者完全没有概念。

11. 之所以在这里谈及这个故事，是希望读者能够理解，使用这种技术的问题就是带宽太小了……

晰可见。这种可视水印的设计目的是为了使伪造更加困难，因为要复制这种非常容易验证的水印，就必须使用特殊的纸张。

图 5-9　嵌入水印的货币

人们已经提出了一种不可见数字水印的设计方案，其典型实例之一就是：将特定信息以某种方式插入到照片当中，使得当照片被破坏时，仍然有可能从原始照片所剩余的一小块残片中重新构建出整张的图像，见参考文献[168]。据称，一幅照片的每一个平方英寸的面积中就能够包含重建整幅图像所需要的足够的信息，并且不会对该图像的质量产生劣化的影响。

现在，让我们通过一个实实在在的例子，来考察一下有关隐写术的一种简单的解决方案。这个特定的例子适用于数字图像。对于这个解决方案，我们将要使用的图像采用著名的 24 位二进制空域色彩分量表示方式——即对于红色向量、绿色向量和蓝色向量，分别使用一个字节来表示，各自表示为 R，G，B。例如，使用(R, G, B) = (0x7E, 0x52,0x90)所表示的颜色与使用(R, G, B) = (0xFE, 0x52, 0x90)所表示的颜色就有天壤之别，即使其颜色的区别仅仅只有一个二进制位。另一方面，(R, G, B) = (0xAB, 0x33, 0xF0)所表示的颜色与(R, G, B) = (0xAB, 0x33, 0xFl)所表示的颜色就很接近，几乎难以分辨，然而这两个颜色也是仅有单独一个二进制位的差异。事实上，低位的 RGB 值相对不重要，因为其代表了颜色中不易觉察到的细微变化。既然低位信息无关紧要，那么我们能够将这些低二进制位用于我们选定的其他用途，包括信息隐藏。

请考虑如图 5-10 所示的两幅 Alice 的图像。左边的图像中，Alice 并未包含任何隐藏的信息，而右边的图像中，Alice 将整本《爱丽丝梦游仙境》的书(以 PDF 格式)嵌入在了 RGB 字节的低位中。对于人的眼睛，在任何分辨率之下这两幅图像看起来都显得毫无二致。虽然这个例子看起来挺让人震撼，但是别忘了有很重要的一点，那就是，如果我们对这两幅图像中的二进制位进行比较，那么其区别将会一目了然。特别是，对于攻击者来说，很容易就能够写出一个计算机程序来抽取这些 RGB 字节的低位信息，或者是用垃圾信息覆盖这些二进制位的信息，于是就可以破坏掉这些隐藏信息，同时也不会对图像造成任何的损害(译者注：看起来与原始图像一样)。这个例子昭示了信息隐藏领域的基本问题之一，也就是，想要找到一种有意义且有效的方式，使得既能够遵守 Kerckhoffs 的原则，又不会给攻击者带来显著的优势。这在信息隐藏领域是难点之一。

图 5-10 两个 Alice 的故事

还有一个简单的与隐写术相关的例子，也许有助于更进一步地揭开这个概念的神秘面纱。请考虑一个 HTML 文件，该文件包含如下的文本，其内容取自那首著名的诗，“海象与木匠(The Walrus and the Carpenter)”，见参考文献[50]。这首诗出现在刘易斯·卡罗尔的《爱丽丝穿镜奇幻记》中，在那里叮当兄弟给爱丽丝讲了“海象与木匠”的故事。

“到时候了，”海象说，“咱们来东拉西扯吧：

谈谈密封蜡、靴子和船舶

还有皇帝和白菜

谈谈海水为什么滚热

谈谈小猪有没有翅膀。”

在 HTML 中，RGB 字体颜色以如下形式的标签所规定：

```
<font color="#rrggbb"> ... </font>
```

其中，rr 是以十六进制形式表示的 R 的值，gg 是以十六进制形式表示的 G 的值，bb 是以十六进制形式表示的 B 的值。例如，黑色就表示为#000000，而白色就表示为#FFFFFF。

既然 R，G 和 B 的低位信息不会影响到对颜色的感知，那么我们可以将信息隐藏在这些位中，正如在图 5-11 中呈现的 HTML 片段所表示的。读取 RGB 色彩分量字节的低位就能够生成“隐藏的”信息，即 110 010 110 011 000 101。

```
<Font    color=" # 010100">"The time has come,"
                                    the Walrus said ,</font><br>
<font color=" # 000100">"To talk of many things:</font ><br>"
<font color=" # 010100">of shoes and ships and sealing wax</font><br>
<font color=" # 000101">of cabbages and kings </font><br>
<font color=" # 000000">and why the sea is boiling hot</font><br>
<font color=" # 010001">and wheter pigs have wings."</font><br>
```

图 5-11 简单的隐写术示例

基于 HTML 色彩标签中的 RGB 字节信息，将隐藏信息置于其低位，比起前面将《爱丽丝梦游仙境》隐藏于 Alice 的图像中，这次显然没有那么令人耳目一新。不过，两个例子中使用的处理过程实际上是一样的。此外，上述两种方法均完全不具备鲁棒性——一个了解该设计方案的攻击者能够和目标接收者同样容易地读取其中隐藏的信息。或者，一个攻击者可以换一种方式，通过将该文件替换为另一个文件，除了 RGB 字节的低位信息被完全随机打乱之外，这个新的文件与原始的文件再没有其他的不同，这样就直接破坏了这些隐藏信息。在后一种情况下，如果该图像并没有用于传递信息，那么攻击者的行为可能不会被检测到，因为文件中的图像外表上看起来没有变化。

在无关紧要的二进制位中隐藏信息的想法是很有吸引力的，因为这样做是不可见的，而且在某种意义上对载体的内容不会产生影响。但是，仅仅依赖于这些重要程度较低的二进制位，这会使得了解了该设计方案的攻击者很容易就能够读取或者破坏所隐藏的信息。对人们来说，图像文件中的那些无足轻重的二进制位，虽然可能不像 HTML 标签文件中的那些 RGB 字节的低位那么显而易见，但是，对于理解图像格式的任何人来说，这些图像中的信息隐藏位同样很容易攻击。

这里的结论是，对于信息隐藏来说，要想具有鲁棒性，信息必须放在有一定影响力的二进制位上。但是，这就提出了一个严峻的挑战，因为，对于这些确有影响力的二进制位的改变必须要非常地小心谨慎，以便信息隐藏仍然能够保持“不可见性”。

正如前面所提到的，如果 Trudy 知道了信息隐藏的设计方案，她就能够和目标接收者一样容易地恢复出所隐藏的信息。因此，数字水印的设计方案中一般是先加密要隐藏的信息，然后再将其嵌入到一个文件当中。但是，即便如此，如果 Trudy 了解了该方案是如何工作的，那么她也几乎肯定能够损害或是毁坏其中的信息。这样的事实就驱使人们开发出了依赖于保密的私有数字水印方案，而这却与 Kerckhoffs 原则所倡导的精神背道而驰。可以预见，这种方式将导致很多的解决方案，一旦公之于众，就功亏一篑。

信息隐藏者的生活历程如今已经被更进一步地复杂化了。一个未知的数字水印设计方案可能常常被共谋攻击者进行诊断分析。这就是说，对于原始的对象和一个嵌入了数字水印的对象(或者是几个嵌入了不同的数字水印的对象)，可以将它们放在一起进行比较，以确定那些携带了隐藏信息的位，并且，在这个过程中，攻击者往往还能够了解到有关该设计方案如何工作的一些信息。因此，数字水印的设计方案常常会运用扩展频谱技术以更好地隐藏那些信息携带位。但是，这类方案只能够使攻击者的工作难度更大，而并不会消除相应的威胁。针对安全数字音乐联盟(Secure Digital Music INitiative，SDMI)的方案的攻击，就很好地说明了数字水印所面临的挑战和风险，详情介绍见参考文献[71]。

总而言之，数字信息隐藏实际要比看起来困难得多。信息隐藏是一个非常活跃的研究领域，虽然迄今为止尚未有不负众望的杰出成就。目前看来，一个鲁棒的设计方案就将意味着巨大的成功。信息隐藏领域是一个极其古老的领域，但是数字化版本的信息隐藏技术则相对比较年轻，所以取得重大进展还是指日可待的。

5.10　小结

在这一章，我们讨论了加密哈希函数的若干具体内容。我们介绍了一个特定的哈希算法(Tiger 算法)，并考察了计算哈希 MAC(HMAC)的正确方法。我们还讨论了哈希函数的几个非标准化的应用。

除了涵盖哈希函数相关的内容之外，一些与加密技术类似但又不太适合放入其他章节的主题也在本章中做了介绍。Shamir 的秘密共享机制提供了一种安全的方法，使得可以在任何的“*m* out of *n*”模式规划中共享一个秘密信息。Naor 和 Shamir 的视觉加密技术提出了一种类似的安全方法以实现图像文件的共享。对于安全而言，随机数是一个至关重要的关键性主题，本章也探讨了该主题的内容，并且我们还给出了一个实例，以说明因未能正确有效地使用好的随机数而可能会导致的缺陷。

本章以对于信息隐藏技术的一个简要讨论作为结束。数字化的隐写术和数字水印技术都是既有趣而又处于发展中的领域，对于一些非常有挑战性的安全问题来说，这些技术都有着潜在的应用前景。

5.11 思考题

1. 正如本章所讨论的，一个加密哈希函数必须满足如下所有的特性：

- 压缩
- 高效
- 单向
- 抗弱碰撞性
- 抗强碰撞性

a. 假如有一个哈希函数不能够提供压缩特性，但是可以提供其他几个必备的特性。请给出一个应用场景，其中加密哈希函数可以使用，但是我们这里提到的这个哈希函数就不能够使用。

b. 问题同 a，但是假设该哈希函数除了高效特性不具备之外，其他特性都具备。

c. 问题同 a，但是假设该哈希函数除了单向特性不具备之外，其他特性都具备。

d. 问题同 a，但是假设该哈希函数除了抗碰撞特性不具备之外，其他特性都具备。

2. 请论证如下关于加密哈希函数的陈述。

a. 具备抗强碰撞特性必然就能够具备抗弱碰撞特性。

b. 具备抗强碰撞特性并不一定就具备单向特性。

3. 假如一个安全的加密哈希函数生成的哈希值是 n 位二进制长度。请说明，一个强力攻击如何才能够得以成功实施，其预计的计算开销是多少？

4. 在下列情况下，请预计可能会发生碰撞的次数？

a. 你的哈希函数生成一个 12 位二进制长的输出值，你要对 1024 个随机选择的消息进行哈希运算。

b. 你的哈希函数生成一个 n 位二进制长的输出值，你要对 m 个随机选择的消息进行哈希运算。

5. 假设 h 是一个安全的哈希函数，其生成 n 位二进制长的哈希值。

   a. 请估算要执行多少次哈希运算，就必然能够找到一次碰撞？
   b. 请估算要执行多少次哈希运算，就必然能够找到 10 次碰撞？也就是说，估算要执行多少次哈希运算，才能够找到一组(x_i，z_i)，使得 $h(x_i) = h(z_i)$，其中 $i = 0,1,2, ... ,9$。
   c. 请估算要执行多少次哈希运算，就必然能够找到 m 次碰撞？

6. 一个 k-way 碰撞是指一个集合，其元素值为 $x_0, x_1, ... ,x_{k-1}$，这些元素经哈希运算后生成的值相同，也即满足下式：

$$h(x_0) = h(x_1) = ... = h(x_{k-1})$$

假设 h 是一个安全的哈希函数，生成 n 位二进制长度的哈希值。
   a. 请估算要执行多少次哈希运算，就必然能够找到一个 k-way 碰撞？
   b. 请估算要执行多少次哈希运算，就必然能够找到两个 k-way 碰撞？
   c. 请估算要执行多少次哈希运算，就必然能够找到 m 个互不相同的 k-way 碰撞？

7. 请回顾在 5.4 节讨论的对于数字签名的生日攻击。假如我们对哈希运算的设计进行如下修改：给定一个消息 M，Alice 想要对其实施签名，她首先随机地选择 R，然后计算签名，如式：$S = [h(M, R)]_{\text{Alice}}$，再把($M, R, S$)发送给 Bob。请问，这样能够防止上述攻击吗？为什么？

8. 请考虑一个利用除数 10011 进行计算的循环冗余校验码(CRC 码)。请找到 10101011 的两个碰撞。也就是说，请找出两个其他的数值，使之能够生成与 10101011 一样的循环冗余校验码总和。

9. 请考虑一个利用除数 10011 进行计算的循环冗余校验码(CRC 码)。假如数据的值为 11010110，而 Trudy 想要将其值改变为 111*****，其中“*”表示她并不关注这些二进制位上的值，并且她想要使得结果的校验码总和与原始数据的校验码总和相同。确定 Trudy 一共会有多少个数值可用，都是哪些数？

10. 对于图 5-2 所示的 Tiger 哈希算法的外层轮运算，请填写出其每一行中各二进制位的数值。

11. 令 h 为 Tiger 哈希函数，并令 F 为图 5-2 所示的 Tiger 哈希算法的外层轮运算。

   a. 对于 $M = (B_1\ B_2, B_3)$，其中每一个 B_i 都是 512 位二进制长，请列出类似于式(5.2)的表达式。
   b. 现在假设 $M = (B_1\ B_2, \ldots, B_n)$，其中每一个 B_i 都是 512 位二进制长，请证明 $h(M) = F(h(B_1, B_2, ... , B_{n-1}), B_n)$。

12. 在本书的网站上，你可以找到一个程序，实现了笔者精心设计的所谓山猫哈希算法。这个哈希算法本质上是 Tiger 算法的一个缩小版本——Tiger 哈希算法生成一个 192 位二进制值的输出(相当于三个 64 位二进制的字长)，而山猫哈希算法生成一个 48 位二进制的数值(相当于三个 16 位二进制的字长)。

a. 对于 12 位二进制版本的山猫哈希算法，请找出一个碰撞。这里，你可以通过截取所得的 48 位二进制哈希值来获得一个 12 位的二进制哈希值。请问，需要经过多少次哈希运算你才能够找出第一个 12 位二进制的碰撞？
b. 请找出完整的 48 位二进制版本的山猫哈希算法的一个碰撞。

13. Alice 很喜欢使用 Tiger 哈希算法，该算法能够生成一个 192 位二进制的哈希值。但是，有一个特定的应用，Alice 仅仅需要一个 64 位二进制的哈希值。请回答以下问题。这里，我们假定 Tiger 哈希算法是安全的。

a. 对于 Alice 来说，如果仅仅采用截取 Tiger 哈希函数输出值的方式，那么请问这种做法是否安全？或者换句话说，对于 Alice 来说，仅仅使用 Tiger 哈希算法的 192 位二进制输出的前 64 位，是否就可以了？请解释为什么。
b. 对于 Alice 来说，以每三位二进制选取其一位的方式，来使用 Tiger 哈希函数的输出，这是否是一个值得考虑的方案呢？请解释为什么。
c. 对于 Alice 来说，利用 Tiger 哈希函数得到其输出的三个 64 位二进制字，再将其放在一起执行异或运算得到最后的输出，这个方案是否安全？请解释为什么。

14. 请考虑式(5.3)。

a. 请证明：如果 K、M 和 X 的长度都是哈希函数分组长度(通常来说，是 64 字节)的整数倍，那么等式成立。
b. 对于其他长度的 K，M 和 X 的值，请问该等式是否成立？
c. 请证明，对于任意长度的 M，M' 和 K 的值，只要 $h(M) = h(M')$，式(5.4)就成立。

15. 请问，消息认证码 MAC 是否可以用作 HMAC？也就是说，消息认证码 MAC 是否具备 HMAC 所满足的所有特性？

16. 假如你知道一个 HMAC 的输出是 X，其密钥是 K，但是你不知道消息 M 是什么。那么，请问你是否能够构造一个消息 M'，使用同样的密钥 K，使得该消息的 HMAC 值等于 X？如果可以，就请给出构造此类消息的一个算法。如果不能，就请说明为什么。请注意，我们假定你知道密钥 K，并且，两次 HMAC 的计算都使用同一个密钥 K(将本思考题与第三章的思考题 43 进行对比，会有一定的启发意义)。

17. 请回顾在 5.8.1 节所讨论的网上竞价方案。

a. 在这种方案中，一个赖以预防诈骗的安全哈希函数 h 应该具备什么样的一些特性呢？
b. 假如 Charlie 能确定 Alice 和 Bob 将提交的竞投价格必定会在$10,000 和$20,000 之间。请描述一种前向检索攻击，使得 Charlie 可以基于 Alice 和 Bob 两人各自的哈希值，使用这种攻击手段确定 Alice 和 Bob 的竞投价格。

c. 在 b 中所描述的攻击，是否会构成一个实际的安全问题？

d. 对这个网上竞价过程进行什么样的改造，才能够防止类似 b 中所述的那种前向检索攻击呢？

18. 请回顾在 5.8.2 节中所讨论的垃圾邮件减阻方案。

a. 在这种方案中，一个赖以减阻垃圾邮件的安全哈希函数 h 应该具备些什么样的特性呢？

b. 在 5.8.2 节中，我们曾经讲到“消息 M 包含了发送者和目标接收者的电子邮件地址，但是不包含任何其他额外的地址信息。”假定我们放宽这一条件，仅需要消息 M 包含目标接收方的电子邮件地址。请找出一种针对这个改造的垃圾邮件减阻系统的攻击，也就是说，请证明，在这个改造的方案下，垃圾邮件发送者仍然能够发送垃圾邮件，而不需要做过多额外的工作。

19. 假如你有一个安全的分组加密方案，但是没有哈希函数。而且，也没有密钥可用。为简单起见，假设这个分组加密方案的密钥长度和分组长度都等于 n。

a. 请问，假如你只需要对一个长度刚好为 n 位二进制长的分组执行哈希运算，那么你如何将这个分组加密方案作为一个加密哈希函数来使用？

b. 请问，当消息包括多个 n 位二进制长的分组时，你又如何将这个分组加密方案作为一个加密哈希函数来使用？

20. 假设 Alice 想要为 Bob 加密一条消息，该消息包含三个明文分组，分别为 P_0，P_1 和 P_2。Alice 和 Bob 都能够访问一个哈希函数和一个共享的对称密钥 K，但是没有加密方案可用。那么请问，如何能够做到：Alice 可以安全地加密该消息，并且 Bob 能够顺利地对其进行解密。

21. Alice 的计算机需要访问一个对称密钥 K_A。请考虑如下两种生成和存储密钥 K_A 的方案。

(i) 通过令 $K_A = h$(Alice 的口令)来生成密钥。密钥并不存储在 Alice 的计算机上，相反，当需要使用 K_A 时，Alice 输入她的口令，于是密钥实时生成。

(ii) 初始随机生成密钥 K_A，然后将其加密，存储值 $E(K_A，K)$，其中 $K = h$(Alice 的口令)。当需要使用 K_A 时，Alice 输入她的口令，该口令被执行哈希运算生成 K，然后再使用 K 来解密密钥 K_A。

请给出方案(i)相对于方案(ii)的一个显著优势，请再给出方案(ii)相对于方案(i)的一个显著优势。

22. 假设 Sally(一个服务器的名字)需要访问三个对称密钥，一个对称密钥为 Alice 服务，另一个对称密钥为 Bob 服务，第三个对称密钥为 Charlie 服务。那么，Sally 可以生成对称密钥 K_A，K_B 和 K_C，并将它们存储在一个数据库中。另一个可选的方案是密钥分散化(key diversification)，即 Sally 先生成并存储一个单一的密钥 K_S。然后，在需要时，Sally 再通过计算 $K_A = h(\text{Alice}, K_S)$来生成密钥 K_A，密钥 K_B 和 K_C 的生成方式与 K_A 类似。相对于在数据库中存储密钥的方案而言，请指出这种密钥分散化方案的一个明显的优势和一个显著的劣势。

23. 如果函数 T 满足如下特性，那么我们称该函数是增量函数：如果将该函数 T 应用于 M，随着 M 的变化，其对应的函数值的变化速度与 M 自身的变化速度成正比。假设我们有一个增量的哈希函数 H。

    a. 请讨论一个应用场景，在这个场景中，使用上述增量哈希函数 H 将会优于使用标准的(非增量的)哈希函数。

    b. 假如消息 M 仅能够通过增补填充二进制位来修改，也就是说，对该消息的修改 M'，可以表示为 $M' = (M, X)$，其中 X 为某些确定的值。那么，给定加密哈希函数 h，请基于 h 定义增量的加密哈希函数 H。

24. 假如 Bob 和 Alice 想要通过网络来掷硬币。Alice 提出了如下协议：

    (i) Alice 随机地选择一个值 $X \in \{0,1\}$。

    (ii) Alice 生成一个 256 位二进制的随机对称密钥 K。

    (iii) Alice 使用 AES 加密方案，执行计算 $Y = E(X, R, K)$，其中 R 包含了 255 个随机选择的二进制位。

    (iv) Alice 将 Y 发送给 Bob。

    (v) Bob 猜测一个值 $Z \in \{0,1\}$，并将其告诉 Alice。

    (vi) Alice 将密钥 K 给 Bob，Bob 执行计算 $(X, R) = D(Y, K)$。

    (vii) 如果 $X = Z$，那么 Bob 获胜，否则，Alice 获胜。

这个协议并不安全。

    a. 请说明 Alice 如何才能够作弊？

    b. 请使用一个加密哈希函数 h，修改这个协议，使得 Alice 无法作弊。

25. MD5 哈希算法被认为是已经破解了的，因为已经发现了碰撞，并且，事实上对该算法，在一台 PC 上花上几秒钟就能构造一个碰撞(见参考文献[244])。请找出以下两条消息中所有不同的二进制位[12]。请验证这两条消息的 MD5 哈希值结果相同。

```
00000000  d1 31 dd 02 c5 e6 ee c4 69 3d 9a 06 98 af f9 5c
00000010  2f ca b5 87 12 46 7e ab 40 04 58 3e b8 fb 7f 89
00000020  55 ad 34 06 09 f4 b3 02 83 e4 88 83 25 71 41 5a
00000030  08 51 25 e8 f7 cd c9 9f d9 1d bd f2 80 37 3c 5b
00000040  96 0b 1d d1 dc 41 7b 9c e4 d8 97 f4 5a 65 55 d5
00000050  35 73 9a c7 f0 eb fd 0c 30 29 f1 66 d1 09 b1 8f
00000060  75 27 7f 79 30 d5 5c eb 22 e8 ad ba 79 cc 15 5c
00000070  ed 74 cb dd 5f c5 d3 6d b1 9b 0a d8 35 cc a7 e3
```

12. 最左边的一列表示一行中第一个字节的位置(以十六进制表示)，并不是数据的一部分。数据本身也都是以十六进制表示的。

和

```
00000000  d1 31 dd 02 c5 e6 ee c4 69 3d 9a 06 98 af f9 5c
00000010  2f ca b5 07 12 46 7e ab 40 04 58 3e b8 fb 7f 89
00000020  55 ad 34 06 09 f4 b3 02 83 e4 88 83 25 f1 41 5a
00000030  08 51 25 e8 f7 cd c9 9f d9 1d bd 72 80 37 3c 5b
00000040  96 0b 1d d1 dc 41 7b 9c e4 d8 97 f4 5a 65 55 d5
00000050  35 73 9a 47 f0 eb fd 0c 30 29 f1 66 d1 09 b1 8f
00000060  75 27 7f 79 30 d5 5c eb 22 e8 ad ba 79 4c 15 5c
00000070  ed 74 cb dd 5f c5 d3 6d b1 9b 0a 58 35 cc a7 e3
```

26. 在思考题 25 中所述的 MD5 碰撞常常被认为没有实际意义，因为发生碰撞的两条消息看起来是一些随机的二进制位，也就是说，这两条消息并不携带有意义的信息。目前来看，利用这个 MD5 碰撞攻击，不可能生成一个有意义的碰撞。鉴于这个原因，有时候会说 MD5 碰撞并不是一个严重的威胁。这个思考题的目的就是让你认识到事实并非如此。请从本书网站上下载文件 MD5_collision.zip，解压该文件之后你可以得到两个脚本文件：rec2.ps 和 auth2.ps。

    a. 请通过脚本浏览器打开 rec2.ps，你能看到什么样的消息？再通过脚本浏览器打开 auth2. ps，你又能看到什么样的消息？
    b. 请问，脚本文件 rec2. ps 的 MD5 哈希值是多少？脚本文件 auth2. ps 的 MD5 哈希值又是多少？请问为什么这会是一个安全问题？请说明在这种特殊的情况下，Trudy 可以轻而易举地发起攻击，请说明一种具体的攻击实施方案。提示：可以考虑数字签名的情况。
    c. 修改脚本文件 rec2 . ps 和 auth2. ps，相比目前的样子，要使得这两个文件显得互不相同，但是对其执行哈希运算却得到相同的结果。请问，最后得到的哈希值是多少？
    d. 既然不可能生成一个有意义的 MD5 碰撞，那怎么才能使得两条(有意义的)消息具有相同的 MD5 哈希值呢？提示，脚本中会包含如下形式的条件语句：

$$(X)(Y)\text{eq}\{T_0\}\{T_1\}\text{ifelse}$$

其中，当文本 X 与 Y 相同的情况下，显示 T_0；否则，显示 T_1。

27. 假如你收到一封电子邮件，是自称为 Alice 的某人发送过来的。该电子邮件包括一个数字证书，含有如下的内容：

$$M = (\text{“Alice”}, \text{Alice's public key})\text{和}[h(M)]_{\text{CA}}$$

其中 CA 是一个证书权威机构。

a. 请问，你该如何验证这个签名？请尽量给出详细描述。
b. 为什么你还需要花费力气去验证签名呢？
c. 假如你信任对该证书签名的 CA。那么，在验证了该签名之后，你就可以认定只有 Alice 持有在这个证书中包含的公钥所对应的私钥。假定 Alice 的私钥没有损害或被破坏，请问，为什么你的这个认定是有效的？
d. 假如你信任对该证书签名的 CA，在验证了该签名之后，关于该证书的发送者的身份，你都能了解到什么信息呢？

28. 请回顾一下，我们在计算数字签名时，既使用了公开密钥系统，也使用了哈希函数。

a. 请详细描述数字签名的计算过程和验证过程。
b. 假定这里用于计算和验证签名的公开密钥系统是不安全的，但是其中的哈希函数是安全的。请证明，在这种情况下，你能够伪造签名。
c. 假定这里用于计算和验证签名的哈希函数是不安全的，但是其中的公开密钥系统是安全的。请证明，在这种情况下，你能够伪造签名。

29. 这个问题针对的是数字签名。

a. 请详细说明，数字签名是如何计算并进行验证的？
b. 请证明：数字签名能够支持数据完整性保护。
c. 请证明：数字签名能够支持不可否认性保护。

30. 假如 Alice 想要对消息 M 实施签名，并将其发送给 Bob。

a. 按照我们的标准化表示方式，请问 Alice 需要执行哪些运算？
b. 请问，Alice 需要发送给 Bob 什么信息？Bob 又是如何对签名进行验证的？

31. 在上一章，我们讨论了针对公开密钥加密系统的前向检索攻击背后的实现思路。在某些特定的应用中，前向检索攻击还能够用于对付哈希函数。

a. 请问，什么是针对公开密钥加密方案的前向检索攻击？如何能够预防此类攻击呢？
b. 请描述哈希函数的一种应用场景，使其看起来合理可行，但是却存在发生前向检索攻击的可能。
c. 请问，如何才能防止针对哈希函数的前向检索攻击？

32. 假设我们已有一个分组加密方案，并想要利用该方案实现一个哈希函数。令 X 为某一特定的常量，令 M 为一条消息，其仅包含一个单独的分组，而这个分组的长度刚好就是我们的分组加密方案中的密钥长度。定义消息 M 的哈希计算为 $Y = E(X, M)$。请注意：在我们运用该分组加密方案时，使用消息 M 代替了相应的密钥。

a. 假定我们这个基本的分组加密方案是安全的，请证明，这个哈希函数满足加密哈希函数的抗碰撞特性和单向特性。
b. 请扩展该哈希函数的定义，使得可以对任意长度的消息执行哈希运算。经过扩展之后，这个哈希函数是否满足加密哈希函数所必须具备的所有特性？
c. 请问，对于用作加密哈希函数的一个分组加密方案，为什么其必须是要能够抗击“选择密钥”攻击的呢？提示：如果不能这样，那么对于给定的一个明文消息 P，我们能够找到两个密钥 K_0 和 K_1，使得 $E(P, K_0) = E(P, K_1)$。请证明，这样的一个分组加密方案在用作一个哈希函数时，是不安全的。

33. 请考虑一个“2 out of 3”型的秘密共享方案。

    a. 假如 Alice 的那份共享秘密是(4,10/3)，Bob 的那份共享秘密是(6,2)，Charlie 的那份共享秘密是(5,8/3)。请问，共享秘密 S 是什么？该直线的表达式是什么？

    b. 假定所采用的运算以 13 为模，也就是说，该直线的表达式形如 ax+by = c (mod 13)。如果 Alice 的那份是(2,2)，Bob 的那份是(4,9)，而 Charlie 的那份是(6,3)，那么请问，共享秘密 S 是什么？相对应直线的表达式(模 13 的运算形式)是什么？

34. 请回顾一下，我们之前给过的定义是：如果已知的对一个加密方案最有效的攻击就是穷举式密钥检索攻击，那么该加密方案可以以为是安全的。如果一个加密方案是安全的，并且其密钥的空间很大，那么已知的对其最有效的攻击将是计算上不可行的——对于一个实际的加密方案来说，这是理想的情况。然而，总是会有这样的可能性：出现了一种新的聪明的攻击方法，使得一个之前是安全的加密方案变成了一个不安全的加密方案。相比之下，Shamir 的基于多项式的秘密共享体制是信息论意义上安全的，也就是意味着不存在捷径攻击的可能性。换句话说，秘密共享体制可以确保永远是安全的。

    a. 假如我们有一个“2 out of 2”型的秘密共享方案，其中由 Alice 和 Bob 共享一个秘密 S。请问，为什么 Alice 无法根据她自己的那份秘密来确定有关共享秘密的任何信息呢？

    b. 假如我们有一个“m out of n”型的秘密共享方案。那么，任何 $m-1$ 个参与者组成的集合都不能够确定有关共享秘密 S 的任何信息，请说明这是为什么？

35. 请从本书的网站上下载文件 visual. zip 并解压下载的文件。

    a. 请使用你最喜爱的浏览器打开文件 visual. html，并仔细地将两份进行重叠覆盖。请问你能看到什么图像？

    b. 请对另一幅不同的图像文件运用该程序创建出共享的各部分。请注意，所选的图像必须是 gif 文件格式。请分别给出屏幕快照影像，依次显示原始图像、共享的各部分以及对共享部分进行重叠覆盖的结果。

36. 请回顾一下，我们之前给过的定义是：如果已知的对一个加密方案最有效的攻击就是穷举式密钥检索攻击，那么该加密方案可以认为是安全的。如果一个加密方案是安全的，并且其密钥的空间很大，那么已知的对其最有效的攻击将是计算上不可行的——对于一个实际的加密方案来说，这是可能存在的最理想情形了。然而，总是会有这样的可能性：出现了一种新的聪明的攻击方法，使得一个之前是安全的加密方案变成了一个不安全的加密方案。相比之下，Naor 和 Shamir 的视觉秘密共享体制是信息论意义上安全的，也就是意味着不存在捷径攻击的可能性——即该秘密共享体制可以确保永远是安全的(根据我们对安全的定义来说)。

a. 请考虑本章中讨论的"2 out of 2"型视觉秘密共享方案。请问，为什么 Alice 无法根据她自己的那份秘密来确定有关共享秘密的任何信息呢？

b. 请问，一个更加广义的"*m* out of *n*"型视觉秘密共享方案怎样才能是有效的？

c. 对于一个"*m* out of *n*"型视觉秘密共享方案。请问当 *m* 取值很大，而 *n* 取值较小时，根据秘密共享方案恢复出来的图像的对比度如何呢？当 *n* 取值很大，而 *m* 取值较小时，所得图像的对比度如何呢？当 *m* 和 *n* 的取值都很大时，情况又如何呢？

37. 假定你有一个文本文件，并且你计划将其分发给几个不同的人。请描述一种简单易行的非数字水印的方法，以便你可以利用这种方法在该文件的每一个版本中分别置入截然不同的不可见数字水印。请注意，在这里的上下文中，"不可见"的意思并不是意味着数字水印真正不可见了，而是说，数字水印对于文件的阅读者来说不是显而易见的。

38. 假如你参加了一门课程的学习，该课程规定：使用教师所撰写的手稿的印刷版作为教科书。为简单起见，教师在其手稿的每一个版本中都插入了一个简单的不可见水印。该教师想要做到：给定其手稿的任何一个版本，他都能够轻松地确定是谁最初接收了该版本的讲义手稿。教师向全班同学提出了如下的几个问题，希望大家能够给出相应的解决方案[13]。

(i) 确定所使用的水印方案。

(ii) 请设法让水印成为不可见的。

请注意，在这里，"不可见"的含义并不是指眼睛真的看不见相应的水印，而是说，教科书的阅读者不容易看到或者读出来相应的水印。

a. 请讨论：教师要给讲义手稿生成水印，有几种可以采用的方法，都是什么？

b. 请问：你打算怎么解决问题(i)？

c. 假设你已经解决了问题(i)，那么你打算怎么解决问题(ii)呢？

d. 假如你无法解决问题(i)，那采取什么样的方式，才有可能使得在问题(i)没有获得解决的情况下将问题(ii)解决掉呢？

39. 在本章的最开始，我们曾引用了刘易斯·卡罗尔(Lewis Carroll)的诗文的一部分。在该引文的第二部分中，虽然没有给出这段诗文的标题，但是通常来说，会根据起始行来进行引用，即"一条小船，在阳光明媚的天空下"。

a. 请给出该诗的全文。

b. 这首诗包含了一条隐藏的消息。请问那是什么？

40. 本思考题考察的是 RGB 色彩系方面的内容。

a. 请证明如下两个 RGB 颜色

(0x7E, 0x52, 0x90)和(0x7E, 0x52, 0xl0)

13. 这个问题源自一个真实的故事。

他们仅有一个二进制位的差别，但视觉效果截然不同。而另外两个颜色：

(0xAB, 0x32,0xFl)和(0xAB, 0x33, 0xFl)

也是仅有一个二进制位的差异，但是肉眼却是难以分辨。请尝试解释一下这种现象，何故如此？

b. 从二进制位的位置排列上看，哪些位置的影响度是最小的呢？也就是说，在什么位置上的二进制数值可以被轻易改变，而不会产生色彩上可感知得到的变化呢？

41. 请从本书的网站上下载图像文件 alice. bmp，并考虑如下的问题。

  a. 请使用十六进制编辑器在文件中隐藏一些潜在的攻击信息。
  b. 请给出一个十六进制的编辑查看报告，在其中呈现出该图像文件中哪些二进制位被改变了，其具体位置是什么？并请呈现出相应的未发生改变的二进制位。
  c. 请给出原始 bmp 图像文件的屏幕快照，以及包含了隐藏信息的 bmp 图像文件的屏幕快照。

42. 请从本书的网站上下载文件 stego. zip，并考虑如下问题：

  a. 请使用程序 stegoRead 来提取出包含在图像文件 aliceStego. bmp 中的隐藏文件。
  b. 请使用该程序，将一个文件插入另一个不同的图像文件(未经压缩)中，并尝试从中再次提取出该信息。
  c. 请给出 b 中获得的图像文件的屏幕快照，要包括携带了隐藏信息的文件和没有携带隐藏信息的文件。

43. 请从本书的网站上下载文件 stego.zip，并考虑如下问题：

  a. 请编写一个程序 stegoDestroy.c，该程序的功能是要破坏隐藏在文件中的任何信息，假设其信息隐藏的方式采用的是在程序 stego.c 中运用过的方法。你编写的程序应该将一个 bmp 文件作为输入，生成一个 bmp 文件作为输出。从视觉上看，该程序输出的文件一定是和输入的文件基本相同。
  b. 请使用图像文件 aliceStego.bmp 来测试你的程序。验证一下输出的图像文件是否被破坏了。请问，程序 stegoRead.c 从你的输出文件中抽取出了什么信息呢？

44. 请从本书的网站上下载文件 stego.zip，并考虑如下问题：

  a. 请问，程序 stego.c 是如何在图像文件中隐藏信息的呢？
  b. 假设使用程序 stego.c 中的方法隐藏信息，你如何才能够破坏隐藏在一个图像文件中的信息，而同时使得图像没有视觉上的损坏呢？
  c. 请问，如何才能够使这种信息隐藏技术对于这类破坏攻击具有更强的抗击能力呢？

45. 请从本书的网站上下载文件 stego.zip，并考虑如下问题：

  a. 请问，这种信息隐藏的方法为什么只能用于非压缩的图像文件呢？
  b. 请说明，对这种方法做什么样的修改，才能够使得其可以用于压缩的图像格式，比如 jpg 图像文件。

46. 请编写一个程序，在一个音频文件中隐藏信息，并能够抽取出你所隐藏的信息。
    a. 请详细描述你的信息隐藏方法。
    b. 请将一个没有隐藏信息的音频文件和同样的，但包含了隐藏信息的文件进行比较。你能辨别出二者在声音品质上的不同吗？
    c. 请讨论，对于你的信息隐藏系统，会存在哪些可能的攻击方式？
47. 请编写一个程序，在一个视频文件中隐藏信息，并能够抽取出你所隐藏的信息。
    a. 请详细描述你的信息隐藏方法。
    b. 请将一个没有隐藏信息的视频文件和同样的但包含了隐藏信息的文件进行比较。你能辨别出二者在视觉品质上的不同吗？
    c. 请讨论，对于你的信息隐藏系统，会存在哪些可能的攻击方式？
48. 本思考题针对的是加密技术中随机数的应用问题。
    a. 请问，在对称密钥加密技术中，哪些地方会使用到随机数？
    b. 请问，在 RSA 算法和 Diffie-Hellman 密钥交换体制中，哪些地方会使用到随机数？
49. 根据我们在文章中的讨论，在加密技术中使用的随机数必须是不可预测的。
    a. 请问，对于加密技术类应用，为什么统计性的随机数(该类随机数往往用于模拟仿真类领域)是不够的？
    b. 我们来做个假设，对于由一个流密码算法生成的密钥流来说，如果给定了 n 位二进制密钥流，就能够确定其所有的后续密钥流位，在这个意义上，我们就称该密钥流是可预测的。请问，这种情况会有实际的安全问题吗？请说明理由。

第 6 章

高级密码分析

For there is nothing covered, that shall not be revealed;
neither hid, that shall not be known.
— Luke 12:2

The magic words are squeamish ossifrage
— Solution to RSA challenge problem
posed in 1977 by Ron Rivest, who
estimated that breaking the message
would require 40 quadrillion years.
It was broken in 1994.

6.1 引言

想要获得对于一个密码系统的深刻理解，也许最好的方式就是尝试去破解它。这种方式还有一个额外的好处，通过破解密码系统可以将我们自身置于各种各样攻击者的角色中，成为 Trudy。如果我们想要使得我们的系统更加安全，我们就需要像 Trudy 一样去思考。

在前面的章节中，我们已经看到了几个简单的密码分析攻击。在这一章，我们将要寻求一些突破，考察一些相对复杂的攻击。具体来说，我们将讨论如下密码分析攻击：

- 一个针对最著名的第二次世界大战密码机 Enigma 的攻击。
- 针对 RC4 算法的攻击，该算法用于 WEP 通信协议中。
- 对于分组密码加密方案的线性和差分密码分析。
- 针对背包加密方案的格归约攻击。
- 针对 RSA 算法的计时攻击。

在第二次世界大战中，纳粹军方坚信 Enigma 密码机固若金汤。而波兰人和英国人的密码分析专家们证明了事实并非如此。我们说，这个攻击背后的想法还是要破解 Enigma 消息，进而能够获得极其宝贵的战争情报。该攻击说明了，在当代加密技术之前，相关技术中存在的一些弱点和不足。

接下来，我们要考察一个针对 RC4 算法的攻击。这个攻击主要是针对 RC4 算法应用于 WEP 通信协议中的情形。在这种场景中，存在一种相对而言比较直接的攻击方式，尽管实际上 RC4 算法被认为是一个很强壮的算法。虽然这看起来似乎有点自相矛盾，但是问题实际上出在 RC4 算法在 WEP 通信协议中使用方式的一些具体而精确的细节上。这个例子说明，一个强壮的加密算法可能会因为不恰当地使用而被破解。

线性和差分密码分析通常并不是针对密码系统进行直接攻击的实用方法。相反，线性和差分密码分析主要用于分析分组密码加密方案设计上的一些弱点和缺陷，事实上，现代分组密码加密技术深深植根于这些相关的分析技术。因此，要想理解当今在分组密码领域运用的一些设计原则，对于线性和差分密码分析进行一定程度的了解是很有必要的。

在第 4 章，我们曾提到了针对背包公钥加密系统的攻击。在这一章，我们将给出该攻击的更多细节内容。我们不会在这里呈现所有的精确的数学化表达，但是我们会提供足够多的信息，以帮助理解该攻击背后的一些概念和原理，并能够写出具体实现该攻击的一个程序。这是一个相对而言比较直接的攻击，据此我们可以很好地说明数学和算法在破解密码系统的过程中所能够起到的作用和扮演的角色。

旁路通道是指一种无意形成的信息来源。近年来，各种证据已经表明，电量的使用或是精确的计时，往往能够揭示潜在的计算涉及的有关信息。计时攻击尤其与公钥加密系统紧密相关，既然公钥加密系统的计算开销大，因而耗时也相对比较长。计时上一些微小的差别有可能揭示出关于私钥的一些蛛丝马迹。

旁路通道攻击已经成功地用于对几个公开密钥加密系统的攻击了，我们这里将要讨论的是针对 RSA 算法的两个计时攻击。这些攻击非常典型，能够代表近些年发展起来的最有趣也最出人意料的密码分析技术。

在现有已知的众多有趣的密码分析技术中，本章所介绍的这些攻击仅仅代表了其中很小的一部分。想要了解更多有关“应用”密码分析的例子，即那些破解了真实的密码系统并获得了相应明文的攻击，请参考 Stamp 和 Low 的书，见参考文献[284]。事实上，本章可以看做热身练习。另一方面，Swenson 的书(见参考文献[295])是一本非常优秀的参考资料，其中介绍了现代分组密码加密技术相关的密码分析方面的诸多内容和具体细节，在该书中，“攻击”行为扮演的角色主要是帮助密码专家们构建更好的加密系统，而不是破解密码系统以获得相应的明文。

6.2 Enigma 密码机分析

I cannot forecast to you the action of Russia.
It is a riddle wrapped in a mystery inside an enigma:
but perhaps there is a key.
— Winston Churchill

纳粹德国从第二次世界大战之前就开始使用 Enigma 密码机，并且在二战中自始至终都在使用这台著名的轮转密码机。军用 Enigma 密码机的前身是由 Arthur Scherbius 研发的一台商业用途的设备。Enigma 轮转密码机早在 20 世纪 20 年代就获得了专利授权，但是，随着时间的推移，这台密码机也在持续演进升级，最后德国军方的版本已经与最初的设计大不相同了。事实上，“Enigma”代表了一个密码机家族系列，但是，我们在使用“Enigma”这个词时，往往是指特定的德国军方使用的轮转密码机，也就是我们在这里要讨论的密码机[1]。

据估计，大约一共生产了 100 000 台 Enigma 密码机，其中大约有 40 000 台产于第二次世界大战期间。我们这里要介绍的 Enigma 密码机版本是德国军方在二战期间自始至终都在使用的(见参考文献[104])，该设备曾被用于发送战争中的战术战场消息，也用于高层之间战略层面的通信。

后来 Enigma 密码机被盟军破解，由此而提供的情报当之无愧是无价之宝——称其为 ULTRA 也确属实至名归了。德国人曾有一个坚定的信念，即 Enigma 密码机是牢不可破的，因而他们持续使用这台机器进行非常重大的通信联络，甚至在有迹象清楚地表明该密码机已经被攻破之后的很长一段时间，他们仍在继续使用这台超级密码机。当然，不可能很精确地估量出 Enigma 密码机的破解对于二次世界大战整个战局的影响力。但是，如果说因 Enigma 密码机的破解而获得的重要情报可能将欧洲的战局缩短了一年，并解救了成千上万人的生命，那么也绝不算牵强附会，见参考文献[308]。

6.2.1　Enigma 密码机

在本书第 2 章的图 2-6 中，呈现的就是一台 Enigma 密码机的照片。请注意它的键盘——基本上，那就是一台机械式打字机键盘——和它的字母“显示板”。这就类似于一台老式的电话交换机，前面板有电缆与字母对相连接。这个电话交换板(或者叫做线路连接板)就是德语中所说的 stecker(插头)。另外，在这台机器的顶部附近还能看到三个转子。

在使用 Enigma 密码机对消息实施加密之前，操作员必须先初始化设备。这些初始化设置包括各种转子的设定以及电缆插头的插接。这些初始化设置就建立了密钥。

一旦 Enigma 密码机被初始化之后，明文消息就可以通过键盘敲入，伴随着每一个明文字母的输入，相应的密文字母就在显示板上呈现出来。密文字母一出现在显示板上，就被写下来并随即传送出去，通常是利用语音搭载在无线电波上传输。

要想解密密文，接收方必须按照与发送方完全一样的方式对 Enigma 密码机进行初始化。然后，通过键盘将密文逐一敲入，相应的明文字母就会出现在显示板上了。

图 6-1 显示了 Enigma 密码机中具有密码学意义的各个组成部分。这些组成部分及其相互作用的方式，我们将在下面进行描述。

1. 事实上，有几个不同版本的“Enigma 密码机”，它们分别用于德国军方和政府。举个例子，陆军版本的 Enigma 密码机使用了 3 个转子，而海军版本的 Enigma 密码机则使用了 4 个转子。

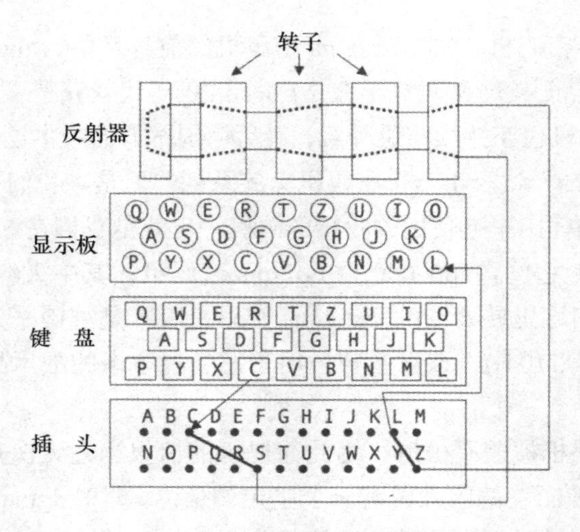

图 6-1　Enigma 密码机图解

要想实施加密，一个明文字母需要通过键盘被输入。这个字母首先通过插头，然后，依次通过三个转子中的每一个，再通过反射器，返回来再通过三个转子中的每一个，再返回通过插头，最终就将结果的密文字母呈现在显示板上了。其中，每一个转子以及反射器都包含了一个基于硬连线的 26 个字母的置换。在 6.2.3 节，我们将深入到细节去讨论作为密码技术基础部件的转子。

在图 6-1 所示的例子中，明文字母 C 通过键盘敲入，因为插头电缆将 C 连接到 S，所以该字母被映射为 S。然后，字母 S 被传递给转子，接着是反射器，再然后又回到转子。所有的转子和反射器最终的综合效果实际上是阿拉伯字母表的一个置换。在如图 6-1 所示的例子中，字母 S 被置换成了 Z，然后 Z 又被变成 L，这是因为 L 和 Z 之间有插头电缆连接的缘故。最终，字母 L 呈现在显示板上面。

我们使用如下标记来表示出现在 Enigma 密码机中的各种置换：

$$R_r = \text{rightmost rotor}$$
$$R_m = \text{middle rotor}$$
$$R_l = \text{leftmost rotor}$$
$$T = \text{reflector}$$
$$S = \text{stec ker}$$

根据这样的标记方式，从图 6-1 中，我们可以得到：

$$\begin{aligned} y &= S^{-1}R_r^{-1}R_{\mathrm{m}}^{-1}R_l^{-1}TR_lR_{\mathrm{m}}R_{\mathrm{r}}S(x) \\ &= (R_lR_{\mathrm{m}}R_{\mathrm{r}}S)^{-1}TR_lR_{\mathrm{m}}R_{\mathrm{r}}S(x) \end{aligned} \qquad \text{式(6.1)}$$

其中，x 是明文字母，而 y 是相对应的密文字母。

如果这就是所谓 Enigma 密码机的全部，那么也不过是一个徒有虚名的简单替换密码而已，除了由初始化设置来决定相应的置换之外，也没有什么更多的东西。然而，随着每次一个键盘字母被输入，最右边的转子就前进一个位置，而其他的转子就以类似里程表的方式一样前进，与里程表计数方式几乎相同。见参考文献[48]和[137][2] 。也就是说，右边的转子每前进 26 步，中间的转子就前进 1 步，中间的转子每前进 26 步，左边的转子就前进 1 步。反射器可以视为固定的转子，因为它做字母置换，但是自身并不轮转。最终的效果就是随着每个字母的输入，置换会发生改变。请注意，因为里程表式累计的效果，所以置换 R_r、R_m 和 R_l 都会发生变化，但是 T 和 S 不会变化。

图 6-2 说明了一个单独的 Enigma 密码机转子的步进过程。这个例子显示了转子步进的方向。从操作者的视角看，字母是以阿拉伯字母表的顺序出现的。

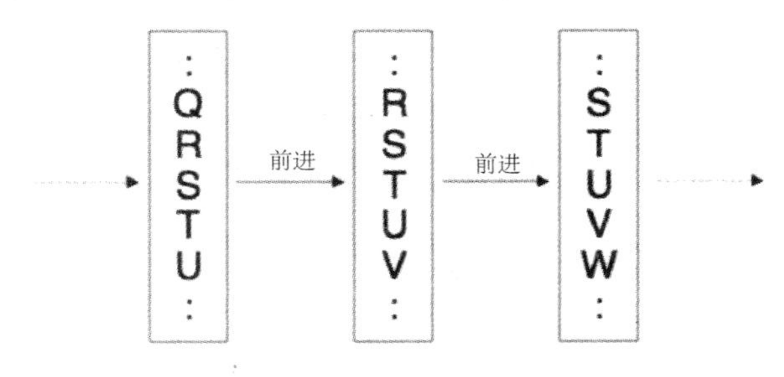

图 6-2　Enigma 转子

Enigma 密码机是替换加密，是基于字母表的置换，将每一个字母进行加密。但是，Enigma 密码机远不止这么简单，因为随着字母被加密(或者被解密)，里程表计数效应将使得置换发生改变。这样的加密方法就是所谓的多元字母替换密码加密法。对于 Enigma 密码机来说，可能的“字母表”(也就相当于置换)的数量是巨大的。

6.2.2　Enigma 的密钥空间

Enigma 密码机中具有密码学意义的组成部分分别是插头、三个转子以及反射器。当将 Enigma 密码机用于加密或解密一条特定的消息时，该密码机的密钥就包括所有这些组件的初始化设置。构成密钥的这些可变化的设置分别是：

1) 转子的选择。

2) 对于最右边的两个转子，其每一个对应的可移动环的初始位置。这个环使得转子外面的部分(即用 26 个字母标示的那部分)随着环里面的部分(也就是与实际置换相连接的部分)[3]而轮转。这个环的轮转就在转子上形成了相应字母的移位，于是就产生了类似于里程表计数的效果。

3) 每个转子的初始位置。

2. 这里说“与里程表计数方式几乎相同”，是因为使用机械系统驱动转子有可能会使得中间的转子偶尔会连续前进两步。每当一个转子前进时，它会使得其右边的转子也前进。假设中间的转子恰好前进到了一个位置，该位置所在的机械式棘轮传动装置将使得最左边的转子在下一个字母被输入时向前转动。然后，当下一个字母被输入时，左边的转子将会前进，这也将会使得中间的转子再次前进。这样，中间的转子就连续前进了两次，于是，这就违背了里程表计数的原则。需要注意的是，这种同样的棘轮传动装置使得中间的转子前进时，右边的转子也会前进，但是由于右边的转子在每一个字母输入时已经前进了，所以其对于右边的转子并没有显著的影响。

3. 这就类似于旋转汽车轮胎相对于轮毂的位置。

4) 插头中电缆的数量和插入的状态。

5) 反射器的选取。

如上所述，每一个转子都实现了 26 个阿拉伯字母的一个置换。可移动环可以被设置于对应字母的 26 个可能的位置中的任何一个。

每一个转子都要被初始化，其设置了该转子上的 26 个位置中的其中一个，这些位置被标识为从 A 到 Z 的 26 个字母。插头非常类似于一个老式的电话交换板(线路连接板)，上面有 26 个孔，每一个孔都以一个阿拉伯字母标识。插头可以有 0 至 13 条电缆，其中每条电缆连接一对字母。反射器实现了 26 个字母的一个置换，并且要满足约束条件：任何字母都不能够置换为其自身，因为这样将会导致一次短路。于是，反射器就相当于一个拥有 13 条电缆的插头。

既然一共有三个转子，每一个都包含了 26 个字母的一个置换，那么有：

$$26! \cdot 26! \cdot 26! \approx 2^{265}$$

种方式来选择和设置密码机中的转子。另外，两个可移动环——可移动环实际上决定了类似里程表计数的行为何时发生——的设置方式的数量共有 $26 \cdot 26 \approx 2^{9.4}$ 种。

这些转子中的每一个的初始化位置都可以设定为 26 个位置中的任何一个，因此，共有 $26 \cdot 26 \cdot 26 = 2^{14.1}$ 种方式来初始化转子。不过，我们也不应该把这些数目都计算在内，因为，不同的初始化位置对于某些其他的处于标准位置的转子，都是等价的。也就是说，如果我们假设每一个转子被初始化设定为 A，再设定某个特定的转子为 B，就等价于将某些其他的转子初始化设定为 A。于是，我们在前面一段中计算得到的因子 2^{265} 就包含了所有初始化位置上的各种可能的转子情形。

最后，我们必须要考虑一下插头。令 $F(p)$ 是在插头中插入 p 条电缆的各种不同方式的个数。根据思考题 2，我们可以得到下式：

$$F(p) = \binom{26}{2p}(2p-1)(2p-3)\cdot\cdots\cdot 1$$

图 6-3 给出了 $F(p)$ 不同值的列表。

$F(0)=2^{0}$	$F(1)\approx 2^{8.3}$
$F(2)\approx 2^{15.5}$	$F(3)\approx 2^{21.7}$
$F(4)\approx 2^{27.3}$	$F(5)\approx 2^{32.2}$
$F(6)\approx 2^{36.5}$	$F(7)\approx 2^{40.2}$
$F(8)\approx 2^{43.3}$	$F(9)\approx 2^{45.6}$
$F(10)\approx 2^{47.1}$	$F(11)\approx 2^{47.5}$
$F(12)\approx 2^{46.5}$	$F(13)\approx 2^{42.8}$

图 6-3　插头排列组合数

对图 6-3 中所有条目的值求和，最后得到，总共有超过 $2^{48.9}$ 种可能的插头配置方式。请注意，最大数出现在有 11 条电缆插入的情况，而 $F(10)\approx 2^{47.1}$。如前面所述，Enigma 密码机的反射器相当于一个拥有 13 条电缆的插头，于是，总共就有 $F(13) \approx 2^{42.8}$ 种不同的反射器。

合并所有的这些计算结果，我们发现，Enigma 密码机密钥空间的大小理论上大约是：

$$2^{265} \cdot 2^{9.4} \cdot 2^{48.9} \cdot 2^{42.8} \approx 2^{366}$$

也就是说，理论上，Enigma 密码机的密钥空间相当于一个 366 位二进制的密钥的空间。既然现代加密技术很少会使用超过 256 位二进制长的密钥，这样就能够从某种程度上说明，为什么德国人对于 Enigma 密码机具有如此强大的自信，以至于最终因盲目乐观而酿成了大祸。

不过，这种天文数字般的密钥数量实际上是种误导，有一定的欺骗性。从本章思考题 1，我们能够看到，由于德国军方在实际使用中的具体限制，大约只有 2^{77} 个 Enigma 密码机密钥可用，这仍然是一个巨大的数字，基于 20 世纪 40 年代的技术，使用穷举式密钥检索还是一个不可能解决的问题。好在捷径攻击出现了，这真是世界文明的一大幸事。但是，在展开我们对于攻击方式的讨论之前，先来兜个小圈子，简要地介绍一下作为加密基础的组件——转子。

6.2.3 转子

在 20 世纪的前 50 年中，有许多加密机都会用到转子——其中 Enigma 密码机是最著名的一个，然而还是有不少其他的加密机也使用这个装置。使用转子加密机的另一个有趣的例子是美国在第二次世界大战期间的 Sigaba 加密机。Sigaba 加密机是一个天才的设计，事实证明它要比 Enigma 密码机强壮得多。关于 Sigaba 加密机的更详细的密码分析，请参见[280]，或者参考一个轻量级的精简版本，见参考文献[284]。

从加密工程的角度来看，转子的吸引力在于：它有可能通过一个简单的机电设备，以一种鲁棒的方式，生成数量巨大的不同的置换。在计算机时代之前，这样的一种特性是至关重要的。事实上，Enigma 密码机的硬件部件都是超级耐用的，因而被广泛地应用在战地环境中。

硬件的转子很容易理解，但是，要详细介绍与某个转子的各个不同位置相对应的置换，就有点困难了。关于这些问题的一个很好的分析可以参考文献[184]。在这里，我们只是简单地讨论几个主要议题。

为简单起见，请考虑一个有 4 个字母的转子，即从 A 到 D。假设信号从左至右传递，如图 6-3 所示的转子将 ABCD 置换为 CDBA，也就是说，A 被置换为 C，B 被置换为 D，C 被置换为 B，D 被置换为 A。对于反向置换，我们以 DCAB 方式来标示，其过程可以通过简单地从右向左传送一个信号给转子即可完成，而不是从左向右传递信号。这是一个非常有用的特性，因为我们可以使用与加密行为一样的硬件来进行解密。Enigma 密码机的这一步走得更彻底[4]。也就是说，Enigma 密码机就是其自身的逆，这就意味着，使用同样的

4. 这里没有一语双关的意思(对于一个变化来说)。

机器，进行完全相同的设置，就可以进行加密和解密(请参见思考题 5)。

假设如图 6-4 所示的转子前进一次。请注意，只有这个转子自身——以矩形来表示——在轮转，而不是转子边缘的电气触点。在这个例子中，我们假设该转子向“上”前进，也就是说，触点现在在 B，然后是 A，依此类推。随着触点在 A 的位置，转了一圈后到 D 的位置，图 6-4 所示的转子的移位可以从图 6-5 中获得说明。移位变换之后的结果置换是 CADB，考虑到原始的置换是 CDBA，这个变换也许就显得不是那么明显。

一般来说，确定一个置换的转子的轮转并不是件困难的事。关键点在于其偏移量，或者称为轮转的移置。举个例子，在置换 CDBA 中，相应的偏移量如下：字母 A 被置换为 C，这就是两个位置的偏移量，字母 B 被置换为 D，这是两个位置的偏移量，字母 C 被置换为 B，这是三个位置的偏移量(围绕转子而言)，字母 D 被置换为 A，这是一个位置的偏移量。也就是说，对于置换 CDBA 来说，偏移量的序列就是(2, 2, 3, 1)。对这个序列做循环的移位就生成了(2, 3, 1, 2)，这就对应了置换 CADB，这确实正是图 6-5 所示的转子的轮转。

我们这里再次强调，物理转子实际上是非常简单的设备，但是谈到其抽象层面的含义时，就有点难以言传了。如果想要针对转子做些更多的练习，那么请参见思考题 12。

正如上文所述，转子的主要优点之一就是它们提供了一种比较简单的电机方法，以生成数量庞大的不同置换。将多个转子进行序列化合并则以指数级水平提高了可以得到的置换的数量。例如，在图 6-6 中，C 被置换为 A，其中转子 *L* 轮转一次，可以 $\sigma(L)$来表示，另外如图 6-7 所示，C 被置换为 B。也就是说，步进任何一个单独的转子，都将改变整个置换。

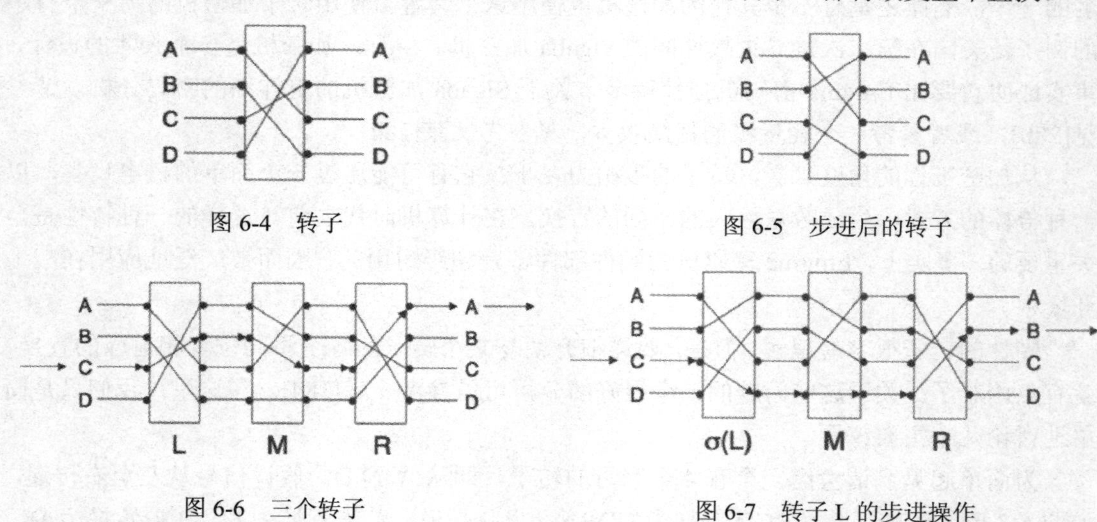

图 6-4　转子

图 6-5　步进后的转子

图 6-6　三个转子

图 6-7　转子 L 的步进操作

基于这种三个转子的框架，仅仅通过对这三个转子的 64 种配置状态执行步进操作，就可以生成由字母 ABCD 所构成的 64 个置换的一个环。当然，并非所有这些置换都会是唯一的，因为对于 4 个字母 ABCD 来说，最多只有 24 个不同的置换。另外，通过选择这些转子不同的初始化设置，我们能够生成不同的置换序列。更进一步地，通过选择一个不同的转子集合(或者重新排列给定的转子)，我们也能够生成置换的不同序列。对于某个单一转子来说，仅仅需要将信号以相反的传递方向通过转子，就很容易从一系列的转子中得到其逆置换。对于解密运算来说，逆置换是必须的。

6.2.4　对 Enigma 密码机的攻击

由 Marian Rejewski、Henryk Zygalski 和 Jerzy Rozycki 三位领衔的波兰密码分析专家们率先成功地攻击了 Enigma 密码机[305]。他们面临的挑战极其巨大和繁复，因为这样一个事实：他们不知道使用了哪些转子。通过一些精妙的数学运算，以及少量但却至关重要的间谍情报(见参考文献[4])，他们得以从密文中恢复出了相应的转子置换。这理所当然地成就了那个时代最伟大的密码分析领域的成功。

当 1939 年波兰沦陷入纳粹之手后，Rejewski、Zygalski 和 Rozycki 三人逃到了法国。随后，法国也倒在了纳粹军队的狂轰滥炸之下，于是，波兰密码分析专家们就在尚未沦陷的非占领区法国维希(Vichy)继续开展他们的密码分析工作。最终，Rejewski 率领团队及其开展的一系列辉煌的密码分析工作辗转来到了英国，这些成果无疑让英国人惊喜交加。就这样，一个由英国密码分析专家组成的工作组接过了破解 Enigma 密码机的艰巨任务，这其中就包括 Gordon Welchman 和计算机领域的先驱 Alan Turing。

本文此处介绍的针对 Enigma 密码机的攻击有点类似于 Turing 所提出的方案，不过从某种程度上看相对简化。这个攻击需要已知明文，这样的已知明文在第二次世界大战中有一个特定的术语，被称作“候选单词”(crib)。

该攻击的基本思想是，最初，我们忽略掉插头，并对密钥的其他部分做一个猜测。根据思考题 1，将会有不多于 2^{30} 个这样的猜测。对每一个这样的猜测，我们使用源自“候选单词”(crib)(已知明文)的信息来剔除不正确的猜测。这样的攻击，其成本开销在 2^{30} 的量级水平，在现代计算机上实施起来轻而易举，但是对于第二次世界大战年代的技术而言却是不可思议的。

假设我们已经获得了明文信息和相对应的密文文本，如表 6-1 所示。我们下面将要介绍的攻击就使用这些数据。

表 6-1　Enigma 密码机的已知明文示例

i	0	1	2	3	4	5	6	7	8	9	10	11	12	13	14	15	16	17	18	19	20	21	22	23
明文	O	B	E	R	K	O	M	M	A	N	D	O	D	E	R	W	E	H	R	M	A	C	H	T
密文	Z	M	G	E	R	F	E	W	M	L	K	M	T	A	W	X	T	S	W	V	U	I	N	Z

我们令 $S(x)$是字母 x 从键盘输入直到通过插头后的结果。那么 $S^{1}(x)$就是 x 以不同的方向通过插头的结果。对于一个给定的初始化设置，令 P_i 为在第 i 步骤的置换，也就是说，P_i 是一个置换，在第 i 步骤，该置换由三个转子的组合、紧跟着反射器、再紧跟着的三个转子所共同决定。这样，使用在等式(6.1)中定义的标识方式，整个置换可以表示为下式：

$$\mathrm{P}_i = S^{-1}R_{\mathrm{r}}^{-1}R_{\mathrm{m}}^{-1}R_l^{-1}TR_lR_{\mathrm{m}}R_rS$$

其中，为简化表示，我们忽略掉 R_l、R_{m} 以及 R_r 对于步骤 i 的依赖关系。

请注意，既然 P_i 是一个置换，那么它的逆 P_i^{-1} 就存在。同样，如上所述，由于转子的轮转，当每个字母输入时，置换都不会相同。因此，P_i 确实要依赖于 i。

我们在这里介绍的对于 Enigma 密码机的攻击挖掘了在已知明文和相对应的密文中出

现的“循环重复”。例如，我们不妨考虑一下在表 6-1 中标识为 8 的列。其中，明文字母 A 通过插头，然后再通过 P_8，最后通过 S^{-1} 生成了密文文本 M，也就是说，$S^{-1}P_8S(A) = M$，这里，我们也可以重新表示为 $P_8S(A) = S(M)$。

根据表 6-1 中的已知明文，我们得到：

$$P_8S(A) = S(M)$$
$$P_6S(M) = S(E)$$
$$P_{13}S(E) = S(A)$$

这三个等式可以合并，从而生成如下循环计算

$$S(E)=P_6P_8P_{13}S(E) \qquad 式(6.2)$$

现在，假设我们选定了该机器的其中一种可能的初始化设置，并忽略掉插头部分。那么，所有的 P_i 和 P_i^{-1} 都与这个已知的设置相关。接下来，假如我们开始猜测，比如说，$S(E)$ =G，也就是说，我们猜测 E 和 G 在插头线路连接板中通过电缆相连接。如果情况确实如此，即在插头中确有线缆连接了 E 和 G，再假如我们对于该机器的初始化设置的猜测是正确的，那么，根据等式 6.2，我们必然可得到：

$$G=P_6P_8P_{13}(G) \qquad 式(6.3)$$

如果我们尝试了 $S(E)$的所有 26 个选择，都始终没有满足等式(6.2)，那么我们能够知道，我们对于转子初始化设置的猜测不正确，于是我们可以剔除这一种选择。我们希望通过这样的尝试和观察，来降低转子初始化设置的数目，理想情况下，最后只剩下一种情况的设置。然而，如果我们可以找到某个 SCE 满足等式(6.2)，那么我们不能排除当前猜测的转子设置。不幸的是，对于 $S(E)$来说，存在 26 种可能的猜测，而且，对于其中每一种猜测，随机来说，等式(6.2)成立的可能性都有 1/26。所以，当仅仅使用一种循环重复，即“候选单词”时，我们并不能获得对于可能正确的密钥在数量上的筛减。

庆幸的是，并非一无所获。如果我们能够找到另外一个包含了 $S(E)$的循环重复，那么我们能够将它们组合在一起，利用式(6.2)来降低可能的转子初始化设置的数目。我们很幸运，因为我们能够将 4 个等式进行合并，

$$S(E) = P_3S(R)$$
$$S(W) = P_{14}S(R)$$
$$S(W) = P_7S(M)$$
$$S(E) = P_6S(M)$$

从而获得

$$S(E)=P_3P_{14}^{-1}P_7P_6^{-1}S(E)$$

现在，如果我们开始猜测，比方说猜 $S(E) = G$，我们就有了两个等式，如果我们的猜测是正确的，那么两个等式必须都成立。对于 $S(E)$而言，仍然存在着 26 种可能的选择，但是，因为有两个循环重复，在随机情况下，两个等式都成立的可能性就只有$(1/26)^2$ 的可能性了。所以，当 $S(E)$中有了两个循环重复，我们就能够以 26 为因子的速度，来降低各

种可能的机器初始化(也就是密钥)设置的数目。基于这样的观测，我们就能够轻而易举地开发出一个攻击。

重申一下，这里所谓的至关重要的观测是指，一旦我们指定了转子的初始化设置，所有的置换 P_0，P_1，P_2……，以及 P_0^{-1}，P_1^{-1}，P_2^{-1}……，就都是已知的了。然后，如果我们为 S(E)替换一个假设的值，我们就能够立刻检验所有可能得到的循环迭代等式的有效性。对于一个关于 S(E)的错误猜测(或者说错误的转子初始化设置)，任何一个给定的循环迭代能够成立的概率会有 1/26。但是，由于有 n 个循环迭代，因此所有的循环迭代等式都成立的概率将只有$(1/26)^n$。所以，对于具有 n 个循环迭代的 S(E)来说，我们能够大幅降低可能正确的初始化转子设置的数目，这种降低幅度的因数大概是 26^{n-1}。既然只有大约 2^{30} 个不同的转子设置，那么只要有足够多的循环迭代可用，我们就能够将可能正确的转子设置的数目降低到 1，也就是最后的密钥了。

令人难以置信的是，通过这种方式来恢复出初始化的转子设置，插头部分的值也能够被恢复出来——基本上代价为零。不过，任何插头部分的值对于循环迭代的情形是否是完全没有增益的，这一点尚不得而知，但是一旦转子的初始化设置确定了，剩下的插头部分的初始化设置就很容易确定了(请参见思考题 7)。有一点非常有趣也很值得注意，就是：尽管存在着数目巨大的不同的初始化设置，但插头部分实际上对于 Enigma 密码机的安全性毫无增效。

还有很重要的一点需要大家了解，就是对于本文此处所描述的攻击，利用 20 世纪 40 年代的技术来实施，是不现实的。在第二次世界大战中实际可行的攻击，需要密码分析专家们将可测验的实例的数目降低到一个远远小于 2^{30} 的水平上。于是，许多非常精妙的技巧被设计出来，以便从密文文本中尽可能多地挤榨有用的信息。另外，大量的努力还扩展到寻找合适的“候选单词”(也就是适当的已知明文)上，因为毕竟所有这些攻击要实际实施都需要已知明文。

6.3 WEP 协议中使用的 RC4

Suddenly she came upon a little three-legged table, all made of solid glass:
there was nothing on it but a tiny golden key...
— Alice in Wonderland

我们在本书第 3 章的 3.2.2 节中已经介绍过 RC4 算法，在本书第 10 章的 10.6 节中，我们还将介绍 WEP 协议。这里，我们给出一个针对该协议中 RC4 算法的密码分析攻击的具体细节，该攻击将在第 10 章 10.6 节被再次提及。请注意，RC4 算法在常规使用中一直被认为是安全的。但是，WEP 协议一直享有一个盛誉，那就是安全协议领域中的“瑞士乳酪”，从某种程度上看，该协议几乎是以不安全的方式实现了其所有的安全功能，包括 RC4 算法。果然，对于在 WEP 协议中使用的 RC4 加密就出现了行之有效的攻击。在学习这个攻击之前，你可能想要了解一下 10.6 节的内容。

在 WEP 协议中，加密数据时采用了流加密算法 RC4，并使用了一个极少变更(如果确有变更的话)的长效的密钥。为避免密钥流的重复出现，将一个初始化向量 IV 以明文方式与每一条消息一起发送，这里每一个数据包都被视为一条新的消息。初始化向量 IV 与前述长效密钥混合共同生成消息的密钥。这样的后果就是，作为密码分析者的 Trudy，能够有机会看到初始化向量 IV，并且，任何时候当一个初始化向量 IV 重复出现时，Trudy 就知道正在使用相同的密钥流对数据进行加密。既然初始化向量 IV 只有 24 位二进制长，那么初始化向量的重复出现相对来说比较常见了。一个重复出现的初始化向量 IV 就意味着一个重复出现的密钥流，而一个重复出现的密钥流就很糟糕——至少和重复使用一个一次性密码本同样糟糕。这就是说，一个重复出现的密钥流，便是为攻击者提供了统计信息，从而使得该攻击者随后能够有十足的把握从密文文本中解出密钥流。一旦某一个数据包的密钥流成为已知，就可以用这个密钥流来解密任何其他的基于相同的初始化向量 IV 的数据包了。

然而，在 WEP 协议中，还存在其他几个可能的捷径攻击，这些攻击都会令攻击者感到轻而易举，唾手可得，我们将在第 10 章 10.6 节再讨论这些攻击手段。这里，我们来讨论一个密码分析攻击，这个攻击针对的是 WEP 协议中使用的 RC4 流密码加密方案。我们再次提醒一下，这个攻击仅仅适用于 WEP 协议中所使用的 RC4，这是一种特定的使用方式——具体来说，就是在这一特定的方式中，根据一个初始化向量 IV 和长效密钥创建会话秘钥[5]。

这个密码分析攻击的计算开销比较小，只要能够观测到足够数量的初始化向量 IV，这个攻击就能够奏效。这个精巧的攻击可以被看成是一种类型的相关密钥攻击，它源自 Fluhrer、Mantin 和 Shamir，见参考文献[112]。

6.3.1 RC4 算法

RC4 算法本身是非常简单的。算法执行过程中，在任何给定的时刻，加密运算的状态包括了一个查找表 S，该查找表 S 包含了所有字节值的一个置换，0,1,2, ... ,255，并以两级索引 i 和 j 标识。当该算法在初始化时，使用一个密钥对置换进行混淆，该密钥可以标识为 key[i]，其中 i = 0, 1, ... , N -1，其长度可以是 0 到 256 字节之间的任意长度。在常规的初始化过程中，查找表 S 就是这样被修改(基于密钥)的，如此的修改使得查找表 S 总是包含字节值的一个置换。在图 6-8 中，给出了 RC4 算法的初始化计算过程。

```
for i=0 to 255
    Si=i
    Ki=key[i(mod n)]
next i
j=0
for i=0 to 255
    j=(j+Si+Ki)(mod  256)
    swap(Si,Sj)
sext i
i=j=0
```

图 6-8 RC4 算法初始化计算过程

RC4 算法的密钥流是一次一个字节生成的。基于查找表 S 的当前内容就可以决定索引，而被索引的字节则

5. 这个攻击确实凸显了 RC4 算法在初始化过程中的一个缺陷——这个缺陷可以在不修改底层 RC4 算法实现的情况下直接修复。

被选中作为密钥流字节。与常规的初始化过程类似，在每一个步骤中，置换 S 都将被修改，并确保 S 总是包含一个{0,1,2, ... ,255}的置换。在图 6-9 中给出了密钥流生成算法。想要了解有关 RC4 算法的更多细节，请查阅 3.2.2 节中的相关内容。

$i=(i+1) \pmod{256}$

$j=(j+S_i) \pmod{256}$

$\text{swap}(S_i,S_j)$

$t=(S_i+S_j) \pmod{256}$

$\text{keystreamByte}=S_t$

图 6-9 RC4 密钥流生成算法

6.3.2 RC4 密码分析攻击

2000 年，Fluhrer、Mantin 和 Shamir 三人公布了一个行之有效的攻击，该攻击针对的是 WEP 协议中使用的 RC4 加密方案。在 WEP 协议中，使用了一个非机密的 24 位二进制的初始化向量，我们以 IV 表示该向量，将该向量附加在一个长效的密钥之前，这样得到的结果就被用作 RC4 算法的密钥。请注意，初始化向量 IV 在 WEP 加密协议中的角色类似于初始化向量 IV 在各种分组密码加密模式(请参见第 3 章 3.3.7 节)中所扮演的角色。在 WEP 协议中，初始化向量 IV 的必要性在于防止所传送的消息出现同密钥流的情况。请回顾一下，如果两个密文消息使用同一个密钥加密，就将它们称为 in depth 的密文。加密消息出现同密钥流的情况，对于流密钥加密方案来说是非常严重的威胁。

我们假定 Trudy，也就是我们面对的密码破解专家，已经知道了很多的 WEP 协议密文消息(密文数据包)以及他们使用的相应的初始化向量 IV。Trudy 想要恢复出使用的长效密钥。Fluhrer-Mantin-Shamir 攻击提供了一个精妙的、高效的、优雅的方式做到了这一点。这个攻击已经成功地用于破解真实的 WEP 通信流量，见参考文献[294]。

假设对于一个特定的消息，三个字节长的初始化向量的形式如下：

$$\text{IV} = (3,255, V) \quad \text{式(6.4)}$$

其中 V 可以是任意的字节值。那么这三个字节的初始化向量 IV 将变成 K_0，K_1，K_2，如表 6-3 中 RC4 算法初始化计算过程所示，其中 K_3 是未知的长效密钥的第一个字节。也就是说，该消息的密钥是：

$$K = (3,255, V, K3, K4, \ldots) \quad \text{式(6.5)}$$

其中 V 对于 Trudy 来说是已知的，但是 K_3，K_4，K_5，……是未知的。为了理解这个攻击，我们需要仔细地考察，在 RC4 算法的初始化阶段，在 K 形如等式(6.5)时，表 S 的内容到底发生了什么变化。

在 RC4 算法的初始化计算中，如图 6-8 所示，我们首先将 S 赋值给等值置换，这样，我们可得到：

i	0	1	2	3	4	5…
S_i	0	1	2	3	4	5…

假定 K 如式(6.5)所示的形式。然后，在 i=0 的初始化步骤中，我们计算索引值 $j=0+S_0+K_0=3$，并且将元素 i 和 j 进行互换，结果就得到了下表

i	0	1	2	3	4	5…
S_i	3	1	2	0	4	5…

在下一步中，$i=1$ 和 $j=3+S_1+K_1=3+1+255=3$，因为加法是模 256 的加法。元素 i 和 j 再一次互换，如下所示

i	0	1	2	3	4	5…
S_i	3	0	2	1	4	5…

在下一步骤中，$i=2$ ，我们就有 $j=3+S_2+K_2=3+2+V=5+V$，经过互换之后，得到：

i	0	1	2	3	4	5…5+V…
S_i	3	0	5+V	1	4	5… 2 …

接下来的步骤中，$i=3$ 和 $j=5+V+S_3+K_3=6+V+K_3$，其中 K_3 是未知的。经过互换，查找表如下：

i	0	1	2	3	4	5…
S_i	3	0	5+V	$6+V+K_3$	4	5…

i	… 5+V	…	$6+V+K_3$	…
S_i	… 2	…	1	…

假定，经过模 256 的归约之后，我们得到 $6+V+K_3>5+V$。如果情况并非如此，那么 $6+V+K_3$ 将会出现在 $5+V$ 的左侧，这对于该攻击的大功告成并无影响。

现在，假设在某一个时刻，RC4 算法初始化过程在完成 $i=3$ 步骤的计算之后停下来。接下来，如果我们根据表 6-4 所示的算法生成了密钥流的第一个字节，我们得到 $i=1$ 和 $j=S_{\rm i}=S_1=0$，于是 $t=S_1+S_0=0+3=3$。那么，第一个密钥流字节将会是：

$$\text{keystreamByte}=S_3=(6+V+K_3)\ (\text{mod } 256) \qquad 式(6.6)$$

假如 Trudy 知道了(或者是能够猜测出)明文文本的第一个字节，她就可以确定密钥流的第一个字节。如果这种情况确实发生了，那么 Trudy 能够轻而易举地求解等式(6.6)，从而获得这未知的第一个字节，因为

$$K_3=(\text{keystreamByte}-6-V)\ (\text{mod } 256) \qquad 式(6.7)$$

对于 Trudy 来说，遗憾的是，算法的初始化阶段有 256 个步骤，而不是仅仅 4 个步骤。但是，请注意，只要 S_0，S_1 和 S_3 在随后的任何初始化步骤中都不改变，那么式(6.7)始终成立。那么，这三个元素保持不变的可能性有多少呢？对于其中一个元素来说，只有当它与另外一个元素进行互换时，它才发生改变。在初始化过程中，从 $i=4$ 到 i=255 的初始化计算中，索引 i 对这些元素不会产生任何的影响，因为从 4 到 255，其每一步骤都遵循同样

的规律。如果我们将索引 j 看成是随机的，那么，在每一个步骤中，我们所关注的这三个指标全部都不受影响的概率是 253/256。于是，对于所有后面的 252 个初始化计算步骤，这个概率就是：

$$\left(\frac{253}{256}\right)^{252} \approx 0.0513$$

所以，总体来看，我们可以预期等式(6.7)成立的可能性大概比 5%稍微多一点。于是，只要使用足够多数目的形如等式(6.4)所示的初始化向量 IV，Trudy 就能够根据等式(6.7)来确定 K_3，假如她已经知道每种情况下的密钥流的第一个字节的话。

那么，对于恢复出 K_3 来说，多少数目的初始化向量算是足够的呢？如果我们观测到了 n 个加密的数据包，其中每个数据包都带有一个形如等式(6.4)所示的初始化向量 IV，那么我们有望利用等式(6.7)求解出所有这些实例中大概 0.05n 种情况下实际使用的 K_3。对于剩下的 0.95n 种情况，我们预测等式(6.7)中减法的结果是在值{0, 1,2, ... , 255}之间随机分布的。然后就可以预计，任何特定的但并非是真正 K_3 的值出现的机会数大约就是 0.95n/256，而正确的值出现的机会数则可以预计为 0.05n + 0.95n/256 ≈ 0.05n。所以，我们需要选择足够大的 n，以便能够以更高的概率将 K_3 与随机“噪声”进行分离。如果我们选定 n=60，那么我们有望遇到 K_3 三次，而同样情况下，我们不太可能遇到任何一个特定的随机值超过两次(也可以参见思考题 13)。

这个攻击很容易扩展到用于恢复其他未知的密钥字节信息。我们来详细说明下一步的工作——假定 Trudy 已经恢复出了 K_3，我们来证明她能够恢复出密钥字节 K_4。在这种情况下，Trudy 将寻找如下式所示形式的初始化向量：

$$\text{IV} = (4,255,\ V) \qquad \text{式(6.8)}$$

其中，V 可以是任何值。那么，在初始化过程中 $i = 0$ 的步骤，$j = 0 + S_0 + K_0 = 4$，并且将元素 i 和 j 互换，如下：

i	0	1	2	3	4	5…
S_i	4	1	2	3	0	5…

在接下来的一步中，$i = 1$ 以及 $j = 4 + S_1 + K_1 = 4$ (因为这里是采用模 256 的加法)，并且将元素 S_1 和 S_4 进行互换，如下式所示：

i	0	1	2	3	4	5…
S_i	4	0	2	3	1	5…

在 $i = 2$ 的步骤中，我们就得到 $j = 4 + S_2 + K_2 = 6 + V$，经过互换之后，得到下式

i	0	1	2	3	4	5…	6+V…
S_i	4	0	6+V	3	1	5…	2 …

再接下来一步，$i = 3$ 以及 $j = 5 + V + S_3 + K_3 = 9 + V + K_3$，这里 K_3 是已知的。再经过互换之后，得到：

i	0	1	2	3	4	5…
S_i	4	0	6+V	$9+V+K_3$	1	5…

i	…	6+V	$9+V+K_3$	…
S_i	…	2	3	…

假定当和取模 256 时，$9+V+K_3>6+V$。

进一步执行这个操作，我们就得到 $i=4$，并有：

$$j=9+V+K_3+S_4+K_4=10+V+K_3+K_4$$

这里，只有 K_4 是未知的。再经过互换之后，表 S 就成为如下所示的形式：

i	0	1	2	3	4	5…
S_i	4	0	6+V	$9+V+K_3$	$10+V+K_3+K_4$	5…

i	…	6+V…	$9+V+K_3$ …	$10+V+K_3+K_4$	…
S_i	…	2 …	3 …	1	…

假如初始化过程终止于这一点(在执行完 $i=4$ 的步骤之后)，那么对于密钥流的第一个字节，我们将得到 $i=1$ 和 $j=S_i=S_1=0$，于是，$t=S_1+S_0=4+0=4$。最终生成的密钥流字节就可以表示为：

$$\text{keystreamByte}=S_4=(10+V+K_3+K_4)\ (\text{mod } 256)$$

其中，唯一未知的就是 K_4。于是，我们就可以得到

$$K_4=(\text{keystreamByte}-10-V-K_3)\ (\text{mod } 256) \qquad \text{式(6.9)}$$

当然，这个初始化过程不会在 $i=4$ 这一步骤就戛然而止，但是，正如在我们尝试恢复 K_3 的案例中，式(6.9)成立的概率大约是 0.05。所以，只要拥有足够数量的形如式(6.8)所示的初始化向量 IV，Trudy 就能够确定出 K_4。如此进行，只要有足够的形式匹配的初始化向量 IV 可用，并且 Trudy 能够知晓每个相对应的数据包的首个密钥流字节，那么任何数量的密钥字节都能够被恢复出来。

与此类似的技术可以进一步扩展，以恢复更多的密钥字节，如 K_5，K_6，……。事实上，如果有足够数量的数据包可用，任何长度的密钥就都能够以微小的代价进行破解。这就是为什么 WEP 协议被称为是“任何长度(密钥)都不安全”[321]的原因之一。

我们再来考察一下用于恢复未知密钥的首个字节 K_3 的攻击方式。值得注意的是，某些初始化向量 IV，即便不是类似于(3,255,V)的形式，对于 Trudy 来说也还是有用的。例如，假定初始化向量 IV 是(2,253,0)，那么，经过 $i=3$ 的初始化计算步骤之后，得到的排列 S 就是：

i	0	1	2	3	4	$3+K_3$…
S_i	0	2	1	$3+K_3$	4	3 …

如果S_1、S_2和S_3不会在后续的初始化步骤中改变，那么第一个密钥流字节将会是$3+K_3$，据此 Trudy 就能够恢复出K_3。不难看出，对于一个给定的三字节初始化向量 IV，Trudy 可以计算初始化过程直至步骤$i = 3$，并且，基于这种方式，她能够很容易地确定一个给定的向量 IV 对于她的攻击来说是否有用。后续的密钥字节，也可以同理解释。通过利用所有有效的向量 IV，Trudy 就能够在恢复密钥之前，减少她所必须侦听的数据包的数量。

最后，还有一点值得注意的是，即便是采取将向量 IV 附加到未知的密钥之后，而不采用将其置前的方式(即 WEP 协议中所使用的方式)，仍然有可能恢复出 RC4 算法的密钥。详细分析请参见参考文献[195]。

6.3.3　RC4 攻击的预防

对于 RC4 算法的攻击，如果其针对的是该算法的初始化过程，有几种可能的预防方法。对此，真正有效的标准的建议是在初始化过程中增加 256 个步骤。具体来说，就是在图 6-8 所示的初始化过程运行完成之后，根据表 6-4 所示的 RC4 密钥流生成算法生成 256 个密钥流字节，然后再丢弃这些字节。在这个过程完成之后，再使用常规方式生成密钥流。如果发送方和接收方遵循这个过程，那么在本小节中所讨论的攻击方式将无计可施。请注意，这样做并不需要对 RC4 算法的内部工作机制进行任何的调整。

另外，还有许多变通的方式来合成密钥和初始化向量 IV，也能够有效地预防在本小节中所描述的攻击类型。思考题 17 的意图就是寻求这类方法。正如 WEP 协议中诸多其他的方面一样，该协议的设计者想方设法，最后却选择了也许是最不安全的一种方案来运用 RC4 加密算法。

6.4　线性和差分密码分析

We sent the [DES] S-boxes off to Washington.
They came back and were all different.
— Alan Konheim, one of the designers of DES

I would say that, contrary to what some people believe, there is no evidence
of tampering with the DES so that the basic design was weakened.
— Adi Shamir

正如在 3.3.2 节中所讨论的那样，数据加密标准(DES)对于现代密码学的影响无论怎么评价都不为过。其中一个方面就是，线性和差分密码分析都是为了攻击 DES 算法应运而生的。正如前面所提到的，这些技术通常并不会直接产生出实际的攻击。换而言之，线性和差分“攻击”针对的是分组密码加密方案中的设计缺陷。这些技术已经演变成为基本的分析工具，用于分析当今所有的分组密码加密方案。

差分密码分析源于 Biham 和 Shamir(是的，还是那个 Shamir，又一次见到老朋友了)，至少从非保密的层面上看是如此，他们于1990年率先引入了这个技术。后来，有证据清晰地表明，某个参与了DES算法设计的人(也就是说，是国家安全局(National Security Agency)的某人)早在20世纪70年代中期之前就已经对差分密码分析有所了解了。不过，值得一提的是，差分密码分析是一种选择明文攻击，而这会使得在真实世界中实际运用这种攻击显得有些困难。

线性密码分析是由Matsui于1993年发明的，这点毫无疑问。因为从DES算法的设计来看，它并没有针对一些巧妙的线性密码分析攻击提供最佳的抗击能力，那么或者是国家安全局(NSA)在20世纪70年代还不了解这个技术，或者是他们并不关注针对DES加密算法的这类攻击。对于真实世界中的攻击来说，线性密码分析要比差分密码分析稍微理想一些，其主要原因在于它属于已知明文攻击类型，而并非属于选择明文攻击类型。

6.4.1 数据加密标准DES之快速浏览

这里，我们不需要了解有关DES算法的所有细节内容，所以我们只做一个简要的概览，仅仅涉及我们在接下来的讨论中必须要了解的一些基本事实。DES算法共有8个S-box，其中每一个S-box都将6位二进制输入，这里表示为$x_0x_1x_2x_3x_4x_5$，映射为4位二进制输出，此处表示为$y_0y_1y_2y_3$。以下举例说明，在表6-2中，以十六进制形式显示了DES算法中的一号S-box。

表6-2 DES算法中的一号S-box

	$x_1x_2x_3x_4$															
x_0x_5	0	1	2	3	4	5	6	7	8	9	A	B	C	D	E	F
0	E	4	D	1	2	F	B	8	3	A	6	C	5	9	0	7
1	0	F	7	4	E	2	D	1	A	6	C	B	9	5	3	4
2	4	1	E	8	D	6	2	B	F	C	9	7	3	A	5	0
3	F	C	8	2	4	9	1	7	5	B	3	E	A	0	6	D

图6-10给出了一个大幅简化了的DES算法图解，该图解用于说明我们的目标已经足够了。下面，我们主要将注意力放在对DES算法中非线性部分的分析上，所以，该图解凸显了“S-box是DES算法中唯一的非线性组成”这一事实。图6-10中也说明了在DES算法的一轮计算中，子密钥K_i的进入方式。这一点在我们接下来的讨论中也非常重要。

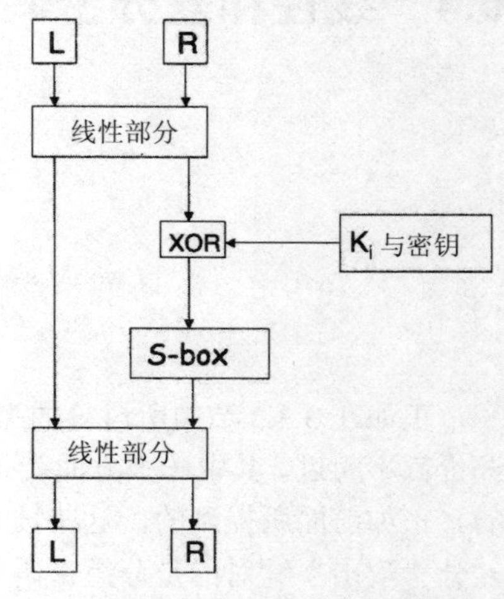

图6-10 简化后的DES算法图解

接下来，我们将对差分密码分析做一个简要的浏览，之后再对线性密码分析做一个类似的快速浏览。然后，我们这里还提供了一个简化的DES算法版本，我们在此称之为微小DES，或简写为TDES。我们后面还会给出针对这个TDES算法的线性密码分析攻击和差分密码分析攻击。

6.4.2　差分密码分析概览

既然差分密码分析就是为分析 DES 算法而生的，那么让我们结合 DES 算法来展开讨论。别忘了，在 DES 算法中，除了 S-box 之外其他部分都是线性的。我们也将看到，在安全性方面，DES 算法中的线性部分也扮演着很重要的角色，但是，从密码分析的角度来看，线性部分倒是不足为虑。求解线性等式向来就是数学家们的拿手好戏，因此，非线性部分才能代表密码分析的主要障碍。所以，无论是差分密码分析，还是线性密码分析，都是聚焦于处理 DES 算法中的非线性部分，也即其中的 S-box。

差分密码分析攻击背后的基本思想是比较输入和输出的差异。为简单起见，我们首先来考察一个简化的 S-box。假定一个类似 DES 的加密算法使用了 3 位二进制输入和 2 位二进制输出的 S-box，如下所示：

	列			
行	00	01	10	11
0	10	01	11	00
1	00	10	01	11

式(6.10)

其中，对于输入二进制位 $x_0x_1x_2$，位 x_0 用于索引行，而位 x_1x_2 用于索引列。接下来我们举个例子，Sbox(010) = 11，因为在 0 行和 10 列对应的位值是 11。

下面考虑两个输入值，$X_1 = 110$ 和 $X_2 = 010$，同时假设密钥 $K = 011$。那么有 $X_1 \oplus K = 101$ 和 $X_2 \oplus K = 001$，这样我们就可以得到下式：

$$\text{Sbox}(X_1 \oplus K) = 10 \text{ 和 } \text{Sbox}(X_2 \oplus K) = 01 \qquad \text{式(6.11)}$$

现在，假设等式(6.11)中的 K 未知，但是其输入已知，比方说，$X_1 = 110$ 和 $X_2 = 010$，以及相对应的输出也是已知的，这里就是 Sbox $(X_1 \oplus K) = 10$ 和 Sbox $(X_2 \oplus K) = 01$。这样，根据(6.10)中所示的 S-box，我们不难得到 $X_1 \oplus K \in \{000, 101\}$ 和 $X_2 \oplus K \in \{001, 110\}$。由于 X_1 和 X_2 已知，因此可以得到下式：

$$K \in \{110, 011\} \cap \{011, 100\}$$

这就意味着 $K = 011$。这里的“攻击”本质上是针对如(6.10)所示的单一 S-box 的一个已知明文攻击，以破解密钥 K。同样的方式对于一个 DES 加密方案的单一 S-box 也是有效的。

不过，看起来，针对 DES 加密方案的一轮运算中的单独一个 S-box 实施攻击并没有特别大的功效。而且，对于攻击者来说，除了第一轮之外并不知道任何其他轮运算的输入，除了最后一轮之外也不知道任何轮运算的输出。于是，这些中间轮次的运算似乎已经超出了密码专家们所能掌控的范畴。

为证实前面讨论的方案在分析 DES 算法中是行之有效的，我们必须能够将这个攻击扩展到可以对付完整的一轮运算，也就是说，我们必须同时将所有的 8 个 S-box 都考虑在内。一旦我们将该攻击扩展到了一轮，接下来就还需要将攻击扩展到多轮运算。表面上看，这些扩展都显得像是难以逾越的高山。

然而，我们接下来将会看到，通过聚焦到输入和输出之间的差异，就可以轻松地使得一部分的 S-box 处于“激活状态”，而使得另一部分的 S-box 处于“非激活状态”。这样，在某些情况下，我们就能够将该攻击扩展到单独的一轮运算。然后，为了将该攻击扩展到多轮运算，我们必须选择输入的差异，以便使得输出的差异呈现出特定的形式，从而对下一轮运算有用。这个过程是富有挑战性的，并且依赖于 S-box 的某些特定的属性，也跟每一轮运算中发生的线性混合有关。

这里的关键点是，我们要聚焦在输入和输出的差异上。假如我们已知输入 X_1 和 X_2，那么对于输入 X_1，实际输入给 S-box 的是 $X_1 \oplus K$，对于输入 X_2，实际输入给 S-box 的是 $X_2 \oplus K$，这里密钥 K 是未知的。差分运算是以模 2 方式定义的，这就意味着差分运算等同于求和运算，也就是说，等价于异或运算 XOR。这样，S-box 的输入差分就是

$$(X_1 \oplus K) \oplus (X_2 \oplus K) = X_1 \oplus X_2 \qquad \text{式(6.12)}$$

请注意输入差分是独立于密钥 K 的。这是差分密码分析能够奏效的基本前提。

我们令 $Y_1 = \text{Sbox}(X_1 \oplus K)$，$Y_2 = \text{Sbox}(X_2 \oplus K)$。那么输出差分 $Y_1 \oplus Y2$ 基本上就是下一轮运算的输入差分了。因此，目标是精心地构造输入差分，以便我们能够“串接”差分来贯通多轮运算。既然输入差分是独立于密钥的，再加上差分密码分析是一种选择明文攻击，那么我们能够自由选择输入，以使得输出差分具备我们所期望的任何特定的形式。

差分攻击的另一个非常关键的要素是，一个 S-box 的输入差分为零，往往会生成一个同样为零的输出差分。为什么会是这样呢？如果输入差分为零，这就可以简单地理解为输入值相同，比如 X_1 和 X_2 是一样的，这种情况下，输出值 Y_1 和 Y_2 必然相同，也就是说，$Y_1 \oplus Y_2 = 0$。这个基本要素的重要性在于，我们能够使得 S-box 对于差分密码分析而言处于“非激活状态”，方法是通过选择这些 S-box 的输入差分为零。

最后一个重要的事实是，事情并不是总能够应验。换句话说，如果有某个结果仅仅当存在较大概率时才会发生，那么，我们能够开发出一个基于概率的攻击，使得其在恢复密钥的过程中行之有效。

给定任意的 S-box，我们可以对其进行分析，以找到如下所述的有用的输入差分。对于每一个可能的输入值 X，找到所有成对的 X_1 和 X_2，使得：

$$X = X_1 \oplus X_2$$

计算出相对应的输出差分，如下：

$$Y = Y_1 \oplus Y_2$$

其中：

$$Y_1 = \text{Sbox}(X_1) \text{和 } Y_2 = \text{Sbox}(X_1)$$

将所得的结果数据依次排列成表，我们就能够找出最匹配的输入值。例如，对于(6.10)中所示的 S-box，这个分析就生成如图 6-11 中的结果。

$X_1 \oplus X_2$	$\text{Sbox}(X_1) \oplus \text{Sbox}(X_2)$			
	00	01	10	11
000	8	0	0	0
001	0	0	4	4
010	0	8	0	0
011	0	0	4	4
100	0	0	4	4
101	4	4	0	0
110	0	0	4	4
111	4	4	0	0

图 6-11　S-box 差分分析

对于任意的 S-box，输入差分为 000 的情况没什么可分析的——输入值相同，相应的 S-box 就会处于“非激活状态”(从差分的角度而言)，因为输出值也必然相同。对于图 6-11 所示的例子，输入差分为 010 的情况总是会得到结果为 01 的输出，这就是可能得到的最佳匹配数据了。同时，正如式(6.12)所示，通过某种特定的选择，比方说，在 $X_1 \oplus X_2 = 010$ 的情况下，一个 S-box 的实际输入差分将会是 010，因为毕竟密钥 K 与差分运算结果无关。

对于 DES 加密方案的差分密码分析实际上相当复杂。为了能够更本质更实际地说明相关的技术，但又不至于完全陷入到 DES 加密自身的庞杂体系之内，我们这里给出了一个 DES 加密方案的低阶版本，我们称之为微小 DES，或简写为 TDES。然后，我们再来针对 TDES 实施差分和线性密码分析。在此之前，我们还要对线性密码分析技术做一个快速简明的浏览。

6.4.3　线性密码分析概览

颇具讽刺意味的是，就像差分密码分析一样，线性密码分析也是聚焦在分组加密方案中的非线性部分上。虽然线性密码分析技术的发明比差分密码分析技术晚了若干年，而且其概念也更简单，但是对于 DES 加密方案来说，却来得更为有效，实际上，线性密码分析仅仅需要已知明文，而不是选择明文。

在差分密码分析中，我们的注意力集中在输入和输出的差分上。在线性密码分析中，其目标则是将一个加密方案中的非线性部分向线性方程的方向去逼近。因为数学家们都非常擅长求解线性方程，所以如果我们能够找到这样的逼近，然后再利用这样的成果去攻击一个加密方案就显得是顺理成章的事了。在 DES 加密方案中，既然其唯一的非线性部分就是 S-box，那么线性密码分析也还是集中在这些 S-box 上。

我们再回过头来考虑(6.10)中所示的简化 S-box。我们将三位输入二进制数表示为 $x_0x_1x_2$，同时将两位输出二进制数表示为 y_0y_1。然后，用 x_0 来确定行，用 x_1x_2 来确定列。在图 6-12 中，我们已经列出了每种可能有效的线性逼近的值的数量。请注意，对于表中所有的条目，其值为非 4 的情况就意味着一个非随机的输出。

输入二进制数	输出二进制数 y_0	y_1	$y_0 \oplus y_1$
0	4	4	4
x_0	4	4	4
x_1	4	6	2
x_2	4	4	4
$x_0 \oplus x_1$	4	2	2
$x_0 \oplus x_2$	0	4	4
$x_1 \oplus x_2$	4	6	6
$x_0 \oplus x_1 \oplus x_2$	4	6	2

图 6-12 S-box 线性分析

对于图 6-12 显示的结果所表明的含义，我们可以举例来说明，如 $y_0 = x_1 \oplus x_2 \oplus 1$ 的情况发生的概率为 1，而 $y_0 \oplus y_1 = x_1 \oplus x_2$ 的情况发生的概率为 3/4。利用诸如此类的信息，我们可以在密码分析中用线性方程来替换相应的 S-box。事实上，结果就是我们将非线性的 S-box 替换成了线性方程，其中所谓的线性方程并不是一定会有效，而是在某些相当大的概率条件下有效。

对于攻击类似 DES 这样的分组加密方案来说，要使得这些线性逼近有效，我们还需要进一步扩展这种方法，以便最后能够求解出基于密钥的线性方程。这就如同在差分密码分析中一样，我们必须以某种方式“串接”这些中间结果以贯穿加密方案中的多轮运算。

对于 DES 加密方案的 S-box，我们利用线性方程来逼近，究竟能够达到什么样的程度呢？在 DES 加密方案中，每一个 S-box 都是精心设计的，要确保无法找到某个输入二进制位的线性组合能够很好地逼近一个独立的二进制输出位。但是，仍然存在对于输出二进制位的线性组合能够被输入二进制位的线性组合所逼近的情况。于是，对于 DES 加密方案，线性密码分析就存在了成功的可能性。

与差分密码分析一样，对于 DES 加密方案的线性密码分析也是很复杂的。为了清楚地说明一个线性密码分析攻击，我们接下来要介绍一下 TDES，即一个低阶的类 DES 加密方案。然后，我们再来讨论针对 TDES 加密方案所施加的差分和线性密码分析。

6.4.4 微小 DES

微小 DES，或简称为 TDES，是一个类 DES 的加密方案，相比 DES 加密方案而言更简单，也更容易分析。TDES 是由本书作者自己设计的，目的是为了使线性和差分密码分析攻击更容易研究——这实际上是个蹩脚的加密方案，对其攻击是个轻而易举的事。不过，这个方案与 DES 加密足够相似，从而可以说明相应的基本原理。

TDES 是一个大幅简化的 DES 加密版本，其具备如下特性：

- 16 位分组长度。
- 16 位密钥长度。
- 包含 4 轮运算。

- 包含两个 S-box，每个 S-box 实现从 6 位二进制数向 4 位二进制数的映射。
- 每轮运算都包含一个 12 位的子密钥。

TDES 不包含 P-box，不包含初始化过程和最后的置换操作。基本上，我们已经剔除了 DES 加密方案中对其安全性毫无增益的所有特性，而与此同时，我们还对分组大小和密钥长度进行了同比降阶。

请注意，如此小的密钥长度和分组长度，已经意味着 TDES 无法提供任何真正意义上的安全性，而无论其背后采用了什么样的算法。虽然如此，对于解释线性和差分密码分析攻击来说，TDES 仍不失为一个有用的设计，据此还可以说明分组加密方案设计中更大的问题。

TDES 是一个 Feistel 密码结构，在此，我们将明文表示为(L_0, R_0)。那么，对于 $i = 1,2,3,4$，我们得到

$$L_i = R_i - 1$$
$$R_i = L_i - 1 \oplus F(R_{i-1}, K_i)$$

其中，结果密文是(L_4, R_4)。图 6-13 中给出了 TDES 加密方案中单独一轮运算的图解，其中每一行都标识出了相应二进制位的数目。接下来，我们来完整地介绍 TDES 加密算法的各个组成部分。

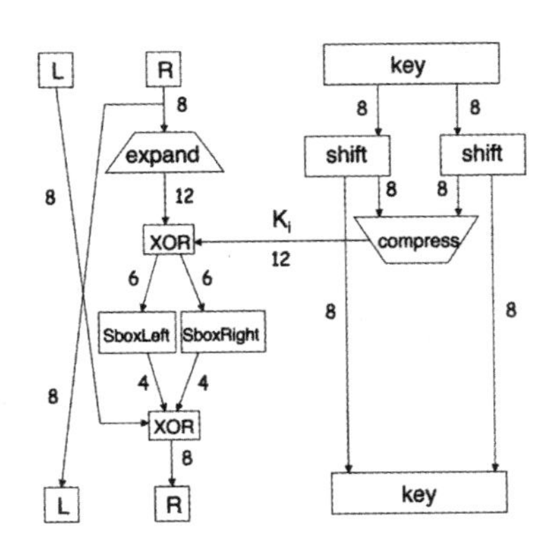

图 6-13　微小 DES 加密方案的一轮运算

TDES 包含了两个 S-box，分别表示为 SboxLeft(X)和 SboxRight(X)。这两个 S-box 都将 6 位二进制数映射为 4 位二进制数，这和标准的 DES 算法相同。在 TDES 加密方案中，我们最感兴趣的还是 S-box 及其输入。为简化表示，我们特别定义如下函数：

$$F(R,K) = \text{Sboxes}(\text{expand}(R) \oplus \text{K}) \qquad 式(6.13)$$

其中，

$$\text{Sboxes}(x_0x_1x_2\ldots x_{11}) = (\text{SboxLeft}(x_0x_1 \ldots x_5), \text{SboxRight}(x_6x_7\ldots x_{11}))$$

该扩展置换可以下式表示：

$$\text{expand}(R) = \text{expand}(\text{r}_0\text{r}_1\ldots\text{r}_7) = (r_4r_7r_2r_1r_5r_7r_0r_2r_6r_5r_0r_3) \qquad 式(6.14)$$

我们以 SboxLeft(X)来表示 TDES 算法中左侧的 S-box。这个 S-box 以十六进制形式表示如下：

式(6.15)

x_0x_5 \ $x_1x_2x_3x_4$	0	1	2	3	4	5	6	7	8	9	A	B	C	D	E	F
0	6	9	A	3	4	D	7	8	E	1	2	B	5	C	F	0
1	9	E	B	A	4	5	0	7	8	6	3	2	C	D	1	F
2	8	1	C	2	D	3	E	F	0	9	5	A	4	B	6	7
3	9	0	2	5	A	D	6	E	1	8	B	C	3	4	7	F

而右侧的 Sbox，即 SboxRight(X)，表示如下：

式(6.16)

x_0x_5 \ $x_1x_2x_3x_4$	0	1	2	3	4	5	6	7	8	9	A	B	C	D	E	F
0	C	5	0	A	E	7	2	8	D	4	3	9	6	F	1	B
1	1	C	9	6	3	E	B	2	F	8	4	5	D	A	0	7
2	F	A	E	6	D	8	2	4	1	7	9	0	3	5	B	C
3	0	A	3	C	8	2	1	E	9	7	F	6	B	5	D	4

与 DES 加密方案一样，在 TDES 的 S-box 中，每一行都是十六进制数字 0,1,2, ... , E, F 的一个置换。

TDES 加密方案的密钥调度是非常简单的。16 位二进制长的密钥可以表示如下：

$$K=k_0k_1k_2k_3k_4k_5k_6k_7k_8k_9k_{10}k_{11}k_{12}k_{13}k_{14}k_{15}$$

而子密钥的生成方式如下。首先，令：

$$LK= k_0k_1\ldots k_7$$
$$RK= k_8k_9\ldots k_{15}$$

对于 $i = 1,2,3,4$ 的每一轮运算，都要执行如下操作：

$$LK = \text{rotate } LK \text{ left by 2(以2位为单位将LK向左轮转)}$$
$$RK = \text{rotate } RK \text{ left by 1(以1位为单位将RK向左轮转)}$$

然后就可以通过选择当前(LK, RK)的二进制位中的第 0,2,3,4,5,7,9,10,11,13,14 以及第 15 位来得到 K_i。子密钥 K_i 可以如下方式明确无误地表示：

$$K_1= k_2k_4k_5k_6k_7k_1k_{10}k_{11}k_{12}k_{14}k_{15}k_8$$
$$K_2=k_4k_6k_7k_0k_1k_3k_{11}k_{12}k_{13}k_{15}k_8k_9$$
$$K_3= k_6k_0k_1k_2k_3k_5k_{12}k_{13}k_{14}k_8k_9k_{10}$$
$$K_4= k_0k_2k_3k_4k_5k_7k_{13}k_{14}k_{15}\, k_9k_{10}k_{11}$$

在下一节，我们将介绍一个针对 TDES 加密方案的差分密码分析攻击。之后，我们还会介绍一个针对 TDES 加密方案的线性密码分析攻击。对于针对 DES 加密方案以及其他的分组加密方案的密码分析，这些攻击阐明了应用差分和线性密码分析的一些关键性原则。

6.4.5 针对 TDES 加密方案的差分密码分析

我们针对 TDES 加密方案的差分密码分析攻击将集中在右侧 S-box 上，正如式(6.16)中所示。假设我们对所有满足条件的输入值 X_1 和 X_2，将 $\text{SboxRight}(X_1) \oplus \text{SboxRight}(X_2)$的值排列出来，其中 X_1 和 X_2 要满足条件 $X_1 \oplus X_2 = 001000$。那么我们可以得出，如下推导成立的概率是 3/4。

$$(X_1) \oplus (X_2)=001000 \Rightarrow \text{SboxRight}(X_1) \oplus \text{SboxRight}(X_2)=0010 \qquad \text{式(6.17)}$$

请回忆一下，对于任何的 S-box，都有：

$$(X_1) \oplus (X_2)=000000 \Rightarrow \text{SboxRight}(X_1) \oplus \text{SboxRight}(X_2)=0000 \qquad \text{式(6.18)}$$

我们的目标是充分利用这些因素来开发出一个切实可行的针对 TDES 加密方案的差分密码分析攻击。

差分密码分析是一种选择明文攻击。假如我们对两个选定的明文分组进行加密，$P = (L, R)$和 $\tilde{P} = (\tilde{L}, \tilde{R})$，要求其满足下式：

$$P \oplus \tilde{P}=(L,R) \oplus (\tilde{L},\tilde{R})=0000\ 0000\ 0000\ 0010=0x0002 \qquad \text{式(6.19)}$$

那么，P 和 $\tilde{P}$仅仅只有一个特定的二进制位不同，而在其他所有的二进制位上的值都相同。让我们来仔细分析一下，当使用 TDES 方案加密 P 和 $\tilde{P}$时，这个差分究竟会带来什么样的影响。

首先，我们考虑下式：

$$F(R,K) \oplus F(\tilde{R},K) = \text{Sboxes}(\text{expand}(R) \oplus K) \oplus \text{Sboxes}(\text{expand}(\tilde{R}) \oplus K)$$

从(6.14)中对于 expand 的定义，我们不难看出：

$$\text{expand}(0000\ 0010)=000000\ 001000$$

既然 expand 是线性的，那么如果 $X_1 \oplus X_2= 0000\ 0010$，就有：

$$\begin{aligned}\text{Expand}(X_1) \oplus \text{expand}(X_2) &= \text{expand}\ (X_1 \oplus X_2)\\ &= \text{expand}\ (0000\ 0010)\\ &= 000000\ 001000 \end{aligned} \qquad \text{式(6.20)}$$

对于在式(6.19)中选择的明文，我们有 $R \oplus \tilde{R} = 00000010$。那么，根据等式(6.20)中的计算，可以得到以下推导：

$$\begin{aligned}F(R,K) \oplus F(\tilde{R},K) &= \text{Sboxes}(\text{expand}(R) \oplus K) \oplus \text{Sboxes}(\text{expand}(\tilde{R}) \oplus K)\\ &=(\text{SboxLeft}(A \oplus K),\text{SboxRight}(B \oplus K))\\ &\quad \oplus(\text{SboxLeft}(\tilde{A} \oplus K),\text{SboxRight}(\tilde{B} \oplus K))\\ &= (\text{SboxLeft}(A \oplus K),\text{SboxRight}(\tilde{A} \oplus K)),\\ &\quad (\text{SboxRight}(B \oplus K) \oplus \text{SboxRight}(\tilde{B} \oplus K))\end{aligned}$$

这里，$A \oplus \tilde{A} = 000000$ 并且 $B \oplus \tilde{B} = 001000$。利用这个结果，再结合等式(6.17)和等

式(6.18)，就能够得出以下等式成立的概率为 3/4。

$$F(R,K) \oplus F(\tilde{R},K) = 0000\ 0010$$

总结一下，如果 $R \oplus \tilde{R} =$ 0000 0010，那么对于任意(未知)的子密钥 K，我们都能够得到下式成立的概率为 3/4。

$$F(R,K) \oplus F(\tilde{R},K) = 0000\ 0010 \qquad \text{式(6.21)}$$

换句话说，对于特定的输入值，轮运算函数的输出差分与输入差分相同的情况会有一个很高的概率。接下来，我们再来说明，我们能够“串接”这些结果以贯穿 TDES 加密方案的多轮运算。

既然差分密码分析是一种选择明文攻击，我们就可以选择 P 和 $\tilde{P}$，使其满足等式(6.19)。在图 6-14 中，我们详细地分析了此类明文输入值的 TDES 加密过程。通过对 P 和 $\tilde{P}$ 的选择，我们就可以得到下式：

$$R_0 \oplus \tilde{R}_0 = 0000\ 0010 \text{ 和 } L_0 \oplus \tilde{L}_0 = 0000\ 0000$$

然后，根据等式(6.21)，下式成立的概率为 3/4。

$$R_1 \oplus \tilde{R}_1 = 0000\ 0010$$

从这个结果，我们接下来就可以得到如下的推导：

$$\begin{aligned} R_2 \oplus \tilde{R}_2 &= (L_1 \oplus F(R_1,K_2)) \oplus (\tilde{L}_1 \oplus F(\tilde{R}_1,K_2)) \\ &= (L_1 \oplus \tilde{L}_1) \oplus (F(R_1,K_2) \oplus F(\tilde{R}_1,K_2)) \\ &= (R_0 \oplus \tilde{R}_0) \oplus (F(R_1,K_2) \oplus F(\tilde{R}_1,K_2)) \\ &= 0000\ 0010 \oplus 0000\ 0010 \\ &= 0000\ 0000 \end{aligned}$$

上式成立的概率为 $(3/4)^2 = 9/16 = 0.5625$。根据类似的方式，我们可以得到图 6-14 中给出的有关 $R_3 \oplus R_3$ 和 $R_4 \oplus R_4$ 的结果。

$(L_0,R_0) = P$	$(\tilde{L}_0,\tilde{R}_0) = \tilde{P}$	$P \oplus \tilde{P} = \texttt{0x0002}$	概率
$L_1 = R_0$ $R_1 = L_0 \oplus F(R_0,K_1)$	$\tilde{L}_1 = \tilde{R}_0$ $\tilde{R}_1 = \tilde{L}_0 \oplus F(\tilde{R}_0,K_1)$	$(L_1,R_1) \oplus (\tilde{L}_1,\tilde{R}_1) = \texttt{0x0202}$	3/4
$L_2 = R_1$ $R_2 = L_1 \oplus F(R_1,K_2)$	$\tilde{L}_2 = \tilde{R}_1$ $\tilde{R}_2 = \tilde{L}_1 \oplus F(\tilde{R}_1,K_2)$	$(L_2,R_2) \oplus (\tilde{L}_2,\tilde{R}_2) = \texttt{0x0200}$	$(3/4)^2$
$L_3 = R_2$ $R_3 = L_2 \oplus F(R_2,K_3)$	$\tilde{L}_3 = \tilde{R}_2$ $\tilde{R}_3 = \tilde{L}_2 \oplus F(\tilde{R}_2,K_3)$	$(L_3,R_3) \oplus (\tilde{L}_3,\tilde{R}_3) = \texttt{0x0002}$	$(3/4)^2$
$L_4 = R_3$ $R_4 = L_3 \oplus F(R_3,K_4)$	$\tilde{L}_4 = \tilde{R}_3$ $\tilde{R}_4 = \tilde{L}_3 \oplus F(\tilde{R}_3,K_4)$	$(L_4,R_4) \oplus (\tilde{L}_4,\tilde{R}_4) = \texttt{0x0202}$	$(3/4)^3$
$C = (L_4,R_4)$	$\tilde{C} = (\tilde{L}_4,\tilde{R}_4)$	$C \oplus \tilde{C} = \texttt{0x0202}$	

图 6-14　针对 TDES 加密方案的差分密码分析

从图 6-14 中，我们可以得到一个算法来恢复出一些未知的密钥位。我们要选择符合等式(6.19)的 P 和 $\tilde{P}$，并得到相应的密文 C 和 $\tilde{C}$。因为 TDES 算法是一个 Feistel 密码结构，所以有：

$$R_4 = L_3 \oplus F(R_3, K_4) \text{和} \tilde{R}_4 = \tilde{L}_3 \oplus F(\tilde{R}_3, K_4)$$

另外，有 $L_4 = R_3$ 和 $\tilde{L}_4 = \tilde{R}_3$。所以可得：

$$R_4 = L_3 \oplus F(L_4, K_4) \text{和} \tilde{R}_4 = \tilde{L}_3 \oplus F(\tilde{L}_4, K_4)$$

上式也可以写作：

$$L_3 = R_4 \oplus F(L_4, K_4) \text{和} \tilde{L}_3 = \tilde{R}_4 \oplus F(\tilde{L}_4, K_4)$$

现在如果有：

$$C \oplus \tilde{C} = 0x0202 \quad \text{式(6.22)}$$

那么根据图 6-14，我们基本上可以肯定 $L_3 \oplus \tilde{L}_3 = 0000\ 0000$，也就是说，$L_3 = \tilde{L}_3$。这遵循如下等式：

$$R_4 \oplus F(L_4, K_4) = \tilde{R}_4 \oplus F(\tilde{L}_4, K_4)$$

我们也可以将该式写作：

$$R_4 \oplus \tilde{R}_4 = F(L_4, K_4) \oplus F(\tilde{L}_4, K_4) \quad \text{式(6.23)}$$

请注意，在式(6.23)中，唯一未知的是子密钥 K_4。接下来，我们来说明如何使用这个结果去恢复子密钥 K_4 中的某些位的值。

对于一对满足式(6.19)的选定明文来说，如果加密后的结果密文对满足式(6.22)，那么我们知道式(6.23)成立。然后，由于下式：

$$C \oplus \tilde{C} = (L_4, R_4) \oplus (\tilde{L}_4, \tilde{R}_4) = 0x0202$$

我们可以得到：

$$R_4 \oplus \tilde{R}_4 = 0000\ 0010 \quad \text{式(6.24)}$$

并且，我们还可以得到：

$$L_4 \oplus \tilde{L}_4 = 0000\ 0010 \quad \text{式(6.25)}$$

令：

$$L_4 = l_0 l_1 l_2 l_3 l_4 l_5 l_6 l_7 \text{ and } \tilde{L}_4 = \tilde{l}_0 \tilde{l}_1 \tilde{l}_2 \tilde{l}_3 \tilde{l}_4 \tilde{l}_5 \tilde{l}_6 \tilde{l}_7$$

那么，式(6.25)就包含了 $l_i = \tilde{l}_i$，其中 i=0,1,2,3,4,5,7 以及 $l_6 \neq \tilde{l}_6$。现在，将式(6.24)代入

式(6.23)，就得到：

$$\begin{aligned}0000\ 0010=&(\text{SboxLeft}(l_4l_7l_2l_1l_5l_7 \oplus k_0k_2k_3k_4k_5k_7),\\&\text{SboxRight}(l_0l_2l_6l_5l_0l_3 \oplus k_{13}k_{14}k_{15}k_9k_{10}k_{11}))\\&\oplus (\text{SboxLeft}(\tilde{l}_4\tilde{l}_7\tilde{l}_2\tilde{l}_1\tilde{l}_5\tilde{l}_7 \oplus k_0k_2k_3k_4k_5k_7),\\&\text{SboxRight}(\tilde{l}_0\tilde{l}_2\tilde{l}_6\tilde{l}_5\tilde{l}_0\tilde{l}_3 \oplus k_{13}k_{14}k_{15}k_9k_{10}k_{11}))\end{aligned} \quad 式(6.26)$$

从式(6.26)中的左边4位，我们能够得到：

$$\begin{aligned}0000=&\text{SboxLeft}(l_4l_7l_2l_1l_5l_7 \oplus k_0k_2k_3k_4k_5k_7)\\&\oplus \text{SboxLeft}(\tilde{l}_4\tilde{l}_7\tilde{l}_2\tilde{l}_1\tilde{l}_5\tilde{l}_7 \oplus k_0k_2k_3k_4k_5k_7)\end{aligned}$$

对于二进制位 $k_0k_2k_3k_4k_5k_7$ 的任意选择，该式都成立，因为 $l_i=\tilde{l}_i$ 对于所有的 $i\neq 6$ 都成立。所以，我们根据左侧S-box无法获得有关子密钥 K_4 的任何信息。

另一方面，从式(6.26)中的右边4位，我们能够得到：

$$\begin{aligned}0010=&\text{SboxRight}(l_0l_2l_6l_5l_0l_3 \oplus k_{13}k_{14}k_{15}k_9k_{10}k_{11})\\&\oplus \text{SboxRight}(\tilde{l}_0\tilde{l}_2\tilde{l}_6\tilde{l}_5\tilde{l}_0\tilde{l}_3 \oplus k_{13}k_{14}k_{15}k_9k_{10}k_{11})\end{aligned} \quad 式(6.27)$$

当对子密钥位 $k_{13}k_{14}k_{15}k_9k_{10}k_{11}$ 拥有正确的选择时，该式必然成立，而且，对于这些子密钥位的不正确选择，该式成立的概率仅在特定的水平上。既然右侧S-box和 L_4 以及 $\tilde{L}_4$ 的位是已知的，我们就能够确定式(6.27)中所示的未知子密钥位的值。在图6-15中给出了恢复这些密钥位值的算法。

```
count[i] = 0, for i = 0,1,...,63
for i = 1 to iterations
    Choose P and P̃ with P ⊕ P̃ = 0x0002
    Obtain corresponding C = c0c1...c15 and C̃ = c̃0c̃1...c̃15
    if C ⊕ C̃ = 0x0202 then
        ℓi = ci and ℓ̃i = c̃i for i = 0,1,...,7
        for K = 0 to 63
            if 0010 == (SboxRight(ℓ0ℓ2ℓ6ℓ5ℓ0ℓ3 ⊕ K)
                    ⊕ SboxRight(ℓ̃0ℓ̃2ℓ̃6ℓ̃5ℓ̃0ℓ̃3 ⊕ K)) then
                increment count[K]
            end if
        next K
    end if
next i
```

图6-15 恢复子密钥位值的算法

在图6-15中，for循环的每一次执行，count[K]都将递增，以寻求正确的子密钥位值，也就是说，对于 $K=k_{13}k_{14}k_{15}k_9k_{10}k_{11}$，当遇到索引 K 的另一个值时，计数将以某种概率递增。所以，最大的计数就可能意味着是子密钥的值。可能会存在不止一个这样的最大计数，但是当迭代运算的次数足够多，此类计数的数量将会很少。

对于图6-15所示的算法，我们做了一个具体的测试案例，其中我们生成了100对能够

满足条件 $P\oplus\tilde{p}=0\text{x}0002$ 的 P 和 $\tilde{p}$。我们发现有 47 对结果密文能够满足 $C\oplus\tilde{C}=0\text{x}0202$，并且对于其中的每一对，我们都要尝试图 6-15 的算法中所需要的全部 64 种可能的 6 位二进制子密钥。在这个试验中，我们发现有 4 个推测出的子密钥 000001、001001、110000 和 000111 都达到了最大计数 47，而其他的子密钥的计数都没有超过 39。于是，我们就可以推断出子密钥 K_4 必然是上述 4 个值之一。然后，根据 K_4 的定义我们可以得到：

$$k_{13}k_{14}k_{15}k_9k_{10}k_{11}\in\{000001,001001,110000,111000\}$$

上式等价于：

$$k_{13}k_{14}k_9k_{10}k_{11}\in\{00001,11000\} \qquad \text{式(6.28)}$$

在这个案例中，密钥的值是：

$$K=1010\ 1001\ 1000\ 0111$$

显然，$k_{13}k_{14}k_9k_{10}k_{11}=11000$，果然不出所料，这正是等式(6.28)给出的结果。

当然，如果我们就是攻击者，我们并不知道密钥。那么，为了完成恢复出 K 的工作，我们只能以穷举的方式搜索剩余的 2^{11} 个未知的密钥位，并且要对其中的每一个进行测试，以尝试式(6.28)中的两种可能性。对于这 2^{12} 个假定的密钥 K，我们还要尝试去解密密文。别忘了，对于正确的密钥，我们将会恢复出明文来。可以预计，大约进行全部可能性数量的一半的尝试——也即是大约 2^{11} 个密钥，我们就有望找到正确的密钥 K。

运用这种方法，要恢复出完整的密钥 K，可以预计的全部运算开销大约是 2^{11} 次加密，另外还要加上差分密码分析攻击所需的开销，当然，相比较而言，差分密码分析攻击所需的开销几乎可以忽略了。于是，我们就可以大约 2^{11} 次加密的计算成本来恢复出完整的 16 位密钥，这要比穷举式密钥检索好得多了，因为一个穷举式密钥检索可预见的成本开销将是 2^{15} 次加密。这就证明了，存在一个捷径攻击，所以 TDES 加密方案是不安全的。

6.4.6 针对 TDES 加密方案的线性密码分析攻击

针对 TDES 加密方案的线性密码分析要比差分密码分析简单。针对 TDES 的差分密码分析重点聚焦在右侧 S-box 上，而我们这里的线性密码分析攻击则重点关注的是左侧 S-box，同样如前面式(6.15)所示。

这次，我们仍采用如下表示方式：

$$y_0y_1y_2y_3=\text{SboxLeft}(x_0x_1x_2x_3x_4x_5)$$

对于 TDES 加密方案中的左侧 S-box，很容易去验证如下的线性逼近有效的概率均为 3/4。

$$y_1=x_2 \ \text{和}\ y_2=x_3 \qquad \text{式(6.29)}$$

要想基于这些等式开发出一个线性攻击，我们必须要能够串接这些结果以贯穿多轮运算。

我们假定明文可以表示为 $P=(L_0,R_0)$ 并且令 $R_0=r_0r_1r_2r_3r_4r_5r_6r_7$。接着，我们将扩展置换表示如下：

$$\text{expand}(R_o)=\text{expand}(r_0r_1r_2r_3r_4r_5r_6r_7)=r_4r_7r_2r_1r_5r_7r_0r_2r_6r_5r_0r_3 \qquad 式(6.30)$$

根据式(6.13)中 F 的定义，我们不难看出，第一轮运算中 S-box 的输入是由 $\text{expand}(R_o)\oplus K_1$ 而得到的。那么，根据式(6.30)和子密钥 K_1 的定义，我们可以知道，第一轮运算中左侧 S-box 的输入如下：

$$r_4r_7r_2r_1r_5r_7\oplus k_2k_4k_5k_6k_7k_1$$

令 $y_0y_1y_2y_3$ 是左侧 S-box 第一轮运算的输出。那么由式(6.29)可以得到：

$$y_1=r_2\oplus k_5 \text{ 和 } y_2=r_1\oplus k_6 \qquad 式(6.31)$$

其中两个等式成立的概率都是 3/4。换句话说，对于左侧 S-box，输出的二进制的第一位是输入的二进制的第二位和其中一位密钥位相异或，同时，输出的二进制的第二位是输入二进制的第一位和其中一位密钥位相异或，二者成立的概率都是 3/4。

在 TDES 加密方案中(在 DES 加密方案中也是如此)，S-box 的输出将会和左半侧的二进制位进行异或。令 $L_0=l_0l_1l_2l_3l_4l_5l_6l_7$，再令 $R_1=\tilde{r}_0\tilde{r}_1\tilde{r}_2\tilde{r}_3\tilde{r}_4\tilde{r}_5\tilde{r}_6\tilde{r}_7$。那么，第一轮运算中左侧 S-box 的输出将会和 $l_0l_1l_2l_3$ 进行异或，以生成 $\tilde{r}_0\tilde{r}_1\tilde{r}_2\tilde{r}_3$。将其合并到等式(6.31)，我们就能够得到下式：

$$\tilde{r}=r_2\oplus k_5\oplus l_1 \text{ 和 } \tilde{r}_2=r_1\oplus k_6\oplus l_2 \qquad 式(6.32)$$

其中每一个等式成立的概率都是 3/4。后续各轮次的运算也能得出相似的结果，其中特定的密钥位依赖于子密钥 K_i。

式(6.32)的结果就是，我们能够将式(6.29)中的线性逼近串接起来以贯穿到多轮运算。图 6-16 就说明了这一点。因为线性密码分析是一个已知明文攻击，所以攻击者能够知道明文 $P=p_0p_1p_2\ldots p_{15}$ 以及相应的密文 $C=c_0c_1c_2\ldots c_{15}$。

$(L_0,R_0)=(p_0\ldots p_7,p_8\ldots p_{15})$	位 1 和位 2(从 0 开始)	概率
$L_1=R_0$	p_9,p_{10}	1
$R_1=L_0\oplus F(R_0,K_1)$	$p_1\oplus p_{10}\oplus k_5,\ p_2\oplus p_9\oplus k_6$	3/4
$L_2=R_1$	$p_1\oplus p_{10}\oplus k_5,\ p_2\oplus p_9\oplus k_6$	3/4
$R_2=L_1\oplus F(R_1,K_2)$	$p_2\oplus k_6\oplus k_7,\ p_1\oplus k_5\oplus k_0$	$(3/4)^2$
$L_3=R_2$	$p_2\oplus k_6\oplus k_7,\ p_1\oplus k_5\oplus k_0$	$(3/4)^2$
$R_3=L_2\oplus F(R_2,K_3)$	$p_{10}\oplus k_0\oplus k_1,\ p_9\oplus k_7\oplus k_2$	$(3/4)^3$
$L_4=R_3$	$p_{10}\oplus k_0\oplus k_1,\ p_9\oplus k_7\oplus k_2$	$(3/4)^3$
$R_4=L_3\oplus F(R_3,K_4)$		
$C=(L_4,R_4)$	$c_1=p_{10}\oplus k_0\oplus k_1,\ c_2=p_9\oplus k_7\oplus k_2$	$(3/4)^3$

图 6-16　针对 TDES 加密方案的线性密码分析

在图 6-16 中的最后一行，遵循了这样一个事实：$L_4=c_0c_1c_2c_3c_4c_5c_6c_7$。我们可以将这些等式重新写作：

$$k_0\oplus k_1=c_1\oplus p_{10} \qquad 式(6.33)$$

和

$$k_7\oplus k_2=c_2\oplus p_9 \qquad 式(6.34)$$

其中，两个等式成立的概率均为$(3/4)^3$。因为 c_1、c_2、p_9 和 p_{10} 均为已知，所以我们就得到了有关密钥位 k_0、k_1、k_2 以及 k_7 的一些信息。

基于图 6-16 中的结果很容易就能够实施一个线性密码分析攻击。我们先得到已知明文 $P = p_0p_1p_2 \ldots p_{15}$ 以及相应的密文 $C = c_0c_1c_2\ldots c_{15}$。对于每一对这样的数据，我们依据下式是否成立来对一个计数器执行递增操作：

$$c_1 \oplus p_{10}=0 \text{ 或 } c_1 \oplus p_{10}=1$$

同时，依据下式是否成立来对另一个计数器执行递增操作：

$$c_2 \oplus p_9=0 \text{ 或 } c_2 \oplus p_9=1$$

通过使用 100 对已知明文，就可以得到如下的结果：

$$c_1 \oplus p_{10}=0 \text{ occurred 38 times}$$
$$c_1 \oplus p_{10}=1 \text{ occurred 62 times}$$
$$c_2 \oplus p_9=0 \text{ occurred 62 times}$$
$$c_2 \oplus p_9=1 \text{ occurred 38 times}$$

在这个案例中，我们根据式(6.33)可以推出：

$$k_0 \oplus k_1=1$$

同时，根据式(6.34)可以推出：

$$k_7 \oplus k_2=0$$

在这个具体的例子中，实际的密钥值是：

$$K = 1010\ 0011\ 0101\ 0110$$

并且，非常容易验证 $k_0 \oplus k_1=1$ 和 $k_7 \oplus k_2=0$，这正是我们通过线性密码分析攻击所确定的结果。

在这个线性密码分析攻击中，我们仅仅是恢复出了相当于两个二进制位的信息。要想恢复出整个密钥 K，我们还需要对于剩余的未知位执行穷举式密钥检索。这将需要预计约为 2^{13} 次加密运算的开销以及线性密码分析攻击的开销，当然，相比较而言，线性密码分析攻击的开销可以忽略不计。这可能看起来并没有太大的成效，但它确实是一个捷径攻击，因此，也说明了 TDES 加密方案按照我们之前的定义是不安全的。

6.4.7　对分组加密方案设计的提示

既然没有办法去证明一个现实的加密方案是安全的，再加上由于对未知攻击的防范也极其困难，所以密码专家们就将注意力主要集中在了如何防范已知攻击上。对于分组密码加密方案，所谓的已知攻击主要就是线性密码分析和差分密码分析，以及基于这些方法的一些变种。于是，在分组密码加密方案的设计中，主要的目标就是使得线性密码分析攻击和差分密码分析攻击不可行。

密码专家们如何才能够令线性密码分析攻击和差分密码分析攻击更加困难呢？对于一个迭代的分组密码加密方案，存在一个运算轮次的数量和每轮运算的复杂度二者之间的权衡问题。也就是说，对于一个简单的轮函数来说，通常需要比较多轮次的运算，这样从扰乱和扩散的最终程度上，才能够与一个比较复杂的轮函数执行较少次数的迭代所能够达到的效果相当。

无论是在线性密码分析攻击中，还是在差分密码分析攻击中，对任何一轮攻击的成功概率小于 1 都基本上肯定会使得其对随后一轮的攻击的成功率减小。所以，在其他条件相同的情况下，从线性密码分析攻击和差分密码分析攻击的角度看，一个具有更多轮次运算的分组密码加密方案会更加安全。

使线性密码分析攻击和差分密码分析攻击更加困难的另一个途径是尽力获得更高程度的扰乱。也就是说，我们要想方设法降低对每一轮攻击的成功率。对于一个类似 DES 的加密方案，这就相当于要构造更好的 S-box。在其他条件相同的情况下——当然，实际上这是不可能的——更高程度的扰乱就意味着更高程度的安全性。

从另一个方面看，更好的扩散水平也会趋于促成线性密码分析攻击和差分密码分析攻击更加难以实施。在这两种类型的攻击中，都需要串接对每轮攻击的结果以贯穿多轮运算，更好的扩散水平将会使这个“串接单轮攻击以构成有效可用链”的过程更加困难。

在 TDES 加密方案中，运算的轮次很少，所以结果就是，在算法中对单轮攻击的成功率并没有获得足够多的削减。而且，TDES 算法的 S-box 的设计也很脆弱，这导致了其扰乱效果很有限。最后再来看看 TDES 算法中的扩展置换——该加密算法中唯一的扩散效应来源，这里的强度也很弱，仅仅是将一轮运算中的各位进行混合，然后就进入下一轮运算。以上所有这些因素混合在一起，就形成了这样的一个风险程度很高的脆弱加密方案，无论对线性密码分析攻击，还是对差分密码分析攻击，均是如此。

令分组密码加密算法设计专家们颇为头疼，以至于其工作极尽繁复的是，他们必须构造出既安全又高效的加密方案。其中一个基本的问题就是，分组密码加密算法的设计者必须要面对一个固有的设计取舍，即运算轮次的数量和每轮运算的复杂性之间的权衡。也就是，包含一个简单的轮运算结构的分组密码加密算法会倾向于仅能提供有限的混合(也即是扩散)和有限的非线性特性(也即是扰乱)，于是结果就需要执行更多轮的运算。

TEA(Tiny Encryption Algorithm)加密算法就是一个包含了简单轮运算结构的分组加密方案的很好的实例。因为 TEA 算法的每一轮运算都极其简单，这就导致了其扰乱和扩散的特性相当弱，于是就需要执行很多轮次的运算。再看另一个极端的情况，AES(Advanced Encryption Standard)加密算法的每一轮运算都包含了强大的线性混合和卓越的非线性特性。所以，AES 算法就需要相对而言较少的运算轮次，但是每一轮的 AES 运算都比 TEA 算法的一轮运算更加复杂。最后再来看看 DES 加密算法，它就相当于是介于上述两者之间的折中情形。

6.5 格规约和背包加密

Every private in the French army carries a Field Marshal wand in his knapsack.

— Napoleon Bonaparte

在这一节，我们介绍一个针对原始版本的 Merkle-Hellman 背包加密系统的攻击的细节。这个背包加密系统在之前的第 4 章 4.2 节中讨论过。对于此处所讨论的攻击，想要了解更严谨(但仍然会具有很好的可读性)的表达，可以参见[175]。请注意，要理解本节的内容需要一些基础的线性代数知识。本书附录中包含有本节所必要的相关内容和资料。

令 $b_l, b_2, \ldots, b_n$ 均为 m 维欧式空间 R^m 中的向量，也就是说，每一个 b_i 都是一个恰好包含了 m 个实数的(列)向量。格就是可以表示为如下多个向量 b_i 相加的形式的所有元素构成的集合(译者注：基于欧式空间的加法子群)。

$$\alpha_1 b_1+\alpha_2 b_2+\cdots+\alpha_n b_n$$

其中，每一个 a_i 都是一个整数。

举个例子，考虑如下向量：

$$b_1=\begin{bmatrix}-1\\1\end{bmatrix}和\ b_2=\begin{bmatrix}1\\2\end{bmatrix}\qquad 式(6.35)$$

因为 b_1 和 b_2 是线性无关的，所以该平面上任何一点都可以表示为 $\alpha_1 b_1+\alpha_2 b_2$，这里 α_1 和 α_2 取特定的实数。我们称平面 R^2 是基(b_l, b_2)的生成空间。如果我们限定 α_1 和 α_2 为整数，那么，其生成空间也就是遵循形式 $\alpha_1 b_1+\alpha_2 b_2$ 的所有点的集合，就是一个格。一个格包含了一系列离散点的集合。例如，在图 6-17 中给出的图解，就是式(6.35)中的向量所生成的格。

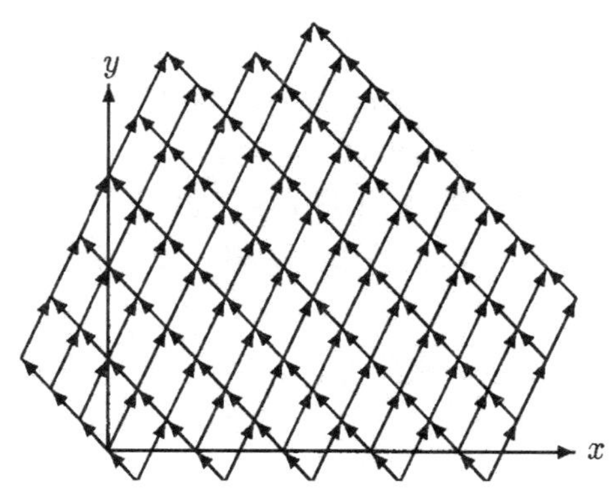

图 6-17　平面上的格

许多组合类问题都可以被规约为在一个格中寻找一个“简约”向量的问题。背包加密就是一类这样的问题。在格中求解短向量的问题可以利用一类所谓的格规约技术来实现。

在讨论针对背包加密算法的格规约攻击之前，让我们先考察另一个可以利用这种技术解决的组合类问题。我们将要考察的这个问题称为精确覆盖问题，接下来我们对这个问题进行说明。给定一个集合 S 以及一系列 S 的子集，要找到这些子集的一个组合，使得 S 中每一个元素都恰好在其中一个子集当中。并不是总能够找到这样的一个子集的组合，但是，如果确实找到了这样的子集的组合，我们就将这个解决方案看成是一个特定格中的短向量。

考虑如下精确覆盖问题的一个例子，令：

$$S=\{0,1,2,3,4,5,6\}$$

同时，假设给定了 S 的 13 个子集，我们从 S_0 到 S_{12} 来分别标识它们，如下：

$$s_0=\{0,1,3\},s_1=\{0,1,5\},s_2=\{0,2,4\},s_3\{0,2,5\},$$
$$s_4=\{0,3,6\},s_5=\{1,2,4\},s_6=\{1,2,6\},s_7\{1,3,5\},$$
$$s_8=\{1,4,6\},s_9=\{1\},s_{10}=\{2,5,6\},s_{11}\{3,4,5\},s_{12}\{3,4,6\}$$

我们以 m 来表示集合 S 的元素的个数，以 n 来表示子集的个数。在这个例子中，我们有 $m=7$ 和 $n=13$。那么，我们是否能够找到这 13 个子集的一个组合，使得 S 的每一个元素都恰恰在其中一个子集当中呢？

对于这 13 个子集，共有 2^{13} 种不同的组合结果，所以，我们可以采用穷举式检索来遍历所有可能的组合，直到我们找到了一个符合条件的组合或者完成了整个遍历，后一种情况下，我们将得出不存在这样的组合的结论。然而，如果有非常大量的子集，我们就需要一种替代的解决方案了。

一种替代的方法是，尝试一种所谓的启发式搜索技术。各种不同的启发式搜索策略数量繁多，但是它们都具备的一个共同点就是：它们都以一种非随机的方式对可能的解决方案集合进行搜索遍历。这样一种搜索策略的目标就是：相对穷举式搜索而言，想要以一种“更聪明”的方式来提高“更快找到目标解决方案”的可能性。

格规约就可以被视为启发式搜索的一种形式。事实上，我们并不能保证，使用格规约的方法就一定能够找出一个解决方案，但是，对于许多问题，这个技术确实在很大概率上能够找到解决方案，而且所需要的开销相对于穷举式搜索来说还很小。

在我们实施格规约方法之前，我们首先需要以矩阵的形式重写一下精确覆盖问题。我们定义一个 $m \times n$ 的矩阵 A，其中，如果集合 S 中的元素 i 在子集 S_j 中，则 $a_{ij}=1$，否则 $a_{ij}=0$。另外，我们还定义长度为 m 的向量 B，其中所有元素均为 1。然后，如果我们能够求解矩阵方程 $AU=B$，得到一个由若干个 0 和 1 组成的向量，那么我们已经解决了这个精确覆盖的问题。

对于上述精确覆盖问题的例子，矩阵方程 $AU=B$ 的形式如下：

$$\begin{bmatrix} 1&1&1&1&1&0&0&0&0&0&0&0&0 \\ 1&1&0&0&0&1&1&1&1&1&0&0&0 \\ 0&0&1&1&0&1&1&0&0&0&1&0&0 \\ 1&0&0&0&1&0&0&1&0&0&0&1&1 \\ 0&0&1&1&0&1&1&0&0&0&1&0&0 \\ 0&1&0&1&0&0&0&1&0&0&1&1&0 \\ 0&0&0&0&1&0&1&0&1&0&1&0&1 \end{bmatrix} \begin{bmatrix} u_0 \\ u_1 \\ u_2 \\ u_3 \\ u_4 \\ u_5 \\ u_6 \\ u_7 \\ u_8 \\ u_9 \\ u_{10} \\ u_{11} \\ u_{12} \end{bmatrix} = \begin{bmatrix} 1 \\ 1 \\ 1 \\ 1 \\ 1 \\ 1 \\ 1 \end{bmatrix}$$

而我们找到了一个解决方案 U，其中每一个 $u_i \in \{0, 1\}$，也就是说，如果子集 s_i 在精确覆盖中，则 $u_i=1$，如果子集 s_i 不在精确覆盖中，则 $u_i=0$。在这个特定的例子中，很容易就能够验证，一个给定的解答 U=[0001000001001]能够满足要求，也就是说，s_3, s_9 和 s_{12} 构成了集合 S 的一个精确覆盖。

由此我们已经说明了，精确覆盖问题可以被重新描述为：找出一个矩阵方程 $AU=B$

的一个解 U，其中向量 U 仅由 0 和 1 组成。这并不是一个标准的线性代数问题，因为线性方程的解并不限定为仅仅包含 0 和 1。可以证实，这是可以利用格规约技术来求解的一类问题。但是，我们首先需要根据线性代数获得一个基本的事实。

假设 $AU=B$，其中 A 是一个矩阵，U 和 B 是列向量。令 $a_1, a_2, \ldots, a_n$ 表示矩阵 A 的各列，令 u_1、u_2, …, u_n 为列向量 U 的各个元素。那么可得下式：

$$B=u_1a_1+u_2a_2+\ldots u_na_n \qquad \text{式(6.36)}$$

例如：

$$\begin{bmatrix}3 & 4\\1 & 5\end{bmatrix}\begin{bmatrix}2\\6\end{bmatrix}=2\begin{bmatrix}3\\1\end{bmatrix}+6\begin{bmatrix}4\\5\end{bmatrix}=\begin{bmatrix}30\\20\end{bmatrix}$$

现在给定 $AU=B$，考虑如下矩阵方程：

$$\begin{bmatrix}I_{n\times n} & 0_{n\times 1}\\A_{m\times n} & -\mathrm{B}_{m\times 1}\end{bmatrix}\begin{bmatrix}\mathrm{U}_{n\times 1}\\1_{1\times 1}\end{bmatrix}=\begin{bmatrix}\mathrm{U}_{n\times 1}\\0_{m\times 1}\end{bmatrix}$$

我们将这个矩阵方程表示为 $MV=W$。根据矩阵相乘，我们可以得到 $U=U$(这并没有什么信息量)和非平凡方程 $AU-B=0$。于是，找到方程 $MV=W$ 的一个解 V 就等价于找到了原始方程 $AU=B$ 的一个解 U。

将该问题重新写作 $MV=W$ 的好处是，M 的列是线性无关的。这一点其实很容易就看得出来，因为 $n\times n$ 的特征矩阵出现在左上部分，而最后一列以 n 个零开始。

令 c_0,c_1,c_2，…，c_n 为矩阵 M 的 $n+1$ 个列，再令 $v_0, v_1, v_2,\cdots, v_n$ 为向量 V 的各个元素。那么，根据等式(6.36)，我们可以得到下式：

$$W=v_0c_0+v_0c_1+\ldots v_nc_n \qquad \text{式(6.37)}$$

令 L 为 c_0,c_1,c_2，…，c_n，也即是矩阵 M 的各列，所生成的格。那么，L 就包含了矩阵 M 中各列的所有整数倍组合。回来再看 $MV=W$，其中：

$$\mathrm{W}=\begin{bmatrix}u_0\\u_1\\\vdots\\u_{\mathrm{n-1}}\\0\\\vdots\\0\end{bmatrix}$$

我们的目标是找到 U。但是，这里换成求解线性方程以找到 V，我们就可以通过找到解 W 从而来求解 U。根据等式(6.37)，这个目标解 W 就在格空间 L 中。

根据对向量长度的欧式定义，一个向量 $Y=(y_0, y_1, \ldots, y_{n-1})\in\mathrm{R}^n$ 的长度可以用下面的公式来表示：

$$\|\mathrm{Y}\|=\sqrt{\mathrm{y}_0^2+\mathrm{y}_1^2+\cdots+\mathrm{y}_{\mathrm{n-1}}^2}$$

那么，W 的长度就是：

$$\|W\| = \sqrt{u_0^2 + u_1^2 + \cdots + u_{n-1}^2} \le \sqrt{n}$$

既然在 L 中，大部分的向量的长度都远远大于 $\sqrt{n}$，那么我们知道 W 是在格 L 中的一个短向量。不仅如此，W 还具备一个非常特殊的形式，即它的前 n 项均为 0 或者 1，它的最后 m 项都等于 0。这些特性使得 W 在格 L 空间中与其他的典型向量不同。我们是否能够使用这个信息来寻找 W 呢？这将会为我们求解精确覆盖问题找到一个解决方案吗？

事实上，有一个算法可用于在一个格空间中高效地找到短向量。这个算法被人们称为 LLL 算法，请参见[169,189](该算法的名称由来是因为它的三个发明人的名字的首字母都是 L)。我们的策略就是利用 LLL 算法在格 L 中找到短向量，而格 L 是由矩阵 M 的各列所生成的。然后，我们再检视得到的这些短向量，看是否有任何一个向量具备 W 的特殊形式。如果我们找到了这样的一个向量，就表明有很大的可能性是我们已经找到了对于原始问题的一个解 U。

图 6-18 给出了 LLL 算法的伪码，其中，$(n+m) \times (n+1)$的矩阵 M 包括列 $b_0, b_1, b_2, \ldots, b_n$，矩阵 X 的各列表示为 $x_0, x_1, x_2, \ldots, x_n$，而 Y 的元素表示为 y_{ij}。请注意，y_{ij} 可以是负值，所以在具体实现下取整函数「y_{ij}+ 1/2」时要格外小心。

为了完整性起见，我们在图 6-19 中也给出了 Gram-Schmidt 正交化算法。即便合在一起，这两个算法也仅仅需要大约 30 行的伪码。

```
        // find short vectors in the lattice spanned
        // by columns of M = (b_0, b_1, ..., b_n)
        loop forever
            (X,Y) = GS(M)
            for j = 1 to n
                for i = j - 1 to 0
                    if |y_ij| > 1/2 then
                        b_j = b_j - ⌊y_ij + 1/2⌋ b_i
                    end if
                next i
            next j
            (X,Y) = GS(M)
            for j = 0 to n - 1
                if ||x_{j+1} + y_{j,j+1} x_j||^2 < (3/4)||x_j||^2
                    swap(b_j, b_{j+1})
                    goto abc
                end if
            next j
            return(M)
abc:        continue
        end loop
```

图 6-18　LLL 算法

```
// Gram-Schmidt M = (b_0, b_1, ..., b_n)
GS(M)
    x_0 = b_0
    for j = 1 to n
        x_j = b_j
        for i = 0 to j - 1
            y_ij = (x_i · b_j)/||x_i||^2
            x_j = x_j - y_ij x_i
        next i
    next j
    return(X,Y)
end GS
```

图 6-19　Gram-Schmidt 算法

有一点很重要，就是要认识到：无法确保 LLL 算法一定能够找到目标向量 W。但是，对于某些特定类型的问题，成功求解的概率还是很高的。

直到现在，你可能还在困惑之中，所有这一切又与背包加密系统有什么关系呢？接下来，我们就要说明：通过使用格规约，我们能够发起对背包加密方案的攻击。

我们先来考虑一个超级递增背包，如下：

$$S=[s_0,s_1,\ldots,s_7]=[2,3,7,14,30,57,120,251]$$

然后，我们选择乘数 $m = 41$ 以及模数 $n = 491$(请注意，这个例子与第 4 章 4.2 节中给出的背包例子是同一个背包)。接下来，我们能够知道 $m^{-1} = 12 \bmod 491$。现在，要找到相对应的公钥背包，我们计算 $t_i = 41s_i \bmod 491$，其中 $i = 0,1, \ldots , 7$，结果得到：

$$T=[t_0,t_1,\ldots t_7]=[82,123,287,83,248,373,10,471]$$

这就得到了背包加密系统，其定义如下：

公钥：T

和

私钥: S和 $m^{-1} \bmod n$.

举个例子，10010110以如下方式被加密：

$$\begin{aligned}1\cdot t_0+0\cdot t_1+0\cdot t_2+1\cdot t_3+0\cdot t_4+1\cdot t_5+1\cdot t_6+0\cdot t_7 \\ =82+83+373+10 \\ =548\end{aligned}$$

要解密密文 548，私钥的持有者要执行的计算如下：

$$548\cdot 12 = 193 \bmod 491$$

然后使用超级递增背包 S，就能够很轻松地求解出明文 10010110。

在这个特定的例子中，攻击者 Trudy 知道公钥 T 和密文 548。如果 Trudy 能够找到 $u_i\in\{0, 1\}$使得下式满足，她就能够破解这个系统。

$$82u_0+123u_1+287u_2+83u_3+248u_4+373u_5+10u_6+471u_7=548 \qquad 式(6.38)$$

可以将这个问题放到格规约的正确框架之下，我们重新将其以矩阵形式表示，如下：

$$T \cdot U=548$$

其中，T 是公钥背包，$U =[u_0,u_1,\ldots , u_7]$如式(6.38)中所示。这和前面讨论过的 $AU = B$ 形式相同，所以我们重写并将其表示为 $MV = W$ 的形式，而这种形式更适合 LLL 算法的处理。在这种情况下，我们有下式：

$$M=\begin{bmatrix} I_{8\times 8} & 0_{8\times 1} \\ T_{1\times 8} & -C_{1\times 1}\end{bmatrix}=\left[\begin{array}{cccccccc|c} 1&0&0&0&0&0&0&0&0\\ 0&1&0&0&0&0&0&0&0\\ 0&0&1&0&0&0&0&0&0\\ 0&0&0&1&0&0&0&0&0\\ 0&0&0&0&1&0&0&0&0\\ 0&0&0&0&0&1&0&0&0\\ 0&0&0&0&0&0&1&0&0\\ 0&0&0&0&0&0&0&1&0\\ \hline 82&123&287&83&248&373&10&471&-548 \end{array}\right].$$

现在，我们可以将 LLL 算法应用到矩阵 M 上，以找到矩阵 M 的各个列向量所生成的格中的短向量。LLL 算法的输出，我们以 M'来表示，它是一个矩阵，由 M 的各个列向量生成的格中的短向量组成。在这个实例中，LLL 算法的输出如下：

$$M' = \left[\begin{array}{cccccccc|c} -1 & -1 & 0 & 1 & 0 & 1 & 0 & 0 & 1 \\ 0 & -1 & 1 & 0 & 1 & -1 & 0 & 0 & 0 \\ 0 & 1 & -1 & 0 & 0 & 0 & -1 & 1 & 2 \\ 1 & -1 & -1 & 1 & 0 & -1 & 0 & -1 & 0 \\ 0 & 0 & 1 & 0 & -2 & -1 & 0 & 1 & 0 \\ 0 & 0 & 0 & 1 & 1 & 1 & 1 & -1 & 1 \\ 0 & 0 & 0 & 1 & 0 & 0 & -1 & 0 & -1 \\ 0 & 0 & 0 & 0 & 0 & 0 & 1 & 1 & -1 \\ \hline 1 & -1 & 1 & 0 & 0 & 1 & -1 & 2 & 0 \end{array}\right].$$

其中M'中第4列具备求解背包加密问题的正确形式。根据这一列，Trudy能够推测出一个解，如下：

$$U=[1,0,0,1,0,1,1,0]$$

再利用公钥以及密文信息，她就能够轻而易举地验证所推断的解10010110是否就是真正正确的解。这个特定的攻击还有一个非常有趣的地方，就是Trudy能够在未恢复出私钥的情况下直接从密文获得明文。

针对背包加密方案的格规约攻击既快速又有效——这个攻击最初是于1983年在一台Apple II计算机上被展示出来的(见参考文献[265])。虽然该攻击并不是总能成功，但是针对原始的Merkle-Hellman背包加密，其成功的概率还是非常高的。

格规约是针对于背包加密系统的一种很神奇的攻击方法。这里的教训是，精巧的数学(以及算术)方法有时候能够对密码系统发起非常有效的攻击。

6.6 RSA计时攻击

All things entail rising and falling timing.
You must be able to discern this.
— Miyamoto Musashi

在攻击一个加密方案时，不直接攻击其加密算法，这种情况也是屡见不鲜的，而且也很可能会成功[89]。有许多的处理过程在无意之间就会留下“旁路通道”，从而泄露了相关的信息。这些信息的无意泄露可能会有多方面的原因，包括运算执行的方式、所使用的媒介、所消耗的电力、电磁发射等。某些情况下，这些信息可能会被用来恢复出一个加密方案的密钥。

Paul Kocher被称为旁路通道攻击(见参考文献[166])之父，他最先发明了一种技术，该技术提供了一种途径，能够证明智能卡的脆弱性。Kocher以一己之力，使得智能卡这一技术被广泛接受和应用的时间推迟了好几年。

由于所谓的无意识散发，因此出现了大量的旁路通道信息的潜在来源。信息安全领域有一个完整的分支在致力于研究安全排放(或者称为EMSEC)，此类技术还有一个名字，叫做TEMPEST(见参考文献[199])。举个例子，Anderson(见参考文献[14])说明了如何根据一台计算机显示器特定距离内的电磁场(或称 EMF)来收集信息，从而能够重构出该屏幕上的图像。

对于智能卡，不仅可以通过其发射的 EMF 电磁释放信息，而且还能够对其实施差分功耗分析，或简称为 DPA(*differential power analysis*)。差分功耗分析(DPA)利用了一个事实，即执行某些计算相比另外一些计算需要更多的能量消耗，见参考文献[167]。基于 EMF 电磁释放的攻击和基于 DPA 的攻击都是被动攻击。更多的主动攻击常常被称为差分故障分析，或简称为 DFA(*differential fault analysis*)，其中，错误的引入基于一个基本目标，就是收集恢复破解类信息[11]。举个例子，可以将过量的电力接入到一台设备以引发一个错误。这些攻击方式基本上对于被攻击系统都不是毁灭性的。在一些 GSM 蜂窝通信网络的终端中使用的智能卡，就有可能遭到基于 DFA 技术的攻击，见参考文献[228]。

在这一节，我们将要仔细考察针对 RSA 加密方案的两种计时攻击。第一种攻击方案并不实际，但是提供了对于有关概念的一个相对简单的说明，而第二种攻击方案已经被实际用于现实世界中，以破解一些真实存在的系统。

计时攻击利用了这样的事实：在 RSA 加密方案中，一些运算相比其他的运算耗时更长。通过细致地测量一个操作执行的耗时，我们就能够确定相应的 RSA 方案的加密私钥，或者至少是密钥中的若干二进制位的值，见参考文献[329]。现实世界已经有许多更高级版本的计时攻击，其中，针对支撑网络连接的 OpenSSL 协议中所实现的 RSA 方案，就有一些很成功的案例，见参考文献[41]。对于应用于更多常规 RSA 算法实现的计时攻击，在参考文献[284]中可以找到相关的讨论。

6.6.1　一个简单的计时攻击

令 M 是一条消息，Alice 要使用她自己的私钥 d 对该消息实施签名。假设 Alice 自己对消息 M 进行签名[6]，也就是说，Alice 计算 $M^d \bmod N$。跟往常一样，Trudy 的目标是恢复出私钥 d。我们假设 d 是 $n+1$ 位二进制长，其中有 n 位未知。我们以如下方式来表示 d 的各位

$$d = d_0\, d_1 \ldots d_n \quad 其中，d_0=1$$

请回顾一下，重复平方法提供了一种计算模幂的高效方法。假如使用重复平方法来计算 $M^d \bmod N$，在图 6-20 中给出了重复平方算法的伪码。

假设图 6-20 中的函数 mod(x, N)以图 6-21 所示的过程来实现。从效率方面考虑，成本最高的模操作，以“%”来表示，这些操作只有当模规约实际需要的时候才会执行。

```
x=M
for j=1 to n
  x=mod(x^2,N)
  if dj = = 1 then
    x=mod(xM,N)
  end if
next j
return x
```

图 6-20　重复平方算法

6. 精明的读者将会回忆起来，在第 5 章，我们说 Alice 要签名的是 $h(M)$，而不是消息 M。然而，在安全协议中，对一个随机的值执行签名而并不执行任何哈希运算，这也是非常常见的情况——请参见第 9 章和第 10 章。许多的计时攻击都源自安全协议自身的上下文，所以在这里，我们要考虑的情况是对消息 M 执行签名运算，而并不执行任何哈希计算。

```
function mod (x,N)
if x>=N
  x=x%N
end if
return x
```

图 6-21　高效的模函数处理过程

现在我们先来考虑图 6-20 所示的重复平方算法。如果 $d_j = 0$，那么 $x = \mathrm{mod}(x^2, N)$，但是如果 $d_j = 1$ 就产生两个操作，即 $x = \mathrm{mod}(x^2,N)$和 $x = \mathrm{mod}(xM,N)$。于是，当 $d_j = 0$ 时与 $d_j = 1$ 时相比较，运算时间可能就不同。那么，Trudy 是否能够利用这一点来恢复出 Alice 的私钥呢？

我们假设 Trudy 能够发起一个“选择明文”攻击，也就是说，Alice 将对 Trudy 所选择的消息执行签名。假如聪明的 Trudy 选择了两个值，Y 和 Z，且满足 $Y^3 < N$ 和 $Z^2 < N < Z^3$，而 Alice 对这两个值都执行了签名。

我们令 $x = Y$，并考虑表 6-13 中重复平方算法在步骤 $j = 1$ 的情况。我们有下式：

$$x = \mathrm{mod}(x^2, N)$$

同时因为 $x^2 = Y^2 < Y^3 < N$，所以标识“%”的操作没有发生。然后，如果 $d_1 = 1$，我们就有下式：

$$x = \mathrm{mod}(xY, N)$$

同时，由于 $xY = Y^3 < N$，所以标识“%”的操作也没有发生。当然，如果 $d_1 = 0$，这些标识“%”的操作同样也不会发生。

现在，我们令 $x = Z$，并考虑表 6-13 中重复平方算法在步骤 $j = 1$ 的情况。在这个实例中，我们有：

$$x = \mathrm{mod}(x^2, N)$$

同时，因为 $x^2 = Z^2 < N$，所以标识“%”的操作没有发生。但是，如果当 $d_1 = 1$ 时，我们有：

$$x = \mathrm{mod}(xZ, N)$$

这时标识“%”的操作将会发生，因为 $xZ = Z^3 > \mathrm{N}$。然而，如果当 $d_1 = 0$ 时，那么这些标识“%”的操作不会发生。也就是说，仅当 $d_1 = 1$ 时，额外的标识“%”的操作才会发生。结果就是，如果 $d_1 = 1$，那么 $j = 1$ 的步骤需要执行更多的计算，从而相比计算 Y 来说，将会花费更长的时间来计算 Z。从另一方面看，如果 $d_1 = 0$，那么 $j = 1$ 的运算步骤在分别计算 Z 和在计算 Y 时，将会花费相同数量的时间。利用这个事实，Trudy 是否能够恢复出私钥 d 的位 d_1 呢？

对 Trudy 来说，问题是重复平方算法并不会在 $j = 1$ 的步骤执行完成后就戛然而止。所以，在 $j = 1$ 的步骤执行中的任何时间差异都可能会被后面步骤中产生的时间差异所淹没。但是，假设 Trudy 能够分别使用不同的值 Y 和 Z 将这个试验重复执行多次，并且每次都能满足上面给出的条件，即 $Y^3 < N$ 和 $Z^2 < N < Z^3$。那么，如果 $d_1 = 0$，平均而言，Trudy 就可以预计对 Y 和 Z 的签名操作要耗费大约同样的时间。另一方面，如果 $d_1 = 1$，那么平均

而言，Trudy 就可以预测对 Z 的签名耗费的时间要比对 Y 的签名耗费的时间更长。也就是说，在算法后续步骤中产生的时间差异趋于相互抵消，于是就允许在 $j=1$ 步骤中的时长差异(或者是没有差异)能够透过这些噪声显现出来。这里的关键点在于，Trudy 需要依赖基于多次测试实例收集的统计信息，以确保该攻击能够更可靠。

Trudy 能够利用下面的算法来确定未知私钥位 d_1。对于 $i=0,1,\ldots,m-1$，Trudy 选择 Y_i 以及 $Y_i^3 < N$。令 y_i 为 Alice 加密 Y_i 所需要耗费的时长，也就是说，这是计算 $Y_i^d \bmod N$ 所需要的时间，其中 $i=0,1,\ldots,m-1$。然后，Trudy 再计算平均时长，如下：

$$y=(y_0+y_1+\ldots y_{m-1})/m$$

接下来，对于 $i=0,1,\ldots,m-1$，Trudy 选择 Z_i 以及 $Z_i^2 < N < Z_i^3$。令 z_i 为计算 $Z_i^d \bmod N$ 所需要耗费的时长，其中 $i=0,1,\ldots,m-1$。然后 Trudy 再次计算平均时长，如下：

$$z=(z_0+z_1+\ldots z_{m-1})/m$$

至此，如果 $Z>y+\varepsilon$，那么 Trudy 可以假定 $d_1=1$，否则，她就可以假定 $d_1=0$，其中通过试验可以确定相应的 ε 值。

一旦恢复出了 d_1，Trudy 就能够使用相似的方式找到 d_2，即便是对于这下一步中的 Y 值和 Z 值的选择需要能够满足不同的标准。一旦 d_2 已知，Trudy 就能够继续确定 d_3，依此类推。请看本章后面的思考题 31。

本节所讨论的攻击实际上仅仅适用于恢复私钥的最前面个别二进制位的值。接下来，我们来讨论一个更加现实版的计时攻击，该攻击曾被用于从智能卡以及其他类似的资源受限类设备中恢复出 RSA 算法的私钥。

6.6.2 Kocher 计时攻击

Kocher 计时攻击[166]背后的基本理念是要优雅但又要足够直接。假设将图 6-22 中的重复平方算法用于 RSA 算法中的模幂运算。另外，再假设图 6-22 所示的乘法操作 $s=s\cdot x \pmod N$ 所耗费的时长是随着 s 和 x 的值而变的。此外，我们还假定，只要给定 s 和 x 的特定值，攻击者就能够确定所发生操作的时长。

```
//Compute y=xd(mod n),
//where d=d0d1d2…dn in binary ,with d0=1
s=x
for i=1 to n
   s=s^2(mod N)
   If di = = 1then
      s =s.x(mod N)
   end if
next i
Return(s)
```

图 6-22　重复平方法

Kocher 将这个攻击视为是一个信号侦测问题，其中所谓的“信号”包含了计时的变化，这依赖于未知的私钥位 d_i, 其中 $i=1,2,...,n$。该信号会被所谓“噪音”所破坏，也就是未知私钥位 d_i 的结果。目标就是从第一个未知密钥位 d_1 开始，每次恢复出私钥位 d_i 中的一位(或者几位)。在实践中，并不需要恢复出所有的二进制位，这是因为一旦 d 中有足够多数量的高位已知，利用 Coppersmith 的算法(见参考文献[68])就能够解决剩余的问题了。

假如我们已经成功地确定了密钥位 $d_0, d_1, ..., d_{k-1}$，现在想要确定密钥位 d_k。然后，我们随机地选择几个密文，比如 C_j，其中 $j=0,1,2,...,m-1$，并且对于这里每一个 j，我们都能够得到加密(或者签名)C_j^d(mod N)运算的时长 $T(C_j)$。对于这些密文文本值中的每一个，我们都能够精确地模拟图 6-22 所示的重复平方算法，对于 $i=1,2,...,k-1$，并且，在 $i=k$ 的步骤中，我们可以模拟两种可能的不同位值，即 $d_k=0$ 和 $d_k=1$。然后，我们将测量获得的时长和两种模拟得到的结果之间的差异罗列成表。Kocher 计时攻击方法的关键判决依据是，根据不同的统计方差进行判断，当选择了正确的 d_k 时，相对于选择不正确的 $\mathrm{d_k}$ 时，其方差会更小。

举个例子，假设我们要尝试获得一个长度只有 8 位的私钥。那么，有下式：

$$d=(d_0,d_1,d_2,d_3,d_4,d_5,d_6,d_7)\text{以及 } d_0=1$$

另外，假设我们已经确定：

$$d_0d_1d_2d_3 \in \{1010,1001\}$$

然后，我们生成一些随机的密文 C_j，并对每一个密文我们都得到相应的计时 $T(C_j)$。对于这些密文中的每一个，相对于如下两个值，我们都可以模拟重复平方算法的前 4 个步骤：

$$d_0d_1d_2d_3=1010 \text{ 和 } d_0d_1d_2d_3=1001$$

对于一个给定的计时 $T(C_j)$，我们令 t_l 为在算法第 l 步骤执行重复平方算法中的平方操作和乘法操作步骤所消耗的实际时间长度。也就是说，t_l 包括计算 $s=s^2 (\text{mod } N)$ 的时长，以及，如果 $d_l=1$，它就还要包括计算 $s=s.C_j$ (mod N)(请参看图 6-22 所示的算法)的开销。另外，我们令 $\tilde{t}l$ 为在为一个假设的私钥指数位 l 模拟平方和乘法操作步骤时所得到的时长，对于 $\mathrm{m}>l$ 的情况，定义简化符号如下：

$$\tilde{t}_{l...m}=\tilde{t}_l+\tilde{t}_{l+1}...\tilde{t}_m$$

当然，$\tilde{t}_e$ 依赖于精确到位的模拟，但是为了简化表示起见，我们并不显式地表述这种依赖关系(这一点在具体实现的上下文中还是很清晰可见的)。

现在，假定我们选择了 4 个密文——C_0、C_1、C_2 和 C_3，并且得到了如图 6-23 所示的计时结果。在这个例子中，我们容易理解，对于 $d_0d_1d_2d_3=1010$，我们有如下式所示的平均时长：

$$E(T(C_\mathrm{j})\text{-}\tilde{t}_{0...3})=(7+6+6+5)/4=6$$

而相对应的方差是：

$$\mathrm{var}(T(C_\mathrm{j})\text{-}\tilde{\mathrm{t}}_{0...3})=(1^2+0^2+0^2+(-1)^2)/4=1/2$$

从另一方面看，对于 $d_0d_1d_2d_3 = 1001$，我们有下式：

$$E(T(C_j)\text{-}\tilde{t}_{0...3})=6$$

但是其方差为：

$$\text{var}(T(C_j)\text{-}\tilde{t}_{0...3})=((-1)^2+1^2+(-1)^2+1^2)/4=1$$

虽然在两个实例中我们使用的方法是一样的，但是 Kocher 的攻击方案告诉我们，较小的方差表明了 $d_0d_1d_2d_3$= 1010 是正确答案。但是这并没有回答问题的实质，为什么我们应该遵循所谓的在“对 $d_0d_1d_2d_3$ 猜测正确的情况下一定会有较小的方差呢？”

		模拟1010		模拟1001	
j	$T(C_j)$	$\tilde{t}_0$ to ...	$T(C_j)$ - $\tilde{t}_0$ ... 3	$\tilde{t}_0$ ... 3	$T(Cj)$ - $\tilde{t}_0$ ...3
0	12	5	7	7	5
1	11	5	6	4	7
2	12	6	6	7	5
3	13	8	5	6	7

图 6-23　时间计数

我们来考虑 $T(C_j)$，这是图 6-23 中一个特定的计算 C_j^d (mod N)所耗费的时长。如前所述，对于这个 $T(C_j)$，我们令 $\tilde{t}_l$ 为模拟执行与私钥指数的第 l 位相对应的平方操作和乘法操作步骤时所耗费的时长。另外，令 $\tilde{t}_l$ 为执行与私钥指数的第 lth 位相对应的平方操作和乘法操作步骤时所耗费的实际时长。再令 u 包含没有计入在 t_l 中的所有时长。u 的值可以看成是代表着测量“错误”。在上面的例子中，我们假定相应的私钥指数 d 是 8 位二进制长，所以，对于这个实例，有：

$$T(C_j)=t_0+t_1+t_2+\ldots+t_7+u$$

现在，假设 d 的高位值是 $d_0d_1d_2d_3 = 1010$。那么，对于计时 $T(C_j)$我们会有下式：

$$\text{var}(T(C_j)\text{-}\tilde{t}_{0...3})=\text{var}(t_4)+\text{var}(t_5)+\text{var}(t_6)+\text{var}(t_7)+\text{var}(u)$$

因为对于 $l = 0,1,2,3$，有 $\tilde{t}_l = t_l$，所以有关这些模拟的时长 $\tilde{t}_l$ 之间并没有差异。请注意，在这里我们假设 t_l 是独立的，并且测量误差 u 是独立于 t_l 的，而这看来也是个有效的假设。如果我们以 var(t)来表示每一个 t_l 的公共方差，那么我们有下式：

$$\text{var}(T(C_j)\text{-}\tilde{t}_{0...3})=4\text{var}(t)+\text{var}(u)$$

不过，如果 $d_0d_1d_2d_3 = 1010$，但是我们模拟 $d_0d_1d_2d_3 = 1001$ 的情况，那么从第一个 d_j 发生错误的点开始，我们的模拟会失效，同时就会伴随基本上是随机性的时长统计结果。在这个实例中，第一个模拟错误发生在 d_2，所以我们就得到下式：

$$
\begin{aligned}
\operatorname{var}(T-\tilde{t}_{0\ldots3}) &= \operatorname{var}(t_2-\tilde{t}_2)+\operatorname{var}(t_3-\tilde{t}_3)+\operatorname{var}(t_4)+\operatorname{var}(t_5)\\
&\qquad +\operatorname{var}(t_6)+\operatorname{var}(t_7)+\operatorname{var}(u)\\
&\approx 6\operatorname{var}(t)+\operatorname{var}(u)
\end{aligned}
$$

因为模拟的时长$\tilde{t}_2$和$\tilde{t}_3$分别与相应的实际时长t_2和t_3不相同，这就意味着，当我们对私钥位的猜测不正确时，会呈现出一个较大的方差。

尽管概念上很简单，但是对于采用了重复平方法的 RSA 实现(但并没有包含更高阶的技术)来说，Kocher 的技术提供了一种强大而且实用的实施计时攻击的解决方案。对于攻击者来说，要想成功，在他们所选择的不同测试实例之间，其误差项 u 的方差一定不能够相差过大。如果加密方案中仅仅使用了一个简单的重复平方算法，那么这种情况几乎一定会出现，因为 u 仅仅包含了循环计算负载和计时误差。对于更高阶的模幂运算技术来说，不同的模拟位值之间的 var(u)可能就会有较大差异，这就有效地掩盖了为了恢复私钥 d 的位值所需要的计时信息。

Kocher 攻击所需要的数据量(意即，所选择的必须要进行计时统计的加密信息的数量)依赖于误差项 u。不过，当密钥 d 的位值被确定之后，相关的计时统计仍然可以被重用，因为，对于给定密钥 d 的其他位来说，只有模拟运算步骤需要修改。所以，该攻击所需要的计时统计信息的数量并不像乍一看那样不可思议。这里再次强调，这个攻击技术已经被应用到了对真实系统的攻击当中。

Kocher 攻击的主要局限在于，它只是被成功地用于攻击那些仅仅使用重复平方算法的 RSA 实现案例。大部分的 RSA 实现也会使用各种其他的技术(如中国余数定理、Montgomery 乘法、Karatsuba 乘法等)以加速模幂运算的效率。往往只有在严格资源受限的环境中(诸如智能卡应用等)，才会仅使用重复平方法而不会引入任何其他相关的技术。

在参考文献[166]中，Kocher 声称，即使对于包含了重复平方算法之外的其他技术的 RSA 实现，他的计时攻击技术仍然有效。不过，Schindler(见参考文献[257]，还有其他人)并不认同这个观点。无论如何，已经有许多不同的计时分析技术被开发出来，并能够成功地对付更高级的 RSA 优化实现方案。正如前面所提及的，在 OpenSSL 协议不久之前的一个版本中的 RSA 实现，就被 Brumley 和 Boneh 开发的一个计时攻击方案所破解，见参考文献[41]。

旁路通道攻击的经验和教训可以扩展到很大的密码学范畴，甚至能够影响到任何特定类型攻击的实现细节，对于密码系统的设计来说是重要的参考技术之一。旁路通道表明，即使密码系统在理论上是安全的，在现实中也不一定就安全。也就是说，孤立地分析一个密码系统是不够的——要使一个密码系统在现实中被视为是安全的，必须对其上下文进行分析，即要分析其特定的实现以及其所依托的更大范围的系统。许多这样的因素并不会与该密码系统自身的数学特性直接相关。Schneier 有一篇很好的文章就阐述了一些这样的问题，见参考文献[261]。

旁路通道攻击能很好地说明攻击者总是不按(预先假定的)规则行事。攻击者总是全力以赴地发掘安全系统中的各种薄弱环节。预防这些攻击者的最佳方式就是像攻击者一样思考，并尽量在 Trudy 之前就找到这些薄弱环节。

6.7　小结

在这一章，我们介绍了几种高级密码分析攻击和相关的技术。我们从一个经典的享誉第二次世界大战的密码系统 Enigma 开始，对这个系统的攻击说明了“分治与均衡”的解决方案。也就是说，该设备的一个重要的组成部分(即插头)可以从密码系统剩余的那部分中分离出来，但是会导致毁灭性的后果。然后，我们考察了一个流密码攻击，特别是针对 WEP 协议中实现的 RC4 加密方案。这个攻击说明，即使是一个很强壮的密码系统，一旦使用不当，也就会被攻破。

在分组密码加密领域，我们讨论了差分密码分析和线性密码分析，并将这些攻击应用到 TDES 加密方案上，这是一个 DES 加密方案的简化版本。这些主题中涉及的一些知识和经验，对于理解分组密码加密系统设计中的基本权衡问题很有帮助。

接下来，我们介绍了一个针对基于 Merkle-Hellman 背包的公开密钥加密系统的经典攻击。这个攻击很好地说明了数学上的进展和精巧的算术所能够对密码系统带来的深刻影响。

旁路通道攻击近年来已经变得很重要，其地位日益凸显。了解这些攻击是非常重要的，这已经超越了密码分析的传统概念，因为它们代表了对于加密系统的真正威胁，即便是所谓理论安全的密码系统。我们讨论了针对 RSA 加密方案的特定旁路通道攻击。

同样，在本章中我们也仅仅是做了一些浮光掠影式的介绍。已经有许多其他的密码分析攻击和技术被开发了出来，而密码分析也仍是非常活跃的一个研究领域。本章所讨论的密码分析攻击，只是提供了用来攻击和分析加密系统的一些相当有代表性的方法的示例。

6.8　思考题

1. 在第二次世界大战期间，德军通常在插头上使用 10 条电缆，一般也只有 5 个不同的转子在使用，另外常常使用一个反射器，而对于盟军来说，该反射器和 5 个转子是已知的。

   a. 在这些约束条件之下，请证明总共只有大约 2^{77} 种可能的 Enigma 加密机密钥。
   b. 请证明，如果我们忽略掉插头部分，那么在这些约束条件之下，总共只有少于 2^{30} 种不同的配置设定。

2. 令 $F(p)$, 其中 $p = 0,1,2, \ldots ,13,$，其为将 p 条电缆插入到 Enigma 密码机插头中的不同插入方式的数量。证明下式成立：

$$\mathrm{F}(p)=\binom{26}{2p}\cdot(2p-1)\cdot(2p-3)\cdots\cdots 1$$

3. 请回顾一下 6.2.4 节中所描述的针对 Enigma 密码机的攻击，我们找到循环迭代

$$S(\mathrm{E})=P_6P_8P_{13}S(\mathrm{E})$$

和

$$S(\mathrm{E})=P_6P_{14}^{-1}P_7P_6^{-1}S(\mathrm{E})$$

请根据表 6-1 所列的明文密文匹配，再找出两个包含有 S(E)的独立的循环迭代。

4. 请问，共需要多少对循环迭代，才能够唯一地确定 Enigma 密码机转子的设置呢？

5. 在本章，我们提到 Enigma 密码机是其自身的逆运算。

   a. 请证明 Enigma 密码机是其自身的逆运算。提示：假设第 i 个明文文本字母是 x，而相对应的第 i 个密文文本字母是 y。这意味着，当第 i 个通过键盘敲入的字母是 x 时，字母 y 将会呈现在显示板上。那么接下来证明，对于相同的密钥设置，如果第 i 个通过键盘敲入的字母是 y，那么字母 x 将会呈现在显示板上面。
   b. 一个加密机是其自身的逆运算(就像 Enigma 这样的系统)，相对于不具备这种特性的密码机(类似 Purple 和 Sigaba 这样的系统)来说，会有什么特别的优势呢？

6. 这个思考题是针对 Enigma 密码机而言的。

   a. 请证明，一个密文字母不可能与相对应的明文字母相同。
   b. 请说明，对于本思考题 a 中所指的这种约束条件，密码分析者在寻找可用线索时，据此能够获得什么样的优势[7]。

7. 请考虑在本书中讨论的针对 Enigma 密码机的攻击，假设唯一关于 $S(E)$的循环迭代被用于恢复出了正确的转子设置。那么，在攻击完成之后，就只有 $S(E)$的插头的值是已知的。请问，如果只利用表 6-2 中给出的明文和密文匹配，那么一共可以恢复出多少种不同的插头设置关系？

8. 请编写一个程序来模拟 Enigma 密码机。并利用你编写的程序来回答如下的问题，其中转子和反射器置换已知，表示如下：

$$R_l = \mathrm{EKMFLGDQVZNTOWYHXUSPAIBRCJ}$$
$$R_m = \mathrm{BDFHJLCPRTXVZNYEIWGAKMUSQO}$$
$$R_r = \mathrm{ESOVPZJAYQUIRHXLNFTGKDCMWB}$$
$$T = \mathrm{YRUHQSLDPXNGOKMIEBFZCWVJAT}$$

其中，R_l 是左侧转子，R_m 是中间转子，R_r 是右侧转子，T 是反射器。对于三个转子，形成里程表效应的“刻度”位置分别是：R_l的 Q 位置，R_m的 V 位置，R_r的 J 位置。例如，当右侧转子从 V 步进至 W 时，中间转子就执行步进操作。

   a. 给定如下的明文密文匹配关系，请恢复出初始化转子设置。

---

7. 根据当今时髦的说法，婴儿床往往被指代为已知明文。

i	0	1	2	3	4	5	6	7	8	9	10	11	12	13	14	15	16	17	18	19	20	21
明文	A	D	H	O	C	A	D	L	O	C	Q	U	I	D	P	R	O	Q	U	O	S	O
密文	S	W	Z	S	O	F	C	J	M	D	C	V	U	G	E	L	H	S	M	B	G	G
i	22	23	24	25	26	27	28	29	30	31	32	33	34	35	36	37	38	39	40	41	42	43
明文	L	I	T	T	L	E	T	I	M	E	S	O	M	U	C	H	T	O	K	N	O	W
密文	N	B	S	M	Q	T	Q	Z	I	Y	D	D	X	K	Y	N	E	W	J	K	Z	R

b. 请根据已知明文，尽可能多地恢复出插头设置的各种不同情形。

9. 假定使用与思考题 8 中同样的 Enigma 密码机转子(并且排列顺序也相同)和反射器，而且插头中没有电缆连接。请求解该密码机的初始化转子设置，并恢复出如下给定密文所对应的明文：

ERLORYROGGPBIMYNPRMHOUQYQETRQXTYUGGEZVBFPRIJGXRSSCJTXJBMW
JRRPKRHXYMVVYGNGYMHZURYEYYXTTHCNIRYTPVHABJLBLNUZATWXEMKRI
WWEZIZNBEOQDDDCJRZZTLRLGPIFYPHUSMBCAMNODVYSJWKTZEJCKPQYYN
ZQKKJRQQHXLFCHHFRKDHHRTYILGGXXVBLTMPGCTUWPAIXOZOPKMNRXPMO
AMSUTIFOWDFBNDNLWWLNRWMPWWGEZKJNH

提示：明文使用的是英语。

10. 假如你所知道的关于明文的全部信息就是它是用英语写的，开发出一个针对 Enigma 密码机的仅密文攻击。请分析你所提出的攻击的实施开销，并请评估：对于你的攻击方案，要想获得成功，所需要的密文文本的数量最少应该是多少。假如 Enigma 密码机转子、转子的排列顺序、可移动环的位置以及反射器都是已知的。那么，你需要求解的就是三个转子的初始化设置以及插头的设置。提示：既然 E 是英文中最常使用的字母，那么猜测明文文本为 EEEEEE...，然后再使用这个“噪声”明文来求解转子和插头的相关设置。

11. 针对 Enigma 密码机的设计给出修改建议，使得在 6.2 节中讨论的攻击方案不再可行。你的目标是对该设计进行比较微小的调整和改造。

12. 请考虑一个转子，其包括一个$\{0, 1,2, \ldots ,n-1\}$的硬连接置换。我们将这个置换表示为 $P=(p_0，p_1，\ldots，p_{n-1})$，其中 P 将 i 置换为 p_i。令 d_i 是 p_i 的位移，也就是说，$d_i = p_i - i \pmod n$。请找出一个公式，以表示第 k 次基于 P 的转子移位相对应的元素，这里我们将其表示为 P_k，其中移位的方向与 6.2.3 节中所描述的转子的移位方向相同。你的公式应该以 p_i 和 d_i 来表达。

13. 在针对 RC4 加密算法的攻击中，假设可以获得 60 个形如(3,255,V)的初始化向量 IV。根据经验可以确定密钥字节 K_3 能够被识别出来的概率。请问，如果想要使这个概率大于 1/2，那么最少需要多少个初始化向量 IV？

14. 在式(6.7)和(6.9)中，我们分别说明了如何恢复出 RC4 加密算法的密钥字节 K_3 和 K_4。

a. 假如已经恢复出了密钥字节 K_3 直到 K_{n-1}，请问，接下来要想恢复 K_n，什么形式的初始化向量 IV 最为理想？

b. 对于 K_n，与式(6.7)和式(6.9)相对应的公式是什么？

15. 对于本书 6.3 节中讨论的针对 RC4 加密算法的攻击，我们曾说明等式(6.7)成立的概率是$(253/256)^{252}$。请问，等式(6.9)成立的概率是多少呢？对于 K_n，相对应的等式成立的概率又是多少呢？

16. 在本书关于对 RC4 算法进行攻击以恢复其密钥流字节 K_3 的讨论中，我们说明形如(3,255, V)的初始化向量 IV 对于攻击是有用的。我们也说明了不是这种形式的初始化向量 IV 有时候对于攻击也是有用的，并且我们给出了具体的例子(2,253,0)。请找出初始化向量 IV 的另一种形式，使得其对于攻击 K_3 也是有用的。

17. 在本章讨论的针对于 RC4 加密算法的攻击说明了将一个初始化向量 IV 预置在一个长效密钥之前并不安全。在参考文献[112]中，还证明了将初始化向量 IV 附加在长效密钥之后也是不安全的。请给出更安全的建议和方法，以将一个长效密钥与一个初始化向量 IV 进行合并，从而能够把得到的结果用作 RC4 算法的一个密钥。

18. 假设 Trudy 有一个密文消息，是用 RC4 加密方案加密的。因为 RC4 算法是一个流加密方案，所以将其实际的加密公式表示为 $c_i = p_i \oplus k_i$，其中 k_i 表示密钥流的第 i 个字节，p_i 表示明文的第 i 字节，c_i 表示密文的第 i 字节。假如 Trudy 知道第一个密文字节和第一个明文字节，也就是说，Trudy 知道 c_0 和 p_0。请思考如下的问题。

    a. 请证明，Trudy 也能够知道用于加密该消息的密钥流的第一个字节，也就是说，Trudy 知道 k_0。

    b. 假如 Trudy 碰巧也知道密钥的前三个字节是(K_0, K_1, K_2) = (2,253,0)。请证明，Trudy 可以成功地确定出密钥的下一个字节(即 K_3)的概率大约是 0.05。请注意，根据本思考题的问题 a，Trudy 能够知道密钥流的第一个字节。提示：假设 RC4 加密的初始化算法在执行完 $i = 3$ 的步骤之后就停止。这时可以写出一个等式，用来确定密钥的第一字节内容。然后，再来证明，当全部 256 个步骤的初始化算法执行完毕时，该等式成立的概率大约是 0.05。

    c. 如果在前一问题 b 中，Trudy 看到有若干条不同的消息，使用了相同的密钥来加密。请问，Trudy 能够如何改进攻击以更好地恢复出 K_3 呢？也就是说，请问 Trudy 采用什么方式，才能够提高恢复出密钥字节 K_3 的概率呢(更理想的情况，是否能够确保恢复出 K_3 呢)？

    d. 假如在上面问题b(或者问题c)中的攻击已经成功，Trudy已经恢复出了K_3，请扩展该攻击以便Trudy能够恢复出K_4，并且是以相当高的概率来成功完成的。请问，该攻击在这一步能够成功的概率是多少？

    e. 请扩展上面问题 d 中的攻击，以恢复出其余的密钥字节，也就是 $K_5, K_6, \ldots$。请证明，无论密钥的长度是多少，这个攻击基本上都有大致相当的计算开销。

    f. 请证明，对于任意的字节 V 的值，如果前三个密钥字节具备(K_0, K_1, K_2) = (3,255, V)的形式，那么上面问题 a 中的攻击(以及随后从问题 a 直到问题 e 中的攻击)仍然有效。

    g. 请问，为什么说这个攻击与 WEP 的安全性(或者说不安全性)密切相关呢？

19. 在文件 outDiff(可以从本书网站上下载)中包含了 100 个选择的明文对 P和$\tilde{P}$，它们满足$P \oplus \tilde{P} = 0x0002$，并且还包含了相应的应用 TDES 加密方案加密的密文对 C和$\tilde{C}$。请使用本章中介绍的针对 TDES 加密方案的差分密码分析攻击，依据上述信息来确定密钥位 $k_{13}, k_{14}, k_{15}, k_9, k_{10}, k_{11}$ 的值。然后，请利用你已知的这些位值来穷举搜索出其余的密钥位值。最后请以十六进制形式，如 $K = k_0\, k_1\, k_2 \ldots\, k_{15}$，给出密钥的表示。

20. 在文件 outLin(可以从本书网站上下载)中包含了 100 个已知明文 P，以及相应的应用 TDES 加密方案加密的密文 C。请使用本章中介绍的针对 TDES 加密方案的线性密码分析攻击，依据上述信息来确定 $k_0 \oplus \mathrm{k}_1$ 和 $k_2 \oplus k_7$ 的值。然后，请利用你已知的这些位值来穷举搜索出其余的密钥位值。最后请以十六进制形式，如 $K = k_0\, k_1\, k_2 \ldots\, k_{15}$，给出密钥的表示。

21. 请求解一个 16 位二进制长度的密钥。通过该密钥，如下明文：

$$\text{明文} = 0x1223 = 0001001000100011$$

被加密为下面相应的密文：

$$\text{密文} = 0x5B0C = 0101101100001100$$

其中使用的加密算法是 TDES。

22. 假设一个类 DES 的加密方案使用了如下的 S-box。

	0	1	2	3	4	5	6	7	8	9	A	B	C	D	E	F
00	4	6	8	9	E	5	A	C	0	2	F	B	1	7	D	3
01	6	4	A	B	3	0	7	E	2	C	8	9	D	5	F	1
10	8	5	0	B	D	6	E	C	F	7	4	9	A	2	1	3
11	A	2	6	9	F	4	0	E	D	5	7	C	8	B	3	1

如果这个 S-box 的输入为 011101，那么请问其输出是什么？如果输入 X_0 和 X_1，分别生成了输出 Y_0 和 Y_1，并且 $X_0 \oplus X_1 = 000001$，那么，对于 $Yo \oplus Y_1$，最有可能的值是什么？这个概率是多少？

23. 请考虑如下的 S-box。对于输入 $x_0x_1x_2$，其中位 x_0 作为行索引，而 x_1x_2 是列索引。我们以 y_0y_1 来表示其输出。

	00	01	10	11
0	10	01	00	11
1	11	00	01	10

请找出对于 y_1 的最佳线性逼近，利用 x_0，x_1 和 x_2 来表示。并请问，这个逼近有效的概率是多少？

24. 请根据图 6-11 所示的 DES 加密方案中的 S-box 1，再构造一个类似但不相同的表。其中 DES 加密方案中的 S-box 1 如第 3 章表 3-3 所示。请问什么情况下将获得最大偏差，其偏差是多少？

25. 请根据图 6-11 所示的 TDES 加密方案中的右侧 S-box，再构造一个类似但不相同的表。请验证等式(6.17)中的结果。请问什么情况下将获得次大的偏差，其偏差是多少？

26. 请根据图 6-12 所示的 DES 加密方案中的 S-box 1，再构造一个类似的线性逼近表。其中 DES 加密方案中的 S-box 1 如第 3 章表 3-1 所示。请注意，你的表将会有 64 行和 15 列。请问相应的最佳线性逼近是什么？其逼近的成效如何？

27. 请根据图 6-12 所示的 TDES 加密方案中的左侧 S-box，再构造一个类似的线性逼近表。请验证式(6.29)中的结果。请问相应的次佳线性逼近是什么？其逼近的成效如何？

28. 请回顾在 6.4.6 节讨论的针对 TDES 加密方案的线性分析。假定式(6.33)成立的概率为$(3/4)^3 \approx 0.42$。再假定密钥满足条件 $k_0 \oplus k_1 = 0$。那么，如果我们使用 100 个已知明文发起这个攻击，有望获得 $c_1 \oplus p_{10} = 0$ 并且 $c_0 \oplus p_{10} = 1$ 的次数会是多少呢？请将你的答案与本书中所提供的经验结果进行对比，并请解释为什么理论和经验会存在差异？

29. 假设 Bob 的背包加密的公钥是：

$$T = [168, 280, 560, 393, 171, 230, 684, 418]$$

假定 Alice 使用 Bob 的公钥加密了一条消息，生成的结果密文是 $C_1 = 1135$。请实现 LLL 攻击，并使用你的程序来求解明文 P_1。对于同一个公钥，请找出与密文 $C_2 = 2055$ 相对应的明文 P_2。请问，你是否还能够确定出对应的私钥？

30. 假设 Bob 的背包加密的公钥是

$$\mathrm{T} = [2195,4390,1318,2197,7467,5716,3974,3996,7551,668]$$

假定 Alice 使用 Bob 的公钥加密了一条消息，生成的结果密文是 $C_1 = 8155$。请实现 LLL 攻击，并使用你的程序来求解明文 P_1。对于同一个公钥，请找出与密文 $C_2 = 14748$ 相对应的明文 P_2。请问，你是否还能够确定出对应的私钥？

31. 请考虑在本章 6.6.1 节中讨论的针对 RSA 加密方案的“简单”计时攻击。

    a. 请扩展该计时攻击，以恢复出位 d_2。也就是说，假如位 d_1 已经被恢复出来，那么请问 Y 和 Z 必须满足什么条件，才能够运用本书中所介绍的攻击方法来确定出 d_2 呢？
    b. 如果 d_1 和 d_2 都已经被恢复成功，那么请对该攻击进行扩展以恢复出 d_3。
    c. 在实践中，我们需要恢复出大概一半的私钥位。请问，对于要恢复出具有非常多个位数的私钥来说，为什么这个攻击就不再是一种实用的方法呢？

32. 假设在 Kocher 的计时攻击中，我们得到了时间统计 $T(C_j)$以及模拟的计时长度 $\tilde{t}_{0 \ldots 2}$，这是对于 $d_0d_1d_2 \in \{100, 101, 110, 111\}$来说的，如下所示：

j	$T(C_j)$	$\tilde{t}_{0\ldots2}$ 100	101	110	111
0	20	5	7	5	8
1	21	4	7	4	1
2	19	1	6	4	7
3	22	2	8	5	2
4	24	10	6	8	8
5	23	11	5	7	7
6	21	1	1	6	5
7	19	7	1	2	3

a. 请问，对于 $d_0d_1d_2$，其最可能的值是什么？为什么？

b. 请问，如果在加密方案中使用了 CRT 或者 Montgomery 乘法，为什么这个攻击就不会成功了？

33. 给定一个已知的明文分组和其相对应的密文分组，请编写一个程序，以恢复出 STEA(简单的 TEA)加密方案的 64 位密钥。关于 STEA 算法以及对该算法实施攻击的一个描述，在参考文献[208]里可以找到。

34. 如果 DES 加密算法是成组的[117]，那么给定密钥 K_1 和 K_2，将存在一个密钥 K_3，使得下式：

$$E(P, K_3) = E(E(P, K_1), K_2) \text{ ，对于所有的明文 } P \text{ 都成立} \qquad \text{式(6.39)}$$

并且，如果将所有的加密操作都替换成为解密操作，那么我们也能够找到这样的一个密钥 K_3。如果等式(6.39)成立，那么三重 DES 加密方案不会比单一 DES 加密方案更加安全。在参考文献[45]中，已经明确了 DES 加密并不是成组的，于是三重 DES 加密方案就比单一 DES 加密方案要更加安全。请证明，TDES 不是成组的。提示：选择两个 TDES 的密钥 K_1 和 K_2，如果你能够证明，并不存在任何一个密钥 K_3，使得等式 $E(P, K_3) = E(E(P, K_1), K_2)$对于各种可能的明文 P 都成立，你就相当于完成了对这个结论的证明。

第II部分　访 问 控 制

第 7 章 认证

Guard: *Halt! Who goes there?*
Arthur: *It is I, Arthur, son of Uther Pendragon,*
from the castle of Camelot. King of the Britons,
defeater of the Saxons, sovereign of all England!
— *Monty Python and the Holy Grail*

Then said they unto him, Say now Shibboleth:
and he said Sibboleth: for he could not frame to pronounce it right.
Then they took him, and slew him at the passages of Jordan:
and there fell at that time of the Ephraimites forty and two thousand.
— *Judges 12:6*

7.1 引言

对于任何涉及系统资源访问的安全问题，我们将使用术语“访问控制”来统一表示。在这个宽泛的定义之下，存在着两个基本的研究领域为人们所关注，那就是身份认证和授权。

身份认证是一个过程，这个过程用于确认用户(或者其他实体)是否应该被允许对系统进行访问。在这一章，我们讨论的重点就放在针对本地设备使用的身份认证方法上。随着身份认证信息需要通过网络传递的情形越来越普遍，就涌现出了另一种类型的身份认证问题。虽然看起来这两种身份认证问题是紧密相关的，但事实上，它们却是几乎完全不同的领域。牵扯到网络之后，身份认证问题就基本上成为一个有关安全协议的问题。我们会在第 9 章和第 10 章再讨论与协议相关的问题。

根据定义，通过了身份认证的用户获得准许可以访问系统资源。不过，通过了身份认证的用户通常也不会被允许无条件地访问所有的系统资源。打个比方说，我们可能仅仅允许特权用户——类似 administrator 这样的用户——可以在系统中安装软件。我们如何才能够限制已认证用户的行为呢？这就是另一个所谓“授权”领域的事了，我们在下一章会介绍这个主题。请注意，认证问题是二值判定，用于决定接受还是拒绝；而授权则完全是定义对各种各样的系统资源进行访问约束的更加细粒度的集合。

在安全领域，术语的标准化程度相当低。特别是，术语“访问控制”往往被当成授权的同义词来使用。但是，在我们这里，访问控制的定义更加宽泛，认证和授权都将被涵盖在访问控制这一大标题之下。对于访问控制的这两个部分，我们可以总结如下：

- 身份认证：你是否就是你所声称的那个人[1]？
- 授权：可以允许你做些什么？

7.2 身份认证方法

在这一章，我们来说明通常使用的为一台计算机认证自然人的各种不同方法。也就是说，我们想要让一台机械的计算机能够确信声称是 Alice 的某人或某物到底是真正的 Alice，还是什么别的人，比如说是 Trudy。换言之，我们想要回答这个问题，“你是否就是你所声称的那个人？”当然，我们想要以尽可能安全的方式来完成这个任务。

自然人能够被一台计算机所认证，需要基于以下[2]任何一样“东西”，见参考文献[14]。

- 你知道什么
- 你具有什么
- 你是谁

口令就是“你知道什么”的例子。我们还会专门花时间再来讨论口令这个主题，在有关的讨论中就可以说明，在众多的现代信息安全系统中，口令往往就是其薄弱环节的代表之一。

“你具有什么”的例子之一就是 ATM 卡或智能卡。所谓“你是谁”的这一类问题，伴随着生物特征技术领域的快速扩展，这种认证方式也日益凸显出重要性，与此同时其分类也越来越多。举个例子，如今人们能够买到支持指纹认证技术的便携式电脑，系统能够扫描你的拇指指纹并将比对结果用于认证。我们在本章的后面还要讨论一些生物特征方法。不过，我们还是要先从口令谈起。

7.3 口令

Your password must be at least 18770 characters
and cannot repeat any of your previous 30689 passwords.
— Microsoft Knowledge Base Article 276304

理想的口令要具备这几个要素：你本人知道，计算机能够验证出你知道，并且任何其

1. 请尝试着连说三遍，一定要快。

2. 有时，除了本书在此处列出的这三种类型，还有人会提出其他的“东西”。例如，无线接入点对用户的认证，就通过这样的事实：用户实际按了设备上的某个按钮。这就表明，用户已经物理地接触到设备，于是这可以被视为通过“你做了什么”来进行认证的方式。

他人都无法猜得出来——即便是能够访问到不受限的计算资源。我们将看到，在实践中，即使是想接近这个理想的目标都非常困难。

毫无疑问，你肯定非常熟悉口令及其应用。事实上，没有相当数量的口令积累，如今想要使用计算机几乎是不可能的。你可能需要输入用户名和相对应的口令才能够登录到你的计算机系统上，这种情况下显然你就使用了口令。另外，还有很多其他的情况，我们并不把一些东西称为“口令”，虽然它们实际上发挥着口令的功能。例如，ATM 卡附带的 PIN 码实际上就是口令。如果你忘记了你的口令，那么一个界面非常友好的网站可能会对你进行身份认证，其依据可能会是社会保险号，你母亲的姓氏，或是你的生日，在诸如此类的情况下，这些信息都扮演着口令的角色。类似这样的口令，都有一个重要的问题，就是它们往往都不是秘密的。

如果是使用属于自己的设备，那么用户都倾向于选择安全性比较差的口令，对于这些口令的破解轻松得令人不可思议。事实上，本章将要给出一些基本的数学论证，以说明想要通过口令的方式来获得安全性，其实存在着固有的困难。

从安全性的角度来看，口令问题的解决方案之一就是用随机生成的密码技术中的密钥来代替口令。破解这样的“口令”，其计算开销将会与穷举式密钥检索相当，这样我们使用的口令就至少能够和我们的密码系统一样强壮了。这样一种解决方案的问题是，人们必须记住他们的口令，而我们却并不擅长记忆随机选择的二进制位。

这里，我们不妨来更深入地看一看这个问题。在讨论口令相关的诸多问题之前，我们先考虑一下为什么口令的应用如此普遍呢？为什么基于“你知道什么”认证方式相比较那些更安全的“方式”(也就是“你具有什么”和“你是谁”)的应用更为普遍呢？答案永远是成本[3]，其次就是便利性。口令是免费的，而智能卡和生物特征设施则要花费金钱。另一方面，对于超负荷工作的系统管理员来说，相比更换新的智能卡或者登记用户的新指纹，重置口令则要简便得多。

7.3.1 密钥和口令

我们已经提出了密码技术的密钥能够解决口令的问题。下面来看看如何做到这一点，让我们将密钥和口令做个对比。一方面，假设我们的老对手 Trudy 面临的是 64 位的加密技术密钥。那么将有 2^{64} 个可能的密钥，如果这个密钥是随机选择的(这里假设不存在捷径攻击)，那么平均而言，Trudy 需要尝试约 2^{63} 个密钥，才有望找到正确的那个密钥。

另一方面，假设 Trudy 面临的是口令，已知其为 8 字符长度，对于每个字符有 256 种可能的选择。那么，将共有 $256^8 = 2^{64}$ 种可能的口令值。乍一看，破解这样的口令可能跟密钥搜索问题基本上是等价的。但遗憾的是(或者从 Trudy 的角度来看是幸运的事)，用户们在选择口令时并不是随机的，因为他们必须记住他们的口令。结果就是，用户非常有可能选择含有 8 个字符的词汇作为口令，类似以下形式：

password

3. 学生们都声称，当较真的笔者在自己的安全课堂上问一个问题时，正确的答案永远都是“钱的问题”或“视情况而定”。

而不是如下形式：

kf&Yw!a[

所以，在这个例子中，Trudy 能够以远远少于 2^{63} 次的尝试次数获得很高的口令破解成功率。举个例子来说，一个经过认真挑选的包含 $2^{20} \approx 1,000,000$ 个口令字的字典就有可能使 Trudy 能够以相当高的成功概率破解给定的口令。另一方面，如果 Trudy 试图找出随机生成的 64 位密钥，并且只对选择的 2^{20} 个可能的密钥进行尝试，那么她能够成功破解的机会大概仅有 $2^{20}/2^{64} = 1/2^{44}$，也就是小于 17 万亿分之一的概率。所以，关键是口令选择的非随机性，这是口令相关问题的根源。

7.3.2　口令的选择

并非所有口令都是差不多的。例如，可能每个人都会认同下面的口令是脆弱的：

- Frank
- Pikachu
- 10251960
- AustinStamp

特别是，当你的名字刚好就是 Frank 或 Austin Stamp，或者你的生日就是 1960 年 10 月 25 日的情况。

系统的安全性常常会依赖于口令的安全性，因此，用户就需要设置难以猜解的口令。但是，用户又必须能够记得住他们的口令。基于这样的认识，下面的这些口令是不是比上述那些弱口令更好呢？

- jfIej(43j-EmmL+y
- 09864376537263
- P0em0N
- FSa7Yago

上面第一个口令 jfIej(43j-EmmL+y，肯定对于 Trudy 来说很难猜解，但是这个口令对于 Alice 来说也很难记。这样的一个口令最终的结果很可能演变成为众所周知的一种方式，即将其记在便签薄上并粘贴在 Alice 的计算机前面。对于 Trudy 来说，这种做法相比 Alice 选择一个“不太安全”的口令，那要容易解决得多了。

上面列表中的第二个口令，很可能对于大部分用户来说也很难记忆。但对于受过高级训练的负责核弹发射任务的美国专业军人，也仅仅是需要记住 12 位十进制的开火代码而已，见参考文献[14]。

口令 P0kem0N 也可能很难猜解，因为它不是一个标准的字典词汇，而是由数字和大写字母组成。但是，如果了解到用户是口袋妖怪的粉丝，这个口令的猜解就会变得相对容易。

最后一个口令 FSa7Yago 看起来仍然属于不容易猜解的，但是也属于难以记忆的类型。不过，有一个窍门能够帮助用户记住它——它基于一个短语。也就是，FSa7Yago 源于短语“four score and seven years ago”。所以，这个口令对于 Alice 来说应该比较容易记忆，而且对于 Trudy 来说也还算难于猜解。

在参考文献[14]中，介绍了一个有趣的口令试验。在试验中，用户们被分成三个组，并参考如下建议进行口令选择：

- A 组——选择至少包含 6 个字符的口令，其中至少有一个非字母字符。这是相当典型的口令选择建议。
- B 组——基于短语来选择口令。
- C 组——选择包含了 8 个随机选取的字符的口令。

这个试验尝试去破解每个小组所选择的口令。实验结果如下：

- A 组——大约有 30%的口令很容易破解。这一组的用户发现他们的口令都很容易记忆。
- B 组——大约有 10%的口令被破解了，并且跟 A 组的用户一样，这一组的用户也发现他们的口令很容易记忆。
- C 组——大约有 10%的口令被破解了。意料之中的是，这一组的用户发现他们的口令比较难记忆。

这些结果清楚地表明，短语提供了口令选择的最佳方案，因为通过这种方式生成的口令，相对而言难以破解，也还比较容易记忆。

这个口令试验也说明了让用户服从规则是何等的困难。对于 A、B 和 C 三个组，分别都有大约三分之一的用户没有遵守约定的建议规则。假定那些不遵守约定规则的用户倾向于选择与 A 组类似的口令，那么这些口令中大约有三分之一很容易破解。要命的是，无论采用哪一种建议，很可能都会有将近 10%的口令是容易破解的。

在某些情况下，直接指定口令可能会令上述情况有所改善。如果是在这种情况下，对于口令选取策略的不服从就不再是个问题。但是，这种情况的代价就是，相对于用户自主选择的口令，用户要记住指定的口令很可能需要经历一段艰苦的时间。

回过头来再说，如果允许用户选择口令，那么最佳的建议是基于短语来选择口令。另外，系统管理员还应该使用口令破解工具来进行弱口令测试，因为攻击者当然也会使用这些手段来进行口令破解。

对于口令，通常也会有这样的建议：需要定期对口令进行修改。但是，用户们可能会很聪明地来规避这样的要求，而一如既往地带来安全损害。举个例子，Alice 可能会仅仅对口令执行修改操作而并不真正修改口令。为了制约这样的用户，系统可能会记录之前的口令，比如记忆之前 5 次的口令。但是，像 Alice 这样聪明的用户很快就能够明白，她可以连续循环修改口令 5 次，摆脱这个约束之后，再将她的口令恢复为原始的值。或者，如果 Alice 被要求每一个月选择一个新的口令，那么她可能会在 1 月选择 frank0l，在 2 月选择 frank02，依此类推。强制消极的用户去选择合理强壮的口令并不像看起来那么简单。

7.3.3　通过口令对系统进行攻击

假如 Trudy 是系统范畴之外的人，也就是说，她没有机会访问某个特定的系统。对于 Trudy 来说，一种常见的攻击路径可能是：外来者->常规用户->系统管理员。

换句话说，Trudy 将最先寻找以任何账户接入系统的方式，然后再尝试提升她的权限等级。在这个场景中，系统上的某个弱口令——或者在极端情况下，在整个网络中的某个弱口令——对于成功地完成第一阶段的攻击可能就足够了。基本的问题是，即便是只有一个弱口令，也太多了。

关于如何合理应对口令带来的这些问题，在尝试口令破解时还有另一个有趣的议题，那就是检测。例如，系统常常会在三次错误的口令尝试之后将用户锁定。如果采用这种方式，那么系统应该锁定多长时间呢？5 秒？5 分钟？或者是一直锁定，直至管理员手工进行重置？5 秒钟对于阻止自动攻击可能不够。对于 Trudy 来说，如果在系统上对于每个用户尝试三次口令猜解需要花费 5 秒多的时间，那么她能够很轻易地循环测试所有的账户，其中对于每一个账户都执行三次尝试。待到她再循环回来猜解某个特定的用户账户时，5 秒多的时间已经过去，她就可以毫无延迟地再执行三次口令猜解。从另一方面看，5 分钟的时间长度可能会为拒绝服务攻击敞开大门，这时 Trudy 就能够通过周期性地对某个用户账户执行三次口令猜解，从而可以无限期地锁定一个账户。对于这个两难之境，如何才是正确的选择，并非能够轻而易举地确定。

7.3.4　口令验证

接下来，我们来考虑一个重要的议题，即对输入的口令是否正确进行验证的过程。对于一台计算机，想要确定口令的有效性，就必须有某种东西与其进行对比。也就是说，该计算机必须能够访问到某种形式的正确的口令。但是，仅仅在文件中将实际的口令存储下来，这很可能不是个好主意，因为那就将成为 Trudy 的首要目标。这里，如同信息安全中的许多其他领域一样，密码学技术提供了实实在在的解决方案。

使用对称密钥加密口令文件可能是个吸引人的方案。但是，为了验证口令，该文件就必须被解密，所以解密密钥就必须能够像该文件本身一样被访问到。结果就是，如果 Trudy 能够偷走口令文件，她就也有可能偷走密钥。于是，这里的加密应用就没有什么价值了。

所以，相对于将原始口令存储在文件中的方式或者加密口令文件的方式，存储哈希口令的方式会更加安全。举个例子，如果 Alice 的口令是 FSa7Yago，我们可以计算值并将其存储在文件中。

$$y = h(\text{FSa7Yago})$$

其中 h 是一个安全加密哈希函数。然后，当有声称是 Alice 的人输入了一个口令时，该口令值将被执行哈希计算并与 y 进行比较。如果 $y = h(x)$，那么输入的口令被认为是正确的，这样用户就通过了身份认证。

对口令执行哈希运算的好处在于，即使 Trudy 获得了口令文件，她也无法获得实际的口令——结果就是她只有口令的哈希值。请注意，我们这是在依靠加密哈希函数的单向特性来保护口令值。当然，如果 Trudy 知道了哈希值 y，她就能够发起前向检索攻击，通过持续猜测可能的口令 x，直到找出一个 x 使得满足 $y = h(x)$，这时她就相当于破解了这个口令。但是，这样做至少让 Trudy 在获得了口令文件之后还有事情可做。

假设 Trudy 有一个字典，其中包含了 N 个常规的口令字，比如说是：

$$d_0, d_1, d_2, \ldots, d_{N-1}$$

那么，她就能够预先对字典中的每一个口令字进行哈希计算，如下：

$$y_0 = h(d_0), y_1 = h(d_1), \ldots, y_{N-1} = h(d_{N-1})$$

现在，如果 Trudy 能够访问包含了口令字哈希值的口令文件，那么她仅仅需要将该口令文件中的条目与她已经预计算了哈希值的字典中的条目进行比对即可。而且，预计算了哈希值的字典可以重用，可以与每一个获得的口令文件进行比对，这样就节省了 Trudy 重新计算哈希值的工作量。并且，如果 Trudy 是个特别慷慨好施的人，那么她可能会将自己的通用口令字典以及相应的哈希值上传到网络上，以节省其他攻击者独自计算这些哈希值时所需要的工作量。从一个好孩子的观点来看，这不是好事情，因为这些执行哈希计算的工作是与常规道德相悖的。我们怎么做才能够防止此类攻击，或者至少让 Trudy 的攻击变得更加困难呢？

不妨回顾一下针对公开密钥加密方案的前向检索攻击，我们之前都是如何预防的。那时的做法是，在对消息进行加密之前，我们会将一些随机的二进制位值附加到消息体中。在计算每一个口令的哈希值之前，通过将一些非秘密的随机值，也称为 salt，先行附加到口令上，这种做法对于口令也能够得到与前面类似的效果。口令的 salt 就类似于初始化向量 IV，打个比方，就相当于 CBC(Cipher Block Chaining)加密模式中的 IV。IV 是非秘密的值，其作用就是使相同的明文分组在加密时生成不同的密文值，同样，salt 也是非秘密的值，目的是让相同的口令被执行哈希运算后得到不同的值。

令 p 是刚刚输入的口令字。我们生成随机的 salt 值 s，并计算出 $y = h(p, s)$，再将数值对(s, y)存储在口令文件中。请注意，salt 值 s 并不比哈希值更加秘密。现在想要验证输入的口令 x，我们要从口令文件中提取出(s,y)，计算出 $h(x,s)$，再将这个结果与存储的 y 值进行比较。要注意，添加了 salt 值的口令验证过程与没有添加 salt 值的情况一样简单。但是，Trudy 的破解工作因此却变得困难多了。假如 Alice 的口令是添加了 salt 值 s_a 后再进行哈希运算得到，而 Bob 的口令是添加了 salt 值 s_b 后再进行哈希运算得到。那么，想要使用自己的通用口令字典来猜解 Alice 的口令，Trudy 就必须将她的字典中的每一个口令字先添加 salt 值 s_a，再计算每个哈希值，而在攻击 Bob 的口令时，Trudy 必须再使用 salt 值 s_b 再次重新计算哈希值。对于有 N 个用户的口令文件来说，Trudy 的破解工作量将以 N 为系数增长。所以，对于 Trudy 来说，预先计算的口令字哈希值文件就不再有用了，她不可能会喜欢这种情况的变化[4]。

7.3.5　口令破解中的数学分析

现在，我们再来看看口令破解背后的数学原理。在这一节，至始至终我们都假设所有口令的长度都是 8 个字符，并且对于每个字符都有 128 种不同的选择，这就意味着，共存在：

$$128^8=2^{56}$$

种可能的口令字。我们还假设口令被存储在一个口令文件中，该口令文件共包含 2^{10} 种口令的哈希值，而 Trudy 则拥有一个包含 2^{20} 个通用口令字的字典。根据经验，Trudy 可以预计，任何一个给定的口令出现在她的字典中的概率将是 1/4。当然，破解工作量的评估仍然依赖于执行哈希运算的次数。请注意，比较操作的成本不计算在内，这里仅仅将哈希运算视为成本开销。

基于上述这些假设，我们来确定在下面 4 种情况下，能够成功地破解一个口令的概率

4. 给口令字添加 salt 值再计算哈希值的做法，在信息安全领域，有点接近免费午餐的感觉。也许正是这种和免费午餐的关联，才将之称为 salt。

是多少。

I. Trudy 想要确定 Alice 的口令(也许 Alice 就是管理员)。Trudy 并不使用她自己的口令字典文件。

II. Trudy 想要确定 Alice 的口令。Trudy 使用她自己的通用口令字典文件。

III. Trudy 满足于破解口令文件中的任何一个口令，不使用她的字典。

IV. Trudy 想要找出经过哈希运算的口令文件中的所有口令，并使用她的字典。

在上述每一种情况下，我们既要考虑在口令中添加 salt 值的情况，也要考虑不添加 salt 值的情况。

情况 I：Trudy 已经决定就要破解 Alice 的口令。这时，Trudy 好像有点心不在焉，完全忘记了她还有一个口令字典可用。因为没有使用通用口令字典，Trudy 除了强力破解攻击方案之外别无选择。这就和穷举式密钥检索一模一样了，因而可以预计其工作量将是：

$$2^{56}/2=2^{55}$$

无论是否对口令添加了 salt 值，这里的结果都一样，除非有人对所有可能的口令字进行提前计算、排序并存储其哈希值。如果所有口令字的哈希值都已知，那么在没有添加 salt 值的情况下，根本不产生任何工作量——Trudy 仅仅需要查找哈希值列表，从而找出对应的口令即可。但是，如果对口令添加 salt 值，那么对于口令字执行哈希运算并无裨益，不能减少更多的开销。事实上在任何情况下，预计算所有可能的口令字的哈希值都是巨大的工作量，所以对于后续的有关讨论，我们都假设这是不可能的。

情况 II：Trudy 又一次想要恢复出 Alice 的口令，并且这次她准备使用自己的通用口令字典。Alice 的口令在 Trudy 的字典中的概率大约是 1/4。假设对口令添加了 salt 值，而且再假设 Alice 的口令落在了 Trudy 的字典当中。那么，Trudy 有望在对字典中所有口令字的一半执行完哈希运算后，也就是说，大约经过 2^{19} 次尝试就可以找到 Alice 的口令。对于 Alice 的口令不在字典中的另外 3/4 概率的情况，预计 Trudy 有望经过大约 2^{55} 次尝试可以找到正确的口令。综合这些不同的情况，可以给出 Trudy 的工作量如下式表示：

$$\frac{1}{4}(2^{19})+\frac{3}{4}(2^{55})\approx 2^{54.6}$$

请注意，这里得到的预计工作量几乎与情况 I 中的相同，那时 Trudy 并没有使用她的字典。不过，在实践中，Trudy 的做法会是对她的字典中的所有口令字进行尝试，如果仍然没有找到 Alice 的口令，那就放弃了。这样，实际的工作量至多会是 2^{20}，而其成功的概率则是 1/4。

如果没有对口令添加 salt 值，Trudy 就可以预先对她字典中的所有 2^{20} 个口令字进行哈希计算。然后，这个相对开销比较小的一次性工作的结果就能够被 Trudy 重复利用，执行多少次攻击，就能够重复利用多少次。也就是说，攻击的次数越多，单次攻击的平均开销就越小。

情况 III：在这种情况下，Trudy 满足于破解口令哈希文件中所有 1024 个口令中的任何一个即可。这次 Trudy 又忘了她的口令字典。

我们令 $y_0, y_1, \ldots ,y_{1023}$ 分别是这些口令的哈希值。我们假设文件中的所有 2^{10} 个口令各不相同。我们再令 $p_0, p_1, \ldots , P2^{56}-1$ 是所有 2^{56} 个可能的口令的列表。在强力破解的情况下，

Trudy 需要执行 2^{55} 次不同的比较，才有望找到一个匹配。

如果没有对口令添加 salt 值，那么 Trudy 可以计算 $h(p_0)$，并将其与每一个 y_i 进行比较，其中 $i = 0,1,2, \dots ,1023$。接下来，她再计算 $h(p_1)$，并再次将其与所有的 y_i 进行比较，依此类推。这里的关键是每执行一次哈希运算都需要 Trudy 执行 2^{10} 次比较。既然之前已经说明，这里的工作量计算是参考哈希运算的次数，而不考虑比较运算，所以需要执行 2^{55} 次比较，预计的最终开销是：

$$2^{55}/2^{10}=2^{45}$$

现在，假定对口令添加了 salt 值。我们令 s_i 表示针对口令哈希值 y_i 所添加的 salt 值。那么，Trudy 要计算 $h(p_0, s_0)$并将结果与 y_0 进行对比。接下来，她还要计算 $h(p_0, s_1)$并将结果与 y_1 进行对比，再计算 $h(p_0, s_2)$并将结果与 y_2 进行对比，如法炮制直至 $h(p_0, s_{1023})$。然后，Trudy 必须将 p_0 替换为 p_1，再重复执行上述整个过程，之后使用 p_2 替换 p_1 再执行该整个过程，依此类推。这种操作方式的基本特点是，每一次哈希运算仅产生一次对比，所以可预计的工作量是 2^{55}，这和上面的情况 I 结果相同。

这种情况说明了对口令添加 salt 值的好处。但是，Trudy 这时并没有使用她的口令字典，实际上这是不可能的。

情况 IV：最后，假设 Trudy 还是满足于恢复出口令哈希文件中所有 1024 个口令中的任何一个即可，并且这次她要使用口令字典了。首先，要注意到一点，口令文件中的 1024 个口令中至少有一个出现在 Trudy 的口令字典中的概率可以计算如下：

$$1-\left(\frac{3}{4}\right)^{1024} \approx 1$$

于是，我们就可以放心地忽略掉这样一种情况，即口令文件中的任何口令都不在 Trudy 的口令字典中。

如果没有对口令添加 salt 值，那么 Trudy 可以直接对她的字典中的所有口令字执行哈希运算，再将这些结果与口令文件中所有的 1024 个哈希值进行比较。既然我们能够确定这些口令中至少有一个会落在口令字典中，那么 Trudy 的工作量是 2^{20}，并且她肯定能够找到至少一个口令。但是，如果 Trudy 再聪明点，那么她还能够大幅度地缩减这个计算成本。这次同样，我们还可以放心地假设口令文件中至少有一个口令会落在 Trudy 的字典中。结果是，Trudy 仅仅需要执行大约 2^{19} 次对比——也就是她的口令字典大小的一半，就有望找到一个口令了。如同情况 III 一样，每一次哈希运算会产生 2^{10} 次比对，所以预期的工作量只有

$$2^{19}/2^{10} = 2^9$$

最后，还要注意在这种不对口令添加 salt 值的情况下，如果字典中所有口令的哈希值都已经被提前计算出来了，那么要恢复出一个(或更多个)口令并不需要额外的工作量。也就是说，Trudy 仅仅需要将口令文件中口令的哈希值与她的字典中口令的哈希值进行对比即可，在这个过程中，她能够恢复出落在字典中的所有口令。

现在，我们来考虑最实际的情况——Trudy 拥有一个通用口令字典，并且乐于能够从口令文件中恢复出任何的口令，并且口令文件中的口令都添加了 salt 值。对于这种情况，我们

令 $y_0,y_1, ... ,y_{1023}$ 分别是口令文件中的口令哈希值，而 $s_0,s_1, ... ,s_{1023}$ 分别是相应的 salt 值。另外，我们令 $d_0, d_1, ..., d_{2^{20}-1}$ 分别是字典中的口令字。假如 Trudy 首先计算 $h(d_0, s_0)$，并将其与 y_0 进行对比，然后她再计算 $h(d_1, s_0)$，并将其与 y_0 进行比对，接下来再计算 $h(d_2, s_0)$，并将其与 y_0 进行比对，依此类推。也就是说，Trudy 首先拿 y_0 来跟她的字典中所有的口令字哈希值进行比对。当然，她必须使用 salt 值 s_0 来执行这些哈希运算。如果她没有能够恢复出一个与 y_0 相对应的口令，那么她使用 y_1 和 salt 值 s_1 来重复这整个过程，依此类推。

请注意，如果 y_0 落在了口令字典当中(这个概率大概是 1/4)，Trudy 就有望在执行完 2^{19} 次哈希运算之后找到这个口令；然而如果该口令没有落在口令字典当中(这个概率大概是 3/4)，Trudy 就将会执行 2^{20} 次哈希运算。如果 Trudy 发现 y_0 在字典当中，那么她完成了任务。如果没有发现，Trudy 就需要完成 2^{20} 次哈希运算之后才能继续往后考虑 y_1 的情况。继续延续这样的方式进行攻击，我们发现可预计的工作量大约是：

$$\frac{1}{4}\left(2^{19}\right)+\frac{3}{4}\cdot\frac{1}{4}\left(2^{20}+2^{19}\right)+\left(\frac{3}{4}\right)^2\frac{1}{4}\left(2\cdot 2^{20}+2^{19}\right)+\cdots$$
$$+\left(\frac{3}{4}\right)^{1023}\frac{1}{4}\left(1023\cdot 2^{20}+2^{19}\right)<2^{22}$$

这有点令人失望，因为上式表明，凭借着微不足道的工作量，Trudy 就有望破解至少一个口令。

可以证明(请参见本章思考题 24 和 25)，在合理假设的情况下，破解一个口令(其中添加了 salt 值)所需要的计算开销大约等于口令字典的大小除以给定口令落在字典中的概率。在这里的例子中，口令字典的大小是 2^{20}，而找出一个口令的概率是 1/4。所以，可以预计总的计算开销大约是：

$$\frac{2^{20}}{1/4}=2^{22}$$

对于上述计算，这个结果都是一致的。请注意，这个结论意味着，我们如果要增加 Trudy 的破解成本，那么可以通过迫使 Trudy 不得不使用更大字典的方式，或是通过降低猜解成功率的方式(或者双管齐下)，这都是很直观的，很容易理解的。当然，达到这个效果最明显的方式就是选择更加难以猜解的口令。

不可避免的最终结论就是，口令的破解非常容易，特别是在某些情况下，弱口令就足以让整个系统的安全崩溃。很遗憾的是，在现实中一旦涉及口令，各种数据都强烈地表明这是坏家伙们的饕餮盛宴。

7.3.6 其他的口令问题

正如前面提到的，口令本身的情况一样糟糕，一旦触及与口令相关的诸多问题，口令破解还仅仅只是冰山一角。如今，大部分的用户都需要多个口令，但是用户们不能(也不可能)记住大量的口令字，这就导致很大程度上相同口令的重用，于是所有口令的安全性就仅仅是和这些口令所应用的安全性最低的场合中的情况一致，即口令的安全性取决于安全性最低的应用场合。如果 Trudy 找出你的其中一个口令，那么她一定不傻，会拿着这个口令去你所需要使用口令的其他场合一一尝试(这往往会屡试不爽)。

关于口令，社会工程学也是一个主要的隐患[5]。举个例子，如果有人给你打电话，声称是某个系统的管理员，需要你的口令来修正与你的账户相关的一个问题，那么你会将你的口令给他吗？根据一个近期的调查，数据显示 34%的用户会交出自己的口令，如果你去要的话。而且，如果你能够提供一个好的理由作为依据，这个数据还会上升到 70%，见参考文献[232]。

对于基于口令的安全机制来说，击键记录软件以及与此类似的间谍软件也都是很严重的威胁，请参见参考文献[22]。未能修改系统的默认口令往往也是主要的攻击来源，请参见参考文献[339]。

一个很有意思的问题是，都有哪些人会因为不好的口令而遭殃呢？答案是视情况而定。如果你选择用你自己的生日作为 ATM 卡的 PIN 码，那么只有你会承担因此而造成的损失[6]。另一方面，如果你在工作当中选择了一个弱口令，就有可能造成整个公司遭受损失。这就可以解释，为什么银行常常让用户们为自己的 ATM 卡选择他们自己所心仪的任何 PIN 码，而公司通常就会尽量强制用户们选择足够强壮的口令。

现实中有很多流行的口令破解工具，包括 L0phtCrack(见参考文献[2]，针对 Windows 操作系统)和 John the Ripper(见参考文献[157]，针对 Unix 操作系统)。这些口令破解工具都预先配备了口令字典，而且非常容易构造自定义的字典。这些都是攻击者可以利用的口令破解类工具中很好的实例[7]。因为运用和操控这些强大的工具并不需要任何实际的技术，所以口令破解的大门对所有人都是敞开的，无论你的能力如何。

如今，口令是现实世界中最严重的安全问题之一，而且这种情况不大可能很快改变。一旦涉及口令，坏家伙们总是拥有明显的优势。在下一节，我们将要考察一下生物特征技术——这个技术往往与智能卡以及类似的设备结合在一起使用——该技术常常被认为是规避口令所伴随的诸多内在问题的最佳解决方案。

7.4　生物特征技术

You have all the characteristics of a popular politician:
a horrible voice, bad breeding, and a vulgar manner.
— Aristophanes

5. 事实上，在人能够参与的信息安全领域的各个方面，社会工程学都是一个主要的隐患。作者本人曾听说过一个关于渗透测试的谈话，其中的渗透测试者可以通过渗透入某大公司的安全系统而获得报酬。这个渗透者做了个骗局，他伪造了一个签名(不是数字签名)，从而得以闯入该公司的总部，在那里他假扮系统管理员(简称为 SA)实习生。于是，秘书们和其他的职员们都很乐于接受这个假 SA 实习生的热情帮助。最后，渗透测试者号称在两天之内获得了该公司几乎所有的情报资料(包括类似核电站设计这样的敏感信息)。这个攻击所包含的手段几乎完全是社会工程学的范畴。

6. 也许银行也会遭受一定的损失，但是只有你生活在美国并且有非常好的私人律师，那才有可能。

7. 当然，几乎每一种黑客工具都会有其合法的应用。举个例子，对于系统管理员来说，口令破解工具就是有价值的，因为他们能够利用这些工具来测试他们系统中的口令的强度。

生物特征技术代表了基于“你是谁”的身份认证方法，或者就如同Schneier给出的恰如其分的评价，“你自己就是你的关键信息”，见参考文献[260]。有很多种各不相同的生物特征类型，包括像指纹这种已经过长时间验证和应用的方法。近年来，基于语音识别、步态(即行走中的姿态)识别以及甚至数字狗(气味识别)技术的生物特征技术都获得了不错的发展。生物特征技术是当前非常活跃的研究领域，见参考文献[151]和[176]。

在信息安全的大舞台上，生物特征技术被视为口令的一种更安全的替代方案。对于生物特征来说，要想在实践中替代口令方式，就需要便宜而可靠的系统。如今，已经存在一些实用的生物特征系统，包括便携式电脑所使用的指纹认证系统、受限设施的安全入口所设置的手形识别系统、基于指纹识别的车门开锁应用，如此等等，不一而足。虽然这些生物特征有如此潜在的优势——相对于众所周知的基于口令的认证方式的那些弱点而言——但是生物特征技术却没有获得更为广泛的应用，这种情况也许会有点令人不解。

理想的生物特征技术应满足以下所有要素：

- 通用性——生物特征应该能够适用于现实中的每一个人。实际上，没有哪个生物特征能够应用于所有的人。例如，存在少部分比例的人并不具有可读取的指纹。
- 可分辨性——生物特征应该能够具有相当大的实际可区分度。在现实中，我们不可能期望100%的确定性，虽然在理论上，有些方法能够做到较高的区分度，错误率非常低。
- 永久性——理想情况下，这些可测量的物理特征应该是永久不变的。在实践中，如果这些特征能够在相当长一段时间内保持稳定就足够了。
- 可采集性——这些物理特征应该是容易采集的，并且对认证的主体不会带来任何潜在的伤害。实际上，可采集性往往严重地依赖于主体是否愿意合作。
- 可靠性、鲁棒性以及用户友好性——对于实际的生物特征系统来说，这些仅仅是额外的一些现实考虑而已。确有一些生物特征技术在实验室环境中显示出较好的前景，但后来在实践中并未达到类似的功效。

生物特征技术还应用在各种不同的身份鉴别问题上。在身份鉴别问题中我们要尝试回答的问题是“你是谁”，然而对于认证问题，我们想要回答的问题是“你是你所声称的那个人吗？”。也就是说，在身份鉴别中，目标是要从诸多可能的对象列表中识别出主体来。下面举个例子说明，当从犯罪现场提取一枚可疑的指纹，将其送到FBI与FBI指纹数据库里当前存档的数百万枚指纹记录进行比对时，这种将一枚指纹与所有的存档指纹进行比对的场景，就是鉴别的过程。

在身份鉴别问题中，比对运算是一对多的，而对于认证，比对运算是一对一的。例如，如果某个声称自己是Alice的人使用生物特征识别技术，那么他被采集到的指纹图像仅仅会跟所存储的Alice的指纹进行比对。身份鉴别问题本身就更加困难，而且由于必须执行大量的比对运算，就会遇到高得多的错误率。也就是说，每一次比对运算都会携带一定的错误概率，所以需要的比对运算次数越多，整体错误率也就越高。

生物特征系统的运行分为两个阶段。首先要有注册阶段，在这个阶段中，待认证主体的生物特征信息被收集并输入到一个数据库中。非常典型的情况是，在这个阶段需要对有关的物理信息进行非常仔细的测量。因为这是个一次性的工作(对于每一个待认证主体而言)，所以如果这个过程比较缓慢并需要多次测量，那么也是可以接受的。在某些现场系统中，注册过程已被证明为是个薄弱的环节，因为要想使获得的采集结果与在实验室条件下得到的样本具有可比性，可能会非常困难。

生物特征系统运行的第二个阶段是识别阶段。当将生物特征检测系统用于实践中以确定是否(对于认证问题来说)让用户通过认证，这时就是第二个阶段，即识别的阶段。这个阶段必须做到快速、简单和准确。

我们假定认证主体都很合作，也就是说他们都愿意提供相应的物理特征以供测量。在认证的情况中，这是合理假设，因为认证通常是想要访问某些特定的信息资源，或是进入到一些不同的受限区域。

对于身份鉴别问题，待认证主体不愿意配合的情况倒是很常见。举个例子，考虑用于身份鉴别的人脸识别系统。拉斯维加斯的赌场就使用了这样的一些系统，以便在某些已知的作弊者试图进入赌场时能够将其检测出来，见参考文献[300]。另外一个有关人脸识别技术应用的富于创意的提议是在机场部署以辨识恐怖主义分子[8]。在这些实例中，注册条件也许远远不能达到理想的状态，并且在识别阶段，主体都肯定不愿意配合，因为他们都倾向于做出各种可能的努力以能够避过检测。当然，不合作的主体只是让一些生物特征技术中潜在的问题更加困难而已。关于这个主题的后续讨论，我们将要集中在认证问题上，并且假定主体都是合作的。

7.4.1　错误的分类

在生物特征识别过程中，有可能发生两种类型的错误。假定 Bob 冒充是 Alice，并且系统错误地将 Bob 认证为 Alice。类似这种错误认证的情况，其发生的几率就是所谓的错误接受率。现在假设 Alice 尝试认证她自己，但是系统并没有给予她认证通过。类似这种错误情况的发生率就是所谓的错误拒绝率，见参考文献[14]。

对于任何生物特征系统，我们都能够降低其错误接受率，或是降低其错误拒绝率，代价就是牺牲这两者中的另一个。举个例子，如果我们要求 99%的声纹匹配概率，那么我们能够获得较低的错误接受率，但是错误拒绝率将会比较高，因为说话者的声音天然地就会时不时发生一些轻微的变化。另一方面，如果我们将声纹匹配率的门限设定在 30%的水平，那么错误接受率将有可能比较高，但是系统会有较低的错误拒绝率。

所谓等错误率，就是指在错误接受率和错误拒绝率相同情况下的错误率。也就是说，通过对系统参数进行调整，直到错误接受率和错误拒绝率能够达到一种恰好平衡的水平。对于比较各种不同生物特征系统的性能，这是个非常有用的测量指标。

8. 显然，恐怖主义者在赌场是会受到欢迎的，只要他们不作弊。

7.4.2 生物特征技术实例

在这一节，我们将简要地讨论三种常见的生物特征技术。首先，我们要考察一下指纹识别技术，该技术尽管已经有些年头了，但对于计算机应用领域来说还算是个后来者。然后，我们还将就手形识别和虹膜扫描识别展开一些简单的讨论。

1. 指纹识别

指纹曾在古老的中国用作签名的一种形式，另外，在历史上的其他一些时期，指纹也都发挥过多多少少有点类似的功用。但是，指纹作为身份鉴别的一种科学形式使用，则要晚得多了，基本上是近现代的现象了。

关于指纹的重要分析出现在 1798 年，当时 J. C. Mayer 提出了指纹可能是唯一的这种见解。1823 年，Johannes Evangelist Purkinje 讨论了 9 种指纹的模式，但是该项工作仍隶属于生物学的专著，并没有引发将指纹作为身份鉴别的一种形式使用的思考。指纹作为身份鉴别用途的第一个现代应用出现在 1858 年的印度，当时 William Hershel 男爵使用掌纹和指纹作为在合同上签名的形式。

1880 年，Henry Faulds 博士在 *Nature* 上发表了一篇文章，该文章讨论了用于身份鉴别目的的指纹应用。在 Mark Twain 的 *Life on the Mississippi* 中讲述了通过一枚指纹鉴别出了一个谋杀犯的情节，该作品出版于 1883 年。不过，直到 1892 年，当 Francis Galton 男爵基于"细节特征"开发出了一个分类系统从而使得高效检索成为可能时，指纹识别的广泛应用才变成可能，而且 Francis Galton 还证实了指纹并不会随着时间而改变，见参考文献[188]。

图 7-1 中显示了 Galton 的分类系统中不同类型的指纹细节特征的示例。对于前计算机时代的身份鉴别问题，Galton 的系统使得我们能够得到较为高效的解决方案[9]。

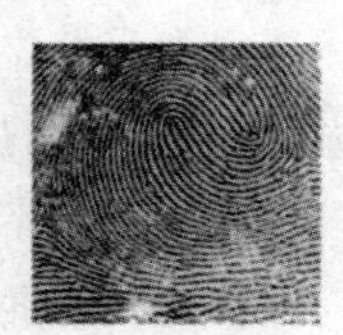
环型(双环型)

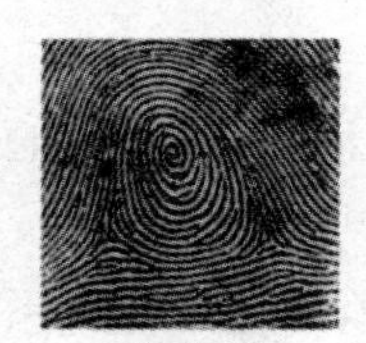
螺旋型

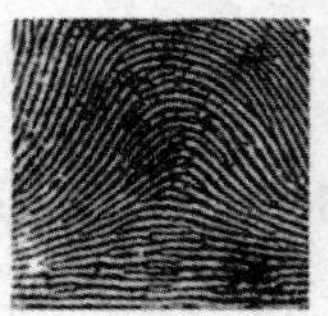
弓型

图 7-1 Galton 给出的细节特征示例

如今，指纹识别技术很常规地应用于身份鉴别实践，特别是在刑侦实践中。有一点值得注意也很有意思，就是指纹识别中确定匹配的标准差异很大，名目繁多。例如在英国，指纹必须要在 16 个点上匹配，然而在美国，并没有固定的点数匹配要求[10]。

指纹生物特征识别系统的运行，首先要捕获一幅指纹的图像。然后再使用各种图像处理技术来进行图像增强，接下来再识别出各个点位并将其从增强的图像中提取出来。这个过程可由图 7-2 所示的图解来说明。

---

9. 指纹被归类放置到 1024 个"箱子"中的一个里。然后，给定来自未知主体的指纹，基于细节特征的折半检索方法能够快速地将指纹匹配计算的工作量聚焦到这些"箱子"的其中一个上面。结果是，只有全部已记录指纹的一个小的子集中的指纹需要与未知主体的指纹进行仔细比对。

10. 这是一个非常好的例子，说明了美国这种慷慨地确保律师能够充分就业的方式——这样律师就能够经常性地争辩指纹证据是否是可被采纳的。

图 7-2　自动提取细节特征

生物特征系统所提取的特征点的比对方式有点类似于对指纹的人工分析辨识的方式。为了认证的目的，将提取的特征点与所声称的用户的预存信息进行比对，所谓预存信息也就是之前在注册阶段获取的信息。然后，基于一些预先设定的信任等级，系统可确定是否得出统计性的匹配。图 7-3 给出了这个指纹比对的过程说明。

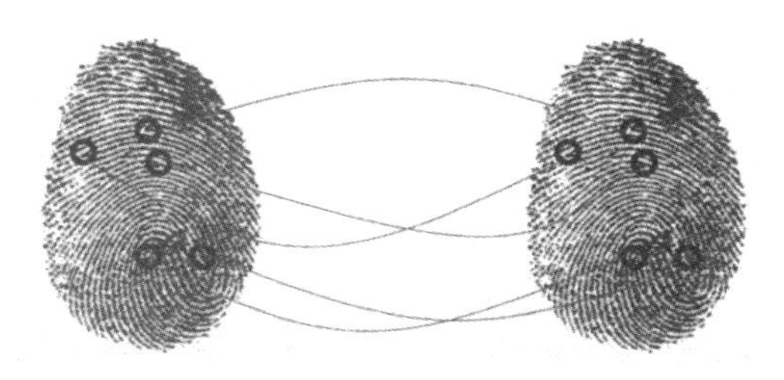

图 7-3　细节特征比对

2. 手形识别

另一类流行的生物特征技术是手形识别，这个技术在安保设施的入口控制领域的应用尤其普遍，见参考文献[138]和[256]。在这类系统中，手的形状要被仔细地测量，包括手和手指的宽度和长度[11]。在参考文献[152]中，文章介绍了 16 种这样的测量点，其中的 14 种如图 7-4 所示的图解说明(另外的两种测量了手的厚度)。人的手并不像指纹那样接近于独一无二，但是手形拓扑能够很容易且快速地被测量，同时对于许多的认证应用来说，又有足够的鲁棒性。但是，手形识别可能并不适合用于身份鉴别类应用，因为错误匹配数量可能会比较高。

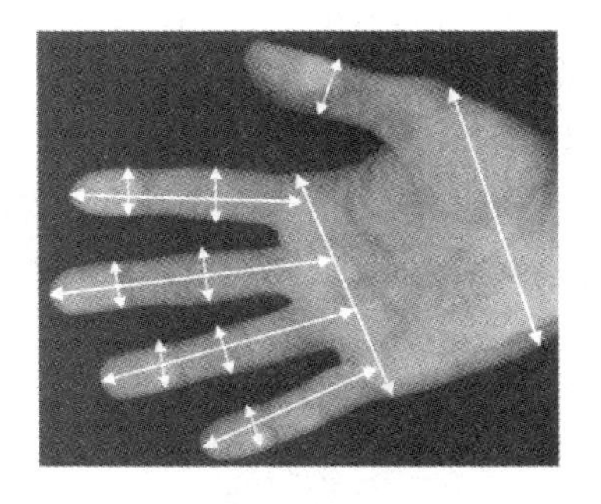

图 7-4　手形识别测量点

11. 请注意手形识别系统并不读取你的手掌。因此，你要是想知道自己的掌纹，还是必须看当地的手相大师。

手形识别系统的一个优势就是它们都运行很快，在注册阶段只需要花费不到一分钟的时间，在识别阶段仅需要不超过5秒钟时间。另一个优势源自人手本身的对称性，因为这个对称性，如果在注册时用某一只手采集信息，在认证阶段将另一只手翻转过来就能够使用。手形识别的一些弱点包括：不能够用于年轻人或老人，还有就是系统的等错误率相对而言比较高，关于这些我们随后还会进行讨论。

3. 虹膜扫描

理论上，最适合认证应用的生物特征技术之一就是虹膜扫描。虹膜(眼睛中的有色部分)的生长发育比较混乱，这就意味着比较小的变化会导致很大的差异。考虑到遗传因素对于虹膜结构影响很小或者几乎是没有影响，这些测量模式对于双胞胎甚至是对于同一个体的两只眼睛来说都是不相关的。虹膜的另外一个非常理想的特性是，其测量模式贯穿一生都是稳定的，见参考文献[149]。

虹膜扫描技术的发展相对而言比较晚。1936年，Frank Burch提出了利用人的虹膜来进行身份鉴别的思想。20世纪80年代，这个想法又浮现在了James Bond的电影中，但是直到1986年才出现了第一个相关的专利——这无疑是人们开始认识到可以通过这个技术赚钱的明确信号。1994年，哥伦比亚大学的研究员John Daugman将被普遍视为当时可用的最佳虹膜识别方案申请了专利，见参考文献[76]。

虹膜扫描系统需要复杂精密的设备和软件。首先，要有自动的虹膜扫描器来定位虹膜。然后，要获取一双眼睛的黑白图像。最后，再对得到的图像进行二维的小波变换，其结果就生成了256字节(也就是2048位二进制长的值)的虹膜码。

两个虹膜基于虹膜码之间的汉明距离进行比对。假设Alice尝试使用虹膜扫描技术来认证自身。我们令x是在识别阶段根据Alice的虹膜计算得到的虹膜码，而y是存储在扫描器数据库中的Alice的虹膜码，当然这是在注册阶段收集的。那么x和y的比对要通过计算它们之间的距离$d(x,y)$来实现，这个距离的定义如下式所示：

$$d(x,y)=\frac{\text{不匹配的二进制位数量}}{\text{要对比的二进制位数量}} \quad \text{式(7.1)}$$

举个例子，$d(0010,0101)=3/4$，而$d(101111,101001)=1/3$。

对于虹膜扫描，要针对2048位的虹膜码计算$d(x，y)$。完美的匹配会生成$d(x，y)=0$，但是实践中我们不能指望出现完美匹配。在实验室条件下，对于同一虹膜，这个距离预计会是0.08；对于不同的虹膜，这个距离预计会是0.50。常规的门限设置方案是：如果该距离小于0.32，那么将此次比对接受为匹配，否则视为非匹配，见参考文献[76]。图7-5给出了一幅虹膜图像。

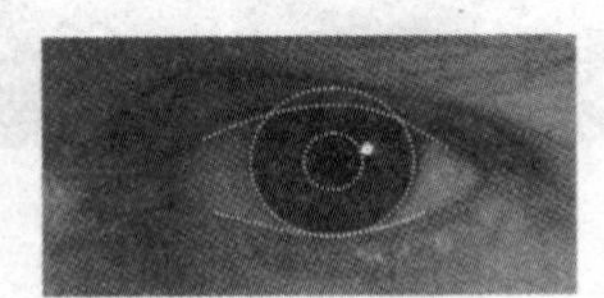

图7-5 虹膜扫描

我们将匹配实例定义为一类情况，举个例子，比如将注册阶段获得的Alice的数据与她在扫描阶段获得的扫描数据进行比对。再将非匹配实例定义为另一类情况，比如将 Alice 在注册阶段的数据与 Bob 在扫描阶段获得的扫描数据进行比对(或者反过来)。那么，在图 7-6 中左侧的柱状图就代表了匹配数据，而右侧柱状图就代表了非匹配数据。请注意，匹配数据提供了有关错误拒绝率的信息，而非匹配数据则提供了有关错误接受率的信息。

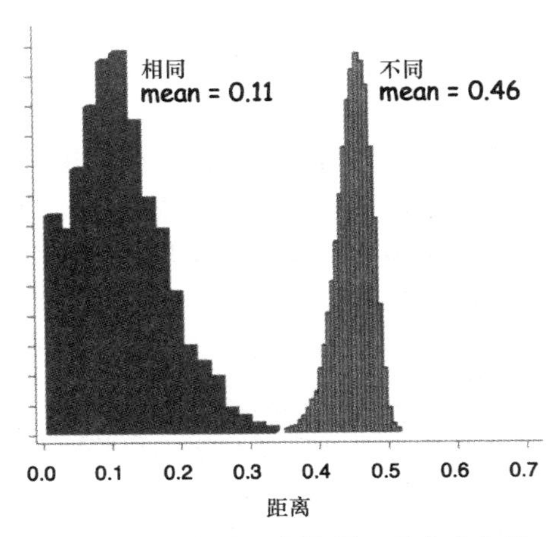

图 7-6 虹膜扫描结果柱状图，见参考文献[149]

虹膜扫描常常被称为是针对认证应用的终极生物特征识别技术。图 7-6 所示的柱状图，就是基于 2300 万个比对的数据，该图看起来是能够支持这个结论的，因为介于“相同(即匹配)”情况和“不同(即非匹配)”情况之间的重叠区域看起来并不存在。请注意，重叠数据代表在这个区域中发生了识别错误。在现实情况下，图 7-6 所示柱状图的两个区域之间确实会有重叠，但是这个重叠区域会非常小。

在图 7-7 中给出了匹配的数据间的虹膜扫描所测量的距离，这些数据对图 7-6 所示柱状图中标识为“相同”的匹配柱形区域提供了更加细化的视图。根据图 7-6，我们能够看出等错误率(这个比率对应了两部分柱状图之间的过渡点)出现在距离值等于 0.34 的位置附近。而根据图 7-7，这些数据意味着等错误率的值大约为 10^{-5}。对于这种生物特征技术，我们肯定会愿意忍受稍微高一点的错误拒绝率，因为这将使错误接受率更进一步降低。于是，典型地就会采用 0.32 作为门限，这个值前面已有所提及。

距离值	概　率
0.29	1.3×10^{10} 分之一
0.30	1.5×10^{9} 分之一
0.31	1.8×10^{8} 分之一
0.32	2.6×10^{7} 分之一
0.33	4.0×10^{6} 分之一
0.34	6.9×10^{5} 分之一
0.35	1.3×10^{5} 分之一

图 7-7 虹膜扫描的匹配值和错误率，见参考文献[149]

是否有可能发起对虹膜扫描系统的攻击呢？假设 Bob 拥有一副 Alice 眼睛的高质量照

片。那么，她可以声称自己是 Alice，并尝试使用这个照片来欺骗系统以假冒 Alice 的身份获得认证通过。这个攻击绝不是无稽之谈。事实上，有一个阿富汗女人，她的照片曾经于 1984 年刊登在一期非常有名的《国家地理》杂志封面上，在时隔 17 年以后，将她当时的虹膜扫描结果与从 1984 年那张照片上扫描的虹膜进行比对，仍然成功地完成了鉴别。这个女人从来没有见过这个杂志，但她的确记得曾经被拍照的事。关于刊登了这名女性照片的杂志，以及历经数年的阿富汗战火和混乱仍然能够找到当事人的离奇故事，在参考文献[28]中记载有相关的资料。

为了预防基于照片的攻击，虹膜系统可以首先对着眼睛闪一下灯，以确认瞳孔收缩之后再继续进行虹膜扫描。虽然这种方法消除了基于一幅静态照片的攻击方式，但是很可能也大幅增加了系统的成本。要知道生物特征技术是在与基于口令的方式进行竞争，而口令方式是免费的，成本永远都会是一个问题。

7.4.3　生物特征技术的错误率

请回顾一下等错误率——也就是错误接受率和错误拒绝率相等的那个临界点——这个比率通常被认为是比较各种不同的生物特征系统的最佳标尺。对于几种比较流行的生物特征技术，图 7-8 中给出了它们各自的等错误率。

生物特征技术	等错误率
指纹识别	2.0×10^{-3}
手形识别	2.0×10^{-3}
语音识别	2.0×10^{-2}
虹膜扫描技术	7.6×10^{-6}
视网膜扫描技术	1.0×10^{-7}
签名识别	2.0×10^{-2}

图 7-8　生物特征技术的等错误率，见参考文献[32]

基于指纹的生物特征识别系统，等错误率可能看起来会高一些。不过，大部分的指纹生物特征系统都使用相对比较便宜的设备，凭借这些设备无法获得哪怕是接近指纹识别技术理论上的潜力。另一方面，手形识别系统使用的相对而言都是比较昂贵和精密的设备，所以这类系统倒是有可能在实践中接近其理论能力水平。

在理论上，虹膜扫描技术可以达到 10^{-5} 的等错误率。但是想要获得如此超乎想象的效果，注册阶段的信息提取就必须极其精准。如果现实世界中的注册阶段环境不能够达到实验室条件的标准，那么系统的识别结果不可能如此惊人。

毫无疑问，许多并不昂贵的生物特征识别系统都比图 7-8 中给出的测量数据要差很多。另外，在应付本身就非常困难的身份鉴别问题上，生物特征识别技术的表现通常都很不乐观。

7.4.4　生物特征技术总结

生物特征技术相对基于口令的技术来说显然具有许多潜在的优势。特别是，生物特征非常难以伪造，即便不是完全不可能。就拿指纹这个实例来说，Trudy 可能会偷走 Alice 的拇指，或者不那么可恶，她可能会使用 Alice 指纹的一份拷贝。当然，更加精密的系统能够检测出这样的一类攻击，但是系统的成本随之就会更高了，于是，就又降低了作为口令方式替代品的性价比[12]。

对于身份认证，也有许多潜在的基于软件的攻击。例如，破坏比对软件从而干扰识别行为，或是操控包含注册信息的数据库。这些攻击应用到了大部分的身份认证系统，无论这些系统是采用生物特征技术，还是基于口令的方式，或是利用其他的技术手段。

虽然被破解的加密密钥或口令可以被撤销或者进行更换，但是目前还不清楚怎样撤销被破解的生物特征。Schneier(见参考文献[260])曾经探讨过这个问题以及其他生物特征技术涉及的一些问题。

作为口令的替代方案之一，生物特征技术具有非常大的潜力，但是生物特征识别并不能够做到万无一失。考虑到基于口令认证方式的巨大问题以及生物特征技术体现出的巨大潜力，而生物特征技术却不能在当今获得更为广泛的应用，这一事实未免有点令人吃惊。随着未来生物特征技术变得更鲁棒，也更便宜，这种现象应该会有所改变。

7.5　你具有的身份证明

智能卡或其他相关的硬件令牌都可以用于身份认证。这种认证方式就是基于“你具有什么”原则。智能卡是一种信用卡大小的设备，其中包含一个小的存储器和计算资源，所以它能够储存加密密钥或者其他的秘密信息，并且还可以在卡里执行一些计算。图 7-9 显示了一个专门的智能卡读卡器，该读卡器用于从卡里读取存储的密钥，然后该密钥可以用于认证用户。因为使用了密钥，并且密钥的选取是随机的，所以就规避了口令猜测攻击[13]。

图 7-9　智能卡读卡器(来自 Courtesy of Athena, Inc.)

还有其他一些基于“你具有什么”进行身份认证的例子，包括便携式电脑(或者网卡的 MAC 地址)、ATM 卡以及口令生成器等。这里，我们再给出一个口令生成器的例子。

口令生成器是很小的设备，其由用户持有并用于登录到系统。假设 Alice 有一个口令

12. 对于安全领域来说，遗憾的是，口令很有可能在可预见的未来都仍会保持一种无限制使用的状态。
13. 实际上，访问密钥时还需要有 PIN 码，所以口令的问题这时就又会出现。

生成器，她想要向 Bob 认证她自己。Bob 发送随机的 challenge R 值给 Alice，然后 Alice 将其输入到口令生成器，并输入她自己的 PIN 码。于是口令生成器就生成 response，Alice 再将其传送给 Bob。如果接收到的 response 是正确的，Bob 就可以确信他确实正在和 Alice 通信，因为只有 Alice 才应该有该口令生成器得到的结果。图 7-10 给出了这个过程的图解。

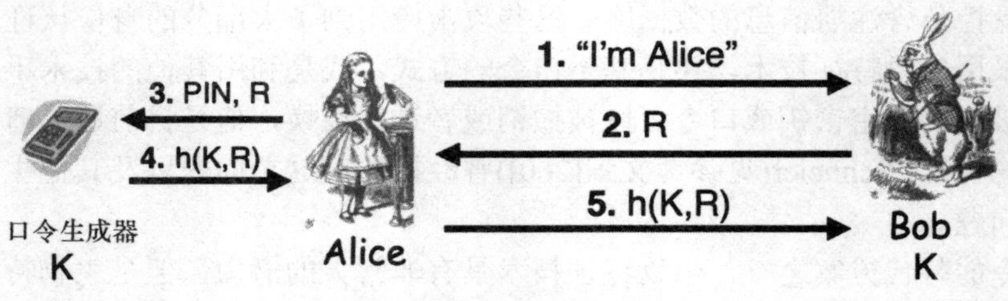

图 7-10　口令生成器

对于 challenge-response 类型的认证框架，要想能够正常运行，Bob 必须能够验证 Alice 的 response 是否正确。对于图 7-10 所示的例子，Bob 和口令生成器必须都能够访问密钥 *K*，因为口令生成器需要密钥来计算哈希值，而 Bob 需要密钥来验证 Alice 的 response。Alice 仅能间接地访问密钥 *K*——通过输入她的 PIN 码到口令生成器。在接下来有关安全协议的章节中，我们将会遇到更多的应用 challenge-response 机制的例子。

7.6　双因素认证

事实上，图 7-10 所示的口令生成器不仅需要"你具有什么"(即口令生成器)，还需要"你知道什么"(即 PIN 码)。任何身份认证方法，如果需要三种"东西(如前文所述"你知道什么"、"你具有什么"和"你是谁")"中的其中两种，就被称为是双因素认证。另外一个双因素认证的例子是 ATM 卡，其中用户必须持有卡并且知道 PIN 码。其他双因素认证的例子还包括信用卡附带手写签名、生物特征指纹系统配合口令字以及蜂窝电话附加 PIN 码等多种方式。

7.7　单点登录和 Web cookie

在对本章进行总结之前，我们再来简要地看一下两类其他的认证主题。首先，我们讨论一下单点登录，这是一个具有相当重要的现实意义的主题。我们还会简略地提及 Web cookie，这是一种常用于较弱认证类型的 Web 机制。

用户发现，总是重复地输入他们自己的认证信息(最典型的就是口令)是件令人烦恼的事情。例如，当在进行 Web 浏览时，一种屡见不鲜的情况就是，许多不同的网站都需要输入口令。虽然从安全的角度来看这是合乎情理的，但是这确实给用户带来了负担，用户要么必须记住与众多不同的网站分别对应的各自不同的口令，要么重用口令，但这却损害了自身的安全性。

一种更加方便的解决方案将是，让 Alice 仅仅认证一次，然后无论她在 Internet 上再去往哪里，这个认证成功的结果都会一直“跟着”她。也就是说，初始的认证过程需要 Alice 的参与，但是后续的认证将在各个场景的后台自动进行。这就是所谓的单点登录，在 Internet 上的单点登录技术作为一个有意思的话题已经好几年了。

正如许多的计算主题一样，有一些竞争性的并且是不兼容的解决方案来实现 Internet 上的单点登录。就像大多数时候一样，存在微软的方法和“其他人”的方法。微软公司所青睐的解决方案使用了通行证这个名字，见参考文献[171]和[203]，而为(几乎)有其他人中意的方法则是自由联盟，见参考文献[100]和[192]。后一种解决方案是基于安全断言标记语言(Security Assertion Markup Language, SAML)实现的，见参考文献[78]。

当然，安全的 Internet 单点登录系统将会提供极大的便利。不过，看起来还没有任何一种这样的方法有可能在比较短的时间内获得广泛接受。值得一提的是，在本书第 10 章讨论 Kerberos 安全协议时，我们将会看到单点登录的架构。

最后，我们来说一说 Web cookie，这里蕴含着一些有趣的安全启示。当 Alice 在网上冲浪时，Web 站点常常会为 Alice 的浏览器提供 Web cookie，实际上这不过就是一个由 Alice 的浏览器负责存储和管理的小的数值而已。Web 站点也会存储这个 Web cookie，用来对保存 Alice 相关信息的数据库建立索引。

当 Alice 再去访问一个她已经持有其 Web cookie 的 Web 站点时，她的浏览器就会自动地将这个 Web cookie 传送给 Web 站点。Web 站点于是就能够访问自己的数据库以获得有关 Alice 的一些重要信息。通过这种方式，Web cookie 维护了跨会话的状态信息。因为 Web 应用是基于 HTTP 协议的，而该协议是无状态协议，所以 Web cookie 也用于维护会话之内的状态信息。

从某种意义上说，Web cookie 可以作为 Web 站点应用实现单点登录的一种方法。也就是说，Web 站点可以基于 Alice 持有的 Web cookie 来对她进行认证。或者，还有再强壮的版本，最初对 Alice 进行认证时先使用口令，之后再次认证便认为提供 Web cookie 就足够了。对于这两种方法，无论使用哪一种，都是相当弱的一种身份认证形式。但是，这个实例说明，无论是什么样的安全机制，只要可用且方便，都常常会有不可抗拒的诱惑力，人们都会去使用而不管机制本身安全与否。

7.8　小结

你可以向一台计算机认证你自己，分别基于“你知道什么”、“你具有什么”或者“你是谁”这三种认证依据。基于口令的认证就属于基于“你知道”的认证方法。在这一章中，我们对口令认证做了充分详尽的讨论。一个基本的结论是，基于口令的方式远远不是一种理想的认证方法，但是在可预见的未来这种方式很可能会持续流行，因为使用口令是成本最低的选择。

我们还讨论了基于“你是谁”的认证方式，也就是生物特征技术。显然，相对于口令方式，生物特征技术的潜在优势能够提供高得多的安全性。但是，生物特征技术成本较高，而且也不是完全没有问题。

我们简要地提及了基于“你具有什么”的认证方法，并且也介绍了双因素认证方式，即组合了前述三种方法中的两种的认证方式。最后，我们简略地讨论了单点登录和 Web cookie。

在下一章中，我们将要讨论授权主题，这是关于如何对已认证用户施加约束和限制的技术。在第 9 章和第 10 章前面的一些内容中，我们还要再回来探讨身份认证问题，届时就将开始涵盖安全协议的内容了。我们将会看到，基于网络的身份认证完全就是一个装满了各式各样蠕虫的盒子。

7.9 思考题

1. 就像本章所讨论的，可以根据一些短语来生成强度相对比较高的口令。

   a. 请根据短语“Gentlemen do not read other gentlemen's mail”生成两个口令。
   b. 请根据短语“Are you who you say you are”生成两个口令。

2. 请针对下面给出的每一个口令，分别找出有可能生成这些口令的相应的短语。

   a. PokeGCTall
   b. 4s&7yrsa
   c. gimmeliborD
   d. IcntgetNOsat

3. 在应用生物特征技术的环境中，请给出错误接受率和错误拒绝率两个术语的定义。从统计学上看，请说明哪一种是 I 型错误，哪一种是 II 型错误。

4. 在某些应用中，需要使用通行码，通行码包含一些十进制数字(比如，PIN 码)。若使用电话上的数字到字母的转换，请回答如下问题。

   a. 请问，与口令“hello”相对应的通行码是什么？
   b. 请根据通行码 5465，找出尽可能多的能够与之相对应的口令，并且其中每个口令都是英文字典中的一个单词。

5. 假设在某个特定的系统中，所有的口令都是 10 个字符，其中每个字符都有 64 种选择，并且该系统有一个口令文件，其中包含了 512 个口令的哈希值。另外，Trudy 有一个包含 2^{20} 个通用口令的字典。请根据下面不同的情形，分别提供针对这个口令文件实施有效攻击的伪代码。

   a. 口令的哈希值中没有添加 salt 值。
   b. 口令的哈希值中添加了 salt 值。

6. 本思考题是关于将口令存储在文件中的问题。

   a. 请问，对于将口令存储在文件中，为什么先对其执行哈希运算会是个好办法？
   b. 请问，相对于直接对口令文件进行加密，为什么对存储的口令执行哈希运算会是更好的方式？

c. 请问，什么是 salt 值？无论何时要对口令执行哈希运算，都应该添加 salt 值，这是为什么呢？

7. 在某个特定的系统中，所有的口令都是 8 个字符，其中每个字符都有 128 种选择，并且该系统有一个口令文件，其中包含了 2^{10} 个口令的哈希值。Trudy 有一个包含 2^{30} 个口令的字典，任意一个随机选择的口令落在她的字典中的概率是 1/4。以下工作量的估算以所执行的哈希运算的次数来统计。

   a. 假设 Trudy 想要恢复出 Alice 的口令。在使用这个字典的情况下，并且如果事先没有对口令添加 salt 值，那么要破解出 Alice 的口令，请预测 Trudy 的工作量有多大？
   b. 假如事先对口令添加了 salt 值，请再次计算 a 中的结果。
   c. 请问，在口令文件中，至少有一个口令落在 Trudy 的字典中的概率是多少？

8. 假设你是一个商人，你决定使用一台基于生物特征技术的指纹识别设备来认证那些使用信用卡在你的商店里购买东西的人们。你可以在以下两种不同的系统中进行选择：系统 A 的错误接受率是 1%，错误拒绝率是 5%；而系统 B 的错误接受率是 5%，错误拒绝率是 1%。

   a. 请问哪个系统更加安全，为什么？
   b. 请问哪个系统更具用户友好性，为什么？
   c. 请问你会选择哪个系统，为什么？

9. 研究表明，大部分人都不能根据一幅照片来准确地识别出一个人。例如，有研究发现大部分人都会接受带有照片的 ID 证件，无论照片是谁，只要照片中的人像和证件持有者具有相同的性别和种族即可。

   a. 另外，也有证据显示，当将照片引入到信用卡中时，错误接受率就会有很大的下降。对于这种明显是自相矛盾的现象，请给出你的解释。
   b. 作者本人曾经常常光顾一个游乐园，那个游乐园提供一种季度通行证，每个通行证持有者都配发类似于信用卡的塑料卡。这个游乐园拍下每一个用户的照片，但是照片并不出现在卡片上面。相反，当用户要进入游乐园并出示其卡片时，用户的照片就会出现在屏幕上，这时工作人员就可以看到并进行比对。请问，与将照片贴在卡片上的方式相比，为什么这种方案的效果可能会更好？

10. 假设在某个给定的系统上，所有的口令都是 8 个字符，并且每一个字符都可以取 64 个不同值中的任何一个。口令都被添加了 salt 值并执行了哈希运算，再将哈希值存储在口令文件中。现在，假如 Trudy 有口令破解程序，该程序每秒钟能够测试 64 个口令。Trudy 还有一个包含了 2^{30} 个通用口令的字典，并且任何给定口令落在这个字典中的概率是 1/4。该系统中的口令文件里包含了 256 个口令的哈希值。请思考如下问题：

    a. 请问一共存在多少个可能的不同口令？
    b. 请问，平均而言，Trudy 要花费多少时间才能够破解出管理员的口令？

c. 请问，对于口令文件中的256个口令，其中至少有一个落在口令字典中的概率是多少？

d. 请问，Trudy要想恢复出口令文件中的任何一个口令，预计的工作量大概是多少？

11. 令 h 为一个安全的加密哈希函数。问题的背景如下：一个口令包含最多14个字符，每一个字符都有32种可选择的值。如果一个口令少于14个字符，就将其以零值填充，从而补足14个字符。令 P 是最终的含有14个字符的口令。请考虑如下两种对口令执行哈希运算的机制：

(i) 将口令 P 分成两个部分，令 X 等于前7个字符，Y 等于后7个字符。最后把口令存储成 $(h(X), h(Y))$ 的形式。不添加salt值。

(ii) 将口令存储成 $h(P)$ 的形式。同样，也不添加salt值。

请注意，在机制(i)中给出的方法曾被用于Windows系统来存储所谓的LANMAN口令。

a. 假如发起强力破解攻击，破解使用机制(i)中方法生成的口令，相比破解基于机制(ii)中方法的口令，能容易多少？

b. 如果使用机制(i)，可能包含10个字符的口令的安全性还不及仅包含7个字符的口令[14]，请问这是为什么？

12. 假设口令中的每一个字符都有128种可能的选择，并且口令以如下方式存储：如果口令超过16个字符，就将其截短为16个字符。如果口令少于16个字符，就将其以“A”进行填充，从而补足刚好16个字符。再将最后得到的16个字符口令分割成两个部分，X_0 和 X_1，其中 X_0 包含前6个字符，而 X_1 包含后10个字符。然后对口令执行哈希运算，如 $Y_0 = h(X_0, S_0)$ 和 $Y_1 = h(X_1, S_1)$，其中 S_0 和 S_1 都是64位的salt值。最终将值 (Y_0, S_0) 和 (Y_1, S_1) 存储起来用于口令验证。

a. 请详细说明，(Y_0, S_0) 和 (Y_1, S_1) 是如何用于验证输入口令的？

b. 请问，以穷举式检索方式恢复特定的口令(比如管理员的口令)，预计的工作量是多少？

c. 请问，对于口令，采取什么样的攻击方式，你才能够相比穷举式检索攻击或者标准的字典攻击获得较为明显的效率优势？请给予解释。

13. 对于许多Web站点，都要求用户在能够访问信息或服务之前先完成注册。假设你在这样的一个网站上完成了注册，但是等到你后来再要登录时，却发现已经忘记了你的口令。于是这个Web站点要求你输入你的电子邮件地址，你照做了。过了不久，你就通过邮件收到了你原来的口令。

a. 请讨论一下，这种应对口令遗忘的解决方案都有哪些安全隐患？

b. 处理口令的正确方式是，存储添加了salt值的口令的哈希值。请问，本思考题中的Web站点是否使用了正确的方式？请论证你的观点。

---

14. 事实上，在适用于LANMAN口令的标准设备中，用户要么选择7个字符的口令，要么选择14个字符的口令，因为任何介于这二者之间的长度都会使安全性降低。

14. Alice 忘记了她的口令，她去系统管理员的办公室求助，于是系统管理员重置了她的口令，并给了 Alice 新的口令。请思考如下问题：

    a. 请问，为什么系统管理员重置了她的口令，而不是发给 Alice 她之前使用的口令(就是忘记的那个)呢？
    b. 在系统管理员重置了她的口令之后，Alice 应该立刻再重新设置她自己的口令，请问这是为什么？
    c. 假如在系统管理员重置了 Alice 的口令之后，她又想起来了之前使用的口令。Alice 还是喜欢她的旧口令，于是她又重新将口令设置为之前的值。请问，系统管理员有可能确定“Alice 是选择了和以前同样的口令”这个事实吗？请说明理由。

15. 请考虑图 7-10 所示的口令生成器并回答下面的问题：

    a. 如果 R 是重复的，该协议是否安全？
    b. 如果 R 是可预测的，该协议是否安全？

16. 针对基于 Web cookie 的认证框架都有哪些攻击？请分别给出说明。

17. 请简要地列举通行证方式和自由联盟方式之间最主要的技术差异。

18. MAC 地址是全球唯一的，并且除了极少数硬件变更的情况之外，MAC 地址也不会变化。

    a. 请说明，你的计算机的 MAC 地址是如何作为一种“你具有什么”的依据，用于这种类型的身份认证的？
    b. 请说明，如何将 MAC 地址用于双因素认证框架的一部分？
    c. 请问，在本思考题 a 中，你的这种认证框架有多安全？如果采用本思考题 b 中的认证框架，那么安全性能够提高多少？

19. 假设你拥有 6 个账户，每一个都需要一个口令，并且你为每个账户选择了各不相同的口令。

    a. 如果任一给定的口令落在 Trudy 的口令字典中的概率是 1/4，那么你的口令中至少有一个落在 Trudy 的口令字典中的概率是多少？
    b. 如果你的口令中的任何一个落在 Trudy 的口令字典中的概率降低到了 1/10，那么你的口令中至少有一个落在 Trudy 的口令字典中的概率是多少？

20. 假设你有 n 个账户，每一个都需要一个口令。Trudy 有一个口令字典，任一口令落在 Trudy 的口令字典中的概率是 p。

    a. 如果你所有的 n 个账户都使用同一个口令，那么你的口令出现在 Trudy 的口令字典中的概率是多少？
    b. 如果你的 n 个账户中的每一个都使用各不相同的口令，那么你的口令中至少有一个出现在 Trudy 的口令字典中的概率是多少？请证明，如果 $n = 1$，你的答案与上面 a 中的答案是一致的。

c. 请问，为所有的账户选择相同的口令，或者为每一个账户选择各不相同的口令，这两种方式哪个更安全？为什么？也可以参考思考题 21。

21. 假设 Alice 使用两个不同的口令——其中一个很强壮，用于她认为安全性很重要的场合(比如她的网上银行账户)，另一个弱口令用于她对安全性不太介意的场合(比如一些社交网络站点)。请思考以下问题：

a. Alice 认为这种做法是在安全性和便利性之间的合理折中。你如何看待这种做法？
b. 请问，这样的做法可能会引发哪些实际麻烦？

22. 假设 Alice 需要为 8 个不同的账户选择口令。她可以选择所有这些账户使用同一个口令。因为只有一个口令需要记忆，所以 Alice 可能会更倾向于选择一个强壮的口令。另一方面，Alice 还可以为每个账户选择不同的口令。因为是各不相同的口令，她可能就会试图选择弱一些的口令，因为这样对她来说更容易记住所有这些口令。

a. 在一个精挑细选的强口令和多个随心所欲的弱口令之间取舍，请问其中主要的权衡因素都有哪些？
b. 除了上述两种选择之外，请问还有第三种更安全的解决方案吗？

23. 请根据 7.3.5 节中的情况 I，思考如下问题：

a. 如果不对口令添加 salt 值，那么请问 Trudy 要提前计算所有可能的口令的哈希值，需要耗费的工作量是多少？
b. 如果对每一个口令都添加 16 位的 salt 值，那么请问 Trudy 要提前计算所有可能的口令的哈希值，需要耗费的工作量是多少？
c. 如果对每一个口令都添加 64 位的 salt 值，那么请问 Trudy 要提前计算所有可能的口令的哈希值，需要耗费的工作量是多少？

24. 假如Trudy有一个包含2^n个口令的字典，任何一个给定口令落在她的字典中的概率是p。如果Trudy得到了一个口令文件，其中包含大量的添加了salt值的哈希值，那么请证明恢复出一个口令的工作量预计是$2^{n-1}(1+2(1-p)/p)$。提示：考虑7.3.5节中的情况IV，可以先忽略掉极小概率的一种情况，即口令文件中没有任何一个口令出现在Trudy的字典中。然后利用事实$\sum_{k=0}^{\infty} x^k = 1/(1-x)$以及$\sum_{k=1}^{\infty} kx^k = x/(1-x)^2$，假设$|x| < 1$进行证明。

25. 对于口令破解，通常来说，最现实的情况就是7.3.5节中的情况IV。在这种情况下，Trudy破解一个口令所必须耗费的工作量依赖于字典的大小、一个给定口令落在字典中的概率以及口令文件的长度。假设Trudy的字典大小是2^n，一个给定口令落在字典中的概率是p，而口令文件的长度是M。请证明，如果p比较小，而M又足够大，那么可以预计Trudy的工作量大约是$2^n/p$。提示：请利用思考题24的结论。

26. 假设当一枚指纹与另外一枚指纹(非匹配的)相比对时，产生一次错误匹配的概率是10^{10}分之一，这大约就是基于16个特征点来判决一次匹配(也就是英国的法定标准)的错误率。假如FBI的指纹数据库包含10^7枚指纹。请思考如下问题：

 a. 请问，当将 100 000 个嫌疑人的指纹逐一与整个指纹库里的指纹进行比对时，会发生多少次错误的匹配？
 b. 请问，对于任意一个嫌疑人，发生一次错误匹配的概率是多少？

27. 假设DNA匹配能够实时进行比对，请思考如下问题：

 a. 请针对受限设施的安全入口，设计基于这种技术的生物特征识别方案。
 b. 就你在 a 中提出的方案，请讨论一下涉及的安全隐患和个人隐私问题。

28. 本思考题主要讨论与生物特征相关的技术。

 a. 请问，认证问题和鉴别问题之间有什么区别？
 b. 请问，就问题本身来说，认证问题和鉴别问题哪一个更容易些？并请说明为什么？

29. 本思考题主要讨论与生物特征相关的技术。

 a. 请给出错误接受率的定义。
 b. 请给出错误拒绝率的定义。
 c. 请问什么是等错误率，如何确定等错误率，并解释为什么等错误率很有用？

30. 步态识别是一种生物特征技术，该技术基于行走的姿态来对人进行区分；而数字狗则是基于人的气味对人进行区分的生物特征技术。

 a. 当将步态识别用于身份鉴别时，请描述一种对此的攻击。
 b. 当将数字狗用于身份鉴别时，请描述一种对此的攻击。

31. 近年来，人脸识别技术备受追捧，比方说，该技术被认为是在机场进行恐怖分子鉴别的可行方案之一。正如本书中提及的，人脸识别技术在拉斯维加斯赌场作为检测作弊者的一种尝试已被运用。请注意，在这两种情况下，生物特征技术都被用于鉴别(而不是认证)，很可能会遇到不配合的情况。

 a. 请讨论，当用于赌场中检测作弊者的场景时，对于人脸识别技术都会有哪些攻击？
 b. 请讨论，针对你在 a 中提出的攻击方式，赌场可以采取何种对策来降低其功效。
 c. 请讨论，对于你在 b 中提出的对策，攻击者可以采取何种反对策来削弱其功效。

32. 在美剧《流言终结者》的其中一集里，展示了三种针对指纹生物特征技术的成功攻击，请参见参考文献[213]。

 a. 请简要地讨论其中每一种攻击方式。
 b. 针对在 a 中讨论的每一种攻击方式，请讨论可能会有什么样的对策。也就是说，请讨论都有哪些方式可以使生物特征系统对于某类特定的攻击更加鲁棒。

33. 本思考题主要讨论针对手形识别生物特征系统的可能的攻击方式。

    a. 请讨论与思考题32 中描述的攻击相类似的攻击方式，但是针对的是手形识别生物特征。
    b. 请问，根据你的判断，思考题32 中的指纹门锁和与之类似的基于手形识别技术的系统，哪个会更加难以破解呢？并请说明理由。

34. 视网膜扫描技术是广为人知的一种生物特征技术实例，但本章并没有对其进行讨论。

    a. 请简要地列出视网膜扫描生物特征技术的历史和发展情况。请说明现代视网膜扫描系统是如何工作的？
    b. 请问，为什么视网膜扫描技术原则上是极其有效的？
    c. 相对于指纹生物特征技术，请分别列出视网膜扫描技术的优势和不足。
    d. 假设你的公司正准备考虑安装一种生物特征系统，以供每位雇员在每次进入办公大楼时进行身份认证。你的公司可能会安装一台视网膜扫描系统或虹膜扫描系统。请问你倾向于让你们公司选哪一种？为什么？

35. 语图是语音的一种视觉表示形式。请设法安装一台能够生成语图的语音分析工具[15]，并思考下列问题：

    a. 请仔细查看从你的声音生成的几个不同的语图，每次都要说“open sesame”。请问，定性地看，这些语图的相似度如何？
    b. 请仔细查看从另一个人的声音生成的几个不同的语图，每次也都要说“open sesame”。请问，这些语图彼此之间的相似度如何？
    c. 请问，以何种方式，能够将在 a 中你的语图与 b 中的那些语图进行区分？
    d. 请问，你如何才能够开发出可靠的基于语音识别的生物特征系统？对于识别说话者来说，语图可能会有哪些有用特性？

36. 本思考题主要讨论针对虹膜扫描识别生物特征系统的可能的攻击方式。

    a. 请讨论与思考题 32 中描述的攻击相类似的针对虹膜扫描识别生物特征系统的攻击方式。
    b. 请问，相比思考题32 中的指纹门锁识别系统，为什么虹膜扫描识别系统要难破解得多？
    c. 既然虹膜扫描识别系统天然就比基于指纹识别的生物特征系统要强壮，那么请问为什么指纹识别生物特征系统却远远普及得多呢？

37. 假设有一个特定的虹膜扫描系统生成了64位虹膜码，而不是本章中提及的2048位的标准虹膜码。在注册阶段，确定了如下虹膜码(以十六进制表示)：

---

15. 作者本人使用 Audacity(见参考文献[20])来记录语音，使用 Sonogram(见参考文献[272])来生成语图，并分析最后生成的音频文件。这两个软件都是免费软件。

用户	虹膜码
Alice	BE439AD598EF5147
Bob	9C8B7A1425369584
Charlie	885522336699CCBB

在识别阶段，得到了如下虹膜码：

用户	虹膜码
U	C975A2132E89CEAF
V	DB9A8675342FEC15
W	A6039AD5F8CFD965
X	1DCA7A54273497CC
Y	AF8B6C7D5E3F0F9A

请基于上面的虹膜码回答下列问题：

a. 请使用式(7.1)中的公式来计算下面这些距离：

$$d(\text{Alice, Bob}), d(\text{Alice, Charlie}), d(\text{Bob, Charlie})$$

b. 假如与 7.4.2 节中讨论的虹膜码一样，本思考题中的这些虹膜码遵循同样的统计特性。请问，在 U、V、W、X、Y 中，哪一个用户最像是 Alice？哪一个最像是 Bob？哪一个最像是 Charlie？还是这些都不像？

38. 一种流行的基于“你具有什么”的认证方法是RSA的SecurID，见参考文献[252]。SecureID系统往往部署得就像是USB key。SecurID系统使用的算法就类似于图7-8中给出的口令生成器的图解。不过，并没有challenge *R*值从Bob发送给Alice，取而代之的是利用当前时间*T*(典型的情况是精确到一分钟)。也就是说，Alice的口令生成器计算$h(K, T)$，然后这个值被直接发送给Bob，前提是Alice已经输入了正确的PIN码(或口令)。

    a. 请画出类似于图 7-10 的图解以阐明 SecurID 算法。

    b. 为什么我们需要 *T*？也就是说，如果我们移除了 *T*，该协议就是不安全的，请问这是为什么？

    c. 请问，相对于使用随机的 challenge *R* 值，使用时间 *T* 的方式有哪些优势和不足？

    d. 请问，使用随机的 challenge *R* 值，或是使用时间 *T*，这两种方式哪一种更加安全？为什么？

39. 结合图7-10中给出的口令生成器图解，请思考下面的问题：

    a. 请讨论针对图 7-10 中口令生成器框架可能存在的密码分析攻击。

    b. 请讨论针对图 7-10 中口令生成器框架的基于网络的攻击。

    c. 请讨论针对图 7-10 中口令生成器框架可能存在的非技术性攻击。

40. 除了本章已经讨论过的三大“依据”(你知道什么，你具有什么，你是谁)之外，还有可能基于“你做什么”来进行认证。举个例子，你可能需要在你的无线接入设备上按一个按钮，才能够重置它，这就证明了你已经在物理上接触到了这台设备。

 a. 请给出真实世界中的另一个例子，其中可以基于“你做什么”来进行身份认证。
 b. 请给出一个双因素认证的例子，并且基于“你做什么”进行认证是作为其中的一种认证因素。

第 8 章 授　权

It is easier to exclude harmful passions than to rule them,
and to deny them admittance than to control them after they have been admitted.
— Seneca

You can always trust the information given to you by people who are crazy;
they have an access to truth not available through regular channels.
— Sheila Ballantyne

8.1 引言

授权是访问控制的重要组成部分，其主要关注的是对已获得认证的用户的行为进行限制。在我们的术语中，授权是访问控制的一个方面，而认证则是另一个方面。很遗憾的是，有些书的作者会将“访问控制”这个术语当作授权的同义词。这难免会造成一些理解上的不一致。

在第 7 章我们讨论了认证，认证问题实际上涉及建立身份的一种方式。从最基本的形式来说，授权问题针对的场景是：我们已经让 Alice 通过了认证，现在需要对可以允许她做什么施加一些限制。请注意，身份认证是二值化的过程(要么让一个用户通过认证，要么拒绝)。而授权则可以是控制粒度细得多的一个过程。

在这一章，我们将会对传统的授权概念加以扩展，以包含一些非传统的主题。我们将会讨论 CAPTCHA(全自动公开人机分离图灵测试)技术，这是一种专门限定人(相对于计算机而言)可以访问的设计，另外，我们还要考察防火墙技术，这被视为是网络访问控制的形式之一。介绍完防火墙之后，我们还要讨论一下入侵检测系统，这个技术在防火墙无法将坏家伙拒之门外时就会派上用场。

8.2 授权技术发展史简介

History is ... bunk.
— Henry Ford

早在计算技术的黑暗时代[1]，授权体系就常常被认为是信息安全的核心了。如今，这看起来实在是有点荒诞不经了。无论如何，从过往的历史事件中来简略地查看一下现代信息安全的发端，这样的回顾还是非常值得的。

虽然密码技术有很长的历史，也有很多传奇的故事，但是现代信息安全的其他领域相对而言则显得年轻得多。这里，我们简单地来看看系统认证的历史，在某种意义上，这就代表了授权技术的现代历史。这样的认证机制的目标是给予用户某种程度的信心，使其了解他们所使用的系统确实提供了某些特定的安全等级。虽然这是个值得称赞的想法，但是实际上系统认证机制常常被认为是荒唐可笑的。所以，认证机制从来没有真正地成为安全事务中一件引人注目的事情，于是，约定俗成的是，只有对那些绝对需要认证的产品，这才是个事。那么为什么有些产品需要认证呢？这是因为政府，也就是认证体系的创立者，需要对他们购买的特定产品进行认证。所以，作为一个现实的问题，通常只有当你想要把你的产品卖给政府时，资质证明才会是议题之一[2]。

8.2.1 橘皮书

TCSEC(*The Trusted Computing System Evaluation Criteria*)，即《可信计算机系统评估准则》，又称“橘皮书”[309](因为该书封面的颜色而得此名)，该准则发布于1983年。橘皮书是由美国国家安全局支持开发的一系列相关书籍中的一本。这些书中的每一本的封面颜色都不同，合在一起就被称为“彩虹系列”。橘皮书主要是针对系统评估和认证，并在某种程度上涉及多级安全问题——这也是后面本章将会讨论的一个主题。

如今，橘皮书即使有现实意义，也是微乎其微了。而且，依作者之愚见，橘皮书将浩大的时间和资源成本耗费在信息安全领域中一些最晦涩难懂又缺乏实际意义的方面，因而扮演了妨碍信息安全发展的角色[3]。

当然，并不是每一个人都如作者一样通情达理，并且，在某些圈子里，甚至还存在着对橘皮书及其所持有的安全视角某种超乎寻常的狂热之情。事实上，这种忠诚的热忱倾向于认为，只有橘皮书的思维方式大行其道，今天我们所有的人才会安全得多。

那么，了解一些有关橘皮书的内容是否还有意义呢？嗯，不过从历史的视角观察任何主题总是一件不错的事。同时，如前所述，仍然还有一些人拿橘皮书当回事(虽然这样的人每天都在越来越少)，而你则可能会在某些场合就要面对这样的一个人。另外，你可能还需

---

1. 这里是指在苹果公司的Macintosh问世之前的年代。

2. 认证机制显而易见没什么实效，这样的一种观点是挺吸引人的，因为仅有一个理由就足以说明，即没有任何证据表明政府比任何其他人都更具安全性，尽管他们使用了经过安全认证的产品。不过，作者本人保证，这一次要忍住这种沾沾自喜但又缺乏事实依据(但是会有奇怪的满足感)的炫耀。

3. 除此之外，橘皮书确实获得了了不起的成功。

要考虑考虑你的系统认证了。

橘皮书的既定目标是要提供一套评价标准，用以评估“自动化数据处理系统类产品”所支持的安全性效能。在参考文献[309]中给出了这些核心目标，如下：

a. 为用户提供一套标准化度量，以据此来评价用于机密或者其他敏感信息安全处理的计算机系统可赖以信任的安全等级。

b. 为产品制造商提供一定的指导，这些指导围绕着构建新一代可以广泛应用的可信赖的商业产品，以满足敏感应用的可信任性需求。

c. 提供了一个基础，以便在可接受的规格说明中指定与安全相关的要求。

简而言之，橘皮书意在提供一种评价现有产品安全性的途径，并对如何构建更加安全的产品提供指导。实际的结果则是，橘皮书为一种认证机制提供了基础，而这种认证机制是用于对安全产品提供安全等级评定的。颇具代表性的政府做派就是，要通过一系列繁复且含混不清、模棱两可的规则和要求的审查，才能够确定所谓的认证资质。

橘皮书中建议对安全产品分为四个不同的层次，分别标识为从 A 到 D，其中 D 表示最低，A 表示最高。大部分的层次内部又分为不同的级别。比如，在 C 层次上，我们有 C1 级别和 C2 级别。这 4 个层次以及它们相对应的级别如下：

D. 最小保护——这个层次只包含一个级别，为了对应那些不能够满足更高级别要求的系统，所以预留了这个级别。也就是说，这个级别是留给那些没有能力达到任何“真正”级别的不入流者的。

C. 自主保护——这个层次包含了两个级别，这两个级别都能够提供一定的“自主性”保护等级。也就是说，它们都不要求对用户施加强制性的安全，但是它们提供了一些手段用于检测安全边界——特别是，必须要具备审计能力。这个层次中的两个级别如下。

C1. 自主安全保护——在这个级别，一个系统必须提供“能够针对单个人层面施加访问限制的可信赖的控制能力”。

C2. 受控访问保护——这个级别的系统能够“比 C1 级别中的系统施加更为细粒度的自主访问控制”。

B. 强制保护——这个层次比层次 C 有了大步提升。层次 C 的理念是，用户可能会破坏安全性，但是他们的行为可以被捕获。但是，对于层次 B，保护是强制的，在这个意义上，就是说用户不能够破坏安全性，即便他们想要尝试。层次 B 中包含的级别如下：

B1. 标签安全保护——强制访问控制是基于指定标签的。也就是说，所有的数据都携带某些类型的标签，这些标签决定了哪些用户可以访问相应的数据，可以对相应的数据执行什么样的操作等。而且，访问控制是以一种强制的方式施加的，以便用户不能够违背(换言之，访问控制是强制的)。

B2. 结构化保护——在 B1 级别之上，这个级别增加了隐藏通道保护(本章稍后会讨论这个主题)和少量其他的技术特性。

B3. 安全域——在 B2 级别的要求之上，这个级别增加的要求是，实现安全特性的代码必须是“能够防篡改，并且足够小以应对分析和测试”。在后面的章节中，关于软件问题我们还会有千言万语要说。现在，值得一提的是，要使软件具备防篡改能力充其量不过就是提高难度和增加成本而已，但却极少以任何一种严肃的方式进行尝试。

A. 验证保护——这个层次的要求与 B3 级别基本相同，除了必须能够有效地运用所谓的形式化方法来证明系统达到了其所声称的安全性。在这个层次中，有一个级别 A1，另外还有一段简略的讨论，是关于超越 A1 级别之上会有什么样的要求。

作为发表于 20 世纪 80 年代的文档资料，层次 A 无疑是非常具乐观主义的，因为其中所设想的形式化证明对于中等程度或者更加复杂的系统来说，仍然还是无法达到的。作为一个实际的问题，满足 C 层级的安全要求基本上没有太大意义，但是即便是在今天，想要实现层次 B(或者更高的层次)中任何一个级别的要求都将是一个挑战，除非对于某些特殊的直截了当型的简单应用(如数字签名软件)，也许还能够达到这些层级的要求。

关于橘皮书，还有第二部分是涵盖了“逻辑依据和准则”的内容，也就是说，这部分给出了前面所罗列的各种要求背后的推理过程，并且针对如何满足这些要求，其中还尝试性地提供了一些特别的指导。在逻辑依据有关的小节中，包含了一些简略的讨论，其中涉及诸如引用监视器和可信计算基这样的主题——这些主题我们在本书的最后一章还会提及。另外还有一部分关于 Bell-LaPadula 安全模型的讨论，这个模型我们在本章后面也会涵盖。

在关于准则(即指导方针)的小节中，无疑是要比常规意义上的这类讨论详尽明确得多，但是这些指导方针是否真的如其所述那样有用或者切合实际，却还不得而知。举个例子，在“面向层次 C 的测试”这个标题之下，我们有如下的指导方针，其中“团队”是指安全测试团队，见参考文献[309]。

团队应该独立设计和实现至少 5 个指定系统的测试，以尝试绕过这些系统的安全机制。花费在测试上的时间应该至少有一个月，但不需要超过三个月。执行系统开发人员所定义的测试和测试团队所定义的测试，其中实际操作耗时应该不少于 20 个小时。

既然准则是详尽而且具体的，那么不难设想这样一个场景，其中一个团队，通过短短几个小时的自动化测试，能够比另一个团队花费三个月时间进行手工测试完成更多的测试任务[4]。

4. 顺便说一句，涵养不佳的作者本人发现，令人啼笑皆非但又隐隐不安的一件事就是，同样还是这些人，之前给了我们含糊不清的橘皮书，现在又想要来设立信息安全领域的教育标准了。见参考文献[216]。

8.2.2 通用准则

如今，橘皮书在形式上已经被通用准则(Common Criteria，见参考文献[65])所取代，通用准则有一个讨巧的名字，这是一个由跨国组织联合发起的用于认证安全产品的标准。通用准则在某种意义上与橘皮书很类似，就是竭尽全力发挥人力所能，但忽略实际应用。不过，如果你想要把你自己的安全产品卖给政府，那可能就需要获得某些指定的通用准则认证等级。即便是较低级别的通用准则认证，要想获得也是成本高昂(以美元计，应当在 6 位数的水平了)，而更好级别的认证则更是代价不菲，因为其中有许多不切实际的要求。

通用准则认证输出所谓评估保证级别(EAL，即 Evaluation Assurance Level)，这些级别依序列划分为七个级别，分别以数字 1 到 7 表示，也即是从 EAL1 到 EAL7，其中数字越大级别就越高。请注意，一个具备较高 EAL 等级的产品并不一定就比一个具备较低(或者没有)EAL 等级的产品更加安全。举个例子，假定产品 A 被认证为 EAL4 级，而产品 B 则具有 EAL5 级认证。所有这些意味着产品 A 经过了 EAL4 级评测(并通过)，而产品 B 也确实经过了 EAL5 级评测(并通过)。实际上，有可能产品 A 能够获得 EAL5 级或者更高等级的认证，但仅仅是因为产品的开发人员觉得不值得花费昂贵的成本和巨大的投入去尝试一个更高等级的 EAL 评测而已。各个不同的 EAL 等级列举如下(见参考文献[106])：

- EAL1—功能测试
- EAL2—结构测试
- EAL3—系统地测试和检查
- EAL4—系统地设计、测试和复查
- EAL5—半形式化地设计和测试
- EAL6—半形式化地验证设计和测试
- EAL7—形式化地验证设计和测试

要想获得 EAL7 级认证，就必须要提供安全性的形式化证明，而且安全专家们要对产品进行仔细的分析。相反，对于最低级别的 EAL 认证，需要分析的就只是文档而已。当然，对于中间的一些级别，就需要介于前述两个极端情况之间的某些分析工作了。

毫无疑问，通常最广受欢迎的通用准则认证等级是 EAL4 级别，因为这一般是可以销售给政府的最低要求了。有趣的是，自诩还算勤勉的作者居然能够找到共计两个产品可以达到最高的通用准则认证等级，即 EAL7 级。考虑到这个认证体系已经风光了不止十年，而且还是一个国际标准，所以这并不是一个可观的数字。

那么执行通用准则评测的所谓安全“专家”都是些什么人呢？这些安全专家们为政府认可的通用准则测试实验室(在美国相应的委托机构就是 NIST)工作。

这里我们不打算深入通用准则认证的具体细节[5]。无论如何，通用准则永远也不会唤起与橘皮书同类的热情了(你是赞成还是反对)。鉴于橘皮书在某种意义上是一种冷静的哲学式声明，它声称能够为如何实现安全提供答案，然而通用准则也没有多出什么花样，依然

5. 作者一向勤勉，工作上不知疲倦。在一个小型创业公司工作的两年期间，作者耗费了过多的时间去研究通用准则文档——因为公司希望将自己的产品卖给美国政府。由于这样的经历，因此只要一提起通用准则，就往往会让不敏感的作者神经紧张，浑身不自在。

是令人头昏脑胀的官僚主义壁垒，如果你想要将自己的产品卖给政府就必须得越过这些障碍。值得注意的是，橘皮书只有大概115页的长度，但由于通胀，通用准则的文档长度居然已超过了1000页。所以，一般人很少能够完全地阅读该通用准则，这也是其除了令人哈欠连连再也激不起人们更多兴趣的另一个原因了。

接下来，我们要考察关于授权的经典视角。然后，在讨论几个包括防火墙、IDS 和 CAPTCHA 等前沿话题之前，我们还要看看多级安全性(以及相关的一些主题)。

8.3 访问控制矩阵

关于授权，经典的视角始于 Lampson 的访问控制矩阵(见参考文献[5])。这个访问控制矩阵包含了所有必要的相关信息，操作系统利用这些信息来做出决策，以确定允许哪些用户对各种类型的系统资源都能够执行什么样的操作。

我们将主体定义为一个系统用户(并非必须是一个真正的用户，即人)，将系统资源定义为一个客体。在授权领域，有两个基本的构件，分别是访问控制列表(或简称为 ACL)以及访问能力列表(或简称为 C-list)。访问控制列表 ACL 和访问能力列表 C-list 都源自 Lampson 的访问控制矩阵，其中对每一个主体都有对应的一行，对每一个客体都有对应的一列。很自然地，我们可以理解，主体 *S* 对于客体 *O* 的访问许可情况就存储在矩阵中以 *S* 为索引的行与以 *O* 为索引的列相交的位置上。在表 8-1 中给出了一个访问控制矩阵的例子，其中我们使用了 UNIX 风格的表示方式，也就是说，分别使用 x，r 和 w 来代表执行，读和写的权限。

表 8-1 访问控制矩阵

	OS	记账程序	财务数据	保险数据	工资数据
Bob	rx	rx	r	—	—
Alice	rx	rx	r	rw	rw
Sam	rwx	rwx	r	rw	rw
记账程序	rx	rx	rw	rw	r

请注意在表 8-1 中，记账程序既看成一个客体，又被当作一个主体。这是很有用的一个构造，这样我们就能够强制施加限定条件，使得财务数据仅能由记账程序来修改。正如在参考文献[14]中所论述的，这种考虑的意图在于，使得对于财务数据的暗箱操作更加困难，因为对于财务数据的任何变更都必须由软件来执行，据推测，其中可能还会包括标准的财务核算的制衡机制等。不过，这并不能防止所有可能的攻击方式，因为系统管理员 Sam 可能会将记账程序替换为一个错误(或者欺诈性)的版本，从而就破除了这样的保护。这种伎俩确实可以允许 Alice 和 Bob 能够访问到财务数据，但是并没有允许他们进行暗箱操作制造腐败，不管是有意为之还是无心之失。

8.3.1 访问控制列表和访问能力列表

既然所有的主体和所有的客体都呈现在访问控制矩阵中，它就包含了所有相关的执行授权判决所要基于的信息。但是，要管理一个巨大的访问控制矩阵，仍然存在现实的问题。一个系统可能会包含有数百个的主体(或者更多)，以及数万个的客体(或者更多)，这种情况下，访问控制矩阵就会有数百万条记录(或者更多)，在执行任何一个主体对任何一个客体的任何操作之前，都需要查阅参考这些记录。处理如此巨大的矩阵操作可能会给系统施加显著的负担。

为了在授权操作上获得可接受的性能，访问控制矩阵可能会被分割为多个可管理的片段。有两种直观的方式可以用来分割访问控制矩阵。第一种，我们可以按列分割矩阵，将每一列与其相对应的客体存储在一起。然后，无论何时，只要一个客体被访问，就会引用与它相对应的访问控制矩阵的列，以查阅是否允许该访问操作。这些列我们称为访问控制列表 ACL。举个例子，对于表 8-1 中的保险数据，相对应的访问控制列表如下所示：

(Bob,－), (Alice, rw), (Sam, rw), (记账程序, rw)

第二种可选的分割访问控制矩阵的方式，就是按行来分割和存储，其中将每一行与其相对应的主体存储在一起。这样，无论何时，只要一个主体尝试执行某个操作，就会引用与其相对应的访问控制矩阵的行，以查阅是否允许该访问操作。这种方案称为访问能力列表 C-list。举个例子，在表 8-1 中对应 Alice 的访问能力列表如下所示：

(OS, rx), (记账程序, rx), (财务数据, r),
(保险数据, rw), (工资数据, rw)

访问控制列表和访问能力列表看起来好像是等价的，因为它们只不过是对相同的信息提供了不同的存储方式而已。但是，在这两种方式之间，仍然存在着微妙的差别。图 8-1 中给出了访问控制列表和访问能力列表之间对比的图解，我们再来仔细分析一下。

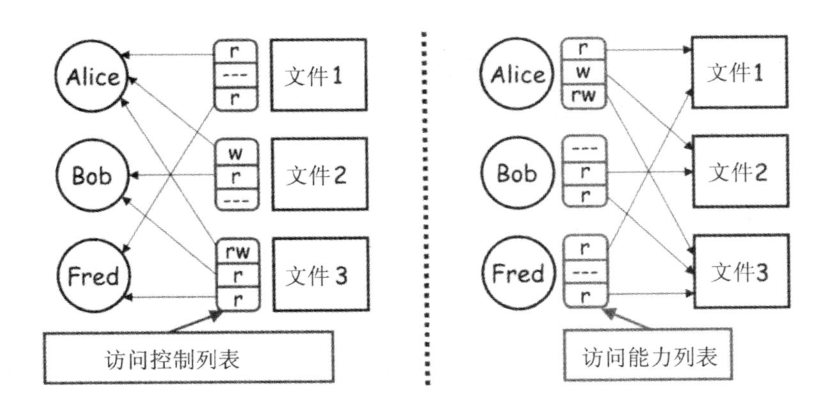

图 8-1 访问控制列表与访问能力列表

请注意，在图 8-1 中，箭头的指向方向是相反的。也就是说，对于访问控制列表，箭头的方向是从资源对象指向用户，而访问能力列表中，箭头的方向是从用户指向资源对象。这个看似微不足道的差异实际上有本质的不同。具体来说，对于访问能力列表，其用户和文件之间的关联是内建在系统之中的，而对于一个基于访问控制列表的系统，就需要有单独的方式来建立用户和文件之间的关联关系。这说明了访问能力列表固有的优势之一。事实上，与访问控制列表相比，访问能力列表在安全方面的优势不止一个。正是由于这个原因，访问能力列表在学术研究团体中往往备受青睐，见参考文献[206]。在 8.3.2 节，我们会再讨论访问能力列表相对于访问控制列表的一个潜在的安全优势。然后，我们会继续下一个主题，即多级安全性。

8.3.2 混淆代理人

混淆代理人是在许多场合都会遇到的一个典型的安全问题，见参考文献[139]。为了更好地说明这个问题，我们来考虑这样的一个系统，其包含了两个资源对象，一个编译程序和一个命名为 BILL 的文件，该文件中包含了关键的财务信息，另外还有一个用户 Alice。编译程序对任何文件都可以执行写操作，而 Alice 可以记触发编译程序运行并在编译程序写调试信息时指定相应的文件名。不过，不允许 Alice 对文件 BILL 执行写操作，因为她可能会在财务信息上捣鬼。这个场景下，对应的访问控制矩阵如表 8-2 所示。

表 8-2 混淆代理人案例中的访问控制矩阵

	编译程序	BILL
Alice	x	—
编译程序	rx	rw

现在，假设 Alice 触发了编译程序，并想要将输出调试信息的文件命名为 BILL。Alice 没有权限访问文件 BILL，所以这个指令应该失效。但是，编译程序，作为 Alice 任务的执行者，却拥有重写文件 BILL 的权限。如果编译程序以它自己的权限行事，那么 Alice 这个指令的副作用之一将是毁坏原来的文件 BILL。图 8-2 给出了相应的图解。

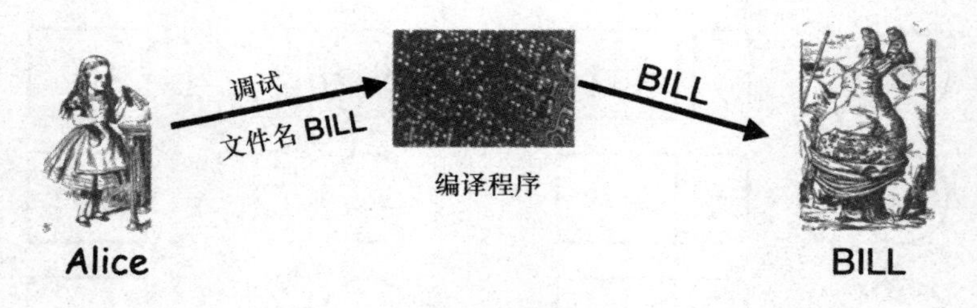

图 8-2 混淆代理人

为什么这个问题被称为混淆代理人？编译程序是为 Alice 的任务服务，所以可以看成是 Alice 的代理人。编译程序会发生混淆，因为当它应该基于 Alice 的权限工作时，却在以自身的权限行事。

利用访问控制列表，要规避这种混淆代理人问题比较困难(但也不是不可能)。相比而言，基于访问能力列表就比较容易防止这类问题，因为访问能力列表比较容易实现授权机制，而访问控制列表则不行。在一个基于访问能力列表的系统中，当 Alice 触发编译程序时，她可以简单地将自己的访问能力列表授权给编译程序，于是编译程序在试图创建调试文件时，要先引用 Alice 的访问能力列表以查看相应的权限。因为 Alice 没有权限重写文件 BILL，所以就能够避免在图 8-2 中出现的情形。

对访问控制列表和访问能力列表之间的相对优劣进行比较是很有意义的。当用户想要管理他们自己的文件，并且各种保护是面向数据的情况下，访问控制列表就是更好的选择。利用访问控制列表，也很容易改变一个特定资源对象的权限。另一方面，使用访问能力列表，则很容易实现授权机制(以及二级授权、三级授权等)，并且更容易实现增加和删除用户。由于具备授权机制的能力，在使用访问能力列表时就很容易规避混淆代理人问题。不过，访问能力列表通常实现起来更加复杂，并且会产生某些更高的系统负荷——虽然这一点可能不会很明显，但是在分布式系统中，许多固有性的难题都是源自这种访问能力列表机制。因为这些原因，访问控制列表在实践中的应用要比访问能力列表常见的多。

8.4 多级安全模型

在这一节，我们简要地探讨一下多级安全性范畴内的安全模型。在信息安全的教科书中，安全模型的内容往往会占据很大的篇幅，但是，在这里我们将仅仅触及两种最著名的安全模型，对于这些模型我们也只是做一个概览性的介绍。想要查看有关多级安全性的更加全面的介绍以及相关的安全模型，见参考文献[283]；或是查阅 Gollmann 的书，见参考文献[125]。

通常来说，安全模型都是说明性的，不是排他禁止性的。也就是说，这些安全模型告诉我们都有哪些需要被保护，但是它们并不回答这些现实的问题，也即如何提供这类保护的问题。这并不是此类安全模型中的疏漏，因为它们的设计目标就是建立保护框架，但是这确实也是信息安全模型在实际应用中的固有局限性之一。

多级安全性，或简称为 MLS(Multilevel Security)，广大的间谍小说爱好者对此是非常熟悉的，这些小说中机密情报常常凸显出极端的重要性。在多级安全性中，主体是用户(通常来说，就是自然人)，客体是要保护的数据(如文档资料)。而且，在将权限空间应用于主体的同时要将分级机制应用于客体。

美国国防部，或简称 DoD，使用了四层分级机制和权限空间，这些分级依序可以排列为：

$$\text{TOP SECRET} > \text{SECRET} > \text{CONFIDENTIAL} > \text{UNCLASSIFIED} \qquad 式(8.1)$$

举个例子，一个拥有 SECRET 级别通行证的主体可以被允许访问分级为 SECRET 的对象或者是更低级别的客体，但是不能够访问级别为 TOP SECRET 的客体。显然，为了使这些分级更加清晰可见，安全等级通常都是以大写字符表示的。

令 O 是一个客体，S 是一个主体。那么 O 就会得到一个分级，而 S 则会拥有一个权限空间。我们将客体 O 的安全等级表示为 $L(O)$，而将主体 S 的安全等级也类似表示为 $L(S)$。在美国国防部的系统中，如图 8-1 所示的 4 个安全等级既用于建立权限空间，也用于区分等级。另外，对于一个想要获得 SECRET 级别权限空间的人，还需要执行一些例行的背景检查，而一个 TOP SECRET 级别的权限空间则需要一个更加广泛的背景检查、一次测谎仪测试、一份心理档案等。

关于信息分级有许多现实的问题。举个例子，恰当的分级并不总是很清晰的，两个经验丰富的用户可能会在广泛的领域中持有各种不同的观点。另外，所申请分级的级别的粒度也可能是一个问题。例如，一种完全有可能发生的情况是，构建了一个文档，其中每一个段落，单独看起来时都是UNCLASSIFIED级别的，可是整个文档却是TOP SECRET级别的。当需要对源代码进行分级时，这个问题甚至会更加糟糕，而在美国国防部中有时就会出现这种状况。这个分级粒度问题的另一面就是聚合问题——一个对手可能会对UNCLASSIFIED级别的文档进行缜密分析，据此就能够收集到TOP SECRET级别的信息。

当主体和客体处于不同的安全等级，但又需要使用相同的系统资源时，就需要多级安全性。一个多级安全系统的目标就是强制执行一种访问控制形式，在这种形式之下，通过限制主体的行为，使得主体只能够访问那些他们具有相应权限空间的客体对象。

军方和政府对于多级安全性的兴趣由来已久。美国政府还特别设立基金以支持大批有关多级安全性的研究，这样做的结果就是，人们对于多级安全性的优势和弱点获得了相对而言更加透彻的理解。

如今，除了在传统的分级政府设置方面之外，多级安全性还有许多潜在的应用。举个例子，在大部分的公司业务管理中，都有一类信息是受到严格限制，比如仅供高级管理层查阅，而另外的一些信息则是可供全体管理层访问的，同时还有另外一些特定的信息是在公司内开放给每一个人的，此外，最后还有一些信息可以共享给所有人，包括一般大众。如果这些信息被存储在一个单一的系统中，那么该公司必须要解决多级安全性的问题，即使他们还没有意识到这一点。请注意，上述这些分类可以直接对应到之前讨论的TOP SECRET、SECRET、CONFIDENTIAL和UNCLASSIFIED 4层分级体系。

在诸如网络防火墙之类的应用中，对多级安全性也有很大的兴趣。在这类案例中，其目标是要把一个入侵者，比如说Trudy，保持在较低的安全等级上，以便她在攻破防火墙之后所能造成的危害可以被控制在一定范围之内。接下来我们要更加详细地考察另一个多级安全类应用，涉及个人隐私医疗信息的保护。

再强调一次，我们这里的重点在于多级安全模型，这些模型说明了需要做什么，但是并没有告诉我们如何实现这些保护。换句话说，我们应该将这些模型视为高阶的描述，而不是类似安全算法或者协议之类的东西。有许多的多级安全模型——我们将只讨论最基本的。其他的安全模型可能更加实际，但是它们也更加复杂，并且更加难以分析和验证。

理想情况下，我们会想要证实安全模型的效果。这样，任何满足模型假设的系统都会自动地继承那些已经证实了的关于该模型的效果。不过，对于安全模型，我们在本书中不会探究这么深入的内容。

8.4.1　Bell-LaPadula 模型

我们要考察的第一个安全模型是Bell-LaPadula，或简称为BLP，信不信由你，这个安全模型命名自它的发明者Bell和LaPadula。BLP安全模型的目标是获得所有多级安全系统都必须要满足的关于机密性的最小需求。BLP模型包含如下两个陈述：

简单安全条件：主体 S 能够对客体 O 执行读操作，当且仅当 $L(O) \le L(S)$ 时。

***-特性(星特性)：**主体 S 能够对客体 O 执行写操作，当且仅当 $L(S) \le L(O)$ 时。

简单安全条件只不过是陈述了一个基本的要求，举个例子，Alice不能够读一个文档，如果她缺乏相应的权限空间的话。这个条件对于任何的多级安全系统来说都是显而易见的要求。

星特性就不那么直观了。这个特性的设计目标可以打个比方来说，就是要防止 TOP SECRET 级别的信息被写入到一个 SECRET 级别的文档中。这种行为将会破坏多级安全性，因为一个拥有 SECRET 级别权限空间的用户就能够读取 TOP SECRET 级别的信息了。这样的写操作有可能是故意的，又或者是计算机病毒之类造成的后果。在计算机病毒相关的开创性工作中，Cohen 提到病毒可能会被用于破坏多级安全性(见参考文献[60])，如今，这样的攻击类型仍然是多级安全系统面临的实实在在的威胁。

简单安全条件可以被归纳为“不许向上读”，而星特性则意味着“不许向下写”。于是，BLP 模型有时候也会很简洁地表述为“不许向上读，不许向下写”。很难想象一个安全模型会如此简单，的确很难有更简单的了。

虽然简洁在信息安全领域绝对是好事情，但是 BLP 模型也许过于简单了。至少这是 McLean 的论断，McLean 曾经说“该模型是如此的平常，以至于很难想象一个现实的安全模型会不具有这样的特性”(见参考文献[198])。在一次穿透 BLP 安全模型的尝试中，McLean 定义了一个“系统 Z”，其中，允许管理员临时性地对客体重新分类，在这个环节中，就会出现在不违背 BLP 特性的情况下能够做到“向下写”。系统 Z 显然是违背了 BLP 安全模型的精神，但是，既然这不是明确禁止的，就可以认为其不言自明，是被允许的。

为了回应 McLean 的批评，Bell 和 LaPadula 使用了一个平稳性特性来强化 BLP 安全模型。事实上，这个特性有两个版本。强平稳性特性声明安全标签可以永久不变。这就将 McLean 的系统 Z 排除在 BLP 安全模型的范畴之外，但是在真实世界中这也很不现实，因为安全标签有时必须要改变。举个例子，美国国防部就定期对文档进行重新分级分类，这种情况下要想严格地遵守强平稳性特性是不可能的。再举另一个例子，通常情况下强制执行最小权限的操作是比较理想的选择。如果一个用户具有，比如说是 TOP SECRET 级别的权限空间，但是他只浏览 UNCLASSIFIED 级别的 Web 页面，那么仅赋予该用户一个 UNCLASSIFIED 级别的权限空间是一个理想的选择，这样就可以避免意外地泄露机密信息。如果这个用户后来需要更高的权限空间，那么他的现有活动权限空间可以被升级。这就是所谓的高水印原则，当我们后面讨论 Biba 模型时，还会再次看到它。

Bell 和 Lapadula 还提供了一个弱平稳性特性，其中，一个安全标签可以改变，只要这样的改变不会违背“已建立的安全策略”。弱平稳性特性能够解决系统 Z 的问题，也能够允许最小权限配置，但是这个特性是如此含糊不清，以至于当着眼于分析目的时，就几乎毫无意义。

关于 BLP 安全模型和系统 Z 之间的争论，在参考文献[34]中有非常透彻的论述，其中作者指出，关于模型，BLP 模型的支持者和 McLean 各自都有着根本不同的假设。这场争论引发了一些有趣的话题，涉及了建模的本质和局限性等方面。

有关 BLP 安全模型，最基本的共识就是它非常简单，结果就是，这个模型是极少数有可能在系统中获得一些证实的模型之一。不过很遗憾的是，BLP 安全模型可能太简单了，以至于没有任何的实际用途。

BLP 模型激发了许多其他的安全模型，这些模型中的大部分都力求更加现实。这些系统获得更多实际意义的代价就是变得更加复杂。这就使得大部分其他的安全模型更加难于分析，也更加难以应用，也就是说，要证明一个现实世界中的系统确实满足了这些模型的要求，就变得更加困难。

8.4.2 Biba 模型

在这一节，我们要简略地看一看 Biba 模型。与 BLP 安全模型针对的是机密性不同，Biba 模型针对的是完整性。事实上，Biba 模型本质上就是一个 BLP 模型的完整性版本。

如果我们信任客体 O_1 的完整性，但不信任客体 O_2 的完整性，那么，如果客体 O 是由 O_1 和 O_2 组成，我们就不能信任客体 O 的完整性。换句话说，客体 O 的完整性等级是所有包含于 O 中的所有客体完整性等级的最小值。还有另外一种方式的解释，就是对于完整性而言，这里遵守低水印原则。相比之下，对于机密性，则是高水印原则适用。

为正式地说明 Biba 模型，令 $I(O)$表示客体 O 的完整性，$I(S)$表示主体 S 的完整性。Biba 安全模型则由下面两个声明来定义：

写访问规则：主体 S 能够对客体 O 执行写操作，当且仅当 I(0)≤I(S)。

Biba 模型：主体 S 能够对客体 O 执行读操作，当且仅当 I(S)≤I(0)。

写访问规则表明，我们对主体 S 所写的内容的信任程度不会超过我们对 S 自身的信任程度。Biba 模型表明，我们对主体 S 的信任不应超过 S 所读取的客体的最低完整性级别。本质上说，我们的顾虑是 S 将被更低完整性级别的客体“弄脏”，所以要禁止 S 查看这样的客体。

Biba 模型实际上限制性很强，因为它要求杜绝主体 S 查看一个较低完整性级别的客体。将 Biba 模型替换成下面的策略是可行的，并且，在许多情况下，也许会更理想。

低水印策略：如果主体 S 对客体 O 执行了读操作，那么 $I(S) = \min(I(S),I(O))$。

在低水印原则之下，主体 S 可以读取任何的内容，前提条件是，在访问一个较低完整性级别的客体之后，主体 S 的完整性级别也被降级。

图 8-3 说明了 BLP 安全模型和 Biba 安全模型之间的不同。当然，最基本的差异是，BLP 是用于机密性保护的，它蕴含了高水印原则，而 Biba 是用于完整性保护的，它蕴含了低水印原则。

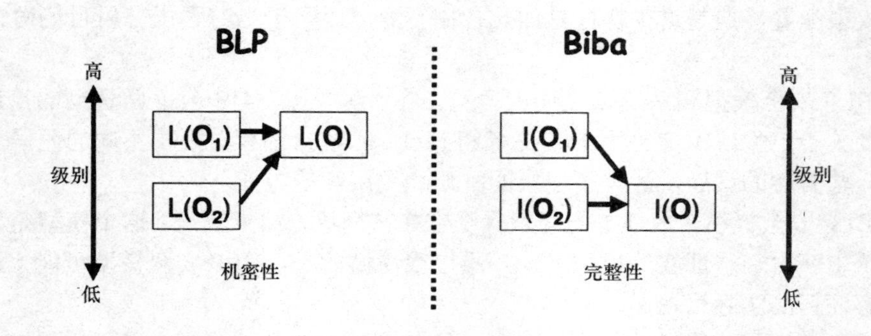

图 8-3 BLP 模型和 Biba 模型

8.5 分隔项(compartment)

多级安全系统强制访问控制(或信息流)分为“向上和向下”，其中将安全级别在一个层级体系中进行排序，如图 8-1 所示。通常，一个简单的安全标签层级体系在应付现实场景时并不够灵活。在实践中，常常还需要使用分隔项来进一步限定信息流所“跨越”的安全级别。我们使用如下的标记方式来表示一个安全级别和与之相关联的分隔项或者分隔项组。

SECURITY LEVEL {COMPARTMENT}

举个例子，假定我们在 TOP SECRET 安全级别上有分隔项 CAT 和 DOG。那么我们将所得到的这两个分隔项分别表示为 TOP SECRET {CAT} 和 TOP SECRET {DOG}。请注意，这里还有一个分隔项是 TOP SECRET {CAT,DOG}。虽然这里每一个分隔项都是 TOP SECRET 级别的，但是一个具有 TOP SECRET 级别权限空间的主体只有在经过特殊许可的情况下才能够对分隔项进行访问。于是，分隔项就具备了对跨安全等级的信息流进行约束的作用。

分隔项主要是用于强化必须知情原则，也就是说，只有当主体因工作需要必须要了解某个信息时，才会允许其访问该信息。如果一个主体没有合理的需求要了解所有信息，比如说处于 TOP SECRET 级别的一个主体，那么分隔项可以用于限定该主体所能够访问的 TOP SECRET 安全级别的信息。

为什么要创建分隔项，而不是简单地创建一个新的分类级别呢？可能是因为实际上有很多不可比较的情况，举个例子来说，TOP SECRET {CAT}和 TOP SECRET {DOG}就是不可比的，也就是说，无论是

$$\text{TOP SECRET}\{\text{CAT}\} \leqslant \text{TOP SECRET}\{\text{DOG}\}$$

还是

$$\text{TOP SECRET}\{\text{CAT}\} \geqslant \text{TOP SECRET}\{\text{DOG}\}$$

都不成立。如果使用一个严格的多级安全的层级体系，那么这两个条件之一必须要成立。

现在考虑图 8-4 所示的分隔项，其中的箭头代表“≥”的关系。在这个例子中，一个具有 TOP SECRET{CAT}权限空间的主体不会访问在分隔项 TOP SECRET{DOG}中的信息。另外，一个具有 TOP SECRET{CAT}权限空间的主体具有访问分隔项 SECRET{CAT}中信息的权限，但是没有访问分隔项 SECRET{CAT,DOG}中信息的权限，即使该主体拥有 TOP SECRET 级别的权限空间。再次强调，分隔项提供了一种手段，以强化必须知情原则。

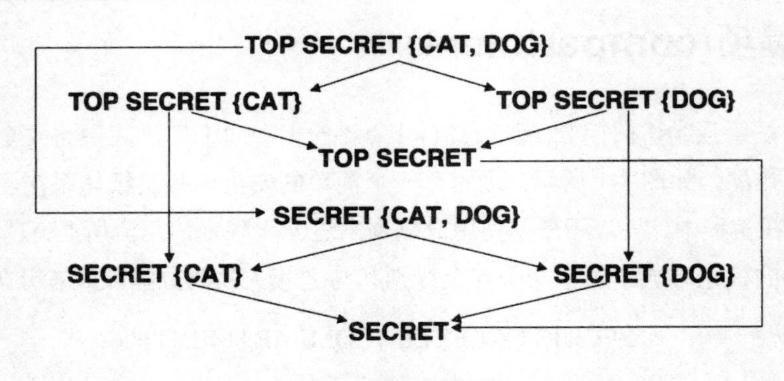

图 8-4　分隔项的例子

多级安全性可以在没有分隔项的情况下独立使用，反之亦然。但是它们常常一起使用。在参考文献[14]中，讲述了一个有趣的例子，是有关英国医学协会(或简称 BMA)对于个人医疗记录保护的担忧。要求对医疗记录进行保护的法律规定了一个多级安全系统——显然是因为该法律的制定者熟悉多级安全性的缘故。特定的医疗状况，就像 AIDS 之类，被视为是相当于 TOP SECRET 级别的信息，而其他一些不那么敏感的信息，类似药物处方，则被视为 SECRET 级别的信息。但是，如果一个主体曾被开过 AIDS 类的药物，那么任何一个具有 SECRET 级别权限空间的人都能够轻易地推断出 TOP SECRET 级别的信息。于是，所有的信息都趋于被归类为最高的安全级别，从而所有的用户都会要求最高级别的权限空间，于是系统的目标就会丧失。最终，BMA 的系统被改变成为一个仅使用分隔项的系统，该系统有效地解决了这个问题。这样，举个例子来说，AIDS 的处方信息可以分隔项的方式与常规的处方信息进行区分，由此再强制施加必须知情原则。

在接下来的两节中，我们将要讨论隐藏通道和推理控制。这两个主题都与多级安全性有关，特别是隐藏通道，它会在许多不同的场景中出现。

8.6　隐藏通道

隐藏通道(covert channel)是一个并非由系统设计者有意设计的通信路径。隐藏通道存在于许多的场合中，但是在网络上尤其流行。隐藏通道实际上不可能被消除，所以，重点就放在如何限制此类通道的能力上。

多级安全系统的设计目标是限制通信的合法通道。但是，隐藏通道提供了另一种信息流动的方式。对于某个资源对象被处于不同安全等级的多个主体所共享的情形，要给出一个实例，其可用于传递信息，并因而违反多级安全系统的安全性要求，并不是件难事。

举个例子，假设 Alice 拥有 TOP SECRET 级别的权限空间，而 Bob 仅拥有 CONFIDENTIAL 级别的权限空间。如果所有的用户共享同一个文件空间，那么 Alice 和 Bob 可以达成一致，约定如果 Alice 想要发送 1 给 Bob，她就创建一个文件，命名一个特定的名字，比方说是 FileXYzW，并且，如果她想要发送 0，她就不创建这样的文件。Bob 可以查看文件 FileXYzW 是否存在，如果该文件确实存在，他就知道 Alice 已经发送给他 1，如果文件不存在，Alice 就是发送给他了 0。通过这种方式，单独一位二进制信息就是通过一个隐藏通道被传递的，也就是说，这是通过一种并非系统设计者所期望的通信方式来传递信息。请注意，Bob 不能够查阅文件 FileXYzW 的内容，因为他不具有所要求的权限空间，但是我们假定他能够询问文件系统，以确认是否存在这样的一个文件。

从 Alice 向 Bob 泄露单独一个二进制位值当然不足为虑，但是 Alice 可以通过和 Bob 做好同步就能泄露出任何数量的信息了。也就是说，Alice 和 Bob 可以约定，Bob 每分钟检测一次文件 FileXYzW 是否存在。和前面一样，如果该文件不存在，那么 Alice 是发送 0，如果该文件存在，Alice 就是发送 1。通过这种方式，Alice 就能够(很缓慢地)将 TOP SECRET 安全级别的信息泄露给 Bob。图 8-5 中给出了这个过程的图解。

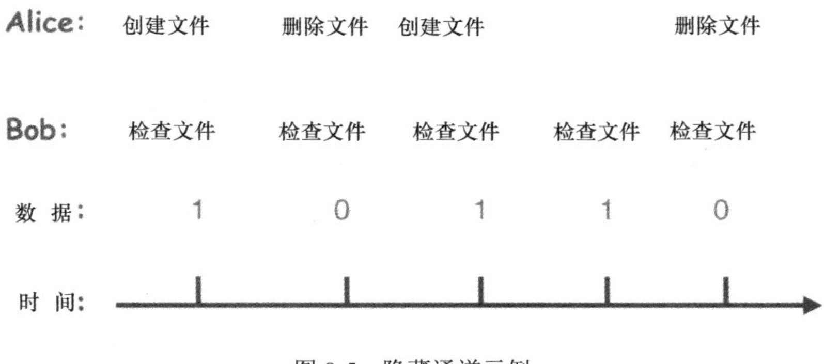

图 8-5　隐藏通道示例

隐藏通道无处不在。举个例子，打印队列也可以用作传递信息的信号，具体方式与上面的例子非常相似。网络是挖掘隐藏通道的丰富源泉，有一些现成的黑客工具就是利用了这些隐藏通道——我们将在本节后面提及其中的一种。

隐藏通道的成立，需要有三个条件。首先，发送方和接收方必须有一个共享的资源。其次，发送方必须能够以接收方能觉察到的方式改变共享资源的某些属性。最后，发送方和接收方必须能够实现其通信的同步。基于这样的描述，很显然，潜在的隐藏通道的确是无处不在。当然，只需要消除所有的共享资源和所有的通信，我们就能够消灭掉所有的隐藏通道。显而易见，这样的系统一般来说也没有什么用处。

于是我们得到的结论就是，在任何一个有用的系统中，想要消除掉所有的隐藏通道实际上是不可能的。美国国防部显然是认同这个观点的，因为在他们的指导原则中，仅仅要求降低隐藏通道的容量到不超过每秒钟一位的水平，见参考文献[131]。这就意味着美国国防部已经放弃了消灭隐藏通道的努力。

每秒钟一位的限制对于防止隐藏通道带来的危害是否就足够了？考虑一个 TOP SECRET 级别的大小为 100MB 的文件。假设这个文件的明文版本存储在 TOP SECRET 安全级别的文件系统中，而该文件的一个加密版本——比方说通过 AES 算法并使用 256 位密钥进行了加密——存储在一个 UNCLASSIFIED 级别的位置。遵照美国国防部的指导原则，假如我们已经将这个系统的隐藏通道的容量降低到了每秒钟一位的水平。那么，通过隐藏通道泄露整个 100MB 的 TOP SECRET 级别的文件，将会花费超过 25 年的时间。然而，通过同样的隐藏通道泄露 256 位的 AES 加密密钥则不会超过 5 分钟。结论就是，通过降低隐藏通道的容量也许会有效，但并不是在所有的情况下都足以应付。

接下来，我们来考虑真实世界中一个隐藏通道的例子。传输层控制协议(即TCP协议)在互联网上应用非常广泛。TCP协议头，如附录中图F-3所示，包含一个称为“预留”的字段以供未来的用途，也就是说，该字段目前没有任何用途。这个字段就很容易被用于秘密地传递信息。

在TCP协议的序号字段或者ACK字段中隐藏信息也很容易，因而也能构建出更为精巧的隐藏通道。图8-6演示了黑客工具Covert_TCP所使用的方法，这种方法通过TCP协议的序号字段来传递信息。发送方将信息隐藏在序号X中，该数据包——其源地址被伪造成目标接收方的地址——被发送给一个完全不知情的服务器。当该服务器接收到这个数据包时，它会不知不觉地完成一个隐藏通道，即将包含在X中的信息发送给目标接收方。在网络攻击中经常会使用到这类偷鸡摸狗似的隐藏通道，见参考文献[270]。

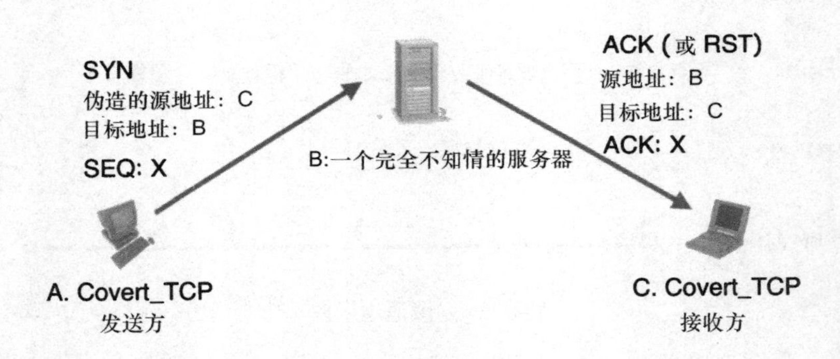

图8-6 利用TCP协议序号字段的隐藏通道

8.7 推理控制

我们来考虑一个数据库，其包含了在加利福尼亚州的大学教员的信息。假设我们向数据库提交查询，要查看圣何塞州立大学(SJSU)的女性计算机科学教授的平均薪资，得到的答案是$100,000。接着，我们再次提交查询，看数据库中女性计算机科学教授的人数，得到的答案是一名。于是，我们就能够去圣何塞州立大学(SJSU)计算机科学系的网站上确定这个人的身份[6]。在这个例子中，从对常规问题的回答中，就已经有特定的信息泄露了。推理控制的目标就是防止此类泄露的发生，或者至少是将信息泄露最小化。

一个包含医疗记录的数据库对于研究者来说是相当有吸引力的。举个例子，通过寻找统计相关性，就有可能确定某种疾病的病灶或者是风险因子。但是，病人们想要保持自己医疗记录的私密性。如何才能够让我们既访问到具有统计性意义的数据，又能够同时保护隐私呢？

很明显，第一步就是要将名字和地址信息从医疗记录中删除。但是对于像上面这个大学教授的例子中清楚揭示的隐私泄露问题，仅仅这样做就不够了。那么，要想提供更加强

6. 在这个案例中，并没有造成任何的伤害，因为州雇员的薪资状况在加利福尼亚州是公共信息。

有力的推理控制，但同时又要保证数据对于合法研究是可用的，还能进一步做些什么呢？

在参考文献[14]中，有关于推理控制所运用的一些技术的讨论。其中一类这样的技术是对查询集合大小的控制，基于这种控制，如果结果集合的大小太小，就不响应相应的查询。这个方案就能使得上面例子中确定大学教授的薪资更加困难。不过，如果医学研究就是聚焦在一种非常罕见的疾病上，那么对查询结果集合大小的控制可能也会妨碍或者歪曲重要的研究课题。

另一个技术被称为“*N*-*k* 垄断”规则，这个规则要求：如果有 *k*%或者更多的结果是由 *N* 个或者更少的主体所垄断，就拒绝发布这些数据。举个例子，我们可能会向人口普查数据库提交查询，要查看 Bill Gates 所居住的街区中个人平均的资产是多少。这种情况下，任何合理设置的 *N* 值和 *k* 值都将会导致无结果输出。事实上，这个技术确实用在了美国人口普查局的信息搜集活动当中。

还有一个实现推理控制的方案就是信息随机化，也就是说，将少部分随机噪声添加到数据中。当然，某些情况下，就类似在特定稀有医学条件下开展的研究工作，这个方案还是会有问题，因为其中的噪声可能会淹没真实的数据。

此外，人们还提出了许多其他的实现推理控制的方法，但是没有一个是尽善尽美的。看起来，在实践中要想获得强有力的推理控制也许是不可能的了，不过很明显的是，施加了一定的推理控制手段，即便是很弱的方式，也比完全没有推理控制要好。推理控制将使 Trudy 的破坏工作更加困难，而且也几乎一定会减少信息泄露的数量，进而就能够控制所造成的危害。

那么，同样的逻辑是否也适用于加密保护呢？也就是说，使用弱的加密方案是否要比完全不加密更好一些呢？结果出人意料，对于加密的答案是：大部分情况下，相比较使用一个弱的方案加密，还不如干脆不加密。如今，大部分的信息都是不加密的，而加密则有可能暗示数据重要。如果发送了很多的数据，其中大部分都是明文传送的(如通过互联网发送的电子邮件等)，那么 Trudy 面临着一个巨大的挑战，即要想办法将她感兴趣的信息从这些浩瀚的无效信息中过滤出来。但是，如果你的数据被加密了，要将其过滤出来就容易多了，因为加密的数据看起来是随机的，而非加密的数据往往呈现出高度的结构化特性。[7]这样，如果你的加密很弱，你可能就已经帮助 Trudy 解决了所困扰她的数据过滤问题，同时也并没有提供针对密码攻击的有效保护，见参考文献[14]。

8.8 CAPTCHA

计算机先驱(也是 Enigma 密码机的破解者)Alan Turing 在 1950 年提出了著名的图灵测试。在这个测试中，有人会向人和计算机提出问题。发问者既不能看到被问的人，也不能看到被问的计算机，只能够通过键盘输入提交问题并通过计算机屏幕接收应答。发问者并不知道哪个是计算机，哪个是人，而目标就是仅仅根据这个问题及对其的回答把人与计算机区别出来。如果发问的人不能够以比单纯的猜测更大的概率来解答出这个疑惑，计算机

7. 关于这个问题的的论述，见参考文献[287]。

就通过了图灵测试。这个测试是人工智能领域的金科玉律，目前还没有哪个计算机能够通过图灵测试，但是偶尔会有人宣称正在朝这个目标逼近。

“完全自动化的公开的图灵测试，其目标是将计算机和人区别开来”，或简称为CAPTCHA(completely automated public Turing test to tell computers and humans apart)[8]，就是这样的一个测试，其中人可以通过，但是计算机不能够以比单纯猜测更高的概率通过(见参考文献[319])。这可以看成是一种反向的图灵测试。这里的假设是测试由一个计算机程序生成，并由一个计算机程序分级评判测试结果，但是却没有计算机能够通过该测试，即便计算机能够访问生成该测试的程序源代码。换句话说，“CAPTCHA 是一个程序，该程序可以生成和评判它自身也无法通过的测试项目，这一点很像有些大学教授，见参考文献[319]。”

乍一看，计算机创建了一个测试，并且能够评判测试的结果，但是它自己却不能够通过测试，这似乎自相矛盾。但是，当我们进一步仔细地来了解这个过程的细节时，这个情况似乎就没有那么难以解释了。

既然 CAPTCHA 的设计目标就是防止非自然人访问资源对象，那么 CAPTCHA 也可以被视为一种访问控制的形式。根据民间传闻，发明 CAPTCHA 的原始动机来自一次在线投票活动，该活动邀请用户们投票，以选出最好的计算机科学研究生院。在这个故事的现实版本中，投票结果显然很快就被是来自 MIT 和 Carnegie-Mellon 两所学校的自动响应歪曲了(见参考文献[320])，于是研究者发展出了 CAPTCHA 的想法，以防止自动重复性的投票。如今，CAPTCHA 的应用非常宽泛而且多样化。举个例子，免费邮件系统服务使用 CAPTCHA 来防止垃圾邮件发送者为大量的电子邮件账户进行自动订阅。

对于 CAPTCHA 测试来说，具体的要求包括：它必须使绝大部分的人都能够很容易通过，并且必须让计算机很难或者是不可能通过，即便是该计算机能够访问 CAPTCHA 软件。从攻击者的角度看，唯一不可知的就是用于生成特定 CAPTCHA 测试的某种随机性。另外，在某些人不能够通过某个特定类型的 CAPTCHA 测试时，能有其他不同类型的 CAPTCHA 测试可选也是非常重要的。举个例子，许多网站都允许用户选择一个音频的 CAPTCHA 测试作为常规视觉 CAPTCHA 测试的替代方案。

在图 8-7 中给出了来自参考文献[320]中的一个 CAPTCHA 的例子。在这个实例中，一个人可能会被要求找出图像中出现的三个单词。这对于人来说是个相对简单的问题，但是如今对于计算机来说也是一个相当容易解决的问题了——所以强大得多的 CAPTCHA 也已经出现了。

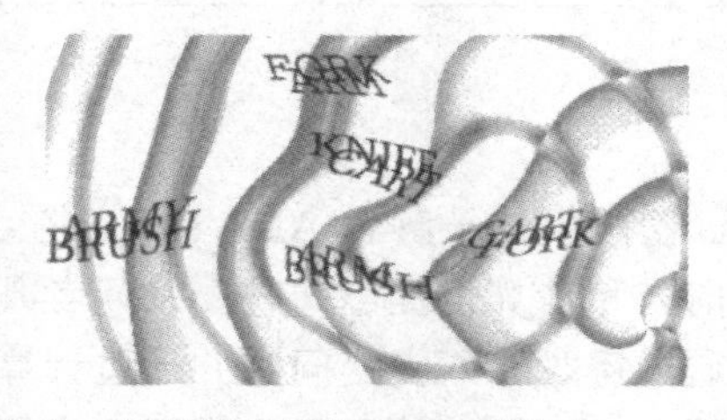

图 8-7　CAPTCHA(Courtesy of Luis von Ahn)

8. CAPTCHA 也被称为“真人交互证明”，或简称为 HIP。虽然 CAPTCHA 可能是宇宙历史中最差的首字母缩写了，但是 HIP 却不错，它可不只是屁股而已。

有一点也许很让人吃惊，在参考文献[56]中，已经证明了计算机实际上比人更加擅长解决几乎所有的基本视觉 CAPTCHA 问题，只有一个例外，那就是所谓的分割问题，即将混在一起的字母进行彼此分割的问题。所以，强大的 CAPTCHA 测试看起来往往更像是图 8-8 所示的样子，而不是图 8-7 所示的样子。

following finding

图 8-8 一个强力的 CAPTCHA

对于一个基于单词的视觉CAPTCHA测试，我们假设Trudy知道可能出现的单词的集合，而且她也知道图像的常规格式，同时还知道可能使用的扭曲的类型。从 Trudy 的角度看，唯一不知道的就是随机数，该随机数用于选择单词或词组以及结果图像的扭曲方式。

有多种类型的视觉 CAPTCHA 测试，其中图 8-7 和图 8-8 是颇具代表性的例子。另外还有一些音频 CAPTCHA 的例子，其中的音频也以某种方式进行了扭曲。人耳非常擅长移除这样的扭曲，然而自动化的手段却不擅长。目前，并没有基于文本的 CAPTCHA。

要破解 CAPTCHA 测试所必须要解决的计算问题可以被视为人工智能领域(或简称为 AI 领域)的难题。举个例子，自动识别扭曲的文本就是一个人工智能问题，有关扭曲音频的问题同样也是人工智能问题。如果攻击者能够破解这样的 CAPTCHA 测试，那么他们实际上已经解决了一个困难的人工智能问题。于是，攻击者所付出的努力也算是用在了有价值的地方。

当然，攻击者可能不会按规则出牌——即所谓的 CAPTCHA 测试包租业务也是有可能的，其中有人被雇佣专门去解决 CAPTCHA 测试问题以获取佣金。举个例子，如今被广泛报道的一类情况就是，成功地利用免费色情文学的诱惑力去招募人来解决大量的 CAPTCHA 测试问题，以实现攻击成本的最小化，见参考文献[172]。

8.9 防火墙

假设你想要见你所在学校的计算机科学系的系主任。首先，你可能需要联系计算机科学系的秘书。如果这个秘书认为会面是必要的，她就会做出安排；否则，她就不安排。通过这种方式，秘书就过滤掉了许多本来可能会占用系主任宝贵时间的请求。

一台防火墙扮演的角色就非常像你自己网络的一个秘书。防火墙对想要访问你的网络的请求进行检查，并决定他们是否通过了一个合理的测试。如果通过测试，就允许这些访问通过，如果没通过，这些访问就会被拒绝。

如果你想要见到计算机科学系的主任，秘书就会执行一定程度的过滤；但是，如果你想要见到美国总统[9]，那他的秘书就会执行一种完全不同级别的过滤。这也类似防火墙的情况，有些简单的防火墙只过滤一些明显的伪造请求，而另外一些类型的防火墙则要花费大得多的代价来过滤掉任何可疑的访问请求。

9. 也就是 POTUS(President of the United States)。

图 8-9 给出了一个网络防火墙，该防火墙放置于内部网络和外部网络(即 Internet)之间，其中的内部网络可能被视为相对比较安全[10]，而外部网络则被认为不安全。防火墙的任务就是决定哪些访问可以进出内部网络。通过这种方式，防火墙就提供了对网络的访问控制。

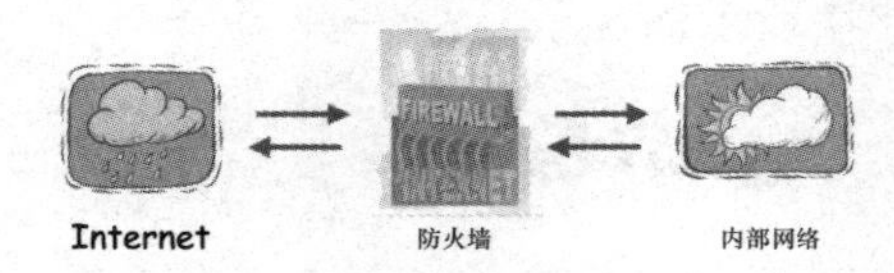

图 8-9　防火墙

与大部分信息安全领域一样，对于防火墙来说也没有标准化的术语。但是，一旦谈起防火墙，那些生产厂商立刻就会迫不及待地跳出来进行宣传，被吹得天花乱坠的防火墙基本上不外乎就三种类型。每种类型的防火墙都通过在一定层次的网络协议栈上对数据进行检查来实现对分组的过滤。如果你并不熟悉网络(即便是你已经熟悉的情况下)，现在就去查阅一下附录中有关网络的资料，这肯定会是个不错的主意。

本书中，我们将采用如下的对防火墙进行分类的术语。

- 包过滤防火墙是指在网络层执行操作的防火墙。
- 基于状态检测的包过滤防火墙是指在传输层工作的防火墙。
- 应用代理，顾名思义，就是工作在应用层的防火墙，其功能就像是一个代理服务器。

8.9.1　包过滤防火墙

包过滤防火墙，是在网络层上对数据包进行检查，如图 8-10 所示。所以，这种类型的防火墙仅能根据在网络层可用的信息来进行数据包的过滤。这一层的信息包括源 IP 地址、目的 IP 地址、源端口、目的端口以及 TCP 标志位(如 SYN、ACK、RST 等)[11]。这类防火墙能够基于进或出来对数据包进行过滤，也就是说，能够对进入的数据包和发出的数据包分别指定不同的过滤规则。

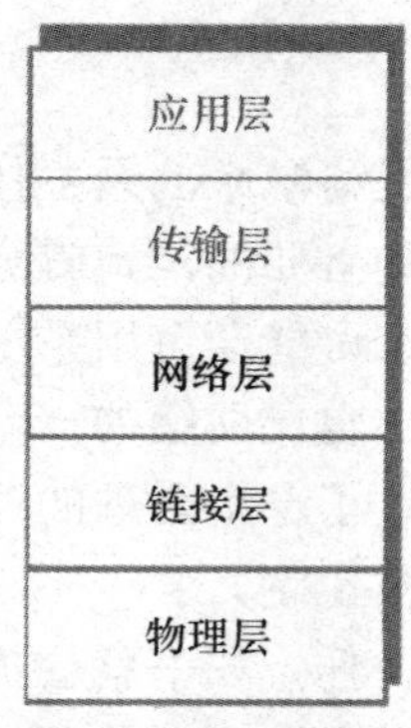

图 8-10　包过滤防火墙

10. 这几乎肯定不会是一个有效的假设。据估算，所有主要的计算机攻击事件中，大约有 80%是由于内部人员引起的，见参考文献[49]。

11. 是的，我们没说实话。TCP 是传输层的一部分，所以如果我们遵循严格的网络层定义，那么 TCP 标志位将是不可见的。尽管如此，有时候这么讲也没有问题，尤其是在信息安全课程上。

包过滤防火墙的主要优势就是性能好。因为对数据包仅仅需要处理到网络层，而且也只有包头信息会被检查，所以整个操作就会很快。但是，包过滤防火墙所采用的这种简单的方案也有几点不足之处。首先，这类防火墙没有状态的概念，所以每一个数据包的处理都是独立的，与其他的数据包无关。尤其是，一个包过滤防火墙甚至都不能够检测出 TCP 连接。我们马上就会看到这是一个很严重的局限性。另外，包过滤防火墙对于应用数据是没有感知的，而这恰恰正是病毒和其他恶意软件驻留之所。

包过滤防火墙使用访问控制列表(或简称为 ACL)进行配置。这里的“ACL”，与 8.3.1 节中的 ACL 有着完全不同的含义。在表 8-3 中给出了一个包过滤防火墙的 ACL 的例子。请注意，表 8-3 所示的 ACL 的目的是限定来自 Web 响应的进入数据包，所以源端口为 80。该 ACL 还允许所有向外发出的 Web 流量，所以这里目标端口为 80。其他所有的流量都被该 ACL 禁止。

表 8-3 ACL 举例

动作	源 IP	目标 IP	源端口	目标端口	协议	标志位
允许	Inside	Outside	Any	80	HTTP	Any
允许	Outside	Inside	80	>1023	HTTP	ACK
拒绝	All	All	All	All	All	All

那么，Trudy 怎么才能够利用包过滤防火墙的内在局限性呢？在回答这个问题之前，我们需要了解一些有趣的事实。通常，防火墙(无论是什么类型)会减少发送到大部分进入端口的数据包。也就是说，有一些数据包，试图访问本不该被它们访问的服务，防火墙会将这类数据包过滤并抛弃掉。因为这个原因，攻击者 Trudy 就想要知道哪个端口是防火墙打开允许通行的。这些开放的端口就是 Trudy 将集中精力进行攻击的目标。所以，对于防火墙，无论任何的攻击，第一步通常都是进行端口扫描，通过这种方式，Trudy 可以尝试确定哪个端口是防火墙放开允许通行的。

现在假设 Trudy 想要攻击一个网络，该网络为一个包过滤防火墙所保护。Trudy 如何才能发起一个针对该防火墙的端口扫描呢？举个例子，她可以发送一个数据包，并事先设置该数据包的 ACK 位，从而直接跳过 TCP 三次握手的前两个步骤。这样的一个数据包已经违反了 TCP 协议，因为建立任何一个连接的初始化数据包必须要设置 SYN 位。因为包过滤防火墙没有状态的概念，所以防火墙就会认为这个数据包是某个已建立的连接的一部分，于是，只要该数据包发往一个开放的端口，防火墙就会让其通行。然后，当这个伪造的数据包到达网络内部的一台主机时，该主机就将意识到发生了一个问题(因为这个数据包不是已建立的连接的一部分)，并响应一个 RST 数据包，这个响应意在通知发送方请其终止连接。虽然这个过程可能看起来没有什么危害，但是它却允许 Trudy 扫描出可以通过防火墙的开放端口。也就是说，Trudy 可以构造一个设置了 ACK 标志位的初始化数据包，并将其发送给一个特定的端口 p。如果没有接收到响应数据包，就是防火墙没有将该数据包转发给端口 p。但是，如果接收到了一个设置了 RST 标志位的响应数据包，那么说明该发往端口 p 的数据包在防火墙上是允许转发给内部网络的。这种技术，就是所谓的 TCP ACK 扫描，图 8-11 给出了其图解说明。

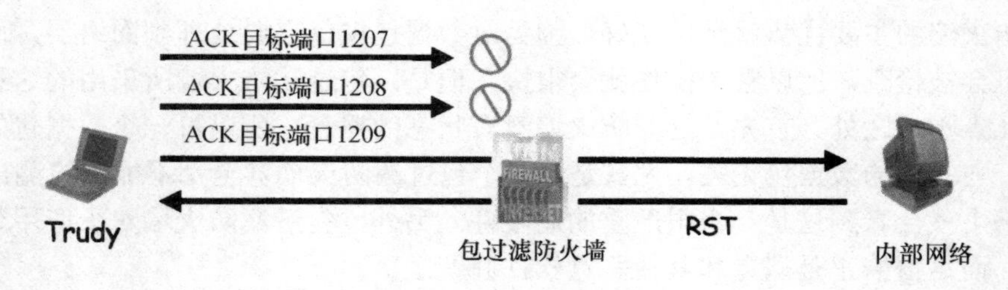

图 8-11 TCP ACK 扫描

根据图 8-11 中的 ACK 扫描，Trudy 已经得知端口 1209 是开放的，在防火墙上可以通过。为了防止这样的攻击，需要让防火墙记住现有的 TCP 连接，这样就可以识别出 ACK 扫描数据包不属于任何合法连接的一部分。接下来，我们将要讨论基于状态检测的包过滤防火墙，这种防火墙可以跟踪连接的状态，因而能够防范上述 ACK 扫描攻击。

8.9.2 基于状态检测的包过滤防火墙

顾名思义，基于状态检测的包过滤防火墙在普通包过滤防火墙中增加了状态管理。这就意味着防火墙能够跟踪 TCP 连接，而且也能够记忆 UDP 连接。从概念上讲，基于状态检测的包过滤防火墙工作在传输层，因为它维护了有关连接的信息。图 8-12 中给出了这类防火墙的图解说明。

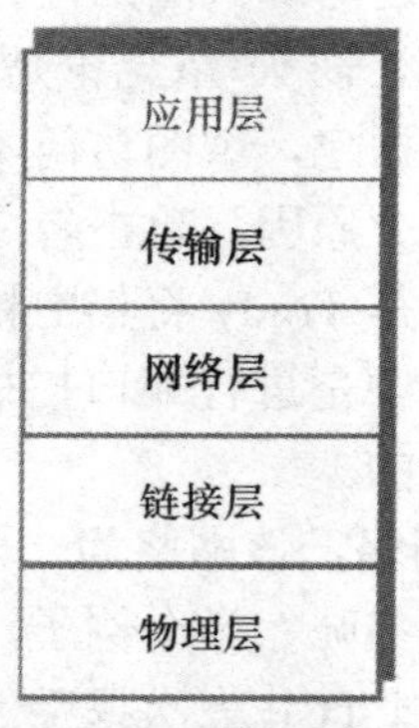

图 8-12 基于状态检测的包过滤防火墙

除了具备包过滤防火墙的所有特性之外，基于状态检测的包过滤防火墙的主要优点就是它还能够跟踪持续的连接。这可以防止许多的攻击，比如 8.9.1 节所讨论的 TCP ACK 扫描攻击。基于状态检测的包过滤防火墙的不足是它不能够检查应用数据，另外，在同等条件下，这类防火墙要比包过滤防火墙更慢，因为它需要更多的处理操作。

8.9.3 应用代理

代理的行为就像是你的助手。应用代理防火墙对进入的数据包自底向上一路分析直到应用层，如图 8-13 所示。然后，防火墙就可以代表你本人来确认数据包是否看起来是真实合理的(就和基于状态检测的包过滤防火墙一样)，并且在数据包内的实际数据也是安全可靠的。

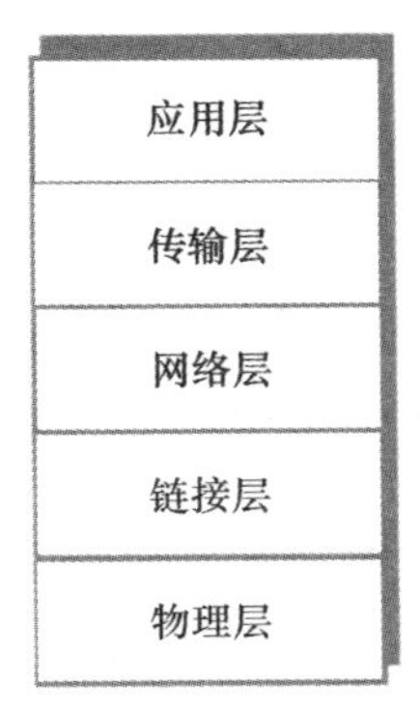

图 8-13 应用代理

应用代理防火墙的主要优势就是对连接和应用数据有一个完全彻底的检视。因而应用代理能够具备广泛而深入的视野，就如同主机自身一样。所以，应用代理有能力在应用层过滤掉恶意数据(比如病毒之类)，同时也能够在传输层过滤掉恶意的数据。应用代理的不足就是速度，或者更准确地说，这也是其工作方式产生的损失。既然防火墙要在应用层处理数据包、检查传送的应用数据、维护连接的状态等，那么它自然要比包过滤防火墙完成的操作多很多。

应用代理还有一个有趣的特性，就是当数据包通过防火墙时，会毁弃进来的数据包并在同样的位置创建一个新的数据包。虽然这可能看起来就像是做了个镜像，显得无足轻重，但实际上这确实是一个安全特性。想要明白为什么创建一个新的数据包是有益的，我们可以考察一个叫做 Firewalk 的安全工具，这个工具的用途是扫描以找到可以通过防火墙的开放端口。虽然 Firewalk 的目的与前面所讨论的 TCP ACK 扫描相同，但是其实现原理却截然不同。

存活生命期(或称为 TTL)是 IP 数据包头中的一个字段，这个字段包含了数据包在终止之前可以被转发的跳数。如果一个数据包是因为 TTL 字段的限制而被终止了，那么一个称为“超时”错误消息的 ICMP 数据包会被发送给那个被终止的数据包的源头[12]。

假设 Trudy 知道防火墙的 IP 地址，也知道内部网络上某个系统的 IP 地址，还知道从该系统到防火墙的跳数。那么，她就能够向已知 IP 地址的位于内部网络上的主机发送一个数据包，并在该数据包的包头的 TTL 字段中，将其置为比到防火墙的跳数大 1 的值。假如 Trudy 将这样一个数据包的目标端口号置为 p。如果防火墙不允许该数据包在端口 p 上通行，就不会有响应。另一方面，如果防火墙确实让数据包在端口 p 上通行了，那么 Trudy 将会接收到一条超时错误消息，这条消息来自于防火墙之内接收到数据包的第一台路由器。然后，Trudy 可以重复这个过程，分别尝试不同的端口 p，以确定防火墙上开放的通行端口。图 8-14 给出了这种端口扫描技术的图解。如果所使用的防火墙是包过滤防火墙或者是基于状态检测的包过滤防火墙，Firewalk 就会成功。但是，如果使用的是应用代理(请参见思考题 29)，Firewalk 就不会得逞。

12. 那么被终止的数据包究竟怎么样呢？当然，你可以说，它们寿终正寝升入天堂了。

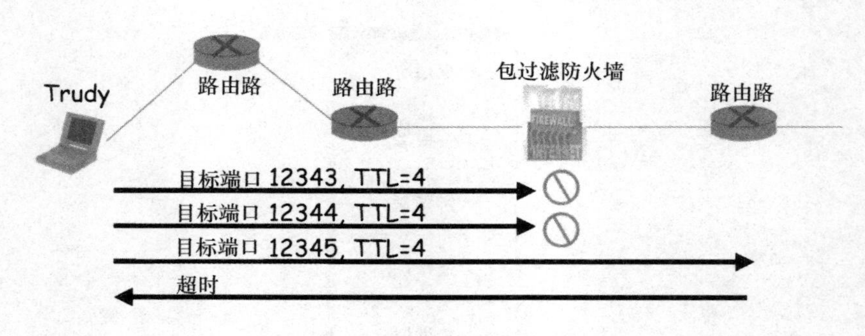

图 8-14 Firewalk 端口扫描原理

应用代理的实际效果就是它能够强制 Trudy 与代理对话，并要说服代理转发她的数据。既然代理很可能是精心配制并严谨管理的——相对于一台典型的主机而言——那么对于 Trudy 来说这可能是个难题。

8.9.4 个人防火墙

个人防火墙用于保护一个单台的主机或者是一个小的网络，类似家庭网络这样的。之前所讨论的三种方法(包过滤、基于状态检测的包过滤或应用代理)中的任何一种都可以用于个人防火墙，但是通常来说这类防火墙相对而言都比较简单，因为其主要考虑性能优良和配置简单。

8.9.5 深度防御

最后，我们考虑一个包含了多层保护的网络配置。图 8-15 给出了一个网络结构，其中包含一台包过滤防火墙、一台应用代理、一台个人防火墙以及一个停火区(也被称为 DMZ 区)。

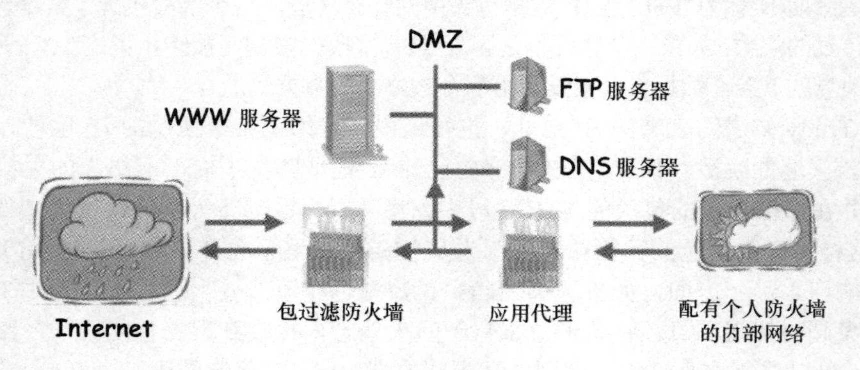

图 8-15 深度防御

在图 8-15 中，包过滤防火墙被置于 DMZ 区，用于防御对系统的常规性攻击。系统中置于 DMZ 区的部分都是一些必须要暴露给外部世界的应用和构件，这部分要接收来自外部的大部分流量，所以，从性能考虑，这里使用一台简单的包过滤防火墙。因为处于 DMZ 区中的部分是系统中暴露给攻击者最多的部分，所以系统管理员必须要对其严防死守。可是，如果系统的攻击者一旦成功地突破了 DMZ 区，那么对于整个公司来说，都会是比较麻烦的一个结果。但是，那也不至于就一定是天大的威胁，因为毕竟大部分内部网络都还没有受到影响。

在图8-15中，将一台应用代理防火墙部署在了内部网络和DMZ区之间。这为内部网络提供了最大可能性的防火墙保护措施。进入到内部网络中的流量可能相对比较小，所以在这个位置布放一台应用代理不会构成瓶颈。作为最后一层保护，个人防火墙可以被部署在公司内部网络中的特定主机上。

图8-15给出的网络架构是一个深度防御的例子，通常意义上这是一个比较好的安全策略——如果一层防护被突破了，那么还有更多层次的防护手段等着攻击者。如果Trudy拥有足够的经验和技术，能够顺利地突破第一层保护，那么她还需要具备穿透其他层保护的技巧。不过，这很有可能要再花费她一些时间来应付这些障碍，随着她花费的时间越长，管理员就有越多的时间来检测出Trudy的攻击进程。

无论防火墙(即便是部署了多层的防火墙)的强度如何，仍然会有一些外部的攻击会成功突破。另外，来自内部的攻击是非常严重的安全威胁，而防火墙对于防止这样的攻击基本上没有什么用。无论如何，一旦某个攻击成功，我们都希望能够尽快地检测出来。在下一节，我们就要讨论入侵检测相关的问题。

8.10 入侵检测系统

计算机安全的主要任务就是入侵防御(即防止入侵的发生)，其目标就是将Trudy之类的外部威胁阻挡在你的系统和网络之外。身份认证可以被看做防止入侵的一类手段，防火墙技术当然也是防止入侵的形式之一，还包括大部分类型的病毒防护措施。入侵防御在信息安全领域就类似于给你的车门上安装了锁。

但是，即便是你的车门已经上了锁，它仍然有可能被偷。在信息安全领域，无论你在入侵防御方面倾注了多少的心血，还是时不时会被一些不法之徒得手，从而造成入侵事件的发生。

当入侵防御失败时，我们该怎么办呢？在信息安全领域，有一个相对而言比较新的技术领域，那就是入侵检测系统，或简称为IDS(Intrusion Detection System)。这类系统的目的是在攻击发生之前、期间和之后检测出这些攻击。

IDS使用的基本方法就是查看“异常”活动。在过去，系统管理员会通过浏览日志文件来寻找异常活动的迹象——自动化入侵检测实际上是人工日志文件分析的一种自然发展。

值得注意的是，入侵检测技术也是当前非常活跃的一个研究领域。就像其他一些相对比较新的技术一样，在这个领域也有人提出了许多方法和成果，但是还没有获得证实。从这一点而言，这些技术如何能够成功，是否有实效都还远远未经证实，特别是面对如今日益复杂的攻击手段。

在讨论IDS技术的主线之前，我们还要顺便提一下入侵响应，这也是在实践中很重要的一个相关主题。入侵响应的意思就是，一旦检测到有入侵，我们就要对其做出响应。某些情况下，我们获得了明确的信息并做出合理的响应，这是非常显而易见的事情。举个例子，我们可能会检测针对某个特定账户的口令猜测攻击，在这种情况下，我们就可以通过锁定该账户来做出响应。但是，并不是总能够像这样直截了当地做出响应。下面我们就会看到，在某些情况下，IDS 系统仅仅能够提供有关攻击特性的不太确定的信息。在这些情况下，要确定什么是恰当的响应并不容易，因为可能对于攻击的细节并无十足的把握。无论如何，我们不打算在这里深入讨论有关入侵响应的问题。

IDS 想要检测的攻击者都是些什么人呢？入侵者，可以是穿过了你的网络防护后正在内部网络上发起攻击的黑客，或者甚至更为阴险狡诈，是隐藏在内部的不法分子，比如说心怀不满包藏祸心的员工之类。

入侵者一般都会发起什么样的攻击呢？技术能力有限的入侵者(也就是“脚本小子”之类)很可能会尝试知名的攻击，或者是在这类攻击之上的轻微变体。技术上更有道行的攻击者能够发起知名攻击的深度变体，或者是不知名的攻击，甚至是全新的攻击。攻击者通常的做法是，仅仅把被攻破的系统作为一个跳板，再据此发起对其他系统的攻击。

一般来说，关于入侵检测，有两种不同的方法：

- 基于特征的 IDS，主要是基于明确的已知特征或者模式来检测攻击。这种技术类似于基于特征的病毒检测，我们将在第 11 章讨论有关病毒的主题。
- 基于异常的 IDS，主要是先尝试给出系统正常行为的一个基线定义，当系统行为与这个基线偏差过大时，由 IDS 提供相应的报警。

下面我们还将就基于特征的入侵检测系统和基于异常的入侵检测系统展开更多的讨论。

IDS 通常有两种基本的架构：

- 基于主机的 IDS，将入侵检测的方法应用于发生在主机上的活动中。这样的系统对于在主机上可见的攻击(如缓冲区溢出攻击或者权限提升类攻击)的检测有潜在的优势。但是，基于主机的入侵检测系统对于发生在网络上的活动几乎没有什么感知。
- 基于网络的 IDS，将入侵检测的方法应用在网络流量上。这类系统的构造主要用于检测类似拒绝服务攻击、端口扫描、涉及畸形数据包的探测等攻击方式。这些系统显然和防火墙的功能有所重叠。基于网络的入侵检测系统对于面向主机的攻击方式几乎没有直接的感知。

当然，将这些不同种类的 IDS 进行结合，形成各类复合型入侵检测系统也是可以的。举个例子，一个基于主机的系统可以使用基于特征的技术结合基于异常的技术，或者一个基于特征的系统可以同时利用基于主机的检测技术和基于网络的检测技术。

8.10.1　基于特征的入侵检测系统

失败的登录尝试也许就意味着一次口令破解攻击的发生，所以 IDS 可能会考虑将“在 M 秒钟之内发生 N 次登录尝试失败”定义为攻击的一种标示或者特征。那么，任何时间，只要是在 M 秒钟之内发生了 N 次或更多次登录尝试失败，IDS 系统就会发出一个告警，表示怀疑正在发生一次口令破解攻击。

如果 Trudy 碰巧知道 Alice 的入侵检测系统的这种设置，即在 M 秒钟之内发生了 N 次或者更多次的登录失败的情况下发出警报，那么 Trudy 可以安全地发起攻击，每 M 秒钟之内进行 $N-1$ 次猜测。在这样的情况下，基于特征的检测将降低 Trudy 口令猜测攻击的速度，但是并不能完全地防止此类攻击。对于这个方案，另一个需要考虑的是 N 和 M 的值必须妥当设置，以便错误报警的次数不会过多。

为了使基于特征的检测功能更加鲁棒，有许多技巧可以被利用，其中最常用的方法就是基于预先设定的“差不多”的特征值进行检测。举个例子，如果大约在 M 秒钟之内发生 N 次登录尝试失败，那么入侵检测系统可以发出可能有口令破解攻击的警报，这是对所基于的尝试次数和间隔时间有一定程度的信心，才可能定义出相应的 N 和 M 的值。但是，并不是总能够轻易就确定出一个“差不多”的合理的值。可以利用统计分析方法和启发式方法来辅助解决这个问题，但是必须非常小心以尽量减小错误报警率。错误报警将快速地削弱对任何一个安全系统的信心——就像每次都喊“狼来了”的那个小伙子，一个在实际上什么事情都没有发生的情况下总是宣称有“攻击”的安全系统，最后就将被无视。

基于特征的检测技术的优势包括简单、高效(只要特征的数量不是太多)以及优秀的检测已知攻击的能力。另外一个主要的好处是能够发出比较明确具体的报警，因为这些特征都是与一些特定模式的攻击相匹配的。根据具体而明确的报警，管理员能够快速地确定可疑的攻击是真实的还是误报警，如果是真实的，管理员往往就能够做出恰当的响应。

基于特征的检测技术的劣势包括描述特征文件必须足够新，另外，特征的数量可能会非常多从而带来性能的下降，还有最重要的一点，就是只能检测出已知类型的攻击。即便是已知攻击的轻微变体也可能会被基于特征的入侵检测系统错过。

基于异常的 IDS 试图克服基于特征入侵检测方案的缺点。但是，迄今为止还没有哪个基于异常的入侵检测方案能够理直气壮地宣称可以替代基于特征的检测系统。也就是说，基于异常的入侵检测系统可以为基于特征的入侵检测系统提供有益的补充，但是并非完全替代性的方案。

8.10.2 基于异常的入侵检测系统

基于异常的 IDS 要寻找不寻常的或者是奇怪的行为。这样的方法本身就会面临几个主要的挑战。首先，我们必须要先确定对于系统来说正常的行为都包括什么，而当系统正常运行时这些行为一定会发生。其次，随着系统使用方法的变化和系统自身的演化发展，这些正常行为的定义必须能够相应做出调整，否则错误报警数量就会增长。第三，还有涉及统计门限设定的难题。举个例子，我们必须对一个异常行为偏离正常行为有多远有非常好的理解和判断。

在开发一个基于异常的 IDS 中，统计方法的应用显而易见是非常必要的。回顾一下，平均的方法定义了统计上的常态，而方差提供了一种方式来测量数据相对于平均值的分布情况。于是，将平均值和方差结合起来，就可以提供一种确定异常行为的途径。

我们如何才能够度量正常的系统行为呢？无论决定要对哪种特征进行度量，我们都必须要在具有典型代表性行为发生的时机实施测量。特别是，我们绝不能将基线测量值设定为攻击期间测得的情况，否则攻击行为就将被视为是正常的。对反常情况的度量，或者更加准确地说，要确定如何将系统行为的正常变化与发生攻击行为的情况区分开来，这同样是个有挑战性的问题。反常行为的测量，只有在相对于常态下的某些特定的测量值时才会有意义。我们这里考虑将反常行为与攻击行为同等看待，虽然在现实中反常行为还会有许多可能的其他原因，事实上，这些原因使问题进一步复杂化了。

有一些统计识别技术用于区分正常行为和异常行为。这样的技术的例子包括贝叶斯分析、线性判别分析(LDA)、二次判别分析(QDA)、神经网络、隐马尔可夫模型(HMM)

以及其他的一些方法和手段。此外，一些异常检测方面的学者还借鉴和利用了源自人工智能和人工免疫系统领域的高级建模技术。这些方法和技术已经超出了本书这里要探讨的范围。

接下来，我们来考虑异常检测的两个简化的实例。第一个例子非常简单，但并不是很实际；第二个例子稍微复杂一些，不过相应来说更为实际。

假设我们对如下三个命令的使用情况进行了监视：

open, read, close

我们发现，在正常使用的情况下，Alice 会使用如下的命令序列，

open, read, close, open, open, read, close

根据我们的统计，我们来考虑相继的命令对，并尝试定义一个 Alice 的正常行为的测量。根据 Alice 执行的命令序列，我们观察到，在 6 种可能的命令对序列中，看起来有 4 种命令对序列对于 Alice 来说像是常态，即(open,read)、(read, close)、(close,open)和(open,open)，而另外两对序列——(read, open)和(close,read)在正常情况下不会被 Alice 所使用。我们可以基于这些观察来识别潜在的所谓“Alice”的异常行为，这些行为可能就意味着一次假扮 Alice 的攻击。然后，我们就可以监视这三个命令被 Alice 执行的情况。如果反常行为和正常行为的比率“过高”，我们就要警告系统管理员，让他明白有可能正在进行着一次攻击。

这个简单的异常检测机制还有改进的空间。举个例子，我们可以在计算中包含每一个正常的命令对序列预计出现的频率，如果观测到的命令对序列与预期的分布情况偏差明显，我们就发出可能有攻击的警报。另外，我们还可以尝试利用其他的方法和技术来进一步提升异常检查的能力，比如利用多于两个命令的连续命令序列，或者通过包含更多的命令，再或者通过在模型中包含其他用户的行为，甚至可以利用更加复杂的统计判别技术。

下面我们再来看另一个比较漂亮的异常检测的设计，这次主要关注在文件访问上。假设在一段时间之内，Alice 访问过 4 个文件 F_0、F_1、F_2 和 F_3，访问的频率分别是 H_0、H_1、H_2 和 H_3，图 8-16 给出了观测到的 H_i 的值。

H_0	H_1	H_2	H_3
0.10	0.40	0.40	0.10

图 8-16　Alice 最初的文件访问频率

现在假设在最近的一段时间中，Alice 访问文件 F_i 的频率是 A_i，其中 $i = 0,1,2,3$，如图 8-17 所示。那么，近期 Alice 这种访问文件的频率是否还能看成是正常的使用情况呢？为了做出判定，我们需要将她长期的访问频率与当前的访问频率进行对比。为了回答这个问题，我们利用如下的统计公式：

$$S=(H_0-A_0)^2+(H_1-A_1)^2+(H_2-A_2)^2+(H_3-A_3)^2 \quad \text{式(8.2)}$$

其中我们将 $S < 0.1$ 的情况定义为正常。在这个例子中，我们有下式：

$$S = (0.1-0.1)^2 + (0.4-0.4)^2 + (0.4-0.3)^2 + (0.1-0.2)^2 = 0.02$$

于是我们得出结论：Alice 近来的文件访问情况是正常的——至少根据这一次的统计而言是这样。

A_0	A_1	A_2	A_3
0.10	0.40	0.30	0.20

图 8-17　Alice 近期的文件访问频率

可以预计，Alice 的文件访问频率会随着时间而变化，我们需要在 IDS 应用中考虑到这一点。我们能够解决这个问题，方式是根据以下公式来更新 Alice 的长期文件访问频率值 H_i：

$$H_i = 0.2 \cdot A_i + 0.8 \cdot H_i \quad 其中\ i = 0,1,2,3 \qquad 式(8.3)$$

也就是说，我们是基于早先获得的访问频率值结合近期观测到的访问频率值，先形成一个动态的平均，再据此更新历史访问频率值——其中早先的访问频率值占权重为 80%，而当前访问频率值的权重为 20%。利用图 8-16 和图 8-17 中的数据，我们发现 H_0 和 H_1 更新后的值保持不变，然而：

$$H_2 = 0.2 \cdot 0.3 + 0.8 \cdot 0.4 = 0.38 \quad 和 \quad H_3 = 0.2 \cdot 0.2 + 0.8 \cdot 0.1 = 0.12$$

图 8-18 中给出了这些更新后的值。

H_0	H_1	H_2	H_3
0.10	0.40	0.38	0.12

图 8-18　更新后的 Alice 的文件访问频率

假设又经过一段时间之后，测得 Alice 的文件访问频率如图 8-19 所示。然后，我们根据图 8-18 和图 8-19 中的频率值以及公式(8.2)，计算统计值 S，得到：

$$S = (0.1 - 0.1)^2 + (0.4 - 0.3)^2 + (0.38 - 0.3)^2 + (0.12 - 0.3)^2 = 0.0488$$

A_0	A_1	A_2	A_3
0.10	0.30	0.30	0.30

图 8-19　Alice 的近期文件访问频率

因为 $S = 0.0488 < 0.1$，我们再一次得出结论是 Alice 在正常使用系统。并且，我们还要利用公式(8.3)和表 8-6 及表 8-7 中的数据来更新 Alice 的长期文件访问频率的均值。在这个例子中，我们得到的更新后的结果如图 8-20 所示。

H_0	H_1	H_2	H_3
0.10	0.38	0.364	0.156

图 8-20　Alice 文件访问频率的第二次更新

将图 8-16 所示的 Alice 的长期文件访问频率与图 8-20 所示的经过两次更新之后的长期

访问频率的均值进行对比，我们可以看出频率值随着时间的变化还是很明显的。所以，再次强调，适时地对基于异常的 IDS 进行调整是非常必要的，否则随着 Alice 实际行为的变化，我们将会收获大量的错误报警(以及一个非常愤怒的系统管理员)。不过，这也为攻击者 Trudy 提供了不可多得的良机。

既然频率值 H_i 会随着 Alice 的行为发生变化，那么 Trudy 可以假扮作 Alice 而不被检测出来，只要她与 Alice 正常的行为偏离得不太离谱就行。但是，更加令人不安的是这样的一个事实，只要 Trudy 有足够的耐心，她就能够最终让异常检测算法将她的恶意行为视为 Alice 的正常行为。举个例子，假设 Trudy 假冒 Alice，想要经常性地访问文件 F_3。那么，最初她可以访问文件 F_3，并控制使该文件的访问频率比 Alice 正常使用的情况稍微高一点。等下次对频率值 H_i 更新之后，Trudy 就可以再次访问文件 F_3，并控制使该文件的访问频率再高一点儿，但是又比触发异常检测软件报警门限稍稍低一点，如法炮制。逐渐地，Trudy 就能够最终使异常检测系统相信，这个所谓的“Alice”仅频繁访问文件 F_3 的现象是正常的情况。

请注意，在图 8-16 中 $H_3 = 0.1$，经过后来的两次迭代更新，图 8-20 显示 $H_3 = 0.156$。这些变化并不会触发异常检测系统的报警。这种变化是否代表了 Alice 使用系统的一种新模式呢？或者是暗示了 Trudy 正在尝试步步为营地欺骗异常检测系统呢？

要想使此类异常检测系统的设计更加鲁棒，我们也应该容纳和吸收变化因素。此外，我们肯定还会需要不止一次的统计数据来辅助检测。如果我们测量了 N 个不同的统计数据，分别为 $S_1,S_2, ... S_N$，那么我们可能会需要根据一个类似下面的公式来进行合并处理：

$$T=(S_1+ S_2+ S_3\ldots+ S_N)/\mathrm{N}$$

进而再基于统计数据 T 来对正常情况和异常情况进行判定。这就提供了一个更加综合性的视角来考量正常行为，也会使 Trudy 的攻击行为更加困难，因为她将不得不更大程度地去逼近 Alice 的正常行为。有一种与此类似——虽然要复杂精细得多——的方法广泛地应用于常规的 IDS 中，这种方法被称为 NIDES[9，155]。NIDES 将基于异常的 IDS 技术和基于特征的 IDS 技术相结合。在参考文献[304]中，有很好的关于 NIDES 的基础性介绍内容，另外，其中还包含有其他几个 IDS 的说明。

之所以说鲁棒性是异常检测的一个难题，有许多不同的原因。其中之一就是，系统的应用和用户的行为总是在持续演进过程中，所以异常检测系统也必须能够做到与时俱进。如果异常检测不考虑系统行为上发生的这些变化，错误报警将很快地摧毁系统管理员，使其迅速地对系统失去信心。但是一个持续演进的异常检测系统意味着有可能给 Trudy 留出可乘之机，令其可以积羽沉舟，逐步让异常检测系统相信这个攻击是一种正常活动。

异常检测涉及的另一个基本问题是异常行为引发的报警可能提供不了任何对系统管理员有用的具体信息。一个只是表示系统可能正在遭遇攻击的模棱两可的报警，会让我们很难确定究竟应该采取何种实质性的反应。相比较而言，基于特征的 IDS 将会为系统管理员提供有关可疑攻击行为特性的详细信息。

异常检测技术主要的潜在优势就是有可能检测出之前不知道的攻击。有时候，也有观点认为异常检测技术会比特征检测技术更加高效，特别是在特征文件比较大的情况下。无论如何，当前这一代异常检测系统必须要和基于特征的入侵检测系统结合起来使用，原因是作为独立的系统而言，它们都还不够鲁棒。

基于异常的入侵检测技术是很活跃的一个研究领域，有许多的安全专家们都对这个技术的前景寄予了厚望。异常检测技术常被作为未来安全领域的关键技术一再提及(见参考文献[120])。但是，好像黑客对此却不以为然，至少有一个根据，就是在最近的黑客大会Defcon[13]上曾有一个演讲就以“为什么基于异常的入侵检测系统是黑客最好的朋友之一”为标题，见参考文献[79]。

目前基本的共识就是基于异常的检测技术是一个困难且复杂的课题，而且看起来这个技术与人工智能领域也并行不悖。自从我们提出“机器人时代的到来”(见参考文献[327])这样的愿景，迄今已经快 1/3 个世纪了，如今这样的预言看起来也并不比最初提起它们时更加掷地有声。如果基于异常的入侵检测技术无法证明其自身比人工智能所带来的挑战要容易面对，那么这个技术也许永远无法担负起对其所寄予的厚望。

8.11 小结

在这一章，我们回顾了授权技术的一些历史，并重点讨论了与认证机制相关的一些方面。然后我们介绍了传统授权技术的基本内容，即 Lampson 访问控制矩阵、访问控制列表以及访问能力列表。提及混淆代理人问题，是用来强调访问控制列表和访问能力列表之间的差异。后来，我们又说明了有关多级安全性(MLS)和分隔项的一些安全议题，另外还讨论了隐藏通道和推理控制两个主题。多级安全性很自然地把我们引入到了安全模型的真空里，其中我们简要地考察了 Bell-LaPadula 和 Biba 两个模型。

涵盖了安全模型的基本要素之后，我们探出云层，重回地面，继续展开后面的讨论，这些重要但并不属于传统的访问控制主题，包括 CAPTCHA 和防火墙。在本章的结尾，我们将访问控制的定义加以延展，使其覆盖了入侵检测系统(IDS)。我们在讨论入侵检测系统时涉及的许多议题，在后面第 11 章介绍病毒检测时，还会重新浮出水面。

8.12 思考题

1. 在本书第 236 页，给出了一个橘皮书中指导方针的例子，即面向层次 C 的测试。多疑的作者在书中也曾暗示这些指导方针有点似是而非。请思考下面的问题：

   a. 为什么在第 232 页中给出的指导方针可能不会特别合理或有用呢？

   b. 请从橘皮书(见参考文献[309])的第二部分中找出其他三个毫无用处的指导方针的例子。对于每一个例子，请对该指导方针进行总结并给出原因，说明为什么你认为它不是特别合理或者有用。

13. Defcon 是历史最悠久，规模最大，也最有名的黑客大会。该会议每年八月在拉斯维加斯举行，其特点是价格低廉、完全无秩序、充满趣味性而且异常火爆。

2. 在 8.2.2 节中，列出了通用准则的七个 EAL 等级。对于这七个等级中的每一个，请总结要想获得该等级的认证所需要的测试要求。

3. 在本章，我们讨论了访问控制列表(ACL)和访问能力列表(C-list)。

   a. 请给出访问能力列表相对于访问控制列表的两个优势。
   b. 请给出访问控制列表相对于访问能力列表的两个优势。

4. 在本章，我们指出，利用访问能力列表更容易实现授权机制。

   a. 利用访问控制列表也可以实现授权机制，请说明如何实现。
   b. 假如 Alice 授权给 Bill，而 Bill 又授权给了 Charlie，而 Charlie 依次又授权给了 Dave。请问，利用访问能力列表如何实现？如果利用访问控制列表，又该如何实现呢？哪一种方式更容易实现，为什么？
   c. 请问对于授权机制来说，访问控制列表和访问能力列表哪个更好？为什么？

5. 假设 Alice 想要临时性地将她自己的 C-list(访问能力列表)授权给 Bob。Alice 决定自己先对 C-list 进行数字签名，再将其授权给 Bob。

   a. 请问，这样一种方案有什么优点？如果有的话。
   b. 请问，这样一种方案有什么缺点？如果有的话。

6. 请简要地讨论一个在本书中没有提到的真实世界中的应用，说明多级安全性(MLS)在其中会发挥作用。

7. 请问，什么是“必须知情”原则？分隔项又是如何用于强化这个原则的？

8. 假设你在一个分级环境中工作，该环境实施了多级安全性的理念，而你拥有一个 TOP SECRET 级别的权限空间。

   a. 请描述一个涉及用户数据报协议(User Datagram Protocol，UDP)的潜在的隐藏通道。
   b. 请问，在仍然允许具有不同权限空间的用户正常进行网络访问和通信的情况下，如何能够使 a 中的隐藏通道最小化？

9. 在多级安全领域，高水印原则和低水印原则都有应用。

   a. 请在多级安全性的语境下，分别给出高水印原则和低水印原则的定义。
   b. 请问，BLP 安全模型是适用高水印原则，还是低水印原则？还是二者都适用，或者是二者都不适用呢？请给出理由。
   c. 请问，Biba 安全模型是适用高水印原则，还是低水印原则？还是二者都适用，或者是二者都不适用呢？请给出理由。

10. 这个思考题针对的是隐藏通道问题。

    a. 请描述一个涉及打印队列的隐藏通道，并估算你所提到的这个隐藏通道的实际容量。
    b. 请描述一个涉及 TCP 网络协议的精巧的隐藏通道。

11. 我们简要地讨论了以下的推理控制方法：对查询集合大小的控制、“N-k 垄断”规则、信息随机化等。

    a. 请解释上述每一个推理控制方法的原理。
    b. 对于前述每一个方法，请简要地探讨各自相对的优势和弱势。

12. 推理控制主要用于减少在数据库查询的返回结果中可能会泄露的私密信息的数量。

    a. 请详细描述一种实际的本书中也没有提及的推理控制的方法。
    b. 请问，对于你在 a 中提出的解决方案所使用的推理控制方法，怎样才能发起有效的攻击呢？

13. 一个僵尸网络包含许多被攻陷的计算机，而所有这些计算机都被一个恶意的僵尸控制主机所掌控，见参考文献[39]和[146]。

    a. 大部分的僵尸网络都是利用互联网中继聊天(Internet Relay Chat，IRC)协议来进行控制。请问，什么是 IRC 协议，为什么这个协议用于控制一个僵尸网络时特别有效？
    b. 请问，为什么隐藏通道对于控制僵尸网络可能会有用处？
    c. 请设计一个隐藏通道，使得僵尸控制服务器可以据此构造一种有效的方式来控制僵尸网络。

14. 在参考文献[131]中，有关于隐藏通道的一篇文章，请阅读下面这些小节的内容：2.2, 3.2, 3.3, 4.1, 4.2, 5.2, 5.3, 5.4。并分别进行简要的总结。

15. Ross Anderson 曾经宣称“某些类型的安全机制，如果一旦被攻破，就不仅仅只是没有用这么简单了”[14]。

    a. 请问，对于推理控制而言，这种说法是否也适用？并请说明原因。
    b. 请问，对于加密机制来说，这种说法是否也适用？并请说明原因。
    c. 请问，对于那些用来降低隐藏通道容量的方法和技术，这种说法是否也适用？并请说明原因。

16. 请将 BLP 安全模型与 Biba 安全模型进行结合，构造出一个既涵盖机密性也涵盖完整性的单一的多级安全模型。

17. BLP 安全模型可以简要地表述为“不允许向上读，不允许向下写”。请问，对应于 Biba 安全模型，类似的表述可以怎么说呢？

18. 请考虑被称为 Gimpy 的一个视觉 CAPTCHA 技术项目，见参考文献[249]。

    a. 请说明 EZ Gimpy 和 Hard Gimpy 的工作原理。
    b. 请说明，EZ Gimpy 与 Hard Gimpy 相比，安全性如何？
    c. 请讨论目前已知的对每一种 Gimpy 最为成功的攻击方式。

19. 这个思考题针对的是视觉 CAPTCHA 技术。

   a. 请描述一个本书中尚未提及的现实世界中的视觉 CAPTCHA 技术的例子，并说明这个 CAPTCHA 实例的工作原理，也就是说，请解释程序是如何生成 CAPTCHA 验证码的，又是如何评判结果的。要通过这个测试，需要用户做些什么？
   b. 对于 a 中所述的 CAPTCHA 技术实例，攻击者有哪些可以利用的信息？

20. 请设计并实现一个你自己的视觉 CAPTCHA 验证码，并列出针对你的 CAPTCHA 验证码可能存在的攻击方式。你的这个 CAPTCHA 验证码的安全性如何？

21. 这个思考题针对的是音频 CAPTCHA 技术。

   a. 请描述一个本书中尚未提及的现实世界中的音频 CAPTCHA 技术的例子，并说明这个 CAPTCHA 实例的工作原理，也就是说，请解释程序是如何生成 CAPTCHA 验证码的，又是如何评判结果的。要通过这个测试，需要用户做些什么？
   b. 对于 a 中所述的 CAPTCHA 技术实例，攻击者有哪些可以利用的信息？

22. 请设计并实现一个你自己的音频 CAPTCHA 验证码，并列出针对你的 CAPTCHA 验证码可能存在的攻击方式。你的这个 CAPTCHA 验证码的安全性如何？

23. 在参考文献[56]中，证明了在解决所有基本的视觉 CAPTCHA 问题上，计算机要比人更强，唯一的例外就是分割问题。

   a. 请问，基本的视觉 CAPTCHA 问题是指什么？
   b. 请问，除了分割问题这个例外情况，计算机是如何解决这些基本问题的？
   c. 直觉上，对于计算机来说，分割问题比其他基本的视觉 CAPTCHA 问题要更加困难，请问这是为什么？

24. 所谓的 reCAPTCHA 项目，是做出更进一步的尝试，旨在充分利用自然人在解决 CAPTCHA 验证码问题时所投入的智慧和努力，见参考文献[322]。在 reCAPTCHA 项目中，为用户展示两个扭曲的单词，其中一个单词实际上就是一个 CAPTCHA 验证码，但是另一个单词却是一个看起来像 CAPTCHA 验证码的扭曲的单词——而光学字符识别(OCR)程序无法对其进行识别。如果真正的 CAPTCHA 验证码问题获得了正确的解决，那么 reCAPTCHA 程序就认为另一个扭曲的单词也获得了正确的解决。因为人是擅长纠正 OCR 错误的，所以，该项目的一个实际案例就是，re CAPTCHA 验证码可以用于提高数字化图书的准确性。

   a. 据估算，每天大约有 200 000 000 个 CAPTCHA 验证码问题被解决。假如这其中的每一个都是 reCAPTCHA 验证码，并且每一个的成功识别都需要 10 秒钟时间。那么，用户每天总共大约有多少时间会花在 OCR 问题的解决上呢？请注意，我们假设对应每一个 reCAPTCHA 验证码问题都可以解决两个

CAPTCHA 验证码问题，那么 200 000 000 个 CAPTCHA 验证码就代表会有 100 000 000 个 reCAPTCHA 验证码。

b. 假设在对一本书进行数字化时，大约需要平均 10 个小时的人力来修正 OCR 错误问题。基于 a 中的假设，如果要对国会图书馆(Library of Congress)中的全部书籍进行数字化，那么需要多长时间来校正其中产生的所有 OCR 错误问题呢？国会图书馆大约有 32 000 000 本书，这里我们还假定现实世界中的每一个 CAPTCHA 验证码都是这个具体问题中的一个 reCAPTCHA 验证码。

c. 请问，Trudy 如何能够发起对某个 reCAPTCHA 系统的攻击？也就是说，请描述 Trudy 要采取何种行动才能够使 reCAPTCHA 系统所产生的结果变得不那么可靠。

d. 为了将攻击带来的影响控制在最小的程度，reCAPTCHA 系统的开发者都应该做些什么呢？

25. 广为报道的一件事就是垃圾邮件发送者有时候会雇佣人来解决 CAPTCHA 验证码问题，见参考文献[293]。

    a. 请问，为什么垃圾邮件发送者想解决这么多的 CAPTCHA 验证码问题呢？
    b. 请问，如果雇佣人来解决 CAPTCHA 验证码问题的话，那么按照现今的行情，每解决一个 CAPTCHA 验证码问题，大概要花费多少(以美元计算)？
    c. 请问，有什么办法能够引诱人们来帮你解决 CAPTCHA 验证码问题而无需支付任何的费用呢？

26. 在这一章，我们讨论了三种类型的防火墙：包过滤防火墙、基于状态检测的包过滤防火墙以及应用代理防火墙。

    a. 请问，上述三种防火墙都分别工作在 IP 网络协议栈中的哪个层次上？
    b. 请问，上述三种防火墙都分别能够获得哪些信息？
    c. 针对上述三种防火墙，请分别简要地讨论一个它们所面临的实际攻击的例子。

27. 商用防火墙产品通常并不使用类似包过滤防火墙、基于状态检测的包过滤防火墙或应用代理防火墙这样的术语。但是，任何防火墙产品必然是属于这三种类型之一，或者是它们的结合。请找出某个商用防火墙产品的说明性信息，并阐述(使用本章中的术语和表达)该产品究竟属于哪一类防火墙。

28. 如果一个包过滤防火墙不允许向外的 reset(RST)数据包，那么在本章中所描述的 TCP ACK 扫描攻击将无法得逞。

    a. 请问，这样的解决方案有什么缺点？
    b. 对于这样的一个系统，是否可以对 TCP ACK 扫描攻击加以修改，使其仍能奏效呢？

29. 在本章，我们曾经指出，端口扫描工具 Firewalk 在对付防火墙时，如果面对的是包过滤防火墙或者是基于状态检测的包过滤防火墙，就都能够成功，但是如果面对的是应用代理防火墙，就会失效。

a. 请问，为什么情况会是这样？也就是说，请解释为什么该工具对包过滤防火墙或者是基于状态检测的包过滤防火墙都能成功，而对应用代理防火墙则不起作用呢？

b. 请问，是否可以对 Firewalk 加以修改，使其可以对付应用代理防火墙呢？

30. 假设一个包过滤防火墙对其所允许通过的每一个数据包，都将 TTL 字段的值重置为 255。那么本章中所描述的 Firewalk 端口扫描工具将会无效。

a. 请问，为什么在这种情况下 Firewalk 会失效呢？

b. 请问，这里所提出的解决方案是否会引发什么新的问题？

c. 请问，是否可以对 Firewalk 加以修改，使其可以对付这样的防火墙呢？

31. 一个应用代理防火墙能够对所有进入的应用数据包进行扫描以检测病毒。更加有效率的方式是让每一台主机都对其所接收到的应用数据包进行扫描以检测病毒，因为这样做就是把计算负荷有效地分布在不同的主机上。那么，请分析一下，为什么人们仍然会推荐让应用代理来承担这些功能呢？

32. 假设进入防火墙的数据包是使用对称密钥加密的，该对称密钥只有发送方和目标接收方知道。请问，哪一种类型的防火墙(包过滤防火墙、基于状态检测的包过滤防火墙或者应用代理防火墙)对这类数据包有效？哪种会无效？请说明你的理由。

33. 假设在 Alice 和 Bob 之间传送的数据包是加密的，其数据的完整性由 Alice 和 Bob 使用一个对称密钥来保护，而该对称密钥只有 Alice 和 Bob 两个人知道。

a. 请问，IP 数据包头中哪个字段可以被加密，哪个字段不能被加密？

b. 请问，IP 数据包头中哪个字段可以做完整性保护，哪个字段不能被完整性保护？

c. 假如 IP 数据包头中所有可以做完整性保护的字段都进行了完整性保护，所有可以被加密的字段也都被加了密，那么请问，在这种情况下，在包过滤防火墙、基于状态检测的包过滤防火墙和应用代理防火墙之中，哪一种防火墙仍然能够适用？请说明你的理由。

34. 假设在 Alice 和 Bob 之间传送的数据包是加密的，其数据的完整性由 Alice 的防火墙和 Bob 的防火墙基于一个对称密钥来保护，而该对称密钥只有 Alice 的防火墙和 Bob 的防火墙可知。

a. 请问，IP 数据包头中哪个字段可以被加密，哪个字段不能被加密？

b. 请问，IP 数据包头中哪个字段可以做完整性保护，哪个字段不能被完整性保护？

c. 假如 IP 数据包头中所有可以做完整性保护的字段都进行了完整性保护，所有可以被加密的字段也都被加了密，那么请问，在这种情况下，在包过滤防火墙、基于状态检测的包过滤防火墙和应用代理防火墙之中，哪一种防火墙仍然能够适用？请说明你的理由。

35. 图 8-15 给出了利用防火墙实施深度防御的图解。请再列举出其他一些适合深度防御策略的安全应用。

36. 从广义上讲，有两种不同类型的入侵检测系统，即基于特征的和基于异常行为的。

    a. 请列举出基于特征的入侵检测系统相对于基于异常的入侵检测系统的若干优势。
    b. 请列举出基于异常的入侵检测系统相对于基于特征的入侵检测系统的若干优势。
    c. 请问，相比基于特征的入侵检测系统，为什么实现一个有效的基于异常的入侵检测系统天然地就更具挑战性呢？

37. 某个特定的厂商将下面的解决方案应用到了入侵检测系统之中[14]。该公司维护了大量的蜜罐，这些蜜罐分布在互联网上。对于一个潜在的攻击者来说，这些蜜罐看起来就像是非常脆弱的系统。于是，这些蜜罐招来了大量的攻击行为，特别是，一些新型的攻击在蜜罐部署完成之后没多久就粉墨登场了，有时候甚至是在蜜罐部署的过程中就会抛头露面。每当某个蜜罐检测出来一种新的攻击类型，该厂商就立刻研究一个新型攻击的特征，并将最终得到的特征值分发给所有使用该公司产品的系统中。攻击特征的实际衍生过程通常是一个人工处理的过程。

    a. 相对于一个标准的基于特征的入侵检测系统而言，这种方法具备什么样的优势呢？如果有的话。
    b. 相对于一个标准的基于异常的入侵检测系统而言，这种方法具备什么样的优势呢？如果有的话。
    c. 根据本章中给出的术语和说法，本思考题勾勒出的这个系统将被归类为一个基于特征的入侵检测系统，而不是一个基于异常的入侵检测系统。请问，这是为什么？
    d. 基于特征的入侵检测系统和基于异常的入侵检测系统的定义都不够标准[15]。本思考题所描述的这个系统的厂商坚持要将该系统视为一种基于异常的入侵检测系统。在本书作者将这个系统归类为基于特征的入侵检测系统的情况下，为什么厂商还要坚持声称这是一个基于异常的入侵检测系统呢？别忘了，作者本人一向明察秋毫，极少有失。

38. 在本章介绍的基于异常的入侵检测系统的例子，是根据文件使用情况统计来实现的。

    a. 还有许多其他的统计信息也能够用于一个基于异常的入侵检测系统的一部分。例如，对网络的使用情况也是一个值得考虑的有价值的统计信息。请再列举出五个其他类似的统计信息，说明这些信息完全可以用在基于异常的入侵检测系统中。
    b. 将多个不同的统计信息结合起来使用，而不是仅仅依赖于其中少量的信息，有时这种做法值得推荐。请说明其中的道理。

---

14. 这个思考题的原型是一个真实的故事，就像许多好莱坞的电影一样。

15. 缺乏标准化的术语定义是贯穿了大部分信息安全领域的一个问题(密码技术是其中极少数的例外之一)。了解这个情况是非常重要的，因为相互不一致的定义是导致混淆的共同根源。当然，这个问题也不是只在信息安全领域存在——不统一的定义在人类社会的许多其他领域也都制造着混乱和麻烦。想要找到证据很容易，随机挑选任何两个经济学家，向他们询问当前的经济状态即可。

c. 将多个不同的统计信息结合起来使用，而不是仅仅依赖于其中少量的信息，有时这种做法并不可取。请说明其中的道理。

39. 请回顾一下，本章中所介绍的基于异常的入侵检测系统的例子是依赖于文件使用情况统计的。预计的文件使用情况比率(即表 8-4 所示的 H_i 的值)要根据公式(8.3)定期更新，这可以看做是一个动态的均值。

a. 请问，为什么需要对预计文件使用情况的比率进行更新呢？

b. 随着我们对预计文件使用情况的比率进行更新，也给 Trudy 的攻击行为开辟了潜在的可用渠道。请问，是怎么造成的这种局面，为什么会这样？

c. 请论述一个不同类型的解决方案，以构建和更新基于异常的入侵检测系统。

40. 假设根据图 8-20 中时间间隔的统计结果，Alice 的文件使用统计情况为：$A_0 = 0.05$, $A_1 = 0.25$, $A_2 = 0.25$ 和 $A_3 = 0.45$。

a. 请问，这是 Alice 的正常行为吗？

b. 请计算从 H_0 到 H_3 的更新值。

41. 假设我们从图 8-16 所示的 H_0 到 H_3 的值开始，请思考如下问题：

a. 请问，最少需要多少次的迭代，才有可能使得 $H_2 > 0.9$，并确保在任何步骤中入侵检测系统都不会触发报警。

b. 请问，最少需要多少次的迭代，才有可能使得 $H_3 > 0.9$，并确保在任何步骤中入侵检测系统都不会触发报警。

42. 请考虑图 8-18 中给出的结果，并思考如下问题：

a. 从后续的时间间隔来看，A_3 的值最大可以是多少，仍能够确保不触发入侵检测系统的报警。

b. 根据 a 中得到的解决方案，请找出相匹配的 A_0, A_1 和 A_2 的值。

c. 请根据 a 和 b 中得到的解决方案，以及在表 8-6 中给出的 H_i 的值，计算相应的统计值 S。

第III部分　协　　议

第 9 章 简单认证协议

"I quite agree with you," said the Duchess; "and the moral of that is—
'Be what you would seem to be'—or,
if you'd like it put more simply—'Never imagine yourself not to be
otherwise than what it might appear to others that what you were
or might have been was not otherwise than what you
had been would have appeared to them to be otherwise.' "
— Lewis Carroll, *Alice in Wonderland*

Seek simplicity, and distrust it.
— Alfred North Whitehead

9.1 引言

协议就是在特定交互活动中所要遵守的规则。举个例子，如果你想要在课堂上提问，就需要遵从相应的协议规则，这个规则就像下面这样：

(1) 你举起自己的手。

(2) 老师叫到你。

(3) 你提出自己的问题。

(4) 老师说"我不知道"[1]。

人类活动中，存在着大量的各种协议，数不胜数，其中一些可能非常复杂，要考虑到数量庞大的各种情况。

在网络领域，协议是指基于网络的通信系统需要遵守的规则。正式的网络协议的例子包括 HTTP、FTP、TCP、UDP 和 PPP，当然还有很多很多。实际上，对网络的研究和学习主要就是对网络协议的研究和学习。

安全协议是在安全应用中所要遵守的通信规则。在第 10 章，我们还要近距离地去观察

1. 好吧，至少在健忘的作者自己的课堂上，就是这样的协议规则。

几个现实世界中的安全协议，包括 SSH、SSL、IPSec、WEP 和 Kerberos。而在这一章，我们先来考察简化的认证协议，以便我们能够更好地理解在这些协议的设计过程中会牵扯到的基础性安全问题。如果你不满足于本章中所提供的这些素材，想要钻研得更深入一些，那么在参考文献[3]中，有关于某些安全协议设计原则的讨论。

在第 7 章，我们曾讨论过主要用于向机器认证人的一些方法。在这一章，我们来讨论认证协议。虽然看起来这两个认证的主题必然是紧密相关的，但是实际上，二者几乎全然不同。在这里，我们要解决的安全问题与在网络上传送的消息有关，而这些消息是用来认证通信的参与者的。我们还要了解针对协议的一些著名的攻击类型的实例，并说明如何防止这些攻击。请注意，我们这里提供的实例和分析都是以直观的非正规的形式呈现。这种讲解方法的优势就是我们能够快速地覆盖所有的基本概念，同时只需要最少量的背景陈述，但是这种方式的代价就是在某种程度上牺牲了严谨性。

协议的设计可能是非常精妙的——往往是，一个看起来无关紧要的改动会导致结果的显著差别，正所谓“差之毫厘，谬以千里”。而安全协议的设计则尤其精巧，因为攻击者可能一直在千方百计地积极参与或干扰协议执行的过程。实践表明，安全协议的设计天然地就面临着诸多挑战，许多著名的安全协议——包括 WEP、GSM，甚至于 IPSec——都存在着重大的安全问题。而且，即便是协议自身的设计没有缺陷，某个特定的实现也可能会带来问题。

显而易见，一个安全协议必须满足某些特定的安全需求。另外，我们还希望协议运行高效，不仅是计算开销要小，而且带宽利用率要高。一个理想的安全协议一定不能太脆弱，也就是说，即使在攻击者尝试破坏的情况下，协议也能够正确运行。除此之外，即便是一个安全协议所部署的环境发生了变化，该安全协议仍应该能够继续正常运行。当然，对所有潜在的不测事件都做到防患于未然是不可能的，但是协议开发者要能够尽量预见到环境中可能发生的变化，并在协议内安置相应的保护措施。一些当今最为严重的安全挑战都源自这样的事实，现实环境中所使用的协议在设计之初并不是为这种环境量身定制的。举个例子，许多的互联网协议都是为友好互助的学术研究环境而设计的，而这种环境与现代互联网环境相去甚远，早已不可同日而语了。易于使用且易于实现也都是安全协议设计所追求的特性。显然，要想设计出一个理想的协议，难度是越来越高了。

9.2 简单安全协议

我们要考虑的第一个安全协议是一个可用于进入某个安全设施的协议，比方说要进入的是国家安全局。给雇员颁发一个胸卡，并要求他们在安全设施里必须一直佩戴这个胸卡。要进入该安全设施所在的建筑物，雇员必须把胸卡插入到一个读卡器中，并且必须要提供一个 PIN 码。这样的一个安全设施进入协议可以描述如下：

(1) 将胸卡插入到读卡器中。

(2) 输入 PIN 码。

(3) PIN 码是否正确？

- 正确：进入建筑物。
- 错误：被一名安保人员射杀[2]。

当你从一台 ATM 机提取现金时，所使用的协议实际上与上面的安全设施进入协议完全相同，只是没有暴力血腥的结局而已。这个协议过程可以描述如下：

(1) 将 ATM 卡插入读卡器。

(2) 输入 PIN 码。

PIN 码是否正确？

- 正确：开始交易
- 错误：机器吞掉你的 ATM 卡。

军事上常常需要许多特殊的安全协议，其中一个例子就是敌我识别(identify friend or foe，IFF)协议。这些协议的设计目标是帮助预防友军火力误伤事件——在这些事件中，有些军队因为误判会对自己一方的其他部队展开攻击——从而不至于妨碍对敌人的真正打击。

图 9-1 给出了 IFF 协议的一个简单的实例。据报道这个协议曾被南非空军，即 SAAF，在 20 世纪 70 年代中期与安哥拉作战时使用，见参考文献[14]。当时南非为了控制纳米比亚(位于非洲西南部的一个国家)正与安哥拉进行着一场战争。安哥拉方面在战争中使用的飞机是苏联米格飞机，由古巴飞行员驾驶[3]。

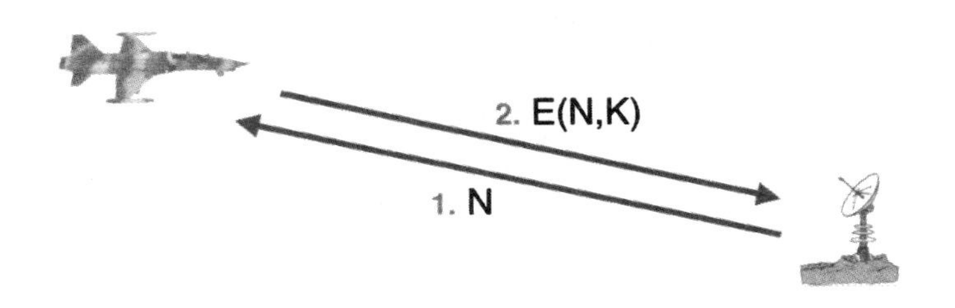

图 9-1　敌我识别(IFF)

图 9-1 呈现的 IFF 协议按如下方式工作。当南非空军的雷达检测到一架飞机接近他们的基地时，就生成一个随机数 N，或者也可以称为 challenge，将其发送给这架飞机。所有南非空军的飞机都可以获得用于加密这个 challenge 的密钥 K，从而可以计算 $E(N, K)$，再将结果发回给雷达站。时间在这个过程中很重要，因为所有交互的发生都是自动的，无需人工干预。因为敌人的飞机不知道密钥 K，所以他们不可能发送回所需要的响应信息。看起来，这个协议为雷达站提供了一种简单易行的方式，以确定一架正在逼近的飞机到底是友(如果是友，就放其通行)还是敌(如果是敌，就将其击落)。

2. 当然，这个说法有点夸张——实际上你在被安保人员射杀之前会有三次尝试的机会。

3. 这是冷战时代爆发的主要战争之一。在战争的早期，南非人吃惊于“安哥拉”飞行员在飞行中的高超技艺，直到最后通过卫星照片他们才意识到这些飞行员实际上都是古巴人。

但是，对于部署在雷达站的所有人员，这是一个遗憾的安排。因为对于图 9-1 所示的 IFF 系统来说，存在一种非常巧妙的攻击方式。Anderson 将这种攻击称为中间米格攻击[14]，就像所谓的中间人攻击一样。这个攻击的场景在图 9-2 中给出了详细的图解。当一架南非空军的黑斑羚战斗机在安哥拉的上空执行飞行任务时，一架古巴飞行员驾驶的米格战斗机(也就是南非空军的敌人)就围绕着南非空军雷达的覆盖范围边缘在外部盘旋。当黑羚羊战斗机处于设在安哥拉的古巴雷达站的覆盖范围之内时，就通知米格战斗机进入到南非空军雷达的覆盖范围之内。根据该协议所规定的流程，南非空军的雷达将值为 N 的 challenge 发送给米格战斗机，为了避免被击落的厄运，米格战斗机需要快速地发回 $E(N, K)$以作为回应。因为米格战斗机并不知道密钥 K，所以看起来似乎它已经陷入了绝境。但是，米格战斗机可以将这个值为 N 的 challenge 转发给位于安哥拉的自己的雷达站，转而由雷达站将这个 challenge 转发给南非空军的黑羚羊战斗机。而黑羚羊战斗机——并没有意识到它接收到的这个 challenge 是来自一个敌军的雷达站——则发回 $E(N, K)$作为响应，于是，古巴雷达立刻将这个响应 $E(N, K)$转发给米格战斗机，然后米格战斗机就可以再将其发回给南非空军的雷达。假如这一切过程足够快速，那么南非空军的雷达会将这架米格战斗机视为友军，这对于南非空军雷达站及其操控人员来说，就意味着灾难性的后果。

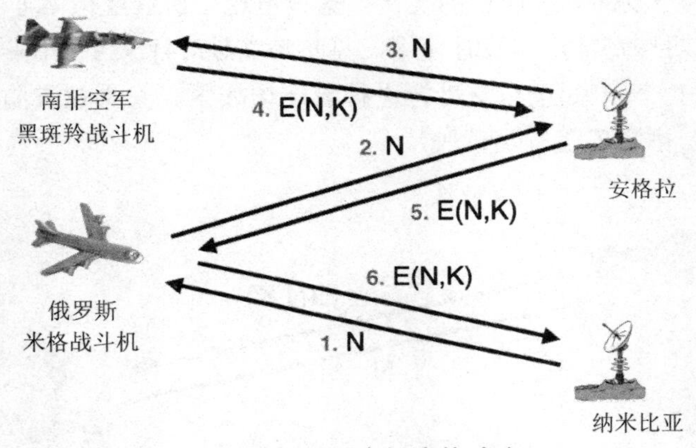

图 9-2　中间米格攻击

虽然这个实例很好地说明了一种有趣的安全协议失效的情况，不过这种中间米格攻击实际上好像从来也没有发生过，见参考文献[15]。无论如何，这是我们第一次说明有关安全协议失效的问题，当然，这绝不是最后一个实例。

9.3 认证协议

"I can't explain myself, I'm afraid, Sir," said Alice,
"because I'm not myself you see."
— Lewis Carroll, *Alice in Wonderland*

假设 Alice 必须要向 Bob 证明她就是 Alice 本人，而 Alice 和 Bob 只能够通过网络进行通信。一定要牢记，Alice 可能是一个人或者一台机器，Bob 也一样。实际上，在这样的网络场景中，Alice 和 Bob 几乎无一例外地都是机器，我们马上就能看到这其中所蕴含的深意。

许多情况下，只让 Alice 向 Bob 认证她的身份，而不让 Bob 向 Alice 认证他的身份，这样也就足够了。但是，有时候就需要进行交互性认证，也就是说，Bob 也必须向 Alice 认证自己的身份。如果 Alice 能够向 Bob 认证她的身份，那么同样的协议也能够用于反方向的认证过程，即 Bob 向 Alice 认证他自己的身份，这样说似乎顺理成章。我们在下面将会看到，对于安全协议来说，这种顺理成章的方法往往并不安全。

除了认证之外，会话密钥也是必不可少的。会话密钥是对称密钥，在认证成功的情况下，这个密钥将用来保护当前这个会话过程中的数据机密性和(或者)数据完整性。一开始，我们先将注意力集中在认证上面，暂时先忽略有关会话密钥的问题。

某些情况下，可能对安全协议还会有其他的需求。举个例子，我们可能需要协议使用公开密钥技术，或者对称密钥技术，抑或哈希函数。另外，某些情形可能还要求安全协议能够提供匿名性，或者是可以否认性(下面将展开讨论)，或者是其他一些不那么显而易见的特性。

之前我们已经考察了在独立计算机系统上与身份认证有关的安全问题。虽然这些身份认证问题也遇到了不少特有的挑战(包括哈希运算、添加 salt 值等)，但是从协议的角度看，这些挑战还算是比较直观。相比较而言，基于网络的认证过程则需要非常仔细地关注协议相关的问题。一旦涉及网络，Trudy 就有大量的攻击方式可以利用了，而这些攻击在单机环境中通常是不需要考虑的。当通过网络发送消息时，Trudy 就可以被动地侦听这些消息，也能够发起各种各样的主动性攻击，类似重放旧消息，插入、删除或者篡改消息内容等。在这本书中，我们之前还没有遇到过这些类型中的任何一种攻击方式。

对基于网络的认证，我们要考察的第一个协议如图 9-3 所示。这个包含三条消息的协议要求：Alice(客户端)首先发起与 Bob(服务器)建立连接的请求，并同时宣告她自己的身份。然后，Bob 要求 Alice 提供身份证明，Alice 再以她的口令予以响应。最终，Bob 利用 Alice 的口令来认证 Alice 的身份。

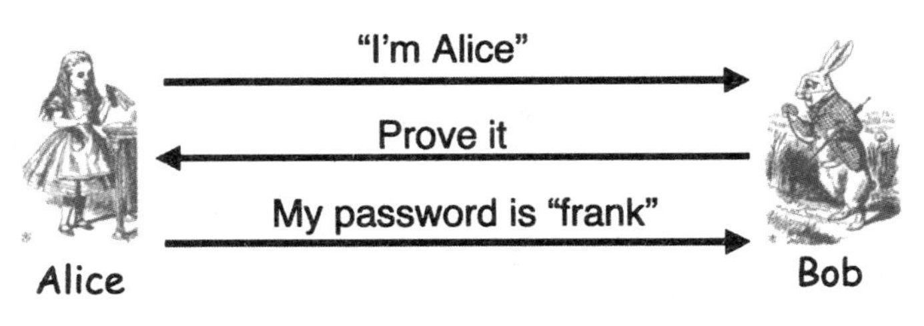

图 9-3 简单认证

虽然图 9-3 中的协议已经足够简单了，但是它仍然有一些很严重的协议缺陷。其一，如果 Trudy 能够侦听到所发送的消息，她就可以延迟重放这些消息，以说服 Bob 相信她就是 Alice，就如同图 9-4 所示的情况一样。既然我们假定这些消息都要通过网络传送，这样的重放攻击就会是很严重的威胁。

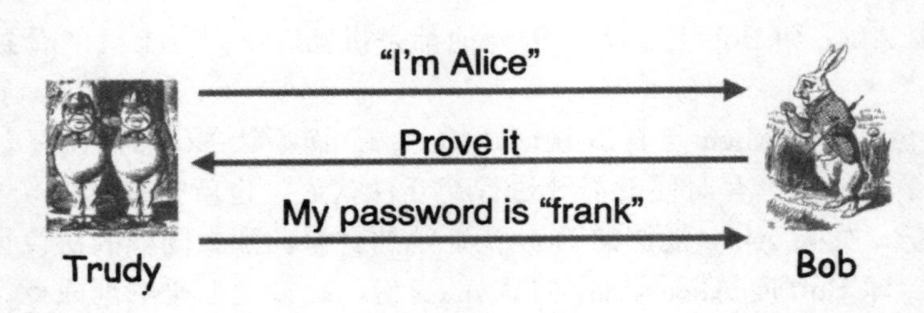

图 9-4 重放攻击

关于图 9-3 所示的这个超级简单的认证协议，另一个问题就是 Alice 的口令是明文传送的。如果在从 Alice 的计算机中发送出口令时 Trudy 侦听到了这个消息，Trudy 就知道了 Alice 的口令。比重放攻击更为糟糕的是，这样 Trudy 就能够在任何站点假扮 Alice，只要 Alice 在该处重复使用了这个特定的口令。这个协议中，另一个跟口令有关的问题是 Bob 必须要事先知道 Alice 的口令，才能够对她进行认证。

上面这个简单的认证协议的效率也很低，因为从 Alice 发送给 Bob 的消息完全可以使用一条单独的消息来达到同样的效果。所以说，这个协议在各方面都是一个败笔。最后，我们还可以注意到，图 9-3 所示的这个协议不能够支持双向交互认证，而某些情况下是需要双向交互认证的。

接下来我们继续进行有关认证协议的探索，请考虑图 9-5 所示的情况。这个协议解决了我们前面所讨论的那个简单认证协议的一些问题。在这个新改进的版本中，一个被动的侦听者 Trudy 不会得到 Alice 的口令，并且 Bob 再也不需要知道 Alice 的口令了——虽然他必须要知道 Alice 口令的哈希值。

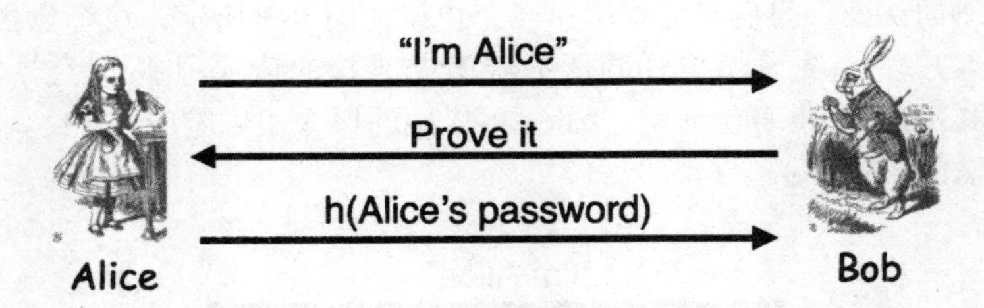

图 9-5 基于哈希值的简单认证协议

图 9-5 所描述的协议的主要缺陷就是仍会遭受重放攻击，即 Trudy 记录下 Alice 发送的消息，稍后再次将其发送给 Bob。通过这种方式，Trudy 可以在不知道 Alice 口令的情况下以 Alice 的身份通过认证。

要想认证 Alice，Bob 需要借助一种所谓"challenge-response"的交互机制。意思就是说，Bob 先发送一个 challenge 给 Alice，而从 Alice 返回的 response 必须是只有 Alice 才能够提供并且 Bob 可以验证的某种数据。为了防止发生重放攻击，Bob 可以在这个 challenge 中混合一个"一次性数值"，或者称为 nonce 值。也就是说，Bob 每次发送一个唯一的 challenge 值，而这个 challenge 值将用于计算相应的 response 值。这样，Bob 就能够将当前 response 和之前 response 的一个重放区分开来。换句话说，nonce 值是用来确保 response 的新鲜性。图 9-6 说明了这种带有重放预防机制的认证协议方案。

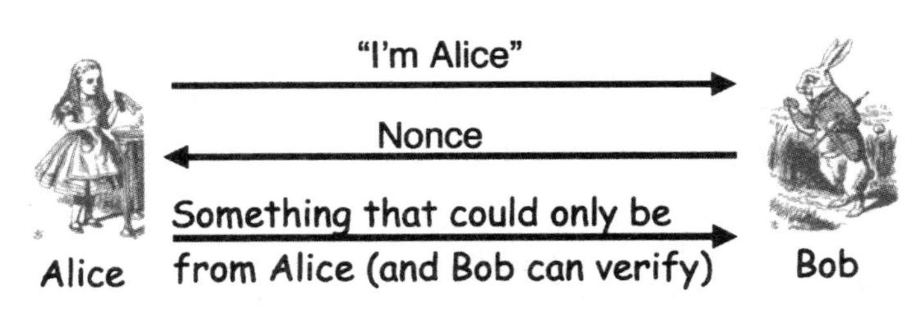

图 9-6　通用的认证协议

首先，我们试图利用 Alice 的口令来设计一个认证协议。事实上，口令应该是只有 Alice 可以知道的东西，而这里 Bob 能够对其进行验证——这就假定了 Bob 可以知道 Alice 的口令，实际情况确实是这样。

我们对于认证协议设计的第一个严肃的行动就是增加防重放攻击的能力，如图 9-7 所示。在这个协议中，从 Bob 发送给 Alice 的 nonce 值就是 challenge。Alice 必须使用她自己口令的哈希值加上该 nonce 值来进行响应，这种情况下，假如 Alice 的口令是安全的，那么服务器可以证实所得到的 response 反馈确实是由 Alice 生成。请注意，nonce 值在这里证明了反馈的 response 是新鲜的，而不是一次重放。

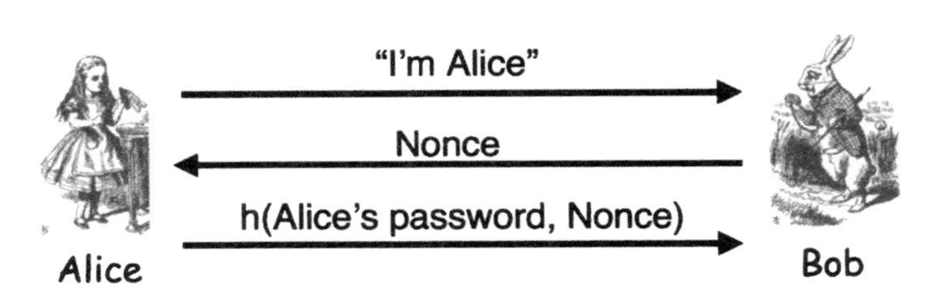

图 9-7　Challenge-Response 机制

对于图 9-7 所示的协议，一个主要的问题就是 Bob 必须知道 Alice 的口令。考虑得再远一点，通常 Alice 和 Bob 典型地代表了机器设备而不是人，所以使用口令就显得没什么意义。另外别忘了，口令只是因为我们没有能力记住复杂的密钥而寻找的替代品，充其量也就是个精神寄托而已。也就是说，口令大概只是人们能够记住的最接近密钥的东西而已。所以，如果 Alice 和 Bob 实际上都是机器，那他们就应该使用密钥而不是口令了。

9.3.1　利用对称密钥进行认证

把我们自己从口令的烦恼中解放出来之后，让我们基于对称密钥加密来设计一个安全的认证协议。现在先回顾一下我们关于加密运算的表示方式，即 $C=E(P, K)$，其中 P 表示明文信息，K 表示加密密钥，而 C 表示密文信息；而对应的解密运算可以表示为 $P=D(C, K)$。在讨论协议的设计时，我们主要考虑的是针对协议的攻击，而不是针对协议中所使用的加密方案的攻击。所以，在这一章，我们假定所利用的加密方案都是安全的。

假设 Alice 和 Bob 共享对称密钥 K_{AB}。就像对称密钥加密系统一样，我们还假设其他任何人都不能够访问 K_{AB}。Alice 想要向 Bob 认证她自己，就需要通过证明她知道该密钥，并且不能将该密钥泄露给 Trudy。另外，协议还必须能够提供防重放攻击的保护机制。

图 9-8 给出了我们的第一个基于对称密钥的认证协议。这个协议类似于我们前面讨论过的基于口令的 challenge-response 认证协议，但是并不使用口令对 nonce 值执行哈希运算，而是使用共享的对称密钥 K_{AB} 对 nonce 值 R 实施加密。

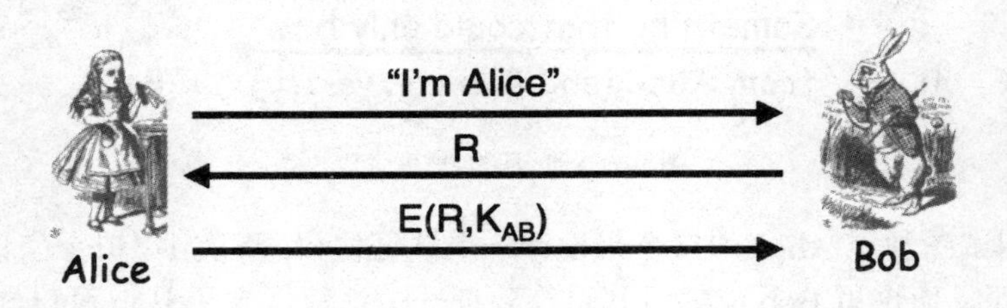

图 9-8　基于对称密钥的认证协议

图 9-8 所示的基于对称密钥的认证协议允许 Bob 认证 Alice，因为 Alice 能够使用 K_{AB} 对 nonce 值 R 进行加密，而 Trudy 不能，并且 Bob 能够验证该加密操作的正确性——因为 Bob 知道 K_{AB}。这个协议还能够防止重放攻击，主要是得益于 nonce 值 R，这个值能够确保每一个 response 都是新鲜的。该协议尚不具备相互认证的能力，因此我们接下来的任务就是开发一个基于对称密钥的双向认证协议。

图 9-9 所示的协议是我们在设计双向认证协议过程中的第一个尝试。这个协议的效率肯定很高，并且确实也使用了对称密钥加密机制，但是它有一个明显的缺陷。在这个协议中，第三个消息仅仅是第二个消息的一次重放，所以它并不能证明有关发送方的任何信息，到底是 Alice 还是 Trudy。

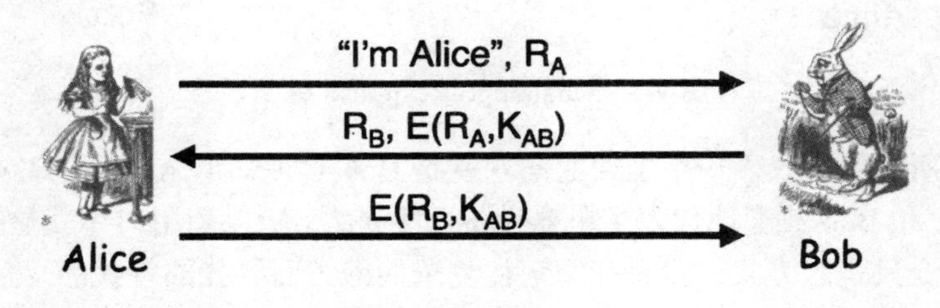

图 9-9　相互认证协议？

对于双向相互认证，一个更加可取的方案是利用图 9-8 所示的安全认证协议，并重复执行这个过程两次，一次用于 Bob 来认证 Alice，另一次则用于 Alice 去认证 Bob。在图 9-10 中我们给出了这个方案的图解，其中因为性能的关系我们对某些消息进行了合并。

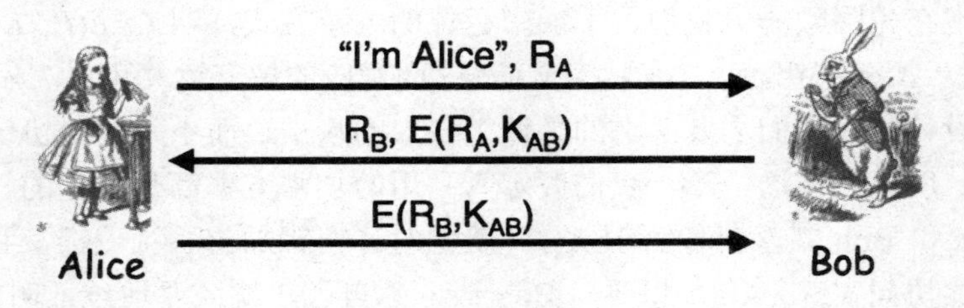

图 9-10　安全的双向认证协议？

也许令我们惊讶的是，图 9-10 给出的协议并不安全——这个协议有可能遭受类似之前所讨论的中间米格类型的攻击。如图 9-11 所阐明的，在这样的攻击中，Trudy 向 Bob 发起一次通话，声称自己是 Alice 并发送一个 challenge R_A 给 Bob。根据这个协议，Bob 对这个 challenge R_A 进行加密，将加密结果以及他自己的 challenge R_B 发回给 Trudy。此时此刻 Trudy 似乎就要卡住了，因为她不知道密钥 K_{AB}，所以她就不能够计算出与 Bob 的 challenge 值 R_B 所对应的正确的响应值，更无法发回相应的 response。不过，Trudy 聪明地开启了与 Bob 之间的一个新的连接，在这个新的连接里，她再次声称自己是 Alice，并且这次她将上次 Bob 发过来的 challenge 值 R_B 看似随机地发给了 Bob。根据这个协议，Bob 以 $E(R_B, K_{AB})$ 作为响应，于是 Trudy 就可以利用这个返回的值完成第一个连接的建立。接下来，Trudy 就可以放任第二个连接超时断开，因为她在第一个连接中已经让 Bob 相信她就是 Alice 了。

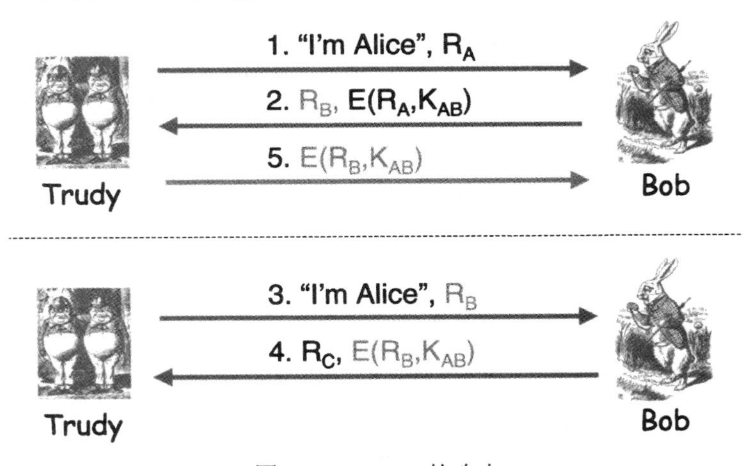

图 9-11　Trudy 的攻击

至此，我们可以得出一个结论，一个单向(非相互式)认证的协议用于双向认证可能会是不安全的。另一个结论则是协议的设计(以及针对协议的攻击)可能需要非常精妙的处理。还有一个结论就是貌似平淡无奇的改变对于协议来说可能会导致意想不到的安全问题。

在图 9-12 中，我们对图 9-10 所示的不安全的双向认证协议做了若干微小的调整。特别是，我们把用户的身份信息和 nonce 值结合在一起并对其进行了加密。这个变化就足以防止之前 Trudy 的那种攻击方式，因为她不能够再使用来自 Bob 的 response 进行第三条消息的重放了——Bob 将会意识到是他自己加密了这些信息。

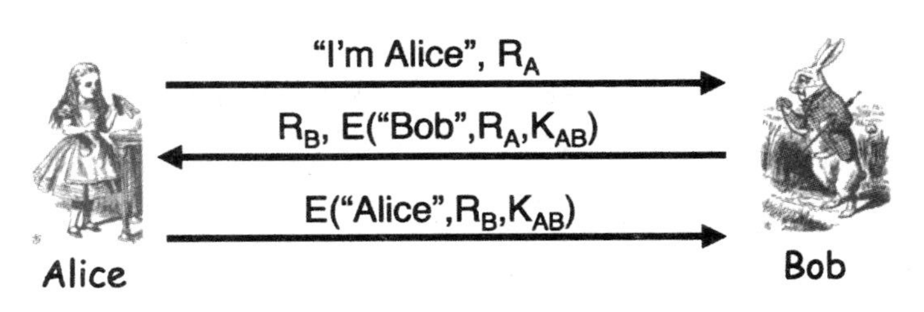

图 9-12　增强的双向认证协议

由此我们得到的一个教训就是，在协议中让参与交互的双方做完全相同的操作，并不是一个好主意，因为那样会给攻击者留下可乘之机。另外一个经验就是，即便对协议做出微小的调整，也有可能在安全性方面获得较大的改观。

9.3.2　利用公开密钥进行认证

在 9.3.1 节，我们基于对称密钥设计了一个安全的双向认证协议。那么，我们是否可以基于公开密钥加密技术来完成同样的任务呢？首先，请回顾一下我们对公开密钥加密的表示方式。使用 Alice 的公开密钥加密一条消息 M 可以表示为 $C=\{M\}_{\text{Alice}}$，而使用 Alice 的私钥解密 C 从而恢复出明文 M，可以用 $M=[C]_{\text{Alice}}$ 来表示。签名也是一个私钥运算操作。当然，加密和解密是互为逆运算的操作，同样，签名和对签名的验证也是如此，也就是说，可以表示为

$$[\{M\}_{\text{Alice}}]_{\text{Alice}}=M \text{ 和 } \{[M]_{\text{Alice}}\}_{\text{Alice}}=M。$$

很重要的一点，就是要时刻牢记在公开密钥加密体制中，任何人都能够执行公钥运算操作，而只有 Alice 本人才能够使用她自己的私钥。[4]

图 9-13 给出了我们基于公开密钥技术进行认证协议设计的首次尝试。这个协议允许 Bob 认证 Alice，因为只有 Alice 能够执行第三条消息中返回值 R 所需要的私钥操作。当然，这里仍假设 nonce 值 R(由 Bob)随机选择，以使得重放攻击不可行。也就是说，Trudy 不能利用之前协议交互中的计算结果来重放 R 值，因为在后续的协议交互中，随机的 challenge 值基本上不可能与之前的相同。

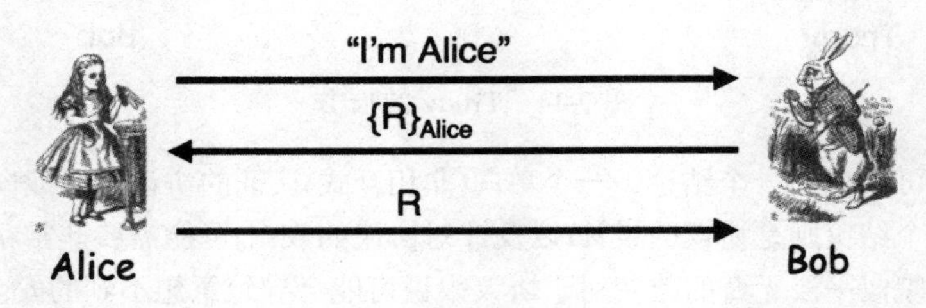

图 9-13　基于公开密钥加密技术的认证协议

但是，如果 Alice 用来加密数据的密钥对，与她在认证过程中使用的密钥对相同，那么图 9-13 所示的协议会存在一个潜在的问题。假如 Trudy 之前截获了一条使用 Alice 的公钥加密的消息，比方说是 $C=\{M\}_{\text{Alice}}$。那么 Trudy 可以冒充 Bob 将 C 在第二条消息中发送给 Alice，于是 Alice 就会解密这条消息并将结果明文发回给 Trudy。从 Trudy 的角度看，这正是她想要的结果。这个案例的寓意就是，你不应该将用于加密的密钥对再用来进行签名操作。

图 9-13 所示的认证协议使用了公开密钥加密体制。那么，利用数字签名是否也同样能够实现这个目标呢？事实上，是可以的，请看图 9-14 给出的图解。

---

4. 请对自己重复 100 遍：公钥是公开的。

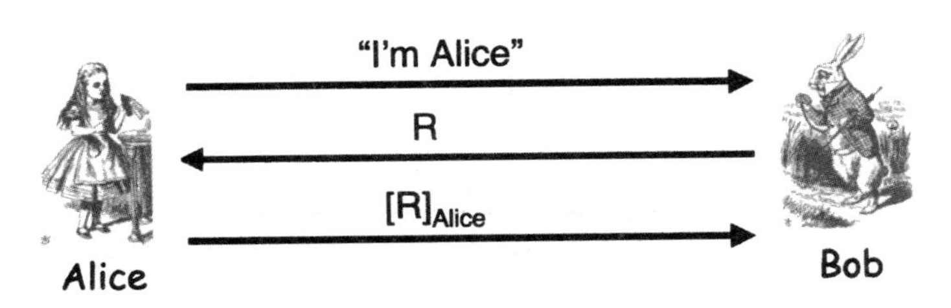

图 9-14　基于数字签名体制的认证协议

图 9-14 所示的认证协议与图 9-13 所示的基于公开密钥加密体制的认证协议有相似的安全问题。在图 9-14 中，如果 Trudy 能够假扮作 Bob，她就能够让 Alice 对任何数据进行签名。再次强调，对于此类问题的解决方案往往是分别使用不同的密钥对进行签名和加密。最后，还要注意，从 Alice 的角度看，图 9-13 中的协议和图 9-14 中的协议并没有区别，因为在这两种情况下，她都是利用自己的私钥来对第二条消息中的数据进行计算，而无论其中的数据是什么。

9.3.3　会话密钥

伴随着认证问题，我们总是还需要会话密钥。即便是使用一个对称密钥进行认证，我们仍然想要使用一个不同的会话密钥，用来对每个连接中传送的数据实施加密。使用会话密钥的目的是限制利用某个特定密钥所加密的数据的数量，也是用来控制因某个会话密钥被破解而造成的影响。会话密钥可以用来为传送的消息提供机密性保护或者完整性保护(或者二者兼有)。

我们想要将建立会话密钥作为认证协议的一部分。也就是说，当认证完成之时，我们也就安全地建立了一个共享的对称密钥。所以，在分析认证协议时，我们不仅需要考虑针对认证过程本身的攻击，还需要考虑针对会话密钥的攻击。

我们接下来的目标就是要设计一个认证协议，使其也能够提供一个共享的对称密钥。直截了当的做法就是，将一个会话密钥包含在之前安全的基于公钥认证的协议当中。图 9-15 给出了这样的一个协议。

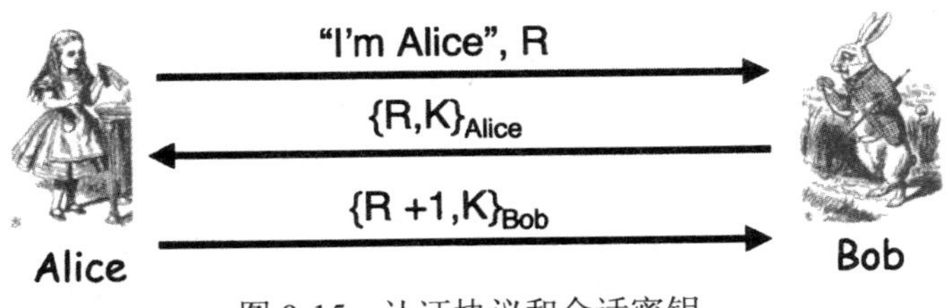

图 9-15　认证协议和会话密钥

对于图 9-15 所示的协议，一个可能的顾虑就是它不能够提供双向认证——只有 Alice 被认证了[5]。但是，在我们着手解决这个问题之前，请先考虑一下，我们是否可以对图 9-15

5. 关于这个协议，有一点比较奇怪，就是密钥 K 扮演了 Bob 发送给 Alice 的 challenge 的作用，而 nonce 值 R 则毫无用处。但是有一个办法能够解决这个问题，同时会使该协议更加简洁清晰。

所示的这个协议做些修改，使其利用数字签名体制而不是公钥加密体制呢？这好像也没什么太多的困难，似乎很直观地就能够得到图 9-16 所示的结果。

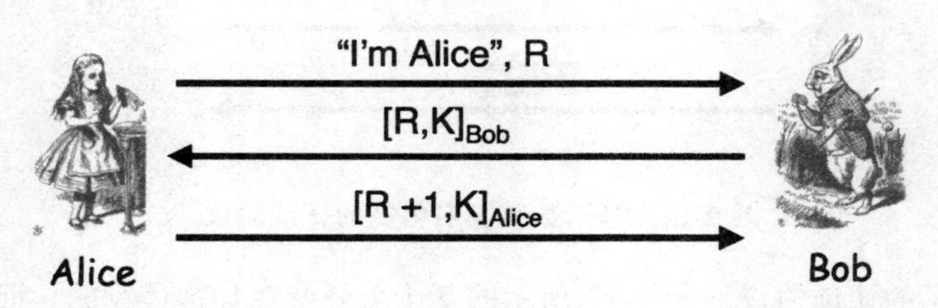

图 9-16　基于数字签名体制的认证协议和会话密钥

不过，图 9-16 所示的协议有一个致命的缺陷。因为密钥被签名了，所以任何人都可以利用 Bob(或者 Alice)的公钥，从而找到会话密钥 K。会话密钥成为公开的信息绝对称不上安全。但是，在我们把这个协议彻底抛弃之前，请注意，这个协议确实提供了双向认证，而图 9-15 所示的基于公钥加密的协议却没有这个功能。那么，我们是否可以将这两个协议进行合并，以得到既有双向认证的功能，又能够提供安全会话密钥的协议呢？答案是肯定的，而且实现的方式不止一个。

假设我们不是对消息仅执行签名运算，或者仅执行加密运算，而是对其先签名再加密。图 9-17 就给出了这样一种先签名再加密的协议。这样看起来好像是既可以提供所需要的安全双向认证，又能够得到安全的会话密钥。

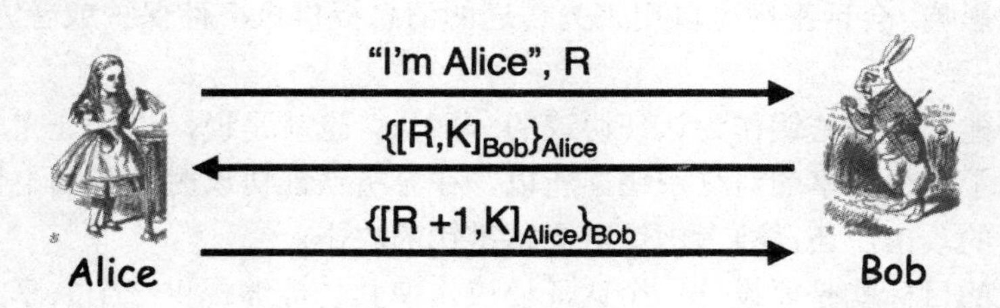

图 9-17　双向认证协议和会话密钥

既然图 9-17 所示的协议，利用了先签名后加密的方式，既提供了双向认证又提供了会话密钥，那么采用先加密后签名的方式肯定也是有效的。图 9-18 给出了一个先加密后签名的协议。

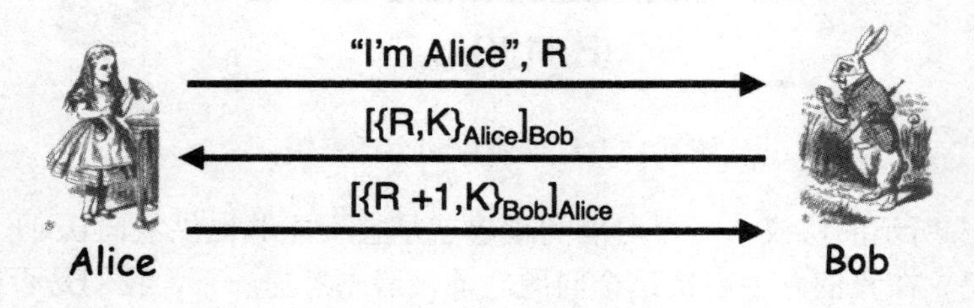

图 9-18　先加密后签名的双向认证协议

请注意，对于图 9-18 中的值 $\{R, K\}_{\text{Alice}}$ 和 $\{R+1, K\}_{\text{Bob}}$，所有能够访问 Alice 或者 Bob

的公钥的任何人都可以得到(我们可以假设所有人都希望得到他们的公钥)。因为在图 9-17 中并不是这样的情况，所以看起来先签名后加密的方式要比先加密后签名的方式泄露的信息少。不过，在这两种情况下，攻击者要想恢复出 K 似乎都需要破解其中的公钥加密方案，如果确实如此，那么这两种方式在安全性上并无差别。最后别忘了，在进行协议分析时，我们曾假设所有的加密方案都是足够强壮的，因而破解加密方案这种途径并不会是 Trudy 的选择。

9.3.4 完全正向保密(Perfect Forward Secrecy)

现在，我们已经完成了双向认证和会话密钥建立(利用公开密钥加密体制)的任务，下面我们把注意力转向完全正向保密，或简称为 PFS(perfect forward secrecy)。何谓 PFS 呢？直接回答这个问题并不容易，让我们先来通过一个例子说明什么不是 PFS。假设 Alice 使用一个共享的对称密钥 K_{AB} 对一条消息进行了加密，并将加密后的结果密文发送给了 Bob。Trudy 不能够破解该加密方案进而恢复出密钥，所以，她只是拼命地记录下来所有那些使用密钥 K_{AB} 加密过的消息。现在，假设在未来某一个特定的时间点，Trudy 想办法访问了 Alice 的计算机，于是她就得到了密钥 K_{AB}。然后，Trudy 就可以解密之前所记录下来的那些密文消息。虽然这样的一种攻击方式看起来好像不太可能，但是潜在的问题还是很严重的，因为一旦 Trudy 将密文消息记录下来，加密密钥就将成为未来实施攻击的要害。为了规避这个问题，Alice 和 Bob 都必须在使用完密钥之后立刻毁掉所有对 K_{AB} 的跟踪途径。这可能并不像看起来那么容易做到，特别是如果 K_{AB} 是一个长期使用的密钥，而 Alice 和 Bob 未来还需要使用它的情况下。此外，即便是 Alice 能够小心翼翼地对她的密钥进行合理管理，她还需要仰仗 Bob 也能够做到这一点才行(反之亦然)。

PFS 令这样的一种攻击不再可能。也就是说，即便 Trudy 记录下来所有的密文消息，并且后来也能够恢复出所有长期使用的秘密(对称密钥或者私钥等)，她也不能解密出已记录的消息。虽然这看起来似乎不太可能，但是实际上不仅仅有可能，而且在实践中也相当容易实现。

假如 Bob 和 Alice 共享一个长期使用的对称密钥 K_{AB}。那么，如果他们想要启用 PFS 机制，他们就绝对不能使用该密钥 K_{AB} 作为加密密钥。相反，Alice 和 Bob 必须协商一个会话密钥 K_S，并且当不再使用 K_S 时就忘掉这个密钥，比如当前会话结束之后就忘掉该会话密钥。所以，就像我们在之前的协议中所说明的，Alice 和 Bob 必须找到一种方式来协商出一个会话密钥 K_S，这时可以利用他们的长期共享对称密钥 K_{AB}。无论如何，由于有了 PFS，我们就可以得到附加的限制，从而使得即便 Trudy 以后找到了 K_{AB}，她也无法确定 K_S，这样，即使她将 Alice 和 Bob 之间交互的所有消息都记录下来也没有用。

假设 Alice 生成了一个会话密钥 K_S 并将其加密 $E(K_S, K_{AB})$，再将结果发送给 Bob，也就是说，Alice 只是将会话密钥进行加密，然后再发送给 Bob。如果我们不考虑使用 PFS，这种做法可能就是将建立会话密钥与认证协议相联系起来的合理方式。不过，正如图 9-19 所示，这种方法并没有提供 PFS 机制。如果 Trudy 记录了所有的消息，并且以后恢复出了 K_{AB}，那么她能够解密 $E(K_s, K_{AB})$以恢复出会话密钥 K_S，然后再利用这个会话密钥，她就可以去恢复那些密文消息了。这恰恰正是 PFS 机制所要防止的攻击。

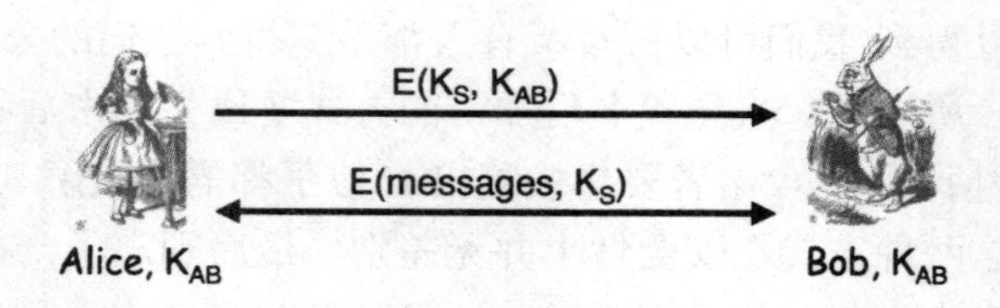

图 9-19 针对 PFS 的朴素攻击

实际上有多种方式实现 PFS，但是最简洁的解决方案则是利用一个短时的 Diffie-Hellman 密钥交换机制。这里提醒一下，标准的 Diffie-Hellman 密钥交换协议可以参见图 9-20 所示。在这个协议中，g 和 p 是公开的，Alice 选择她自己的秘密指数 a，而 Bob 选择他自己的秘密指数 b。然后，Alice 将 $g^a \bmod p$ 发送给 Bob，Bob 将 $g^b \bmod p$ 发送给 Alice。Alice 和 Bob 就能够各自计算出共享的秘密 $g^{ab} \bmod p$。别忘了，Diffie-Hellman 体制的关键弱点在于该方案容易遭受中间人攻击，这一点在第 4 章 4.4 节中已经进行了讨论。

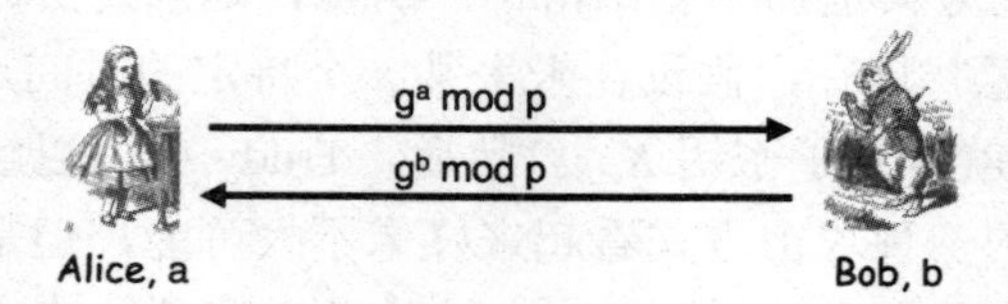

图 9-20 Diffie-Hellman 密钥交换体制

如果我们想要将 Diffie-Hellman 密钥交换体制用于 PFS[6]，我们就必须能够防止中间人攻击，当然，我们也必须通过某种方式来确保实现 PFS。前述的短时 Diffie-Hellman 密钥交换体制就能够实现这两点。为防止中间人攻击，Alice 和 Bob 可以使用他们的共享对称密钥 K_{AB} 来对 Diffie-Hellman 密钥交换过程实施加密。然后，为了获得 PFS 的功效，所要做的就是，一旦 Alice 计算出了共享的会话密钥 $K_S=g^{ab} \bmod p$，她就必须忘掉她自己的秘密指数 a，并且，与此类似，Bob 也必须忘掉他自己的秘密指数 b。图 9-21 给出了这个协议的图解。

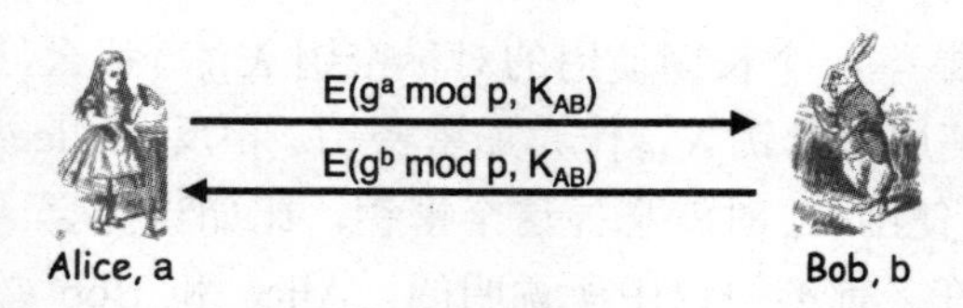

图 9-21 用于 PFS 的短时 Diffie-Hellman 密钥交换体制

图 9-21 所示的 PFS 协议有一个有趣的特性，就是一旦 Alice 和 Bob 忘记了他们各自的秘密指数，即便是他们自己也无法重构会话密钥 K_S。如果 Alice 和 Bob 不能恢复出会话密钥，那么 Trudy 当然也得不到什么更好的结果。如果 Trudy 记录下了如图 9-21 所示的会话过程，并且随后也能够找出 K_{AB}，那么除非她能够破解 Diffie-Hellman 密钥交换方案，否则

6. 本书作者一向酷爱首字母缩写词，几乎想要称这个协议为 DH4PFS，或者是 EDH4PFS，但是，这一次他表现出了极大的克制。

她无法恢复出会话密钥 K_S。如果其中使用的加密算法足够强壮，那么我们已经满足了 PFS 体制的要求。

9.3.5　相互认证、会话密钥以及 PFS

现在，我们将前面所有的这些因素结合在一起，设计一个双向相互认证协议，其中可以建立会话密钥，并且同时还具备 PFS 体制的功能。图 9-22 所示的协议看起来满足这个目标，该协议是根据图 9-18 所示的先加密后签名协议稍作修改而成。借此我们可以做一次很好的练习，找出有充分说服力的证据，以说明 Alice 确实被认证了(解释一下，具体在何处、通过何种方式、是何理由令 Bob 能够确信他正在跟 Alice 进行交谈的)，Bob 也被认证了，会话密钥也是安全的，并且还提供了 PFS 机制，最后，整个方案中也没有明显的攻击弱点。

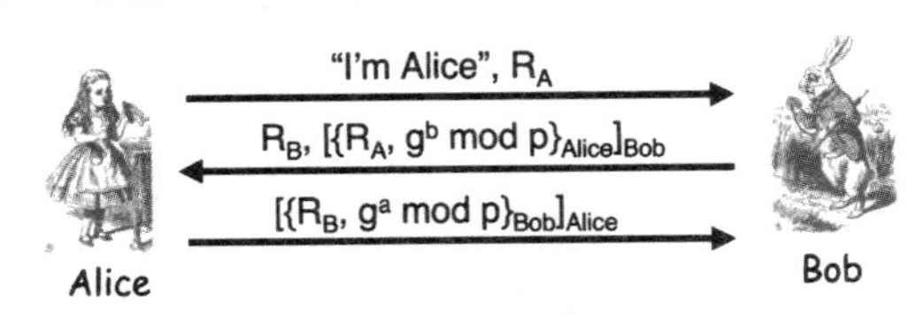

图 9-22　支持相互认证、会话密钥以及 PFS 的协议

现在，我们已经开发出了一个协议，它能够满足我们所有的安全要求。下面我们就可以将注意力转向与性能相关的问题上来。也就是说，我们要尝试减少协议中消息的数量，或者通过其他的一些方式来使性能获得提升，诸如减少公开密钥加密运算操作的次数等。

9.3.6　时间戳

时间戳 T 是一个时间值，通常是以毫秒表示。基于某些考虑，时间戳可以用来替换 nonce 值，因为一个当前的时间戳就能够确保新鲜。时间戳的好处是我们不再需要为交换 nonce 值而浪费任何的消息，前提是当前时间对于 Alice 和 Bob 都是可知的。时间戳在许多现实世界的安全协议中都有运用，比如 Kerberos 协议等。我们将在下一章讨论 Kerberos 协议。

伴随着性能提升这个潜在的优势，时间戳也带来了一些安全问题[7]。一方面，时间戳的使用意味着时间是一个关键性的安全参数。举个例子，如果 Trudy 能够攻击 Alice 的系统时钟(或者是任何 Alice 所依赖的当前时间系统)，她就可以使 Alice 的认证失败。还有一个相关的问题，就是我们不能依赖于系统时钟的完全同步，所以我们必须允许一定的时间偏差，也就是说，我们必须接受接近于当前时间的任何时间戳。通常来说，这就可能为 Trudy 发起重放攻击打开了一扇小的机会窗口——如果她在所允许的时钟偏差之内实施重放攻击，就可以被接受。要完全关闭这个机会窗口也不是不可能，但是具体的解决方案将给服务器施加额外的负担(请参见思考题 27)。无论如何，我们希望将时间偏差降低到最小，以避免因 Alice 和 Bob 之间的时间不同步而导致过多的错误。

为了说明时间戳的作用，请考虑如图 9-23 所示的认证协议。本质上，这个协议是图 9-17 所示的先签名再加密的协议的时间戳版本。请注意，通过使用时间戳，我们能够将消息的数量减少三分之一。

7. 这是所谓“没有免费的午餐”原则的另一个实例。

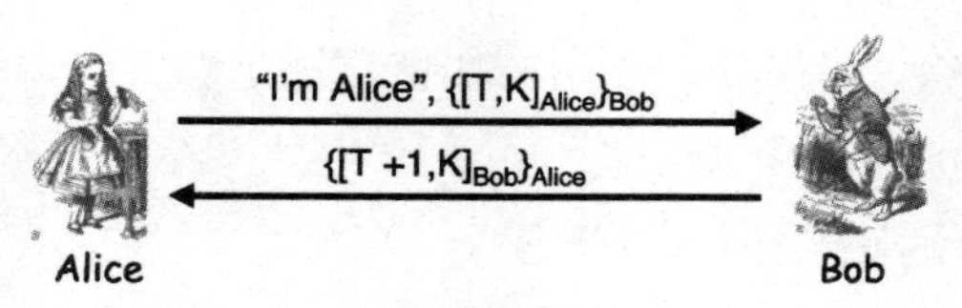

图 9-23　利用时间戳的认证协议

图 9-23 所示的认证协议将一个时间戳和先签名再加密的方式结合起来使用，看起来还是比较安全的。所以，对于先加密后签名的协议，其时间戳版本必然也会很安全，这一点看起来似乎显而易见，这个协议的说明如图 9-24 所示。

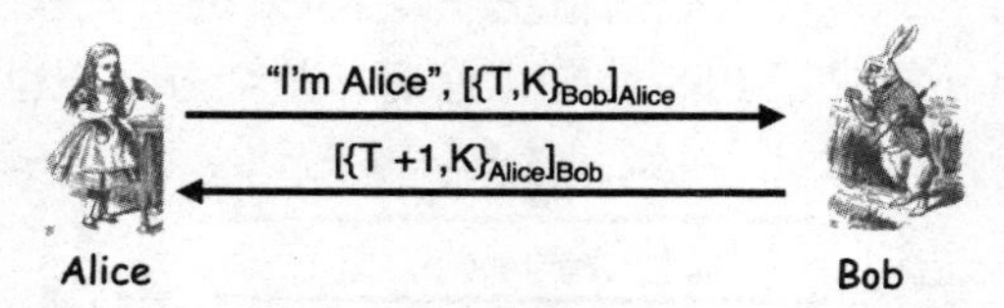

图 9-24　利用时间戳的先加密后签名的认证协议

遗憾的是，对于协议设计来说，显而易见的事并不总是正确的。事实上，图 9-24 所示的协议注定会遭受攻击。Trudy 可以利用 Alice 的公钥来恢复出$\{T, K\}_{\text{Bob}}$，这样，Trudy 就可以打开一个到 Bob 的连接，并将$\{T, K\}_{\text{Bob}}$通过第一条消息发送过去，如图 9-25 所示。按照这个协议，Bob 随后将会把密钥 K 以一种 Trudy 能够解密的方式发给 Trudy。这当然是非常糟糕的，因为密钥 K 是 Alice 和 Bob 共享的会话密钥。

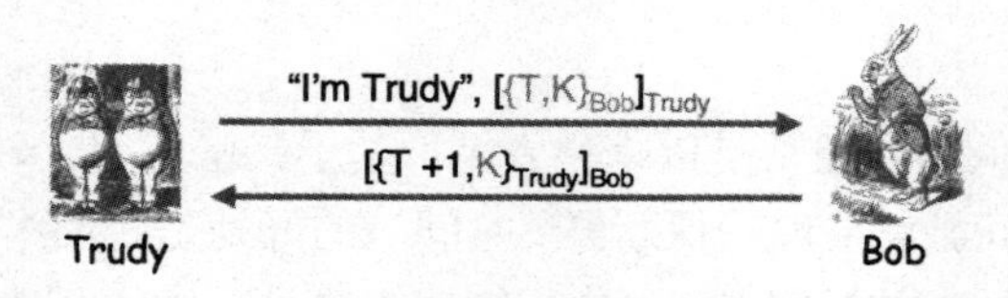

图 9-25　Trudy 针对先加密后签名协议方案的攻击

图 9-25 所示的攻击说明了我们给出的先加密后签名的协议方案，在利用时间戳的情况下并不安全。但是，我们之前给出的先签名再加密的协议方案在使用时间戳的情况下是安全的。另外，对于使用 nonce 值的版本，无论是先签名再加密的协议版本，还是先加密后签名的协议版本，都是安全的(请参见图 9-17 和图 9-18)。这些例子能够很好地说明，在涉及安全协议的设计问题时，我们千万不要想当然。

图 9-24 所示的这个有设计缺陷的协议是否可以改进和完善？事实上，一些小的调整和修改，都能够使这个协议变得安全。举个例子，没有必要在第二条消息中返回密钥 K，因为 Alice 已经知道了密钥 K 并且这条消息唯一的目的就是认证 Bob。第二条消息中的时间戳就足以认证 Bob 了。图 9-26 给出了这个协议的安全版本的图解说明(也可以参见思考题 21)。

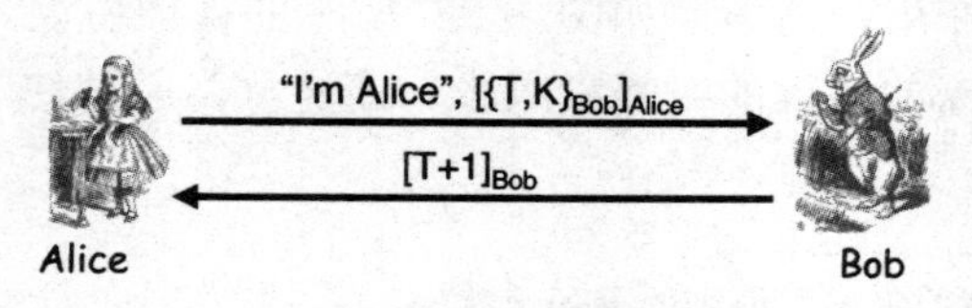

图 9-26　利用时间戳的安全的先加密后签名协议

在下一章，我们将要讨论几个著名的真实世界中的安全协议，这些协议的设计都使用了我们在本章中已经介绍过的一些概念。但是在转而去研究第 10 章中呈现的真实世界之前，我们还需要简要地了解其他几个有关协议的主题。首先，我们先来考虑一种依赖于 TCP 协议的弱身份认证，遗憾的是，这种弱认证形式的应用在实践中却时有发生。然后，我们还要讨论 Fiat-Shamir 零知识协议。在最后一章中，我们还将再次遭遇 Fiat-Shamir 协议方法。

9.4　身份认证和 TCP 协议

TCP 协议在某些时候可以用于身份认证，在本节，我们就来快速地了解一下这是怎么实现的。TCP 协议的设计初衷并不是如此运用，因此果不其然，这种认证方式并不安全。但是，其中确实也揭示了一些很有趣的网络安全问题。

不可否认的是，在 TCP 连接中使用 IP 地址来进行认证是很吸引人的一个自然的想法[8]。如果我们能够如此解决认证的问题，那么我们再也不需要任何麻烦的密钥或者是令人困扰的认证协议了。

下面，我们就给出一个基于 TCP 协议进行认证的实例，并说明针对此类设计的一个攻击方法。当然，首先我们要简要地回顾一下 TCP 协议的三次握手过程，这个过程在图 9-27 中给出了详细的说明。其中第一条消息是一个同步请求，或简称为 SYN，而第二条消息是对同步请求的确认，也称为 SYN-ACK，第三条消息则是对前一条消息的确认，当然也可以包含数据，通常我们简要地把这条消息称为 ACK。

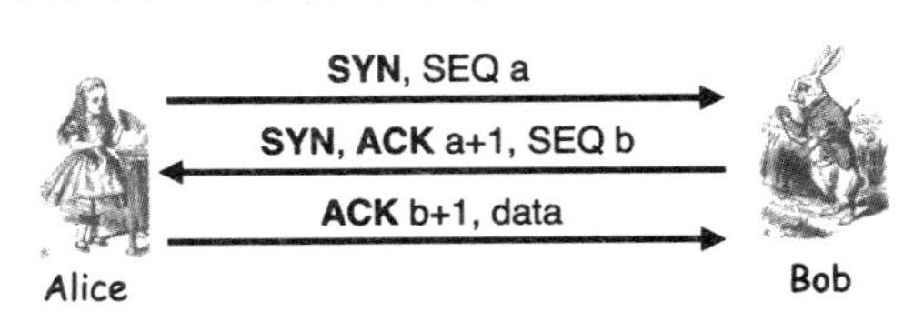

图 9-27　TCP 三次握手过程

假设 Bob 决定要依赖三次握手的完整过程来验证他是否连接到了某个确定的 IP 地址，而他事先已知道该地址是属于 Alice 使用的。那么，实际上，他是在利用 TCP 连接过程来认证 Alice。因为 Bob 将 SYN-ACK 消息发送给 Alice 的 IP 地址，这就会使他得出响应消息 ACK 是来自于 Alice 的假设。特别是，如果 Bob 验证了在第三条消息 ACK 中出现的 b+1，那么他有理由断定，是 Alice，也就是他所知道的这个地址，已经收到了第二条消息并且做出了响应，因为第二条消息中包含了 SEQ(即序列号)b，而其他任何人都不应该会知道这个 b。这里，有一个潜在的假设，就是 Trudy 不能够看到 SYN-ACK 数据包——否则的话，她就会知道 b 并且能够很容易地伪造 ACK 消息。显然，这并不是一种强认证方式。不过，

8. 正如我们将在下一章所看到的，IPSec 协议在其中一种应用模式中就依赖于 IP 地址来进行用户身份的认证。所以说，即便是深谙此道的人士，也往往难免沉浸在这种手到擒来的好处之中。

作为一个实际问题，对 Trudy 来说想要截获包含 b 的这条消息在现实中可能也比较困难。那么，如果 Trudy 无法看到 b，这个协议是否就安全呢？

即便是 Trudy 无法看到初始的序列号 b，她也还是有可能做出合理的推测。如果是这样，图 9-28 给出的攻击场景大概就有可能了。在这个攻击中，Trudy 首先发送了一个常规的 SYN 数据包给 Bob，于是 Bob 就给出了一个 SYN-ACK 数据包作为响应。Trudy 就检查在这个 SYN-ACK 数据包中的序列号的值 b_1。假如 Trudy 能够通过这个值 b_1 来预测 Bob 的下一个序列号 b_2[9]。那么 Trudy 可以发送一个数据包给 Bob，并将其中的源 IP 地址假冒 Alice 的地址。于是 Bob 将会发送一条 SYN-ACK 响应消息给 Alice 的 IP 地址，根据假设，这条消息 Trudy 是看不到的。但是，如果 Trudy 能够推测出 b_2，她就可以通过发送一条 ACK 消息 b_2+1 给 Bob，来完成整个三次握手的过程。结果，Bob 就会相信，通过这个特定 TCP 连接所接收到的来自 Trudy 的数据确实是从 Alice 那边发过来的。

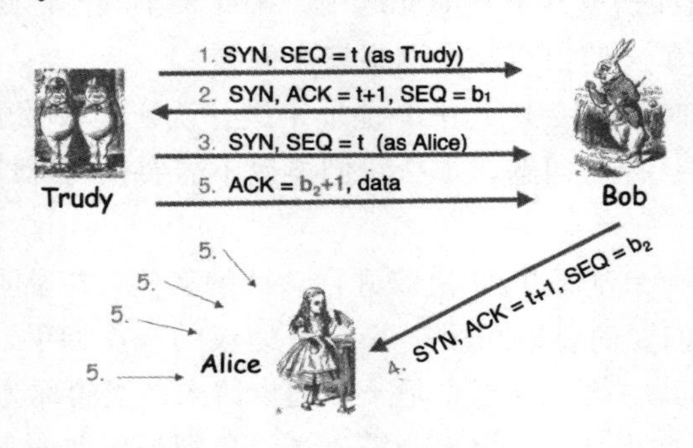

图 9-28 TCP“认证”攻击

请注意，Bob 常常会向 Alice 的地址发送响应消息，而根据这里的假设，Trudy 并不能看到这些响应消息。但是，只要这个连接保持激活状态，Bob 就将接收到来自 Trudy 的数据，并认为这是来自 Alice 的。不过，当由 Bob 发送给 Alice 的 IP 地址的那些数据到达 Alice 端时，Alice 将会终止这个连接，因为她并没有完成三次握手的过程。为了防止这种情况的发生，Trudy 可以对 Alice 发起一个拒绝服务攻击，即发送足够多的消息给 Alice，使得 Bob 发过来的消息无法通过，或者是几乎无法通过，于是 Alice 也就无法响应。图 9-28 给出了这个拒绝服务攻击的图解。当然，如果 Alice 恰好不在线，那么 Trudy 可以直接实施上述攻击，而无需再费力对 Alice 实施拒绝服务攻击了。

这个攻击实际上众所周知，结果就是要求初始的序列号以随机的方式生成。那么，初始的序列号应该如何随机呢？出人意料的是，很多序列号的生成往往根本就不具备随机性。举个例子，图 9-29 提供了一个视觉对比，其中一个是随机的初始序列号，另一个是早期 Mac OS X 版本中生成的高度偏倚的初始序列号。Mac OS X 的序列号输出的偏倚足以给图 9-28 所示的攻击留下相当高的成功率。还有许多其他的厂商也没能够提供随机的初始序列

9. 在具体实践中，真正尝试猜测一个序列号的值之前，Trudy 可能会发送许多的 SYN 数据包给 Bob，以力求能够分析甚至确定出 Bob 的初始序列号生成方案。

号，这都可以从参考文献[335]中提供的那些令人震撼的图片中看出来。

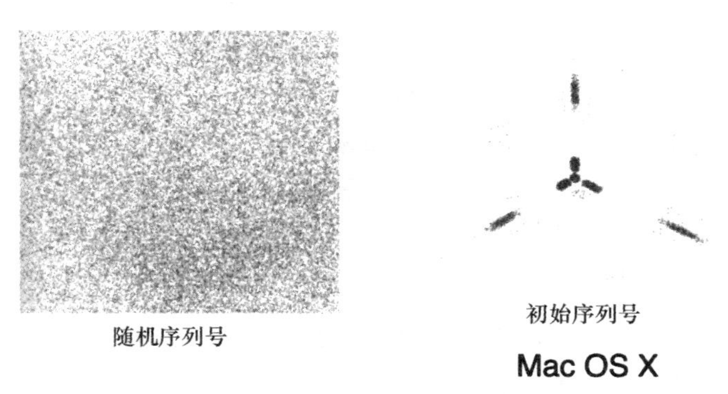

图 9-29　初始序列号绘制图解

即便初始序列号是随机的，依赖于 TCP 连接的认证方式也不会是个好主意。除此之外还有好得多的解决方案，即在三次握手完成之后再施加一个安全的身份认证协议。即使是一个简单的口令方案也会比只依赖 TCP 三次握手的方式好得多。但是，就像安全领域里诸多屡见不鲜的事情一样，基于 TCP 协议的认证方式有时候在实践中获得运用，仅仅是因为它是现成的，用起来方便，又不会对用户产生影响——而不是因为它安全。

9.5　零知识证明

在这一节，我们来讨论一个神奇的认证框架，该框架是由 Fiege、Fiat 和 Shamir(是的，还是那个 Shamir(见参考文献[111])三人共同提出的，但是往往大家只是简单地称之为 Fiat-Shamir。在第 13 章，当我们讨论到微软公司的可信操作系统时，我们还会再一次提到这个认证方法。

在一个零知识证明框架中[10]，或简称为 ZKP，Alice 想要向 Bob 证明，她知道一个秘密，但又不泄露有关这个秘密的任何信息——即无论是 Trudy 还是 Bob 都不能获得有关该秘密的任何信息。而 Bob 必须能够验证 Alice 知道这个秘密，即便他无法获得关于这个秘密的任何信息。面对这样一个问题，看起来似乎是无计可施。但是，存在一种交互式概率过程，其中 Bob 能够以一种绝对高的概率来验证 Alice 是否知道这个秘密。这是一种交互式证明系统的实例。

在说明这样一种协议之前，我们先来考察一个所谓 Bob 洞穴问题[11]，这个问题如图 9-30 所示。假设 Alice 声称她知道秘密的暗语(“open sarsaparilla(洋菝葜开门)”[12])，该暗语能够打开图 9-30 中位于 R 和 S 之间的那扇门。那么，Alice 是否能够说服 Bob 使其相信她知道这个秘密暗语，又不会泄露任何有关的信息呢？

10. 注意，请不要跟“零知识的教授”相混淆。

11. 传统上，人们常会在这里使用阿里巴巴的山洞。

12. 传统上，这个秘密暗语是“open says me”，听起来很像是“open sesame(芝麻开门)”。在卡通世界里，“open sesame(芝麻开门)”有时莫名其妙地会变成“open sarsaparilla(洋菝葜开门)”，见参考文献[242]。

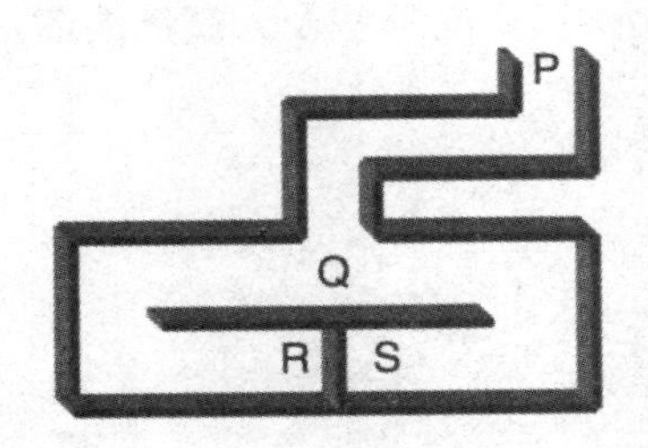

图 9-30 Bob 洞穴问题

我们考虑下面的协议，Alice 进入到 Bob 洞穴中，通过抛硬币的方式来选择到达 *R* 点或 *S* 点。然后 Bob 进入洞穴到达 *Q* 点。假设 Alice 碰巧选择了到达 *R* 点。在图 9-31 中给出了上述情况的描述。

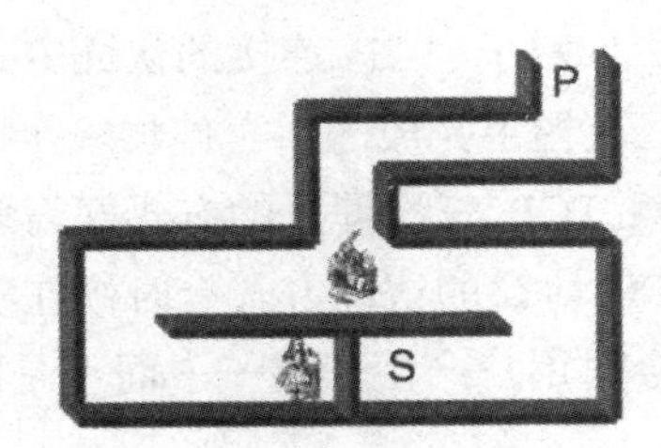

图 9-31 Bob 洞穴协议

然后 Bob 通过抛硬币来随机地选择一侧或者是另一侧，要求 Alice 从那里出现。根据图 9-31 所示的场景，如果 Bob 碰巧选择了 *R* 侧，那么无论 Alice 是否知道该秘密暗语，她都会出现在 *R* 侧。如果 Bob 刚好选择了 *S* 侧，那么只有在 Alice 知道这个 *R* 和 *S* 之间秘密开门暗语的情况下，她才能够出现在 *S* 一侧。换句话说，如果 Alice 不知道该秘密暗语，那么她能够骗过 Bob 使其相信自己知道暗语的概率为 1/2。这个过程看起来好像也不是特别有用，但是如果将这个协议重复 *n* 次，那么 Alice 每次都能够骗过 Bob 的概率是$(1/2)^n$。所以，Alice 和 Bob 会将这个协议重复执行 *n* 次，而 Alice 必须通过每一次的验证，Bob 才会相信她知道其中的秘密暗语。

请注意，如果 Alice(或 Trudy)不知道这个秘密暗语，那么她总是还能有机会骗过 Bob 使其相信她知道暗语。不过，Bob 可以通过选择合适的 *n* 值，使得这种情况的概率足够小，以达到他的期望值。例如，当选择 n=20 时，这个概率就会小于 1 000 000 分之一，也就是所谓的“Alice”即使不知道暗语也能骗过 Bob 使其相信她知道暗语的概率。同时，Bob 对这个协议中有关秘密暗语的情况一无所知。最后，很关键的一点是，Bob 随机地选择其中一面，令 Alice 在那里出现——如果 Bob 的选择是可预测的，那么 Alice(或者 Trudy)将会有更高的概率骗过 Bob，于是就相当于破解了这个协议。

虽然 Bob 洞穴表明零知识证明在理论上是可能的，但是基于洞穴的协议并不是特别普遍。那么我们能否在没有洞穴的情况下也获得同样的效果呢？答案是肯定的，这要归功于 Fiat-Shamir 协议。

Fiat-Shamir 协议依赖于这样一个事实，求解一个模 N 的平方根，其难度与因式分解基本相当。假设 $N = pq$，其中 p 和 q 都是素数。Alice 知道一个秘密值 S，当然，她必须保守这个秘密。N 的值和 $v = S^2 \bmod N$ 都是公开的。Alice 必须要说服 Bob 使其相信她知道 S，但又不能泄露任何有关 S 的信息。

图 9-32 给出了 Fiat-Shamir 协议的图解，说明如下。Alice 随机选择一个值 r，并计算出 $x=r^2 \bmod N$。在第一条消息中，Alice 将 x 发送给 Bob。在第二条消息中，Bob 选择一个随机值 $e \in \{0,1\}$，并将其发送给 Alice，于是 Alice 再计算出数值 $y = r S^e \bmod N$。在第三条消息中，Alice 将 y 发送给 Bob。最后，Bob 还需要验证下式是否成立：

$$y^2=xv^e \bmod N$$

如果所有人都遵守这个协议，上式就成立，因为：

$$y^2= r^2S^{2e}= r^2(S^2)^e=xv^e \bmod N \qquad \text{式(9.1)}$$

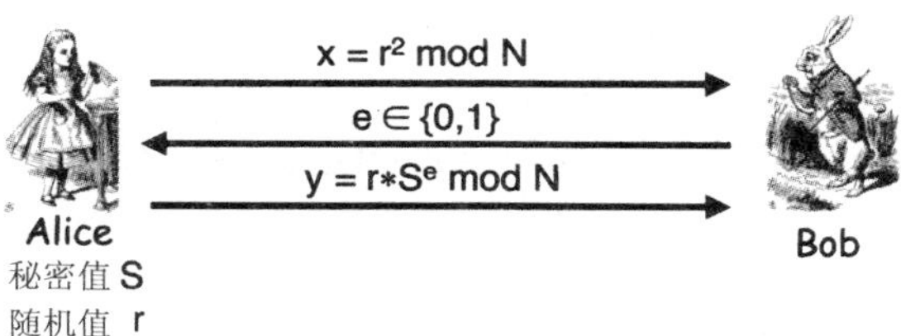

图 9-32　Fiat-Shamir 协议

在第二条消息中，Bob 发送 e=0 或者 e=1。下面我们分别来考虑这两种情况。如果 Bob 发送 e=1，那么 Alice 在第三条消息中以 $y=r\cdot S \bmod N$ 作为响应，于是等式(9.1)就变成

$$y^2=r^2\cdot S^2= r^2\cdot(S^2)=x\cdot v \bmod N$$

请注意，这种情况下，Alice 必须知道秘密值 S。

另一方面，如果 Bob 在第二条消息中发送 e=0，那么 Alice 在第三条消息中会以 $y=r \bmod N$ 作为响应，于是等式(9.1)就变成：

$$y^2=r^2=x \bmod N$$

请注意，在这种情况下，Alice 不必知道秘密值 S。这看起来似乎是个陌生的协议，但是这个场景大体上与 Bob 洞穴的情形相当，在洞穴里 Alice 不必打开秘密通道就能够出现在正确的一侧。无论如何，这个方案要指望 Bob 每次都会选择发送 e=1。可是，我们马上就会看到，这不是个明智的选择。

在 Fiat-Shamir 协议中，第一条消息属于提交阶段，因为 Alice 通过将 $x=r^2 \bmod N$ 发送给 Bob 来提交她对 r 值的选择。也就是说，Alice 无法改变主意(即她选定了 r 值并通过第一条消息进行提交)，但是她也没有泄露 r 值，因为求模平方根的运算非常困难。该协议中的第二条消息是 challenge 阶段——即 Bob 要求 Alice 提供正确的响应。协议的第三条消息是 response 阶段，Alice 必须要以正确的值予以响应。然后，Bob 利用式(9.1)验证

响应值是否正确。这里的各个阶段，分别可以和前面图 9-31 中 Bob 洞穴协议图解的三个步骤相对应。

在 Fiat-Shamir 协议背后，有其相应的数学原理。假设所有人都遵守该协议的设计，那么 Bob 能够根据他所接收到的信息来验证是否有 $y^2=xv^e \bmod N$。但是，这并不能确保这个协议的安全性。要想解决这个问题，我们必须确定是否会有一个攻击者，比如 Trudy，她能够让 Bob 相信她知道 Alice 的秘密值 S，从而可以使 Bob 确信她就是 Alice 本人。

假如 Trudy 预测 Bob 将会在第二条消息中发送 challenge e=0。那么，Trudy 就可以在第一条消息中发送 $x = r^2 \bmod N$，并在第三条消息中发送 $y=r \bmod N$。也就是说，在这种情况下，Trudy 只需以此方式执行协议即可，因为她根本不需要知道秘密值 S。

另一方面，如果 Trudy 预计 Bob 将要发送 e=1，那么她可以在第一条消息中发送 $x=r^2v^{-1} \bmod N$，并在第三条消息中发送 $y = r \bmod N$。按照这个协议的设计，Bob 将会计算 $y^2=r^2$ 以及 $xv^e=r^2v^{-1}v=r^2$，然后他将发现等式(9.1)是成立的。于是 Bob 认为结果正确有效。

这里可以得出的结论是，Bob 必须随机地选择 $e\in\{0, 1\}$(正如协议中要求的那样)。如果是这样，那么 Trudy 能够骗过 Bob 的概率将只有 1/2，于是，就像 Bob 洞穴问题一样，经过 n 次迭代，Trudy 还能够瞒天过海的概率将只有$(1/2)^n$。

所以，Fiat-Shamir 协议要求 Bob 选择的 challenge $e\in\{0, 1\}$必须是不可预测的。另外，Alice 必须在协议的每一次迭代中都生成一个随机值 r，否则她的秘密值 S 将会被泄露(请参见本章结尾的思考题 40)。

Fiat-Shamir 协议是否真正具备零知识的特性？也就是说，Bob 或者是其他的任何人，是否能够了解任何的有关 Alice 的秘密值 S 的信息呢？要知道，v 和 N 都是公开的，其中 $v=S^2 \bmod N$。此外，Bob 在第一条消息中看到 $r^2 \bmod N$，然后，假设 $e = 1$，Bob 还可以在第三条消息中看到 $rS \bmod N$。如果 Bob 能够通过 $r^2 \bmod N$ 找到 r，那么他可以得到 S。但是，求模平方根运算在计算上是不可行的。如果 Bob 有某种方式可以找到这样的平方根，他就可以直接从公开的值 v 得到 S，而完全不受该协议的任何制约。对于说明 Fiat-Shamir 协议是零知识的结论，虽然上述论述并不是一个缜密的证明，但这也确实表明，从协议自身的设计来看，没有任何显而易见的途径有助于令 Bob(或者任何其他的人)确定 Alice 的秘密值 S。

那么 Fiat-Shamir 协议确实能够带来安全效益呢，还是仅仅属于数学家们自娱自乐的游戏呢？如果公开密钥技术用于身份认证，那就需要各方都必须知道对方的公钥。但在协议执行之初，通常 Alice 并不知道 Bob 的公钥，反之亦然。所以，在许多基于公钥技术的协议中，Bob 要把他自己的证书发送给 Alice。但是，证书也就代表着 Bob 的身份，于是这种证书的交换将会告诉 Trudy 一件事：Bob 是这个通信事务中的参与方之一。换句话说，公钥技术的运用使得参与者更加难以保持匿名的身份。

零知识证明的一个潜在优势是它允许以匿名的方式进行身份认证。在 Fiat-Shamir 协议中，双方都必须知道公共值 v，但是 v 值中并没有任何能够表明 Alice 身份的信息，并且在协议中所传递的消息里也没有任何表征 Alice 身份的信息。正是这种优势，使得微软公司在其下一代安全计算基(或简称为 NGSCB)中提供了有关零知识证明的支持。我们在第 13 章将会讨论与安全计算基相关的主题。最起码这里的讨论说明了 Fiat-Shamir 协议确实会有某些潜在的实际用途。

9.6　最佳认证协议

通常来说，并不存在所谓的“最佳”认证协议。对于一个特定的场景来说，认证协议是否为最佳要依赖于许多因素。至少我们需要考虑如下这些问题：

- 应用的敏感性主要着眼于什么地方？
- 能够容忍多大的时延？
- 是否需要将时间作为一个安全性的关键参数来处置？
- 都支持哪些类型的加密方案——公开密钥方案、对称密钥方案或者是基于哈希函数的方案？
- 是否要求双向相互认证？
- 是否要求提供会话密钥？
- 是否要求完全正向保密？
- 是否要考虑匿名需求？

在下一章，我们将会看到，还有一些其他的附加因素会影响我们对于安全协议的选择。

9.7　小结

在这一章，我们讨论了在非安全网络上实现身份认证并建立会话密钥的几种不同方式。我们可以利用对称密钥技术、公开密钥技术或者是哈希函数(伴随着对称密钥)等方式来完成这些任务。我们也了解了如何获得完全正向保密特性，并考察了使用时间戳的优势(以及潜在的缺陷)。

一路走来，我们已经遇到过不少的安全陷阱。你现在应该对于伴随着安全协议而来的诸多精妙问题有一定的感觉了。这样就非常有利于我们接下来的讨论，在下一章我们将要仔细地考察几个现实世界中的安全协议。我们将会看到，尽管众多聪明的人们在开发这些协议的过程中付出了各种各样的艰辛努力，但是，对于在这一章所凸显的一些安全缺陷，这些协议仍然未能幸免。

9.8　思考题

1. 请修改图 9-12 所示的认证协议，使其使用哈希函数替换掉原来的对称密钥加密。要求改造之后的结果协议必须是安全的。

2. 图 9-24 所示的不安全的协议被改造为图 9-26 所示的协议，以力求变得安全。请找出其他两种不同的修改方式，以便对图 9-24 所示的协议进行微小的调整，就可以得到安全的协议。注意：你修改的协议必须要使用时间戳和“先加密后签名”的方案。

3. 我们想要基于一个共享的对称密钥来设计一个安全的相互认证协议。我们还想要建立一个会话密钥，并且获得完全正向保密特性。

   a. 请利用三条消息设计这样的一个协议。
   b. 请利用两条消息设计这样的一个协议。

4. 请考虑如下相互认证协议，其中 K_{AB} 是共享对称密钥：

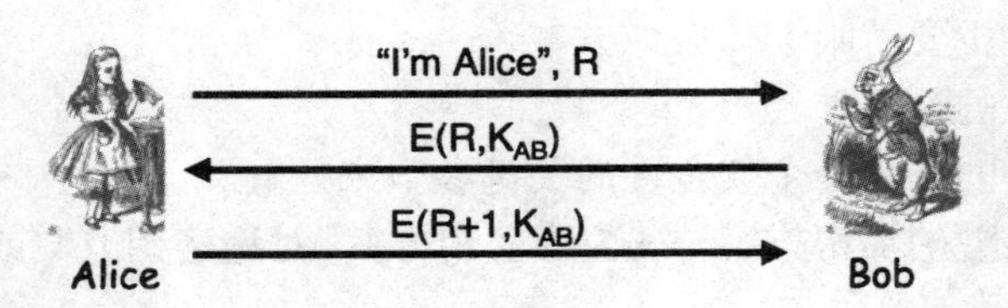

请给出两种不同的攻击方案，使得 Trudy 能够用来让 Bob 相信她就是 Alice。

5. 针对图9-28所示的基于TCP协议的认证方案，请考虑相对应的攻击方式。假如Trudy无法准确地猜测到初始序列号 b_2，实际上，Trudy 只能够缩小 b_2 的值到某个范围，比如说等于 1000 个可能的值中的一个。请问，Trudy 如何发起攻击，才有可能获得成功？

6. 在安全协议中，时间戳可以用来取代 nonce 值的作用。

   a. 请问，使用时间戳方案的主要优势是什么？
   b. 请问，使用时间戳方案的主要不足是什么？

7. 请考虑如下的协议，其中 CLNT 和 SRVR 都是常数，而会话密钥是 $K=h(S, R_A, R_B)$：

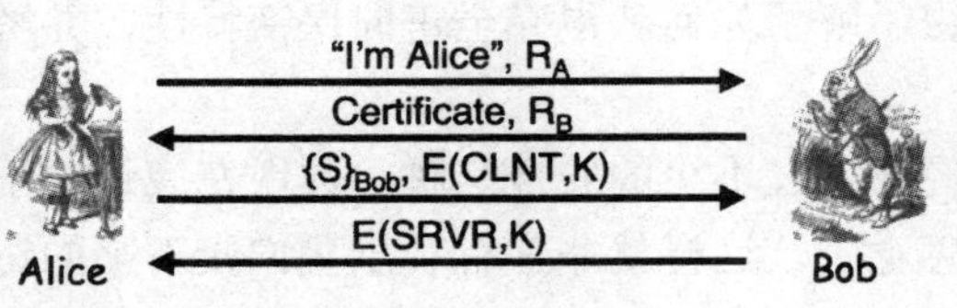

   a. 请问，Alice 是否能够认证 Bob？并给出理由。
   b. 请问，Bob 是否能够认证 Alice？并给出理由。

8. 请考虑如下协议，其中 K_{AB} 是共享的对称密钥，CLNT 和 SRVR 都是常数，并且会话密钥 $K=h(S, R_A, R_B)$：

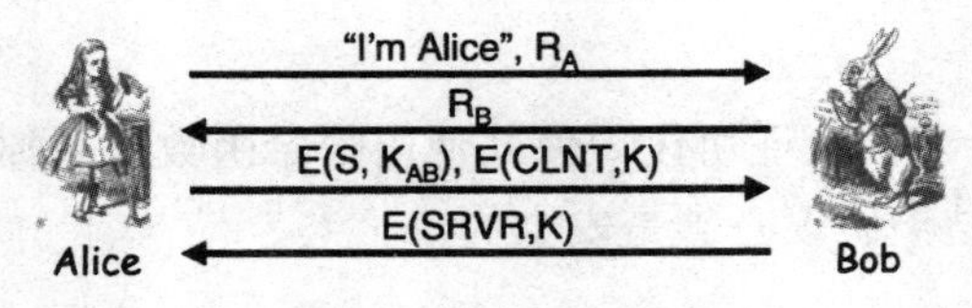

   a. 请问，Alice 是否能够认证 Bob？并给出理由。
   b. 请问，Bob 是否能够认证 Alice？并给出理由。

9. 下面这个包含了两条消息的协议设计，是用于实现双向相互认证并建立会话密钥 K。其中，T 是时间戳：

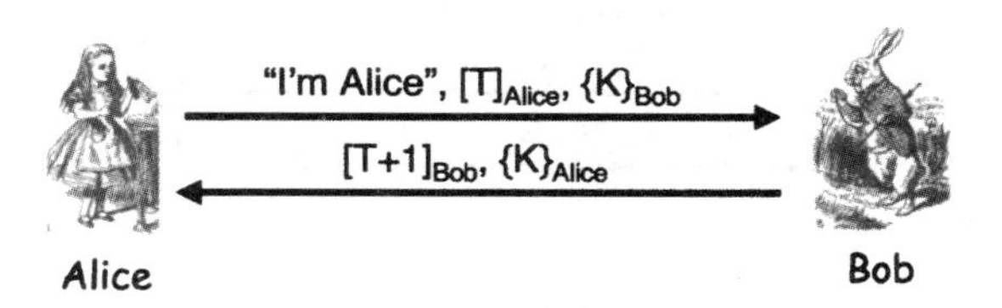

这个协议是不安全的。请举例说明 Trudy 可以成功发起的一种攻击方案。

10. 假设 R 是从 Alice 发送给 Bob 的一个明文形式的随机的 challenge 值，K 则是一个只有 Alice 和 Bob 知道的对称密钥。请问，下面哪个是安全的会话密钥，哪个不是。并请说明理由。

 a. $R \oplus K$
 b. $E(R, K)$
 c. $E(K,R)$
 d. $h(K,R)$
 e. $h(R,K)$

11. 请设计一个安全的包含两条消息的认证协议，它要能够支持双向相互认证，并可以建立一个会话密钥 K。假设 Alice 和 Bob 事先都知道彼此的公钥。请问，对于一个被动攻击者(即，攻击者只能观察到 Alice 和 Bob 之间往来传递的消息)来说，你所设计的协议是否能够为 Alice 和 Bob 提供匿名保护？如果不能，那么请修改你的协议，使其能够提供匿名性保护。

12. 对于某些特定的安全协议来说，假设 Trudy 能够构造一些 Alice 和 Bob 之间传递的消息，而且这些消息对于任何的观测者(包括 Alice 和/或者 Bob)来说似乎都是有效的消息。那么，该协议就被称为提供了可以否认性。这里的意思就是，Alice 和 Bob 能够(堂而皇之地)声称他们之间所发生的基于这种协议的任何交互都是子虚乌有的，因为这些消息可能是 Trudy 伪造的。请考虑如下的协议，其中 $K = h(R_A, R_B, S)$：

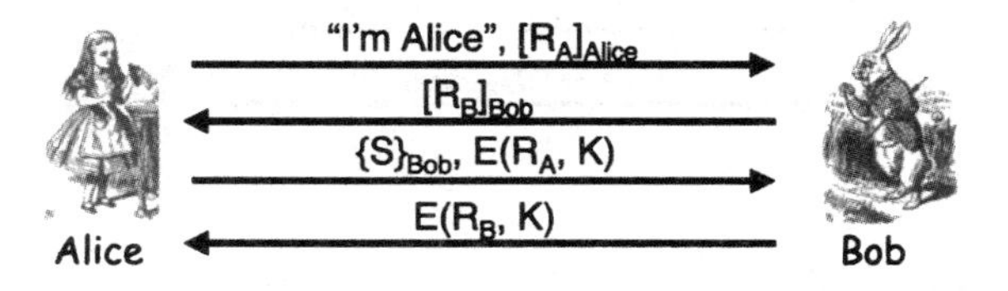

请问，这个协议是否提供了可以否认性？如果提供了这种特性，那么请说明为什么。如果没有提供这种特性，那么请对该协议稍加修改，使其具备这种特性，并且要保留现有的双向相互认证特性和建立安全会话密钥的特性。

13. 请考虑如下协议，其中 $K = h(R_A, R_B)$：

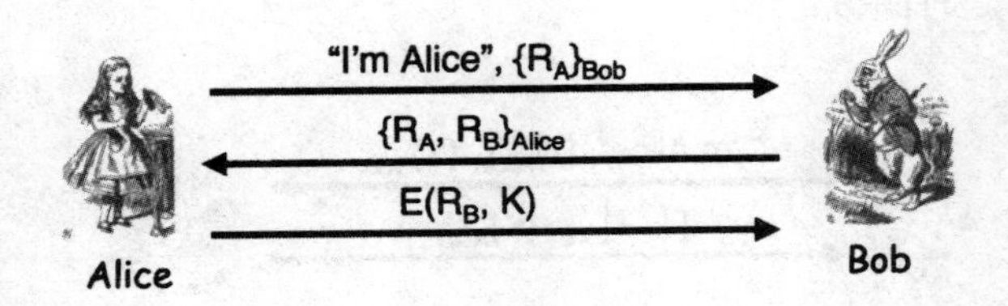

请问，这个协议是否提供了可以否认性(请参见思考题 12 中的相关说明)？如果提供了这种特性，那么请说明为什么。如果没有提供这种特性，那么请对该协议稍加修改，使其具备这种特性，并且要保留现有的双向相互认证特性和建立安全会话密钥的特性。

14. 请设计一个双向相互认证协议，要求利用数字签名技术来进行认证，并且提供可以否认性的特性(请参见思考题 12 中的相关说明)。

15. 可以否认性(请参见思考题 12 中的相关说明)究竟是一个安全特性，还是一个安全缺陷呢？请给出说明。

16. 下面所示的双向相互认证协议是基于一个共享的对称密钥 K_{AB} 实现的：

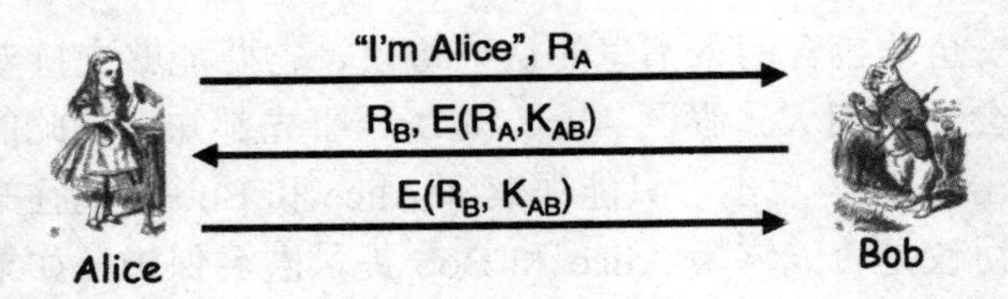

请证明，Trudy 能够成功攻击该协议，使得 Bob 相信她就是 Alice。跟通常情况一样，我们这里假定其中的加密方案是安全的。另外请修改该协议，令其可以防止 Trudy 发起的此类攻击。

17. 请考虑如下双向交互认证及会话密钥建立协议，其中利用了时间戳 T 和公开密钥加密技术：

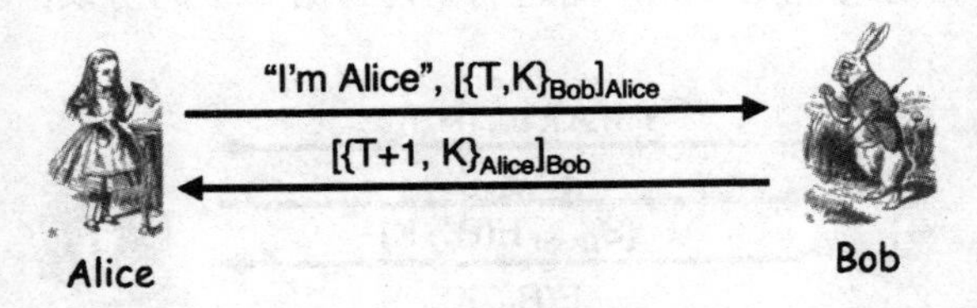

请证明，Trudy 能够成功攻击该协议，恢复出密钥 K。跟通常情况一样，我们这里假定其中的加密方案是安全的。另外请修改该协议，令其可以防止 Trudy 发起的此类攻击。

18. 请考虑如下双向交互认证及会话密钥建立协议，其中利用了时间戳 T 和公开密钥加密技术：

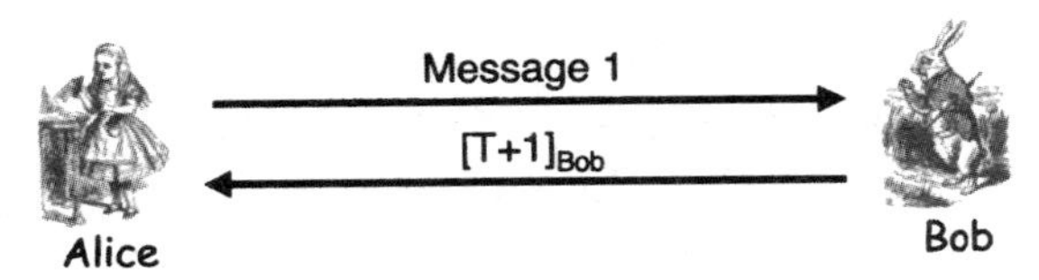

对于下列情况中的每一种，请分别说明所得到的协议是否能够提供一种有效的途径，以确保安全的双向相互认证并建立一个安全的会话密钥 K。可以忽略单纯基于时钟偏差的重放攻击。

a. Message 1: $\{[T, K]_{\text{Alice}}\}_{\text{Bob}}$

b. Message 1: $\{$ “Alice”, $[T, K]_{\text{Alice}}\}_{\text{Bob}}$

c. Message 1: “Alice”, $\{[T, K]_{\text{Alice}}\}_{\text{Bob}}$

d. Message 1: T, “Alice”, $\{[K]_{\text{Alice}}\}_{\text{Bob}}$

e. Message 1: “Alice”, $\{[T]_{\text{Alice}}\}_{\text{Bob}}$，且令 $K = h(T)$

19. 请考虑如下包含三条消息的双向相互认证和会话密钥建立协议，该协议基于一个共享的对称密钥 K_{AB}：

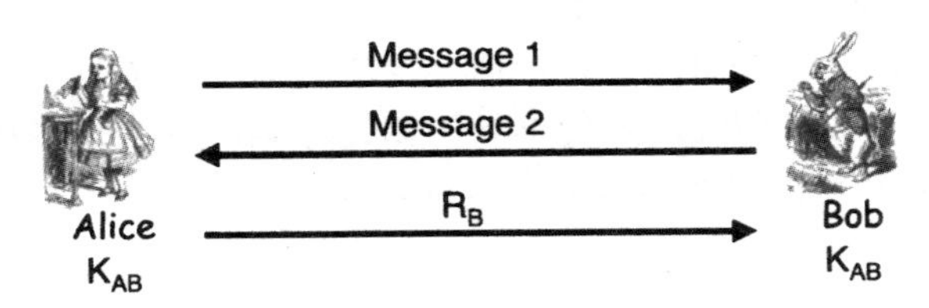

对于下列情况中的每一种，请分别简要地说明所得到的协议是否能够提供一种有效的途径，以确保安全的双向相互认证并建立一个安全的会话密钥 K。

a. Message 1: $E($“Alice”$, K, R_A, K_{AB})$, Message 2: $R_A, E(R_B,K_{AB})$

b. Message 1: “Alice”, $E(K,R_A,K_{AB})$, Message 2: $R_A, E(R_B,K)$

c. Message 1: “Alice”, $E(K,R_A,K_{AB})$, Message 2: R_A, $\mathrm{E}(\mathrm{R}_B,K_{AB})$

d. Message 1: “Alice”, R_A, Message 2: $E(K, R_A, R_B, K_{AB})$

20. 请考虑如下包含三条消息的双向相互认证和会话密钥建立协议，该协议基于公开密钥加密方案：

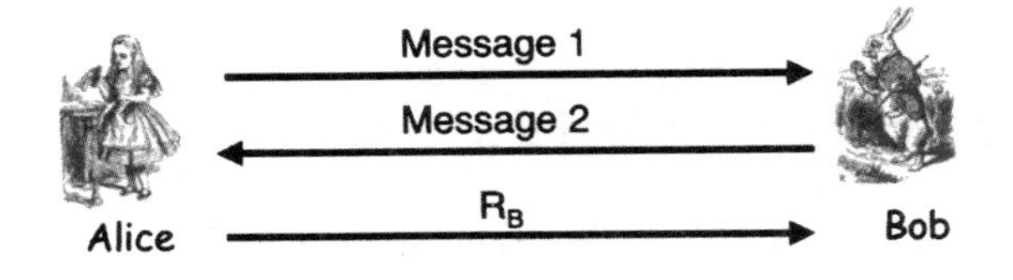

对于下列情况中的每一种，请分别简要地说明所得到的协议是否能够提供一种有效的途径，以确保安全的双向相互认证并建立一个安全的会话密钥 K。

a. Message 1: {“Alice”,K,R_A}$_{\text{Bob}}$, Message 2: R_A, R_B
b. Message 1: “Alice”, {K,R_A}$_{\text{Bob}}$, Message 2: R_A, {R_B}$_{\text{Alice}}$
c. Message 1: “Alice”, {K}$_{\text{Bob}}$, [R_A]$_{\text{Alice}}$, Message 2: R_A, [R_B]$_{\text{Bob}}$
d. Message 1: R_A, {“Alice”,K}$_{\text{Bob}}$, Message 2: [R_A]$_{\text{Bob}}$, {R_B}$_{\text{Alice}}$
e. Message 1: {“Alice”, K, R_A, R_B}$_{\text{Bob}}$, Message 2: R_A, {R_B}$_{\text{Alice}}$

21. 请考虑如下双向相互认证和会话密钥建立协议(将该协议与图 9-26 所示的协议进行对比，定会有所收获)：

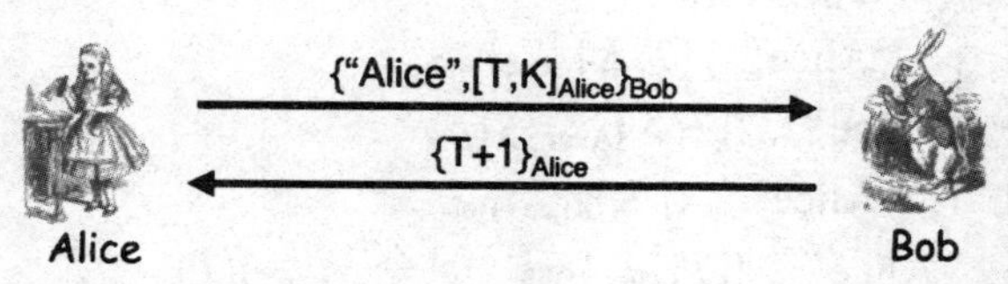

假设 Trudy 假冒 Bob，更进一步地，再假设 Trudy 能够猜测出 5 分钟内的 T 值，其中 T 值精确到毫秒。

a. 请问，Trudy 能够在第二条消息中发送一个正确的响应，从而致使 Alice 错误地将 Trudy 认证为 Bob，这种情况发生的概率是多少？
b. 针对这个协议，请给出两种不同的修改方案，要求每种方案都能够令 Trudy 的攻击更加困难，即便不可能完全杜绝攻击。

22. 请考虑如下双向相互认证和会话密钥建立协议，其中会话密钥 $K = g^{ab} \bmod p$：

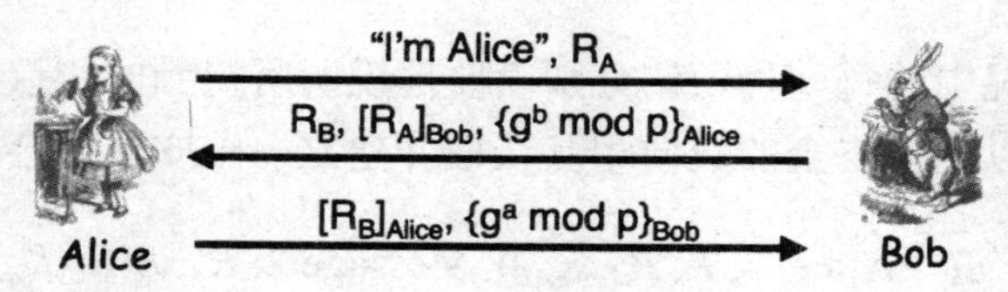

假设 Alice 试图利用这个协议发起一个与 Bob 的连接。

a. 请证明 Trudy 可以对该协议发起攻击，从而使下面两种情况均会发生。
   i. Alice 和 Bob 成功地相互认证。
   ii. Trudy 知道了 Alice 的会话密钥。
   提示：请考虑中间人攻击。
b. 请问，这种攻击对于 Trudy 有意义吗？

23. 针对下面每一种情况，请利用公开密钥加密方案，设计一个双向相互认证及会话密钥建立协议，并要求交互的消息数量尽可能的少。

a. 使用时间戳来认证 Alice，使用 nonce 值来认证 Bob。
b. 使用 nonce 值来认证 Alice，使用时间戳来认证 Bob。

24. 假设我们使用下式替换图 9-22 所示协议里的第三条消息：

$$\{R_B\}_{\text{Bob}}, g^a \bmod p$$

a. 请问 Trudy 如何才能够令 Bob 相信她就是 Alice，也就是说，Trudy 如何才能够破解这个认证方案？
b. 请问 Trudy 是否能够做到令 Bob 相信她就是 Alice，并且还能确定出 Bob 将要使用的会话密钥呢？

25. 假设我们使用下式替换图 9-22 所示协议里的第二条消息：

$$R_B,[R_A]_{\text{Bob}}, g^b \bmod p$$

并且使用下式替换其第三条消息：

$$[R_B]_{\text{Alice}}, g^a \bmod p$$

a. 请问 Trudy 能否令 Bob 相信她就是 Alice，也就是说，Trudy 是否能够破解这个认证方案？
b. 请问 Trudy 能否确定 Alice 和 Bob 将要使用的会话密钥呢？

26. 本章前面已经说明图 9-18 所示的协议是安全的，而与之相似的图 9-24 所示的协议则不是安全的。请问，为什么对后一个协议有效的攻击方式在针对前一个协议时，却不能奏效呢？

27. 一个基于时间戳的协议可能会受到重放攻击，只要 Trudy 能够抓住时钟偏差见机行事。缩短可接受的时钟偏差将会使这样的攻击更加困难，但是却无法完全杜绝，除非时钟偏差为零，那当然是不现实的。假设存在一个非 0 的时钟偏差，请问，Bob 或者服务器，应该如何来预防此类基于时钟偏差的攻击方式呢？

28. 针对本章开始所讨论的敌我识别(IFF)协议进行修改，使得其不会再受到中间米格攻击的威胁。

29. 请考虑如下认证协议，该协议是基于对一个共享的 4 位十进制 PIN 码的知情。这里有 $K_{\text{PIN}}=h(\text{PIN}, R_A, R_B)$：

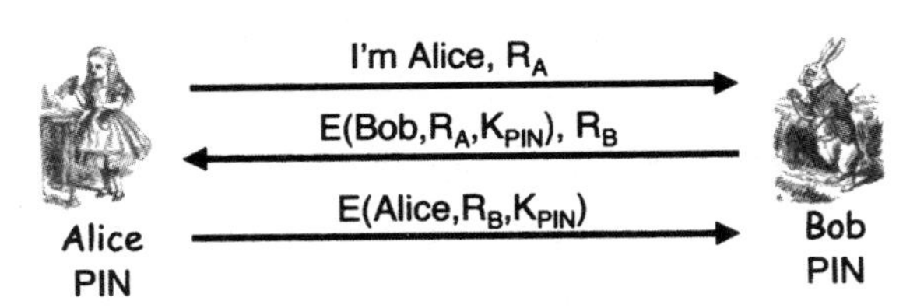

a. 假设 Trudy 以被动方式观察了该协议的一轮执行，请问，她是否能够确定该 4 位十进制 PIN 码？请给出你的理由。
b. 假设将该 PIN 码替换为一个 256 位二进制长的对称密钥，请问修改后的协议是否安全？请说明为什么。

30. 请考虑如下认证协议，该协议是基于对一个共享的 4 位十进制 PIN 码的知情。这里有 $K_{\text{PIN}} = h(\text{PIN})$：

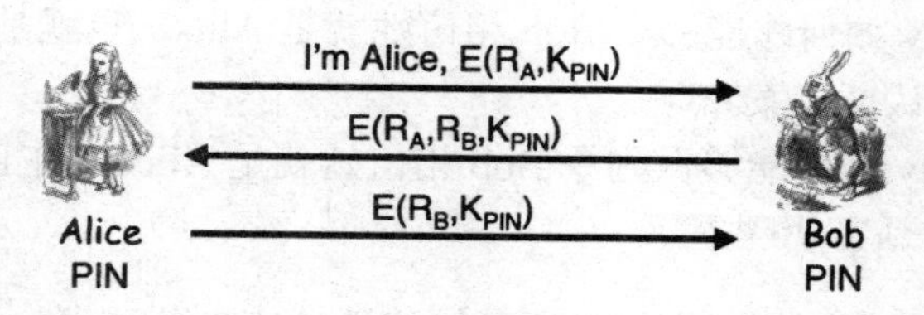

假设 Trudy 以被动方式观察了该协议的一轮执行，请问，她是否能够确定该 4 位十进制 PIN 码？请给出你的理由。

31. 请考虑如下认证协议，该协议是基于对一个共享的 4 位十进制 PIN 码的知情，并且使用了 Diffie-Hellman 体制。这里有 $K_{PIN}=h(PIN)$ 和 $K=g^{ab} \bmod p$：

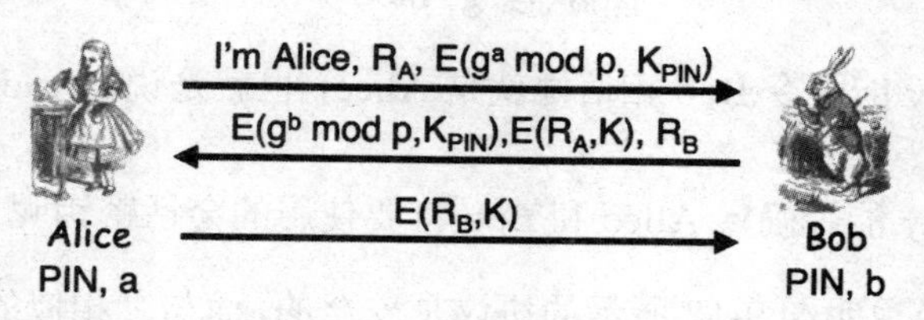

a. 假设 Trudy 以被动方式观察了该协议的一轮执行，请问，她是否能够确定该 4 位十进制 PIN 码？请给出你的理由。

b. 假设 Trudy 可以主动发起对该协议的攻击，请问，她是否能够确定该 4 位十进制 PIN 码？请说明理由。

32. 请描述一种方法，使得其可以支持完全正向保密，并且无需利用 Diffie-Hellman 体制。

33. 请问，你是否能够只利用对称密钥加密方案来获得与完全正向保密(如同本章前面所介绍过的)相类似的效果呢？如果可以，那么请给出这样的一个协议；如果不能，那么请说明为什么。

34. 请设计一个类似于使用 Bob 洞穴方案的零知识证明协议，要求使得 Bob 只需执行一轮就能够非常肯定地判定 Alice 是否知道其中的秘密暗语。

35. 将 Bob 洞穴问题与 Fiat-Shamir 协议进行类比其实并不完全准确。在 Fiat-Shamir 协议中，如果 Alice 遵从协议的约定，那么 Bob 是知道哪一个 e 值会令 Alice 不得不使用秘密值 S。也就是说，如果 Bob 选择了 e=1，那么 Alice 必须使用秘密值 S 来构建第三条消息中的正确响应，但是，如果 Bob 选择了 e=0，那么 Alice 不必使用秘密值 S。正如前文所述，Bob 必须随机地选择 e 值以防 Trudy 破解这个协议。在 Bob 洞穴问题这个类比中，Bob 并不知道 Alice 是否需要使用秘密暗语(同样，我们假定 Alice 遵从协议的约定)。

a. 请修改 Bob 洞穴问题的设计，使得 Bob 可以知道 Alice 是否要使用秘密暗语，前提是不允许 Bob 观察 Alice 实际选择进入哪一侧。这个新的增强型 Bob 洞穴协议必须仍然能够抵抗来自不知道秘密暗语的某些人的攻击。

b. 请问，你所设计的新洞穴问题与 Fiat-Shamir 协议相比，有什么显著的不同吗？

36. 假设在图 9-32 所示的 Fiat-Shamir 协议中，我们有 N=63 和 v=43。回想一下我们就能知道，如果 Bob 验证 $y^2=x \cdot v^e \bmod N$ 能够通过，那么他就会接受该协议的一轮执行并认可其结果。

   a. 在协议执行的第一轮中，Alice 在第一条消息中发送 $x = 37$，Bob 在第二条消息中发送 e=1，Alice 再通过第三条消息发送 y=4。那么请问，这样的一轮协议执行，Bob 是否会接受并认可其结果？请说明为什么。
   b. 在协议执行的第二轮中，Alice 在第一条消息中发送 x=37，Bob 在第二条消息中发送 e=0，Alice 再通过第三条消息发送 y=10。请问，这样的一轮协议执行，Bob 是否会接受并认可其结果？请说明为什么。
   c. 请找出 Alice 的秘密值 S。提示：$10^{-1} = 19 \bmod 63$。

37. 假设在图 9-32 所示的 Fiat-Shamir 协议中，我们有 $N = 77$ 和 $v = 53$。

   a. 假如 Alice 在第一条消息中发送 x=15，Bob 在第二条消息中发送 e=1，Alice 又通过第三条消息发送 y=5。证明 Bob 可以接受并认可这样一轮协议执行的结果。
   b. 假如 Trudy 事先知道 Bob 将会在第二条消息中选择发送 e=1。如果 Trudy 选择了 r=10，那么请问，Trudy 需要在第一条消息中发送什么样的 x 值，并在第三条消息中发送什么样的 y 值，才能够使得 Bob 接受并认可这样一轮协议执行的结果呢？请利用你的答案证明，Bob 确实接受并认可这样一轮协议执行的结果。提示：$53^{-1} = 16 \bmod 77$。

38. 假设在图 9-32 所示的 Fiat-Shamir 协议中，我们有 $N = 55$ ，并且已知 Alice 的秘密值是 $S = 9$。

   a. 请问 v 值是多少？
   b. 如果 Alice 选择了 r=10，那么 Alice 在第一条消息中应该发送什么？
   c. 假如 Alice 选择了 r=10，并且 Bob 在第二条消息中发送了 e=0。那么，Alice 在第三条消息中应该发送什么？
   d. 假如 Alice 选择了 r=10，并且 Bob 在第二条消息中发送了 e=1。那么，Alice 在第三条消息中应该发送什么？

39. 请考虑图 9-32 所示的 Fiat-Shamir 协议。假设公开值分别是 N=55 和 v=5。再假设 Alice 在第一条消息中发送了 x=4，Bob 在第二条消息中发送了 e=1，然后 Alice 又通过第三条消息发送了 y=30。请证明，在这种情况下，Bob 可以成功验证 Alice 的响应。另外，你能够找出 Alice 的秘密值 S 吗？

40. 在图 9-32 所示的 Fiat-Shamir 协议中，假如 Alice 不想花费太多精力，决定在每一轮协议的执行中都选择使用相同的“随机”值 r。

   a. 请证明 Bob 能够确定出 Alice 的秘密值 S。
   b. 请说明为什么这会是一个安全隐患。

41. 假设在图 9-32 所示的 Fiat-Shamir 协议中，我们有 N=27 331 和 v=7339。

   a. 在协议执行的第一轮中，Alice 在第一条消息中发送 x=21 684，Bob 在第二条消息中发送 e=0，Alice 再通过第三条消息发送 y=657。请证明，在这种情况下，Bob 可以成功验证 Alice 的响应。

   b. 在下一轮协议执行中，Alice 在第一条消息中又发送了 x=21,684，但是 Bob 在第二条消息中发送了 e=1，Alice 再通过第三条消息发送响应 y=26,938。请证明，这次 Bob 还可以成功验证 Alice 的响应。

   c. 请确定出 Alice 的秘密值 S。提示：657^{-1}=208 mod 27 331。

第10章 真实世界中的安全协议

The wire protocol guys don't worry about security because that's really a network protocol problem. The network protocol guys don't worry about it because, really, it's an application problem. The application guys don't worry about it because, after all, they can just use the IP address and trust the network.

— Marcus J. Ranum

In the real world, nothing happens at the right place at the right time. It is the job of journalists and historians to correct that.

— Mark Twain

10.1 引言

在这一章中，我们将要讨论几个广泛应用的真实世界中的安全协议。在接下来的讨论中，我们首先要讨论的是 Secure Shell 协议，或者简称为 SSH 协议，这个协议有着许多不同的用途。然后，我们要讨论 Secure Socket Layer 协议，或者简称为 SSL 协议，这个协议是目前在互联网上的交易类应用中，使用最为广泛的安全协议。我们要具体讨论的第三个协议是 IPSec，这是一个比较复杂的安全协议，其中涉及一些重要的安全议题。再到后来，我们还将讨论 Kerberos 协议，这是一个基于对称密钥加密方案和时间戳技术的通用身份认证协议。

在本章的结尾部分，我们还要介绍两个无线网络协议，分别是 WEP 和 GSM。WEP 是有着严重缺陷的安全协议，对于这个协议，我们会讨论几种众所周知的攻击方式。本章将要涉及的最后一个协议是 GSM 中的相关安全协议，该协议用于移动通信网络的安全保护。考虑到针对 GSM 网络的攻击数量繁多，种类各异，对其中安全协议的研究实际上也为我们提供了一次非常有趣的案例学习体验。

10.2 SSH

Secure Shell，简称为 SSH，该协议创建了一个安全的通道，基于该通道，可以安全的方式执行原本不安全的命令。举个例子来说，在 UNIX 系统中，命令 rlogin 用于实现远程登录，也就是说，通过网络登录到一台远端的计算机上。这样的一次登录通常需要提供一个口令字，而 rlogin 命令仅仅以明文方式发送该口令字，这就有可能被适时窃听的 Trudy 观察到口令信息。通过首先建立一个 SSH 会话，再基于该会话执行命令，任何诸如 rlogin 之类的原本自身并不安全的命令就都可以安全地执行了。也就是说，SSH 会话提供了机密性和完整性保护，于是就消除了 Trudy 获得口令字以及其他机密信息的能力，而这些信息在未具备 SSH 会话的情况下原本是以非保护的方式传送的。

SSH 协议的认证过程可以基于公钥、数字证书或口令字。这里，我们提供一个利用数字证书来实施认证的稍作简化的 SSH 版本[1]。在本章结尾的思考题部分中，有许多不同的课后思考问题，里面还涉及了其他一些认证方式的选择，可以供大家研讨。图 10-1 中给出了 SSH 协议的详解，在此，我们约定使用下面的术语：

certificate_A = Alice's certificate(Alice 的证书)

certificate_B = Bob's certificate(Bob 的证书)

CP = crypto proposed(加密方案的提议)

CS = crypto selected(加密方案的选定)

$\text{H}=h(\text{Alice, Bob,CP,CS},R_A,R_B,g^a \bmod p,g^b \bmod p,g^{ab} \bmod p)$

$S_B=[H]_{\text{Bob}}$

$\text{K}= g^{ab} \bmod p$

$S_A=[H, \text{Alice, certificate}_A]_{\text{Alice}}$

通常，h 是加密哈希函数。

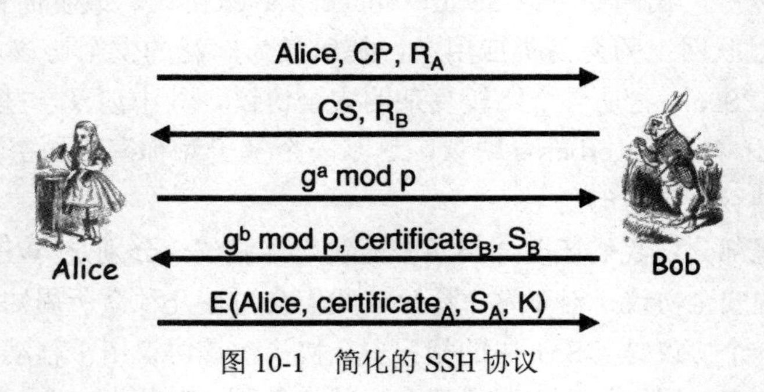

图 10-1　简化的 SSH 协议

在图 10-1 中的第 1 条消息里，Alice 表明自己的身份，并且将其希望采用的加密参数等相关信息(加密算法、密钥长度等等)，以及她的 nonce 值 R_A 发送过去。在第 2 条消息中，

1. 在我们这里的简化版本中，省略了一些参数，并且去掉了一对预约保持消息。

Bob 从 Alice 提供的加密参数中做出选择并将其发送回去，同时还要发送他自己的 nonce 值 R_B。在第 3 条消息中，Alice 发送出她的 Diffie-Hellman 值。然后在第 4 条消息中，Bob 以自己的 Diffie-Hellman 值，加上他的数字证书，以及值 S_B 进行回应，其中 S_B 包含了一个签名的哈希值。此时此刻，Alice 就可以计算密钥 K，并且在最后一条消息中，她会发送一个加了密的分组数据包，其中包含她的身份、她的数字证书以及她签了名的值 S_A。

在图 10-1 中，数字签名可以用来提供双向交互认证。请注意，nonce 值 R_A 是 Alice 发送给 Bob 的 challenge，而 S_B 是 Bob 的响应。也就是说，nonce 值 R_A 提供了重放保护，只有 Bob 能够给出正确的响应，因为需要一个签名(当然，我们假定他的私钥还没有沦陷)。与此类似的交互过程可以证明 Alice 在最后一条消息中会被认证。所以说，SSH 协议提供了双向交互认证。另外，SSH 协议认证过程的安全性，密钥 K 的安全性，以及其他一些有关 SSH 协议的特性，我们会在本章结尾的思考题部分展开更进一步的讨论。

10.3 SSL

传说中的“套接字层”实际上处于 IP 协议栈中的应用层和传输层之间，如图 10-2 中所示。在实践中，SSL 协议最常应用的场景是 Web 浏览，在这种情况下，应用层的协议是 HTTP，传输层的协议是 TCP。

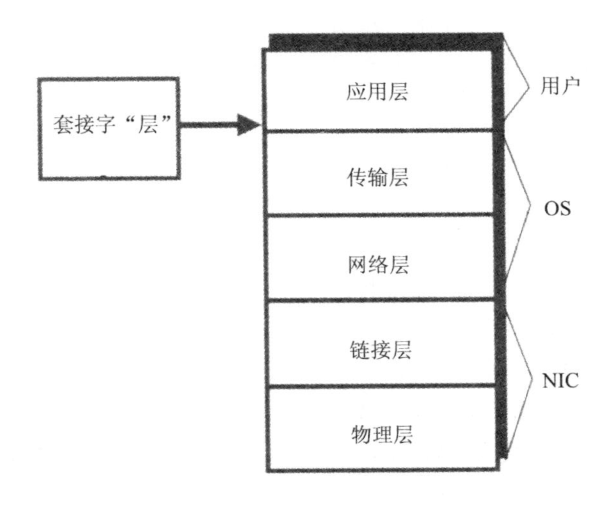

图 10-2　套接字层

SSL 是互联网上绝大多数安全交易应用的首选协议。举个例子，假如你想要在 amazon.com 网站上购买一本书。在你提交信用卡信息之前，你当然希望确认自己确实是在和 Amazon 进行交易，也就是说，你必须对 Amazon 进行认证。通常来说，Amazon 并不关心你是谁，只要你有钱能够支付即可。所以，这个认证不需要是双向交互认证。

当确信自己正在与 Amazon 进行交易之后，你将提供自己的个人信息，诸如信用卡号码、地址信息等等。你可能会希望这些信息在传送过程中得到保护——在大部分情况下，你既需要机密性保护(以保护你的个人隐私)，也需要完整性保护(以确保交易信息能够被准确无误地接收)。

关于 SSL 协议背后的基本思想，在图 10-3 中给出了说明。在这个协议中，Alice(客户端)告诉 Bob(服务器)她希望发起一次安全交易。Bob 以自己的数字证书进行响应。随后，Alice 需要验证该数字证书上的签名。假如签名验证通过，Alice 就可以确信她已经得到了 Bob 的证书，虽然她还不能够确定正在与自己交流的人是否就是 Bob 本人。接下来，Alice 使用 Bob 的公钥对对称密钥 K_{AB} 进行加密，并将加密的结果发送给 Bob。这个对称密钥用来为后续通信中的数据提供加密保护和完整性保护。

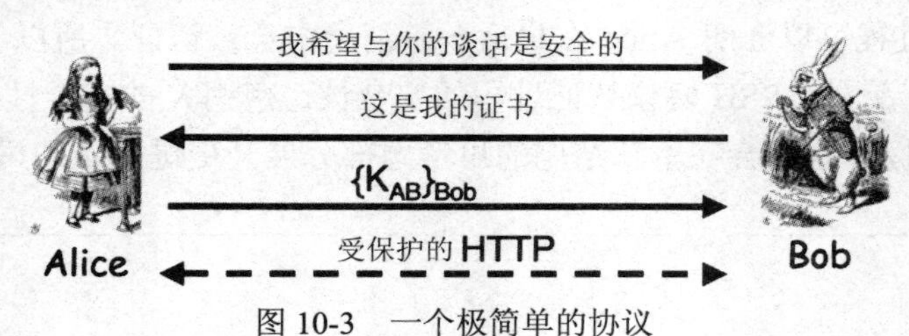

图 10-3 一个极简单的协议

图 10-3 中所示的协议并不像其设想的那么有效。其中一个问题就是，Bob 的身份并没有明白无误地被认证，对于 Alice 来说，唯一能够确认自己正在与 Bob 进行交流的方式可能就是，对接收到的加密数据进行验证，看其是否被正确加密了。在任何安全协议中，这都不会是个令人满意的结果。另外，还要注意 Alice 完全没有被 Bob 认证，但是在大多数情况下，互联网上的交易类应用都不希望出现这种情况。

在图 10-4 中，我们给出了基本 SSL 协议的一个比较完整的视图。在这个协议中，我们约定使用下面的术语：

S = the pre-master secret (预备主密码)

$K = h(S, R_A, R_B)$

msgs = shorthand for "all previous messages" (表示“前面所有的消息”)

CLNT = literal string(文本串)

SRVR = literal string(文本串)

其中，h 是安全哈希函数。实际上 SSL 协议要比图 10-4 中所示的形式更加复杂，但是这里给出的简化版本对于完成我们的学习目标已经足够了。在参考文献[271]中可以找到完整版本的 SSL 协议的说明。

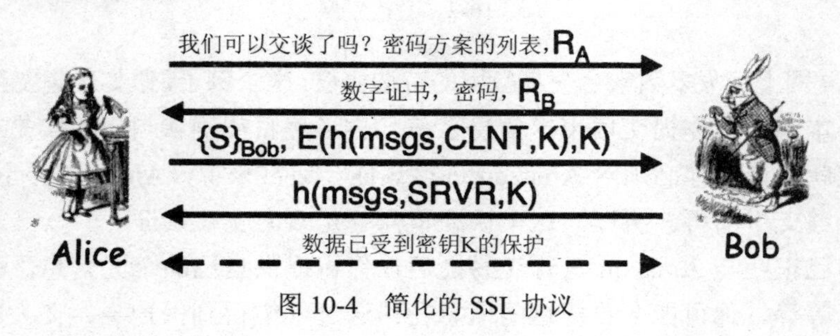

图 10-4 简化的 SSL 协议

接下来，针对图 10-4 中所示的简化 SSL 协议中的每一条消息，我们都将做简要的讨论。在第 1 条消息中，Alice 告诉 Bob 她想要建立一个 SSL 连接，并且将她所能支持的加密方案的列表，以及 nonce 值 R_A 发送过去。在第 2 条消息中，Bob 做出回应，发送了他的数字证书，以及他从 Alice 发送过来的第 1 条消息里的加密方案列表中选择的某个方案，另外还有 nonce 值 R_B。

在第 3 条消息中，Alice 发送所谓的预备主密码 S，这个预备主密码 S 是随机生成的，同时发送的还有一个使用密钥 K 加密的哈希值。在其中的哈希计算中，“msgs”包含了之前所有的消息，而 CLNT 是文本串[2]。该哈希函数在这里的作用是提供完整性验证，以确认之前所有的消息是否均已被正确地接收。

在第 4 条消息中，Bob 以一个类似的哈希值进行响应。通过亲自计算这个哈希值，Alice 就可以确认 Bob 已经正确地接收了之前的消息，并且 Alice 还能够认证 Bob，因为只有 Bob 才能够得到解密的 S，进而再根据 S 的值计算出密钥 K。此时此刻 Alice 就已经认证了 Bob，并且在 Alice 和 Bob 之间建立了共享的会话密钥 K，这个密钥 K 可以用于后续消息的加密和完整性保护。

在实际应用中，会根据哈希值 $h(S, R_A, R_B)$生成不止一个密钥。事实上，根据这个哈希计算，可以生成以下 6 个量：

- 两个加密密钥，其中一个用于加密从客户端发送给服务器的消息，另一个用于加密从服务器发送给客户端的消息。
- 两个数据完整性密钥，与前面加密密钥的使用方式相同。
- 两个初始化向量(IV)，其中一个用于客户端，另一个用于服务器。

简而言之，在协议中不同的数据传送方向使用不同的密钥。这有助于防止某些特定类型的攻击，比如 Trudy 欺骗 Bob 做一些本该由 Alice 做的事，或是与此相反的情形。

细心的读者可能会感到疑惑，为什么要在第 3 条消息和第 4 条消息中加密哈希值 h(msgs, CLNT, K)呢？事实上，这个操作之于安全性并无增益，虽然这里增加了额外的计算。所以，这可以看成该协议的一个小小的疏漏。

在图 10-4 所示的 SSL 协议中，Alice(作为客户端)对 Bob(作为服务器)实施了身份认证，但是并没有实施反向认证。利用 SSL 协议，要做到服务器对客户端实施认证也是有可能的。如果需要验证客户端，Bob 可以在第 2 条消息中发送“证书请求”。不过，通常并不使用这个特性，特别是在电子商务环境中，因为这种认证会要求用户具备有效的证书。如果服务器想要认证客户端的话，服务器只需要客户端输入有效的口令即可，而这种情况下的认证效果就不属于 SSL 协议的功能范围了。

10.3.1　SSL 协议和中间人攻击

看起来 SSL 协议有望防止中间人攻击(Man-in-the-Middle，MiM)，该攻击如图 10-5 所示。但是，在 SSL 协议中是什么机制可以防止这种攻击呢？我们可以回忆一下，Bob 的数

2. 在这里，我们所说的“msg”与中餐馆里的调味品味精(译者注：MSG)毫无关系。

字证书必定是由某个证书权威机构签发的。如果 Trudy 发送了她自己的数字证书，而不是 Bob 的证书，那么当 Alice 尝试验证证书上面的数字签名时，这个攻击就会失败。或者，Trudy 可以制作声称是 Bob 的伪造证书，自己保留相应的私钥，并亲自对该证书实施签名。同样，当 Alice 尝试验证这个所谓的“Bob”证书(实际上这就是 Trudy 的证书)上的数字签名时，这次仍然无法通过。最后，可能只是简单地将 Bob 的证书发送给 Alice，而 Alice 将会成功地验证这个证书上的数字签名。但这并不是攻击，因为不会破坏协议的既定设计逻辑——Alice 将会认证 Bob，而 Trudy 则会被晾在一边。

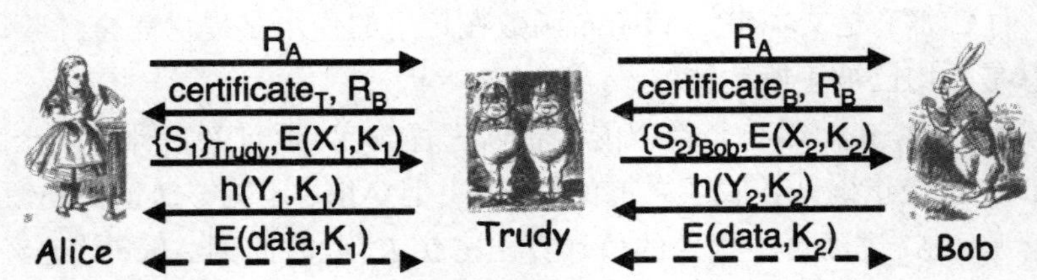

图 10-5　针对 SSL 协议的中间人攻击

不过，对于可怜的 Alice 来说，现实世界并非如此美好。一般来说，SSL 协议的典型应用是 Web 浏览类会话。那么，当 Trudy 试图发起中间人攻击，并且向 Alice 发送了伪造的数字证书时，究竟会发生什么呢？证书上的数字签名无效，所以该攻击应该会失败。但是在这个过程中，并不是由 Alice 本人亲自去检查这个证书上面的数字签名，而是由她的浏览器代理这个工作。那么，当 Alice 的浏览器检测到证书中的问题时，它会作何反应呢？正如你根据以往的经验可以做出的判断一样，浏览器会给 Alice 提供报警。那么 Alice 会对这个报警上心吗？如果她像大部分用户一样，Alice 就会忽略掉这个报警消息并允许连接继续建立[3]。请注意，当 Alice 忽略掉这个报警消息时，她就向图 10-5 中所示的中间人攻击敞开了门户。最后，我们要认识到如下非常重要的事实：虽然这个攻击是一种非常实际的威胁，但却并非源自 SSL 协议中的某个设计缺陷。相反，源自人性自身的缺陷，这个补丁要打起来可真是个大问题。

10.3.2　SSL 连接

图 10-4 中给出了 SSL 会话的建立过程。这个会话建立协议相对来说开销比较大，因为其中涉及公开密钥运算的操作。

SSL 协议最初是由 Netscape 开发，主要用于 Web 浏览场景。对于 Web 应用来说，应用层协议是 HTTP，通常使用的 HTTP 协议有两个版本，分别是 HTTP 1.0 和 HTTP 1.1。在 1.0 版本的应用中，一般不使用 Web 浏览器打开多个并行连接，以便获得更好的性能。由于公开密钥运算操作的原因，要为这些 HTTP 连接中的每一个都建立新的 SSL 会话，将是不小的负担。SSL 协议的设计者们当然了解这个问题，所以他们内置了一种效率更高的

3. 如果有可能的话，Alice 也许还会禁止掉该报警消息，这样她就再也不会看到这条令人烦恼的“错误上报”消息了。

协议，只要有一个 SSL 会话已然存在，再打开一个新的 SSL 连接就可以使用这个高效的协议。这个思想非常简单——建立一个 SSL 会话之后，Alice 和 Bob 就共享了一个会话密钥 K，该密钥就可以用来建立新的连接，于是就可以避免代价高昂的公钥运算操作。

图 10-6 中给出了 SSL 连接协议的详情。该协议与 SSL 会话建立协议类似，不同的只是用之前建立的会话密钥 K 取代在会话建立协议中使用的公钥运算操作。这里的基本思想就是：在 SSL 协议中，需要有(运算开销高昂的)会话，但是随后就可以再创建出任意多个(廉价的)连接。这是一个非常有用的特性，该设计意在应用 HTTP 1.1 版本时能够提高协议的性能。

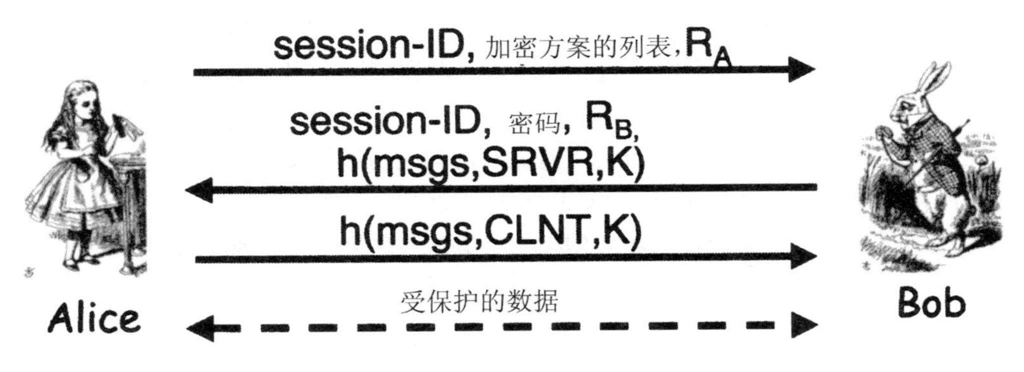

图 10-6　SSL 连接协议

10.3.3　SSL 和 IPSec

在 10.3.4 节中，我们将讨论 IPSec，也就是 Internet Protocol Security。IPSec 的设计目标与 SSL 类似，简而言之，就是提供网络通信的安全保护。然而，这两个协议的实现却是大相径庭。其中一点就是，SSL 协议比较简单，而 IPSec 协议则相对而言比较复杂。

在拿 IPSec 与 SSL 进行对比之前，先对 IPSec 展开全面而具体的讨论似乎更加合乎逻辑。但是，如果这样的话，我们可能就会彻底迷失在 IPSec 的庞杂体系之内，从而失去对 SSL 的清晰把握。所以，我们不必坐等直到对 IPSec 的充分讨论完成之后再进行两个协议之间的比较，而是现在就先来看看它们之间的异同。你也可以将这部分内容看成对 IPSec 协议的局部性预览。

SSL 协议和 IPSec 协议之间最显而易见的差异就是，这两个协议分别运行在 IP 协议栈的不同层次上。SSL 协议(及其孪生协议[4]，也就是由 IEEE 标准命名的 TLS 协议)都运行在套接字层。所以，SSL 协议驻留在用户空间。另一方面，IPSec 运行在网络层，因此不能够从用户空间直接访问——处于操作系统运行的范畴。从较高的层面观察，这一点是 SSL 和 IPSec 之间的基本区别。

SSL 协议和 IPSec 协议都支持加密保护、数据完整性保护以及身份认证。SSL 相对来

4. 它们是异卵双胞胎，而不是同卵双胞胎。

说更加简单，设计上也更加考究，而 IPSec 协议则比较复杂，也正因为这样，其中包含了一些显著的缺陷。

IPSec 既然属于操作系统的一部分，因此必须内置在这个层面上。与之相应的，由于 SSL 属于用户空间的一部分，所以 SSL 对于操作系统并无任何特别的要求。IPSec 不要求对应用做任何修改，因为所有的安全机制都在网络层潜移默化地进行了。从另一个方面看，开发者在使用 SSL 协议时则不得不主动地做出相应的选择和取舍。

SSL 协议最初就是为 Web 应用而构建的，到如今其主要的用途仍然是安全 Web 交易。IPSec 协议常常用于提供对虚拟专用网络的保护，虚拟专用网络简称为 VPN，这是一类在不同终端节点之间创建安全隧道的应用。另外，IPSec 协议也是 IPv6 的要求之一。所以，如果 IPv6 能够取代现有版本 IPv4 在世界范围内获得广泛应用，那么 IPSec 协议将会无处不在。

可以理解，为实现对 SSL 协议的支持而对现有应用进行改造，不可避免地会有一定的阻力。同样容易理解，由于 IPSec 的复杂性(这种复杂性进而会带来一些颇具挑战性的实现问题)，应用 IPSec 协议也会面临相应的阻力。最终的结果就是，现实中的网络远没有理论上可以达到的那样安全。

10.4 IPSec

图 10-7 中给出的图解，说明了 SSL 协议和 IPSec 协议之间逻辑上的基本差异。也就是说，它们中的一个运行在套接字层(SSL)，而另一个运行在网络层(IPSec)。如前所述，IPSec 协议的主要优势就是，本质上是对应用透明的。但是，IPSec 是一种复杂的协议，这一点甚至可以用过度设计来描述最为恰当。

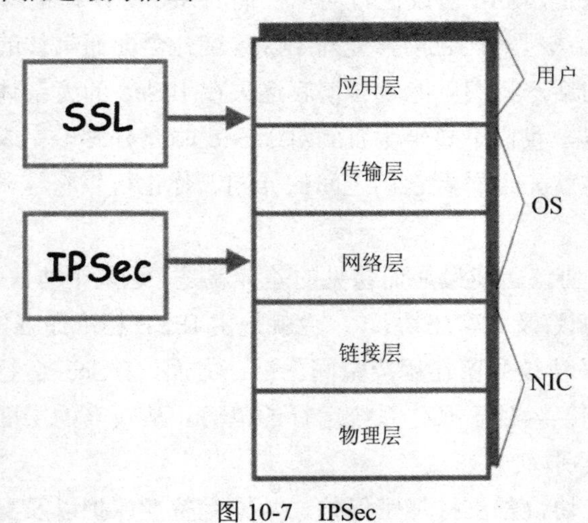

图 10-7　IPSec

IPSec 协议包含了许多模棱两可的特性，这一点则令其实现起来更为困难。而且，IPSec 协议还有一些明显的缺陷，这很可能是其复杂性所带来的直接后果。另外，还有一连串的问题，是由于 IPSec 规范的复杂性所致，这些问题似乎与其作为标准这一点相违背。另一个使问题复杂化的因素则是 IPSec 规范被分割在了三个不同的地方，分别可以在 RFC 2407(请参见参考文献[237])、RFC 2408(请参见参考文献[197])以及 RFC 2409(请参见参考文献[140])中找到相应的说明，而这些 RFC 又是由多个不相交的作者群分别使用不同的术语进行表述和书写的。IPSec 协议的两个主要组成部分如下：

- Internet 密钥交换协议，或简称为 IKE(Internet Key Exchange)，该协议提供了双向交互认证和会话密钥。IKE 协议包含两个阶段，这两个阶段分别相当于 SSL 协议的会话建立过程和连接建立过程。
- 封装安全有效载荷和认证头，或简称为 ESP(Encapsulating Security Payload)和 AH (Authentication Header)，这两者一起构成了 IPSec 协议的第二部分。ESP[5]提供 IP 数据包的加密和完整性保护，而 AH 则只提供完整性保护。

通常来说，IKE 是一种独立的协议，可以脱离 ESP/AH 部分而独立运行。但是，既然在现实世界当中 IKE 协议似乎只应用于 IPSec 协议的场景中，所以我们就简单地将二者合在一起，统一称之为 IPSec。所谓 IPSec 协议被过度设计的有关说法主要是指 IKE 协议。IKE 协议的开发者们显然是想要打造一把安全协议领域的瑞士军刀——一种能够用来解决所有可以想象到的认证问题的协议。这就能够解释 IKE 协议所内置的大量选项和技术特性了。不过，既然 IKE 协议仅仅用于 IPSec 场景，那么任何与 IPSec 协议的要求不直接相关的技术特性和选项都将会是画蛇添足。

首先，我们讨论 IKE 协议，然后再讨论 ESP 和 AH。这二者之中较为复杂的是 IKE 协议，包含了两个阶段——人们很巧妙地分别将其称为阶段一和阶段二。两个阶段中以阶段一更为复杂。在阶段一中，要建立所谓的 IKE 安全关联，也可以简称为 IKE-SA。而在阶段二中，要建立 IPSec 安全关联，或被简称为 IPSec-SA。阶段一相当于 SSL 协议中的会话建立，而阶段二则可以比作 SSL 协议中的连接建立。在 IKE 协议中，必须在完成了阶段一和阶段二之后，才能够执行 ESP / AH。

你应该还记得，在 SSL 协议中的连接建立部分是服务于某些特定场景并有着实际的用途——这个过程使得在运用 HTTP 1.0 版本时 SSL 协议的工作能够更为高效。但是，与 SSL 协议不同的是，在 IPSec 协议中，这种两阶段的划分并没有显而易见的必要性。试想，如果多次重复的阶段二并不会发生(实际上它们通常也不会发生)，那么仅仅要求执行阶段一，而不执行阶段二，协议的运行就会更加高效。但是，这并不是可选项。显然，IKE 协议的开发者们深信，他们的协议毫无疑问属于精妙至极之作，用户当然会想要重复执行阶段二(一次用于 IPSec，另一次用于其他什么目的，再一次用于其他的什么目的，诸如此类，等等)。这是我们提供的有关 IPSec 协议中过度设计的第一个例子，当然这不会是最后一个。

在 IKE 协议的阶段一中，有 4 个不同的密钥选项：

- 公开密钥加密(原始版本)

5. 与你的想法恰恰相反，这个协议也并非如你所愿般平易近人。

- 公开密钥加密(改进版本)
- 数字签名
- 对称密钥

对于上述每一个密钥选项，都有一个主模式(main mode)和一个积极模式(aggressive mode)。结果就是，IKE 协议的阶段一总共有令人震惊的 8 个不同的版本。你还需要任何更多的证据来说明 IPSec 是过度设计的吗？

你也许会感到疑惑，为什么在阶段一中会有公开密钥加密选项和数字签名选项。出人意料的是，这一次的答案却并非过度设计。Alice 总是知道她自己的私钥，但是她可能并不知道 Bob 的公钥。利用 IKE 协议阶段一的数字签名版本，Alice 不必持有 Bob 的公钥即可启动该协议的协商过程。在任何使用公开密钥加密方案的协议中，Alice 都需要有 Bob 的公钥才能够完成协议过程的执行，但是在数字签名方式中，她就可以同时执行启动协议过程和查找 Bob 的公钥这两个任务。相对而言，在公开密钥加密方式中，Alice 一开始就需要知道 Bob 的公钥，所以她必须先找到 Bob 的公钥，之后才能启动该协议过程。于是，数字签名选项就能够带来效率上的增益。

我们接下来将要对阶段一的 8 个变体中的 6 个进行讨论，分别是：数字签名(主模式和积极模式)、对称密钥(主模式和积极模式)以及公开密钥加密(主模式和积极模式)。我们将会讨论公开密钥加密方式的原始版本，因为这个版本比起改进版本来说稍微简单一些，虽然其性能也相应更低一些。

每一个阶段一的变体都利用短时 Diffie-Hellman 密钥交换方案来建立会话密钥。这种方案的好处就是能够提供完全正向保密(Perfect Forword Secrecy，PFS)。对于我们要讨论的每一个变体，统一使用下面的 Diffie-Hellman 表示方法。令 a 为 Alice 的(短时)Diffie-Hellman 协商过程指数，并令 b 为 Bob 的(短时)Diffie-Hellman 协商过程指数。令 g 为生成器，p 为素数。别忘了，p 和 g 都是公开的。

10.4.1　IKE 阶段一：数字签名方式

我们要讨论的第一个阶段一的变体就是数字签名版本的主模式。图 10-8 中给出了这个包含 6 条消息的协议的图解。其中：

CP = crypto proposed(加密方案提议)

CS = crypto selected(加密方案选择)

IC =initiator cookie(发起者 cookie)

RC = responder cookie(应答者 cookie)

$K=h(IC,RC,g^{ab} \bmod p,R_A,R_B)$

$SKEYID=h(R_A,R_B,g^{ab} \bmod p)$

$proof_A=[h(SKEYID,g^a \bmod p,g^b \bmod p,IC,RC,CP,\text{“Alice”})]_{Alice}$

这里，h 是哈希函数，$proof_B$ 与 $proof_A$ 的形式和功能类似。

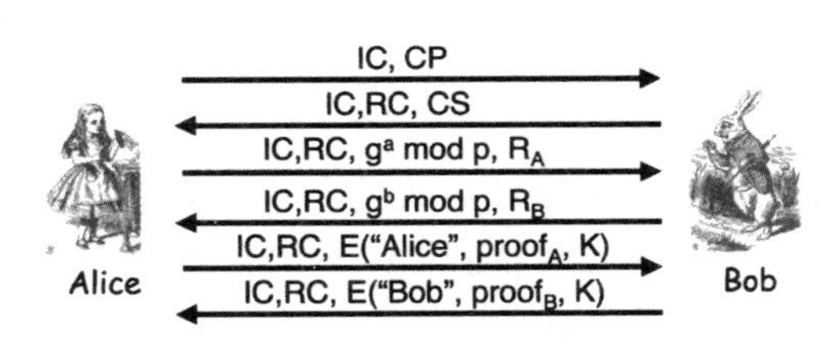

图 10-8　IKE 协议阶段一：数字签名版本的主模式

现在我们来逐一简要地讨论图 10-8 中所示的 6 条消息。在第 1 条消息中，Alice 提供了她所能够支持的加密方案信息以及其他加密相关的信息，另外还伴随着发送了所谓的 cookie[6]。在第 2 条消息中，Bob 从 Alice 提议的加密方案中做出选择，并发送相应的 cookie，这些 cookie 作为该协议中其余消息的标识。第 3 条消息包含了一个 nonce 值和 Alice 计算的 Diffie-Hellman 值。Bob 在第 4 条消息中给出相类似的回应，即提供了一个 nonce 值和他自己计算的 Diffie-Hellman 值。在最后的两条消息中，Alice 和 Bob 使用数字签名进行双向交互认证。

不妨回顾一下，一个攻击者，比如说 Trudy，如果她仅仅能够观察 Alice 和 Bob 之间传送的消息，那么我们就称其为被动攻击者。相反，如果 Trudy 是主动攻击者，那么她还能够对消息实施插入、删除、修改以及重放等操作行为。对于图 10-8 中所示的协议，被动攻击者无法辨识出 Alice 和 Bob 的身份。所以说，这个协议提供了匿名特性，至少对于被动攻击者来说是这样。那么，在主动攻击的情况下，这个协议是否还能够提供匿名特性呢？这个问题可以放到后面的思考题 27 中再深入分析，也就是说在这里我们不会给出答案。

每一个密钥选项都有一个主模式和一个积极模式。主模式的设计用于提供匿名特性，而积极模式则并非如此。匿名特性的获得也带来了相应的开销——积极模式仅仅需要 3 条消息，相对于主模式的 6 条消息而言，应该算是比较经济。

在图 10-9 中给出了数字签名密钥选项情况下的积极模式版本。请注意，其中并没有试图去隐藏 Alice 或 Bob 的身份，因此大幅地简化了该协议的交互过程。在图 10-9 中，我们使用的表示方式与图 10-8 中已经使用过的表达相同。

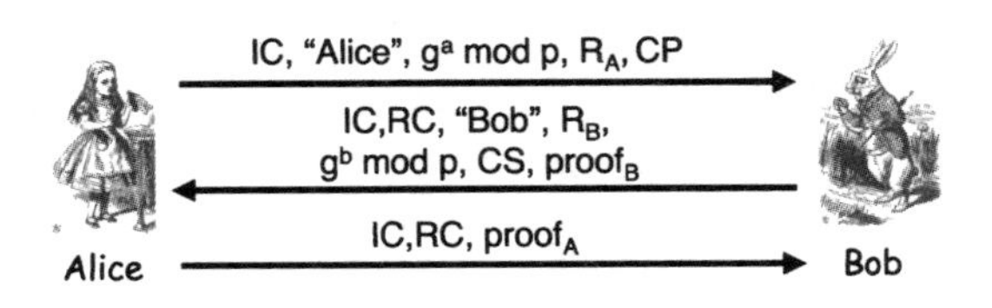

图 10-9　IKE 协议阶段一：数字签名版本的积极模式

介于数字签名主模式和积极模式之间的一个微妙差别是：在主模式中，有可能将 g 和 p 的值作为“crypto proposed(加密方案提议)”和“crypto accepted(加密方案选择)”消息的

---

6. 不要将这里的 cookie 与 Web 网站的 cookie 或是巧克力夹心饼相混淆。在后面的 10.4.4 节中，关于这些 IPSec 的 cookie 我们还会做进一步的说明。

一部分进行协商。但是，在积极模式中却不是这样，因为 Diffie-Hellman 值 $g^a \bmod p$ 在第一条消息中就已经发送了。

按照相应的 RFC 文档，在各种密钥选项情况下，主模式是要求必须实现的，而对于积极模式的要求则是应该实现。在参考文献[162]中，作者们解释了这句话的含义，那就是——如果没有实现积极模式，“你应当为此而感到惭愧”。

10.4.2 IKE 阶段一：对称密钥方式

我们要讨论的下一个阶段一的版本是对称密钥选项方式——包括主模式和积极模式。和前面一样，主模式是一个包含 6 条消息的协议，消息的格式在表达形式上与之前图 10-8 中所示的样子相同，但对标识方法的解释有所不同，如下所示：

K_{AB}=symmetric key shared in advance

$K=h(\text{IC},\text{RC},g^{ab} \bmod p,R_A,R_B,K_{AB})$

$\text{SKEYID}=h(K,g^{ab} \bmod p)$

$\text{proof}_A=h(\text{SKEYID},g^a \bmod p,g^b \bmod p,\text{IC},\text{RC},\text{CP},\text{Alice})$

和之前的情况一样，这个包含 6 条消息的复杂的主模式，相比对应的积极模式，所谓的优势就是主模式的设计能够支持匿名特性。但是，在这种主模式下存在所谓的 Catch-22 问题(译者注：Catch-22 是当代英语里的一种习惯说法，用来形容“处于一种进退两难的困境，特别是指由于一些难以克服、自相矛盾的规定或限制而导致的情况”)。请注意，在其中的第 5 条消息中，Alice 要发送她的身份，并且使用密钥 K 加密。但是，对 Bob 来说就必须使用密钥 K_{AB} 来计算和确定出 K。所以，Bob 必须知道，得先使用密钥 K_{AB}，才能确认他自己是否正在与 Alice 进行通信。可是，Bob 是一台非常繁忙的服务器，要应付大量的用户(Alice、Charlie、Dave、……等等)。那么，在 Bob 知道自己正在与 Alice 进行通信之前，他又是如何才能够知道自己需要使用与对方共享的哪个密钥的呢？答案是，他无法知道，至少无法根据协议自身包含的可用信息来做出判断。

IPSec 的开发者们当然也不否认这种混乱。那么他们的解决方案是什么呢？Bob 要依赖 IP 地址来确定要使用哪一个密钥。这样，在他知道正在跟谁进行交流(或者诸如此类的信息)之前，Bob 必须利用接收到的数据包的 IP 地址来确定正在与他通信的是何人。这里的一个基本前提就是 Alice 的 IP 地址能够代表她的身份。

伴随这个解决方案还有几个问题。首先，Alice 必须有一个静态 IP 地址——如果 Alice 的 IP 地址变化了，这个模式就会失效。还有一个更加基本的问题，就是这个协议太复杂，其中使用了 6 条消息，也可能就是为了隐匿通信者的身份。但是，该协议并没有成功地隐匿通信参与者的身份，除非你将静态 IP 地址也视为机密信息。所以，利用对称密钥选项下的主模式来取代更加简单也更加高效的积极模式，看起来似乎没有什么意义。下面我们还将继续说明这个选项下的积极模式[7]。

7. 当然，主模式是必须实现的，而积极模式则是应该实现的。

IPSec 在对称密钥选项下的积极模式与图 10-9 中所示的数字签名选项下的积极模式有着相同的表示形式，同时其密钥和签名的计算方式与对称密钥选项下的主模式的情况相同。跟数字签名选项中的两种变体情况一样，积极模式与主模式的主要不同就是，积极模式并不打算隐匿通信者的身份。既然如前所述，对称密钥选项下的主模式也并未能够有效地隐匿 Alice 的身份，那么在这种情况下，积极模式的这个局限性也就不是什么严重的问题了。

10.4.3　IKE 阶段一：公开密钥加密方式

接下来，我们讨论 IKE 协议阶段一的公开密钥加密选项版本，包括主模式和积极模式。我们已经了解了数字签名选项版本的有关情况。在这里，在公钥加密版本的主模式下，Alice 必须事先知道 Bob 的公钥，反过来对 Bob 也是一样。虽然交换数字证书也是可行的，但是这就会暴露出 Alice 和 Bob 的身份，从而丧失主模式的主要优势。所以，这里有一个假设，就是 Alice 和 Bob 彼此都能够访问对方的数字证书，而不需要再通过网络进行传递。

在图 10-10 中，给出了公开密钥加密选项下的主模式协议详解，其中的标识方法与之前介绍的模式相同，但以下术语的定义不同：

$$K = h(\text{IC}, \text{RC}, g^{ab} \bmod p, R_A, R_B)$$
$$\text{SKEYID} = h(R_A, R_B, g^{ab} \bmod p)$$
$$\text{proof}_A = h(\text{SKEYID}, g^a \bmod p, g^b \bmod p, \text{IC}, \text{RC}, \text{CP}, \text{“Alice”})$$

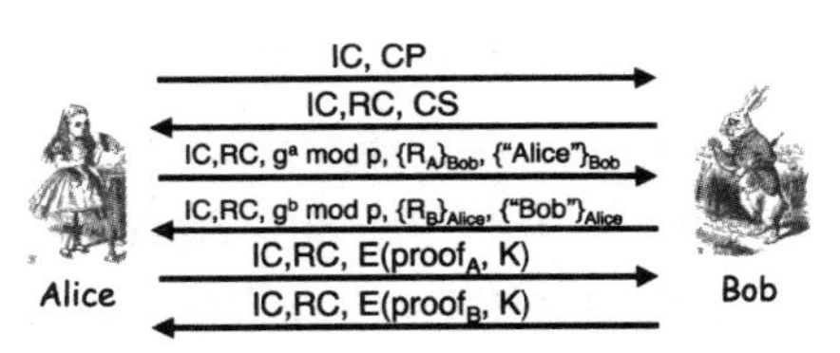

图 10-10　IKE 协议阶段一：公开密钥加密版本的主模式

在图 10-11 中给出了公开密钥加密选项下的积极模式，其中的标识方法与主模式类似。有趣的是，与其他选项下的积极模式不同，公开密钥加密选项下的积极模式允许 Alice 和 Bob 保持匿名身份。既然是这样，那么主模式相对于积极模式还会有什么优势吗？答案是肯定的，但这并不是主要的议题(请参见本章结尾思考题部分的思考题 25)。

另外，在公开密钥加密选项版本中，产生了一个非常有趣的安全问题——对主模式和积极模式皆是如此。为简单起见，我们结合积极模式来进行说明。假设 Trudy 生成了 Diffie-Hellman 的指数 a 和 b，以及随机的 nonce 值 R_A 和 R_B。然后，Trudy 就可以计算出图 10-11 中所示协议里所有其他的量，即 g^{ab} mod p、K、SKEYID、proof_A 和 proof_B。之所以 Trudy 能够做到这一点，就是因为 Alice 和 Bob 的公钥都是公开的。

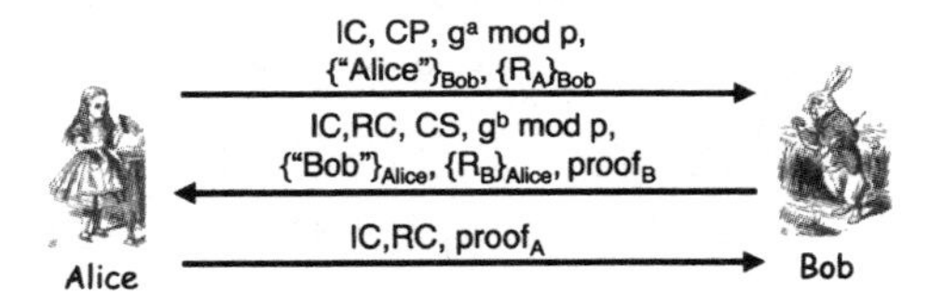

图 10-11　IKE 协议阶段一：公开密钥加密版本的积极模式

那么，为什么 Trudy 要不厌其烦地生成所有这些数值呢？我们这样考虑：一旦 Trudy 完成了这一切，她就能够创建完整的会话过程，使其看起来就像是 Alice 和 Bob 之间一次有效的 IPSec 交易，就如同图 10-12 中所示的一样。令人震惊的是，这样伪造的一次会话过程让任何旁观者看起来都是有效的，包括 Alice 和 Bob 本人也无法否认！

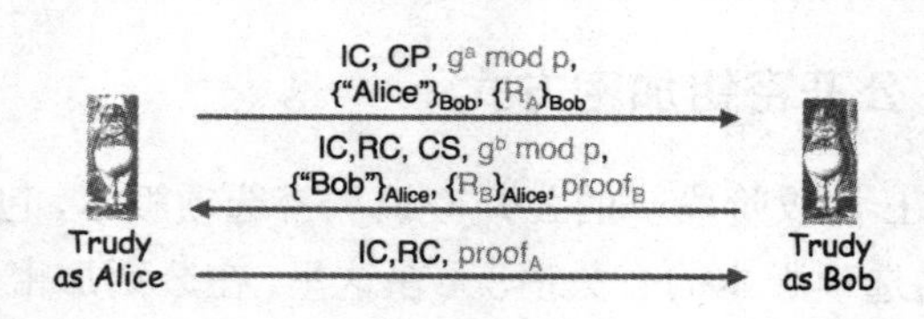

图 10-12　Trudy 的恶作剧

请注意，在图 10-12 中，Trudy 一人就扮演了 Alice 和 Bob 两个人的角色。在这里，Trudy 不需要想方设法使 Bob 相信她就是 Alice，她也没有去骗取 Alice 的信任使其相信她是 Bob，也无需去确定 Alice 和 Bob 使用的会话密钥。所以，这是一种与我们之前见到的攻击截然不同的攻击方式。或者可以说，这根本就不是一种攻击。

但是可以肯定地说，Trudy 能够伪造这样一次假的 Alice 和 Bob 之间的会话过程，而且看起来是一次完全合法的会话连接，这个事实确实意味着安全缺陷。令人惊讶的是，在 IPSec 的这种模式中，这还被看成一个安全特性，就是所谓的“可以否认性”。包含了可以否认性支持的协议，允许 Alice 和 Bob 否认之前发生过的某次会话，因为任何人都有可能伪造整个会话过程。在某些情况下，这可能算是一个理想的特性。但是，从另一个方面看，某些场景下这就会带来问题。举个例子，如果 Alice 在 Bob 处产生了一次购买行为，那么除非 Bob 也要求来自 Alice 的数字签名，否则随后 Alice 还是能够否认这次购买交易。

10.4.4　IPSec cookie

在前面 IPSec 协议中出现的 cookie 有 IC 和 RC，它们在相关的 RFC 文档中有一个官方的名字，叫做“抗阻塞令牌”。IPSec 协议中的这些 cookie 与 Web 网站的所谓 cookie 毫无关系。在 Web 上，cookie 是用于跨越多个 HTTP 会话的状态维护。与之不同，在 IPSec 协议中，cookie 的既定目标是令拒绝服务(Denial of Service)攻击更加困难，拒绝服务攻击也简称为 DoS。

下面考虑 TCP SYN flooding 攻击，这是一种典型的 DoS 攻击。每一个 TCP SYN 请求都将引发服务器执行少量的计算任务(比如创建 SEQ 号)并保持若干状态。也就是说，服务器必须记住所谓的半开连接，以便当三次握手中的第三个步骤所返回的相应 ACK 到达时，能够适时完成该连接的建立。正是这个状态的保持恰恰给攻击者提供了可乘之机，据此他们就可以构造拒绝服务攻击。如果攻击者使用数量庞大的 SYN 数据包对一台服务器进行狂轰滥炸，并且根本就不去继续完成这些建立中的半开连接，那么服务器最终将会耗尽自己的资源。发生上述情况的时候，服务器就无法再去处理合法的 SYN 请求，于是就会导致拒绝服务。

在 IPSec 协议中，为了降低 DoS 攻击带来的威胁，服务器 Bob 倾向于尽可能地不保持状态，而 IPSec 的 cookie 就是用来帮助 Bob 保持无状态的。但是，显然这些 cookie 没有达成设计目标。在每一种协议的主模式中，Bob 都必须从第 1 条消息开始就记录加密方案提议和 CP，因为在协议的第 6 条消息中，当 Bob 要计算 proof_B 时需要用到这些信息。于是，Bob 必须从第 1 条消息开始就保持状态，这样看来，IPSec 的 cookie 对于 DoS 攻击防护并没有提供实质性的帮助。

10.4.5　IKE 阶段一小结

无论使用 8 个不同协议版本中的哪一个，IKE 阶段一的成功完成将实现双向交互身份认证，并建立起共享的会话密钥，这就是所谓的 IKE 安全关联(IKE-SA)。

在任何一种公开密钥加密选项模式下，IKE 协议阶段一的运算都是代价高昂的，而且主模式还都需要 6 条消息。IKE 协议的开发者们设想这个协议一定要用途广泛，无所不能，而不是仅仅用于支持 IPSec 协议(这也可以说明其过度设计的特性)。所以，开发者们又在其中设计了开销相对低廉的阶段二，这个阶段二必须在阶段一中的 IKE-SA 建立起来之后才能够使用。也就是说，独立的阶段二要求每一个不同的应用都要能够利用 IKE-SA。但是，如果 IKE 只是用于 IPSec(在实践中也确实如此)，那么潜在的因重复执行多个阶段二所能带来的效率提升也就不现实了。

IKE 协议的阶段二用于建立所谓的 IPSec 安全关联，或简称为 IPSec-SA。IKE 协议的阶段一或多或少地类似于建立 SSL 会话，而 IKE 协议的阶段二则多少有点儿类似于建立 SSL 连接。同样，IPSec 协议的设计者们想要该协议尽可能灵活，因为他们假定这个协议会用在 IPSec 之外的许多其他领域。事实上，IKE 协议确实可以用在不同于 IPSec 的许多场景中，但在实践中却并非如此。

10.4.6　IKE 阶段二

值得庆幸的是，IKE 协议的阶段二比较简单——至少与阶段一相比是如此。在阶段二能够开始执行之前，IKE 协议的阶段一必须先完成。在这种情况下，共享的会话密钥，IPSec 的 cookie、IC、RC 以及 IKE-SA 都已经建立完成，并且这些信息对于 Alice 和 Bob 已均为已知。基于这样的状况，图 10-13 中给出了 IKE 阶段二的协商过程，以下给出简要说明：

- 加密方案提议包括 ESP 或 AH(后面将会讨论)。在此阶段，Alice 和 Bob 决定是否使用 ESP 或 AH。
- SA 是在阶段一建立的 IKE-SA 的标识符。
- 编号为 1、2 和 3 的哈希运算依赖于从阶段一得到的 SKEYID、R_A、R_B 以及 IKESA。
- 密钥的生成源于等式 KEYMAT = h(SKEYID，R_A，R_B，junk)，其中“junk”对所有人(包括攻击者)均可知。
- 值 SKEYID 依赖于阶段一的密钥方案。
- 可以利用短时 Diffie-Hellman 密钥交换实现 PFS(完全正向保密)特性，此为可选项。

请注意，图 10-13 中的 R_A 和 R_B 与 IKE 阶段一中的值并不相同。这样一来，每一次阶段二生成的密钥都与阶段一的密钥不同，并且彼此也互不相同。

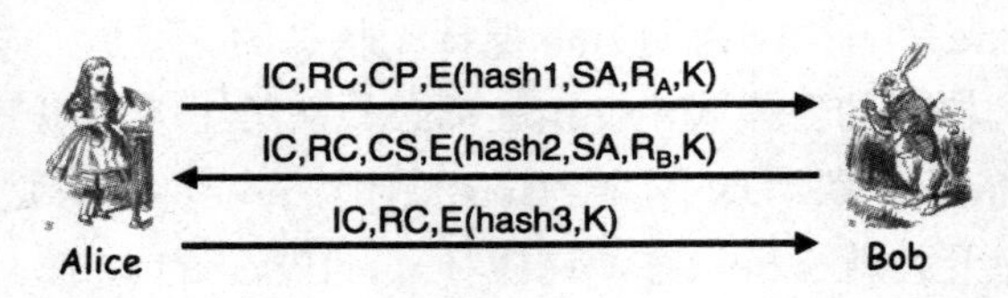

图 10-13　IKE 阶段二

IKE 协议的阶段一完成之后，我们已经建立了一个 IKE-SA。接下来 IKE 协议的阶段二完成之后，我们就建立了一个 IPSec-SA。阶段二之后，Alice 和 Bob 都已经完成了身份认证，并且他们也有了一个共享的会话密钥，用于当前连接的数据加密。

我们再来回顾一下 SSL 协议，一旦完成双向交互认证并且建立会话密钥，任务就算完成。因为 SSL 要处理的是应用层数据，所以我们仅仅需要以标准方式实施加密和完整性保护即可。在 SSL 协议中，网络对于 Alice 和 Bob 是透明的，因为 SSL 协议运行在套接字层——这实际上是应用层的一部分。这是处理应用层数据的一个优势。

在 IPSec 协议中，对数据的保护就不是这么直接。假设 IPSec 认证成功并且也建立了会话密钥，然后还需要保护 IP 数据报。这里的复杂性在于保护必须施加在网络层。但是，在具体地讨论这个问题之前，我们需要先从 IPSec 的视角来考虑 IP 数据报。

10.4.7　IPSec 和 IP 数据报

IP 数据报包含 IP 数据包头和数据体两部分。在附录中，图 F-6 中给出了 IP 数据包头的详细图解。如果选项字段为空(这个字段常常就为空)，那么 IP 数据包头就包含 20 个字节。为了 IPSec 的目的，一个关键点就是路由器必须查看位于 IP 数据包头中的目的地址，以便能够对数据包进行路由转发。IP 数据包头中大多数其他的字段在路由数据包时也需要结合起来使用。因为路由器无法访问会话密钥，所以我们不能对 IP 数据包头进行加密。

第二个关键点就是，IP 数据包头中的某些字段要随着数据包的转发而改变。举个例子，TTL 字段——该字段包含了数据包被丢弃之前还剩余的跳数——就是随着每台路由器对数据包的处理而递减。因为路由器并不知道会话密钥，所以对于任何动态变化的头字段都不能施加完整性保护。从 IPSec 协议来说，对于那些会发生变化的头字段，我们称之为可变字段。

接下来，我们深入地查看 IP 数据报。例如，我们考虑一个 Web 浏览会话。这样的一个流量，其应用层协议是 HTTP，其传输层协议是 TCP。在这种情况下，IP 封装了一个 TCP 数据包，而该 TCP 数据包封装了一个 HTTP 数据包，如图 10-14 所示。这里的问题就在于，从 IP 的视角(从而也就是 IPSec 的视角)来看，数据并不仅仅包含应用层数据。在这个例子里，所谓的“数据”包括 TCP 的头和 HTTP 的头，以及应用层数据。我们接下来就将看到为什么这一点会至关重要。

如前所述，IPSec 使用 ESP 或 AH 来保护 IP 数据报。依选择不同，ESP 头或 AH 头将被包含在具备 IPSec 保护的数据报中。这个头信息会告诉接收方，这不是标准的 IP 数据报，而要按 ESP 数据包或 AH 数据包的方式对其进行处理。

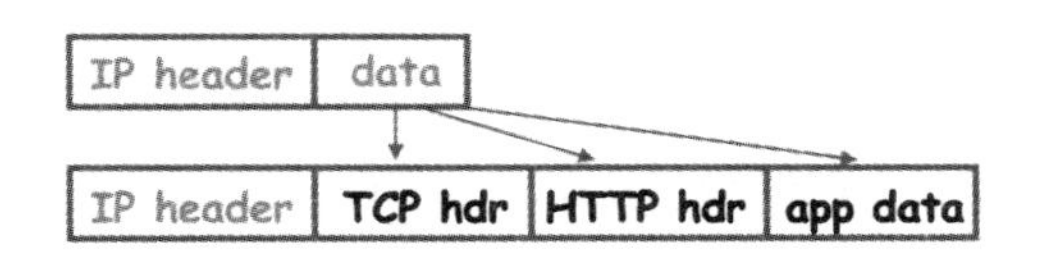

图 10-14　IP 数据报

10.4.8　运输和隧道方式

无论是使用 ESP 保护还是使用 AH 保护，IPSec 协议都可以独立地采用运输方式或隧道方式。在运输方式中，就如同图 10-15 中的图解所示，一个新的 ESP/AH 头被插入到 IP 数据包头和数据内容之间。运输方式相对而言比较高效，因为这种方式仅仅插入了最小数量的附加头信息。请注意在运输方式中，原始的 IP 数据包头保持不变。对运输方式来说，不好的一面就是容易使被动攻击者看到 IP 数据包头。所以，假设 Trudy 要监听在 Alice 和 Bob 之间的某个由 IPSec 保护的会话，如果该会话的保护是基于运输方式，那么 IP 数据包的头信息将会暴露出 Alice 和 Bob 正在进行通信这一事实[8]。

运输方式的设计目标是用于“主机到主机”的通信，也就是说，当 Alice 和 Bob 利用 IPSec 协议直接进行两人之间的通信时，可以采用运输方式。图 10-16 中给出了关于这个场景的示意说明。

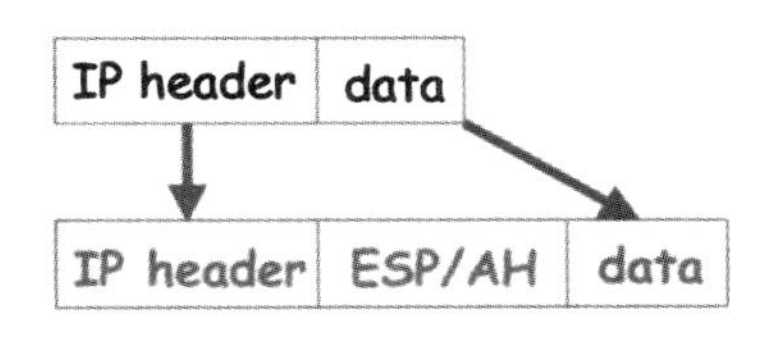

图 10-15　IPSec 的运输方式

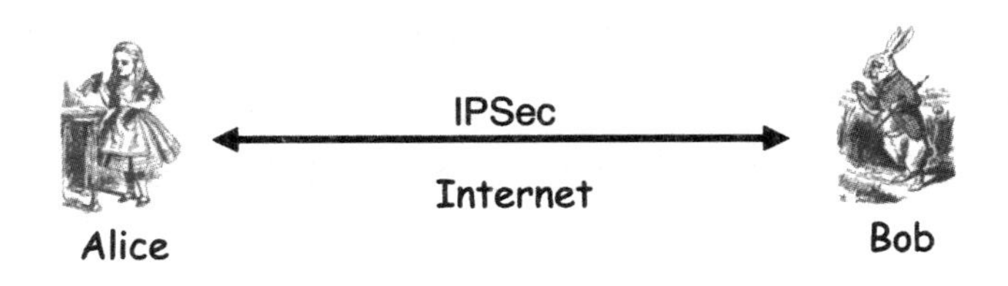

图 10-16　IPSec 用于“主机到主机”的通信场景

在隧道方式中，正如图 10-17 中给出的图解说明，整个原始的 IP 包都被封装在了一个新的 IP 数据包当中。这种方式的一个优点就是，原始的 IP 数据包头对于攻击者来说不再可见——因为我们假定数据包已经被完整加密。但是，如果 Alice 和 Bob 两人之间是直接进行沟通，那么新的 IP 数据包头将会与被封装的 IP 数据包头相同，所以隐藏原始的 IP 数

8. 别忘了，我们不能把数据的头信息也给加密了。

据包头信息就显得没有什么意义。不过，IPSec 的封装往往是施加在防火墙到防火墙之间，而不是主机到主机之间。也就是说，Alice 的防火墙和 Bob 的防火墙在使用 IPSec 协议进行通信，而不是 Alice 和 Bob 在直接通信。假定 IPSec 封装在防火墙到防火墙之间启用，在采用隧道方式的情况下，新的 IP 数据包头信息将只会揭示出在 Alice 的防火墙和 Bob 的防火墙之间传输的 IP 数据包。所以，如果数据包被加密传输，Trudy 将了解到的是 Alice 的防火墙和 Bob 的防火墙在进行通信，但是她并不会知道究竟是防火墙之后的哪个或哪些特定的主机在进行通信。

隧道方式的设计目标是用于保护防火墙到防火墙之间的通信。这里再次强调，当隧道方式用于防火墙到防火墙之间的通信时——正如图 10-18 中给出的示意——Trudy 就不会知道是哪些主机在进行通信。隧道方式的缺陷就在于附加的 IP 数据包头信息所带来的负荷。

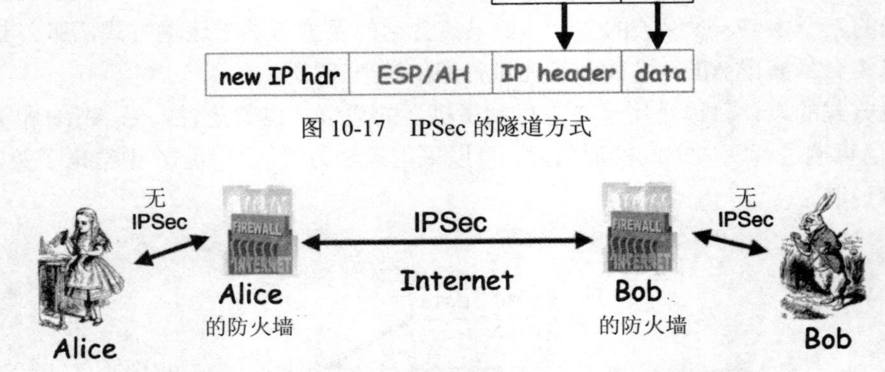

图 10-17　IPSec 的隧道方式

图 10-18　IPSec 用于保护防火墙到防火墙之间通信的情形

单纯从技术上来看，运输方式并不是必需的，因为我们完全可以将原始的 IP 数据包封装在新的 IPSec 数据包中，即便是在“主机到主机”的场景下。对于防火墙到防火墙的通信保护来说，隧道方式就是必要的了，因为我们必须保留原始的 IP 数据包头信息，以便目标防火墙能够将数据包路由转发给目标主机。但是，运输方式的效率更高，这就使得在对主机到主机之间的流量进行通信保护的情况下，这种方式会更受欢迎。

10.4.9　ESP 和 AH

一旦决定采用运输方式或隧道方式，接下来就必须(也是最终)考虑想要实际施加在 IP 数据报上的保护类型。可供选择的保护类型有机密性保护、完整性保护以及这两者兼有的保护。此外，我们还必须考虑对数据包头信息施加相应的保护，如果有必要的话。在 IPSec 协议中，可以利用的选项只有 AH 和 ESP 这两个。那么，这两个选项分别都提供了什么样的保护类型呢？

AH(Authentication Header)只能提供数据完整性保护，也就是说，AH 并不支持加密。AH 认证头的完整性保护可以用来保护的信息包括除了 IP 数据包头之外的所有信息，另外，IP 数据包头信息中的某些字段也可以获得认证头的保护。如前所述，并不是 IP 数据包头信息中的所有字段都可以施加完整性保护(比如 TTL 字段)。AH 认证头将 IP 数据包头中的字段分为可变字段和不可变字段，并且可以将这种完整性保护施加到所有的不可变字段上。

在 ESP(Encapsulating Security Payload)模式中，数据完整性和数据机密性都要求获得保护。ESP 的机密性保护和完整性保护可以施加于除 IP 数据包头之外的所有信息上，也就是从 IP 角度看到的“数据体”。在这种情况下，并没有保护施加到 IP 数据包头信息上。

在 ESP 模式中，加密是必要的。但是，存在一种取巧的方式可以使得 ESP 只用于数据完整性保护。在 ESP 保护方式中，Alice 和 Bob 就他们将要使用的加密方案进行协商。ESP 模式中的一种必须支持的加密方案就是 NULL 加密(即不加密的方案)，关于这一点在 RFC 2410(见参考文献[123])中有所描述。下面的内容就摘自这个特立独行的 RFC 文档：

- NULL 加密(所谓空加密)是一种分组密码加密方案，该方案的缘起因历史久远看起来已经无迹可寻了。
- 尽管有传言称 NSA 禁止了这个算法的公开发表，但始终没有证据能够支持这一点。
- 相关证据表明，这个算法是在罗马时代作为凯撒密码的一个可输出版本而开发出来的。
- NULL 加密可以使用各种可变长度的密钥。
- 这个算法中不需要初始化向量 IV。
- NULL 加密由公式 $\text{Null}(P, K) = P$ 定义，其中 P 为任意的明文，K 为任意的密钥。

在 ESP 模式中，如果 NULL 加密被作为加密方案选中，那么就不会应用任何加密，但数据还是会获得完整性保护。这种情况看起来就疑似 AH 的用法了。既然如此，那还要 AH 模式干什么用呢？

AH 模式之所以会独立存在，有三个原因可以说明。正如前面所提到的，IP 数据包头信息不能被加密，因为路由器必须看到 IP 数据包头中的信息才能够对该数据包执行路由转发。但是，AH 模式又确实能够对 IP 数据包头中那些不可变字段提供数据完整性保护，而 ESP 模式却并不对 IP 数据包头信息提供保护。也就是说，AH 模式能够比“ESP/NULL”组合模式提供稍微多一些的数据完整性保护。

AH 模式独立存在的第二个原因就是，在使用 ESP 模式的情况下，只要选择了一种非 NULL 的加密方案，自 IP 数据包头之后的所有数据都将被加密。如果使用 ESP 模式，并且对数据包进行了加密，那么一台防火墙将无法查看到数据包的内部，也就无法对诸如 TCP 协议头等信息进行检查。也许令人更加吃惊的是，即便是采用了 NULL 加密方案的 ESP 模式也不能解决这个问题。当防火墙看到 ESP 消息头时，它就知道这个数据包运用了 ESP 封装。可是，该数据包的消息头无法告诉防火墙其使用的仅仅是 NULL 加密方案——这是在 Alice 和 Bob 之间通过协商而确定的，该信息并不包含在消息头中。所以，一台防火墙看到了 ESP 封装的消息头，但无法知晓 TCP 消息头是否已经被加密过。相对而言，当一台防火墙看到使用的是 AH 模式时，就能够知道所有数据都未被加密。

事实上，上面这些关于 AH 模式能够存在的原因都并不是特别有说服力。AH/ESP 两种模式的设计者们完全可以通过对协议进行一些微小的改进，就能够使得 ESP 模式可以独自克服这些缺陷。但是，关于 AH 模式存在的合理性，还有一个更为令人信服的理由。在 IPSec 标准开发过程中的一次会议上，“来自微软公司的人做了一番热情洋溢的演讲，其中谈到 AH 模式是如何一无是处……”，然后，“房间里的所有人环顾四周，交头接耳说道：‘嗯，他说得很对，我们也都非常恨 AH 模式，但是如果 AH 模式惹恼了微软，那么就留下它吧，因为我们恨微软公司胜过恨 AH 模式’”(见参考文献[162])。所以，现在你就看到了这个故事的结局。

10.5 Kerberos

在希腊神话中，Kerberos 是一条有着三个头的狗，守卫着地狱之入口[9]。在信息安全领域里，Kerberos 是一种通用的认证协议，其中利用了对称密钥加密技术和时间戳技术。Kerberos 源于 MIT，是从 Needham 和 Schroeder(参见参考文献[217])的工作基础上发展而来的。与 SSL 和 IPSec 的设计目的是为互联网提供应用安全支持不同，Kerberos 的设计面向的是比较小规模的应用场景，主要是类似局域网(Local Area Network，LAN)或是公司的内部网络等环境。

假设我们有 N 个用户，这里的场景是，对于每一对用户，都要求能够两两相互认证对方。如果我们的认证协议基于公开密钥加密方案，那么每一个用户都需要一对公钥-私钥，于是就需要 N 对这样的密钥对。另一方面，如果我们的认证协议基于对称密钥加密方案，那么看起来就需要每一对用户之间都共享对称密钥，这种情况下就需要 $N(N-1)/2 \approx N^2$ 个密钥。所以，基于对称密钥加密方案的认证方式也不具可扩展性。但是，通过依赖于可信任的第三方(Trusted Third Party，TTP)，N 个用户的 Kerberos 方案只需要 N 个对称密钥，而且用户彼此之间不必再共享密钥。取而代之的是每一个用户与 KDC 之间共享密钥，也就是说，Alice 和 KDC 之间共享密钥 K_A，Bob 和 KDC 之间共享密钥 K_B，Carol 和 KDC 之间共享密钥 K_C，如此等等。然后，KDC 就扮演了中间人的角色，以确保任何一对用户彼此之间都能够安全地通信。以这种方式来使用对称密钥，Kerberos 方案最起码可以确保协议的可扩展性。

在 Kerberos 方案中，可信任的第三方(TTP)是关键性的安全组件，必须严加防范各种攻击。这当然会是安全问题，但是相比使用了公开密钥方案的系统来说，这里并不需要公钥基础设施(Public Key Infrastructure，PKI)[10]。本质上，Kerberos 方案中的可信任第三方(TTP)扮演了与公开密钥系统中证书权威机构(Certificate Authority，CA)相类似的角色。

Kerberos 方案中的可信任第三方(TTP)被称为密钥分发中心，或者简称为 KDC[11]。因为 KDC 扮演了可信任第三方(TTP)的角色，所以如果 KDC 一旦被攻陷，整个系统的安全性就将付之一炬。

就像前面提到的，KDC 与 Alice 共享了对称密钥 K_A，又和 Bob 共享了对称密钥 K_B，如此等等。另外，KDC 还需要主密钥 K_{KDC}，而该密钥只有 KDC 自己知道。让 KDC 拥有

9. 参考文献[162]的作者问：“守卫出口岂不是更有意义吗？”

10. 正如在第 4 章中讨论的，在实践中，PKI 体系的建设呈现的是实实在在的挑战。

11. 关于 Kerberos 认证框架，最困难的部分就是对所有这些五花八门的首字母缩略语的跟踪。接下来还会有大量更多的首字母缩略语粉墨登场——我们现在只不过是热热身而已。

只有自己知道的密钥，这看起来好像没有什么意义，但是我们将会看到这个密钥实际上扮演了非常关键的角色。特别是密钥 K_{KDC} 允许 KDC 可以不保持状态，这就消除了大部分潜在的拒绝服务攻击所能带来的危害。无状态的 KDC 是 Kerberos 方案中主要的安全特性之一。

Kerberos 协议用于身份认证并建立会话密钥，会话密钥可以用于随后数据通信中的机密性和完整性保护。原则上，任何的对称密钥加密方案都可以用于 Kerberos 认证框架。但是在实践中，对其中加密算法的选择似乎就是 DES(Data Encryption Standard)。

在 Kerboros 认证框架中，KDC 负责签发各种类型的票据(ticket)——以 Kerboros 的术语来讲。对于理解 Kerboros 协议来说，理解这些票据是非常关键的。票据中包含了密钥以及其他一些访问网络资源所需要的信息。有一类特殊的票据，也是 KDC 签发的非常重要的一类票据，称为票据许可票据(Ticket-Granting Ticket)，或者简称为 TGT。TGT 票据通常是在用户初始登录到系统时签发的，主要起到用户凭证的作用。TGT 票据被签发之后，用户就可以据其来获得(普通的)票据，以便能够访问网络资源。对于 Kerberos 协议的无状态特性，TGT 票据的使用是其中至关重要的设计。

每一个 TGT 票据都包含会话密钥、票据签发的目标用户的 ID 以及有效期。为简单起见，对于其中的有效期信息我们这里略去不谈，但需要注意的是，TGT 票据不会永远有效。每一个 TGT 票据都由密钥 K_{KDC} 实施加密。别忘了，只有 KDC 才知道密钥 K_{KDC}。于是，TGT 票据就只有 KDC 可以读取。

那么，为什么 KDC 要使用只有自己才知道的密钥来对用户的 TGT 票据进行加密，并且随后还要将加密的票据发送给用户呢？一种替代的方案是：由 KDC 维护数据库，其中保存了登录的用户以及他们的会话密钥等等。更确切地说，就是 TGT 票据将不得不维护状态信息。事实上，TGT 票据提供了一种简单、高效并且安全的方式，从而将这样的数据库分布到各个用户那里。然后当用户，比方说 Alice 提供她的 TGT 票据给 KDC 时，KDC 就可以对其进行解密并检视，这样就能够找回所需要知道的有关 Alice 的一切信息[12]。伴随着接下来的讨论，TGT 票据扮演的角色也将逐渐水落石出。但是现在你只需要知道，TGT 票据是 Kerberos 协议中非常聪明的设计之一。

10.5.1　Kerberos 化的登录

为了更好地理解 Kerberos 认证框架，让我们首先讨论一下 Kerberos 化的登录过程究竟是什么样的。也就是说，探讨如下情形：当 Alice 登录到使用 Kerberos 协议来实施认证的系统时，都发生了哪些步骤，这些步骤的情况如何。就跟在大多数系统上的情况一样，Alice 首先会输入她的用户名和口令。在 Kerberos 认证框架中，Alice 的计算机然后会根据 Alice

12. 倒霉的作者本人曾经创立了一家命运多舛的公司，期间也遇到过与此类似的情景。具体情况就是，我们必须维护一个数据库，其中存储客户安全相关的信息(假设这个可怜的公司实际上也曾有过一些用户的话，事实上也确实如此)。在实现中，我的公司并没有创建集中式的高度安全的关键数据库，而是选择使用仅有本公司自己知道的密钥对每个客户的信息进行加密，然后再将加密之后的数据分发给相对应的客户。这样，随后客户在访问任何安全相关的系统特性之前，就必须先提供这些加密的数据。这一点，在本质上与 Kerberos 认证框架中使用的 TGT 票据是同一套把戏。

输入的口令计算出密钥 K_A，这里的 K_A 就是 Alice 和 KDC 共享的密钥。Alice 的计算机利用 K_A 从 KDC 处获得 Alice 的 TGT 票据。接下来 Alice 就可以使用她的 TGT 票据(也就是她的“凭证”)来实现对网络资源的安全访问了。在整个过程中，一旦 Alice 成功地登录到系统中，所有的安全机制都会自动生效，并且是在系统后台执行，而不需要 Alice 再做任何过多的干预。

图 10-19 中给出了 Kerberos 化登录过程的图解，其中，我们遵循如下表示方法和约定：

- 密钥 K_A 的计算方法由公式 $K_A = h$(Alice's password)表示。
- 由 KDC 创建会话密钥 S_A。
- Alice 的计算机利用 K_A 获得 S_A 和 Alice 的 TGT 票据；然后，Alice 的计算机就会丢弃 K_A。
- TGT=E(“Alice”，S_A；K_{KDC})。

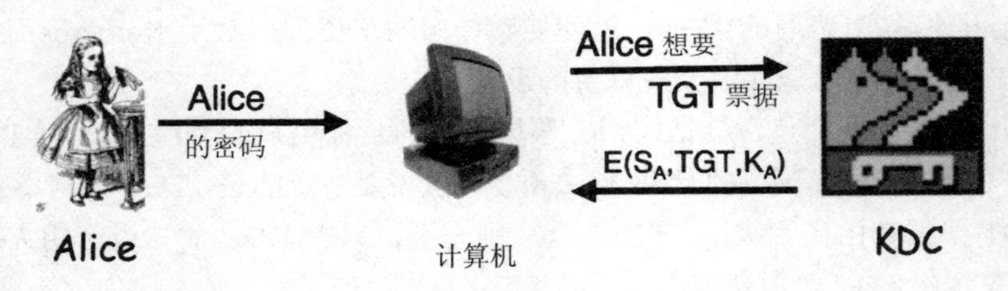

图 10-19 Kerberos 化的登录过程

Kerberos 化的登录过程的主要优点之一就是所有安全相关的处理过程(在口令输入之后)对于 Alice 都是透明的，而其主要的缺点就是整个框架的有效性完全依赖于 KDC 的安全性。

10.5.2 Kerberos 中的票据

一旦 Alice 的计算机接收到 TGT 票据之后，就可以使用这个 TGT 票据来发起随后的网络资源访问请求(REQUEST)。举个例子，假设 Alice 想要与 Bob 沟通。那么 Alice 的计算机会将 Alice 的 TGT 票据提交给 KDC，同时发送过去的还有认证码(authenticator)，这个认证码是加密的时间戳，主要目的是为了避免被重放。KDC 在验证了 Alice 的认证码之后，会返回包含了“需要提交给 Bob 的票据”(ticket to Bob)的返回消息(REPLY)。Alice 的计算机然后就使用这个票据来联系 Bob，从而可以与 Bob 的计算机直接进行安全通信。图 10-20 中给出了 Alice 接收“需要提交给 Bob 的票据”的图解说明，其中，我们遵循如下的表示方法和约定：

- 网络资源访问请求(REQUEST)的计算：REQUEST = (TGT, authenticator)
- 认证码(authenticator)的计算：authenticator = E(timestamp, S_A)
- 返回消息(REPLY)的计算：REPLY = E("Bob", K_{AB}, ticket to Bob; S_A)
- 需要提交给 Bob 的票据(ticket to Bob)的计算：ticket to Bob = E("Alice", K_{AB}; K_B)

在图 10-20 中，KDC 从 TGT 票据中获得密钥 S_A，并用这个密钥来验证时间戳的有效性。另外，密钥 K_{AB} 是会话密钥，用于 Alice 和 Bob 之间会话的消息加密。

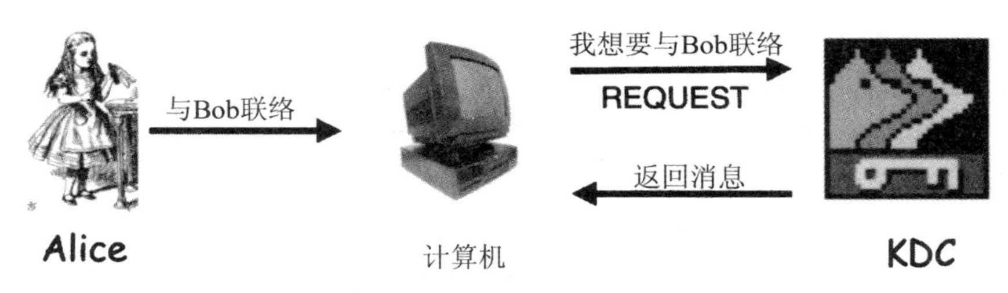

图 10-20　Alice 接收“需要提交给 Bob 的票据”

一旦 Alice 获得“需要提交给 Bob 的票据”，她随后就可以与 Bob 进行安全通信。图 10-21 中给出了这个过程的图解说明，其中“需要提交给 Bob 的票据”与上面一样，而认证码如下：

$$\text{authenticator} = E(\text{timestamp}, K_{AB})$$

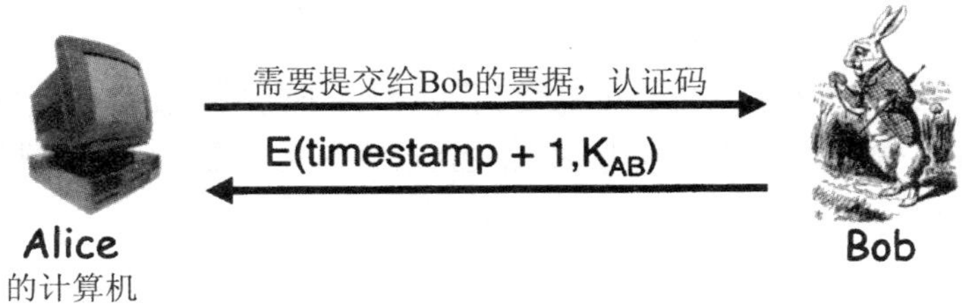

需要提交给Bob的票据，认证码

E(timestamp + 1,K_{AB})

Alice
的计算机

Bob

图 10-21　Alice 联络 Bob

请注意，Bob 要使用他自己的密钥 K_B 来解密“需要提交给 Bob 的票据”，从而得到 K_{AB}，然后再使用这个 K_{AB} 来验证时间戳的有效性。密钥 K_{AB} 还要用于保护后续 Alice 和 Bob 之间通话的机密性和数据完整性。

既然时间戳用于防止重放攻击，Kerberos 认证框架中就要设法最小化必须发送的消息数目。正如我们在前面的一章中提到的，使用时间戳的主要缺点之一就是会使时间变成安全敏感型参数。与时间戳技术相关的另一个问题就是，我们不能奢求所有的时钟都能够完美地同步，于是就必须容忍一定量的时钟偏差。在 Kerberos 认证框架中，这个时钟偏差在默认情况下的设置是 5 分钟，在网络世界中这似乎是永远的默认值。

10.5.3　Kerberos 的安全性

我们先来回顾一下，当 Alice 登录时，KDC 发送 $E(SA, \text{TGT}; K_A)$给 Alice，其中 TGT = $E(\text{"Alice"}, SA; K_{\text{KDC}})$。既然 TGT 票据是使用密钥 K_{KDC} 加密的，那么为什么还要使用密钥 K_A 对 TGT 票据进行再次加密呢？答案就是，这是 Kerberos 认证框架设计中的一个小瑕疵，因为这个操作增加了额外的工作量，但是并没有提供更多的安全性。如果密钥 K_{KDC} 被攻陷，那么整个系统的安全性必将荡然无存。所以，在已经使用密钥 K_{KDC} 对 TGT 票据进行加密之后，再次对其实施加密，就是毫无增益的多此一举了。

请注意，在图 10-20 中，Alice 在请求消息(REQUEST)中保持了匿名身份。这是一个很不错的安全特性，也是利用密钥 K_{KDC} 来对 TGT 票据实施加密这一操作的副作用。也就是说，KDC 在解密相关的 TGT 票据之前，并不需要知道是谁在发出请求，因为所有的 TGT 票据都是使用密钥 K_{KDC} 来加密的。基于对称密钥实现匿名性还是有一定难度的，这正如我们在 IPSec 协议的对称密钥主模式中所看到的情形。但是，在 Kerberos 认证框架的这个部分，匿名特性可以说是唾手可得。

在上面给出的 Kerberos 协议的实例中，为什么要将“需要提交给 Bob 的票据”发送给 Alice，而后 Alice 又仅仅是将其转发给 Bob 呢？显然，如果让 KDC 将票据直接发送给 Bob，Kerberos 协议会更加高效，而且 Kerberos 框架的设计者们一定非常在乎协议的效率(例如，他们在其中采用时间戳技术，而不是采用发送 nonce 值的方式)。但是，如果在 Alice 发起与 Bob 的联系之前，票据已先行到达 Bob 处，那么 Bob 将不得不记住密钥 K_{AB}，直到需要使用这个密钥时。更确切地说，就是 Bob 将需要维护状态信息。而无需维护状态又是 Kerberos 认证框架的非常重要的特性之一。

最后，Kerberos 认证框架如何防止重放攻击呢？对重放攻击的防范依赖于在认证码中出现的时间戳。但是，还有一个问题没有解决，就是在时钟偏差区间之内的重放如何应对。为了防止这样的一类重放攻击，KDC 就需要记录下来在时钟偏差区间之内接收到的所有时间戳。不过，大部分 Kerberos 认证框架的实现显然都忽视了这个问题，并不想在这里花费功夫(见参考文献[162])。

在告别 Kerberos 认证框架的王国之前，我们不妨再考虑一种不同的设计。假设我们让 KDC 记录下所有的会话密钥，而不是将它们放在 TGT 票据中。这种设计将消除 TGT 票据存在的必要性，但是这也会要求 KDC 维护状态信息，而无状态的 KDC 恰恰是 Kerberos 认证框架中最富魅力的设计特性之一。

10.6 WEP

有线等效保密(Wired Equivalent Privacy)协议，或简称为 WEP 协议，是安全协议，设计目标是要使无线局域网(Wireless Local Area Network，WLAN)和有线局域网(LAN)具有一样的安全性。无论以什么标准来衡量，WEP 都是具有严重缺陷的协议。正如 Tanenbaum 对其恰如其分的评价(见参考文献[298])：

在 802.11 系列标准中规定了一个数据链路层安全协议，被称为 WEP(Wired Equivalent Privacy)，这个协议的设计目标是要使无线局域网的安全性与有线局域网同样的好。因为在默认情况下，有线局域网根本就没有安全性可言，所以这个目标很容易实现，而 WEP 做到了，正如我们即将看到的一样。

10.6.1 WEP 协议的认证

在 WEP 协议中，无线接入点与所有的用户共享单独的对称密钥。虽然在多个用户之间共享密钥的做法不是理想选择，但是这种方式肯定是会简化接入点的操作。无论如何，实际的 WEP 协议的认证过程就是简单的“challenge-response”机制，正如图 10-22 中所示，其中 Bob 是访问接入点，Alice 是用户，而 K 就是共享的对称密钥。

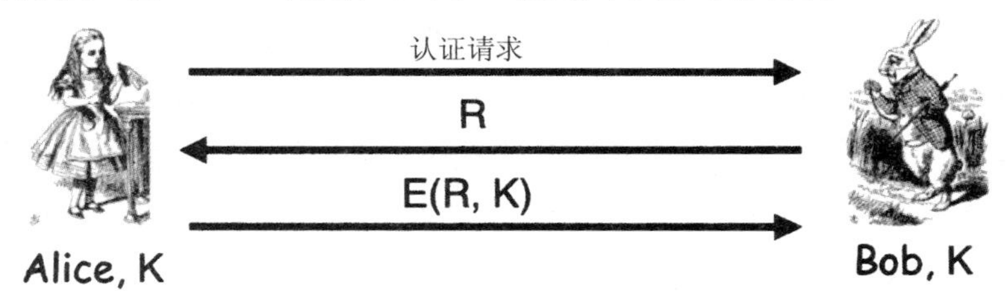

图 10-22　WEP 协议认证

10.6.2　WEP 协议的加密

一旦 Alice 通过认证，数据包就会被加密，使用的加密方案是 RC4 流密码加密方案(关于 RC4 算法的具体内容，请参见 3.2.2 节)，图 10-23 中给出了相应的图解。每一个数据包都要使用密钥 K_{IV} = (IV, K)进行加密，这里的 IV 是 3 字节的初始化向量，以明文形式与数据包一起发送，而 K 就是在认证过程中使用的那同一个密钥。这里的目标就是要使用不同的密钥来对数据包进行加密，因为密钥的重复使用不是个好主意(请参见思考题 36)。请注意，对于每一个数据包，Trudy 都知道 3 字节的初始化向量 IV，但是她不会知道 K。所以，这里的加密密钥是变化的，而且对于 Trudy 也是未知的。

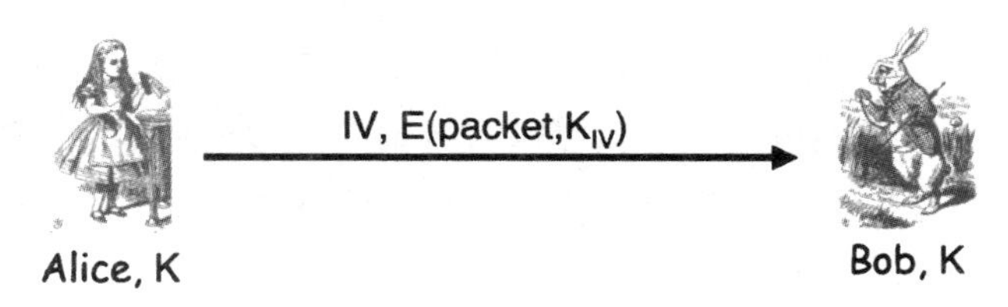

图 10-23　WEP 协议加密

既然初始化向量 IV 只有三个字节的长度，并且密钥 K 也极少发生变化，那么加密密钥 K_{IV} = (IV, K)就会经常出现重复的情况(请参见思考题 37)。而且，密钥 K_{IV} 一旦重复出现，Trudy 就将会知道，因为 IV 是可见的(如果 K 没有发生变化的话)。RC4 是一种流密码加密方案，所以重复的密钥就意味着密钥流的重复使用，这当然是十分严重的问题。同一初始化向量 IV 的更多次重复就会令 Trudy 的攻击行动愈发简单。

如果令 K 定期地发生变化，那么重复的加密密钥的数量就能够减少。但遗憾的是，长效密钥 K 极少会发生变化，因为在 WEP 协议中，这样的一次变化是个手工操作的过程，并且访问接入点和所有的主机都必须更新它们的密钥。也就是说，在 WEP 协议中，并没有内置的密钥更新流程。

这里想要说明的基本问题就是，只要 Trudy 看到重复出现的初始化向量 IV，她就完全可以放心大胆地假设相同的密钥流被使用了。因为 IV 只有 24 位，所以重复情况的发生相对会比较常见。而且我们知道，既然使用了流密码加密方案，那么重复使用的密钥流的危害至少相当于重复使用了一次性密码本。

除了这种小的初始化向量 IV 带来的问题之外，针对 WEP 协议的加密，还有另一种不同的密码分析攻击。虽然 RC4 算法在正确使用的情况下被视为一种强壮的加密方案，但是仍然存在一种实际的攻击，这种攻击可以用于从 WEP 协议的密文中恢复出 RC4 的密钥。这种聪明的攻击是由 Fluhrer、Mantin 和 Shamir 提出的(见参考文献[112])，可以将其视为一类相关密钥攻击。在本书 6.3 节中已经具体地讨论了这种攻击，想要了解更多的有关信息，见参考文献[284]。

10.6.3 WEP 协议的不完整性

WEP 协议存在着无数的安全问题，但是其中最为臭名昭著的问题之一就是该协议使用循环冗余校验(Cyclic Redundancy Check，CRC)来进行“完整性”保护。我们之前已经讲过，密码学意义上的完整性检验是用于检测对数据的恶意篡改——而不是仅仅针对传输差错。虽然循环冗余校验(CRC)是一种很好的差错检测方法，但是对于加密技术领域中的数据完整性检测来说，这种方法却没什么作用，因为一个聪明的对手可以在修改数据内容的同时一并计算和修改 CRC 值，于是就能够通过这类数据完整性检测。对于这种精确的攻击行为，只有真正的密码学意义上的完整性检测才能够防范，比如 MAC、HMAC 或数字签名技术等(对于这些内容，本书前面均已进行过相应的介绍)。

另外，使用流密码加密方案对数据进行加密这一事实，使得数据完整性问题进一步恶化。因为使用了流密码加密方案，使得 WEP 协议的加密是线性的，这样就会允许 Trudy 直接对密文做出修改，并且同时修改相应的 CRC 值，从而使得接收方无法检测出篡改。也就是说，Trudy 不必知道密钥或明文，就可以对数据内容做出无法检测的修改。在这样的场景下，虽然 Trudy 并不知道她对数据做出了什么样的修改，但是问题的关键在于数据是以一种 Alice 和 Bob 都无法检测出来的方式被破坏了。

如果 Trudy 碰巧知道了某些明文，那么上述问题就会变得更加糟糕。举个例子，假设 Trudy 知道了一个给定的 WEP 加密数据包的目的 IP 地址，那么即使对相关的密钥一无所知，Trudy 也能够修改该目的 IP 地址，将之替换为由她选定的 IP 地址(比如她自己的 IP 地址)，并进而修改 CRC 完整性校验值，使得自己的篡改不会被检测出来。因为 WEP 协议的流量仅在从主机到无线接入点之间被加密(反向亦然)，当被修改的数据包到达无线接入点时，数据包将会被解密并被转发给 Trudy 选定的 IP 地址。从懒惰的密码分析者的角度看，再没有比这更好的方案了。再次强调，这种攻击之所以能够成功，全赖于 WEP 协议中缺乏任何真正的完整性检测手段。最起码我们可以说，WEP 协议的“完整性检测”无法提供任何密码学意义上的数据完整性保护。

10.6.4 WEP 协议的其他问题

关于 WEP 协议在安全上的弱点，其他方面还有很多。举个例子，如果 Trudy 能够通过无线连接发送一条消息，并且截获对应的密文，那么她就可以知道明文和相应的密文，这样就使得她可以立刻着手恢复密钥流。而这同一个密钥流将被用于加密初始化向量 IV 相同的所有消息，只要长效密钥未发生改变即可(正如前面指出的，这种改变极少发生)。

Trudy 是否有可能知道与一条通过无线连接发送的加密消息相对应的明文呢？也许

Trudy 可以发送一条 email 消息给 Alice，并请 Alice 将其转发给另一个人。如果 Alice 这样做了，那么 Trudy 就可以截获与这条已知明文相对应的密文消息。

还有一个问题就是，在默认情况下，WEP 的无线接入点会广播其 SSID(Service Set Identifier，服务集标识)，这个 SSID 就是无线接入点的 ID。当向无线接入点认证自身时，客户端必须使用 SSID。WEP 协议有一个安全特性使得可以对无线接入点进行配置，使其不再广播自己的 SSID。在这种情况下，SSID 就充当了有点儿类似口令的角色，用户必须知道口令(也就是 SSID)才能够向无线接入点认证自身。但是，在向无线接入点发起通信连接时，用户是以明文方式发送 SSID 的，这样 Trudy 就只需要截获这样的数据包，就能够发现 SSID“口令”。更加糟糕的是，有不少工具能够强制 WEP 的客户端执行这样的认证，如果是这样，那么客户端将会自动尝试再次发起认证，于是在这个过程中，明文形式的 SSID 就会再一次被发送。所以对于 Trudy 来说，只要存在至少一个活动的用户，获得 SSID 就会是相当轻而易举的过程。

10.6.5　实践中的 WEP 协议

很难不将 WEP 协议视为安全灾难，如果不是不可能的话。但是，尽管 WEP 协议本身存在着不少诸如此类的安全问题，但在某些环境中，还是有可能在实践中令 WEP 协议达到一种适度的安全性。颇具讽刺意味的是，相对于 WEP 协议自身能够提供的任何一点儿安全特性而言，这一点与 WEP 协议自身固有的不安全性却更为相关。假如对 WEP 无线接入点进行了配置，使其能够对数据进行加密，并且也不再广播其 SSID，另外还启用了访问控制措施(也就是说，只有具备特定 MAC 地址的机器才被允许使用无线接入点)；那么攻击者必须付出一些努力才能够获得接入——至少，Trudy 必须破解掉加密，伪造她的 MAC 地址信息，并且还可能要强制用户发起认证行为以便能够得到 SSID。虽然有不少的工具都可以帮助她完成所有的这些任务，但是对于 Trudy 来说，相比起来，找到未被保护的 WEP 网络可能要容易得多。像大多数人一样，Trudy 通常会选择阻力最小的路径。当然，如果 Trudy 因某种特殊的原因(相对于仅仅是想要免费的网络接入的目的而言)而将目标明确无误地锁定在你的 WEP 装置上，而你仍在依赖 WEP 协议的保护，那么你就非常危险了。

最后，我们还要提醒大家注意，相对于 WEP 协议，有一些更加安全的替代方案。举个例子，WPA(Wi-Fi Protected Access)协议就要强壮得多，但是这个协议的设计目标是要能够兼容与 WEP 协议同样的硬件，所以不可避免地会做出一些安全上的折中。虽然已知对 WPA 协议出现了少量的攻击，但是站在实际应用的角度，这个协议看起来还算比较安全。另外，还有一个被称为 WPA2 的协议，原则上这个协议要比 WPA 更加强壮一些，但是需要更加强大的硬件支持。与 WPA 协议一样，也有一些声称是针对 WPA2 协议的攻击，但是在实践中这些攻击似乎也没有什么显著的影响。如今，在几分钟之内就能够对 WEP 协议实施破解，而对于 WPA 协议和 WPA2 协议来说，唯一严重的威胁就是口令破解攻击。如果选择了足够强壮的口令字，那么根据任何可以想象到的定义，WPA 协议以及 WPA2 协议都可以被视为事实上安全的。无论如何，WPA 和 WPA2 这两个协议相对于 WEP 协议来说，都绝对是巨大的进步(见参考文献[325])。

10.7 GSM

迄今为止，许多的无线通信协议，诸如 WEP 之类，在涉及安全的方面都会留下比较惨淡的记录(见参考文献[17]、[38]、[93])。在这一节中，我们将要讨论 GSM 蜂窝电话网络(译者注：GSM，即 Global System of Mobile communication，也就是所谓的全球移动通信系统，通常被视为第二代移动通信技术。蜂窝电话网络是一种通俗的说法，续也有介绍)的安全性。GSM 网络能够较好地说明在无线网络环境中凸显出来的若干独特的安全问题。此外，GSM 也为我们提供了绝好的示例，可以说明：对于在设计阶段就埋下的差错，后来要想再去修正解决，其难度是何其巨大。但是，在我们深入研讨 GSM 的安全性之前，我们需要先来了解一些有关蜂窝电话技术发展历程的背景信息。

早在计算石器时代(也就是 20 世纪 80 年代之前)，手机的价格很昂贵，而且完全是不安全的，其外形就像砖头一样大。这些第一代的手机都是模拟制式的，而不是数字的，并且缺乏标准，几乎没有安全可言或者根本就没有考虑到安全性的概念。

对于早期的手机来说，最大的安全问题就是容易被克隆。当一个电话打完的时候，这些手机便会将它们的身份信息以明文的方式发送出去，而身份信息用于确定谁要为此次通话埋单。因为相应的身份信息 ID 是通过无线媒介发送出去的，所以就很容易被捕获，然后再据此制作身份信息 ID 的一份新的拷贝或克隆品。这就让一些坏小子们可以打免费的电话了，但是对于移动电话公司来说这就不是件令人愉快的事了，因为它们最终将不得不承担这些开销。手机克隆于是就演变成为一桩大买卖，甚至会因此而建设假冒的基站(base station)，而目的仅仅是为了收集身份信息 ID[13]。

恰逢混乱不堪之时，无线通信领域迎来了 GSM。最初，在 1982 年时，GSM 是法语 Groupe Speciale Mobile 的简写，代表了一种电路交换系统。但是到了 1986 年，GSM 又被重新定义，终于被正式命名为 Global System for Mobile Communications(全球移动通信系统)[13]。GSM 的创立标志着第二代蜂窝电话技术的正式开端(见参考文献[142])。关于 GSM 系统的安全，我们下面还有很多话要说。

近年来，第三代蜂窝电话已经变得很普遍了。第三代合作伙伴计划(The 3rd Generation Partnership Project)，或者简称为 3GPP(见参考文献[1])，是 3G 无线通信技术背后的工作组织。在完成了对 GSM 网络安全性的讨论之后，我们将简要地提一下由 3GPP 推动的安全架构。

10.7.1 GSM 体系架构

图 10-24 中给出了 GSM 网络的通用体系架构的图解，其中使用的术语解释如下：

13. 这就是这 3 个字母的首字母缩略语流行不衰的明证。

- 图中所示的 mobile 是指手机(译者注：有时也称为移动终端或移动台，可以简称为 MS)。
- 图中所示的 air interface 是指从手机到基站之间发生无线传输通信的接口(译者注：也称为空中接口，可以简称为 AI)。
- 图中所示的 visited network(访问网络)典型地会包括多个基站以及一个基站控制器(Base Station Controller，BSC)。基站控制器扮演了连接器的作用，基站控制器将在其控制之下的基站与 GSM 网络的其余部分连接起来。基站控制器包含了访问位置寄存器(Visitor Location Registry，VLR)。访问位置寄存器用于保存网络中所有当前处于活动状态的手机用户的相关信息。
- 公用交换电话网(Public Switched Telephone Network，PSTN)是指传统的(非蜂窝)电话网络系统。PSTN 有时候也被称作“陆地线路”(land lines)，以与“无线网络”(wireless network)相区别。
- 图中所示的 Home Network(归属地网络)是指手机(移动终端或移动台)注册的那个网络。每一个手机(移动终端或移动台)都与唯一的 Home Network 相关联。Home Network 包含了归属位置寄存器(Home Location Registry，HLR)，归属位置寄存器保持了对其列表中所有手机(移动终端或移动台)的最近位置的更新情况记录。鉴权中心[14](Authentication Center，AuC)主要用于为归属于相应 HLR 的所有手机(移动终端或移动台)维护关键性的计费信息。

接下来，我们将要更加具体地讨论 GSM 庞杂体系中的这些组成部分。

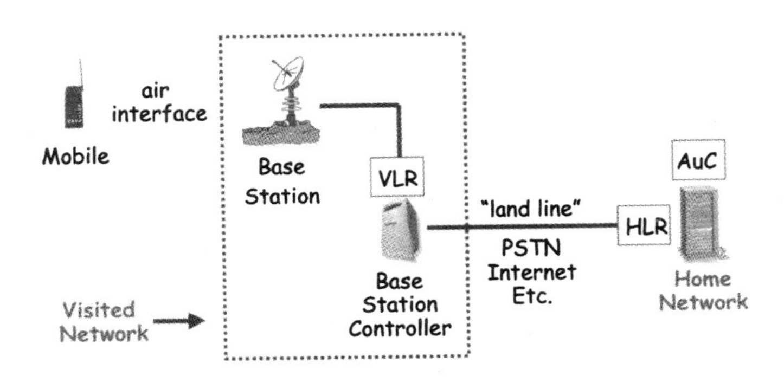

图 10-24　GSM 概览

每一台 GSM 手机(移动终端或移动台)都包含用户身份识别模块(Subscriber Identity Module，SIM)，这是可防篡改的智能卡。SIM 卡中包含国际移动用户识别码(International Mobile Subscriber ID，IMSI)，不出所料，IMSI 用于标识一台手机(移动终端或移动台)。此外，SIM 卡中还包含 128 位的密钥，该密钥只有手机(移动终端或移动台)及其归属地网络知道。这个密钥一般被称为 K_i，所以我们这里也遵循这种标准的表示方式。

14. 此处译作鉴权中心，是源于一种通用称呼，以便于沟通。authentication 一词在本书中指认证(身份认证)，如本书前面所述。

使用智能卡来实现 SIM 卡的功能，目的是为了提供一种不太昂贵的防篡改硬件。SIM 卡还能够支持双因素认证，分别基于“你所具有的”(手机里就装载了 SIM)和“你所知道的”(形式为 4 位十进制数字的 PIN 码)。但是，PIN 码往往很讨人嫌，因而经常被弃之不用。

此外，访问网络是指手机(移动终端或移动台)当前所附着的网络。基站则是指蜂窝网络系统中的蜂窝小区，基站控制器则负责管理一组蜂窝小区的集合。访问位置寄存器中存有当前访问基站控制器所辖区域网络的所有手机(移动终端或移动台)的相关信息。

归属地网络则保存了一台给定手机(移动终端或移动台)的关键信息，也就是 IMSI 和密钥 K_i。请注意，IMSI 和 K_i 实际上就是一部手机(移动终端或移动台)在想要接入网络发起通话时所使用的用户名和“口令”。HLR(归属位置寄存器)保持了其中所注册的每一部手机(移动终端或移动台)最近的位置跟踪记录，而 AuC(鉴权中心)则保存有每一部手机(移动终端或移动台)的 IMSI 和密钥 K_i。

10.7.2　GSM 安全架构

现在，可以近距离地观察一下 GSM 网络的安全架构。GSM 网络架构的设计者们展现出的主要安全目标如下：

- 要使 GSM 网络和常规的电话网络(PSTN 网络)一样安全。
- 要防止手机(移动终端或移动台)克隆。

请注意，GSM 网络的设计目标不是防范主动攻击。在当时，主动攻击被视为不可能实现，因为需要的设备都非常昂贵。但是，如今这些设备的造价已经比一台好点儿的便携式电脑贵不了多少，所以再要忽视主动攻击的手段可能就显得目光过于短浅了。对于 GSM 网络的设计者们来说，他们认为最大的威胁就是不安全的计费、欺诈盗用以及与此类似的技术含量较低的攻击行为。

GSM 网络试图解决三种安全问题：匿名性、身份认证以及机密性。在 GSM 系统中，匿名性要求能够防止被截听的通信流量被用于识别通话者的身份。匿名性对于电话公司而言并不是特别重要，除非问题上升到了关乎客户信心的程度。匿名性可能是用户对于非蜂窝电话通信曾经寄予厚望的一种需求。

另一方面，身份认证对于电话公司来说则是最重要的特性，因为正确的身份认证对于合理计费来说是必需的。第一代无线通信网络中的终端克隆问题就可以被视为一种身份认证机制的失效。与匿名性一样，基于空中接口的通话机密性对用户来说就很重要，同样，这种重要性到了一定的程度，机密性就会变得对电话公司也很重要了。

接下来，我们将要具体地看一看 GSM 体系中对于匿名性、身份认证和机密性等问题的解决方案的更多细节。然后，我们还要就 GSM 网络中的诸多安全缺陷展开讨论，以了解其中一些有代表性的问题。

1. 匿名性

GSM 体系提供了一种非常有限的匿名形式。在发起通话之初，IMSI 会以明文方式通过空中接口发送出去。然后，网络就将随机的临时移动用户识别码(Temporary Mobile

Subscriber ID，TMSI)分配给通话发起者，随后 TMSI 就可以作为用户的身份标识使用。另外，TMSI 会频繁变化。最后的实际效果就是，如果攻击者捕获了一次通话初始部分的消息，通话发起者的匿名性将会不保。但是，如果攻击者错过了通话初始部分的消息，那么从实际效果上看，通话发起者的匿名性就得到了相当好的保护。虽然这并不算是一种强有力的匿名性保护手段，但是在现实世界的环境中可能也足够了，毕竟对于攻击者来说，要想从浩瀚庞杂的通信流量中过滤出特定的 IMSI 信息绝非易事。看起来，GSM 网络的设计者们好像并没有拿匿名性当回事。

2. 身份认证

从电话公司的角度看，身份认证是 GSM 安全架构中最为至关重要的方面。确保用户向基站成功认证非常必要，这样才能够保证电话公司从它们提供的服务中获得相应的报酬。在 GSM 网络中，通话发起者要向基站认证自身，但是并没有提供双向相互认证。也就是说，GSM 网络的设计者们决定不必验证基站自身身份的正确性。我们将会看到，这是重大的安全疏漏。

GSM 体系中的身份认证采用简单的 challenge-response 机制。基站接收到通话发起者的 IMSI 之后，就将其传送给通话发起者的归属地网络。如前所述，归属地网络知道通话发起者的 IMSI 和密钥 K_i。归属地网络会生成随机的 challenge 值，这里称之为 RAND，同时还要计算出期望的 response(所谓的“expected response”)，这里表示为 XRES = A3(RAND,K_i)，其中的 A3 是哈希函数。然后，再将这样一对值(RAND, XRES)从归属地网络发送给基站，接着基站将 challenge 值 RAND 发送给手机(移动终端或移动台)。手机发回的 response 值表示为 SRES，这个 SRES 值由手机根据公式 SRES = A3(RAND, K_i)计算得到。为了完成身份认证，手机将 SRES 值发送给基站，由基站来验证是否 SRES = XRES。请注意，在这个认证协议中，通话发起者的密钥 K_i 始终没有离开注册的归属地网络，也从没有离开过手机。令 Trudy 无法得到密钥 K_i，这一点非常重要，因为得到了 K_i 她就能够克隆出该手机了。

3. 机密性

GSM 体系中使用流密码加密方案来对数据进行加密。之所以选择流密码加密方案，主要是因为蜂窝电话网络环境中相对比较高的差错率，典型的情况是每 1000 位里大约有 1 位差错。如果使用分组密码加密方案，每一个传输差错将会导致一个或两个明文分组被破坏(依加密模式的不同而异)，而对于流密码加密方案来说，只有与发生差错的特定密文位相对应的明文位才会受到影响[15]。

GSM 体系中的加密密钥一般写作 Kc，所以我们这里也遵循传统的表达方式。当归属地网络接收到从基站控制器发送过来的 IMSI 时，归属地网络会执行计算 Kc =

15. 事实上，利用错误校正码来最小化传输差错造成的影响也是有可能的，如此一来，使用分组密码加密算法也是可行的。但是，这就又为整个处理流程增加了一层复杂度。

A8(RAND,*Ki*)，其中的 A8 是另外一个哈希函数。然后 *Kc* 将会和另一对值 RAND 及 XRES 一起被发送，也就是说，从归属地网络将三元组(RAND, XRES, *K c*)发送给基站[16]。

一旦基站接收到三元组(RAND,XRES,*Kc*)之后，就启用前面描述的认证协议。如果认证成功，手机将会计算得到 *Kc* = A8(RAND, *Ki*)。而基站已经知道了 *Kc*，所以手机和基站之间就有了共享的对称密钥，该密钥就用于接下来的通话加密。如前所述，数据加密使用的是 A5/1 流密码加密方案。与认证过程一样，通话发起者的主密钥 *Ki* 从没有离开过归属地网络。

10.7.3　GSM 认证协议

在图 10-25 中，给出了 GSM 协议中介于手机和基站之间这部分的图解。此协议涉及的几个安全要点描述如下：

- 将 RAND 值与 *Ki* 结合在一起执行哈希运算，从而生成加密密钥 *Kc*。另外，RAND 值与 *Ki* 结合还执行了哈希运算以生成 SRES 值，而这个 SRES 值是被动攻击者能够看到的。所以，SRES 值与 Kc 必须是不相关的——否则就会存在针对 *Kc* 的捷径攻击。如果使用了安全的加密哈希函数，那么这些哈希值就会是不相关的。
- 根据已知的 RAND 值和 SRES 值对，想要推导出 *Ki*，要求必须是不可能的，因为这样的一对值对于被动攻击者来说是可以获得的。这就相当于已知明文攻击，只不过将加密方案替换成了哈希函数。
- 根据选择的 RAND 值和 SRES 值对，想要推导出 *Ki*，要求必须是不可能的，这就相当于面向哈希函数的选择明文攻击。虽然这种攻击看起来不太可能发生，不过一旦攻击者持有 SIM 卡，他们就能够选择 RAND 值并监听相应的 SRES 值[17]。

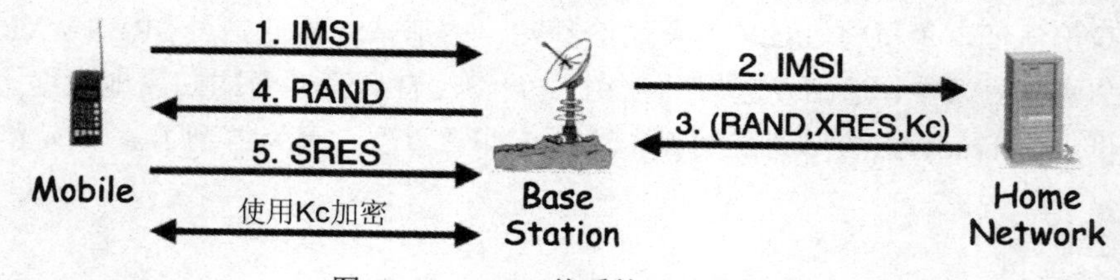

图 10-25　GSM 体系的认证和加密

10.7.4　GSM 安全缺陷

接下来，我们要讨论 GSM 体系中的安全缺陷——有加密系统的缺陷，也有协议方面的缺陷。但是有一点，也可能会存在争议，就是大部分严重的安全问题都源自 GSM 体系架构的设计者们做出的无效安全假设。

---

16. 请注意，加密密钥 *Kc* 是从归属地网络发送给基站的。Trudy 也许能够通过仅监听网络上传送的流量便可以得到这个加密密钥。相比较而言，认证密钥 *Ki* 则绝不会离开归属地网络和手机，所以就不会遭遇这样的攻击。这也说明了 GSM 网络的设计者们将认证特性放在了相对于机密性更为重要的位置上。

17. 如果这种攻击可行，那么这就是一种威胁，即便是很缓慢，因为售卖手机的人都很可能会持有较长的一段时间。另一方面，如果攻击行为足够迅速，那么一部短暂“丢失了”几分钟的手机就有可能遭遇被克隆的结果。

1. 加密缺陷

在 GSM 体系中有若干个加密相关的缺陷。哈希运算 A3 和 A8 都是基于称为 COMP128 的哈希函数。哈希函数 COMP128 是作为秘密设计被开发出来的，仅这一点就违背了 Kerckhoffs 原则。果不其然，COMP128 后来被发现强度不高——通过 150 000 个选择的“明文”就能够将其破解(见参考文献[130])。这实际上就意味着能够接触到 SIM 卡的攻击者，可以在 2 到 10 个小时之间确定出密钥 *Ki*，具体情况则依赖于卡的运算速度。尤其是肆无忌惮的手机销售商甚至可以在手机(卡)卖出之前就能够确定出 *Ki*，然后再制作克隆手机，从而将自己的通话开销交由真正的手机购买者埋单。后面，我们会再提及另一种针对 COMP128 的攻击方式。

实际上，有两种不同形式的 A5 加密算法，分别被称为 A5/1 和 A5/2。请回顾一下，我们在第 3 章中已经讨论过 A5/1 算法。就像 COMP128 一样，这两个加密算法都是在违背 Kerckhoffs 原则的情况下开发出来的，而且这两个算法都不强。相比之下，A5/2 在两个算法中更弱一些(见参考文献[26]和[234])，但是针对 A5/1 算法，目前已知存在可行的攻击手段(见参考文献[33])。

2. 无效假设

在 GSM 协议中存在严重的设计缺陷。GSM 手机通话是在手机和基站之间被加密，但是从基站到基站控制器之间却不实施加密。别忘了，GSM 网络的设计目标之一就是开发与公用交换电话网(PSTN)同样安全的系统。于是，如果一次 GSM 手机通话在某一点上被路由到 PSTN 网络之上，那么从这一个点开始，就不再要求更进一步的特殊保护了。最终就是，GSM 体系中安全的重点就只在于保护空中接口上的手机通话，也就是在手机和基站之间的通信保护。

GSM 体系架构的设计者们假定通话一旦到达基站，就会通过 PSTN 网络被路由到基站控制器。正是图 10-24 中介于基站和基站控制器之间的固定线路给出了这个暗示。基于这种假设，当通话从基站发往基站控制器的过程中，GSM 安全协议并不提供保护。但是，有许多的 GSM 系统实际上在基站及基站控制器之间是通过微波链路传输通话的(见参考文献[228])。因为微波是一种无线媒介，所以对于攻击者来说，就有可能(但是也并不容易)窃听到这类链接之上承载的无保护的通话内容，从而就会致使空中接口的加密完全失效。

3. SIM 卡攻击

对于各代的 SIM 卡，如今已经发展出了若干种不同的攻击方式。在一类光故障感应攻击中，攻击者通过使用普通的闪光灯就能够强制 SIM 卡泄露密钥 *Ki*(见参考文献[269])。而另一类攻击，也在被称为配分攻击的情况下，通过利用对时间和功耗的分析就能够恢复出 *Ki*，其中明文选择适当的话，最少甚至只需要使用 8 个选择明文即可(见参考文献[243])。结果就是，持有 SIM 卡的攻击者要想恢复出 *Ki*，只需要秒级的时长即可。所以说，放错了地方的手机有可能在几秒钟之内就被克隆了。

4. 伪造基站

与 GSM 协议相关的另一严重缺陷是伪造的假冒基站带来的威胁。图 10-26 给出了这种攻击的图解，其中利用了 GSM 协议的两个缺陷。首先，身份认证不是双向相互认证。虽然通话发起者被基站认证了其身份(对于正常计费，这是必需的)，但是 GSM 协议的设计者们认为不值得再花费力气让基站再向通话者提交认证申请并被认证。虽然他们对于伪造假冒基站这种可能性也是心知肚明，但是显然 GSM 协议的设计者们认为发生这样一种攻击的可能性过于渺茫，以至于找不到充足的理由来支持相互认证这个额外的成本开销(哪怕是这个成本很小)。这种攻击利用的第二个缺陷是，空中接口上的加密操作并非是自动执行的。事实上，是由基站来决定通话是否要被加密，而通话发起者对实际通话的加密情况却毫不知情。

图 10-26 GSM 网络中伪造的假冒基站

在图 10-26 中所示的攻击里，伪造的假冒基站发送随机值给手机，而手机就会将这个随机值当作 RAND 值。于是手机将发回相对应的 SRES 值作为回应，这个 SRES 值会被假冒基站抛弃，因为这个基站并不想认证通话者的身份(事实上，也无法认证通话者身份)。假冒基站然后告诉手机不必对通话内容进行加密。这个过程中，无论是通话发起者，还是通话接收方，对此都一无所知，接着假冒基站就呼叫目标接收方，并将上述来自通话发起者的通话转发给目标接收方，反过来也是如法炮制。这样一来，伪造的假冒基站就可以窃听整个的通话内容了。

请注意，在这种伪造的假冒基站攻击中，假冒基站将会为通话埋单，而不会给通话方计费。如果通话者抱怨自己的通话没有被计费的话，这种攻击可能就会被检测出来。但是，有谁会因为没有收到计费账单而喋喋不休呢？

另外，在这种攻击中，假冒基站处于这样的位置：可以发送自身选择的任意 RAND 值，并能够接收到相应的 SRES 值。于是，假冒基站就能够在不持有 SIM 卡的情况下，发起针对 SIM 卡的选择明文攻击。前面已经提到过 SIM 卡攻击，有了伪造的假冒基站，要精挑细选出 8 个恰当的选择明文就绝不是一件难事。

GSM 协议的另一主要缺陷就是不能够提供重放防护。被截获的三元组(RAND, XRES, *Kc*)可以不断地被重放。结果就是，被截获的三元组为攻击者提供了无限期有效的密钥 *Kc*。这样一来，聪明的假冒基站操作者正好可以利用截获的三元组来“保护”手机和假冒基站之间的通话内容，从而使得任何其他人都无法再窃听这些通话的内容。

最后值得一提的是，在无线网络环境中，拒绝服务攻击始终都是问题，因为信号有可能在信道中发生阻塞。不过，信道阻塞问题显然已经超出了安全协议的范畴。

10.7.5 GSM 安全小结

根据我们对 GSM 体系安全缺陷的这些讨论，仿佛 GSM 看起来就是巨大的安全败笔。尽管如此，GSM 无疑还是取得了商业上的成功，这自然会引发有关“优秀的安全之于商业上的重要性”之类的若干问题。无论如何，探讨一下 GSM 是否达成其安全设计目标是一件有意思的事。我们不妨回顾一下，GSM 体系架构的设计者们设定的两个目标分别是：消除祸害了第一代无线通信系统的克隆问题，以及要使空中接口和 PSTN 网络同样安全。虽然克隆 GSM 手机仍然存在可能性，但是这一点在实践中从来也没有成为严重的问题。看来 GSM 系统确实达成了其既定的第一个安全目标。

那么，GSM 系统是否让空中接口和 PSTN 网络同样安全了呢？对于 GSM 的空中接口也仍然存在一些攻击(例如伪造假冒基站攻击)，但是对于 PSTN 网络也存在一些攻击(比如搭线窃听)，这些攻击至少会产生同样严重的危害。所以，也可以说 GSM 达成了其第二个设计目标，虽然对于这一点还存在些争议。

对于 GSM 体系的安全来说，真正的问题则是最初的设计目标太过于局限了。在 GSM 体系里主要的安全缺失包括弱的加密方案、SIM 卡问题、伪造假冒基站攻击以及完全没有对重放的防护等。在 PSTN 网络中，主要的安全缺陷是搭线窃听，虽然也还有些其他的威胁，诸如对无绳电话的攻击等。总体上看，GSM 系统有理由被视为一种适度安全的成功。

10.7.6 3GPP

第三代蜂窝电话(手机)的安全性设计是由 3GPP 牵头和推动的。这个组织清晰明确地将其着眼点设定得比 GSM 的设计者们更高。也许有点儿出人意料，3GPP 的安全模型建立在 GSM 体系的基础之上。但是，3GPP 的开发者们小心翼翼地修补了所有已知的 GSM 安全弱点。举个例子，3GPP 包含了双向相互认证，并且对所有的信号实施完整性保护，其中包括基站向手机发送的“开始加密”命令的通信。这些改进消除了 GSM 类型的伪造假冒基站攻击。另外在 3GPP 中，密钥不能够被重用，三元组也无法被重放。GSM 体系中使用的强度过弱的加密算法(COMP128、A5/1 以及 A5/2)也已经被替换为强壮的加密算法 KASUMI，该算法已经历严格的同行间的审查。除了以上这些，数据加密也已经从手机端全方位地扩展到了基站控制器一端。

手机的历史，从第一代模拟系统，到第二代的 GSM 系统，再到如今的 3GPP 系统，这个过程也非常好地说明了安全领域里时常会发生的演化过程。每当攻击者发展出来新的攻击手段时，防御者就以新的保护措施予以防范，对此攻击者就会再发起新一轮探查弱点的努力。理想情况下，通过在最初的开发和实现之前就进行缜密设计和分析，这种逐步提升安全性的军备竞赛式迭代是可以避免的。但是，要说第一代蜂窝电话网络的设计者能够想象到当今世界移动电话网络的发展状况，那也是不切实际的。诸如伪造假冒基站这一类的攻击行为，就曾经一度被认为是不太可能发生的事，但是如今要实施起来却易如反掌。基于这些实际情况，我们也应该认识到，虽然 3GPP 明确地承诺了要比 GSM 系统所能交付的安全性更多，但是各种攻击行为最终还是有可能会浮出水面。简而言之，安全领域的军备竞赛还将继续。

10.8 小结

在这一章中，我们比较具体地讨论了几种真实世界里的安全协议。我们首先介绍了 SSH，这是一种在设计上相当直截了当的协议。然后，我们又审视了 SSL 协议，这是一种设计精良并在互联网上获得了广泛应用的协议。

我们还看到，IPSec 是一种非常复杂的协议，其中包含了若干严重的安全问题。IPSec 的设计者们过度设计了这个协议，这也是导致产生复杂性的根源。对于那句著名的格言：复杂性是安全的敌人，IPSec 对此做出了完美诠释。

Kerberos 是一种广为推行的身份认证协议，该协议基于对称密钥加密技术和时间戳技术。Kerberos 协议中 KDC 能够保持无状态的能力，是这个协议中诸多聪明绝妙的安全特性之一。

我们以对两个无线网络协议的讨论作为本章的结束，这两个协议分别是 WEP 和 GSM。WEP 是有着严重缺陷的协议——其诸多问题之一就是缺乏任何有意义的数据完整性检测。你可能很难找得到比这更好的例子，说明当完整性未获得有效保护时会引发出来的安全陷阱。

GSM 是另一有着若干重要问题的协议。实际的 GSM 安全协议非常简单，但却包含了大量的缺陷。虽然复杂性可能是安全的敌人，GSM 却诠释了“简单性也未必就是安全的好朋友”。固然存在争议，但还是可以说，GSM 体系中最严重的问题就是其设计者们缺乏足够的远见，因为他们未能将 GSM 设计成对现今这些轻而易举的攻击有免疫力的系统。当然这一点或许可以谅解，毕竟还要考虑到，如今的这些攻击行为在 1982 年 GSM 诞生之时尚且显得遥不可及。事后，GSM 系统在应用中也确实表现出：在克服自身安全缺陷的实践中疲于应付，力不从心。

第三代蜂窝电话系统的安全性是在 GSM 模型的基础上构建起来的，并且对 GSM 系统中所有已知的安全缺陷都进行了修补。接下来就该关注 3GPP 系统的安全性将有何作为了，这应该会是一件有意思的事情。

10.9 思考题

1. 请考虑图 10-1 中所示的 SSH 协议并回答下面的问题：

   a. 请精确解释 Alice 是如何被认证的？是在哪里被认证的？再请问，靠什么方式可以防止重放攻击？

   b. 如果 Trudy 是被动攻击者(也就是说，她只能够看到消息内容，而不能进行修改或重新发送)，她就无法确定出密钥 K。请问这是为什么？

c. 请证明：如果 Trudy 是主动攻击者(也就是说，她可以主动发送消息)并且她能够模拟成为 Bob，她就可以推定出 Alice 在最后一条消息中使用的密钥 *K*。并请解释为什么这种情况并不会破坏这个协议的正常运行。

d. 请问，使用这个密钥 *K* 加密最后一条消息的目的是什么？

2. 请考虑图 10-1 中所示的 SSH 协议。SSH 协议的另一版本允许我们将 Alice 的证书 certificateA 替换为 Alice 的口令 passwordA。然后就必须也将 SA 从最后一条消息中移除。这种修改就生成了一个新的 SSH 版本，其中 Alice 可以基于口令被认证。

a. 请问，Bob 需要知道什么信息才能够认证 Alice 的身份？

b. 基于思考题 1 中的 b，我们可以看到，作为主动攻击者，Trudy 能够建立与 Alice 共享的对称密钥 *K*。假设实际情况就是这样，那么请问 Trudy 是否能够利用密钥 *K* 推断出 Alice 的口令？

c. 请问，与图 10-1 中所呈现的版本相比，这个版本的 SSH 协议有哪些显著的优势和不足？两者之中的哪一个基于证书方式？

3. 请考虑图 10-1 中所示的 SSH 协议。SSH 协议的另一版本允许我们将 Alice 的证书 certificateA 替换为 Alice 的公开密钥。在这个版本的 SSH 协议中，Alice 必须有一对公钥/私钥对，但是不必拥有证书。当然，使用 Bob 的公开密钥替换掉证书 certificateB 也是可行的。

a. 假如 Bob 有一个证书，但是 Alice 没有。请问，Bob 必须怎么做才能够成功认证 Alice 的身份？

b. 假如 Alice 有一个证书，但是 Bob 没有。请问，Alice 必须怎么做才能够成功认证 Bob 的身份？

c. 请问，与图 10-1 中呈现的基于证书的版本相比，这个基于公开密钥版本的 SSH 协议有哪些显著的优势和不足？

4. 请利用 Wireshark(见参考文献[328])抓取 SSH 认证协议数据包，并考虑如下问题。

a. 请标识出与图 10-1 中所示的那些消息相对应的数据包。

b. 请问，你还看到了哪些其他的 SSH 数据包？这些数据包中都包含了什么信息？

5. 请考虑 SSH 协议相关规范，你可以在 RFC 4252 见参考文献[331]和 RFC 4253 见参考文献[333]中找到相关的说明。

a. 请问，在图 10-1 中，哪条或哪些消息是与 SSH 协议规范中标识为 SSH_MSG_EXINIT 的某条或某些消息相对应的？

b. 请问，在图 10-1 中，哪条或哪些消息是与 SSH 协议规范中标识为 SSH_MSG_NEWKEYS 的某条或某些消息相对应的？

c. 请问，在图 10-1 中，哪条或哪些消息是与 SSH 协议规范中标识为 SSH_MSG_USERAUTH 的某条或某些消息相对应的？

d. 在实际的 SSH 协议中，在图 10-1 中所示的第 4 条消息和第 5 条消息之间还有两条额外的消息。请问，这些消息是什么？它们的服务目的是什么呢？

6. 请考虑图 10-4 中所示的 SSL 协议并回答下面的问题。

a. 假设我们将 nonce 值 RA 和 RB 从协议中移除，并定义 $K = h(S)$。请问，这样会对 SSL 认证协议的安全性带来什么样的影响？如果有影响的话。

b. 假设我们将第 4 条消息修改成 HMAC(msgs, SRVR, K)。请问，这样会对 SSL 认证协议的安全性带来什么样的影响？如果有影响的话。

c. 假设我们将第 3 条消息修改成$\{S\}_{\text{Bob}}$, h(msgs, CLNT, K)。请问，这样会对 SSL 认证协议的安全性带来什么样的影响？如果有影响的话。

7. 请考虑图 10-4 中所示的 SSL 协议。修改这个协议，使其认证过程基于数字签名来实现。要求你的协议必须能够支持对服务器 Bob 的安全认证，并且能够提供安全的会话密钥。

8. 请考虑图 10-4 中所示的 SSL 协议。这个协议不允许 Bob 保持匿名身份，因为他的证书会暴露出他是谁。

a. 请修改 SSL 会话协议，使得 Bob 相对于被动攻击者来说可以保持匿名身份。

b. 请问你是否能够在不增加协议消息数目的情况下解决问题 a 呢？

9. 在 10.3 节中讨论的 SSL 协议使用了公开密钥加密技术。

a. 请设计基于对称密钥加密技术的 SSL 协议的另一版本。

b. 请问，对于类似 SSL 这样的协议，使用对称密钥加密方案的主要缺点是什么？

10. 请利用 Wireshark 抓取 SSL 认证协议数据包，并考虑如下问题。

a. 请标识出与图 10-4 中所示的那些消息相对应的数据包。

b. 请问，其他的 SSL 数据包中都包含了什么信息？

11. SSL 协议和 IPSec 协议的设计目的都是为互联网上的应用提供安全性保护。

a. 请问，SSL 较之 IPSec 的主要优点是什么？

b. 请问，IPSec 较之 SSL 的主要优点是什么？

12. SSL 协议和 IPSec 协议的设计目的都是为互联网上的应用提供安全性保护。

a. 请问，这两个协议之间的主要相同点有哪些？

b. 请问，这两个协议之间的主要不同点有哪些？

13. 请考虑针对 Alice 和 Bob 之间某个 SSL 会话的中间人攻击。

    a. 请问，在哪个节点上这种攻击会失败？
    b. 请问，对于 Alice 来说，容易因哪种过错而导致这种攻击能够得逞？

14. 在 Kerberos 认证框架中，Alice 的密钥 K_A 由 Alice 和 KDC 共享，计算方式(在 Alice 的计算机上)是 $K_A = h$(Alice 的口令)。在具体实现时，其中的一种替代方案如下：最初密钥 K_A 在 Alice 的计算机上以随机方式生成，这个密钥以 $E(K_A, K)$的形式存储在 Alice 的计算机上，其中密钥 K 的计算方式为 $K = h$(Alice 的口令)。另外，密钥 K_A 也要存储在 KDC 中。

    a. 请问，这种生成以及保存 K_A 的替代方案有什么优点？
    b. 请问，计算和存储 $E(K_A, K)$的方式有什么不足之处？

15. 请考虑在 10.5.2 节中讨论的 Kerberos 认证交互过程。

    a. 请问，为什么要使用 K_B 来加密“需要提交给 Bob 的票据”？
    b. 请问，为什么要将“Alice”包含在(加密的)“需要提交给 Bob 的票据”中？
    c. 请问，在返回消息(REPLY)中，为什么要使用密钥 S_A 来加密“需要提交给 Bob 的票据”？
    d. 请问，为什么要将“需要提交给 Bob 的票据”发送给 Alice(随后 Alice 还必须将其转发给 Bob)，而不是将其直接发送给 Bob？

16. 请考虑本章中讨论的 Kerberos 化的登录过程。

    a. 请问，TGT 票据是什么？它的用途是什么？
    b. 请问，为什么要将 TGT 票据发送给 Alice，而不是直接将其存储在 KDC 一侧？
    c. 请问，为什么要使用 KKDC 来加密 TGT 票据？
    d. 请问，为什么在将 TGT 票据从 KDC 发送给 Alice 的计算机时，要使用 K_A 对这个票据进行加密？

17. 这个练习针对的是 Kerberos 认证框架。

    a. 请问，为什么 Alice 在申请“需要提交给 Bob 的票据”时，可以对 Bob 保持匿名身份？
    b. 请问，为什么 Alice 在向 KDC 申请 TGT 票据时，不能保持匿名身份？
    c. 请问，为什么 Alice 在将“需要提交给 Bob 的票据”发送给 Bob 时，还可以保持匿名身份？

18. 假设我们将对称密钥用于身份认证，并且要求 N 个用户中的每一个都必须能够认证其他 N−1 个人中的任何一个。毫无疑问，这样的系统需要每一对用户之间都共享对称密钥，大约共需要 N^2 个对称密钥。另一方面，如果我们使用公开密钥，那么只需要 N 个密钥对，但是这样我们就必须解决 PKI 的问题。

a. Kerberos 认证框架使用了对称密钥，但是对于 N 个用户也只需要 N 个密钥。请问，这是如何做到的？

b. 在 Kerberos 认证框架中并不需要 PKI，但是，要知道在安全领域也没有免费的午餐，那么请问，这里到底牺牲了什么？

19. 犬跑赛道往往采用自动投注机(Automatic Betting Machines，ABM[18])，这种机器有点儿类似于 ATM 机。一台 ABM 机就是一台终端，Alice 可以在上面下赌注并且还可以扫描她的中奖彩票。一台 ABM 机不会接受或找赎现金。相反，一台 ABM 机只是接受和发放凭证。凭证也可以使用现金在一台特殊的凭证机器上购买到，但是只能在人工服务的柜台处使用凭证兑换现金。

    凭证包括 15 位十六进制数字，这些数字可供人用眼睛阅读，也可以被机器扫描——机器读取凭证上的条码信息。当凭证被兑换时，条码信息就被记录到凭证数据库中，并且会打印出一张纸质的收据。为了安全起见，(人工服务的)柜台必须提交纸质的收据，将之作为凭证已经被兑换为现金的物理记录。

    凭证自签发之日起一年内有效。但是，越是老旧的凭证，就越是有可能会丢失，导致永远也无法兑现。因为凭证是被打印在廉价的纸张上，所以就会常常因为某些部位被损坏而导致无法通过扫描。而且，甚至对于人工柜台的手工处理操作来说，这些凭证也会有相当的难度。

    在数据库中维护包含了所有未兑现凭证的列表。任何柜台操作员都可以从数据库中查看到任何未兑换凭证的前 10 位十六进制数字。但是，考虑到安全原因，最后 5 位的十六进制数字对于柜台操作员则是不可见的。

    如果 Ted 作为一名柜台操作员，被要求为有效但是并未扫描的凭证兑换现金，他就必须以手工方式输入凭证的十六进制数字码。通过利用数据库，Ted 通常能够很容易地匹配其中前 10 位十六进制数字码。但是，最后的 5 位十六进制数字必须由凭证自身来确定。要确定这最后的 5 位十六进制数字可能并不容易，特别是当凭证本身的状况比较差时。

    为了解救超负荷工作的柜台操作员，Carl——一名聪明的程序员——为手工凭证录入程序增加了通配符特性。基于这个特性，Ted(或是任何其他的柜台操作员)就可以输入最后 5 位十六进制数字中任何能够看得清楚的部分，再以“*”来代替任意不可识别的数字即可。然后，Carl 的程序就会为 Ted 显示出是否存在与已输入的数字相匹配的未兑换凭证，这种匹配会忽略掉任何标识为“*”的那些位的值。请注意，这个程序并不会为 Ted 提供那些缺失的数字，取而代之的是，只不过是返回“是或否”的答案。假设 Ted 要受理某个凭证，而该凭证末尾的 5 位十六进制数字都已经不可识别了。

18. 请不要与反弹道导弹相混淆。

a. 请问，如果没有通配符特性，要想恢复出这个特定凭证的末尾 5 位十六进制数字，Ted 平均需要执行多少次猜解测试？
b. 请问，在通配符特性的辅助下，要想恢复出这个特定凭证的末尾 5 位十六进制数字，Ted 平均需要执行多少次猜解测试？
c. 请问，如果 Dave 是不诚实的柜台操作员，那么要想成功骗过系统，他该如何利用这个通配符特性呢？
d. 请问，对于 Dave 来说，上述做法都有哪些风险？也就是说，Dave 在当前系统中的这些行为如何才有可能被抓获？
e. 请修改当前的这个系统，使其可以帮助柜台操作员安全高效地处理那些自动扫描失败的凭证，同时还要使 Dave 的欺诈手段成为不可能(或者至少是更加困难)。

20. IPSec 是比 SSL 协议要复杂很多的协议，这一点常常被归咎于 IPSec 被过度设计这个事实。请问，假如 IPSec 没有被过度设计，那么 IPSec 仍然会比 SSL 协议更复杂吗？换句话说，IPSec 协议天然就要比 SSL 协议更加复杂，是这样的吗？

21. IKE 协议包括两个阶段：阶段一和阶段二。在 IKE 的阶段一，共有 4 种密钥选项，对于其中的每一种，都包含主模式(main mode)和积极模式(aggressive mode)这两种模式。

 a. 请问，主模式和积极模式之间的主要区别是什么？
 b. 请问，阶段一的数字签名密钥选项相比阶段一的公开密钥加密选项，有哪些主要优点？

22. IKE 协议包括两个阶段：阶段一和阶段二。在 IKE 的阶段一，共有 4 种密钥选项，对于其中的每一种，都包含主模式(main mode)和积极模式(aggressive mode)这两种模式。

 a. 请说明阶段一和阶段二之间的差别。
 b. 请问，阶段一的公开密钥加密选项之主模式相比阶段一的对称密钥加密选项之主模式，有哪些主要优点？

23. IPSec 协议中的 cookie 也被称为“抗阻塞令牌”。

 a. 请问，IPSec 协议中 cookie 的预期安全目标是什么？
 b. 请问，为什么 IPSec 协议中的 cookie 没有达成其预期的安全目标？
 c. 请重新设计 IPSec 协议阶段一对称密钥版本的主模式，使得 IPSec 协议的 cookie 能够真正实现其预期目标。

24. 在 IKE 协议阶段一数字签名版本的主模式中，$proof_A$ 和 $proof_B$ 分别由 Alice 和 Bob 实施签名。但是，在 IKE 协议阶段一的公开密钥加密版本的主模式中，$proof_A$ 和 $proof_B$ 则既不签名也不使用公钥加密。请问，为什么在数字签名选项下就需要对这些值实施签名，但是在公开密钥加密选项下，这些值就不必使用公钥方式进行加密(或签名)？

25. 正如文中强调的，IKE 协议阶段一公开密钥加密选项的积极模式[19]允许 Alice 和 Bob 保持匿名身份。既然匿名特性通常是主模式相对于积极模式的主要优势，那么这里还有什么理由需要使用公开密钥加密选项的主模式？

26. IKE 协议阶段一使用短时 Diffie-Hellman 机制来提供完全正向保密(PFS)能力。请回顾一下，在第 9 章的 9.3.4 节中我们举了有关 PFS 的实例，其中使用对称密钥来对 Diffie-Hellman 值实施加密，以防中间人攻击。但是，在 IKE 协议中并没有对 Diffie-Hellman 值实施加密。请问，这是安全缺陷吗？请给出具体说明。

27. 我们说 Trudy 是被动攻击者，假设她仅仅能够看到 Alice 和 Bob 之间传递的消息。如果 Trudy 还可以对消息执行插入、删除或修改操作，我们就说 Trudy 是主动攻击者。除了作为主动攻击者之外，如果 Trudy 还能够建立与 Alice 或 Bob 之间的合法连接，那么我们就说 Trudy 是潜入者。请考虑 IKE 协议阶段一数字签名选项下的主模式。

    a. 请问，作为被动攻击者，Trudy 能否推断出 Alice 的身份？
    b. 请问，作为被动攻击者，Trudy 能否推断出 Bob 的身份？
    c. 请问，作为主动攻击者，Trudy 能否推断出 Alice 的身份？
    d. 请问，作为主动攻击者，Trudy 能否推断出 Bob 的身份？
    e. 请问，作为潜入者，Trudy 能否推断出 Alice 的身份？
    f. 请问，作为潜入者，Trudy 能否推断出 Bob 的身份？

28. 请结合对称密钥加密选项下的主模式，再来回答思考题 27 中的问题。

29. 请结合公开密钥加密选项下的主模式，再来回答思考题 27 中的问题。

30. 请结合公开密钥加密选项下的积极模式，再来回答思考题 27 中的问题。

31. 请回顾：IPSec 协议运输方式的设计是为了主机到主机之间的通信，而隧道方式的设计是为了防火墙到防火墙之间的通信。

    a. 请问，为什么当隧道方式被用于主机到主机之间的通信时，无法隐藏数据包头信息？
    b. 请问，IPSec 协议隧道方式在用于防火墙到防火墙之间的通信时，是否也无法隐藏数据包头信息？请说明具体原因。

32. 请回顾：IPSec 协议运输方式的设计是为了主机到主机之间的通信，而隧道方式的设计是为了防火墙到防火墙之间的通信。

    a. 请问，运输方式是否可以用于防火墙到防火墙之间的通信？请说明具体原因。
    b. 请问，隧道方式是否可以用于主机到主机之间的通信？请说明具体原因。

---

19. 请不要试图一口气说出“IKE 协议阶段一公开密钥加密选项积极模式”，否则你可能会有得疝气的危险。

33. ESP 模式要求既实施加密又要提供数据完整性保护，但是也有可能利用 ESP 模式仅提供数据完整性保护。请对这种显而易见的自相矛盾做出解释。

34. 请问，在 AH 模式和设置了 NULL 加密的 ESP 模式之间，都有哪些显著的不同？如果有的话。

35. 假设如图 10-16 中所示，将 IPSec 用于从主机到主机之间的通信保护，但是 Alice 和 Bob 都位于防火墙之后。请问，基于下面这些假设，IPSec 协议通信可能会给防火墙带来什么问题？如果有的话。

    a. 使用了 ESP 模式，并且选择的是非 NULL 加密方案。
    b. 使用了 ESP 模式，并且选择的是 NULL 加密方案。
    c. 使用了 AH 模式。

36. 假如我们修改了 WEP 协议，使其利用 RC4 加密方案和密钥 K 对每一个数据包进行加密，其中 K 与认证过程中使用的密钥是同一密钥。

    a. 请问，这是否是个好主意？并说明为什么？
    b. 请问，这种方案相比 $K_{IV} = (IV, K)$，即 WEP 协议实际使用的方式，更好还是更差呢？

37. WEP 协议用于保护通过某个无线链路传送的数据。正如在文中讨论的，WEP 协议有许多安全缺陷，其中之一就是初始化向量，即 IV 使用方式的问题。WEP 协议的初始化向量 IV 共 24 位。WEP 协议使用固定的长效密钥 K。对于每一个数据包，WEP 协议都会随着加密的数据包以明文方式发送初始化向量 IV。其中，数据包利用流密码加密方案加密，使用的加密密钥是 $K_{IV} = (IV, K)$，也就是说，初始化向量 IV 被置于长效密钥 K 之前。假定特定的 WEP 协议连接基于一条 11Mbps 的链路发送了包含 1500 字节数据的信息。请思考如下问题：

    a. 如果初始化向量 IV 是随机选择的，那么预计需要多长时间，第一个初始化向量会出现重复？预计需要多长时间会有多个初始化向量出现重复？
    b. 如果初始化向量不是随机选择的，而是选自某个序列，比方 $IVi = i$, for $i = 0, 1, 2, \ldots, 2^{24} - 1$，那么预计需要多长时间，第一个初始化向量会出现重复？预计需要多长时间会有多个初始化向量出现重复？
    c. 请问，为什么重复的初始化向量 IV 会是安全隐患？
    d. 请问，为什么说 WEP 协议“无论密钥长度如何都不安全”(见参考文献[321])？也就是问，为什么对于 WEP 协议来说，密钥 K 是 256 位并不比密钥 K 是 40 位更加安全？

    提示：阅读参考文献[112]以了解更多的信息。

38. 在本书 10.6.3 节中曾经提到，如果 Trudy 知道 WEP 加密的数据包的目的 IP 地址，她就能够将目的 IP 地址修改成她自己选择的任意 IP 地址，于是无线接入点就会将数据包发送给 Trudy 选定的那个 IP 地址。

a. 假设 C 是加密的 IP 地址，P 是明文的 IP 地址(对于 Trudy 来说已知)，而 X 是 Trudy 想要数据包发往的 IP 地址。请问，在这种条件下，Trudy 将要插入进去以替换掉 C 的值是什么？

b. 要使这个攻击成功，请问 Trudy 还必须做些什么？

39. WEP 协议还包含了几个安全特性，这些特性我们在书中只是很简略地提到。在这个思考题中，我们来考虑这些特性中的两个。

a. 默认情况下，WEP 接入点会广播自己的 SSID，这个 SSID 就相当于 WEP 接入点的名字(或 ID)。客户端必须先将 SSID 发送给接入点(以明文方式)，然后才能够向接入点发送数据。对 WEP 协议进行设置，使得接入点不再广播其 SSID 也是可能的。在这种情况下，SSID 就扮演了口令的角色。请问，这种用法是否安全？

b. 对接入点进行配置，使其仅能够接受来自具有特定 MAC 地址的设备的连接，这也是有可能的。请问，这是否是有用的安全特性？并说明为什么。

40. 2001 年 9 月 11 日恐怖主义袭击之后，有一则消息广为报道——俄罗斯政府下令所有在俄罗斯境内的 GSM 基站要以非加密形式传送所有的通话。

a. 请问，俄罗斯政府为什么要下这样的命令？

b. 请问，这些新闻报道与本章中给出的关于 GSM 安全协议的技术性描述是否一致？

41. 修改图 10-25 中所示的 GSM 安全协议，使其能够提供双向相互认证。

42. 在 GSM 网络中，每一个归属地网络都有 AuC 数据库，其中包含了用户的密钥 K_i。另外还有一种方案，可以使用被称为密钥分散化(key diversification)的过程来实现。密钥分散化的执行过程如下：令 h 是安全加密哈希函数，再令 K_M 是只有 AuC 知道的主密钥。在 GSM 网络中，每一个用户都有唯一的 ID，被称为 IMSI。在这个密钥分散化的框架中，用户的密钥 K_i 由公式 $K_i = h(KM, \text{IMSI})$ 计算得出，这个密钥将被存储在手机里。随后，对于任意给定的 IMSI 值，AuC 就可以根据公式 $K_i = h(K_M, \text{IMSI})$ 计算出密钥。

a. 请问，密钥分散化的主要优势是什么？

b. 请问，密钥分散化的主要劣势是什么？

c. 请问，为什么 GSM 体系的设计者们没有选择使用密钥分散化的方案？

43. 请给出安全的单条消息的协议，要求能够防止手机克隆攻击，并且还能够建立共享的加密密钥。请模仿 GSM 协议进行设计。

44. 请给出安全的两条消息的协议，要求能够防止手机克隆攻击，能够防止伪造假冒基站攻击，并且还能够建立共享的会话密钥。请模仿 GSM 协议进行设计。

第Ⅳ部分　软　　件

第11章 软件缺陷和恶意软件

If automobiles had followed the same development cycle as the computer,
a Rolls-Royce would today cost $100, get a million miles per gallon,
and explode once a year, killing everyone inside.
— Robert X. Cringely

My software never has bugs. It just develops random features.
— Anonymous

11.1 引言

为什么软件会是很重要的安全主题？软件是否真的可以与加密技术、访问控制以及安全协议等相提并论并具有同样的地位和价值？一方面，实际上所有的信息安全策略和机制都需要通过软件来实现。如果你的软件是容易受到攻击的，那么你的所有其他的安全机制也都容易受到攻击，从而显得很不可靠。事实上，软件是所有其他的安全机制存在的基础。本章我们将会看到，在由问题软件提供的脆弱基础之上构建信息安全体系，无异于在流沙上建筑你的家园[1]。

在本章中，我们将要讨论几个软件相关的安全话题。首先，我们会考虑非故意的软件缺陷以及因此而引发的安全问题(见参考文献[183])。然后，我们再去讨论恶意软件(malicious software，或者简称为 malware)，这是一种有意设计和编写，专门用于实施破坏行为的软件。我们也会讨论恶意软件未来的发展。另外，我们还要提及其他几种基于软件的攻击类型。

软件本身是十分庞大的领域，因此我们在本章，以及在后面的两章里要继续展开的讨论，只聚焦于与软件相关的安全主题。同以往一样，虽然我们有足足 3 章的宝贵素材和丰

1. 鉴于作者本人无所畏惧的风格，或许这样的类比更加贴切：这就像是在地震频繁的国家，将你的房子建在了山坡上。

富资料，但是在这里也不过是做一些浮光掠影式的探讨。

11.2 软件缺陷

劣质的软件无处不在(见参考文献[143])。举个例子，曾经备受瞩目的NASA火星登陆者探测器，共耗资1.65亿美元，最终却由于某个软件错误导致在着陆火星的过程中直接撞毁，该软件错误与英制和公制测量单位之间的转换计算有关(见参考文献[150])。另外一个声名狼藉的例子是丹佛机场的行李装卸系统，该软件中的bug致使机场投入使用的时间比预期晚了11个月之久，因此而延迟的费用高达每天100万美元(见参考文献[122])[2]。还有一个软件失败的例子，是关于所谓的MV-22 Osprey，这个被称为“鱼鹰”的高级军用多用途飞机也饱受软件错误困扰，甚至曾因软件设计上的瑕疵而伤及无辜，教训惨痛(见参考文献[178])。对智能化电度表的攻击，甚至有可能会导致整个电网运行中断，而这其中的罪魁祸首也被归咎于软件错误。诸如此类问题的实例举不胜举，还有很多很多。

在本节中，我们重点来体会软件缺陷引发的安全启示。毕竟错误的软件无所不在，所以，有些坏家伙们找到了旁门左道来利用这些缺漏和弱点，甚至能够兴风作浪，那也不足为奇。

正常的软件用户，偶然间也会或多或少地发现软件中的bug，甚至是缺陷。这样的用户会痛恨有错误的软件，但是除非万不得已，他们逐步地就能够学会去忍受和适应这些问题。在令劣质的软件正常工作方面，用户表现出了令人难以置信的天赋。

另一方面，对于攻击者来说，会把这些有错误的软件看做一种机会，而不是问题。他们会主动地在软件中寻找bug或缺陷，也可以说，他们喜欢差的软件。攻击者总是千方百计地想让软件不能正常工作，而在这一点上软件缺陷被证明是非常有效的，可以说是屡试不爽。我们将会看到，对于许多(即便不是大多数)攻击者而言，有错误的软件往往是实施不端行为的核心着眼点。

在计算机安全专业人士当中，有一种认识已经获得了普遍认同，那就是：复杂性是安全的敌人(见参考文献[74])，而现代软件绝对是超级复杂的。事实上，如今软件的复杂度已经远远超出了人类对于复杂性的控制能力。一个软件模块包含的代码行数(the number of lines，可以简写为LOC)是一种计算软件复杂性的粗略方法——代码行数越多，软件就越复杂。在表11-1中呈现的数据，是一些大规模软件项目包含的代码行数，这些数字凸显了现代软件的极端复杂性。

据保守估计，商业软件中bug的数量大约会在平均每1000行代码(LOC)0.5个的水平(见参考文献[317])。典型地，一台计算机中可能会包含约3000个可执行文件，等价计算的话，

---

2. 这个自动行李装卸系统后来被证明是一次“彻头彻尾的完败”(见参考文献[87])，该系统最终于2005年被弃之不用。另外说点儿题外话，值得关注且有点儿意思的是，这个造价高昂的系统的失败相对于整个机场项目的预算超支和项目延期来说，仅仅是冰山之一角。另外，你或许会想知道，对于造成了这次纳税人钱财巨大浪费的负责人是怎么处理的？结果是他已被提升为美国运输部的部长(见参考文献[170])。

每个文件平均而言可能会包含 100 000 行的代码量(LOC)。那么平均起来，每一个可执行文件就会有 50 个 bug，这就意味着在单独一台计算机上存活着的 bug 就会有大约 150 000 个之多。

如果把上述计算扩展到中等规模的拥有 30000 个节点的公司网络，我们就有望在整个网络上看到大约 45 亿个 bug。当然，这些 bug 中有许多都是重复的，但是 45 亿仍然是令人震撼的天文数字。

表 11-1　一些系统中代码行数的近似值

系　　统	LOC
Netscape	1700 万
Space shuttle	1000 万
Linux 2.6.0 内核	500 万
Windows XP	4000 万
Mac OS X 10.4	8600 万
波音 777	700 万

现在，假设在所有的 bug 中只有 10%与安全有重大关系，再假设这 10%中间又仅有 10%有可能被远程利用。那么，仅仅是上述“一个”典型的公司网络上，就会有 4500 万个严重的安全缺陷是由错误的软件直接导致！

计算 bug 数目的算术游戏对坏小子们来说是个好消息，但是对于好孩子们来说这却是个非常坏的消息。随后我们还会再回到这个话题上来。但是，这里有很关键的一点，就是我们不能指望在任何比较短的时间之内就消除软件中的所有这些安全缺陷——假设确实能够消灭它们的话。虽然我们也将会讨论减少软件缺陷数量以及削弱其严重程度的各种方法，但是许多的软件缺陷不可避免地还会存在。在现实中，我们所能够期待的最佳结果，就是可以有效地管理因错误和复杂的软件而带来的安全风险。在几乎所有真实世界的应用场景中，绝对的安全基本上都是不可能的，对于软件当然也不会例外[3]。

在本节中，我们将注意力集中在程序缺陷上面。这些缺陷属于无心之失造成的软件 bug，其中蕴含着安全问题。我们将会讨论下面这些特定类型的程序缺陷：

- 缓冲区溢出
- 竞态条件
- 不完全仲裁

考察完了这些无心之失以后，我们还要将视线转回到恶意软件，即 malware 上面。别忘了，这些恶意软件才是真正图谋不轨的元凶。

3. 唯一可能的例外就是加密技术——如果使用强壮的加密方案，并且使用方法得当，那么也就算是空前地逼近了绝对的安全。不过，对于安全系统来说，加密方案通常仅仅是其中的一部分，即便你的加密方案堪称完美，也仍然难免留下许多其他的缺陷。令人遗憾的是，人们常常会将加密方案等同于信息安全，这自然就会导致对于绝对安全的某些不切实际的奢望。

编程上的疏漏或 bug 就是错误(error)。而当包含了某个错误的程序被执行时，该错误就可能会(也可能不会)导致这个程序进入到一种不正确的内部状态，这种情况对于程序的行为来说就是一种过错(fault)。程序的过错可能会(也可能不会)引发整个系统偏离其预期的行为，这就是一种系统运行中的故障(failure，或者也可以称为失效)(见参考文献[235])。换句话说，错误(error)是由人为导致的 bug，程序过错(fault)则是软件内部的问题，而系统故障或失效(failure)是从外部可以观测到的现象。

举个例子，在如下所示的 C 语言程序中存在错误(error)，因为 buffer [20]的空间并没有被预先分配。这个错误可能会导致程序过错(fault)，使得程序进入到一种不正确的内部状态。如果发生程序过错，就有可能会引发系统故障(failure)。在这里，程序的行为是不正确的(例如程序崩溃)。程序过错是否会发生，以及是否会因此而引发系统故障，都依赖于 buffer [20]的值被写入的存储器位置上当前驻留的是什么内容。如果该特定的存储器位置并没有被用于存储任何重要的数据，那么程序可能就会正常地执行，但是这将会令调试程序的任务颇具挑战性。

```
int main(){
        int buffer[10];
        buffer[20]=37;
```

接下来，我们将要讨论三种特定类型的程序缺陷，这些缺陷都会造成一些重大的安全弱点。这其中的第一种就是臭名昭著的基于堆栈的所谓缓冲区溢出(buffer overflow)，有时也会被称作堆栈溢出。堆栈溢出曾经被称为20世纪90年代的“10年攻击”(见参考文献[14])，现在又很可能被视为当前 10 年的“10 年攻击”，而无论所谓的“当前 10 年”指的是哪 10 年。我们这里所要讨论的缓冲区溢出攻击有好几种不同的版本，在本章最后的思考题部分，我们还要再去讨论这些版本。

我们将要讨论的第二类软件缺陷是竞态条件(race conditions)。竞态条件非常普遍，但是通常比起缓冲区溢出来说要难利用得多。我们要讨论的第三种主要的软件问题称为不完全仲裁(incomplete mediation)，这是一种常常会令缓冲区溢出的条件更容易被利用的软件缺陷。当然还会有其他类型的软件缺陷，但是本章将要讨论的这三种代表了最为常见的软件源代码问题。

11.2.1　缓冲区溢出

在具体地讨论缓冲区溢出攻击之前，让我们先来考虑一下此类攻击可能会爆发的现实场景。假设 Web 表单请用户输入数据，就像姓名、年龄、出生日期等等诸如此类的相关信息。被输入的信息随后被传送到一台服务器上，而这台服务器会将“姓名”字段中输入的数据写入可以容纳 N 个字符的缓冲区[4]中。如果服务器软件没有去验证以确保输入的姓名

4. 为什么这里会是“缓冲区”而不是“数组”呢？显而易见，是因为我们现在讨论的是缓冲区溢出而不是数组溢出。

的长度至多为 N 个字符的话，就会发生一次缓冲区溢出。

任何溢出的数据都可能会覆盖掉某些重要的数据，进而会导致系统崩溃(或是线程吊死)，这种情况发生的可能性是相当大的。如果果真如此，那么 Trudy 就可能会利用这个缺陷来发起拒绝服务(DoS)攻击。虽然这可能已经是十分严重的问题，但是我们将会看到，从 Trudy 的角度看，再聪明一点儿的做法就有可能将一次缓冲区溢出演变为严重得多的毁灭性攻击。在特殊情况下，有时 Trudy 还有可能会在受影响的机器上执行一些由她自己选择的代码。令人警醒的是，哪怕普通的编程 bug 都可能会导致这样的惨痛后果。

我们再来考虑前面的 C 语言源程序代码。当这段代码被执行时，就会发生缓冲区溢出。对于这个特定的缓冲区溢出，其严重性取决于：与 buffer[20]相对应的存储器位置在被覆盖上新的数据之前，原来驻留的是什么数据。缓冲区溢出可能会覆盖掉用户数据或程序代码，也可能会覆盖系统数据或代码，当然也可能只是覆盖掉未被占用的地址空间。

举个例子，考虑用于身份认证的软件组件。在这个软件中，最终认证结果的判决存储在单独的二进制位上。如果缓冲区溢出覆盖了这个存放认证结果的判决位，Trudy 就可以将她自己认证为其他某个人，比如 Alice。在图 11-1 中给出了这种情形的说明，其中在布尔标志位上的值“F”表明一次失败认证。

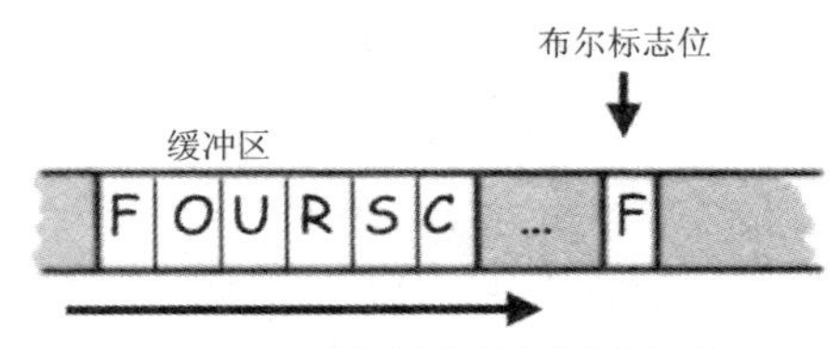

图 11-1　缓冲区和布尔标志位

如果缓冲区溢出覆盖了布尔标志位存储的内存位置，Trudy 就能够将值“F”(也就是二进制的 0 值)替换为“T”(也就是二进制的 1 值)，这样该软件就会相信 Trudy 已经通过了认证。图 11-2 中给出了这种攻击的图解。

图 11-2　简单的缓冲区溢出

在能够针对形式更为复杂的缓冲区溢出攻击展开讨论之前，我们在这里需要先给出关于典型的现代处理器存储结构及组织方式的快速浏览。在图 11-3 中呈现了简化的存储器视图——对于我们想要说明的目标，这已经足够了。标识为“*text*”的区域用于装载代码，而标识为“*data*”的区域则用于保存静态变量。*heap*(堆)用于保存动态数据，而 *stack*(栈，这里也可以称为堆栈。译者注：在中文翻译中，通常会将“栈”和“堆”的概念对应到内存区域以便相互区分。而在谈到“堆栈”时，一般会强调数据结构的存取特性，也就是“栈”的存取特性。在本书中，也用“堆栈”来描述内存区域，这时与“栈”的含义相同，从英文的表述“*stack*”来看，这也是一致的)可以被视为处理器的“便签簿”。举个例子，动态变化的局部变量、要传递给函数的参数以及一次函数调用的返回地址等都会被保存在堆栈(stack)中。栈顶指针(*Stack Pointer*，SP)标识出了栈顶的位置。请注意，如图 11-3 中所示，栈的增长是自底向上的，而堆的增长是自上向下的。

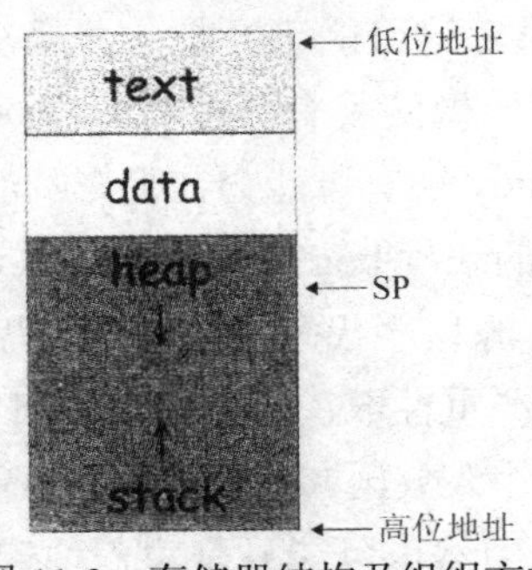

图 11-3　存储器结构及组织方式

1. 堆栈溢出

堆栈溢出特指一种颇具破坏性的攻击方式，这种攻击依赖于缓冲区溢出。对于堆栈溢出攻击，Trudy 的兴趣集中在处于函数调用过程中的堆栈。要想了解在函数调用过程中是如何使用堆栈的，可以参考下面这个简单的例子：

```
void func(int a, int b){
  char buffer[10];
}
void main(){
  func(1, 2);
}
```

当函数 func 被调用时，被压入堆栈中的数值如图 11-4 中所示。在这里，当函数执行时，堆栈用于为其中的数组缓冲区提供空间。另外，堆栈中还保持了返回地址，当函数执行完毕后，程序可以重新恢复控制并由此继续向下执行。请注意，缓冲区的位置在堆栈中返回地址的位置之上，也就是说，缓冲区在返回地址之后才被压入到堆栈当中。于是，如果缓冲区发生溢出，那么溢出的数据将会覆盖原来的返回地址。正是由于这个关键事实，才使得缓冲区溢出攻击如此致命。

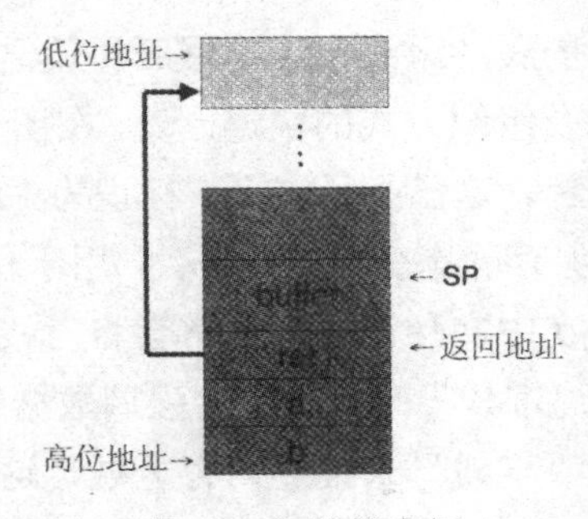

图 11-4　堆栈实例

在刚才的代码中，缓冲区包含了 10 个字符。如果我们将多于 10 个的字符放入到缓冲区中，会发生什么情况呢？缓冲区将会溢出，就好比我们要往 5 加仑大小的油箱里强行加入 10 加仑汽油时油箱会溢出一样。在这两种情况下，溢出都可能会导致混乱。在缓冲区溢出的情况下，如图 11-4 中显示，缓冲区将会溢出到返回地址存储的空间中，于是就“挤破”了堆栈。我们这里的假设是，Trudy 已经控制了进入缓冲区中的这些二进制位(例如 Web 表单中的“姓名”字段)。

如果 Trudy 溢出了缓冲区，使得返回地址被一些随机的二进制位值覆盖，那么当被调用的函数执行完毕时，程序将会跳转到随机的内存位置。如图 11-5 中的图解所示，在这种情况下，最有可能的结果就是程序崩溃。

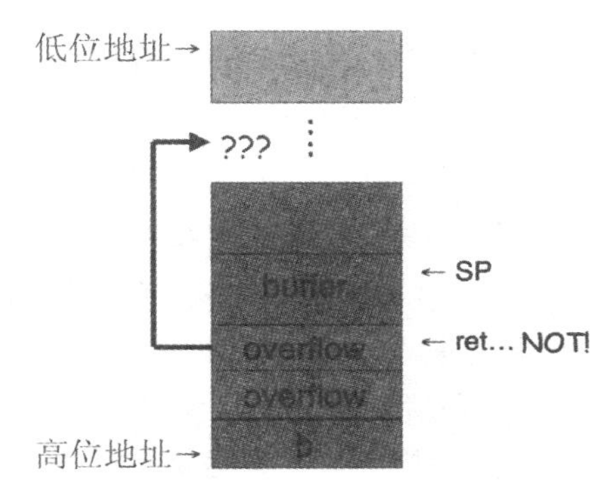

图 11-5　缓冲区溢出引发的问题

Trudy 也许会满足于就这样仅仅破坏掉程序。但是 Trudy 非常聪明，以至于能够认识到在这种情况之下，可以做到的远不止这些，继续挖潜将大有可为。既然 Trudy 能够利用随机的地址来覆盖原来的返回地址，那么她是否也能够将其覆盖为由她自己选择的特定地址呢？通常情况下，答案是肯定的。果真如此的话，那么 Trudy 想要选择的会是什么样的特定地址呢？

通过多次试错，Trudy 可能会将原来的返回地址重写为缓冲区的起始地址。这样一来，程序将会尝试“执行”存储在缓冲区中的数据。为什么这样做会对 Trudy 有用呢？别忘了，Trudy 可以选择进入缓冲区中的数据。所以，如果 Trudy 能够将可执行的代码作为“数据”填充到缓冲区中，那么 Trudy 就能够在受害者的计算机上执行这些代码。总结起来，基本要点就是 Trudy 能够在受害者的计算机上得以执行由她自己选择的一段代码。这对于安全必然是有害无利的。图 11-6 中所示的图解，说明了这种精巧版本堆栈溢出攻击的原理。

图 11-6 中所示的缓冲区溢出攻击值得仔细品味。因为无意识的编程错误，Trudy 就能够在某些情况下覆盖掉返回地址，进而使得由她自己选择的代码能够在一台远程的计算机上执行。这样的攻击所蕴含的深刻逻辑确实有点儿令人难以置信。

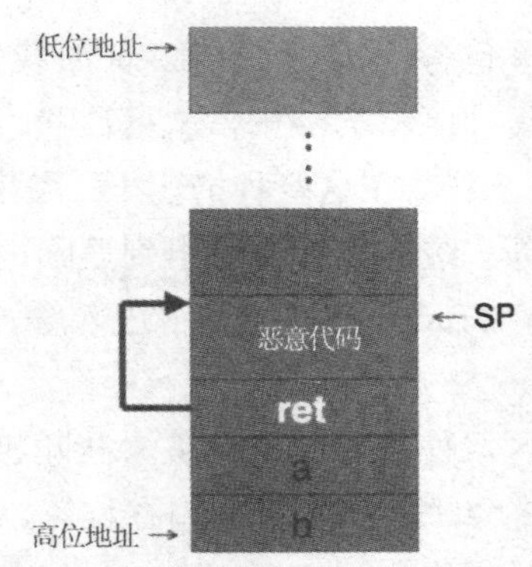

图 11-6　恶意的缓冲区溢出攻击

从 Trudy 的角度来看，实施这种堆栈溢出攻击还存在几个困难。首先，Trudy 可能不会知道被她插入到缓冲区中的恶意代码的精确地址。其次，她可能也不会知道堆栈中返回地址的精确位置。但是，这两点并没有成为不可逾越的障碍。

有两个简单的技巧可以使缓冲区溢出攻击变得要容易实现得多。其一，就是 Trudy 可以在注入的恶意代码之前填充 NOP 形式的“登录垫”(译者注：NOP 代表空指令，意思是什么都不做，跳过一个 CPU 指令周期。通过这种方式，在恶意代码之前置入一系列的空操作，作为一种缓冲，可以极大地提高猜测地址的命中率)。其二，她可以多次重复地插入所期望的返回地址(译者注：这种方式同样可以扩大地址猜测的命中窗口，从而能够提高命中率。总结这两点，通常可以将用于溢出的内容编制成形如“NOP- NOP---NOP-C-C---C-A-A---A”，从而扩大命中窗口)。那么，如果在多个设定的返回地址中有任何一个覆盖了实际的返回地址，程序的执行就会跳转到那个特别设定的地址。同时，如果这个特定的地址登录到被插入的一系列 NOP 中的任何一个，那么当“登录垫”中的最后一个 NOP 执行完毕后，插入的恶意代码就将会立刻被执行。图 11-7 中给出了这种改进后的堆栈溢出攻击的图解说明。

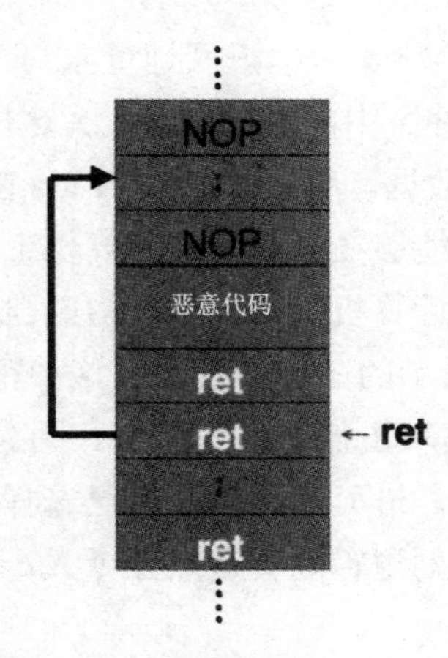

图 11-7　改进后的恶意的缓冲区溢出攻击

要想使缓冲区溢出攻击能够成功，显而易见，首先程序必须包含缓冲区溢出的缺陷。

另外，要知道并不是所有的缓冲区溢出都可以被利用，而只有那些可以令 Trudy 将代码注入系统中的溢出才有利用价值。也就是说，如果 Trudy 找到可以利用的缓冲区溢出，她就能够在受影响的系统上执行她所选择的代码。为了开发出有用的缓冲区溢出攻击，Trudy 很可能会有不少工作要做，但是可以肯定，这些她确实都能够做到。而且，在网络上有大量的资源可以利用，所有这些也都能够帮助 Trudy 磨炼提升她的技巧——其中标准的参考资料详见参考文献[8]。

2. 堆栈溢出攻击的例子

接下来，我们将要思考一段包含了可利用缓冲区溢出的代码，并据此展示一次攻击。当然，我们要站在 Trudy 的角度开展工作。

假设 Trudy 正面临某个应用程序的质询，程序需要她输入一个序列号，而 Trudy 并不知道这个序列号。Trudy 非常想使用这个程序，但是她太穷了，没有钱能够买得起有效的序列号[5]。Trudy 无权访问这个程序的源代码，但是她确实又拥有该程序的可执行权。

如图 11-8 中所示，当 Trudy 运行这个程序，之后输入了不正确的序列号时，该程序就会停止并且不再提供任何更多的信息。Trudy 继续努力，尝试了几个不同的序列号，但是不出所料，她始终无法猜解到正确的序列号。

图 11-8　序列号验证程序

然后，Trudy 尝试敲入非正常的输入值，想看看这个程序会作何反应。她期待这个程序会以某种方式出现运行异常，然后她就有可能利用这样的非正常行为找到机会。当 Trudy 观察到如图 11-9 中呈现的结果时，她意识到自己的运气来了。图 11-9 中呈现的结果表明这个程序存在缓冲区溢出问题。请注意，值 0x41 在 ASCII 码表中代表字符“A”。通过对相应报错消息进行仔细分析，Trudy 意识到她已经使用字符 A 精确地覆盖了保存返回地址的两个字节。

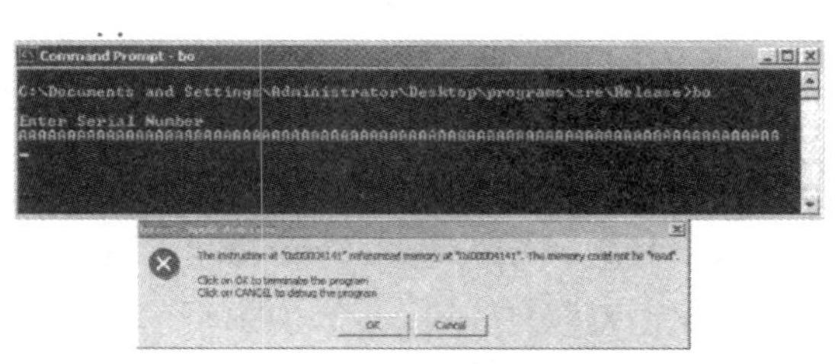

图 11-9　序列号验证程序中的缓冲区溢出

5. 在现实世界里，Trudy 肯定会聪明地利用 Google 来找到可用的序列号。但是，在这里我们假设 Trudy 无法通过在线的方式找到有效的序列号。

然后，Trudy 就对 exe 可执行文件进行反汇编[6]，于是就得到了图 11-10 中呈现的汇编代码。在这段代码当中，最重要的信息就是字符串“Serial number is correct”，在代码中这个字符串出现位置的地址是 0x401034。如果 Trudy 能够利用地址 0x401034 覆盖掉原来的返回地址，那么该程序就会跳转到“Serial number is correct”，于是她就已经获得了对该程序的使用权，而无须知道有关正确序列号的任何信息。

```
.text:00401000
.text:00401000                 sub     esp, 1Ch
.text:00401003                 push    offset aEnterSerialNum ; "\nEnter Serial Number\n"
.text:00401008                 call    sub_40109F
.text:0040100D                 lea     eax, [esp+20h+var_1C]
.text:00401011                 push    eax
.text:00401012                 push    offset aS       ; "%s"
.text:00401017                 call    sub_401088
.text:0040101C                 push    8
.text:0040101E                 lea     ecx, [esp+2Ch+var_1C]
.text:00401022                 push    offset aS123n456 ; "S123N456"
.text:00401027                 push    ecx
.text:00401028                 call    sub_401050
.text:0040102D                 add     esp, 18h
.text:00401030                 test    eax, eax
.text:00401032                 jnz     short loc_401041
.text:00401034                 push    offset aSerialNumberIs ; "Serial number is correct.\n"
.text:00401039                 call    sub_40109F
.text:0040103E                 add     esp, 4
```

图 11-10　反汇编序列号验证程序

但是，Trudy 不能直接输入十六进制的地址以充当序列号，因为这样的输入值会被解释为 ASCII 码文本。于是，Trudy 查找 ASCII 码表，据此找到值 0x401034 在 ASCII 码中的表示是“@P4”，其中“P”表示 control-P。这次 Trudy 满怀信心地启动了这个程序，然后她只是输入足够多的值以确保肯定能够覆盖掉返回地址，接着她又输入了“@P4”。出乎她的意料之外，Trudy 这次得到了如图 11-11 所示的结果。

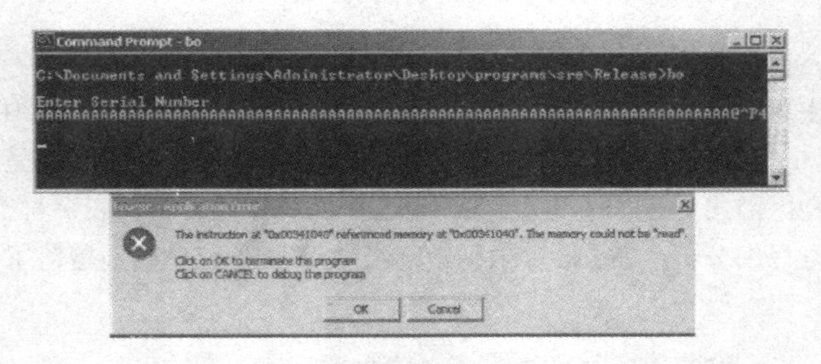

图 11-11　失败的缓冲区溢出攻击

通过对错误消息进行仔细检查，可以看出错误发生的地址是 0x341040。显然，Trudy 让程序跳转到了这个地址，而不是她预期的地址 0x401034。Trudy 注意到预期的跳转地址与实际的跳转地址刚好是前后字节对换的关系。这里的问题在于，Trudy 面对的这台计算机使用的是所谓小端(little endian)规则的字节存储顺序，所以数据的存储方式是低位字节在前，随后才是高位字节(译者注：所谓小端规则和大端规则，分别是指两种字节存储的组织顺序。小端规则是指在机器字中，低位的字节存储在机器字在内存中所占区域的低地址处，

6. 在下一章中，我们将会涉及软件逆向工程，到时我们会就反汇编器展开更多讨论。

高位的字节则存储在机器字在内存中所占区域的高地址处，而大端规则刚好与此相反。实际系统采用哪种字节排序规则，通常与硬件体系架构有关)。也就是说，Trudy 想要的跳转地址，即 0x401034，在系统内存储后就成了 0x341040。所以，Trudy 对她之前的攻击稍作调整，使用地址值 0x341040，也就是 ASCII 码中的“4P@”来覆盖程序中的返回地址。通过此次修改，Trudy 成功达到了目的，结果如图 11-12 中所示。

```
Command Prompt
C:\Documents and Settings\Administrator\Desktop\programs\sre\Release>bo
Enter Serial Number
AAAAAAAAAAAAAAAAAAAAAAAAAAAAAAAAAAAAAAAAAAAAAAAAAAAAAAAAAAAAAAAAAAAAAAAAAAAA4^P@
Serial number is correct.
C:\Documents and Settings\Administrator\Desktop\programs\sre\Release>_
```

图 11-12　成功的缓冲区溢出攻击

这个例子的关键点在于，既不需要了解序列号相关的信息，也无须访问源程序代码，Trudy 就能够破坏这个软件的安全性。Trudy 使用的唯一工具就是反汇编器，据此她就可以确定需要用来覆盖原始返回地址的地址信息。原则上，这个地址可以通过试错法来寻找，虽然那会比较单调乏味，但是充其量也就是麻烦而已。如果 Trudy 拥有可执行权限，她有可能会犯傻，以至于想不到使用反汇编器来作为辅助——但是 Trudy 并不傻。

为了完整性起见，我们给出了这个软件的 C 程序源代码 bo.c 以及相应的可执行文件 bo.exe。C 源代码如下：

```
main
{
   char in[75];
   Printf (''\nEnter serial number\n'');
   scanf(''%s, in);
   if(! strncmp(in, ''S123N456'', 8))
    {
   printf(''seerial number is correct.\n'')
   }
}
```

这里再次强调，Trudy 并不需要访问上面的源程序代码，就已经能够完成她的缓冲区溢出攻击。我们在此提供的源程序代码仅是作为参考。

最后，请注意，在这个缓冲区溢出攻击的例子中，Trudy 并没有在堆栈中执行代码。她只不过是覆盖了函数返回地址而已，据此使得程序跳转执行本已存在某特定地址上的程序代码。也就是说，这次攻击并没有实施代码注入，无需代码注入将会使攻击行为极大地简化。这个版本的堆栈溢出攻击通常被视为一种 *return-to-libc* 攻击(也被称为“返回库函数”攻击)。

3. 堆栈溢出攻击的预防

有几种可能的方法可以用来防止堆栈溢出攻击。一种方法就是从软件中消除所有的缓冲区溢出。但是，这个方法听起来不错，做起来却要难得多。而且，即使我们从新的软件当中消除了所有的此类 bug，仍然会有数量巨大的现存软件早已被缓冲区溢出漏洞弄得满目疮痍。

另一种解决方案则是，当缓冲区溢出发生时检测到此种过错的发生，并随之做出相应的反应。有一些程序设计语言可以支持自动实现这一点。另外，还有一种选择就是不允许代码在堆栈当中执行。最后，如果我们能够将代码装载到内存中的位置进行随机化处理，那么攻击者就不会知道缓冲区的地址或是其他代码所处位置的地址，这就能够防止大部分的缓冲区溢出攻击。接下来，我们将简要地讨论这些不同的解决方案。

对于许多基于堆栈的缓冲区溢出攻击来说，最小化它们所致危害的一种简单方法就是，令堆栈为不可执行空间，也就是说，不允许代码在堆栈中执行。有一些硬件(以及许多操作系统)支持这个"*no execute*"选项或是 NX 标志位(见参考文献[129])。利用 NX 标志位，内存将会被设置标识，从而使得代码无法在某些特定的位置执行。通过这种方式，堆栈(以及堆和数据存储区)就可以获得保护，以免受很多缓冲区溢出攻击之苦。近期微软公司的 Windows 操作系统版本也增加了对于 NX 标志位的支持(见参考文献[311])。

随着设置 NX 标志位的方法逐渐被广泛地实施和运用，我们应该可以看到，缓冲区溢出攻击发生的数量和造成的危害都呈现出逐渐下降之势。但是，NX 标志位并不能防止所有的缓冲区溢出攻击。举个例子，在前面讨论的 return-tolibc 攻击就不会受此影响。想要了解有关 NX 标志位及其安全内涵的更多信息，见参考文献[173]。

使用安全的编程语言，诸如 Java 或 C#之类，将有助于从源头就消除大部分的缓冲区溢出。之所以说这些语言安全，是因为在运行时，这些语言提供的机制能够自动地对所有的内存访问进行检查，以确定这些操作是否位于数组(缓冲区)声明的边界之内。当然，这样的检查会带来性能上的损失，也因为这个原因，大量的程序代码仍然会继续使用 C 语言来编写，特别是对于资源受限设备中的应用程序，尤其如此。相对于这些安全的程序设计语言，在 C 语言中有几个函数属于众所周知的不安全函数，这些函数是绝大多数缓冲区攻击的根源。对于所有这些不安全的 C 函数，如今都已经有了更加安全的替代方案，所以这些不安全的函数就绝对不应该再使用了——请参见本章结尾的思考题部分，从中你可以了解更多的细节。

运行时堆栈检查可以用于防止堆栈溢出攻击。在这种解决方案中，当返回地址从堆栈中弹出时，会对其进行检查以确定没有发生改变。这一点可以通过在将返回值压入堆栈之后立刻压入某个特定的值到栈顶来实现。这样一来，当 Trudy 试图覆盖掉返回值时，她就必须要首先覆盖掉这个特定的值，这样就提供了一种用于检测堆栈的途径。这个特定的值就是通常所说的 *canary*(金丝雀)，这个称谓来源于煤矿工人[7]。在图 11-13 中给出了利用

---

7. 煤矿矿工在深入地下矿井中时，通常会携带金丝雀(canary)在身边。如果金丝雀死了，煤矿矿工就会知道是矿井中的空气出现了问题，他们需要尽快地从矿井中撤离(译者注：canary 的意思是金丝雀。金丝雀自身非常敏感，如果金丝雀在矿井中死了，就很可能说明有瓦斯等有毒气体泄露，这时人就能够提前发现并考虑马上逃生，从而避免被毒死或发生火灾爆炸事故)。

canary 值作为堆栈溢出检测手段的图解说明。

请注意，对于防堆栈溢出攻击的 canary 值，如果 Trudy 能够用自身的值覆盖自己，那么她的攻击就仍然不会被检测出来。我们是否能够防止这种 canary 值被自身覆盖的情况？

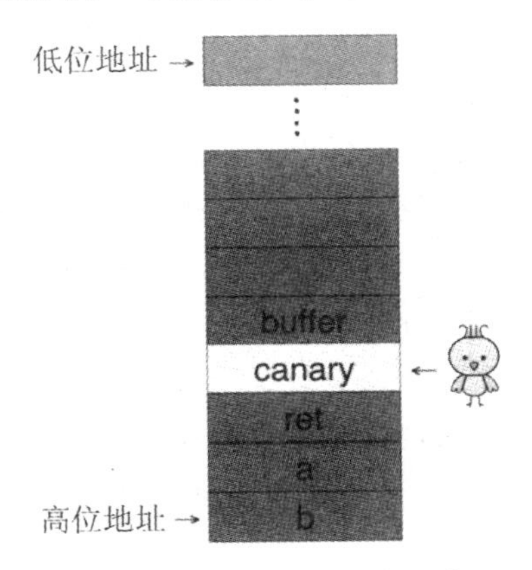

图 11-13　canary 值示意

canary 值可以是常量，也可以是依赖于返回地址的值。有时候会使用特殊的常量 0x000aff0d，这个常量包含 0x00 作为首个字节，因为这通常是字符串的结束字节。任何溢出到某个缓冲区并且包含 0x00 的字符串，都将在这个点上被终止，于是就不会再有更多的堆栈空间被覆盖。这样做的结果就是，攻击者无法使用字符串输入来覆盖常量值 0x000aff0d 自身，而任何其他能够覆盖 canary 值的值都将会被检测出来。在这个常量值中，其他字节用于防止另外一些类型的缓冲区溢出攻击。

最近，基于参考文献[246]中讨论的方案，微软公司在其 C++编译器当中增加了用于支持 canary 值的特性。任何使用/GS 编译器选项进行编译的程序都会使用 canary 值——或者用微软公司的说法，是“安全 cookie”——来检测运行时的缓冲区溢出。但是，最初微软公司对于这个特性的相关实现显而易见是有缺陷的。根据这个实现，当 canary 死了(即 canary 值被新值覆盖)之后，程序会将控制权移交给由用户定义的处理程序。人们发现，攻击者能够指定这个用户定义的处理程序(译者注：在该版本的编译器实现中，会将这个用户定义的处理程序的函数指针存储在全局变量 user_handler 中，这个变量就会成为被攻击的要害，通过对这个变量进行修改就能够将控制最终指向攻击者需要的位置，从而达成攻击目的。具体过程比较复杂，还会牵扯到其他方面的细节设计，此处不再赘述)，进而就能够在受害者的计算机上执行任意指定的代码(见参考文献[245])，虽然对于这个攻击的严重性，微软公司也进行了竭力申辩(见参考文献[187])。假如上面声称的这种攻击是有效的，那么对于所有在/GS 编译器选项之下被编译的程序，缓冲区溢出问题都是可以被利用的，甚至连那些在不使用/GS 选项编译的情况下原本不能被利用的缓冲区溢出问题，现在也都是可以被利用的了。换句话说，这种治疗使病情进一步加重了。

对于最小化缓冲区溢出攻击造成的影响，还有另一选择，就是所谓的地址空间布局随机化(Address Space Layout Randomization，ASLR)(见参考文献[105])。这种技术已经被用于最新的 Windows 操作系统以及几个其他的现代操作系统。ASLR 技术依赖于这样的事实：缓冲区溢出攻击都是费尽心机精打细算的设计。也就是说，要想在堆栈中执行代码，Trudy 通常需要使用硬编码的特定地址来覆盖原始的返回地址，从而使得程序的执行过程能够跳转到这个特定的位置。当使用 ASLR 技术时，程序会被装载到内存中差不多是随机的位置上，那么对于 Trudy 硬编码到其攻击中的任何地址来说，只会在相对比较少的时间里才有可能是正确的。如此一来，Trudy 的攻击行为只会在相对少数的时间才能够成功。

不过在实践中，相对而言只有很少数的“随机化”地址空间布局被投入应用。例如 Windows Vista 使用 256 个不同的地址空间布局，因而可以使得：对于给定的缓冲区溢出攻击，正常的成功概率仅在大约 1/256 的水平。但是，由于实现中的弱点，Windows Vista 并没有从这 256 个可能的地址空间布局中进行均匀选择，这就使聪明攻击者能够攻击成功的机会大大增加了(见参考文献[324])。除此之外，在参考文献[263]中还讨论了一种所谓的去随机化攻击(de-randomization attack)，这种攻击针对的是某些特定的 ASLR 实现方案。

4. 缓冲区溢出：结语

毫无疑问，在过去的这几个 10 年当中，对于每一个 10 年，缓冲区溢出都可以当之无愧地被称为“10 年攻击”。例如，在许多主要的恶意软件被激发的过程中，缓冲区溢出已经成为发起致命一击的必杀技。鉴于缓冲区溢出攻击自 20 世纪 70 年代以来已为人们所熟知这一事实，通过利用 NX 标志位的方法，通过使用安全的程序设计语言，以及通过使用 ASLR 技术等方式，还是有可能对大部分的此类攻击做到防患于未然的。即便是使用像 C 语言这类不安全的编程语言，通过使用不安全函数的安全版本，也可以极大地降低缓冲区溢出攻击发生的可能性。

那么，我们是否有望将缓冲区溢出攻击抛入历史的垃圾堆中呢？无论如何，对软件开发人员必须加强教育和规范，用于防止和检测缓冲区溢出状况的各类工具也必须获得妥善应用。对于给定的平台，如果缓冲区溢出存在可能，那么 NX 标志位的方法当然应该要部署，而且 ASLR 也是很有前途的技术。遗憾的是，在可以预见的未来，缓冲区溢出仍然会是很大的问题，因为有大量的遗留代码以及很多的老旧机器都还将继续服役。

11.2.2　不完全仲裁

C 语言函数 `strcpy(buffer, input)`的定义是将输入字符串 `input` 中的内容复制到数组 `buffer` 中。正如我们在前面已经了解到的，如果 `input` 的长度大于 `buffer` 的长度，就会发生缓冲区溢出。为了防止这样的缓冲区溢出，程序必须对输入值进行合法性验证，具体方式就是在尝试将数据写入到 `buffer` 中之前，要先检查 `input` 的长度。如果无法做到这一点，那么这就是不完全仲裁(*incomplete mediation*)的例子。

下面我们再来看一个更加精巧的例子。请考虑在某个网页表单中输入的数据，这样的数据通常会以嵌入到 URL 链接中的方式传送给后台的服务器，而这就是我们此处将要加以利用的方式。假如在构造所需要的 URL 链接之前，输入数据在客户端一侧已被确认为有效。

举个例子，考虑如下 URL 链接：

```
http://www.things.com/orders/final&custID=112&
     num=55A&qty=20&price=10&shipping=5&total=205
```

在服务器一侧，这个 URL 会被解释为：ID 号为 112 的客户已经订购了 20 件商品代码为 55 的产品，价格为每件 10 美元，另外还要附加 5 美元的运输费，合计总金额为 205 美元。既然这个输入在客户端已经接受了检查，服务器软件的开发者们就认为，在服务器一侧再次对其进行检查将是徒劳无益的。

但是，对于 Trudy 来说，她可以不使用客户端软件，而是直接将 URL 链接发送到服务器端。假设 Trudy 发送给服务器的是如下这个 URL 链接：

```
http://www.things.com/orders/final&custID=112&
     num=55A&qty=20&price=10&shipping=5&total=25
```

如果服务器不去确认输入的有效性，那么 Trudy 也能够得到与上面相同的订单，但却是以特价商品的超低价格共付款 25 美元就完成了交易，而不是基于合理价格的 205 美元。

近年来的研究(见参考文献[79])显示，在 Linux 内核中存在着难以计数的缓冲区溢出问题，而其中大部分的问题都可归结为不完全仲裁问题。这也许会令人感到有些吃惊，因为 Linux 内核通常被视为非常好的软件。但是，Linux 毕竟是开源软件，所以任何人都可以在其程序代码中(对此，我们在下一章中还将进行更多的说明)寻找缺陷和漏洞。另外，又因为本身是操作系统内核，所以必然是被经验丰富的程序员亲自实现的。如果这些软件缺陷在此类代码中都是普遍现象，那么在大部分其他的代码当中，这些问题毋庸置疑会更加常见。

有一些工具可以用来辅助查找可能的不完全仲裁实例。这些工具应该获得广泛应用，但这也并不是灵丹妙药，更无法包治百病。因为这类问题有可能会非常机巧，从而很难对其实施自动化检测。另外，就像大多数的安全工具一样，这些工具也有可能为坏小子们做成嫁衣。

11.2.3　竞态条件

在理想情况下，安全处理过程应该是原子的(*atomic*)，意思是说，相关的处理操作应该一气呵成。如果安全处理过程是分阶段进行的，那么所谓的竞态条件(race conditions)就有可能出现在安全过程各阶段执行的临界点上。在这种情况下，攻击者有可能在处理过程的不同阶段之间的间隙插入变更，并进而破坏整体安全性。这里的术语“竞态条件”意指，这是一种攻击者和处理过程中下一执行阶段之间的一次“竞赛”，虽然实际上这并不像是一场竞赛，毕竟对于攻击者来说，精打细算并拿捏好分寸才是最重要的。

下面我们将要讨论的这个竞态条件，发生在旧版本的 UNIX 命令 mkdir 上，这个命令执行创建新目录的操作。利用这个旧版本的 mkdir 命令，目录的创建是分阶段的——一个阶段用于确定授权，之后紧跟着另一个阶段用于转移所有权。如果 Trudy 能够在授权阶段之后，同时又恰逢转移所有权阶段之前插入变更的话，她就有可能抓住机遇攻击得手。比如说，她可以成为某些目录的所有者，而这些目录原本是她不能访问的。

在图 11-14 中给出的图解，说明了这个版本的 mkdir 命令设定的工作方式。请注意，mkdir 命令不是原子的，而这正是竞态条件发生的根源。

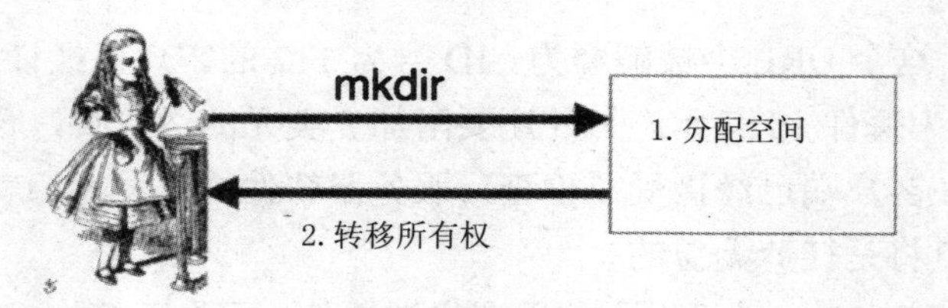

图 11-14　mkdir 命令的工作方式

如果 Trudy 能够设法实施如图 11-15 中所示的这种攻击，那么她就可以进一步挖掘这个特定的 mkdir 竞态条件。在这种攻击场景中，在新目录的空间被分配之后，恰好在新目录的所有权被转移给 Trudy 之前，Trudy 可以创建从口令文件(口令文件是 Trudy 无权访问的)指向这个新分配空间的链接。请注意，这种攻击并不是真正的竞赛，实际上这里需要的是 Trudy 对时机的精准把握(甚至还包括一些运气的成分)。

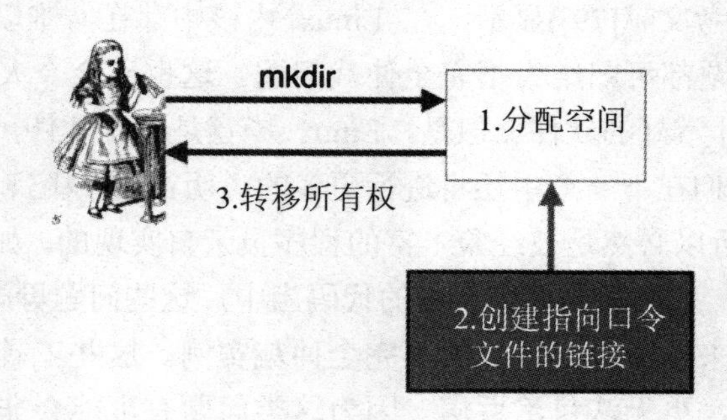

图 11-15　对 mkdir 竞态条件实施攻击

如今，竞态条件也许已经相当常见了，并且随着并行计算程度的不断提高，这种情况肯定会变得越发普遍。但是，在真实世界中，基于竞态条件的攻击并不常见——攻击者们显然对缓冲区溢出攻击更加青睐。

为什么基于竞态条件的攻击会比较少见呢？一方面，利用竞态条件需要对时机的精准把握。另一方面，每一个竞态条件都是独一无二的，所以对于这样的攻击并不存在某个一成不变的模式。相比较而言，比如拿缓冲区溢出来说，竞态条件肯定会更加难以利用。鉴于这种情况，时至今日缓冲区溢出都是挂得比较低的那颗果实，因而也就会更加受到攻击者的偏爱。不过，如果缓冲区溢出的情形减少，或者缓冲区溢出被整治得足够难以开发，那么就可以肯定，我们必然能够看到基于竞态条件攻击方式的相应增长。这就是 Stamp 原则(在安全中自然会有职业的安全)的另一注解。

11.3　恶意软件

在本节中，我们将讨论那些故意设计以用于破坏安全性的软件。因为这样的软件无一例外都心怀叵测图谋不轨，所以它们都背上了恶意软件(*malware*)的骂名。在这里，我们只把大部分的注意力放在一些基础性的内容上——想要了解更多有关的细节，Aycock 的那本优秀的参考书(见参考文献[21])会是不错的起点。

恶意软件可以被划分为许多不同的类型。我们在本书将使用下面的分类标准，虽然在这些不同的类型之间会有相当大的重叠。

- 病毒(*virus*)，这是一种依赖于其他人或物才能够从一个系统蔓延至另一个系统的恶意软件。举个例子，一种 email 病毒会将自身附加到一封 email 上，以伴随这封 email 从一个用户传递到另一个用户。迄今为止，病毒都是最为流行的一种恶意软件形式[8]。
- 蠕虫(*worm*)，这种恶意软件与病毒类似，不同的是它们具有自我繁衍和传播的能力，而不需要外界的辅助。这个定义意味着蠕虫是通过网络来扩散和传染的。
- 特洛伊木马(trojan horse)，或者简称为木马，这种恶意软件看起来像是正常的软件，但实际上却内含了意想不到的不法功能。例如，有些看起来毫无问题的游戏程序，实际上在游戏玩家沉迷其中酣畅淋漓的时候，往往会做一些鸡鸣狗盗的勾当。
- 后门(*trapdoor* 或 *backdoor*)，这种恶意软件会允许开启对某个系统的非授权访问。
- rabbit，这是一种意图耗尽系统资源的恶意程序。rabbit 程序的实现可以利用病毒、蠕虫以及一些其他的方法。
- 间谍软件(*spyware*)，这是一种特殊类型的恶意软件，它们可以监控键盘敲击行为并进行记录(译者注：这是一种盗取用户口令的方法)，可以盗取数据或文件，或是执行一些与此类似的活动(见参考文献[22])。

一般来说，我们不会太过于关注“将某个特定的恶意软件归入到它所隶属的某个精确分类当中”这样的问题。我们将会使用术语“病毒”一词来顺便指代病毒、蠕虫或其他诸如此类的恶意软件。值得注意的是，许多所谓的“病毒”(按照流行的用法来讲)，从技术意义上看，都不是真正的病毒。

病毒一般都会隐藏在系统中的什么地方呢？理所当然，所谓的“引导扇区病毒”(*boot sector* viruses)就驻留在引导扇区中，处于这个位置，这些病毒就有能力在系统启动过程的初期便接管控制。然后，这样的病毒就可以步步为营，在有可能被检测到之前就先行掩盖自身的踪迹。从病毒编写者的角度看，引导扇区确实是好的藏身之所。

另外一类病毒是所谓的“内存驻留”(*memory resident*)型病毒，意思是说这类病毒驻留在内存里。对于这种病毒，有必要通过重新启动系统的方式将其刷出内存。病毒还有一些其他的藏身之所，包括应用程序、宏、数据库、例程、编译器、调试器等等，甚至连病毒检测软件当中也有可能会携带有病毒。

单从计算技术的标准来看，恶意软件也算是历史久远了。早在 20 世纪 80 年代，Fred Cohen 就率先开展了关于病毒的实质性研究工作(见参考文献[62])，他清楚地向人们展示了恶意软件可以被用于攻击计算机系统[9]。

8. 术语“病毒”有时候专指寄生性的恶意软件，也就是说，是指那些需要依赖于其他代码才能够实现预期功能的恶意软件。

9. Fred.Cohen 博士将“病毒”这一术语的发明归功于 Len Adleman(也就是 RSA 中的“A”)。

可以说，现实世界中第一个真正意义上的原生病毒出现在 1986 年，这就是被称为 Brain 的病毒。Brain 病毒并不作恶，充其量不过被看做一种好奇心的展示而已。也正因为这样，这个病毒并没有唤起人们对于恶意软件的安全性警示。当大名鼎鼎的莫里斯蠕虫病毒(Morris Worm)于 1988 年现身时，人们这种安之若素的状态才开始为之动摇。无论历史如何久远，莫里斯蠕虫病毒迄今为止始终是颇受关注的恶意软件之一，下面我们还要对其进行更加具体的说明。在本书中，我们还会介绍另外一些恶意软件实例，并对它们展开较为具体的讨论，这些实例包括：2001 年问世的所谓红色代码(Code Red)病毒，还有 2003 年 1 月爆发的所谓 SQL Slammer 病毒。另外，我们还会给出简单的特洛伊木马的例子，并探讨一下恶意软件的未来发展。想要了解恶意软件诸多方面的更多具体信息——也包括一些发人深省的历史洞见——可以参看参考文献[66]。

11.3.1　Brain 病毒

1986 年的 Brain 病毒除了讨人嫌之外也没有什么危害。这个病毒的重要性在于如下事实：Brain 病毒是有史以来的第一个，而且其自身后来也演变成了许多后期病毒的原型。但是，因为这个病毒并没有恶意，所以在用户中间也没有引起什么反响。回首往事，关于恶意软件可能导致的潜在危害，Brain 病毒也曾给出了清晰的警告，但是在那个年代人们对这样的警告基本上是视而不见。无论如何，计算机系统对于恶意软件来说一直都是极其脆弱的。

Brain 病毒将自身置于引导扇区以及系统中的其他一些地方，之后该病毒对所有的磁盘访问操作进行屏蔽以避免被检测到，并保持其感染性。每次当磁盘被读取时，Brain 病毒就会检查引导扇区，看其是否已经被感染。如果未被感染，这个病毒就会重新将自身加载到引导扇区中以及其他的一些地方。这就会导致要想彻底根除 Brain 病毒变得非常困难。关于 Brain 病毒的更多具体内容，可以参见 Robert Slade 的有关病毒历史的优秀参考书(见参考文献[66])中的第 7 章。

11.3.2　莫里斯蠕虫病毒

当 1988 年莫里斯蠕虫病毒(Morris Worm)发起对互联网的进攻并因而一鸣惊人的时候(见参考文献[37]和[229])，信息安全的历史就被永远地改写了。一定要认识到，1988 年的互联网与现如今的情形相比绝对是天壤之别。追溯到那个年代，互联网基本上还是学术界的领地，学者们利用互联网交换电子邮件，也会使用 telnet 服务对超级计算机进行远程访问。尽管如此，那时的互联网也已发展到了某种临界状态，这种状态意味着系统很容易受到自持(self-sustaining)蠕虫的攻击。

莫里斯蠕虫病毒是一款设计巧妙、复杂且精密的软件作品，制作者是 Cornell 大学里的一位孤寂无聊的研究生[10]。莫里斯声称他的蠕虫程序只是(关于互联网的)测试误入了歧途。事实上，蠕虫导致的绝大部分严重后果都是源自软件缺陷(按照莫里斯的说法)。换句话说，蠕虫程序里会有 bug。

---

10. 仿佛是为了给整个事件增加一些阴谋论的色彩，莫里斯的父亲那时正效力于超级机密的要害机关(见参考文献[248])。

根据莫里斯蠕虫病毒的设计，显然是应该在尝试感染系统之前，先要检查系统是否已经被感染了。但是这个检查机制并不总是能生效，于是就造成了蠕虫病毒会再次感染已经中招的系统，这样便会导致资源被耗尽。所以说，莫里斯蠕虫病毒(无意之间)引发的恶劣后果本质上就会像人们戏称的兔子一样，快速而且反复地繁衍传播。

莫里斯蠕虫病毒的设计目标包括如下 3 个方面：

- 确定自身能够将感染力扩散到什么地方。
- 尽最大可能性扩散其感染性。
- 保持不会被发现。

为了扩散其自身的感染性，莫里斯蠕虫病毒必须获得相应的权限，以便能够远程访问网络上的主机。为了获得访问权限，莫里斯蠕虫病毒就需要尝试去猜解用户账号的口令字。如果猜解无效，就会试图利用 fingerd(UNIX 操作系统中 finger 实用程序的一部分)服务发起缓冲区溢出攻击。另外，也可能会尝试通过 sendmail 程序的后门缺陷来寻求突破。在那时，fingerd 和 sendmail 中的软件缺陷均已为人们所熟知，但却往往没有被打上修正的补丁。

一旦获得对某台主机的访问权限，莫里斯蠕虫病毒就会将引导程序(bootstrap loader)传送到受害者的计算机上。这个引导程序包含了 99 行 C 程序代码，在被感染的系统中编译和执行。随后，引导程序再将蠕虫病毒的其他部分提取出来。在这整个过程中，受害者的计算机甚至还能够对发送方实施身份认证。

莫里斯蠕虫病毒想方设法利用各种手段来防止被检测到。如果蠕虫在传播的过程中被中断，那么已经发送的所有代码都会被删除。代码在被下载时也是以加密形式传送，并且一旦被解密和编译之后，下载的源代码就会被删除。另外，蠕虫在系统中运行时，将会定期地改变自身的名称和进程标识符(Process Identifier，PID)。于是，对于系统管理员来说，觉察到任何异常的可能性都比较小。

可以毫不夸张地说，莫里斯蠕虫病毒震惊了 1988 年的整个互联网界。互联网的设计本该能够挺过攻击，可是却在一名研究生和几百行 C 程序代码面前束手就擒了。那时，几乎没有人(即使有，也是极少数人)能够想象得到，互联网在面临这样的一个小儿科攻击时就如此弱不禁风。

如果莫里斯当年选择让他的蠕虫干一些真正的邪恶勾当，那么结果就将不堪设想。事实上，可以说最糟糕的危害莫过于因蠕虫传播导致的大面积恐慌——许多用户纷纷采取的措施，只不过就是简单地拔掉电源插头。他们相信这是保护自己系统免受祸害的唯一法门。但是，相比选择了依赖这个万无一失的“空气隔离”(air gap)防火墙的用户来说，那些仍然在线的用户却能够接收到一些有用的信息，并进而更加快速地从问题中恢复出来。

莫里斯蠕虫病毒的直接后果之一就是，计算机应急响应小组(Computer Emergency Response，Team CERT)(见参考文献[51])被正式组建，该组织已逐渐地发展成为适时计算机安全信息的主要交流发布平台。虽然莫里斯蠕虫病毒确实引起人们对于互联网脆弱性觉悟的提升，但是说来奇怪，从提升安全性的实质性行动来看，相应的举措却是非常有限。总结起来，这个事件本该将人们从睡梦中唤醒，并引起足够的重视，从而促使对互联网安全架构的一次彻底重新设计。在那样一个历史时刻，这样的重新设计相对来说还比较容易实现，然而到了今天，这就是不可能完成的任务了。从这个意义上说，莫里斯蠕虫病毒可以被看做一次错失的良机。

莫里斯蠕虫病毒之后，病毒就成为恶意软件编写者的主业之一。一直到最近，蠕虫病毒的大规模爆发才又重现江湖。接下来，我们将要讨论两种蠕虫病毒，这两种蠕虫可以揭示恶意软件发展的某种趋势。

11.3.3 红色代码病毒

2001 年 7 月，红色代码(Code Red)病毒初来乍到，就在短短大约 14 个小时里感染了超过 300 000 个系统。在红色代码病毒传播的过程中，直接感染了几十万台计算机，甚至更多。据估计，在全世界范围内有超过 6 000 000 个系统受到了影响。为了获得对某个系统的访问权限，红色代码蠕虫利用了微软 IIS 服务器软件中的缓冲区溢出漏洞。红色代码病毒通过监视端口 80 上的流量信息来寻找其他的潜在攻击目标。

红色代码病毒的活动与每月中的具体日期紧密相关。从每月的 1 号到 19 号是红色代码病毒的扩散日，这期间病毒会全力以赴进行传播感染。之后，从 20 号到 27 号，这个病毒会尝试对网站 www. whitehouse. Gov 发起分布式拒绝服务(DDoS)攻击。有许多红色代码病毒的模仿版本，其中一种版本会在被感染系统中留下后门，以便能够对被感染的系统实施远程访问。感染了目标系统之后，这种红色代码病毒的变体会扫除所有的蠕虫踪迹，只留下后门。

红色代码病毒在网络上传染的速度是空前的，于是乎，这个病毒也引起了大量的疯狂炒作(见参考文献[72])。举个例子，曾经有人声称，红色代码(Code Red)病毒是“信息战争的一次 beta 测试” (见参考文献[235])。但是，没有(迄今为止也没有)任何证据能够支持这种说法以及任何其他围绕这个蠕虫的妄议和猜解。

11.3.4 SQL Slammer 蠕虫

SQL Slammer 蠕虫于 2003 年 1 月登上历史舞台，当时，这个病毒在短短的 10 分钟之内就感染了至少 75 000 个系统。在 SQL Slammer 蠕虫传播的高峰，被感染的系统数量平均每 8.5 秒都会翻一倍(见参考文献[209])。

图 11-16 中所示的曲线图，呈现出了因 SQL Slammer 蠕虫爆发而导致互联网流量增长的情况。其中，下面的曲线图显示了以小时为单位的增长情况(请注意曲线中初始的尖峰)，而上面的曲线图则显示了最初 5 分钟的增长情况。

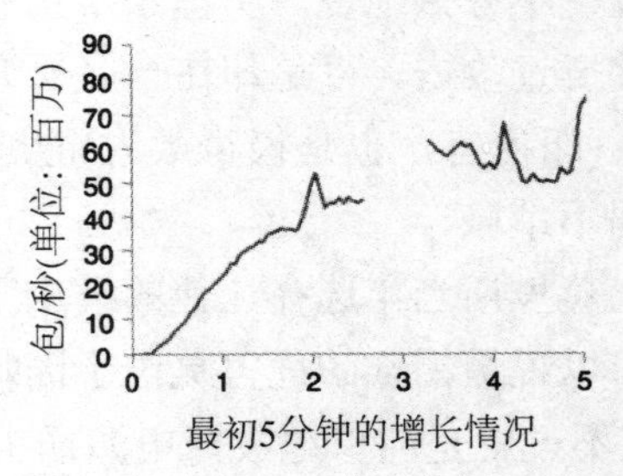

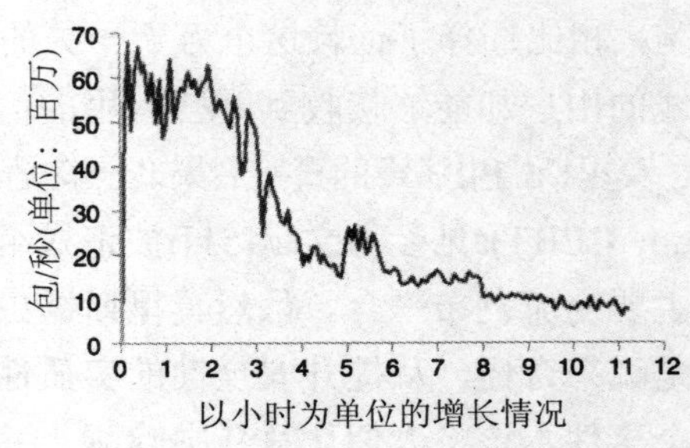

图 11-16 SQL Slammer 蠕虫与互联网流量

SQL Slammer 蠕虫之所以会在互联网流量中造成这样的尖峰，就是因为每一个被感染的站点都会通过随机生成 IP 地址的方式来寻找新的易感染站点。另外，还可以使用更加高效的搜索策略以更加充分地利用可用的网络带宽。关于这一点，在后面讨论到恶意软件的未来发展时，我们还会回来解释其中的思路。

据称(并且有充足的证据支持)，即便是从蠕虫自身扩散的角度来看，SQL Slammer 蠕虫病毒的传播速度也太过于迅猛了，以至于互联网上的可用带宽会以迅雷不及掩耳之势被耗尽(见参考文献[92])。换句话说，如果 SQL Slammer 蠕虫能够稍微节制一下自身的速度，就有可能最终感染更多的系统，从而造成更加严重的危害。

为什么 SQL Slammer 蠕虫会如此成功呢？其中很重要的一点就是，整个蠕虫病毒体极其短小，可以完整地挤入单独 376 字节的 UDP 数据包中。基于“单一的小数据包本身不会带来危害”这样的理论，防火墙通常都会配置成允许零散的小数据包通过。这样，防火墙都会监视“连接”以查看是否会有任何异常发生。因为通常预计发起攻击需要的数据量会远远大于 376 个字节，所以 SQL Slammer 蠕虫很大程度上胜在逆反了这种假设，给安全专家们的想当然以迎头痛击。

11.3.5　特洛伊木马示例

在本节，我们将要介绍特洛伊木马，也就是暗藏了某种意料之外功能的程序。这个特洛伊木马源自 Macintosh 世界，总的来说并没有危害，但是创作者想要令其为非作歹也是轻而易举的事(见参考文献[103])。事实上，执行这个程序的用户所能做到的任何事情，这个程序也都能够做到。

这个特定的特洛伊木马呈现为音频数据，以 MP3 文件的形式存在，我们将其命名为 freeMusic.mp3。在图 11-17 中显示了这个文件的图标。用户可能会认为，双击这个文件的图标就会自动地启动 iTunes 程序，并播放 MP3 文件中包含的音乐。

图 11-17　文件 freeMusic.mp3 的图标

在双击图 11-17 中所示的图标之后，iTunes 会启动(正如意料之中)，标题为“Wild Laugh”的 MP3 文件会被播放(可能在意料之外)。与此同时，突如其来地弹出了消息窗口，如图 11-18 所示。

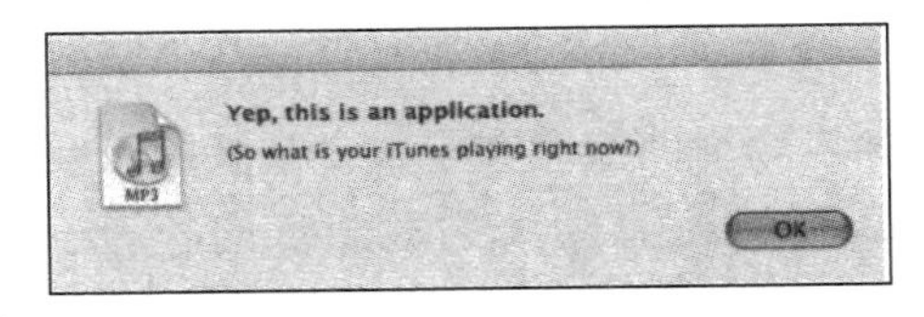

图 11-18　特洛伊木马 freeMusic.MP3 的意外效果

这究竟是怎么回事呢？这个“MP3”文件实际上是一匹披着羊皮的狼——文件freeMusic.mp3根本就不是MP3文件。相反，这是应用程序(更确切地说，是可执行文件)，这个程序改变了自身的图标以便看起来像是MP3文件。仔细审视这个freeMusic.mp3文件就可以揭示出其中的真相，如图11-19所示。

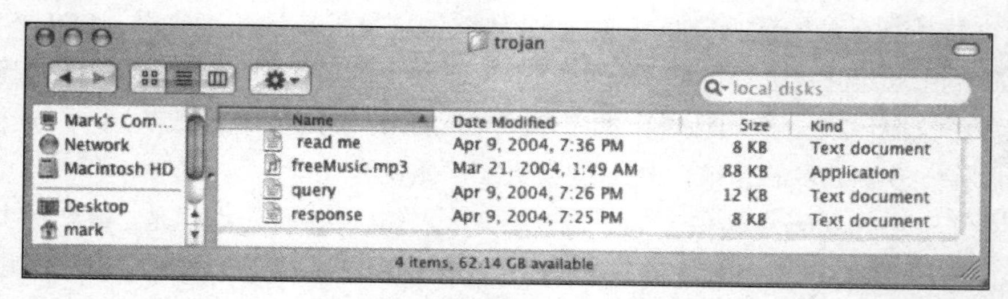

图11-19 特洛伊木马真相揭秘

大部分用户都可能会不假思索，毫不犹豫就打开看起来是MP3的文件。这个特洛伊木马仅仅是发布了无害的警告而已，但这是因为作者并没有任何不良企图，只不过是想要借此阐述问题(见参考文献[160])。

11.3.6 恶意软件检测

有3种通用的方法用于检测恶意软件。第1种，也是最为普通的，是所谓的特征检测(*signature detection*)，这种方法依赖于在某特定恶意软件中找出它所固有的一种模式或特征。第2种方法被称为变化检测(*change detection*)，这种方法就是检测发生了变化的文件。文件意外地发生某些变化可能就暗示着一次不良的感染。第3种方法是异常检测(*anomaly detection*)，目标是检测非正常或类似病毒的文件及行为。我们将会简要地讨论上述每一种方法，并考察各自的相对优势和不足。

在第8章中，我们已经讨论了基于特征的入侵检测系统(IDS)以及基于异常的入侵检测系统(IDS)。在入侵检测系统和相对应的病毒检测方法之间，有不少相似之处。

1. 特征检测

特征通常是创建于某个文件中的二进制位串，其中可能还会包含通配符。哈希值也可以被当作特征使用，但是缺乏灵活性，并且也比较容易被病毒编写者破坏。

举个例子，按照参考文献[296]中的说法，用于识别W32/Beast病毒的特征就是83EB 0274 EBOE 740A 81EB 0301 0000。我们可以在系统的所有文件中检索这个特征。但是，即便找到这个特征，也还是不能确定我们已经发现了病毒，因为其他无辜的文件有可能也包含了同样的二进制位串。如果在被检索的文件当中，二进制位是随机分布的，那么这种错误匹配的概率将是$1/2^{112}$，这是一个可以忽略不计的值。但是，计算机软件和数据远不是随机性的(二进制位串)，所以错误匹配的发生就会有某种现实上的可能性。这就意味着，如果找到特征匹配，那么可能还需要做更进一步的检查，以确定这实际上就表示有W32/Beast病毒感染。

对于那些可以提取出共同特征的已知恶意软件来说，特征检测方法是非常有效的。特征检测方法的另一个优势就是，对于用户和管理员来说负担最小，因为所需要做的无非就是保持特征文件最新以及定期扫描病毒。

特征检测方法的劣势之一是特征文件有可能会变得巨大——其中包含成千上万乃至几十万的特征都是平常现象——这就会使扫描起来比较缓慢。另外，特征文件还必须保持实时更新。还有更基本的问题，就是通过这种方式我们只能够检测出已知的特征。即便是已知病毒的轻微变体也有可能成为漏网之鱼。

现在，特征检测是迄今为止最受欢迎的恶意软件检测方法。因此，病毒编写者也已经发展出了一些复杂精巧的手段以避免被检测到特征。我们下面还会谈到更多这方面的内容。

2. 变化检测

因为恶意软件必定会驻留在系统中的某个位置，所以如果我们检测到系统中的某处有变化，那么或许就意味着一次病毒感染。也就是说，如果我们检测到某个文件发生了改变，那么该文件就有可能被某个病毒感染了。我们将这种方法称为变化检测。

如何才能够检测到变化呢？在这一点上，哈希函数又有了用武之地。

假如计算系统中所有文件的哈希值并将这些哈希值安全妥善地保存起来。那么，我们可以定期地重新计算哈希值，再将这些新得出的哈希值与之前存储的哈希值进行比较。如果文件中有一位或多位发生了改变——就像有病毒感染的情况一样——我们将会发现新计算的哈希值无法与之前计算的哈希值相匹配。

变化检测的优点之一就是，几乎不会有漏网之鱼。也就是说，如果某个文件被感染了，我们就能够检测到变化。这种方法的另一主要优点是，我们可以检测出之前并不知道的恶意软件(变化就是变化，无论是由已知病毒引发，还是由未知病毒导致)。

但是，变化检测方法的不足之处也有很多。系统中的文件经常都会发生变化，于是将会产生大量的误判，这就给用户和管理员带来了沉重的负担。如果病毒被插入到经常变化的文件中，就很有可能滑过某个变化检测规则的审查。那么，当检测出可疑的变化时，又该作何处理呢？事实证明，对日志文件的审慎分析这时会很有效。但是，最后有可能还是需要退回到特征检测的老路上来，在这种情况下，变化检测具有的优势又将遗失殆尽。

3. 异常检测

异常检测着眼于发现潜在的任何不正常的、或者类似病毒的、抑或其他形式的恶意活动及行为。在第 8 章中涵盖到入侵检测系统(IDS)时，我们已经具体地讨论过这个理念。所以，这里我们只是再简要地介绍一下这个思想。

异常检测方法的基本挑战在于确定什么是正常的、什么是不正常的，以及如何能够对二者进行区分。这种方法的另外一个重大难题则是对于正常的定义可能会发生变化，于是系统就必须做出调整以适应这样的变化；否则，用户就很有可能会被错误告警淹没，弄得无所适从。

异常检测方法的主要优势是，某种程度上有望检测出之前所不知道的恶意软件。但是，与变化检测一样，异常检测方法的缺陷也不少。首先，异常检测方法基本上还没有在实践中获得有效验证。其次，正如在第8章有关IDS的内容中讨论的，有耐心的攻击者可能会让异常活动看起来像是正常的行为。除此之外，异常检测方法的鲁棒性不够好，以至于无法作为独立的检测系统来使用。所以，这种技术常常要和基于特征的检测系统结合起来使用。

无论如何，对于异常检测方法的最终成功，许多人都寄予厚望。然而直到今天，异常检测还主要是富有挑战的研究性难题，而不是实用的安全解决方案。

接下来，我们将要讨论有关恶意软件未来发展的几个方面。通过这些讨论我们会更加清楚地看到，我们需要更好的恶意软件检测工具，并且是越早越好。

11.3.7 恶意软件的未来

恶意软件的未来将会是一种怎样的图景呢？下面，我们简略地讨论几种可能的攻击手段。面对那些恶意软件开发者的足智多谋，我们可以预料，未来将会出现基于这些方法或类似理念的攻击行为(见参考文献[24]和[289])。

但是，在展望未来之前，让我们先简略地回顾一下过去。自第一个病毒检测软件问世以来，病毒编写者和病毒检测者就陷入了针锋相对的殊死格斗之中。对于检测技术的每一次发展，病毒编写者都以新的策略予以回应，从而使得他们的手艺活儿更加难以检测。

对于特征检测系统的成功，病毒编写者最初的回应之一就是加密恶意软件。如果加密的蠕虫在每次自我复制时都使用不同的密钥，那么它们将不会再有共同的特征。通常这种加密的强度都非常低，诸如使用固定的二进制位模式来重复执行XOR运算之类的手法。这些加密的目的不是为了机密性保护，只是为了掩盖任何可能存在的特征。

这类加密恶意软件的阿喀琉斯之踵(唯一致命的弱点)就是必须包含解密代码，而这些代码可以被特征检测系统检测到。解密程序通常包含的代码都极少，这使得要想获得特征尤其困难，于是会导致在更多的情况下需要进行二次测试。最终的结果就是，可以对这些加密恶意软件应用特征检测方法，但是相比对付那些非加密恶意软件来说，效率自然要更低。

在恶意软件的演化过程中，下一步是多态代码(*polymorphic* code)的使用。在多态病毒中，病毒体是加密的，而解密代码则是改头换面的。所以，病毒自身(也就是病毒体)的特征通过加密被隐藏了，而解密代码由于自身的变化多端当然也不会有任何共同的特征。

多态恶意软件可以通过模拟仿真来检测。也就是说，可以在一台模拟器上面执行可疑代码。如果代码是恶意软件，那么将最终解密自身，此时此刻就可以将标准的特征检测方法应用到病毒体上面。由于模拟仿真的缘故，这种类型的检测要比单纯的特征检测扫描慢得多。

变形(*metamorphic*)恶意软件将多态性发挥到了极致。变形蠕虫在感染新的系统之前会先变异[11]。如果变异足够多的话，这样的蠕虫就有可能躲过任何基于特征的检测系统。请注意，变异的蠕虫必然要和原始的蠕虫采取同样的破坏行动，但是内部结构的差异又必须足够大，以确保能够避过检测手段。对变形软件的检测是当前颇具挑战的研究性难题(见参

11. 变形恶意软件有时候也被称为“本体多态”(body polymorphic)，因为这些恶意软件将多态性应用到了整个病毒体。

考文献[297])。

让我们思考一下，变形蠕虫是如何能够自我复制的(见参考文献[79])。首先，这种蠕虫能够对自身执行反汇编，随之再将结果代码剥离拆分成一种基本的指令形式。这样，随机选择的代码块就可以被插入到汇编中。举个例子，这些变化可以包括重新规划跳转指令以及插入垃圾代码等。然后再对如此生成的结果代码执行汇编，从而得到与原始蠕虫具有相同功能的新蠕虫，但是这个蠕虫却不太可能与原始蠕虫具备共同的特征。

虽然前面描述的变形蠕虫生成器听起来头头是道，但是现实中想要做出高度变形的恶意软件代码却是异乎寻常的困难。在本书写作过程中，黑客界总共也只产出了一个不错的变形恶意软件代码生成器程序。这些内容以及对相关话题的探讨，可以在一系列的文章(见参考文献[193]、[279]、[312]、[330])中找到。

病毒编写者追求的另外一个非常明显的发展方向就是速度。也就是说，就像诸如红色代码病毒和SQL Slammer蠕虫之类的病毒，要力求在尽量短的时间之内感染尽可能的机器。这往往也会被视为用于挫败特征检测系统的一种攻击手段，因为快速的攻击行为不会给特征提取和分发等防御措施留出时间。

根据已故流行艺术家 Andy Warhol 的说法，“未来，任何人都有可能在 15 分钟之内成为世界名人(见参考文献[301])”。所谓的 *Warhol* 蠕虫，就是指经过设计可用于在 15 分钟或更短时间内感染整个互联网的蠕虫。请回顾一下 SQL Slammer 蠕虫曾在 10 分钟之内感染大量系统的这个事实，要知道，SQL Slammer 蠕虫是因其搜寻易感染主机的方式而极速地耗尽了可用的网络带宽，从而也因为带宽消耗过于猛烈以至于这个病毒无法在 15 分钟之内完成对整个互联网的感染。那么，真正的 Warhol 蠕虫就一定会比 Slammer 做得“更出色”。这如何才能够做到呢？

一种看起来可行的解决方案如下：首先，恶意软件的开发者进行一些初始的准备工作，建立初始化的站点“黑名单”，其中包含的站点对于蠕虫利用的特定手段都是脆弱和易感染的。然后，将蠕虫播撒到这个黑名单中那些易感染的 IP 地址上。有许多设计精妙复杂的工具都可用于识别这样的系统，使用这些资源有助于精确定位那些易感染某个给定攻击的系统。

当这种 Warhol 蠕虫病毒发作时，黑名单中的每个站点都将会被感染，因为这些站点都是已知易感染的。然后，这些被感染的站点中的每一个都可以针对预设的一部分 IP 地址空间进行扫描，进而寻找更多的受害者。这种解决方案将会避免重复活动，从而可以规避曾经导致 Slammer 蠕虫陷入困境的带宽过度浪费问题。

根据最初拟定的黑名单的大小，上面描述的解决方案有可能让人们相信：该病毒在 15 分钟或更少的时间内可以感染到整个互联网。幸运的是，在现实世界中尚未出现设计如此精妙繁复的蠕虫病毒。即便是 Slammer 蠕虫，也只是依赖于随机生成的 IP 地址来扩散其感染力。

是否可能还有比 Warhol 蠕虫病毒更为“优异”的设计？也就是说，是否有可能在比 15 分钟少得多的时间里(时间消耗上有明显减少)就做到感染整个互联网呢？一种所谓 *flash* 蠕虫病毒的设计就几乎可以立刻将感染力遍及整个互联网。

在任何蠕虫攻击中，搜寻易感染 IP 地址是最为耗时的部分。前面描述的 Warhol 蠕虫使用了一种比较智能的搜索策略，依赖于易感染系统的初始化列表。而 *flash* 蠕虫病毒又将这种策略发挥到了极致，方法就是将所有的易感染 IP 地址嵌入蠕虫中。

预先确定所有易受感染的 IP 地址，这当然需要完成大量的准备工作。但是有一些黑客工具可供利用，于是就可以大幅度地降低准备工作的负担。一旦所有的易感染 IP 地址都已知了，就可以将这个列表分段置于几个不同的初始蠕虫变体中。这种方法将会导致体积较大的蠕虫(见参考文献[79])，但是，这种蠕虫的每一次自我复制，都会对自身内嵌的 IP 地址列表进行分裂，如图 11-20 所示。经过几代繁衍之后，这种蠕虫的体积就会降低到合理的尺寸。这种解决方案的优势就是几乎不会造成时间和带宽方面的浪费。

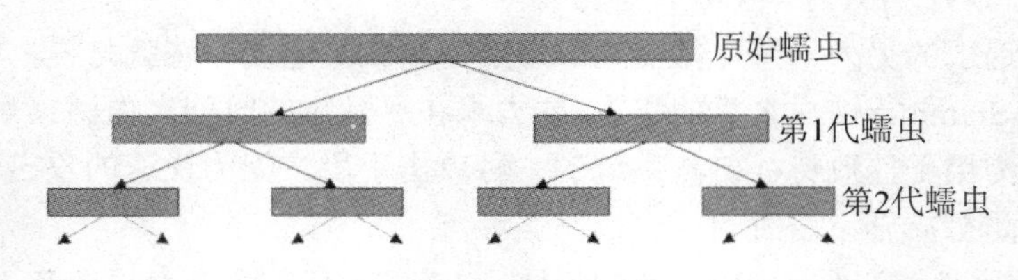

图 11-20　flash 蠕虫

据估算，设计精良的 *flash* 蠕虫病毒能够在几乎 15 秒钟之内将感染力传遍整个互联网。因为这比人类有可能做出的响应要快得多，所以针对这样一种攻击的任何防御手段都必须是自动化的。一种设想的针对 *flash* 蠕虫病毒的防御措施是这样的：部署多台个人入侵检测系统(IDS)，再使用一台主 IDS 来监控这些个人 IDS。当主 IDS 检测到非正常的活动时，就可以设法令其仅在少数的网络节点上继续活动，而暂时性地阻塞通向其他节点的活动。如果被牺牲的网络节点受到不利的影响，那么就说明攻击正在进行当中，但其在另外的节点上将会被阻击。另一方面，如果这是错误告警，那么其他节点上的情况只是稍有延迟而已。这种防御性的策略从基于异常的入侵检测系统相关联的挑战中受益匪浅，有关基于异常的入侵检测系统的内容我们在第 8 章中已经进行过讨论。

11.3.8　计算机病毒和生物学病毒

当前流行使用生物学来比拟计算机科学与技术。在安全领域，就使用了很多这样的类比。在恶意软件这个行当里，尤其是计算机病毒方面，这样的类比相当直观。

显而易见，在生物学“疾病”和计算机“疾病”之间不乏相似性。举个例子，在自然界中，对一种疾病来说，如果易感染个体的数量过少，那么这种疾病就会灭绝。在互联网上就存在与此多少有些类似的情形，即过少的易感染系统可能就不会令蠕虫病毒变得自持，特别是在蠕虫随机性地搜寻易感染 IP 地址的情况下。

然而，在计算机疾病和生物学疾病之间还是存在一些重要的差异。例如，对于互联网，实际上几乎没有距离的概念，所以许多用于生物学疾病的模型无法照搬到计算机疾病和网络疾病上[12]。另外，在自然界，疾病的来袭或多或少地有些随机性，但是在计算机系统中，黑客们往往是特别针对那些最有价值或是最易感染的系统发起攻击。因此，相比较生物学疾病而言，计算机攻击潜在会更加聚焦，破坏性也更大。这里有一点很重要，虽然这些生物学类比很好用，但是决不可过于生搬硬套。

最后，我们顺便说一下，恶意软件对于蜂窝电话的影响还远没有达到像计算机系统那样备受摧残苦不堪言的程度。针对这种现象有着各种不同的解释，看起来更有说服力的两个原因分别是：移动电话系统相对而言更加多样化，以及系统自身固有的更加强壮的安全架构。在参考文献[211]中提供了一些有价值的参考，其中的讨论包括 Android 系统安全体系架构，以及发起成功攻击所涉及的若干难点。

11.4 僵尸网络

僵尸网络(botnet)是指大量被感染计算机的集合，这些计算机均在被称为僵尸主控机(*botmaster*)的控制之下。这个名称源自如下事实：单台被病毒感染控制的计算机往往被称为 *bots*(这是 robots 的简写)。在过去，这样的机器通常会被称为僵尸(zombies)。

一直到最近，僵尸主控机通常都是利用互联网中继聊天(Internet Relay Chat，IRC)协议来实现对所属僵尸(bots)的管理和控制。不过，比较新一些的僵尸网络常常会使用 Peer-to-Peer(P2P)协议架构，因为这样对于实施追踪和关停等措施来说会更为困难。

僵尸网络已经被证明是发送垃圾邮件和发起分布式拒绝服务(DDoS)攻击最为理想的工具。举个例子，曾有一种被高调宣扬的拒绝服务攻击，这种攻击针对 Twitter 发起，目的显然是想让某个来自格鲁吉亚共和国的知名博主保持沉默。在这次攻击中，就使用了某个僵尸网络作为依托(见参考文献[207])[13]。

僵尸网络是热门的安全话题，但是在眼下这个时间点上，人们对于僵尸网络在现实中的活动情况还并不能够充分地理解和把握。例如，对于各种不同僵尸网络规模的估算，就存在着巨大的差异(见参考文献[224])。

最后，经常会有人声称：在过往的历史中，大部分攻击行为的发起主要是为了在黑客圈子里的名望，或是为了某种思想和理念，抑或是那些脚本小子们盲目作为，甚至他们自己都不知道实际在做些什么。也就是说，攻击行为本质上只不过是一些恶作剧而已。相对而言(大概这也是另一种说法)，如今的攻击行为则主要是为了利益。有人甚至认为大部分当今的攻击行动背后都存在组织的犯罪活动。利益驱动的说法看起来合情合理，因为那些早期广为传播的攻击(例如红色代码病毒、Slammer 蠕虫病毒等)，最初也最为首要的设计

12. 不过，对于某些针对蜂窝电话的攻击来说，距离接近也还是需要的(例如依赖于蓝牙通信协议的攻击方式)，虽然基于网络发起攻击也是有可能的。所以，对于蜂窝电话攻击，就可能会包括生物学病毒和计算机病毒两个方面的特性。

13. 当然，这件事引发了一种猜疑，即认为俄罗斯政府情报机构是这次攻击幕后的推手。但是，这次攻击除了极大地提升被攻击者的声誉之外，基本上一无所获。所以，很难相信有任何情报机构会如此愚蠢。从另一方面看，“政府情报”实在就是自相矛盾的说词。

目标是制造轰动效应，然而僵尸网络努力追求的则是保持沉默，以免暴露出行踪。此外，对于雇佣场景下的各种精巧攻击方式来说，僵尸网络也是可以利用的理想手段。当然，你也应该小心警惕，时时审慎地看待那些将一切都炒作为预设阴谋的人们，特别是当这种包含了他们既得利益的炒作已经演变成传统智慧的时候[14]。

11.5　基于软件的各式攻击

接下来，我们将考虑几类基于软件的攻击方式，这些攻击手段均无法恰如其分地归入到我们之前讨论的内容中。虽然这样的攻击类型数不胜数，但是我们在这里只把注意力限定在少数几个有代表性的例子上。我们将要讨论的主题包括腊肠攻击(*salami attacks*)、线性攻击(*linearization attacks*)、定时炸弹(*time bombs*)以及有关软件信任的一般性问题。

11.5.1　腊肠攻击

在腊肠攻击中，程序设计者从单笔交易中悄无声息地截留下一小部分的钱，这种方式就仿佛你从一根意大利腊肠上面切下来薄薄的一片一样[15]。这些切片对于受害者来说必然是难以觉察出来的。举个例子，这是计算机领域的传说，银行的一名程序员可以使用腊肠攻击从利息计算中截留若干分之一的美分。这些不足一美分的金额——不会被客户或银行注意到——就被存入了该程序员的账户。经年累月，这样的攻击就显示出了不凡之处，会给这个行为不端的程序员带来非常丰厚的回报。

有许多已经被证实的腊肠攻击案例。以下的例子在参考文献[158]中都有描述。在有存档记录可查的案例中，程序员在薪资扣缴税款的计算中给每个雇员都增加了几美分，只是在入账时把这些额外的钱作为他自己的税计入，于是这个程序员就能够得到丰厚的税金退还。在另外一个例子中，位于佛罗里达州的一家租车专营公司适度夸大了油箱的容积，以便能够从顾客那里收取更多的油钱。一名在 Taco Bell 某个门店工作的雇员，修改了深夜驾车直通通道的收银机程序，使得$2.99 的特价品登记为$0.01。于是该雇员就可以将$2.98 的差价装入自己的腰包——这实在是相当大的一片腊肠了！

还有一种特别聪明的腊肠攻击。有 4 个人，在洛杉矶拥有一座加油站。他们破解了一个计算机芯片，从而使得加油机能够多计算已输出油的数量。毫不奇怪，如果顾客发现购买的油量比自己的邮箱容积还要大，并不得不为此支付更多的油费时，当然就会抱怨。但是这个骗局却很难被检测出来，因为加油站的主人们都非常聪明。他们已经对芯片进行了编程，无论何时，只要刚好买了 5 加仑或 10 加仑的油，就会显示出正确的油量。因为根据经验，他们知道检查员通常是要求加 5 加仑或 10 加仑的油。于是，就需要多次检查才有可能抓获他们的作弊行为。

14. 或者可以更简洁地说，“要当心那些心怀叵测追逐利益的预言家”(见参考文献[205])。

15. 或者这个名字可能源自这样的事实：一根意大利腊肠包含了一大串小的并不为人关注的片段，但它们组合在一起就产生了颇有价值的东西。

11.5.2 线性攻击

线性化是一种方法，可以应用于广泛的攻击类型，从传统的溜门撬锁一直到最顶尖的密码分析技术，都不乏其身影。这里，我们只举一个有关破解软件的例子。但是，一定要认识到线性化这个思想有着极其广泛的用途，这一点很重要。

请考虑下面所示的程序，这个程序对输入的数字号码执行检查，确定是否与正确的序列号相匹配。在这个例子中，正确的序列号码刚好是 S123N456。为了提高效率，程序员决定每次检查一个字符，一旦发现某个不正确的字符输入就立刻退出检查。从程序员的角度看，这是一种完全合情合理的检查序列号的方式，但是这却有可能为攻击者敞开了方便之门。

```
Int main(int argc, const char *argv[])
{
     int i;
     char serial[9]"S123N456\n";
     if(strlen(argv[1])<8)
     {
        printf("\nError---try again. \n\n");
        exit(0);
     }
     for(i=0; i<8; ++i)
     {
         if(argv[1] [i] !=serial [i]) break;
     }
     if(i = = 8)
     {
        printf("\nSerial number is correct!\n\n");
     }
}
```

Trudy 如何利用上面的程序代码呢？请注意，对于这个程序来说，正确的序列号将会比任何不正确的序列号耗费更多的检查处理时间。更加精确地说，输入字符串中起始字符正确的越多，该程序检查序号所花费的时间就越长。所以，对于假定的序列号，如果第一个字符正确，那么就会比任何首个字符不正确的序列号花费更长的程序时间。于是，Trudy 就可以选择一个包含 8 个字符的字符串，并通过变化第一个字符来遍历所有的可能性。如果她能够足够精确地对该程序的运行情况进行计时，那么她就能够发现那个以 S 开头的字符串消耗的时间最长。这样 Trudy 就可以把第一个字符锁定为 S，接着再对第二个字符进行变化。在这种情况下，她将会发现第二个字符为 1 的字符串消耗了最长的程序时间。如法炮制，Trudy 就可以每次一个字符的方式恢复出这个序列号。总结来说，利用上述方法，Trudy 可以在线性时间内完成对序列号检查程序的攻击，而不需要执行一种指数级的搜索尝试。

在这种线性攻击中，Trudy 究竟能够获得多大的优势呢？假设某个序列号的长度是 8 个字符，其中每个字符具有 128 个可能的取值。那么，一共就有 $128^8 = 2^{56}$ 种可能的不同序列号。如果 Trudy 必须随机地猜解整个完整的序列号，那么她获得正确序列号所需要尝试的次数将会是 2^{55} 次左右，这是极其庞大的工作量。另一方面，如果 Trudy 能够利用线性攻击方法，那么对于每一个字符，平均而言将只需要 128/2 = 64 次猜测，总共加起来预计的工作量大约是 $8\times64=2^9$。这就使得看起来不可施行的攻击变得轻而易举。

在真实世界中，有一个线性攻击的例子就发生在 TENEX 系统中(见参考文献[235])，TENEX 是远古时代[16]曾经使用过的一种时间共享操作系统。在 TENEX 中，口令的检查就是按每次一个字符的方式进行验证，所以 TENEX 系统很容易遭到与前面所述的那个方法类似的线性攻击。不过，这里甚至连细致的计时都不需要。实际上，在这个系统中，当下一个未知字符被正确猜解时，有可能为其安排“页错误”。这样，用户可访问的页错误寄存器就会告诉攻击者——发生了“页错误”，于是就说明下一个字符已经被正确地猜解出来了。这个攻击可以用来在秒级时间内破解出任何口令。

11.5.3　定时炸弹

定时炸弹是另外一种有趣的基于软件的攻击类型。我们用一个臭名昭著的例子来说明这个概念。在 1986 年，Donald Gene Burleson 告诉他的老板停止从他的薪水中代扣所得税。因为这个要求是不合法的，所以公司拒绝了他的要求。而 Burleson 是纳税反对者，于是明目张胆地计划起诉他的公司。Burleson 使用工作时间和其他资源来准备他的这个对抗公司的法律诉讼。当公司发现了 Burleson 的所作所为之后，就解雇了他(见参考文献[240])。

后来的情况表明，Burleson 之前已经开发了一款恶意软件。在被公司解雇之后，Burleson 触发了他的这个“定时炸弹”软件，该软件从公司的计算机系统中持续删除了数千份档案记录。

Burleson 的故事到这里并没有结束。出于尴尬和恐惧，公司并不愿意向 Burleson 发起合法诉讼，尽管他们损失惨重。然后，在一种莫名其妙的心理扭曲状态下，Burleson 反而对他的前任雇主发起了诉讼，要求其付清欠薪。于是该公司被逼上梁山，最后只得发起对 Burleson 的起诉。最终公司胜诉，Burleson 于 1988 年被罚款$11 800。这个案例耗时长达两年，因诉讼耗资高达数万美元，最后收获的结果却比在手腕上打一巴掌也强不了多少。如此轻微的判决很可能是因为这样的事实：在那么早的年代，有关计算机犯罪的法律条款尚无明确清晰的定义。无论如何，这是美国最早的计算机犯罪案例之一，而此后的许多案例也都遵循了相似的模式。特别是，许多公司由于担心声誉受损，常常也不愿意对此类案例进行起诉和追究。

11.5.4　软件信任

最后，我们考虑如下有实际意义的哲学问题：归根结底，你能信任软件吗？阅读参考文献[303]，在这篇引人入胜的文章里，讨论了下面这个思辨实验。假如 C 语言编译器存在病毒，如果在对系统登录程序进行编译时，这个病毒创建了一个后门，形式为一个口令已

16. 那是指 20 世纪 60 年代和 70 年代。对于计算机世界，那是恐龙独步天下的时代。

知的账号。另外，如果 C 语言编译器被重新编译的话，这个病毒就会将自身混入到这个被重新编译的 C 语言编译器中。

现在，假如你怀疑自己的系统被某个病毒感染了。你想要完全绝对地肯定自己确实修复了这个问题，所以你决定从零开始做。你重新编译 C 程序编译器，然后重新编译整个操作系统，这其中当然会包括系统登录程序。根据之前的描述，这时你并没有彻底解决问题，因为那个后门再一次被编译进了系统登录程序中。

在现实世界中，类似的场景也会如期发生。举个例子，设想攻击者能够将病毒隐藏到你的病毒扫描软件中。或者考虑这样的情况，针对在线病毒特征库更新的成功攻击——或是针对其他的自动化更新程序的有效攻击，这些攻击可能会带来什么样的危害呢？

基于软件的攻击可能不会那么明显，即便是对源代码进行逐行检查的专家也不容易发现。举个例子，在 Underhanded C 竞赛(Underhanded C Contest，这是一种特别的编程竞赛，要求参与者使用 C 语言写出内含有恶意行为的程序，程序本身要求清晰干净、可读性好，并且必须通过严格的检测)中，有一部分规则陈述如下(见参考文献[70])：

……在这个竞赛中，你所写出的代码必须尽可能可读性好、清晰、干净以及足够直截了当。此外，你还应该疏于实现这个程序外在的某些功能。更明确地说，就是这个程序要能够巧妙地做一些恶。

有一些提交给这个竞赛的程序极其精巧，这些程序可以说明，要使恶意代码看起来清白无辜是完全有可能的。

在第 13 章中讨论操作系统时，我们还会再次回到软件信任这个主题上来。特别是，届时我们还将概述可信任操作系统的雄心勃勃的设计。

11.6　小结

在这一章中，我们讨论了一些衍生自软件的安全威胁。我们在本章讨论的这些威胁，可以归类为两种基本的风格类型。其中一种，我们称之为朴素香草口味，主要包括有可能被攻击者加以利用的无意识的软件缺陷。这类软件缺陷最典型的例子就是缓冲区溢出，本章我们已经对其进行了比较具体的讨论。另外一种常见的蕴含了安全问题的软件缺陷是竞态条件。

另一种软件安全威胁的风味更加独特奇异，它们主要源自那些想方设法进行破坏活动的软件，或者简称为恶意软件。这类恶意软件包括如今困扰着用户的病毒和蠕虫，以及特洛伊木马和后门程序。恶意软件编写者已经发展出了高度复杂精妙的技巧以便躲过检测手段，看起来他们正全力以赴，力图要在不久的将来把这些技艺推行得更远更高。目前，检测工具是否能够应付下一代恶意软件带来的这些挑战，仍然是悬而未决的问题。

11.7 思考题

1. 关于安全，有种说法——复杂性、扩展性和连通性，简称“麻烦三元组”(见参考文献[143]。请逐一给出这几个术语的定义，并说明为什么它们中的每一个都代表了一种潜在的安全问题。

2. 请回答，什么是有效性验证错误(合法性错误)，以及这样的错误如何能够导致安全缺陷？

3. 请找出在本书中没有涉及的现实世界中的病毒或蠕虫，深入细致地进行一些讨论。

4. 请问，什么是竞态条件？除了在本书中介绍的 mkdir 外，请再找出一个现实世界中的竞态条件示例，并展开一些讨论。

5. 有一种类型的竞态条件被称为 time-of-check-to-time-of-use，简称为 TOCTTOU(可以读作“TOCK too”)。

   a. 请问，什么是 TOCTTOU 竞态条件，为什么这会是安全问题？
   b. 请问，在本章中讨论的 mkdir 竞态条件是否可以看作 TOCTTOU 竞态条件的示例？
   c. 请给出两个现实世界中 TOCTTOU 竞态条件的例子。

6. 请回顾一下，canary 值是特定的值，该值紧跟着返回地址被压入堆栈。

   a. 金丝雀怎么被用来阻止堆栈崩溃(stack smashing)攻击？
   b. 微软实施类似技术/GS 编辑器技术会怎么样，有缺陷吗？

7. 讨论现实世界中的缓冲区溢出示例，缓冲区溢出要能够被用作某种成功攻击的一部分。

8. 相对于本章中讨论的基于栈的缓冲区溢出，基于堆的缓冲区溢出又是如何工作的？请说明工作原理。

9. 相对于本章中讨论的基于栈的缓冲区溢出，请说明整数溢出的工作原理。

10. 请阅读参考文献[311]，然后解释：对于当今困扰着广大计算机用户的诸多安全问题，为什么 NX 标志位的方法仅仅被文章作者视为其解决方案中的一小部分？

11. 正如在书中讨论的，C 函数 strcpy 是不安全的，而 C 函数 strncpy 则是 strcpy 的一个更加安全的版本。请问，为什么说函数 strncpy 是更加安全，而不说是安全的呢？

12. 假如 Alice 的系统使用 NX 标志位的方法来防范缓冲区溢出攻击。如果 Alice 的系统使用的软件已知包含了多个缓冲区溢出问题，那么请问，对于 Trudy 来说，是否有可能利用这些缓冲区溢出缺陷之一来对 Alice 发起拒绝服务攻击？请详细说明。

13. 假设利用 NX 标志位的方法来防范缓冲区溢出攻击。请思考如下问题：

    a. 请问，如图 11-5 中所示的缓冲区溢出是否还会成功？
    b. 请问，如图 11-6 中所示的缓冲区溢出是否还会成功？
    c. 请问，为什么在 11.2.1 节中讨论的 return-to-libc(返回库函数)缓冲区溢出示例能够成功？

14. 请列举出所有不安全的 C 函数，并逐一说明为什么它们是不安全的。对于这些函数中的每一个，请列出其中较为安全的替代版本，并说明这些替代函数相比它们各自的不安全版本是安全的，还是仅仅更加安全而已？

15. 除了基于栈的缓冲区溢出攻击(也就是书中介绍的堆栈溢出)之外，堆溢出也有可能被不法之徒利用。请考虑如下 C 程序代码，其中就给出了堆溢出攻击的示例。

```
int main()
{
  int diff, size = 8;
  char*bufl,  *buf2;
  bufl = (char *)malloc(size);
  buf2 = (char *)malloc(size);
  diff = buf2 - bufl;
  memset(buf2, '2', size);
  printf("BEFORE: buf2 = %s  " buf2);
  memset(bufl, '1', diff + 3
  printf("AFTER: buf2 = %s ", buf2);
  return 0;
}
```

    a. 请编译并执行这个程序。结果会打印出什么？
    b. 请就 a 中得到的结果，做出相应的解释说明。
    c. 请说明，Trudy 会如何利用堆溢出发起攻击行动？

16. 除了基于栈的缓冲区溢出攻击(也就是书中介绍的堆栈溢出)之外，整数溢出也有可能被不法之徒利用。请考虑如下 C 程序代码，其中就给出了整数溢出攻击的示例(见参考文献[36])。

```
int copy_something(char  *buf, int len)
{
     char kbuf [800];
      if (len >  sizeof (kbuf))
      }
           return -1;
```

```
    return memcpy(kbuf,  buf,  len) ;
}
```

a. 请问，这段代码中有什么潜在的问题？提示：函数 memcpy 的最后一个参数将被解释为无符号整数类型(unsigned integer)。
b. 请说明，Trudy 会如何利用整数溢出发起攻击行动？

17. 请从本书网站上下载文件 overflow.zip，然后提取其中的 Windows 可执行文件。

a. 请利用缓冲区溢出来绕过序列号检查。通过屏幕抓取的方式来验证你成功与否。
b. 请确定正确的序列号。

18. 请考虑如下向一张借记卡里存钱的协议。

(i) 用户将借记卡插入到借记卡读卡机中。
(ii) 借记卡读卡机确定卡中当前的值(即余额，用美元表示)，这个值存储在变量 x 中。
(iii) 用户将美元放入借记卡读卡机中，被放入的美元数额存储在变量 y 中。
(iv) 用户在借记卡读卡机上按下确认按钮。
(v) 借记卡读卡机将 x + y 的值(美元数额)写入到借记卡中，然后弹出借记卡。

请回顾本章中关于竞态条件的讨论。上面这个特定的协议就存在竞态条件。

a. 请问，这个协议中的竞态条件是什么？
b. 请描述可能的利用这个竞态条件的攻击。
c. 请问，如何修改上述协议，你才有可能消除其中的竞态条件，或者至少是令其更加难以利用。

19. 请回顾一下前面关于特洛伊木马的介绍，特洛伊木马是包藏有意想不到功能的程序。

a. 请编写自己的特洛伊木马，其中包含的意想不到的功能要求是完全无害的。
b. 请问，如何修改特洛伊木马程序，使其可以做一些恶。

20. 请回顾一下前面关于病毒的介绍，计算机病毒就是一种依赖于其他人或物(除了自身之外)才能够从一个系统蔓延至另一个系统的恶意软件。

a. 请编写自己的病毒，其中的“恶意”活动要求是完全无害的。
b. 请问，如何修改你的病毒，使其可以做一些恶。

21. 请回顾一下前面关于蠕虫的介绍，蠕虫这种恶意软件与病毒类似，不同的是它们具有自我繁衍和传播的能力，而不需要外界的辅助。

a. 请编写自己的蠕虫，其中的“恶意”活动要求是完全无害的。
b. 请问，如何修改你的蠕虫，使其可以做一些恶。

22. 病毒的编写者会使用加密、多态化以及变形等方法来逃避特征检测。

a. 请问，加密的蠕虫和多态化的蠕虫之间有什么明显不同？
b. 请问，多态化的蠕虫和变形的蠕虫之间有什么明显不同？

23. 这个问题针对的是变形软件(metamorphic software)。

    a. 请给出变形软件的定义。
    b. 请问，为什么病毒编写者要使用变形技术？
    c. 请问，如何才能够让变形软件不作恶，反而对人们有益呢？

24. 假如你被要求设计一款变形生成器。任何的汇编语言程序都可以作为这个生成器的输入，而输出必须是输入程序的变形版本。也就是说，你的变形生成器必须产生输入程序的变形版本，并且这个版本的代码应该与输入程序的功能等价。更进一步，每一次你的生成器应用到相同的输入程序时，就必须能够以很高的概率产生区别与其他版本的不同的变形副本。最后，在生成的变形副本中，差异越大越好。请根据这一变形生成器的需求，简要地给出合理设计。

25. 假如你被要求设计一款变形蠕虫。要求如下：变形蠕虫每一次繁殖都必须事先生成自身的变形版本，而且所有的变形版本必须在很大程度上各不相同。最后，这些变形版本之间的差异越大越好。请根据这一变形蠕虫的需求，简要地给出合理设计。

26. 能够生成自身的变形副本的变形蠕虫，有时候也会被称为“携带了自身的变形引擎”(请参见思考题 25)。在某些情况下，可能会使用独立的变形生成器(请参见思考题 24)来生成蠕虫的变形版本。在这种情况下，蠕虫就不需要再携带自身的变形引擎了。

    a. 请问，这两种变形蠕虫中的哪一种实现起来更容易些？为什么？
    b. 请问，这两种变形蠕虫中的哪一种更容易被检测到？为什么？

27. 多态蠕虫使用代码变形技术来模糊化处理其解密代码，变形蠕虫则使用代码变形技术来模糊化处理整个蠕虫。请问，除了必须模糊化处理的代码数量更多之外，为什么开发变形蠕虫要比开发多态蠕虫更加困难？假设在这两种情况下，蠕虫都必须携带自身的变形引擎(请参见思考题 25 和 26)。

28. 在参考文献[330]中，对几种变形恶意软件生成器进行了测试。令人感到奇怪的是，除了一款变形生成器之外，其他所有的生成器都无法产生任何程度明显的变形。由所有这些较弱的变形生成器产生的病毒都很容易利用标准的特征检测技术检测出来。但是有一款变形生成器，被称为 NGVCK，证实可以产生高度变形的病毒，因而能够成功地避过商业病毒扫描器实施的特征检测。最后，文章作者证明，无论变形程度如何之高，利用机器学习技术——特别是使用隐马尔科夫模型(见参考文献[278])，就比较容易检测出 NGVCK 病毒。

    a. 上面这些结果倾向于表明：在黑客界，除了极个别外，大都无法产出高质量的变形恶意软件。请问，为什么会出现这样的情况呢？

b. 可能多少有些令人吃惊的是，高度变形的 NGVCK 病毒能够被检测出来。请给出合理解释，说明为什么这些病毒可以被检测出来。

c. 请问，是否有可能生成无法检测出的变形病毒？如果可能，那么如何做到？如果不能，请说明为什么不能？

29. 与 *flash* 蠕虫相比，*slow* 蠕虫被设计用来缓慢地传播感染力，同时保持不被检测到。然后，在某个预先设定的时刻，所有的 *slow* 蠕虫都能够出现并作恶。这种网络效应将和 *flash* 蠕虫有异曲同工之妙。

   a. 请论述 *slow* 蠕虫相对于 *flash* 蠕虫的弱点(从 Trudy 的角度看)。

   b. 请论述 *flash* 蠕虫相对于 *slow* 蠕虫的弱点(仍从 Trudy 的角度看)。

30. 有迹象表明，从特征检测的角度看，恶意软件的数量如今已经远远多于健康软件。也就是说，检测恶意程序所需要的特征的数量已经超过合法程序的数量。

   a. 请问，说恶意软件的数量比合法程序的数量要多，这是合理的吗？请说明理由。

   b. 假设恶意软件要比健康软件数量多。请设计改进型的基于特征的检测系统。

31. 请对下面每个僵尸网络作简要论述。要包括对命令和控制体系结构的描述，并对它们各自的最大规模和当前规模进行合理估算。

   Mariposa
   Conficker
   Kraken
   Srizbi

32. Phatbot、Agobot 和 XtremBot 都属于同一僵尸网络家族。

   a. 请找出这些变体之一，对其命令和控制体系结构进行讨论。

   b. 这些僵尸网络都是在 GNU 通用公共许可协议(General Public License，GPL)之下分发传播的开源项目。对于恶意软件来说，此举绝非寻常——大部分的恶意软件编写者如果被抓住，就会被绳之于法乃至锒铛入狱。那么请你设想一下，为什么这些僵尸网络的制造者没有受到相应的惩罚？

33. 在这一章中，曾说到“在雇佣场景下僵尸网络是可以利用的理想手段”。垃圾邮件和各种五花八门的拒绝服务攻击(DoS)都是常见的利用僵尸网络的例子。请举出一些其他类型攻击(也就是说，除了垃圾邮件和拒绝服务攻击之外)的例子，说明在其中僵尸网络也起到了很大的作用。

34. 在感染了一个系统之后，有些病毒会着手清除系统中(其他)任何的恶意软件。也就是说，它们会移除之前已经感染了这个系统的任何恶意软件、应用安全补丁、更新特征文件，等等。

   a. 请问，病毒的编写者为什么会有兴趣保护系统免受其他恶意软件的侵扰？

   b. 请讨论一些可能的对付恶意软件的防御措施，也包括这种反恶意软件。

35. 请考虑 11.5.2 节中的那段代码。

    a. 请给出一段针对上面所示代码的线性攻击的伪码。
    b. 请问，这段代码的问题根源是什么？也就是问，为什么这段代码容易遭受攻击？

36. 请考虑 11.5.2 节中的那段代码，这段代码容易遭受线性攻击。假如对这段程序进行如下修改：

```
int main(int argc, const char *argv [])
{
    int i;
    boolean flag = true,
    char  serial[9] ="S123N456\n" ;
    if(strlen(argv[l]) < 8)
        printf ( "\nError---try  again.\n\n") ;
        exit (0) ;
     }
     For(i = 0; I < 8; ++i)
     {
         if(argv[l] [i]  != serial[i]) flag = false;
     }
    if (flag)
         printf("\nSerial  number  is  correct !\n\n") ;
     }
}
```

请注意，这里再也不会过早中断 for 循环的执行，不过我们仍然能够确定序列号输入正确与否。请解释为什么修改后的这个程序版本仍然容易遭受线性攻击。

37. 请考虑 11.5.2 节中的那段代码，这段代码容易遭受线性攻击。假如我们对这段程序进行修改，使得在程序中先计算猜测的序列号的哈希值，之后再将这个哈希值与实际序列号的哈希值进行对比。修改后的程序还容易遭受线性攻击吗？请说明原因。

38. 请考虑思考题 36 中的代码，这段代码容易遭受线性攻击。假如我们对这段程序进行修改，使得在每一次的循环迭代时都执行随机时延的计算。

    a. 请问，这个程序还容易遭受线性攻击吗？为什么？
    b. 针对这个修改后的程序进行攻击，要比针对思考题 36 中所示代码的攻击更加困难，请问这是为什么？

39. 请考虑 11.5.2 节中的那段代码，这段代码容易遭受线性攻击。假如我们对这段程序进行如下修改：

```
int main(int argc, const char *argv[])
{
    int i;
    char  serial[9] ="S123N456\n" ;
    if(strcmp(argv[1], serial) == 0)
       printf("\nSerial  number  is  correct !\n\n") ;
    }
}
```

请注意，我们使用库函数 strcmp 来对输入字符串和实际序列号进行比较。

a. 请问，这个版本的程序对于线性攻击有免疫力吗？请说明原因。
b. 请问，这个 strcmp 是如何实现的？也就是问，究竟是如何来判断两个字符串是相同的还是不同的？

40. 请获取文件 linear.zip(可以从本书网站上下载)中的 Windows 可执行文件，并考虑如下问题：

a. 请使用线性攻击来确定出正确的 8 位序列号。
b. 请问，你需要多少次猜测才能找到正确的序列号？
c. 请问，如果代码并不易遭受线性攻击，那么找出正确的序列号预计需要多少次猜测呢？

41. 假设银行每天进行 1000 次现金汇兑交易。

a. 请描述针对这种汇兑交易的腊肠攻击。
b. 请问，利用这种腊肠攻击，Trudy 一天预计能够得到多少钱呢？一个星期呢？一年呢？
c. 请问，在什么情况下，Trudy 才有可能被抓获？

42. 请考虑 11.5.2 节中的那段代码，这段代码容易遭受线性攻击。假如我们对这段程序进行如下修改：

```
int main(int argc, const char *argv[])
{
    int i;
    int count = 0;
    char  serial[9] ="S123N456\n" ;
    if(strlen(argv[1]) < 8)
       printf ("\nError---try  again.\n\n") ;
       exit (0) ;
    }
```

```
    For(i = 0; I < 8; ++i)
    {
        if(argv[1] [i]  != serial[i])
            count = count + 0;
        else
            count = count + 1;
    }
    if(count == 8)
    {
            printf("\nSerial  number  is  correct !\n\n") ;
    }
}
```

请注意，这里我们再也不会过早中断 for 循环的执行，不过我们仍然能够确定序列号输入正确与否。请问，这个修改之后的程序版本对于线性攻击有免疫力吗？请说明原因。

43. 请对 11.5.2 节中的那段代码进行修改，使得其对线性攻击具备免疫力。请注意：对于任何的不正确输入，结果程序必须耗费恰好同样多的时间来执行。提示：请不要使用任何预定义的函数(诸如 strcmp 和 strncmp 之类)来对输入值和正确的序列号进行对比。

44. 请阅读文章“Reflections on Trusting Trust”(见参考文献[303])，并总结作者的主要观点。

第12章 软件中的安全

Every time I write about the impossibility of effectively protecting digital files on a general-purpose computer, I get responses from people decrying the death of copyright. "How will authors and artists get paid for their work?" they ask me. Truth be told, I don't know. I feel rather like the physicist who just explained relativity to a group of would-be interstellar travelers, only to be asked: "How do you expect us to get to the stars, then?" I'm sorry, but I don't know that, either.

— Bruce Schneier

So much time and so little to do! Strike that. Reverse it. Thank you.

— Willy Wonka

12.1 引言

在这一章中，我们从软件逆向工程谈起，所谓软件逆向工程，即 Software Reverse Engineering，或者简称为 SRE。为了能够充分地理解在软件中实现安全性的固有困难，我们必须看一看攻击者对付软件的方式。严肃的攻击者通常会使用 SRE 技术来寻找和利用软件当中的缺陷——或者在其中制造出新的缺陷。

在简略地介绍完 SRE 之后，我们将会就数字版权管理(Digital Rights Management)议题展开讨论。数字版权管理也可以简称为 DRM，这个议题提供了很好的案例，可以用来说明将安全性的诉求构建在软件之上的局限性。DRM 也说明了 SRE 技术对基于软件的安全性所产生的影响。

本章最后一个主要议题就是软件开发。本来应该将那一节命名为“安全软件开发”，但是在实践中真正安全的软件是非常难以实现的。我们将要讨论提高软件安全性的一些方法，但是我们也要明白，为什么在这种博弈当中那些坏小子们总是能够占尽大部分的优势呢？最后，我们还会简要地讨论一下开源软件相对于闭源软件在安全性方面的优劣势比较。

12.2 软件逆向工程

软件逆向工程有时也被称为逆向代码工程，或者简称为逆向工程——可以用在好的方面，也可能会被用于一些不那么好的方面。好的用途包括理解恶意代码(见参考文献[336]和[337])或是对以往的遗留代码进行分析(见参考文献[57])。这里，我们主要关注不那么好的方面，这包括移除对于软件的使用限制、查找和利用软件缺陷、在游戏中实施欺诈活动、破解 DRM 系统以及许许多多其他类型的针对软件的攻击。

假设执行逆向工程的这个工程师还是我们的老朋友 Trudy。就大部分情况而言，假定 Trudy 只有一个可执行文件，或者说一个 exe 文件，可执行文件都是通过对某个程序，比如 C 语言程序，进行编译而生成的。也就是说，Trudy 无法访问到源代码。我们将会介绍一个 Java 逆向工程的例子，但是除非已经使用相关的混淆技术，否则通过逆向工程得到 Java 类文件的(几乎是)原始的源程序代码基本上是轻易而举的事情。而且，即便利用了混淆技术，也未必就能够使得对 Java 代码实施逆向工程的难度有明显提升。另一方面，“本机代码”(也就是与特定硬件相关的机器代码)就天然地会更加难以被逆向工程。有一点要明白，实际上我们所能做到的最多只不过是对 exe 文件进行反汇编，所以 Trudy 必须以汇编代码来分析程序，而不是利用高级语言来进行分析。

当然，Trudy 的最终目标是实现破坏。所以，Trudy 可能会将对软件实施逆向工程作为破坏活动中的步骤之一，以此来寻找弱点或是另行设计攻击。

不过，Trudy 经常想对软件进行一些修改，以绕开某些令她烦恼的安全特性。在 Trudy 能够对软件实施修改之前，SRE 是必须要做的第一步工作。

SRE 往往集中在 Windows 环境下运行的软件上。所以我们这里的许多讨论也都是特指 Windows 运行环境中的情况。

基本的逆向工程工具包括反汇编器(*disassembler*)和调试器(*debugger*)。反汇编器能够将可执行文件转换为汇编代码，这种转换属于尽力而为型，但是反汇编器并不能确保总是正确地反汇编出汇编代码，这其中涉及各种原因。例如，反汇编器常常无法区分出代码和数据。这就意味着对可执行的 exe 文件进行反汇编，然后再把结果汇编成同样功效的可执行文件，通常情况下是不可能的。这会使 Trudy 面临的挑战更为严酷，但这绝不是不可逾越的。

调试器用来设置程序中断点，据此 Trudy 就可以在程序运行时一步步地跟踪代码的执行过程。对于任何有一定复杂度的程序而言，调试器都是理解代码的必备工具。

在 OllyDbg(见参考文献[225])中就包含一套备受好评的调试器、反汇编器以及十六进制编辑器(见参考文献[173])。用 OllyDbg 来应付在这一章中出现的所有问题都绰绰有余，而且最为可贵的是，它是免费的。IDA Pro 是一款强大的反汇编器和调试器(见参考文献[147])。IDA Pro 售价大约几百美元(另提供有免费的试用版本)，通常被认为拥有目前最好的反汇编器。Hackman(见参考文献[299])是一款便宜的共享软件，其反汇编器和调试器也被认为是值得考虑的选择之一。

十六进制编辑器可以用于直接修改，或者叫修补(patch)[1]，是 exe 文件。如今，所有比较正规一点儿的调试器都会包含内置的十六进制编辑器，所以你可能不需要独立的十六进制编辑器。但是，如果你确实需要单独的十六进制编辑器，那么 UltraEdit 和 HIEW 是当前最为流行的共享软件中比较有代表性的。

还有一些其他的更加专业的工具，对于实施逆向工程有时候也很有用。这类工具的例子包括 Regmon，这个工具可以监控所有对 Windows 系统注册表的访问；还有 Filemon，根据这个工具的名字你就可以猜到，它能够监控所有对文件的访问。这两个工具都可以从微软免费获得。VMWare(见参考文献[318]——允许用户建立虚拟计算机——是一款强大的工具，如果想要对恶意软件执行逆向工程，同时还想将对系统产生破坏的风险降至最小，这个工具特别有用。

那么 Trudy 真的需要反汇编器和调试器吗？请注意，反汇编器为 Trudy 提供了关于程序代码的静态视图，这可以用来帮助获得对于程序逻辑的整体性认知。在对这些反汇编的代码进行审视之后，Trudy 就能够将注意力聚焦到那些对她来说可能最有意思的部分。但是，如果没有调试器，Trudy 将无法在执行过程中跳过无聊的那部分代码，从而不得不挨过这些运行时间。实际上，Trudy 将被逼无奈以脑力思维来执行程序代码，这样她才能够知道在代码中某些特定执行点上寄存器的状态、变量的值、标志位的值等等。也许 Trudy 很聪明，但除非是最简单的程序，否则这都会是难以克服的障碍。

正如所有的软件开发者熟知的，调试器允许 Trudy 在程序执行过程中设置中断点。通过这种方式，Trudy 可以将她不感兴趣的那部分代码当作黑盒子处理，直接跳过这部分，去到她感兴趣的那部分代码。另外，就像上面提到的，并不是所有的代码都被正确地反汇编了，而对于这样的情况就需要使用调试器。对于执行任何真正的 SRE 任务来说，既要有反汇编器，也需要调试器，这是最起码的条件。

对于 SRE 来说，必要的技能包括掌握目标汇编语言的原理和知识，以及对一些必备工具的使用经验——这些工具中首要的就是调试器。对于 Windows 平台来说，一些有关 Windows 可移植的可执行文件(Portable Executable)，或简称为 PE，以及文件格式等的知识也是非常重要的(见参考文献[236])。这些技能已经超出本书的范围——请参见参考文献[99]或[161]来了解更多信息。下面，我们将注意力限定在一些简单的 SRE 实例中。这些例子能够阐明概念，另一方面还不需要任何真正意义上的汇编知识和任何有关 PE 文件格式的知识，以及任何其他专门的知识。

最后，实施 SRE 需要无穷无尽的耐心和乐观主义精神，因为这项工作可能会极其单调乏味，并且会有很高的劳动强度。另一方面，在这个领域几乎没有自动化的工具可以使用，

1. 这里，“修补”的意思是我们直接去修改二进制代码，而不再重新编译程序代码。请注意，这里的“修补”的含义与安全补丁上下文中应用于代码的“补丁操作”的含义并不相同。

这就意味着 SRE 基本上是手工过程，需要耗费很多个小时的苦工来在汇编代码中穿行跋涉。但是，从 Trudy 的角度看，付出是值得的，回报是丰厚的。

12.2.1 Java 字节码逆向工程

在讨论“真正的”SRE 例子之前，我们先来快速地看一个 Java 示例。当你编译 Java 的源代码时，会将其转换成字节码，之后字节码再被 Java 虚拟机(Java Virtual Machine，JVM)执行。相比于其他程序设计语言，比如 C 程序设计语言，Java 语言的这种解决方案的优势就是字节码或多或少有些机器独立性，而主要的不足就是损失了效率。

说到逆向工程，Java 字节码将会使 Trudy 的日子倍感轻松。相对本机代码而言，字节码中保持的信息要多得多，因此以极高的精确性对字节码实施反编译就是有可能的。有一些工具就可以用于将 Java 字节码转换成 Java 源程序代码，而且得到的源程序代码很可能与原始的源程序代码非常相似。也有一些工具可以用来混淆 Java 程序，从而使得 Trudy 的工作更具挑战性，但是没有一个这样的工具是特别强壮的——即便是高度混淆的 Java 字节码。通常来说，也比完全不混淆的机器码要更容易被逆向工程。

举个例子，请考虑如下 Java 程序。请注意，这个程序计算并打印出 Fibonacci 数列中的前 *n* 个数字，其中的 *n* 由用户指定。

```
import java.io.*;

public class Fibo
{
    /** Prompt user for a value of n, then
        print n Fibonacci numbers
      */
    public static void main(String[] args) throws IOException {
        BufferedReader rd = new BufferedReader (
                new InputStreamReader(System.in));
        System.out.print("Enter value of n: ");
        String ns = rd.readLine();
        int n = Integer.parseInt(ns);
        int p = 0, c = 1, a;
        while (n-- > 0) {
            System.out.println(c);
            a = p + c;
            p = c;
            c = a;
        }
    }
}
```

上述程序在被编译成字节码之后，再使用在线工具 Fernflower(见参考文献[110])对生成的结果类文件进行反编译。下面给出了这个反编译之后的 Java 程序文件：

```
import java.io.BufferedReader;
import java.io.IOException;
import java.io.InputStreamReader;

public class Fibo
{
    public static void main(String[] var0) throws IOException {
        BufferedReader var1 = new BufferedReader(
                new InputStreamReader(System.in));
        System.out.print("Enter value of n: ");
        String var2 = var1.readLine();
        int var3 = Integer.parseInt(var2);
        int var4 = 0;
        int var6;
        for(int var5 = 1; var3-- > 0; var5 = var6) {
            System.out.println(var5);
            var6 = var4 + var5;
            var4 = var5;
        }
    }
}
```

请注意，原始 Java 源程序与上面呈现的反编译之后的 Java 代码几乎如出一辙。二者主要的不同就是注释内容丢失了，变量名称也发生了改变。这些差异使得反编译的程序要比原始的程序稍微难理解一点儿。尽管如此，Trudy 一定会更愿意破译类似上面那样的代码，而不是去硬啃汇编代码[2]。

如上所述，有一些工具可以用来混淆 Java 程序。这些工具能够混淆程序中的控制流和数据、插入垃圾代码，如此等等。甚至还可以对字节码实施加密。但是，这些工具中没有一个看起来会是特别强壮的——请参考本章末尾的思考题，你可以从中找到一些例子。

12.2.2　SRE 示例

我们将要讨论的这个本机代码 SRE 示例只需要使用反汇编器和十六进制编辑器。我们需要反汇编可执行文件以理解代码。然后，我们还要使用十六进制编辑器来修补代码以改变其行为。一定要认识到，这是一个非常简单的例子——在现实世界里，要执行 SRE，毫无疑问还需要使用调试器。

对于这个 SRE 示例，我们要考虑的这段代码要求输入序列号。

攻击者 Trudy 不知道序列号，当她给出(错误的)猜测时，得到的结果如图 12-1 中所示。

图 12-1　序列号验证程序

2. 如果你不相信的话，就请看看 12.2.2 节的内容。

Trudy 可以尝试发起对序列号的暴力猜解，但是这种方式不太可能成功。作为逆向工程的狂热爱好者，Trudy 决定，她首先要做的第一件事就是对 serial.exe 实施反汇编。图 12-2 中给出了一小部分使用 IDA Rro 反汇编的结果。

```
.text:00401003                 push    offset aEnterSerialNum ; "\nEnter Serial Number\n"
.text:00401008                 call    sub_4010AF
.text:0040100D                 lea     eax, [esp+18h+var_14]
.text:00401011                 push    eax
.text:00401012                 push    offset aS       ; "%s"
.text:00401017                 call    sub_401098
.text:0040101C                 push    8
.text:0040101E                 lea     ecx, [esp+24h+var_14]
.text:00401022                 push    offset aS123n456 ; "S123N456"
.text:00401027                 push    ecx
.text:00401028                 call    sub_401060
.text:0040102D                 add     esp, 18h
.text:00401030                 test    eax, eax
.text:00401032                 jz      short loc_401045
.text:00401034                 push    offset aErrorIncorrect ; "Error! Incorrect serial number.
.text:00401039                 call    sub_4010AF
```

图 12-2　序列号验证程序的反汇编结果(一小部分)

在图 12-2 中，地址显示为 0x401022 的一行表明正确的序列号是 S123N456。于是 Trudy 尝试使用这个序列号并且发现确实是正确的，这从图 12-3 中就可以看出来。

```
Command Prompt
C:\Documents and Settings\Administrator\Desktop\programs\sre\Release>serial

Enter Serial Number
S123N456
Serial number is correct.

C:\Documents and Settings\Administrator\Desktop\programs\sre\Release>_
```

图 12-3　对正确序列号的响应

但是，Trudy 患有短期记忆缺失的毛病，并且特别是对于序列号的记忆有很大障碍。因此，Trudy 想要对这个可执行文件 serial. exe 进行修补，以便她不再需要记录这个序列号。Trudy 再一次审视图 12-2 中的汇编代码，这次她注意到在地址 0x401030 处的 test 指令非常显眼，因为紧跟其后的是位于地址 0x401032 处的跳转指令 jz。也就是说，如果发生跳转，程序将会跳到别处去执行，同时会绕过显示错误消息的指令。这就很好，因为 Trudy 不想看到"Incorrect serial number"提示。

此时，Trudy 就必须依靠自身关于汇编代码的知识(或者能够通过 Google 找到这些知识)。指令"test eax, eax"执行的计算是将 eax 寄存器的值与自身进行与运算(AND 操作)。根据结果的不同，这条指令会引发对于不同标志位的设置。其中一个这样的标志位就是零标志(Zero Flag，ZF)，当指令"test eax, eax"的结果为零时就会设置这个零标志。也就是说，只要 eax AND eax 的运算结果等于零，指令"test eax, eax"就会导致零标志被置为 1。明白了这一点，Trudy 可能就会想方设法强制零标志位被设置，以便她能够绕过可怕的"Incorrect serial number"消息。

对于 Trudy 来说，有很多可能的途径来修补这个代码。但是，无论使用哪种方法，都必须要谨慎处理，否则修补后的结果代码就无法产生预期的行为。Trudy 必须足够小心，只进行字节替换。在某些特定的情况下，Trudy 不能够插入额外的字节或是移除掉任何字节，因为这样做将会导致结果指令的排列不一致。也就是说，无法正确恰当地排列生成的指令，这样就几乎一定会导致程序崩溃。

Trudy 决定，她要尽量修改 test 指令，以便零标志位总是会被设置。如果她能够做到这一点，那么其余的代码就可以保持不变。经过一番思索之后，Trudy 认识到如果她将指令“test eax, eax”替换为“xor eax, eax”，那么零标志位就总是会被设置为 1。无论 eax 寄存器中的值如何，这一点总是能够成立，因为任何值与其自身执行 XOR 运算，结果永远是零，这样就将导致零标志位总是被置为 1。这样 Trudy 就能够顺利地绕过“Incorrect serial number”消息，而无论她在提示符下输入的是哪个序列号，结果都一样。

经过这些分析，Trudy 于是已经能确定，通过将指令 test 替换为 xor，就可以让程序达成她所预期的行为。但是，Trudy 还需要确定，她是否能够实际地完成对代码的这个修补，并且在确保产生预期变化的同时不会引发任何不期望的副作用。特别是，她必须小心翼翼，尽量不去插入或删除某些字节。

接下来，Trudy 对这个 exe 文件(以十六进制表示的形式)在地址 0x401030 处的二进制位进行检查，这时她观察到图 12-4 中呈现的结果。图 12-4 中所示的代码告诉 Trudy，指令“test eax, eax”的十六进制表示为 0x85C0. ...。依靠查询她所钟爱的汇编代码参考手册，Trudy 得知指令“xor eax, eax”的十六进制表示是 0x33C0....。这时，Trudy 意识到她很幸运，因为她只需要在可执行文件中修改一个字节便可以实现她所期望的变化。再次强调，对于 Trudy 来说无须插入或删除任何字节，这一点非常关键。因为如果这么做(译者注：这里是指进行了任何插入或删除字节的改动)，几乎一定会导致结果代码出现问题，从而无法正常运行。

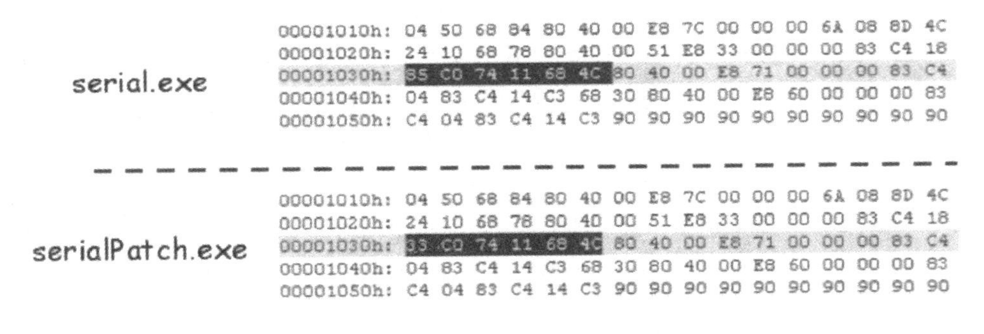

图 12-4　可执行文件 serial.exe 的十六进制表示

然后，Trudy 使用她最喜爱的十六进制编辑器对文件 serial.exe 进行修补。由于十六进制编辑器中的地址与反汇编器中的地址不一定能够匹配，因此 Trudy 遍历文件 serial.exe 以查找位值串 0x85C07411684C，就像你在图 12-4 中所能看到的那样。因为这是该位值串在这个文件中的唯一一次现身，所以 Trudy 知道这正是她想要找的正确位置。随后她就将字节值 0x85 修改为 0x33，再将结果文件保存为 serialPatch.exe。

请注意，如果使用更全面的工具，比如在 OllyDbg 中，对代码进行修补就要相对容易一些，因为 Trudy 仅仅需要在调试器中将 test 指令修改为 xor 指令，再保存结果即可。也就是说，在这种情况下不需要十六进制编辑器。无论是哪种情况，图 12-5 中给出了原始的可执行文件和经过修补之后的可执行文件的对比。

```
serial.exe
00001010h: 04 50 68 84 80 40 00 E8 7C 00 00 00 6A 08 8D 4C
00001020h: 24 10 68 78 80 40 00 51 E8 33 00 00 00 83 C4 18
00001030h: 85 C0 74 11 68 4C 80 40 00 E8 71 00 00 00 83 C4
00001040h: 04 83 C4 14 C3 68 30 80 40 00 E8 60 00 00 00 83
00001050h: C4 04 83 C4 14 C3 90 90 90 90 90 90 90 90 90 90
--------------------------------------------------------------
serialPatch.exe
00001010h: 04 50 68 84 80 40 00 E8 7C 00 00 00 6A 08 8D 4C
00001020h: 24 10 68 78 80 40 00 51 E8 33 00 00 00 83 C4 18
00001030h: 33 C0 74 11 68 4C 80 40 00 E8 71 00 00 00 83 C4
00001040h: 04 83 C4 14 C3 68 30 80 40 00 E8 60 00 00 00 83
00001050h: C4 04 83 C4 14 C3 90 90 90 90 90 90 90 90 90 90
```

图 12-5　原始的可执行文件及修补后的可执行文件的十六进制表示

于是，Trudy 执行这个经过修补的代码 serialPatch.exe，并输入不正确的序列号。图 12-6 中的结果表明，这个修补的程序可以接受不正确的序列号。

图 12-6　修补后的可执行文件

最后，我们又对文件 serial. Exe 和 serialPatch. Exe 分别执行反汇编，图 12-7 中给出了结果的对比情况。这些代码片段表明修补工作达成期望的目标结果。

想要了解更多有关 SRE 技术的信息，Kaspersky 的书(见参考文献[161])是很好的资源。另外，在参考书籍(见参考文献[233])中有一段可读性很强的关于 SRE 技术诸多方面的引言。不过，关于 SRE，可以找到的最好书籍还是 Eilam 的(见参考文献[99])。不止这些，还有许多在线的 SRE 资源可供参考，也许其中最好的是(见参考文献[57])。

下面我们将要简短地讨论一些令 SRE 攻击更为困难的方法。虽然在诸如 PC 这样的开放系统中，要想杜绝此类攻击是不可能的，但是我们确实也可以让 Trudy 的日子更加难过一些。在(见参考文献[53])中可以找到防 SRE 技术相关信息的资源，内容很好，但是有点儿老旧。

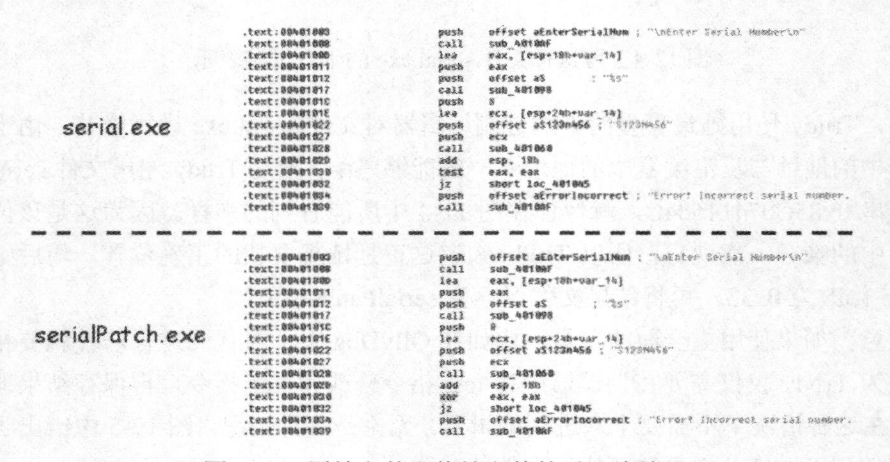

图 12-7　原始文件和修补文件的反汇编结果

首先，我们要探讨防反汇编技术。也就是说，用于令反汇编器产生理解困惑的技术。我们这里的目标是给攻击者提供不正确代码的静态视图，或者更好的情况是，干脆就根本没有代码的静态视图。接下来，我们还会探讨反调试技术，这些技术能够用于令攻击者对代码的动态观察模糊不清。然后，在 12.2.5 节中，我们还要讨论一些防篡改技术，这些技术可以应用到软件上面，使得代码对于攻击者而言理解起来更加困难，进而令恶意修补也更加难以实施。

12.2.3　防反汇编技术

有几个非常著名的防反汇编的方法[3]。举个例子，有可能对可执行文件实施加密——当 exe 文件以加密形式存在时，无法被正确地执行反汇编。但是，这里存在“鸡生蛋还是蛋生鸡”的问题，这有点儿类似于加密病毒中发生的情况。也就是说，代码在可以执行之前必须先被解密。聪明的攻击者可以利用解密代码来获得对于解密的可执行文件的访问。

另外一种比较简单，但是也不十分有效的防反汇编的技巧是错误反汇编(见参考文献[317])，图 12-8 中给出了这种方法的图解。在这个例子中，图中上面的部分表明程序的实际执行流程，而图中下面的部分则显示了可能会发生的错误反汇编结果，如果反汇编器不够聪明的话。在图 12-8 上面的那部分中，第二条指令导致程序跳过垃圾代码区域，而这些垃圾代码包含了一些无效的指令。如果反汇编器尝试去反汇编这些无效的指令，就将陷入困惑之中，甚至有可能会错误地反汇编位于垃圾代码结尾之后的许多条指令，毕竟实际的指令序列就不是正确恰当排列的。但是，如果 Trudy 仔细地研究这个错误的反汇编，她最终将会意识到 inst 2 跳转到了 inst 4 的中间，这样她就能够随后再消除掉这些干扰带来的影响。事实上，炮制如此简单的小把戏并不会给高质量的反汇编器带来真正严重的困扰，但是再稍微复杂一些的例子就可能会产生某种有限的影响。

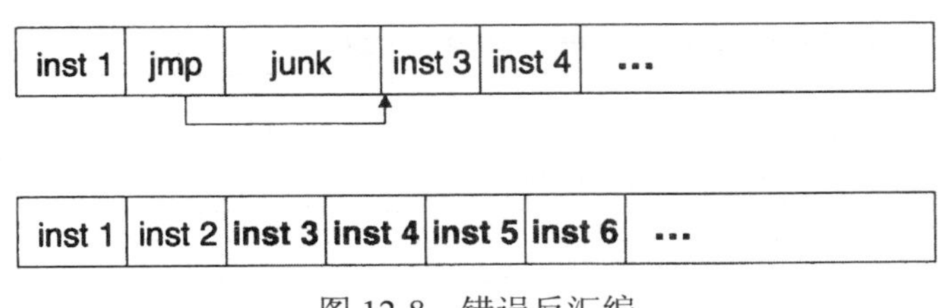

图 12-8　错误反汇编

一种更加精密复杂的防反汇编的技巧是自修改代码。顾名思义，自修改代码能够实时地修改自身的可执行文件(见参考文献[61])。对于迷惑反汇编器来说这是一种高度有效的方法，但是也很可能会迷惑开发者，因为这种代码实现起来非常困难，极容易出错，而且还几乎无法维护。在参考文献[19]中还讨论了另外一种假定具有防反汇编能力的解决方案。

3. 啰嗦的作者一直忍不住想把这部分叫做“anti-disassembly mentarianism”。幸运的是，他终于抵制住了这种诱惑。

12.2.4 反调试技术

有几种不同的方法可以用来令调试更加困难。因为调试器会使用一些特定的调试寄存器，所以程序就可以监控这些寄存器的使用，并且当这些寄存器被使用时，程序就停止(或是执行异常的行为)。也就是说，程序可以监控被插入的中断点，而这些中断点就是调试器向外界暴露信息的一种标记。

调试器不能很好地对线程进行处理，因此在被恰当实现的情况下，相互作用的线程就能够提供一种相对而言比较强的方法以便对调试器产生迷惑作用。在参考文献[338]中介绍了这样一种情况，通过引入一种所谓的“垃圾”线程，并在其中有意地制造死锁，使得在 OllyDbg 中能够看到的代码只有真正有效代码的很少一部分[4]。而且在每一次运行中，这些可以看到的代码都会以一种不可预测的方式发生变化。这种方法带来的相关计算开销会相当高，所以并不适合应用在大型应用程序的全部代码上。不过，这种技术可以用来保护一些高度敏感性的代码段，就像那些专门用于输入序列号并进行验证的代码。

还有许多其他的能令调试器工作不力的技巧，其中的大部分都是高度调试器相关的(译者注：只依赖于某种特定的调试器)。举个例子，图 12-9 中给出了一种反调试技术的图解。图中上面那部分给出了一系列待执行的指令。假设为了性能考虑，当处理器提取出指令 inst 1 时，也同时把 inst 2、inst 3 和 inst 4 都预先提取出来。再假设当调试器运行时，并不会预先提取指令。这样，我们就能够利用这种差异来迷惑调试器，在图 12-9 的下半部分中给出了相应的图解说明。这里，指令 inst 1 覆盖了指令 inst 4 的内存位置。当程序未处于调试状态时，这并不会带来任何问题，因为从指令 inst 1 到指令 inst 4 全部都被同时提取出来了。但是，如果调试器没有预先提取出 inst 4，那么当尝试执行已经覆盖了指令 inst 4 的垃圾代码时，就会陷入混乱之中(见参考文献[317])。

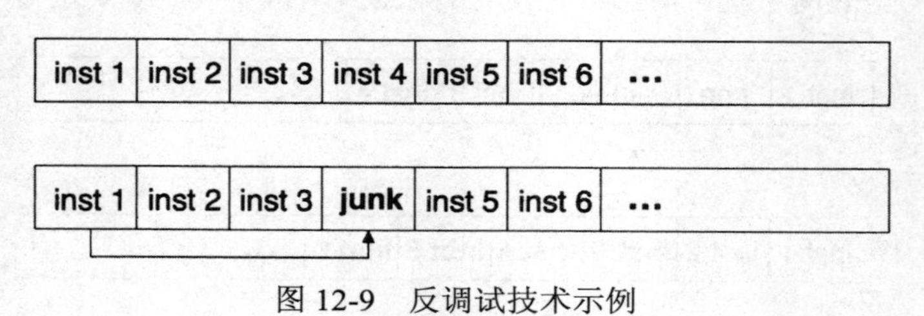

图 12-9　反调试技术示例

图 12-9 中的反调试方法存在一些潜在的问题。首先，如果程序试图不止一次地执行这段代码(比如说，将之置于循环中)，那么垃圾代码也将会被执行。另外，这段代码属于极度平台相关的。最后，如果 Trudy 拥有足够的耐心和技巧，她最终也能拆穿这个把戏，并进而消除因此带来的影响。

---

4. 这并不意味着 OllyDbg 是差的调试器——同样的花招，对于其他流行的调试器来说，带来的困扰至少会和 OllyDbg 遭遇到的一样多。

12.2.5　软件防篡改

下面讨论几种方法，这些方法能够用于使软件更加难以被篡改。防篡改的目标是要令修补更为困难，通过让代码更加难以被理解，或是让代码一旦被修补便无法执行等方式来实现这个目标。我们要讨论的这些技术已经被用在了实践中，但是，与大多数的软件保护方法一样，极少(如果还能有的话)有实证证据能够支持这些方法的有效性。

1. Guard

有一种可能，就是让程序包含自身的哈希片段，当执行时可以将新计算出的哈希值与已知的原始代码的哈希值进行比较。如果有篡改行为(例如代码已被修补过)发生，哈希校验将会失败，从而程序也就可以采取规避措施。这种哈希检查有时候也被称为 Guard。可以将 Guard 视为一种令代码更为敏感的方法，就这种敏感性而言，一旦篡改发生，代码就会被破坏。

研究表明，通过使用这种 Guard 机制，有可能以一种最小的性能损失来获得对于软件较好程度的一种保护(见参考文献[54]和[145])。但是，这里会有一些微妙的问题。举个例子，如果所有的 Guard 都是完全相同的，那么对于攻击者来说，要对这些 Guard 实施自动化检测并移除，相对而言就比较容易。有关 Guard 机制涉及的一些问题，想要了解更多信息，请参见参考文献[268]。最后，看起来 Guard 机制在理论上非常适合用于相互作用的线程(如前面在 12.2.4 节中讨论的情况)，在这种情况下可以提供一种相对比较强的防范篡改的能力。

2. 混淆处理

另外一种流行的防篡改的做法是代码混淆处理。这里，混淆处理的目标就是令代码更加难以被理解。基本逻辑则是：如果 Trudy 无法理解代码，那么她在对代码进行修补时也就会遭受折磨。从某种意义上说，代码混淆处理走向了优秀软件工程实践的对立面。

作为简单的例子，spaghetti 代码(译者注：spaghetti 的原意是“意大利面条”，这里是一种隐喻，用来指“控制结构复杂、凌乱，条理不清晰的代码”，也就是“非常混乱的代码”)就可以被视作一种形式的混淆处理。已经有大量的研究在深入考察关于代码混淆处理的更为鲁棒的方法。其中，看起来最为强大的方法之一是所谓的不透明谓词(opaque predicate，见参考文献[64])。举个例子，请考虑下面的伪码：

```
int x,y;
   ⋮
if((x − y)(x − y) > (x² − 2xy + y²)){...}
```

请注意，无论 x 和 y 为任何值，if 条件总是为假(也就是不能成立)，因为：

$$(x-y)\,(x-y)=x^2-2xy+y^2$$

但是，攻击者就有可能会浪费大量的时间去分析紧跟在 if 条件之后的这些完全无效的代码。虽然这个特定的隐性判断也并非就具备特别强的隐蔽性，但是已经有许多不那么显而易见的实例被开发出来了。需要说明的是，这个技术并不能阻止攻击行为的发生，但却能够大幅度地增加成功的攻击所需要的时间和其他成本。

代码混淆处理有时候会被提高到作为一种强大的通用型安全技术的层面上。事实上，在 Diffie 和 Hellman 提出的关于公开密钥加密技术的原始概念里，他们提议了一种所谓的“单向编译器”(也就是混淆处理的编译器)，将其作为开发这样一个密码系统的一种可能途径(见参考文献[90])。但是，混淆处理还没有证实其在公开密钥加密技术中的价值。并且，近年来也已经有了令人信服的说法，认为混淆处理不能够提供某些意义上同等强度的保护能力，例如无法达到与加密技术相同强度的保护水平(见参考文献[25])。尽管如此，混淆处理可能仍然会在某些领域中具备重要的实践价值，比如在类似软件保护这样的领域中的应用。

下面举个例子，请考虑这样一款软件组件，它用于确定身份认证的结果。从根本上说，身份认证结果是对单独二进制位的判决，而无论使用的方法在具体细节上有什么不同。因此，在身份认证软件中的某个地方，一定实际存在单独的二进制位来确定认证结果是成功还是失败。如果 Trudy 能够找到这个二进制位，她就可以强制令认证结果总是显示成功，从而就破坏了这里的安全性。而混淆处理技术就可以令 Trudy 这种查找该关键位的活动陷入到一场在软件中展开的颇具挑战性的“捉迷藏游戏”当中。事实上，混淆处理能够将这一位的信息模糊分散到巨大的代码体中，从而迫使 Trudy 不得不分析数量巨大的代码。如果理解这些经过混淆处理的代码所需要的时间成本和难度足够高，那么 Trudy 就有可能会放弃。果真如此的话，混淆处理技术就达成了有意义的目标。

混淆处理技术也可以与其他的手段结合在一起使用，可以与之相结合的手段包括前面提到的防反汇编、反调试以及防修补技术等诸多方法中的任何一种。上面所有这些方法都倾向于增加 Trudy 的工作量，但是，如果认为可以将这其中的代价提高到“就连由持之以恒的攻击者组建的黑客军团都无法最终破坏代码”的程度，那也是不切实际的。

12.2.6　变形 2.0

在通常的软件开发实践当中，总是会以某个特定的软件组件为基础，进行相同拷贝或复制品的分发。就软件开发、软件维护以及诸多的其他方面而言，这种做法都有着显而易见的好处。但是，软件克隆会有一些负面的安全影响。特别是，只要攻击在任何拷贝上面建立起来之后，完全相同的攻击方式就可以在所有的拷贝上屡试不爽。也就是说，这种软件自身不具备对“一次攻破，处处得逞”的免疫力，或者简单地说，不具备 BOBE(“Break Once, Break Everywhere”，有时候也可以表示为 Break Once Run Anywhere，于是也可以简写为 BORA)抵抗力。

在前面一章中，我们已经看到，变形软件可以被病毒编写者用来逃避检测手段。那么，相似的技术是否可以用于行善而不是作恶呢？举个例子，假设我们开发了一款软件组件，但是我们并不分发克隆出来的拷贝，而是分发变形的拷贝。也就是说，我们所分发软件的每一份拷贝，内部都是有差异的，但是所有拷贝的功能都完全相同(见参考文献[285])。这与我们在第 11 章中讨论的变形恶意软件非常相似。

假设我们分发了某一特定软件组件的 N 个克隆的拷贝。那么，一次成功的攻击将可以破坏所有 N 个克隆版本。换句话说，这个软件不具备 BOBE 抵抗力。另一方面，如果我们分发该软件的 N 个变形拷贝，其中这 N 个拷贝中的每一个的功能都完全相同，但是在内部结构上均有所区别，那么针对其中某个实例的特定攻击，未必会对其他的任何一个实例同样有效。这种方法的强度强烈地依赖于这些非克隆版本之间的差异有多大，但是在最好的情况下，要攻破所有这 N 个实例，需要 N 倍于前述攻击单个实例的工作开销。这就是关于 BOBE 抵抗力所能获得的最佳情形了。

由于开放平台和 SRE 技术的存在，我们无法阻止针对软件的攻击行为。可以说，我们所能够期望的，最多也就是提高 BOBE 抵抗力的水平。而要获得一定程度的 BOBE 抵抗力，变形软件就是其中一种可能的手段。

关于软件多样性和生物学系统中的遗传多样性之间的类比，已经屡见不鲜(见参考文献[61]、[115]、[114]、[194]、[221]、[230]、[231]、[277])。举个例子，如果某个区域中所有植物的基因都是完全相同的，那么一种疾病就能够横扫这整个区域。但是，如果这些植物是遗传多样性的，那么一种疾病将只能够杀死其中一些植物。本质上，对于变形软件来说，背后也存在着这一相同的道理。

为了说明变形所能带来的潜在好处，这里假设我们的软件存在共同的程序缺陷，比如说，有可被利用的缓冲区溢出漏洞。如果我们以克隆方式分发这个软件，那么一次成功的缓冲区溢出攻击将会对该软件的所有拷贝同样有效。再假设不是上面的这种情况，取而代之的是使用变形的软件，那么即使缓冲区溢出漏洞在所有的运行实例中都存在，也几乎可以肯定，同样一种攻击将无法对许多个实例都有效，因为缓冲区溢出攻击是相当精确和巧妙的——正如我们在第 11 章中看到的一样。

变形软件是很有趣的概念，这个概念在一些应用软件中已经得到使用(见参考文献[46]和[275])。变形技术应用的兴起涉及软件开发、软件升级以及其他一些方面。请注意，变形并不能阻止 SRE，但却能够提供实质性的 BOBE 抵抗力。变形技术最为引人注目的是在恶意软件中的应用，不过，也许这种技术不会再仅仅只是用来作恶了。

12.3　数字版权管理

数字版权管理(Digital Rights Management，DRM)提供了很好的示例，可以用于说明在软件中实施安全的局限性。在本章前面内容中讨论的大部分主题都与 DRM 问题密切相关。

接下来我们要讨论 DRM 是什么，以及 DRM 不是什么。然后，我们还将介绍实际的 DRM 系统，该系统的设计目标是为了在特定的公司环境之内保护 PDF 文档资料。此外，我们也会简略地给出用于流媒体保护的 DRM 系统的梗概，最后我们还要讨论一款推荐的 peer-to-peer 应用，其中就使用到了 DRM。

12.3.1　何谓 DRM

从最基本的层面上看，DRM 可以被视为一种针对数字内容提供某种“远程控制”的尝试。也就是说，我们希望分发数字化的信息内容，但是我们还想要做到：在信息内容已经被分发和交付之后，仍然能够对其使用保持一定程度的控制能力(见参考文献[121])。

假如 Trudy 想要在线销售她的新书 *For the Hack of It* 的数字化版本。在互联网上有着非常巨大的潜在市场，Trudy 能够确保将所有的利润收入囊中，并且任何人也都不需要支付运费或邮资，这看起来像是个理想的方案。但是，经过几分钟的思考之后，Trudy 意识到这里存在严重的问题。比如说，如果 Alice 购买了 Trudy 的数字版图书，然后又将该书以在线方式进行免费重新发放，这时情况会如何呢？在最坏的情况下，Trudy 也许只能够卖出该书的一份拷贝(见参考文献[274]和[276])。

这个基本的问题就是，要制作一份数字内容信息的完美拷贝不费吹灰之力，而且几乎还可以同样轻而易举地对其进行重新分发。这是自“前数字化时代”以来最为重要的变化之一，想当年要复制一本书的代价高昂，进行重新分发的难度也不小。相对于“前数字化时代”而言，人们在数字化时代面临挑战的情况，在参考文献[31]中有一些非常精彩的讨论。

在本节中，我们将聚焦于数字图书的案例。当然，对于其他的数字媒体，包括音频和视频，类似的讨论也仍然适用。

持久保护(*persistent protection*)是 DRM 保护理论层面的时髦术语。意思是说，我们希望对数字化内容进行保护，要使得：即便在数字化内容被交付之后，这种保护仍能够伴随内容本身而留存。对于一本数字图书来说，我们可能会想要对其施加的此类持久保护的约束包括以下这些例子：

- 禁止拷贝
- 仅读一次
- 直到圣诞节才能打开
- 禁止转发

为了施加这样的持久保护，我们都能做些什么呢？一种选择就是完全依赖信用系统，在这种情况下，我们实际上并不强制用户遵守规则。相反，我们只是要求他们这么做。既然大部分人都是良民，诚实、正派、遵纪守法，并且值得信赖，那么我们可以期望这种机制能够执行有效。当然也不一定。

也许会有点儿令人吃惊，信用系统实际上已经尽过力了。享有盛誉的小说家 Stephen King，在网络上以分期方式发布了他的小说 *The Plant*(见参考文献[94]和[250])。Stephen King 说，只有当读者付费率高到一定程度时，他才会考虑继续发布该书后续的分期内容。

在预先计划中，*The Plant* 的 7 个部分中只有前 6 部分在网络上现身了。Stephen King 的发言人声称，付费率已经跌到了低得令 Stephen King 先生不愿再以网络方式在线发布该书剩下的这部分内容，只留下一些愤怒的读者，他们已经为一本书前面 6/7 的内容支付了费用。在彻底抛开整个信用系统之前，值得注意的一点是，共享软件本质上是遵循信用系统模型的。

另外一种选择是放弃在诸如 PC 这样的开放平台上强制实施 DRM 的做法。在前面内容中，我们看到 SRE 攻击能够令 PC 平台上的软件弱不禁风。所以，如果我们试图在开放的平台上面通过软件来强制实施持久保护措施，我们很可能注定要失败。

但是，基于互联网开展销售的诱惑已经激发了人们对于 DRM 的极大兴趣，即便是无法将其做得完全强壮和稳健。我们还会看到，一些公司对于 DRM 也很感兴趣，会将其作为遵从特定政府法规的一种方式。

如果认定在 PC 平台上实现 DRM 是值得花时间尝试的，那么其中一种选择就是建立弱的基于软件的系统。这类系统中有几种已经获得了部署和应用，其中大部分都极其脆弱。举个例子，用于保护数字文档的这样一种 DRM 系统，如果遇到了解如何操作抓取屏幕程序的用户，就很可能会被击败。

另外一种选择就是开发“强壮的”基于软件的 DRM 系统。在 12.3.2 节中，我们将要介绍的系统，定位就是力求达到这样一种保护水平。这个设计基于一套真实的 DRM 系统，该系统是由多才多艺的作者为 MediaSnap 公司开发的，在参考文献[275]中有对这个产品的相关讨论。

在封闭的系统中，诸如在某个特定的游戏系统中，就可以获得相当高水准的 DRM 保护能力。对于前面提到的持久保护相关的要求，这些系统非常便于在其上施加与之类似的约束条件。事实上，已经有相关的投入在努力推动将一些封闭系统的特性纳入到 PC 当中来。在很大程度上，这项工作是由“在 PC 平台上提供具有合理鲁棒性的 DRM 系统”这一愿望驱动的。在第 13 章中，我们将会讨论微软的下一代安全计算基(Next Generation Secure Computing Base，NGSCB)，届时我们还要再回到这个话题上来。在这一章中，我们将只考虑基于软件的 DRM 系统。

有些时候人们会声称——或者至少是强烈的暗示——加密技术是 DRM 问题的解决之道。但是实际情况并非如此，通过考察图 12-10 中的通用黑盒加密之图解，便很容易看出这一点。这里，图 12-10 中显示的是对称密钥加密系统。

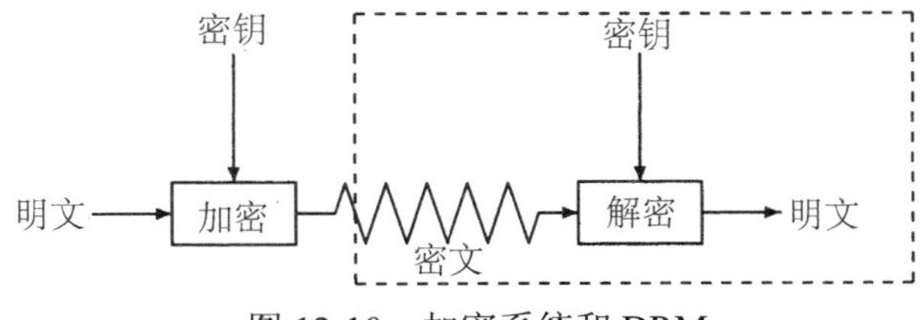

图 12-10 加密系统和 DRM

在标准的加密场景中，攻击者 Trudy 可以接触到密文，或许还能得到一些明文以及某些旁路通道信息。在 DRM 场景中，我们力求将持久保护手段施加到远程计算机上。更有甚者，合法的接收者也是潜在的攻击者。

假设 Trudy 是 DRM 系统保护的文档的合法接收者，那么 Trudy 就可以访问到图 12-10 中所示虚线框内的所有内容。尤其是 Trudy 能够访问到密钥。如果我们将密钥交给攻击者，那么当然不能再指望加密系统能够解决我们的问题！

实现和部署 DRM，有必要使用加密技术，以便数据能够被安全地交付，同时也可以令 Trudy 无法轻而易举地移除持久保护。但是，如果 Trudy 足够聪明，她就不会去直接攻击加密系统。相反，她将会试图找到密钥，而密钥则隐藏在软件的某个位置(或者，至少在流程的某一点上，密钥对于软件是可获得的)。这样，DRM 系统的基本问题之一就可以归结为拿密钥在软件中玩捉迷藏(见参考文献[266])。

出于某种客观需要，基于软件的 DRM 系统在很大程度上要依赖于不透明带来的安全性。也就是说，这里的安全性在于如下事实，就是 Trudy 并不完全理解系统。从某种意义上说，这与 Kerckhoffs 原则是相对立的。这种不透明的安全性通常在安全领域内被视为不懂规矩的粗鄙论调，因为一旦不透明性无法保全，那么安全性也就荡然无存了。但是，在基于软件的 DRM 系统中，实际情况往往是别无选择。

在前面讨论的软件混淆处理以及相关的其他技术，都是不透明安全性的例子。通常并不推荐将安全性寄托在不透明性之上，但是，当走投无路别无选择之时，我们就有必要考虑：是否可以从一些聪明的不透明应用中，提取出有效的实现安全性的举措来呢[5]？

当前的 DRM 系统还是严重地依赖于秘密的设计，处于明显违背 Kerckhoffs 原则之精神的境地。当然，造成这种情况的部分原因在于对不透明性的依赖。但是，对于大部分的 DRM 系统来说，即便是常规的关于其安全体系架构的概览，也难觅踪迹，除非已经由某些外部消息源主动提供。举个例子，关于苹果公司 Fairplay DRM 系统的具体信息，就无法从苹果公司官方获得，但还是能够找到，例如在参考文献[313]中就有。

对于任何的 DRM 系统来说，关于有效性都存在基本的局限性，因为所谓的模拟漏洞(*analog hole*)总是存在。也就是说，当信息内容被表达出来时，就能够以模拟的方式将其捕获——举个例子，如果数字音乐处在播放的过程中，就可以使用麦克风将其录制下来，而无论 DRM 系统的保护强度有多高。与此类似的是，一本数字书籍也会在未保护的形式下被捕获，只需要当书籍的页面显示在一台计算机的屏幕上时，使用一台数字照相机对其拍摄即可。这样的攻击方式已经超出 DRM 系统保护的范畴。

关于 DRM，另一个有意思的特性就是人性所关注的度。对于基于软件的系统来说，绝对的 DRM 安全性显而易见是不可能的；所以，这里面临的挑战就是开发出能够在实际中使用的东西。那么，这个目标是否能够达成就严重地依赖于所处的环境，这一点正如我们将在下面的例子中看到的。归根结底就是说，DRM 不完全是技术问题。虽然这对于许多的安全主题(诸如口令、针对 SSL 协议的中间人攻击，等等)也都成立。但是，相比许多其他的领域，在 DRM 中这种情况更加凸显。

我们已经提到多次，强壮的基于软件的 DRM 系统是不可能实现的。现在让我们来清楚明白地看看为什么会是这种情况。根据前面有关 SRE 内容的讨论，很清楚的一点是，我们无法在软件中真正隐藏秘密，因为我们无法阻止 SRE。拥有完全管理员权限的用户能够最终破解掉任何的防 SRE 保护措施，并进而攻击试图施加持久保护手段的 DRM 软件。换句话说，对于攻击基于软件的 DRM 系统来说，SRE 正是“杀手级应用”。

---

5. 尽管这个名字并不好听，但是不透明安全性在现实世界中的使用却异乎寻常得频繁。举个例子，系统管理员常常会对一些重要的系统文件重新命名，从而使攻击者更加难以定位到这些文件。如果 Trudy 闯入系统中，她还将会花费一些时间来定位这些重要的文件，她需要的时间越长，我们检测到她出现的机会就越大。所以，在类似这个例子的情形中，使用不透明性确实有一定的意义。

接下来，我们要介绍一个真实世界中的 DRM 系统，该系统旨在保护 PDF 文档资料。然后，我们会讨论一个设计用于保护流媒体信息的系统，以及另一个计划用在 P2P 环境中的系统。最后，还包括关于 DRM 在公司环境下的角色定位等方面的讨论。另外，在参考文献[241]和[314]中还介绍了其他的一些 DRM 系统。

12.3.2　一个真实世界中的 DRM 系统

本节讨论的这些信息基于 MediaSnap 公司设计和开发的一个 DRM 系统，MediaSnap 是位于硅谷的一家小的创业公司。他们开发的这个系统意在保护将要通过电子邮件方式分发的数字文档。

MediaSnap 公司的 DRM 系统共包括两个主要的组成部分。一个服务器组件，我们称之为安全文档服务器(Secure Document Server，SDS)；另外就是客户端软件，该部分可以作为插件加载到 Adobe 的 PDF 阅读器程序中。

假如 Alice 想要给 Bob 发送由 DRM 保护的文档，那么 Alice 首先要创建这个文档，然后再将其附加到一封电子邮件上。她选择邮件接收者 Bob，在通常情况下，她会使用自己邮件客户端上特定的下拉菜单，选择期望的持久保护等级。随后再将邮件发出。

在这个 DRM 框架中，整个电子邮件，包括所有的附件，都会被转换成 PDF 格式，随后再被加密(使用标准的加密技术)并发送给 SDS。最后是由 SDS 来将期望的持久保护措施应用到文档上面。SDS 在收到文档之后，会将其进行打包，以便只有 Bob 使用 DRM 客户端软件才能够访问这个文档——正是这个客户端软件将会尝试施加持久性保护。然后，通过邮件，这样处理之后的结果文档就被发送给了 Bob。图 12-11 中给出了这个过程的图解。访问这个由 DRM 保护的文档，需要一个密钥，而这个密钥存储在 SDS 中。无论 Bob 什么时候想要访问这个受保护的文档，他都必须首先向 SDS 认证自身的身份，并且只有在这之后，密钥才会从 SDS 发送给 Bob。一旦 Bob 获得密钥，他就可以访问这个文档，但是只能通过 DRM 软件实现访问。图 12-12 中给出了这个过程的图解。

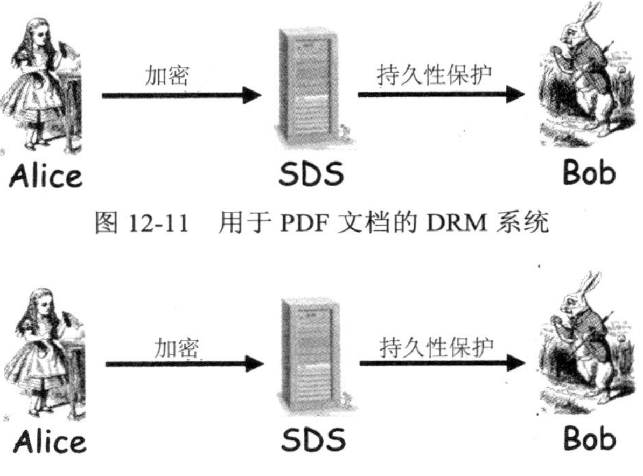

图 12-11　用于 PDF 文档的 DRM 系统

图 12-12　访问受保护的文档

在这个架构中，服务器和客户端都存在一些安全问题。SDS必须保护密钥并对用户进行身份认证，当然，还必须将需要的持久保护应用到文档上面。客户端软件必须保护密钥，对用户进行身份认证，并且实施持久性保护，所有这些操作都是在一种可能会暗藏敌意的环境中执行。SDS 处于公司的总部，所以相对比较安全。另一方面，DRM 客户端软件对于任何攻击者来说都随手可得。下面的讨论主要集中在客户端软件上。

在图 12-13 中，给出了客户端软件高阶设计的图解。这个软件的外层用于尝试创建抗篡改的屏障，这包括防反汇编技术和反调试技术的应用，我们在前面已经讨论过其中的一些议题。举个例子，对可执行代码实施加密，以及将错误反汇编技术用于保护执行解密操作的那部分代码等。除此之外，可执行代码只能被解密成小小的切片，这样对于攻击者来说，要获得明文形式的完整代码就更加困难了。

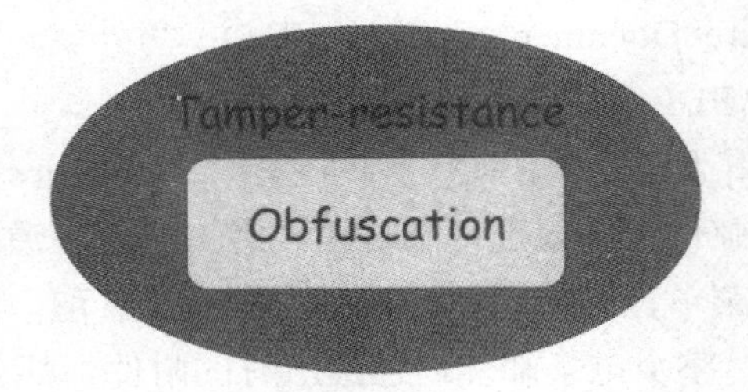

图 12-13　DRM 软件设计

反调试技术相当复杂精深，虽然基本思想只不过就是对调试寄存器的使用进行监控。针对这样一种框架，有一种很明显的攻击，其本质就是中间人攻击。其中，攻击者对代码进行调试操作，但是对于反调试器软件，却会以某种看起来并没有调试器在运行的方式予以响应。

我们从前面的内容中可以知道，防篡改技术能够对攻击者起到延缓的作用，但是这些技术并不能阻止持之以恒的攻击者获得最终的成功。在防篡改层之内的软件，也被施加强烈的混淆处理措施，从而可以进一步地拖延某个已经渗透过外部防篡改层之后的攻击者。

混淆处理技术被应用于一些至关重要的安全操作中，这包括密钥管理、身份认证以及加密操作等。认证信息要被缓存，因为我们并不希望要求用户重复地输入口令(或是其他的认证手段)。每一次的认证数据都会被缓存，并且是以不同的形式缓存在内存中不同的位置上。

在这个系统中，对数字内容的加密使用的是高级加密标准(Advanced Encryption Standard，AES)的分组加密方案。标准的加密方案很难做到不透明化，因为算法本身已众所周知，并且为了确保性能和防止出现错误，算法的实现也是标准化的。因此，MediaSnap 的系统也利用了“加扰”算法，这本质上又是一种专门的密码方案。这个“加扰”算法的使用只是作为一种补充，而不是对原有强大密码系统的替换。所以，这里就算不上违背 Kerckhoffs 原则。

系统中的“加扰”算法本身就是混淆处理的，相比诸如 AES 这样的标准加密方案，这种混淆处理给 SRE 提出了更加实实在在的挑战。密钥也经过混淆处理，方法是将其分割为多个部分，并将某些部分隐藏在数据当中，而将另外一些部分隐藏在代码当中。简而言之，

MediaSnap 的 DRM 系统利用了多个层次的混淆处理技术。

这个系统实现的另一个安全特性就是一种防抓屏技术，这有点儿类似于之前提到的反调试技术。数字水印技术在这里也获得了应用。就像我们在第 5 章中了解的，数字水印的设计目标是为了提供对被盗取内容的跟踪能力。但是在实践中，可以证明数字水印的实用价值相对有限，特别是在攻击者知道数字水印模式的情况下。

MediaSnap 的这款 DRM 软件使用变形技术来提升 BOBE 抵抗力。其中，变形技术的使用体现在几个不同的地方，而最为引人注目的就是“加扰”算法。在后面谈到一款用于保护流媒体内容的 DRM 应用时，我们还要就这个话题展开更多的讨论。

在 MediaSnap 的 DRM 系统中，利用到各种各样的软件保护技术。几乎可以肯定，这款产品应该是最先进的基于软件的 DRM 系统之一了。其中唯一没有采用的重要保护机制就是 guard，也可以称为“脆弱化”技术，该技术我们在前面也已有所介绍。而 guard 机制之所以未被青睐，唯一的原因就是不太容易将其与加密可执行代码集成到一起。

还有一个主要的安全隐患我们至今尚未提及，那就是操作系统扮演的角色。在特定情况下，如果我们无法信任操作系统可以正确地运行，那么我们的 DRM 客户端软件就有可能被针对操作系统的攻击行为釜底抽薪。关于可信操作系统的议题将是下一章内容的焦点。

12.3.3　用于流媒体保护的 DRM

假如我们想要在互联网上发布流形式的数字音频或视频，并使得这种数字媒体可以被实时观看。如果我们希望为此项服务收取费用，那么我们如何才能够保护这些媒体内容，以防被抓取和重新分发呢？听起来这似乎是 DRM 的职责所在。我们这里要介绍的 DRM 系统遵循参考文献[282]中给出的设计。

针对流媒体可能存在的攻击形式包括对端点之间传递的流实施欺诈、中间人攻击、重放或重新分发数据，以及在客户端抓取明文信息等。我们主要考虑最后一种攻击行为。这里的威胁源自非授权软件，通过使用这样的软件就可以在客户端捕获到明文的流信息。

在这里，我们提议的最富创新精神的设计特性就是对加扰算法的使用，这是一种类似于加密的算法，我们在前面已经介绍过。我们假定手边有一大堆各不相同的加扰算法可用，我们要利用这些算法来获得一种高度的变形效果。

客户端软件的每一个实例都在其中配备了大量的加扰算法。主集合包含了所有的加扰算法，每一个客户端都有不同的从主集合中挑选出来的加扰算法的子集合，而服务器知道这个主集合。客户端和服务器之间必须协商出特定的加扰算法，用于施加到某个特定的数字内容分片上。下面我们就将介绍这个协商的过程。

我们也会对内容实施加密，这样就可以不必依赖于加扰算法来决定加密的强度。要知道，实施加扰的目的是变形——进而获得 BOBE 抵抗力——而不是追求密码学意义上的安全。

在这个 DRM 框架中，数据在服务器上被加扰混乱，然后再被加密。在客户端一侧，数据必须被解密，然后再被解扰恢复。解扰恢复的过程发生在专用的设备驱动程序上，刚好在内容被播放之前进行。这种处理方式的目的是希望保持明文信息尽可能地远离攻击者

Trudy，直到媒体被播放之前的最后一刻。

在这里讨论的设计中，Trudy 面对的是专用的设备驱动程序以及客户端软件的拷贝，而且客户端软件的每一份拷贝都拥有唯一的硬编码加扰算法集合。因此，Trudy 就面临着实施 SRE 的巨大挑战，并且客户端软件的每一份拷贝都提供不同的挑战。这样，整个系统就会具备较好的 BOBE 抵抗力。

假设服务器知道 N 种不同的加扰算法，分别表示为 $S_0,S_1,\ldots,S_{N-1}$。每一个客户端都配备了这些算法的一个子集。举个例子，某个特定的客户端可能会有如下加扰算法集合：

$$\text{LIST}=(S_{12},\ S_{45},\ S_2,\ S_{37},\ S_{23},\ S_{31})$$

这个 LIST 以加密形式 E(LIST, K_{server})存储在客户端，其中 K_{server} 是只有服务器才知道的密钥。这种处理方法的主要好处就是，将“实现各客户端到对应加扰算法的映射关系”的数据库分布到这些客户端，从而消除潜在的对于服务器的处理负担。请注意，这种方式会令我们觉得似曾相识，在 Kerberos 中使用 TGT 票据来管理关键安全信息的方法与此不谋而合。

为了协商出加扰算法，客户端要将 LIST 发送给服务器。之后，服务器解密 LIST，再选择客户端内置的某个算法。接下来，服务器必须安全地将其对于加扰算法的选择传达给客户端。图 12-14 中给出了这个过程的图解，其中服务器选定客户端 LIST 上的第 m 个加扰算法。这里，密钥 K 是客户端和服务器之间已经建立的会话密钥。

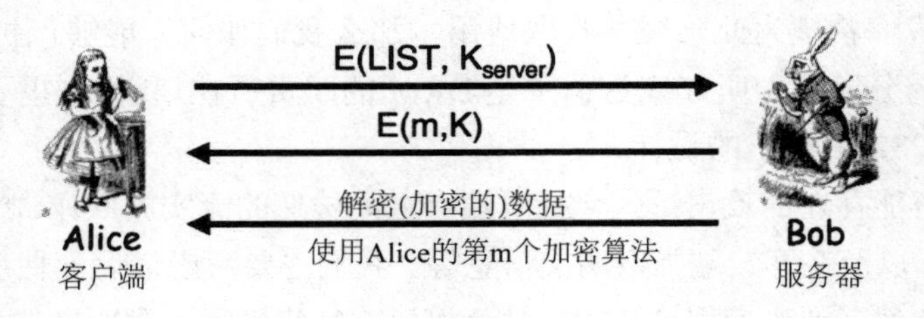

图 12-14　加扰算法的选取

通过加扰算法实现的这种变形已经深深地嵌入到系统中，并与所有的数据绑定在了一起。而且，如果服务器知道某个特定的加扰算法被破解了，那么服务器就不会再选择该算法。并且，如果某个特定的客户端有过多的已破解算法，那么服务器在同意分发内容之前，将强制执行一次软件更新。

服务器也可以等到分发内容之前的那一刻再去分发客户端软件(或者其中某些关键的组件)，这将会令 Trudy 实时抓取流媒体的行为更加困难，因为可用于攻击软件的时间非常有限。当然，Trudy 可以录制媒体流，然后待闲暇之时再对软件实施攻击。不过，在许多情况下，攻击如果无法实现接近于实时的效果，就几乎不会被考虑了。

因为加扰算法对于攻击者来说是未知的，所以他们需要付出相当大的努力来实施逆向工程，然而标准的加密算法则根本无须逆向工程——攻击者唯一需要寻找的就是密钥。正如我们在前面提到的，可以说，对于加扰算法的这种使用方式，就是将安全性依赖于不透明性。但是，在这样一类特殊的应用中，这种做法看起来还是具有一定的价值，因为能够提高 BOBE 抵抗力。

12.3.4 P2P 应用中的 DRM

如今，大量的数字内容都会通过 peer-to-peer 网络方式进行递送，peer-to-peer 通常也简写为 P2P。例如，在这样的网络上包含有大量不合法的或是盗版的音乐。下面讲述的这个框架，设计目标就是以温和的方式迫使用户为 P2P 网络上分发的合法内容支付一小部分费用。请注意，P2P 网络上除了包含合法内容之外，可能还充斥着大量的不合法内容。

我们在此要介绍的这个框架基于 Exploit Systems 公司的工作成果(见参考文献[108])。但是，在我们具体讨论这个应用之前，让我们先来简略地看看 P2P 网络是如何工作的。

假设 Alice 已经加入到某个 P2P 网络中，这时她想要一些音乐，比如由某人“转播”的一首歌。于是，对这首歌曲的查询就在整个网络上传播，而任何拥有这首歌的站点——并且也愿意将其分享——就会对 Alice 予以响应。在图 12-15 中给出了这一图解。在这个例子中，Alice 可以选择从 Carol 或 Pat 处下载这首歌曲。

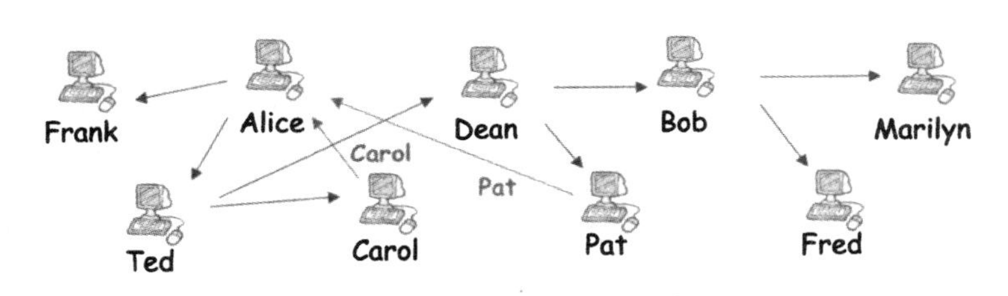

图 12-15 P2P 网络

在图 12-16 中给出了相同的场景，这里的 P2P 网络中包含特殊的站点，我们将之称为服务提供站点(Peer Offering Service)，或者也可简称为 POS。POS 站点的行为与任何其他站点没有什么不同，除了只提供合法的——并且受到 DRM 保护的音乐之外。

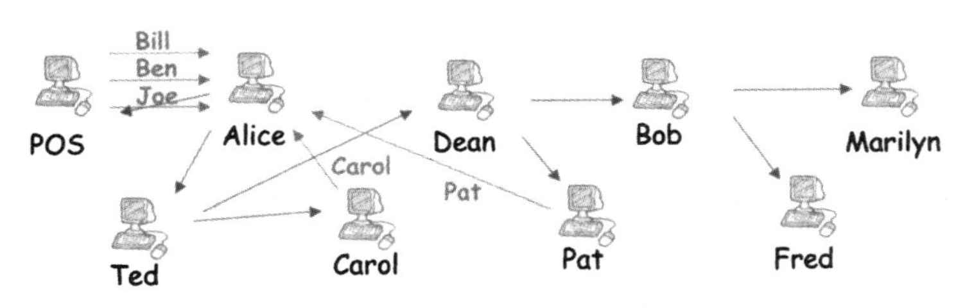

图 12-16 拥有 POS 站点的 P2P 网络

当 Alice 在拥有 POS 站点的 P2P 网络上发出她的请求时，对她而言，看起来就会接收到来自 Bill、Ben、Carol、Joe 以及 Pat 的响应。如果 Alice 选择从 Bill、Ben 或 Joe 处下载音乐，那么她将接收到带有 DRM 保护的内容，为此她将需要支付少量的费用，之后才能够听这些音乐。另一方面，如果 Alice 选择从 Carol 或 Pat 处下载，那么她将接收到免费的音乐，这时的情况与 P2P 网络中没有 POS 站点的情形一样。

为了令这种 POS 的设想工作有效，必须使得：某个站点究竟是普通的站点还是 POS 站点，这一点对于 Alice 来说必须不可见。此外，POS 站点及其兄弟站点必须能够以相当高的概率出现在响应列表中的前 10 位里。这里我们假设，为了支持 POS 机制，这些技术上的挑战都能够获得解决。

现在假设 Alice 首先选择了 Bill、Ben 或 Joe，那么在下载了音乐之后，她发现必须付费才行。这时 Alice 就可以自由地再选择另外一个站点，也许另一个站点，或是直到她能够找到一个这样的站点——能够提供盗版(免费)音乐。但是，仅仅就为了避免支付费用，值得 Alice 耗费时间反复下载这首歌吗？如果音乐的定价足够低，也许就不值得了。另外，合法(受到 DRM 保护)的版本还可以提供一些附加的增值服务，从而能够进一步吸引 Alice 为之支付这些微不足道的费用。

设置 POS 站点的想法非常聪明，因为这可以将自身骑附于现存的 P2P 网络之上。而且，在这个基于 POS 站点运行的场景中，相对来说比较弱的 DRM 系统就足够了。对于 Alice 来说，只要对 DRM 保护机制实施破解的麻烦大于点击并等待另一次下载之类的烦琐操作，这个 DRM 框架就达到了自身的目的。

12.3.5 企业 DRM

有一些政府法规会要求商业公司对特定类型的个人私有信息进行保护。另外，对于许多类型的商业记录也有相类似的法规约束。举个例子，《健康保险携带和责任法案》(Health Insurance Portability and Accountability Act，HIPAA)就要求公司保护个人医疗记录信息。HIPAA 中明确规定，对于个人医疗记录无法提供充分保护的情况，按每次事件(即每条记录)最高$10 000 进行相应的处罚。那些需要处理个人医疗记录的公司常常会将对这种记录的访问权限授予某些特定的雇员。但是，考虑到 HIPAA 的规定，他们也必须小心谨慎，以防这些记录被泄露给非授权的接收方。DRM 系统就有助于解决这个问题。

《薩班斯-奥克斯利法案》(Sarbanes-Oxley Act，SOA)要求公司必须保留特定的文档资料，诸如那些可能与股票交易违规内幕相关的信息。同样，这里也可以用到 DRM 系统，以此确保这类信息根据法律的要求得到了应有的保护。归根结底，类似 DRM 的保护手段对于公司的合规性诉求是非常必要的。我们将这种情况看成企业 DRM 框架，以区别前面讨论的电子商务场景中的情形。

从技术角度来看，企业 DRM 机制的安全性要求与电子商务环境中的情况类似。但是，对于企业 DRM 来说，其驱动力则完全不同，因为这里的目标是要防止公司在金钱上受到损失(比如受到经济处罚)，而不是作为一种盈利手段(就像那些电子商务场景中的应用一样)。更重要的是，人的因素也是全然不同的。在企业环境中，一些报复性行为(由于被解雇或是被起诉等原因)带来的威胁远比在电子商务环境中更容易获得理解和同情。另外，这两种情况下需要的保护等级也不相同。在企业 DRM 系统中，公司可能已经表现出了应有的勤勉，从而能够做到守法合规，所以只有针对 DRM 系统的主动型攻击才有可能破坏其安全性。在这种情况下，中等水平的 DRM 系统就足够了。单纯从技术的角度来看，企业

DRM 在很大程度上是可以解决的问题。

在电子商务环境中，DRM 系统的强度是压倒一切的首要任务。但是，在企业环境中，还有许多其他的常规事务更为重要(见参考文献[286])。举个例子，策略管理就是重要的关注点。也就是说，对于管理员，必须能够轻松地设置不同的策略，以分别面向个人用户、组等各种不同的角色。身份认证问题也很重要，因为 DRM 系统必须与已有的公司认证系统进行对接，这样系统就必须防止认证欺诈。单纯从技术的角度来看，这些问题都不是主要的障碍。

电子商务环境中的 DRM 和企业 DRM 面临着类似的技术障碍。但是，由于人为因素导致的对这两者理解上的巨大差异，一种几乎成了不可解的难题(至少对基于软件的系统来说是如此)，而另一种则看起来易如反掌。

12.3.6 DRM 的败绩

有太多失败的电子商务类 DRM 系统的案例，在此无法将一一罗列，但是我们可以提及几个，做个简单的了解。有一个声名狼藉的系统，通过一支记号笔就可以将其击败(见参考文献[97])；而另外一个系统，通过在下载内容时保持长按 Shift 键便可以将其秒杀(见参考文献[6])。

安全数字音乐行动(Secure Digital Music Initiative，SDMI)就是一个有趣的例子。在真实世界的系统中实现 SDMI 之前，SDMI 联盟曾在线张贴了一系列的挑战性问题，据推测可能是想要显示他们的系统将会在现实中表现得如何安全。一组研究人员最终得以彻底破坏了 SDMI 的安全性，并且由于这些勤奋工作，他们还收获了多个法律诉讼威胁作为回报。最终这些攻击者的研究结果被公开发表，于是乎他们成就了令人不可思议的读物——尤其是有关数字水印框架固有局限性方面的内容(见参考文献[71])。

主要的公司已经提出了一些很容易被破坏的 DRM 系统，例如 Adobe eBooks 的安全性已经被破坏(见参考文献[23]和[133])，与 SDMI 面临的情况一样，攻击者获得的回报也包含了无强制执行力的法律威胁(见参考文献[310])。

另外一个可怜的 DRM 系统就是微软公司的 MS-DRM(第二版)。微软违反了 Kerckhoffs 原则，这导致包含致命缺陷的分组密码加密算法。在这个案例当中，攻击者使用的名字是“Beale Screamer”(见参考文献[29])，这一位倒是躲过了法律上的追究，据推测大概是因为其采用了匿名方式。

12.3.7 DRM 小结

DRM 说明了在软件中实现安全的局限性，特别是当软件还必须在充满敌意的环境中执行时。这样的软件很容易受到攻击，同时相应防护的选择还极其有限。换句话说，攻击者几乎占尽了各种优势。

防篡改硬件和可信操作系统则会有显著不同，我们将在第 13 章中展开对这些话题的更多讨论。

接下来我们转换话题，就软件开发相关的安全议题进行探讨。我们绝大部分的讨论将会聚焦在开源软件和闭源软件之间的争论热点上。

12.4 软件开发

对于软件开发来说，标准的套路就是尽可能快地开发和发布软件产品。虽然也已经执行了不少的测试工作，但是仅仅这些永远都不够，所以当用户发现软件缺陷之后，就需要对代码打补丁[6]。在安全方面，这就是所谓的“渗透和补丁”模式(译者注：先渗透后打补丁的反复迭代模式)。

一般来说，“渗透和补丁”模式是一种不好的软件开发方法，对于开发安全软件而言则是一种灾难性的方式。既然肩负了安全的责任，那为什么这种方法还会成为标准的软件开发模式呢？这绝不仅仅只是软件开发者自身道德缺失的问题。在软件行业中，无论是谁第一个进入市场，都很有可能成为市场中的领导者，即使其产品最终要比竞争对手的产品低劣也没关系。另外，在计算机世界里，市场领导者往往会比大部分其他的领域呈现出更为强势的垄断性。这种先入为主的优势地位激发了一种势不可挡的贩卖软件的热情，即便这些软件尚未经过认真仔细的测试。

似乎还有一种隐含的假设，就是如果你对差的软件进行持续的补丁修改，经过足够长期的努力，最终也会将其变为好的软件。这有时候也被称为“渗透和补丁之谬论”(见参考文献[317])。为什么说这是谬论呢？首先，根据经验，存在着数量巨大的实体证据表明了与此相反的立场——无论有多少的服务包被持续不断地应用和加载，软件仍然继续呈现出严重的缺陷。事实上，补丁往往会带来新的缺陷。其次，软件本身就是移动靶，这主要是由于不断有新的版本、新的特性、变化的环境、新的使用方式、新的攻击，等等。

对于软件安全性方面的这种令人遗憾的状态，难辞其咎的另一个因素就是，用户一般会发现跟随行业领导者的做法既比较容易也比较安全。举个例子，系统管理员很可能不会因为他的系统存在严重缺陷而被解雇，只要其他每个人的系统都有同样的缺陷。另一个方面，同样还是这个管理员，如果他自己的系统工作正常而其他系统都发生了问题，他也不会因此而受到过多的褒奖。

然而，导致凡事随大流的另一个主要的驱动力就是，管理员和用户都会有许多人可以求助。综合起来说，这些不正当的经济刺激有时候也会被统称为网络经济学(见参考文献[14])。

安全的软件开发过程非常困难，并且花费巨大。开发任务的执行必须小心谨慎，从一开始就要把安全放在心上。而且，就像我们下面即将进行的精确剖析所显示的，要想获得适度低的错误率，就需要进行异乎寻常的大量测试。让用户来执行这些测试任务当然会更加便宜也更加简单，特别是在这么做的情况下并不会存在任何严重的经济方面的妨碍时，

6. 请注意，这里的“打补丁”的含义与SRE场合中使用到的“修补”的含义略有不同。在这里，这个词是指“修复bug”；而在SRE中，这个词则是指对可执行代码进行直接修改，以便能够增加、移除或修改某些软件的特性。

尤其如此。再加上由于网络经济学的缘故，存在着巨大的诱因刺激着这些软件义无反顾地奔赴市场。

对于有缺陷的软件来说，为什么会没有经济方面的妨碍呢？即便软件缺陷给公司造成了重大损失，软件的生产商也不会负任何法律责任。极少，如果真有一些的话，有其他的产品享有与此类似的法律地位。事实上，人们有时会建议，要令软件厂商为因为他们的产品导致的负面影响肩负起法律责任，并认为这将会是一种提高软件质量的市场友好的方式。但是，软件厂商们迄今为止已成功地说明了这种责任将会扼杀创新。无论如何，目前还远不能够肯定，这样的一种解决方案就将对于软件的整体质量产生重大的影响。即使软件的质量确实获得了改进，其成本也可能会大于预期，也一定会产生某些意想不到的不良后果。

12.4.1　开源软件和闭源软件

开源软件和闭源软件之间的争论，可以折射出一些软件中固有的安全问题，现在我们就透过这面棱镜来看看这样的一些安全问题。其中的某些结论可能会令你大吃一惊。

对于开源软件，其源程序代码是用户可以获得的。举个例子，Linux 操作系统就是开放源代码的。另一方面，对于闭源软件来说，源程序代码则是普通公众无法得到的。Windows 操作系统就是闭源软件的一个例子。接下来我们讨论开源软件和闭源软件在安全方面的相对优劣势。

对于开源软件，其声称的主要安全优势可以被总结为“更多的眼球”，这意思是说，有更多的人能够查看代码，所以会有较少的缺陷仍能够保持隐藏状态。这实际上恰恰是 Kerckhoffs 原则的另一种表现形式。富有自尊心的安全人士可能会对此有些什么异议呢？

但是，当进行更加近距离的考察时，所谓更多眼球带来的益处就变得更为可疑了，至少对于软件安全来说是存在疑问的。首先，这些眼球当中会有多少是在查找安全缺陷的呢？又有多少是在关注代码的低水平部分(单调乏味的那部分代码)呢？这里所说的这些低水平代码在实践中更有可能会藏有安全缺陷。另外，这些眼球中又有多少是属于熟知安全的人士呢——正是这些行家里手才真正可能去发现那些隐藏在软件中的微妙缺陷。

与开放源代码相关的另一个问题就是攻击者也能够在这些源代码中寻找缺陷。我们不难相信，一个天才的恶意代码编写者甚至有能力将安全缺陷插入到某个开放源代码的项目当中。虽然这听起来似乎是遥不可及的事，但是 Underhanded C 竞赛(Underhanded C Contest，详见第 11 章)就已经证明，要写出貌似无辜的恶意代码是完全有可能的事(见参考文献[70])。

一个有意思的开放源代码案例研究就是 wu-ftp。这个开源软件大小适中，大约包含了 8 000 行左右的代码，实现了一个与安全密切相关的应用(文件传输)。然而，就是这个软件，在获得了广泛部署和应用长达 10 年之后，其中的一些严重的安全缺陷才得以被发现(见参考文献[317])。一般来说，开放源代码运动看起来并未能够减少软件缺陷的数量。或许最根本的问题在于，开源软件总是遵循着“渗透和补丁”的开发模式这一现实。但是，也确实存在一些证据表明，开源软件相对闭源软件来说，产生 bug 的情况显著减少了(见参考文献[84])。

如果开源软件存在自身的安全问题，那么闭源软件的情况当然会更糟糕。果真如此吗？闭源软件中的安全缺陷对于攻击者而言并不是那么明显，这也可以被看做提供了某种安全保护手段(虽然也有理由认为，这只不过就是基于不透明性的一种安全形式)。但是，这确实能够提供任何实质性的保护吗？给定针对闭源软件发起的攻击的记录，就能很容易看出许多对于漏洞的利用都并不需要源程序代码——我们在 12.2 节中给出的那个简单的 SRE 例子已经说明了为什么会是这种情况。虽然也有可能对闭源代码进行一些分析，但是相对于开源软件来说，这个工作量却要大得多了。

开源软件的倡导者们常常会援引所谓的“微软谬论”来说明为什么开源软件天生就要优于闭源软件(见参考文献[317])。这个谬论可以总结如下：

- 微软制造了差的软件。
- 微软的软件是闭源的。
- 因此，所有的闭源软件都是差的。

虽然人们往往倾向于将一切过错都归罪于微软，但是这个理论确实站不住脚。首先，这个结论从逻辑上看就不正确。也许真正的问题是微软遵循了“渗透和补丁”的开发模式这一事实。

其次，我们将再走近一些来观察开源软件和闭源软件的安全性。但是，在我们这么做之前，我们有理由认真思考一下，为什么微软的软件会如此频繁地被攻击者得手呢？有关微软的软件，是否存在或涉及一些根本性的问题呢？

显而易见，微软对于任何攻击者而言都是巨大的目标——想要获得最强烈轰动效应的攻击者，很自然地就会被微软所吸引。针对别的系统，比如 Mac OS X 系统，被开发出来的攻击手段就极少。对于这样的一种情况，我们基本上可以肯定，相对于 OS X 系统所能提供的任何内在的安全优势来说，其原因更多地源自这样一个事实：这些系统受到黑客(而且绝非巧合的是，相应黑客工具的设计和开发也要差很多)的关注很少。针对 OS X 系统的攻击从整体上看所能造成的破坏力要小得多，因而能够为攻击者带来的“声誉”也小得多。即便换个角度看，对于那些偷偷摸摸的攻击行为，诸如僵尸网络之类，攻击类似于微软这样的大家伙，其吸引力仍然要大得多——这是关系到资源数量的问题。

现在，让我们从稍微理论化一点儿的角度，再来考察一下开源软件和闭源软件在安全性方面的内涵。可以证明，经过 t 个单位的测试之后，发生安全性故障的概率大约是 K/t，其中 K 是常量，并且这个近似值对于跨度很大的 t 值均可以成立(见参考文献[12])。常量 K 是关于软件初始质量的度量——K 值越小，软件最初的质量就越好。这个公式意味着所谓的平均故障间隔时间(*Mean Time Between Failure*，MTBF)可以由下式得出：

$$\text{MTBF} = t / K \qquad \text{式(12.1)}$$

这就是说，平均而言经过大约 t/K 的时间长度，软件中的某些安全性缺陷就会显露出狰狞面目并导致问题的发生。其中，t 是指已经花费在软件测试上面的时间长度。从根本上说，软件的安全性确实可以随着测试活动的开展而获得提升，但是这种提升也仅仅是线性的。

式(12.1)蕴含的意义，对于诚恳认真的好孩子们来说并不是个好消息。举个例子，为了获得某种水平的安全故障 MTBF，比如说 1 000 000 小时的平均故障间隔时间，软件就必须经过(大约)1 000 000 小时的测试。

随着测试的进行，软件仅能够获得线性程度的改进，这是真的吗？经验结果已经表明实际情况就是如此，并且在软件领域，关于这个问题许多人都有这样的共识——对于大型复杂的软件系统，这就是真实情况(见参考文献[14])。

那么，谈到开源软件相对于闭源软件的安全性问题，式(12.1)又意味着什么呢？我们考虑大型复杂的开源软件项目。我们这里预期该项目能够满足式(12.1)。现在，假如还是这个同样的项目被替换为闭源软件。那么，应该有理由相信，在这种情况下，软件缺陷要比在开源的情形下更难以发现。为简单起见，假设在闭源情况下发现缺陷的难度是在开源情形下的两倍。于是，看起来我们可以得到下式

$$\mathrm{MTBF}=2t/K \qquad 式(12.2)$$

如果这个推论正确，那么闭源软件的安全性就相当于开源软件的两倍。但是，式(12.2)并不正确，因为闭源软件测试的有效性仅仅相当于开源软件情况下的一半。也就是说，要暴露同样数量的 bug，相对于开源情形，在闭源情况下我们需要两倍时长的测试。换句话说，闭源软件会有更多的安全缺陷，但是这些缺陷却更加难以被发现。事实上，如果发现缺陷的难度是两倍，然后我们的测试有效性只有一半，那么最终我们仍然回到了式(12.1)。这有点儿殊途同归的禅意——在某种意义上，就像两者之间的争论所显示的，开源软件和闭源软件的安全性难分伯仲——更多具体的相关信息，见参考文献[12]。

也许会有人站出来辩解，说闭源软件有公开源代码的 alpha 测试，这其中对缺陷的发现效率会更高，跟开源情况下的一样，因为开发者有权接触到软件。这个 alpha 测试之后，跟着就是闭源形式的 beta 测试和使用，这里是指用户实际地使用软件，事实上也在这个过程中执行了测试。这样的结合，仿佛可以产生包含开源和闭源的最佳效果——因为开源的 alpha 测试会使得 bug 的数量更少，同时也因为闭源代码的存在而导致剩余的 bug 很难被发现。但是，在那些相对比较大型的软件工程体系中，alpha 测试只是整个测试的很小一部分，特别是在迫切需要尽快投入市场的压力之下。虽然这样的测试过程理论上可以为闭源软件带来一种优点，但是在实践中，这并不太可能形成一种很显著的优势。这里，我们仍然能够得出令人吃惊的结论：从安全性的角度来看，开源软件和闭源软件很可能还处在大体相当的水平上。

12.4.2　寻找缺陷

与软件测试相关的基本安全问题是，诚恳认真的好孩子们必须找出几乎所有的安全缺陷，而 Trudy 只需要找到那些好孩子们尚未发现的缺陷即可。这就意味着，相对于通常意义上的软件工程，软件的可靠性在安全领域面临的挑战要大得多。

在参考文献[14]中有一个例子可以非常好地说明攻击者和防护者之间的这种非对称的战争。我们不妨回顾一下，平均故障间隔时间可以表示为 $\mathrm{MTBF}=t/K$。为了便于对比论述，

我们假设，在某个大型且复杂的软件项目中，一共存在有 10^6 个安全缺陷，再假设对于其中每一个独立的缺陷，MTBF = 10^9 小时。也就是说，对于任何特定的缺陷，都需要经历大约 10 亿小时的使用，它们才有望粉墨登场。接下来，因为一共有 10^6 个缺陷，那么经过每 $10^9/10^6 = 10^3$ 小时的测试或使用，我们便可以预期将会观测到缺陷。

假设诚恳认真的好孩子们雇佣了 10 000 个测试者，他们一共花费 10^7 小时的时间来开展测试，根据预期，他们可以发现 10^4 个缺陷。而可恶的 Trudy，仅凭一己之力，只需花费 10^3 小时的测试时间便能够找到缺陷。另外，因为好孩子们仅仅找到了 1%的缺陷，所以他们找到 Trudy 发现的那个特定缺陷的几率也只有 1%。这当然很糟糕。跟我们在其他安全领域中看到的情况一样，数学分析还是一边倒地有利于坏家伙们。

12.4.3 软件开发相关的其他问题

通常情况下，软件开发包括如下步骤(见参考文献[235])：需求规约、设计、实现、测试、复查、编制文档、使用以及维护等。这些主题中的大部分都超出了本书的范畴，但是在本节中，我们将提及少量的软件开发议题，这些方面对于安全性有着比较显著的影响。

安全软件的开发并不容易，就像我们之前关于测试的讨论所表明的那样。而且，测试仅仅是开发过程中的一个部分。为了提高安全性，贯穿整个开发过程还需要投入更多的时间和精力。遗憾的是，如今对此只有极少或者根本没有相应的经济方面的刺激。

下面，我们将简要地讨论下面这些对于安全性而言至关重要的软件开发议题：

- 设计
- 风险分析
- 同行评审
- 测试
- 配置管理
- 事后故障排查

前面已经讨论过测试，但是下面我们还要再多谈一些与测试相关的其他话题。

就安全性而言，设计阶段起着至关重要的决定性作用，因为深思熟虑的初始设计可以避免一些高阶错误，而这些错误在后面的阶段则很难被改正——如果不是不可能的话。或许最为重要的关键点就是从一开始便在其中设计好安全特性，因为对于安全方面进行翻新改造极为困难，如果也不是不可能的话。IP 协议簇就提供了有关这种困难的极好的实例说明。举个例子，IPv4 就缺乏固有的安全性，而新的改进型版本 IPv6 则强制执行 IPSec 协议。但是，向 IPv6 的过渡已经被证明是极其缓慢的，以至于迄今为止还根本不存在实质性的应用。也因为如此，互联网仍然远远达不到其应有的安全水平。

通常在设计阶段会使用一种非正式的方法，但是所谓的“正规方法”有时候也可以被应用(见参考文献[40])。利用正规方法，就有可能严格地证明设计是正确的。遗憾的是，在大多数现实世界环境中，正规方法一般而言都非常难以操作，以至于显得不太实际。为了构建出安全的软件，事先必须将这些风险和挑战考虑在内。而这就是风险分析领域面临的任务。要解决这个问题，存在几种非正式的途径，诸如开发包含了潜在安全问题的风险列表，或是简单地制作“如果……那么……”列表。稍微系统化的解决方案是 Schneier 的攻击树的概念，其中将可能的攻击行为组织成树型结构(见参考文献[259])。这种方案的一个很好的特性就是，如果你能够防止接近于树中根节点的那些攻击行为，你就可以放心地裁剪掉这类攻击所处的整个分支。

还有一些其他方法可用于风险分析，其中包括危险和可操作性研究(hazard and operability studies，HAZOP)、失效模式和效果分析(Failure Modes and Effective Analysis，FMEA)以及故障树分析(Fault Tree Analysis，FTA)(见参考文献[235])。在这里我们并不打算讨论这些主题。

同行评审也是一种可辅助提高安全性的有用工具。共有三个层次的同行审查，从最不正式到最为正规，有时候会依次将其称为复审(*review*)、走查(*walk-through*)以及检查(*inspection*)。每一个层次的评审都是有用的，而且有很好的经验表明，同行评审非常有效(见参考文献[235])。

接下来，我们还是要讨论测试，但是这次要从与前面 12.4 节不同的角度来看。测试活动发生在开发过程中的不同层面上，可以将其按如下方式归类：

- 模块测试(*module testing*)：对小部分的代码实施独立测试。
- 组合测试(*component testing*)：将几个模块组合在一起并进行测试。
- 单元测试(*unit testing*)：将很多组件联合在一起进行测试。
- 集成测试(*integration testing*)：将所有的部分全部放在一起，作为整体进行测试。

在上述每一个层面的测试当中，都能够发现安全缺陷。举个例子，某些特性是以一种新的方式，或是以某种难以预料的方式产生相互作用，这时缺陷可能会避过组合层面的检测，但是在集成测试中就会暴露出来。

另外一种审视测试活动的方式是基于测试目的来看，于是我们可以定义出如下测试类别：

- 功能测试(function testing)：在这一部分，我们要验证系统功能是否与要求相一致。
- 性能测试(performance testing)：这部分测试，要对诸如执行速度和资源利用水平等相关要求进行符合性验证。
- 验收测试(acceptance testing)：这是指客户主动参与的测试活动。
- 安装测试(installation testing)：顾名思义，如你所料，这是在软件安装时执行的测试。
- 回归测试(regression testing)：这是指在任何对于系统的重要变动发生之后执行的测试活动。

同样，上述测试类型中的任何一种，都能够暴露出某些安全弱点。

另一种很有用的测试技术是主动故障检测(*active fault detection*)，这种技术与只是单纯地等待系统出错不同，而是由测试者主动地尝试令系统出现问题。这种方式其实是攻击者可能会遵循的，而且对于那些较为被动的解决方案有可能会错过的安全缺陷，利用这种技术就可能将其揭示出来。

有一个很有意思的概念叫做软件错误注入(*fault injection*)，在这种技术中(译者注：这是一种非传统的软件测试技术，用于主动施加故障到软件中以促进系统错误的发生，具体的方法有很多，可以分别针对系统的不同层面)，错误被故意地插入到软件过程当中，即便并没有明显的途径来促使这样的错误发生。举个例子，这种技术可能会揭开某种缓冲区溢出问题，而若非如此，并且如果已经对预期的输入执行了严格测试，那么这种缓冲区溢出问题本来是可以隐匿于无形之中的。

bug 注入技术可以让测试人员对于代码中存留的 bug 数量获得估量。假设我们将 100 个 bug 插入到代码当中，而测试人员找到了其中的 30 个。再进一步，假设除了这 30 个 bug 之外，我们的测试人员们还发现了 300 个其他的 bug。既然测试人员找出了 30%被插入的 bug，那么也许我们就有理由相信，他们也只是发现了 30%实际的 bug。如果果真如此，那么当移除所有已发现的 bug 和剩余的 70 个被插入的 bug 之后，就还有大约 700 个 bug 存留。当然，这要假定被注入的 bug 与自然出现的 bug 基本相似，这个假设可能并不会完全有效。无论如何，bug 注入技术能够提供一种对于 bug 数量的有效估算方法，进而间接地也是一种对于安全缺陷数量的度量。

在参考文献[235]中给出了测试实例的历史记录。在这个实例中，系统共有 184 000 行代码。其中缺陷的发现情况遵循如下比率：

- 17.3%的缺陷是在对系统设计进行检查的过程中发现的。
- 19.1%的缺陷是在对组件设计进行检查的过程中发现的。
- 15.1%的缺陷是在对代码进行检查的过程中发现的。
- 29.4%的缺陷是在集成测试的过程中发现的。
- 16.6%的缺陷是在系统运行和回归测试的过程中发现的。

最终的结论就是，多种类型的测试都必须执行，并且交叉测试也很有帮助。

所谓的配置管理(*configuration management*)，就是指我们如何去处理对系统的变更，这也会成为与安全紧密联系的关键议题。对于软件系统，通常可能会发生若干种不同类型的变更，对于这些变更可以进行如下归类：细微变更(*minor changes*)，是指那些为了维持每天系统功能的正常运行而发生的变更；适应性变更(*adaptive changes*)，这是更加实质性的变更；完善性变更(*perfective changes*)，是指对软件的改进；预防性变更(*preventive changes*)，意在防止任何性能方面的损失(见参考文献[235])。这些变更中的任何一种对系统来说都可能会引入新的安全缺陷或是暴露出已有的缺陷，最终这些变更可能直接导致产生新软件这样的结果，或是演变成与现有的软件基础进行相互作用的一部分。

在识别和修复任何安全缺陷之后，再对安全缺陷进行认真仔细的分析是非常重要的。这种类型的事后分析(*postmortem analysis*)是一种最好的方法，可以用来从问题中学习经验教训，进而能够提升同一类问题在未来可以被避免的概率。在安全领域中，相对于正常的状况，我们总是从问题状况中能够学到更多。如果疏于分析这些已知出了问题的案例，那么就错过了一次重要的机会。在所有的安全工程中，事后分析也许是最没有得到充分利用的手段了。

正如我们在本章早些时候看到的，安全性测试要远比非安全性测试的要求苛刻得多。对于后一种情况，我们需要验证系统是否实现了预设目标，然而在安全性测试中，我们必须验证系统不仅实现了预设目标，而且也绝对没有实现其他更多的能力。也就是说，要求不可能存在任何非预设的“特性”，因为任何这样的特性都会为攻击行为提供一种潜在的途径。

在任何现实的场景中，要执行详尽无遗的测试基本上肯定是不可能的。此外，在 12.4.1 节中讨论的 MTBF 计算公式就表明，要想获得一种高水平的安全性，就需要进行异乎寻常的大量测试。那么想要获得安全的软件，真的像看起来这般无助和绝望吗？幸运的是，这个逻辑中可能会存在疏漏。如果我们能够通过一次(或少数几次)测试，就消除所有某一类型的潜在安全缺陷，那么 MTBF 基于的统计模型就将崩塌(见参考文献[14])。举个例子，如果一个测试(或是少数几个测试)能够令我们找出所有的缓冲区溢出问题，那么就能够以相对来说较少的工作量，消除掉这整个一类的严重缺陷。通常来说，这就是软件测试的圣杯，当然对于安全性测试来说尤其如此。

关于安全软件的开发，最基本的结论就是：“网络经济学”和“渗透和补丁”的开发模式是安全软件的最大敌人。遗憾的是，一般来说对于安全的软件开发，既没有诱因也缺乏激励。除非这种情况发生改变，否则我们可能无法期望安全领域会有什么大的改观。在那些安全性处于很高优先级的案例当中，还是有可能开发出来相当安全的软件的，但那绝对代价不菲。也就是说，正确的开发实践可以最大限度地减少安全缺陷，但是安全的开发过程是有关成本和时间消耗的命题[7]。因为存在以上所有这些原因(可能还会有更多的原因)，所以不应该指望在任何较短的时间内看到软件安全领域有突飞猛进。

即便采用最好的软件开发实践，安全缺陷也仍然会存在。既然在真实世界中，绝对的安全几乎从来就是不可能的事，那么在软件中追求绝对的安全也不现实，这应该没有什么值得大惊小怪的。无论如何，安全软件开发的目标——就像大部分的安全领域一样——就是最小化并管理风险。

12.5　小结

在这一章中，我们说明了想要在软件中获得安全性是非常困难的。我们的讨论集中在 3 个主题上——逆向工程、数字版权保护以及软件开发。

软件逆向工程(SRE)阐明了攻击者能够对软件做些什么。即使无权访问源程序代码，攻击者也仍然能够理解并修改代码。通过对一些现有工具很有限的利用，我们就能够很轻松地挫败程序的安全性防护。虽然也有一些措施能够用来使逆向工程更加困难，但是实事求是地说，大部分的软件对基于 SRE 的攻击都是大开方便之门的。

然后，我们又讨论了数字版权管理(DRM)，阐明了想要试图通过软件来施加强壮的安全保护措施是徒劳无功的。在我们讨论了 SRE 技术之后，这应该不会是个让人感到惊讶的结论了。

最后，我们探讨了安全软件开发涉及的一些困难。虽然是从开源软件相对于闭源软件的角度来审视这个问题，但是无论从任何角度，安全软件的开发都会是极大的挑战。根据

7. 就像你可能已经了解的那样，这是又一则令人郁闷的“没有免费的午餐”的实例。

一些基本的数学推导，就可以证实攻击者拥有绝大部分优势。不管怎样，还是有可能——即便困难重重，哪怕代价高昂——开发出相当安全的软件的。遗憾的是，如今的安全软件仍然只是美丽的意外，而不是分内之责。

12.6 思考题

1. 请从本书网站上下载文件 SRE.zip，并提取出其中的 Windows 可执行文件。

    a. 请对该程序进行代码修补，使得输入任何的序列号都将导致输出消息“Serial number is correct!!!”。请提交相应截屏以证实你的结果。

    b. 请确定出正确的序列号。

2. 对于 12.2.2 节中 SRE 示例，我们通过将一条 test 指令替换为 xor 指令，对该程序实施了修补。

    a. 请给出至少两种途径——除了将 test 指令修改为 xor 指令之外——使得 Trudy 能够对代码进行修补以便任意序列号都可以通过该程序的验证。

    b. 在 a 中，如果将图 12-2 中位于地址 0x401032 处的指令 jz 修改为指令 jnz，就不是正确的解决方案。请问，这是为什么？

3. 请从本书网站上下载文件 unknown.zip，并提取出其中的 Java 类文件 unknown.class。

    a. 请使用 CafeBabe(见参考文献[44])对这个类文件进行逆向工程。

    b. 请对代码进行分析，判断出该程序的意图和功能。

4. 请从本书网站上下载文件 Decorator.zip，并提取出其中的文件 Decorator.jar。这个程序的设计目的是要基于各种测试成绩来对学生的入学申请进行评估。向医学院提交申请的申请者，必须在申请中包含他们的 MCAT 测试的成绩得分，而法学院的申请者则必须在申请中包含他们的 LSAT 测试的成绩得分。研究生院(包括法学和医学)的申请者还必须在申请中包含他们的 GRE 测试的成绩得分，并且外籍申请者还必须在其中包含他们的 TOEFL 考试成绩。对于申请者，如果他(或她)的 GPA 高于 3.5，并且对于他们所要求的测试(MCAT、LSAT、GRE、TOEFL 等)，相应的测试成绩也超过了某个设定的门限，那么申请就会被接受。另外，因为这个学校位于 California，所以对于 California 的常住居民来说相应的要求也会更加宽容。这个程序创建了 6 个申请者，其中有两个是因为他们的成绩太低而未被接受。最后，还使用 ProGuard(仅仅使用了“obfuscation”按钮之下的选项，也就是并没有应用 shrinking 和 optimization 等功能)对该程序进行了混淆处理。与此类似的例子，在参考文献[58]中可以找到详细具体的解决方案。

a. 请对该程序进行修补，使得两个未被接受的申请者可以被接受。要做到这一点，可以针对这两人各自失利的科目，通过将设定的门限调低至他们的测试得分可以达到的值即可。

b. 请利用 a 中得到的结果，对代码进一步修补，使得原来已经被接受(在原始的程序中)的来自 California 本地的申请者，现在变成被拒绝的情况。

5. 请从本书网站上下载文件 encrypted. zip，并提取出其中的文件 encrypted. jar。这个应用程序被使用 SandMark(见参考文献[63])进行了加密，其中选择了“obfuscate”标签页以及“Class Encryptor”选项，而且有可能还使用了其他的混淆处理选项。

   a. 请直接从经过混淆处理(并且实施了加密)的代码生成该程序的反编译版本。提示：不要试图利用某个密码分析攻击去破解这个加密。相反，请查找未被加密的类文件，这是用户自定义类加载器。在程序执行之前，这个类加载器要对加密文件执行解密操作。对这个用户自定义类加载器执行逆向工程，再对其进行修改，使得该程序将类文件以明文的方式打印输出。

   b. 请问，你如何才能够使这个加密的设计方案更加难以被破解呢？

6. 请从本书网站上下载文件 deadbeef.zip，并提取出其中的 C 源程序文件 deadbeef.c。

   a. 请对该程序进行修改，令其可以使用 Windows 函数 IsDebuggerPresent 进行调试器的测试。如果检测到调试器，该程序应当悄无声息地中止运行，而无论是否输入了正确的序列号。

   b. 请证明，尽管有函数 IsDebuggerPresent 存在并发挥着作用，但是你仍然可以利用调试器确定出序列号。请简要地解释你是如何绕过 IsDebuggerPresent 检测的。

7. 请从本书网站上下载文件 mystery.zip，并提取出其中的 Windows 可执行程序 mystery.exe。

   a. 请问，当你分别使用下面各个用户名来运行这个程序时，各自都会得到什么样的输出呢？假设每次都输入不正确的序列号。

      i. mark

      ii. markstamp

      iii. markkram

   b. 请对该程序代码进行分析，以确定对于有效用户的所有约束条件，如果有的话。你需要对代码进行反汇编和(或)调试操作。

   c. 这个程序利用了一种反调试技术，也就是 Windows 系统函数 IsDebuggerPresent。请对代码进行分析，确定出：在检测到调试器的情况下该程序会作何反应？请问，为什么这样做要比简单地中止程序的运行更好？

   d. 请对该程序进行修补，使得你可以对其进行调试。也就是说，你需要令函数 IsDebuggerPresent 的影响化为乌有。

e. 通过对代码进行调试，请确定与在 a 中给出的每一个有效用户对应的有效序列号。提示：对该程序执行调试，输入用户名并伴随任意的序列号。在运行过程中的某一点上，该程序将会计算与输入用户名相对应的有效序列号——程序这样做的目的是希望能够将其与已输入的序列号进行比较。如果你在正确的位置设置中断点，那么有效的序列号就会届时保存在某个寄存器中，于是你就能够看到了。

f. 请创建该程序代码的修补版本 mysteryPatch.exe，使得其可以接受任何的“用户名/序列号”值对。

8. 请从本书网站上下载文件 mystery.zip，并提取出其中的 Windows 可执行程序 mystery.exe。正如上面思考题 7 的 e 中提到的，该程序中包括了一部分代码，用于生成与任何有效的用户名相对应的有效序列号。这样的一种算法也被称为密钥发生器，或者可以简单地叫做 keygen。如果 Trudy 有 keygen 算法的可运行拷贝，那么她就可以生成无数多的有效“用户名/序列号”值对。原则上，对于 Trudy 来说，对 keygen 算法进行分析，再完全从零开始编写她自己的(功能上等价的)独立的 keygen 程序也是有可能的。但是通常来说，keygen 算法都非常复杂，这使得此类攻击在实践中很难操作。不过，也不至于一无所获(至少从 Trudy 的角度来看)，从程序中“剥离出”这种 keygen 算法往往是有可能的，而且相对来说还比较简单。这意思是说，攻击者可以提取出代表 keygen 算法的汇编代码，再将其直接嵌入到使用 C 语言编写的程序中，这样就创建了独立的 keygen 应用程序，同时还不需要去理解 keygen 算法的具体细节。

a. 请从程序 mystery. exe 中剥离出 keygen 算法，也就是说，请提取出 keygen 的汇编代码，再直接将其应用到你自己的独立 keygen 程序中。你的程序必须能够接收任意有效的用户名作为输入并输出相应的有效序列号。提示：在 Visual C++ 中，通过使用汇编指令，可以将汇编代码直接嵌入到 C 语言程序中。你可能需要初始化特定寄存器的值，以便剥离出来的代码能够正确运行。

b. 请使用 a 中编写的程序，为用户名 markkram 生成序列号，并通过将之在原始的 mystery. exe 程序中进行测试，以验证生成的序列号的正确性。

9. 这个问题涉及软件逆向工程(SRE)的主题。

a. 假设调试技术不可用，请问，SRE 技术还是有可能的吗？

b. 假设反汇编技术不可用，请问，SRE 技术还是有可能的吗？

10. 请说明，对于图 12-9 中所示的反调试技术，如何实现才能够令其也可以提供防反汇编保护？

11. 请问，为什么 guard 技术与加密的对象代码不能同时使用？

12. 请回顾一下混淆处理技术的相关介绍，不透明谓词(opaque predicate)就是一种实际上并不是控制条件的“条件语句”。也就是说，这些所谓的条件总是最终归结为相同的判定结果，但是这样的事实并非那么显而易见。

    a. 请问，为什么不透明谓词会是对付逆向工程攻击的有效防护手段？
    b. 请给出——与前文中不同的——基于某种数学恒等性的不透明谓词的例子。
    c. 请给出基于输入字符串的不透明谓词的例子。

13. 这个问题的目的是为了证明：可以将任何条件语句转换成不透明谓词。

    a. 给定下面的条件语句：

    ```
    if(a < b)
      // do something else
    else
      // do something else
    ```

    请对 if 语句稍作修改，使得结果总是执行 do something 分支语句。

    b. 一般来说，你在 a 中提出的方案总是能奏效。请说明这是为什么？
    c. 请问，你所提出的解决方案的隐蔽性如何？也就是问，对于攻击者来说，要想(自动化地)检测出不透明谓词，难度有多大？你是否能够让方案更加隐秘呢？

14. 不透明谓词已经被推荐作为用于实现水印软件的一种方法(见参考文献[18]和[212])。

    a. 请问，如何才能实现这样一种水印技术？
    b. 请考虑针对此类水印方案可能会存在的攻击手段。

15. 请详细介绍在本章中没有提及的防反汇编的方法。

16. 请详细介绍在本书中没有提及的反调试的方法。

17. 请考虑在一台 PC 上以软件实现的 DRM 系统，并思考下面的问题。

    a. 请给出持久保护的定义。
    b. 请问，为了提供持久保护，为什么说加密是必需的，但仅有加密却是不够的？

18. 请考虑在一台 PC 上以软件实现的 DRM 系统。正如书中讨论的，这样的系统天生就是不安全的。假定在不同的世界中，这样的系统可以被实现得高度安全。

    a. 请问，这样的系统如何为版权所有者带来益处？
    b. 请问，这样的系统如何才能够用于加强隐私保护？请给出具体的实例。

19. 假设，对于某个特别的实现了 DRM 保护的软件，根本不可能对其进行修补。那么，请问该 DRM 系统是否就安全了呢？

20. 一些 DRM 系统被实现于开放系统平台上，而还有一些 DRM 系统被实现于封闭系统平台上。

a. 请问，在封闭系统中实现 DRM，其主要优点有哪些？

b. 请问，在开放系统中实现 DRM，其主要优点有哪些？

21. 一旦某个用户通过身份认证，有时候最好是能够让应用程序一直保持这个认证信息有效，这样我们就不需要劳烦用户再重复执行身份认证的过程[8]。

a. 请设计一种方法，使得程序可以缓存身份认证信息。这里，要求每次缓存时认证信息都被存储为一种不同的形式。

b. 请问，对于你在 a 中提出的方案，相比每次只是简单地将认证信息存储成一样的形式而言，是否会存在一定的安全优势呢？

22. 在前面，我们讨论了“一次攻破，处处得逞”(BOBE)的抵抗力问题。

a. 通常来说，BOBE 抵抗力是软件希望追求的指标之一，对于 DRM 系统而言尤其如此。请解释这是为什么？

b. 在前面，我们提出变形技术可以提高软件的 BOBE 抵抗力。请再讨论一种可以用于提高 BOBE 抵抗力的方法。

23. 在参考文献[266]中，证明了隐藏在数据中的密钥是很容易被找出来的，因为密钥是随机的，而大部分数据都不是随机的。

a. 请设计一种比较安全的方法，用来将密钥隐藏在数据中。

b. 请设计一种方法，用于将密钥 K 存储在数据和软件中。也就是说，想要重构出密钥 K，既需要代码，也需要数据。

24. 与生物学系统中的遗传多样性类似，有时候可以说，变形技术能够提高软件对于特定类型攻击的抵抗力，譬如提高对于缓冲区溢出攻击的抵抗力。

a. 请问，为什么变形软件对于缓冲区溢出攻击来说更具抵抗力呢？提示：见参考文献[281]。

b. 请讨论变形技术可能有助于防止的其他类型的攻击方式。

c. 请问，从软件开发的角度看，变形技术都带来了哪些困难？

25. 隐私参数项目平台(Platform for Privacy Preferences Project，P3P)旨在发展“面向 Web 的更为敏捷的隐私工具”(见参考文献[238])。请考虑在(见参考文献[185]和[186])中列出的 P3P 实现方案。

a. 请讨论：这样的系统对于个人隐私这一议题，都有哪些可能好处？

b. 请讨论：针对这样的 P3P 实现，相应的攻击方式都有哪些？

---

8. 这可以被视为一种形式的单点登录。

26. 假设某个特定的系统有 1 000 000 个 bug，对其中每一个 bug，MTBF 值为 10 000 000 小时。诚恳认真的好孩子们工作了 10 000 小时，找到了 1 000 个 bug。

    a. 如果 Trudy 工作了 10 小时，找到了 1 个 bug。那么请问，Trudy 找到的这个 bug 没有被好孩子们找出来的概率是多少？
    b. 如果 Trudy 工作了 30 小时，找到了 3 个 bug。那么请问，Trudy 找到的这 3 个 bug 中至少有一个没有被好孩子们找出来的概率又是多少？

27. 假设某个庞大且复杂的软件组件共有 10 000 个 bug，对其中每一个 bug，MTBF 值为 1 000 000 小时。那么，你就有望在经历 1 000 000 小时的测试之后找出某个特定的 bug，并且——因为一共有 10 000 个 bug——你有望在每 100 个小时的测试之后便发现一个 bug。假如好孩子们共执行了 200 000 小时的测试，而坏家伙 Trudy 执行了 400 小时的测试。

    a. 请问，Trudy 应该能够找到几个 bug？好孩子们应该能够找出多少个 bug？
    b. 请问，Trudy 找到的 bug 中至少有一个没有被好孩子们找出来的概率是多少？

28. 可以证明，经过 t 小时的测试之后，安全故障发生的概率大约是 K/t，对于某个常量 K 而言。这就意味着，经过了 t 小时的测试之后，安全故障之间的平均时长(MTBF)大约是 t/K。因此，安全性就是伴随着测试工作的进行而逐步获得提升的，但是这种提升也只是线性的。这里蕴含的推论之一就是，如果想确保安全故障之间的平均时长为某个值，比如说 1 000 000 小时，就必须执行(大约)1 000 000 小时的测试。假设某个开源的软件项目拥有值为 t/K 的 MTBF。如果同样还是这个项目，换成闭源方式，那么可以猜想，其中每个 bug 对于攻击者来说被发现的难度将是之前的两倍。如果情况果真如此，那么看起来在这个闭源的案例中，MTBF 的值将会是 $2t/K$，从而使得：对于给定量的测试时长 t 来说，闭源项目的安全性将是之前开源项目的两倍。请结合上述推理过程，讨论其中的缺漏。

29. 这个思考题是要对闭源软件系统和开源软件系统进行比较。

    a. 请给出“开源软件系统”的定义，并举出开源软件系统的例子。
    b. 请给出“闭源软件系统”的定义，并举出闭源软件系统的例子。
    c. 请问，相比闭源软件系统，开源软件系统都有哪些优势？
    d. 请问，相比开源软件系统，闭源软件系统都有哪些优势？

30. 假设某个特定的开源软件项目，MTBF = t/K。在无法访问到源程序代码的情况下，你相信，发现该软件中 bug 的难度相当于开源情况下的三倍。如果确实如此，那么如果这个项目是闭源的，相应的 MTBF 值将会是多少呢？

31. 假设 MTBF = $t2/K$，而不是上面的 t/K。假如在闭源软件案例中，发现 bug 的难度是开源案例中的两倍，那么请问，闭源软件相对于开源软件将会更有优势呢，还是刚好反过来呢？

32. 假设在某个特定的软件项目中共有 100 个安全缺陷，并且我们能够将这些缺陷以这样一种方式罗列：安全缺陷 i 需要执行 i 小时的测试才能够发现。这意思是说，需要花费 1 个小时来找出编号为 1 的安全缺陷，需要再花费另外的 2 个小时才能够找出编号为 2 的安全缺陷，还需要再花费 3 个小时来找出编号为 3 的安全缺陷，以此类推。请问，对于这个系统，MTBF 值是多少呢？

33. 作为对微软最新的邪恶死亡之星(见参考文献[210])的威慑，地球上的公民决定建造他们自己的正义死亡之星。这些居住在地球上的诚恳勤勉的公民正在进行一场辩论，决定到底是要保守他们这个正义死亡之星计划的秘密性，还是将这个计划公之于众。

    a. 请给出若干理由，使之倾向于支持保守该计划的秘密性。
    b. 请给出若干理由，使之倾向于支持公开这个计划。
    c. 请问，对于保守该计划的秘密性或是将其公之于众，你认为哪一种情况更具说服力？并请说明为什么。

34. 假设你将 100 个打字错误插入到一本教科书的手稿中。编辑找出了这些打字错误中的 25 个，而且在这个过程中，她还找出了 800 个其他的打字错误。

    a. 假设你剔除了所有已经发现的打字错误以及之前插入的另外 75 个打字错误，这时请估算一下在该手稿中仍然会存留的打字错误的数量。
    b. 请问，这个例子与软件安全性之间有什么关联？

35. 假设你被要求近似地估算在某个特定的软件组件中存留的未知 bug 的数量。你将 100 个 bug 插入到该软件中，然后再让你的 QA 团队对该软件进行测试。在测试过程中，你的团队发现了你所插入的 bug 中的 40 个，同时还发现了 120 个不属于你插入的 bug。

    a. 假设你移除了所有已发现的 bug，以及其余 60 个你所插入的 bug。那么请利用上面这些结果来估算这个程序中尚且存留的未知 bug 的数量。
    b. 请解释为什么根据这个测试得出的结果并不准确。

36. 虚构一家大型软件公司 Software Monopoly，或者简称为 SM，该公司正打算发布一款新的软件产品，名称为 Doors，也被亲切地称为 SM-Doors。据估算这个叫做 Doors 的软件包含 1 000 000 个安全缺陷，而且还有相关评估表明，在软件发布时，对于在软件中存留的每个安全缺陷，都将会给 SM 公司造成大约$20 的损失，这是由于软件缺陷给公司声誉带来的负面影响进而又导致销售损失所致。在 alpha 测试阶段，SM 公司向其开发工程师支付每小时$100 的薪酬，同时在这个阶段，开发工程师们发现软件缺陷的速度大约是：平均经过每 10 小时的测试，可以找到 1 个缺陷。实际上，当客户在 Doors 中再发现其他的软件缺陷时，他们就在充当着 beta 测试员的角色。假设 SM 公司对 Doors 软件的每一套拷贝收取$500 费用，而对于 Doors 的市场容量估算则是大约 2 000 000 套。那么请问，SM 公司需要执行 alpha 测试的数量的最优值是多少？

37. 请重新思考上面的思考题 36。不同的是，这里假设开发工程师发现软件缺陷的速率是：平均每经过 1 个小时的测试可以找出 N /100 000 个缺陷，其中 N 是在软件中还存留的缺陷数量。而所有其他的因素都与思考题 36 中的情况相同。请注意，在这里有如下暗示：对于开发工程师来说，随着缺陷数量的减少，要找到新的缺陷将会变得越来越困难，比之思考题 36 中给出的线性条件假设，这里给出的情况可能会更加现实。提示，你可能要使用的事实如下式所列：

$$\sum_{k=0}^{n} \frac{a}{b-k} \approx a(\ln b - \ln(b-n))$$

第13章 操作系统和安全

UNIX is basically a simple operating system,
but you have to be a genius to understand the simplicity.
— Dennis Ritchie

And it is a mark of prudence never to trust wholly
in those things which have once deceived us.
— Rene Descartes

13.1 引言

在这一章中，我们要来看看与操作系统(Operating System，OS)相关的一些安全议题。操作系统实际上是庞大且复杂的一系列软件组件。回顾一下，在第 12 章中我们曾经说到，在任何大型且复杂的计算机程序中，几乎一定会存在安全缺陷。但是，在这一章中我们关注的是由操作系统提供的安全性保护手段，而不是由低劣的操作系统软件带来的非常现实的威胁。也就是说，我们考虑的是作为安全的执行者——操作系统所扮演的角色。这是一个很大的话题，与安全的许多其他方面都紧密相连，而我们这里只不过算是勉强触及皮毛而已。

首先，我们将要介绍任何现代操作系统都会具有的安全相关的基本功能。然后，我们还要讨论可信操作系统的概念。最后，我们还会再看一看微软公司在开发可信操作系统方面新近所付出的努力，并以此作为本章的结束。顺便提一下，微软公司要开发的这个可信操作系统有一个听起来很梦幻的名字，叫做下一代安全计算基(Next Generation Secure Computing Base，NGSCB)。

13.2 操作系统的安全功能

操作系统必须处置潜在的安全问题，无论这些问题是源于偶发事件，还是作为某个恶意攻击的一部分出现的。现代操作系统的设计都是面向多用户环境以及多任务操作模式。因此，即使在最不济的情况下，操作系统也必须处理隔离控制、内存保护以及访问控制等。下面就这三个主题中的每一个进行简略讨论。

13.2.1　隔离控制

可以说，对于现代操作系统，最为基础的安全性议题就是实现隔离的问题。也就是说，操作系统必须保持用户和进程之间彼此相互隔离。

实施隔离有几种不同的方式(见参考文献[235])，其中包括下面列出的这些：

- 物理隔离——用户被限制在相互独立的设备中。这种方式提供了一种很强的隔离形式，但是也常常显得不切实际。
- 时间隔离——进程就是根据时间进行隔离的。这种隔离消除了许多由于并发而衍生的问题，并且简化了操作系统的管理任务。不过，这会带来一些性能方面的损失。
- 逻辑隔离——举个例子，每一个进程可能都会被分配属于自己的“沙箱”。进程在沙箱之内可以自由地做几乎任何事情，但是在沙箱之外，可能几乎什么都做不了。
- 加密隔离——加密技术可以用于使信息变得对外界而言难以理解。

当然，这些方法也可以各种各样的组合方式使用。

13.2.2　内存保护

操作系统必须解决的另一个基本问题就是内存保护，这包括对操作系统自身使用的内存空间的保护，也包括对用户进程内存空间的保护。边界(fence)，或者叫做界地址(fence address)，就是用于内存保护的一种选择。界地址是特殊的地址，该地址对于用户及其进程来说是不能跨越的——只有操作系统能够在界地址的一侧执行操作命令，而用户都被限定在了另一侧。

界地址可以是静态的，在这种情况下存在固定的界地址。但是，这会对操作系统的尺寸施加严格的限制，这就是主要缺陷(或者说益处，具体看法如何取决于你的立场)。另外一种选择，就是可以使用动态界地址，这可以通过利用界地址寄存器指定当前界地址的方式来实现。

除了界地址之外，基地址寄存器(*base registers*)和范围寄存器(*bounds registers*)也有可能会用到。这些寄存器中包含了某个特定用户(或进程)空间的低位地址和高位地址的界限。使用基地址寄存器和范围寄存器的方法，暗含了一种假设，即用户(或进程)的空间在内存中是连续的。

操作系统必须确定将什么样的保护方式应用到特定的内存位置。在某些情况下，甚至还有能力足以将相同的保护手段施加到用户(或进程)的所有内存空间。而从另一个极端看，内存保护标记(*tagging*)则为每一个独立的地址指定保护方式。虽然这是一种尽可能细粒度的保护措施，但是这将会带来显著的性能方面的负荷。通过利用地址空间的标记段(tagging sections)来替换每个独立地址的保护标记，可以降低这样的性能负荷。无论是哪种情况，内存保护标记的另一个缺点就是通用性不足，因为保护标记这种方案并不是很常用。

最常用的内存保护方法是分段(*segmentation*)和分页(*paging*)。虽然这些技术并不像内存保护标记那样灵活，但是却更为有效。接下来，我们对这些技术进行简要讨论。

如图 13-1 中所示，分段是将内存分割成不同的逻辑单元，例如单独的程序或者数组中的数据。然后，再将适当的访问控制策略施加到各个段上。分段的好处之一就是任何段都可以被置于任意的内存位置——只要内存空间足够大，可以容纳得下即可。当然，操作系统必须保持对所有段所处位置的跟踪，这是利用<segment(段名), off set(>值对来实现的，这个值对的命名很聪明，segment 代表段，而 offset 则是指特定段的起始地址。

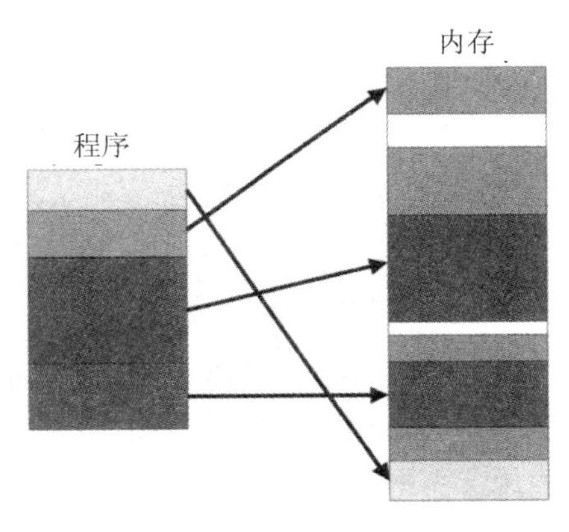

图 13-1　分段

分段的其他优点还包括这样的事实：段可以被移动到内存中的不同位置，也可以方便地移进和移出内存。对于分段来说，所有的地址引用都必须通过操作系统，所以在这个方面，操作系统完全能够起到仲裁作用。根据应用到特定段上的访问控制策略，用户(及进程)可以共享地访问某些段，或者将用户(及进程)限制在特定的段中。

对于分段来说，一个严重的缺陷就在于段的尺寸是变长的。因为这个原因，操作系统在试图引用给定段中的任何元素之前，必须首先知道该段的长度，以便能够确定所要求的地址位于该段之内。但是有一些段——例如那些包含了动态内存分配的段——在系统执行过程中是可以增长的。这样的话，操作系统就必须保持对于动态的段尺寸的跟踪。同时由于段尺寸的可变性，内存碎片也是个潜在的问题。最后，当通过整理压缩内存以便更好地利用可用的内存空间时，段表就会发生变化。简而言之，分段相当复杂，而且给操作系统带来了显著的负担。

分页与分段类似，除了所有的段都是固定长度之外，就像图 13-2 所示意的那样。对于分页，使用形如<page(页号), off set(偏移量)>的值对来访问特定的页。相对于分段，分页的优势包括避免了内存碎片、改进了性能以及再也不用担心变长尺寸带来的困扰。缺点则是，一般来说对于页而言并没有逻辑上的统一性，这就使得要决定将适当的访问控制应用到给定的页上时，难度会更大。

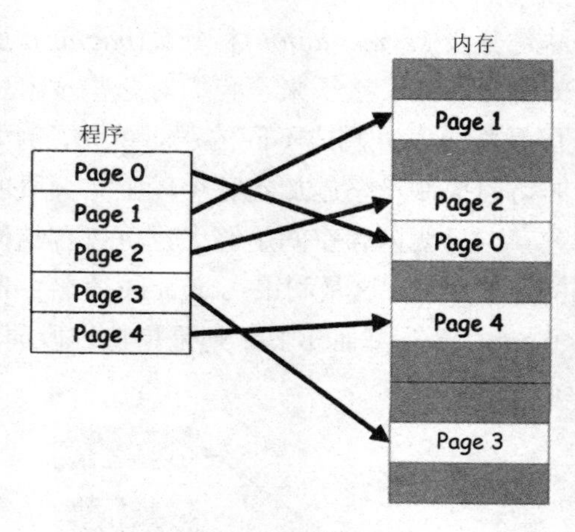

图 13-2　分页

13.2.3　访问控制

操作系统是访问控制最终的执行者。对于攻击行为来说，操作系统之所以会成为如此备受关照的目标，这就是其中的原因之一。一次针对操作系统的成功攻击，可以有效地将在更高层面构筑的任何防护措施变得形同虚设。我们在第 8 章中已经讨论了访问控制，并且接下来在讨论可信操作系统的概念时，我们还将再次短暂地回到这个主题上来。

13.3　可信操作系统

系统之所以被称为可信的，是因为可以依赖系统来追求安全性。换句话说，如果可信系统无法提供期望的安全性，那么整个系统的安全性就将不复存在。

在这里，信任和安全是有所区别的。信任意味着依靠和信赖，也就是说，信任是二元选择——要么信任，要么不信任。另一方面，安全则是对特定机制的有效性的一次判断。关于安全的判定，应该是相对于清晰明确的策略或陈述而言。

请注意，安全依赖于信任。举个例子，可信组件如果无法提供预期的安全等级水平，就将破坏系统的整体安全性。在理想情况下，我们只会相信安全的系统，并且所有的信任关系也都是清晰明确的。

既然可信系统是可以赖以追求安全性的系统，那么不可信系统就一定是无法赖以寻求安全性的系统。于是，如果所有的不可信系统都被攻破，系统的安全性也仍是不受影响的。这个简单的观察所蕴含的奇妙结论就是，只有可信系统才能够破坏安全性。我们可以先保留这个想法，因为在接下来的内容中，关于这个思路我们还会讨论得更多。

可信操作系统都应该做些什么呢？既然任何操作系统都必须处理隔离控制、内存保护以及访问控制，那么最起码可信操作系统也必须能够安全地解决这几个方面的问题。在任何通用良好的安全性原则的列表中，都很可能会包含下面这些内容：最小权限(例如低水印原则)、简单、开放设计(诸如 Kerckhoffs 原则等)、完全仲裁、白名单(相对于黑名单而言)、隔离性以及易于使用等。我们可能会期望可信操作系统能够安全地处理许多这样的事务。但是，大部分的商业操作系统都包含了非常丰富的特性，这往往会导致复杂性和较弱的安全性。现代商业操作系统都不是可信系统。

13.3.1 MAC、DAC 以及其他

就像前面已经提到过的，以及图 13-3 中示意的，任何操作系统都必须提供某种程度的隔离控制、内存保护以及访问控制。另一方面，既然我们要依赖可信操作系统来实现安全性需求，那么几乎就肯定会需要超越最小的安全性操作范畴。在可信操作系统中，有某些特定的安全性措施是为我们所喜闻乐见的，这些措施包括强制性访问控制(mandatory access control)、自主性访问控制(discretionary access control)、对象重用保护(object reuse protection)、完全仲裁(complete mediation)、可信路径(trusted path)以及日志记录等。在图 13-4 中给出了可信操作系统的图解说明。

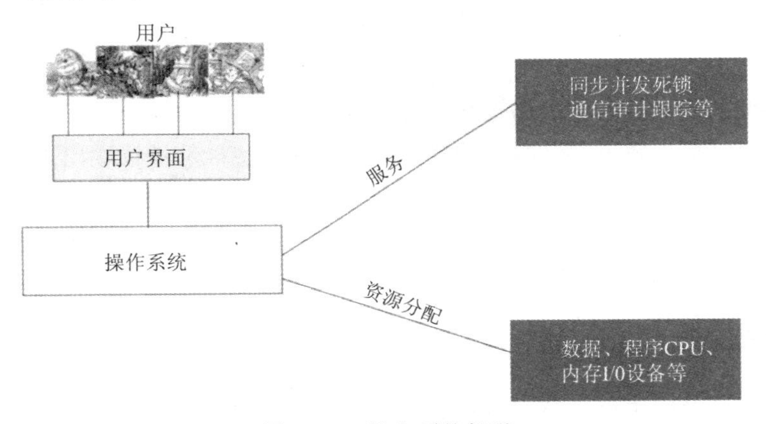

图 13-3 操作系统概览

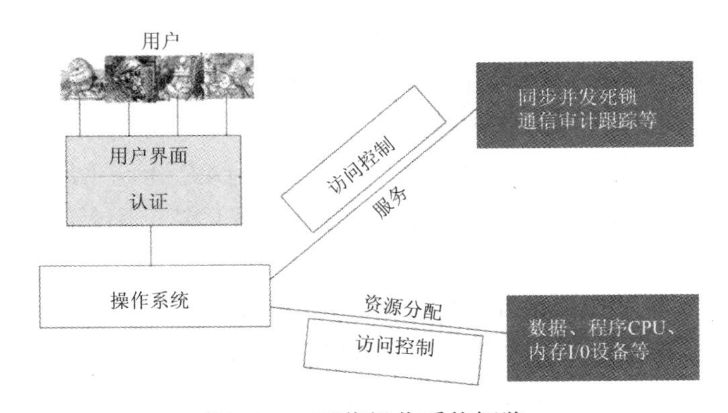

图 13-4 可信操作系统概览

强制性访问控制(mandatory access control)也可以称为 MAC，是一种不受对象所有者控制的访问策略。举个例子，Alice 并不决定谁会拥有 TOP SECRET 级别的权限空间，所以在这个层面上，她无法完全控制对文档的访问分级。相对而言，自主性访问控制

(discretionary access control)，也可以称为DAC，是指由对象所有者决定的访问控制型。举个例子，在UNIX文件的保护体系中，由文件的所有者来控制读(read)、写(write)以及执行(execute)权限。

如果将DAC和MAC都应用到对象上，那么MAC则相对更“强势”。举个例子，假如Alice拥有标记为TOP SECRET的文档。那么Alice可以设置DAC访问控制，因为她拥有该文档。但是，无论DAC的设置如何，如果Bob只拥有SECRET级别的权限空间，他就不能访问这个文档，因为他无法满足MAC访问控制的要求。另一方面，如果DAC施加的访问控制要比MAC更加严格，那么将由DAC策略决定访问控制的结果。

可信操作系统必须也能够防止信息从一个用户向另一个用户泄露。任何操作系统都会使用某些形式的内存保护和访问控制，但对于可信操作系统，我们需要更加强大的保护能力。举个例子，当操作系统为文件分配空间时，同一块内存空间之前可能已经被另一个不同用户的进程使用过。如果操作系统不采取额外的预防措施，那么之前的进程遗留下来的位值就可以被访问到，从而导致信息泄露。可信操作系统必须采取一些行动以防止此类情况的发生。

另一个相关的问题是所谓的磁记忆(*magnetic remanence*)，这是说，即便在存储空间被新的数据覆盖了之后，之前存储数据的微弱映像有时候也能够被读取出来。为了减少这种情况发生的可能性，DoD专门制定了相应的指导原则，要求必须以不同的位模式对存储空间进行反复覆盖，之后才可以认为相关操作是安全的，从而允许另一个进程有权限对该内存空间进行访问(见参考文献[132])。

13.3.2 可信路径

当你在系统登录提示符之后输入自己的口令时，对于这个口令都发生了些什么呢？我们知道理论上应该对口令做些什么操作(如执行哈希运算并添加 salt 值等)，但是实际上到底发生了什么，则取决于你的系统中运行的软件。那么，你如何才能够确保软件并没有作恶，诸如将口令写入文件中，随后再将文件以邮件方式发送给Trudy呢？这就是可信路径(Trusted Path)的问题，正如Ross Anderson在参考文献[14]中所说的那样：

我不知道该如何建立信心，即便是对于我在自己的PC上亲手制作的数字签名，我也难以有十足的把握确保其安全，而且我已经在安全领域工作了超过15年。对介于屏幕显示和签名软件之间的关键路径上所有的软件都进行检查，已经远远超出了我的耐心。

在理想情况下，可信操作系统将会为可信路径提供强有力的担保。果真如此的话，其中的一个好处就是，我们可以对一台PC上的数字签名树立起信心。

操作系统也要负责记录与安全相关的事件。这种类型的信息对于检测攻击行为和进行事后分析都是非常必要的。记录日志也许并不像看起来那样简单。特别是，我们并非总能够明白无误且精确地知道究竟要记录些什么内容。如果我们记录了过多的信息，那么任何必须对这些信息进行处理和检查的人都有可能被吓倒，而且即使那些试图从这种数据的干草堆中找出相关的一根针的自动化系统，甚至也有可能被淹没于其中。举个例子，我们是否应该记录不正确的口令呢？如果要记录，那么“几乎所有的”口令都将会出现在日志文件中，这样日志文件自身将会成为于安全而言至关重要的因素。如果不记录，可能就会很难检测出正在进行中的口令猜测攻击。

13.3.3　可信计算基

所谓内核(*kernel*)，就是操作系统中最底层的那部分。内核负责同步、进程间通信、消息传递、中断处理，如此等等。所谓安全内核(*security kernel*)，就是指内核中专门处理安全性的那部分。

为什么会需要专门的安全内核呢？因为所有的访问行为都必须通过内核检查，所以内核是部署访问控制的理想场所。另外，将所有与安全性至关重要的功能置于同一位置，也是很好的实践经验。通过将所有这些功能集中于一处，安全相关的功能就更加容易测试和修改。

对于针对操作系统的攻击，主要动机之一就是攻击者可以借此潜入更高层面的安全功能之下，进而绕过这些相应的安全特性。通过将尽可能多的安全功能置于操作系统的最底层，就有可能令攻击者更加难以潜入这些功能之下。

引用监视器(*reference monitor*)就是安全内核中专门处理访问控制的部分。引用监视器协调控制主体和客体之间的访问行为，如图 13-5 所示。理想情况下，这个安全内核的关键性组件将具备防篡改能力，同时还应该是可分析的，体积小并且实现简单。因为这个层面上的错误，对于整个系统的安全性而言可能是毁灭性的。

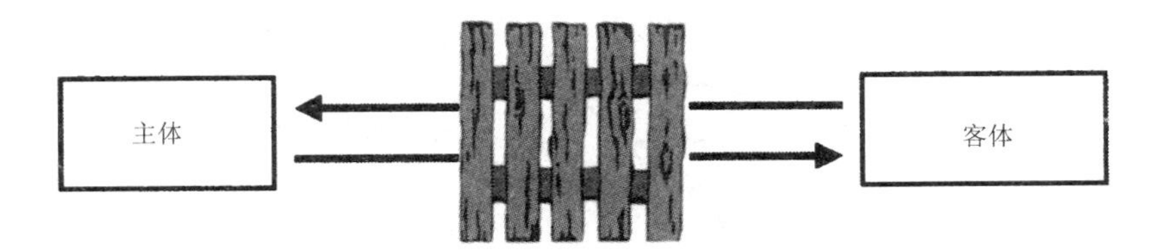

图 13-5　引用监视器

可信计算基(*trusted computing base*)，或者简称为 TCB，就是在操作系统中我们赖以实施安全性的一切设施。我们对安全的定义意味着，即使 TCB 之外的一切都被破坏了，我们的可信操作系统也仍然是安全的。

在操作系统中，涉及安全的关键性操作在很多地方都有可能会发生。理想情况下，我们会先设计安全内核，然后再构建围绕安全内核的操作系统。遗憾的是，现实往往与此恰恰相反，这是因为通常倾向于将安全看成事后的锦上添花(或者亡羊补牢)，而不是将其作为主要的设计目标之一。不过，也有一些操作系统，它们从零开始设计，并以安全作为主要设计目标之一。其中一个这样的操作系统就是 SCOMP，这个系统是由 Honeywell 公司开发的。SCOMP 在其安全内核中包含的代码行数少于 10 000，并且设计力求简单和可分析(见参考文献[116])。与此相反的情况，比如 Windows XP 系统就包含了差不多 40 000 000 行代码以及无数含混晦涩(从安全的角度来看)的特性。

理想情况下，TCB应该将所有的安全功能聚集到可识别的层次中。举个例子，在图13-6中给出的 TCB 图解就是不良的设计，因为涉及安全的关键特性被散布在整个操作系统之中。从这一点上说，某个安全特性中的任何变化，都有可能会在其他操作系统功能中引发意想不到的后果，而且很难对单个的安全操作进行分析，特别是关于它们之间的相互作用就更加难以解析了。

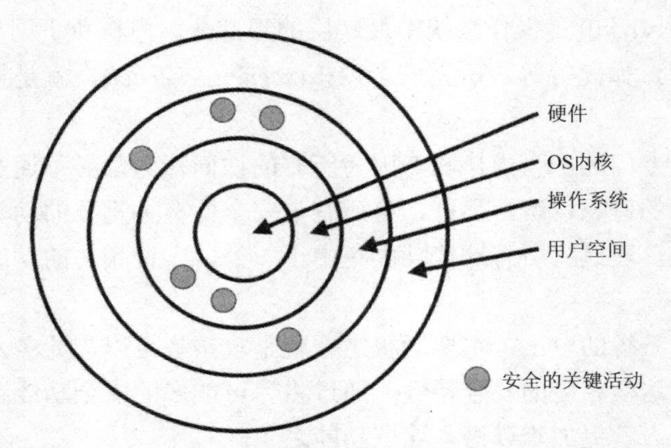

图13-6　不良的TCB设计

在图13-7中给出的TCB图解更为可取，因为所有的安全功能都被收集在良好定义的安全内核中(见参考文献[235])。在这个设计中，由在安全功能中产生的任何变化引发的安全性影响，都可以通过研究其对于安全内核的影响来进行分析。此外，在较高层面对操作系统的行为实施了破坏的攻击者，将仍然无法破坏TCB的操作行为。

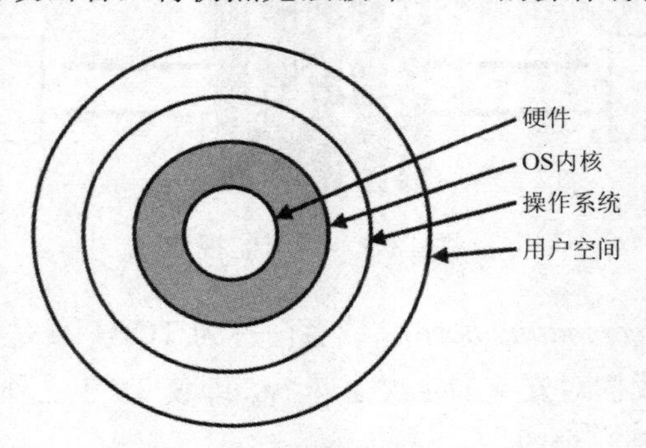

图13-7　良好的TCB设计

总结一下，TCB 包含我们赖以实施安全性的操作系统中的一切。即便 TCB 之外的任何设施遭到破坏，我们也仍然是安全的；但是如果 TCB 中的任何设施遭到破坏，那么安全性很可能就会化为泡影。

接下来我们将要讨论 NGSCB，这是一个雄心勃勃的计划，由微软公司发起，旨在为PC 平台开发可信操作系统。DRM 是 NGSCB 项目的原始驱动力，但是如今该项目已经包含宽泛的安全内涵(见参考文献[107])。

13.4　下一代安全计算基

微软公司的下一代安全计算基，也可以简称为NGSCB(这个缩略语被不可思议地念作“en scub”)，这个项目最初被指定作为“Longhorn”操作系统(也就是 Windows Vista 操作系统)的一部分。但是，看起来 NGSCB 的大部分特性直到以后的版本发布时也没有出现，如果曾经有过的话[1]。无论如何，这个概念还是非常吸引人的，并且可能还得到了广泛的应用。

NGSCB 被设计用于和特定的硬件协同工作，特定硬件由可信计算组织(Trusted Computing Group)负责开发，可信计算组织是由 Intel 公司发起的工作组(见参考文献[306])，也可以简称为 TCG。NGSCB 就是 Windows 操作系统中将要与 TCG 的硬件实现对接的那部分。TCG 原来被称为可信赖计算平台联盟(Trusted Computing Platform Alliance)，或者可以简称为 TCPA，而 NGSCB 最初的名字则是 Palladium。据推理，上述名称的变更是由于不良的舆论影响所致，最初围绕着关于 TCPA/Palladium 的讨论，充斥了各种负面的宣传(见参考文献[190])。

对于 TCPA/Palladium 计划来说，最初的驱动力是数字版权管理。由于数字版权管理招致的消极反应，TCG/NGSCB 如今削弱了与 DRM 的关联，虽然这一主题仍然作为项目的驱动因素被明确地保留了下来。目前，TCG/NGSCB 已经被提升成为通用的安全增强技术，而 DRM 仅仅是其诸多潜在的应用之一。但是，正如我们即将在下面看到的，并不是所有人都相信这是好的解决方案。TCG/NGSCB 往往被缩写为“TC”，对于 TC 的解释，人云亦云，可以表示“可信计算”(见参考文献[219])，也可以表示“不可信计算”(见参考文献[13])。

TCG/NGSCB 计划的潜在目标是要在开放的 PC 平台上面提供某些封闭系统所具备的优点(见参考文献[102]和[220])。封闭的系统，诸如游戏机或智能卡之类，都非常擅长于保护秘密信息，这主要得益于它们自身的防篡改特性。这样的结果就是，封闭系统都非常擅长强制人们为版权信息的使用而支付费用，例如游戏软件通常就是这样。对于封闭系统而言，缺陷就在于灵活性有限。相比之下，类似 PC 这样的开放系统却提供了难以置信的灵活性。但是，正如我们看到的，在保护秘密方面这类系统的表现实在是差强人意。这主要是因为开放系统并没有实实在在的方法来保护它们自身的软件安全。Ron Rivest 就曾恰如其分地将 NGSCB 形容为“位于 PC 之内的虚拟机顶盒”(见参考文献[74])。

TCG 计划是要提供防篡改的硬件，并期望将来有一天这些硬件能够成为 PC 平台上的标准。从概念上讲，这可以被看成嵌入到 PC 硬件中的智能卡。这个防篡改的硬件提供了安全位置，可以用来存储加密密钥或是其他的秘密信息。这些秘密信息能够确保安全，即便是面对拥有全部管理员权限的用户，亦是如此。迄今为止，对于 PC 平台而言，还不存在与此相类似的硬件。

有一点很重要，就是要认识到 TCG 的防篡改硬件是对所有常规 PC 硬件的补充，而不

1. 到目前为止，看起来这种技术只有一个应用已经获得了实现。在 Windows Vista 和 Windows 7 系统中的“安全启动”特性据称利用了 NGSCB 的某些特性(见参考文献[204])。

是替代。为了充分利用这个特殊的硬件，PC 将需要具备两个操作系统——自身的常规操作系统，以及特殊的专门用来处理 TCG 硬件的可信操作系统。而 NGSCB 就是这个可信操作系统的微软版本。

根据微软的说法，NGSCB 的设计目标是双重的。首先是提供高度的担保责任，也就是说，用户可以由此树立起高度的信心，相信 NGSCB 将会正确运行，即便当其处在攻击之下时也无需担心。其次就是提供认证操作。要保护存储在防篡改硬件中的秘密信息，很关键的一点就是要确保只有可信的软件才能够访问 TCG 硬件。通过对所有软件仔细地进行有效性验证(也就是认证)，NGSCB 就能够支撑起一种高度的信任。而提供保护以防硬件篡改就不是 NGSCB 的设计目标，因为这个问题属于 TCG 要考虑的范畴。

有关 NGSCB 的具体细节尚未最终确定，同时，基于现有的信息，微软也还没有完全解决好所有的细微之处。因此，下面的信息多少有点儿臆测的成分。具体细节可能在未来会变得更加清晰。

在图 13-8 中给出的是 NGSCB 的高阶架构图解。图中标识为“left-hand side”或“LHS”的左侧，就是常规的、非可信的 Windows 操作系统驻留的位置，而标识为“right-hand side”或“RHS”的右侧，则是可信操作系统驻留的位置。图中的 Nexus 就是 NGSCB 的可信计算基，或简称为 TCB。在图中，所谓的 Nexus 计算代理(Nexus Computing Agents)，或者简称为 NCA，是唯一被允许在(可信的)Nexus 和(非可信的)LHS 之间进行通信的软件组件(见参考文献[27])。这个 NCA 是 NGSCB 的关键组件——和 Nexus 一样至关重要。

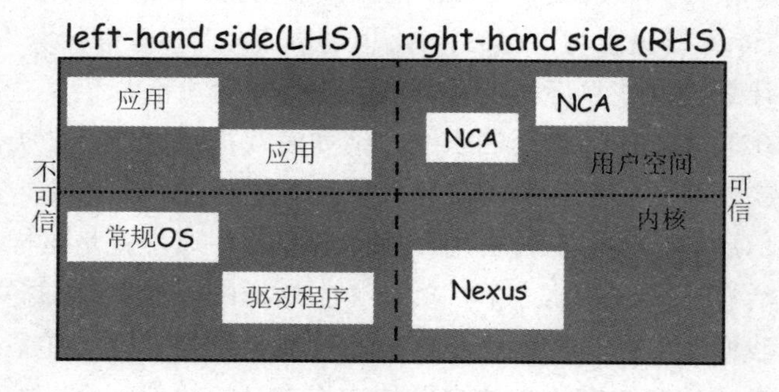

图 13-8　NGSCB 概览

13.4.1　NGSCB 特性组

NGSCB 包含以下 4 个主要“特性组”：

- 强进程隔离(strong process isolation)——防止进程之间彼此相互干扰。
- 密封存储(sealed storage)——防篡改硬件，可以用于安全地存储秘密信息(更确切地说，就是密钥)。
- 安全路径(secure path)——提供受保护的路径，用于出入鼠标、键盘以及监视器等。
- 证明(attestation)——很聪明的特性，允许对“某些要素”安全地进行认证。

证明(attestation)机制允许 TCB 可以通过 NCA 安全地获得扩展。所有这 4 个特性组都主要着眼于防范恶意代码方面。接下来，我们将要对这些特性组中的每一个，都进行一些稍微具体的介绍。

1. 进程隔离

进程隔离是通过所谓的“保护内存”方式强制实施的，“保护内存”的说法看起来除了显得时髦和专业之外，实在是内容空洞。但无论如何，可信操作系统(Nexus)必须获得保护以防范非可信操作系统，此外还有 BIOS、设备驱动程序以及其他一些可能被用于向其发动攻击的低级操作行为。保护内存实际上是提供了此类保护能力的内存保护方案的名称。

进程隔离同样也会应用到 NCA。对于不信任的任何软件，NCA 都必须确保自身与它们隔离。这些信任关系由用户决定——从某种程度上说。这意思就是，用户能够令可信的 NCA 失效，但是用户无法令不可信的 NCA 变得可信。如果后一种情况是可能的，那么可信操作系统的安全性将很容易就被瓦解掉。

2. 密封存储

密封存储中包含秘密信息，秘密信息很可能就是密钥。如果软件 X 想要访问秘密信息，这时就如同执行完整性检测，需要计算 X 的哈希值。秘密信息的机密性能够获得保护，是因为它们只能由可信软件来访问，而秘密信息的完整性能够有保证，则是因为它们驻留在密封存储中。

3. 安全路径

关于安全路径特性的各种细节，也都比较模棱两可。有人认为，对于输入来说，从键盘至 Nexus 的路径，以及从鼠标到 Nexus 的路径都是“安全的”——但是究竟是如何实现这种安全却不完全清楚。显而易见，利用数字签名可以使得 Nexus 能够对数据的完整性进行验证(见参考文献[302])。对于输出而言，同样有类似的安全路径从 Nexus 至显示屏幕，虽然在这里签名验证的过程看起来要更加明显。

4. 证明

在 NGSCB 中，最富创新性的特性就是证明，这个特性可以提供支持，用于对“某些要素”的安全认证，诸如外部设备、服务以及最重要的软件等。这是独立于用户身份认证的特性。证明是利用公开密钥加密技术来实现的，并且这个特性依赖于认证的密钥对，其中的私钥——对于用户来说是不可访问的——驻留在密封存储中。

TCB 可以通过 NCA 的证明特性获得扩展。新的 NCA 如果通过证明的检查，就成为可信的，这使得新的应用被附加到 NGSCB 系统中。这是很重要的特性，接下来我们还将就此展开更多讨论。

关于证明，还有一个问题。既然这个特性使用公开密钥加密方案，那就必须交换证书。又因为公开密钥暴露了用户的身份，所以在这种方案中无法获得匿名性。为了保护匿名性，NGSCB 提供了相应的支持，用于可信的第三方(Trusted Third Party，TTP)。TTP 负责验证签名并为此提供担保。通过这种方式，匿名性能够得以保留——虽然 TTP 将会知道这个签名者的身份。

另外，还有人声称 NGSCB 提供了对于零知识证明的支持。正如我们在第 9 章中讨论的，零知识证明允许我们能够验证用户知道某个秘密，同时又不会暴露关于这个秘密的任何信息。根据微软的说法，当在NGSCB中使用零知识证明时，“保持匿名性就是无条件的了”(见参考文献[27])。

13.4.2 引人入胜的NGSCB应用

TCG/NGSCB都会带来什么好处呢？实际上，关于这个主题，还是有那么几个引人入胜的应用，但是在这里我们只会提及其中的两个。首先，假设Alice在她的计算机上敲入了一个文档。那么她可以随后将该文档移至RHS-侧(可信空间中)，再仔细地阅读这个文档。然后，在将这个文档移回到(不可信的)LHS一侧之前，她先对该文档执行数字签名。通过这种方式，Alice就能够对她实际签署的签名有十足信心，就像在前面第440页中Ross Anderson的引文指出的，在如今的非NGSCB计算机上，这几乎是不可能的。

NGSCB可以有用武之地的第二个应用就是DRM。这其中，NGSCB解决的基本问题就是对秘密信息或密钥进行保护。在第12章中，我们已经看到，要在软件中安全地保护密钥是不太可能的。通过使用防篡改硬件(密封存储)以及其他的NGSCB特性，对密钥实施保护就要可靠得多了。

GSCB的安全路径特性也能够防止特定的DRM攻击行为。举个例子，对于带有DRM保护的数字化文档，攻击者有可能使用屏幕抓取工具从屏幕上刮下被保护的数据。通过将NGSCB的安全路径部署在适当的位置，就会令这种攻击困难得多。

NBSCB也允许对用户的身份进行主动鉴别。虽然这一点在没有可信操作系统的情况下也能够做到，但是有了NBSCB，其可靠程度还是要高很多，因为用户的ID(表现形式为私钥)是内置在安全存储中的。

13.4.3 关于NGSCB的非议

按照微软的说法，你所熟知并且热爱的有关Windows操作系统的一切，都将仍然工作在NGSCB系统的LHS-侧。微软也坚决宣称用户可以掌控一切，因为用户可以决定如下所有事项：

- 哪个Nexus(如果有多个的话)将在系统中运行。
- 可以允许哪些NCA在系统中运行。
- 可以允许哪些NCA对系统进行鉴别。

除此之外，对于外部进程来说，再无其他途径可以控制Nexus或NCA。这么做是为了缓解人们对于“微软将完全掌控一台NGSCB计算机”的恐惧感。此外，Nexus的代码是开源的。最后，Nexus并不会对任何数据进行阻塞、删除或检查过滤——虽然NCA会这么做。举个例子，如果某个特定的NCA是DRM系统的一部分，那么就必须对Alice尚未支付费用的任何数据执行“检查和过滤”。但是，Alice系统中的每个NCA都必须获得Alice的授权，这样，对于某个要处理DRM保护的特定NCA，她就可以选择不对其授权。当然，如果Alice没有对所需的NCA进行授权，她也就无权访问那些受DRM保护的内容。

微软长篇大论不厌其烦地坚称，NGSCB是无害的。这其中最有可能的原因就是，看起来有许多的人对于“NGSCB 绝不可能是无害的”这一点已经深信不疑。

关于 NGSCB，有许多的批评和质疑，但是在这里我们只考虑其中的两点。第一点异议来自 Ross Anderson，在参考文献[13]中可以找到他的这些批评。Anderson 是 TCG/NGSCB 最为严厉的批判者之一，并且也可能是其中最具影响力的人物。然后我们还将讨论 Clark Thomborson 的批评，他的批评相对来说不那么出名，但是却引发了对于一些基本问题的关注(见参考文献[302])。

看起来 Anderson 的主要异议在于：当 NGSCB 被应用时，数字对象就可以被其创建者控制，而不是由当前驻留的计算机的用户来控制。举个例子，假设 Alice 写了一本书，名为《Bob 仙境奇遇》。在具备 NGSCB 的条件下，对于这本书的数字形式的访问，她可以指定必须使用的 NCA。当然，Bob 可以拒绝接受 NCA，但是在那种情况下，他的访问请求将会被拒绝。另外，如果 Bob 允许 NCA 在他的系统中运行，他可能就需要对自身的行为施加相应的约束(诸如他不能使用屏幕抓取软件，他不能通过电子邮件将这本书发送出去，如此等等)。

值得注意的是，在诸如多级安全性(MLS)之类的特定应用中，这样的一些约束恰恰正是梦寐以求的雪中之炭。但 Anderson 的主张则是，将这样的约束作为多功能通用工具的一部分是不合时宜的，譬如 PC 平台，就属于此类多功能通用工具。Anderson 给出了下面这个简单的例子来印证其观点：假设微软的 Word 软件对所有文档都实施了加密，而其使用的密钥只有微软的产品才能够得到。那么，如果想要停止使用微软的产品，相比当今的情况而言这个难度甚至将会更大。

Anderson 同样也认为，来自一台被感染的计算机中的文件可以被列入到黑名单中，以便实施进一步的防范措施(例如防止音乐盗版时的情况)。为了说明这一点，他给出了一个例子，与下面我们要说的有点儿类似。假如在圣何塞州立大学(San Jose State University，SJSU)中，所有的学生都使用单独一套盗版 Word 程序的拷贝。如果微软将这个拷贝列入黑名单中，并进而阻止其在所有的 NGSCB 机器上运行，那么 SJSU 的学生们将只是避免使用 NGSCB 即可。但是，如果微软换一种做法，令所有的 NGSCB 计算机拒绝打开由这个 Word 软件拷贝创建的文档，那么 SJSU 的用户们就将无法与任何 NGSCB 用户共享文档。这可能会成为一种有效的途径，迫使 SJSU 的学生们转向使用合法的 Word 软件拷贝。

在参考文献[13]中，Anderson 还发表了一些相当奇怪的言论，其中就包括下面这些：

前苏联试图注册和控制所有的打字机。

而 NGSCB 则试图注册和控制所有的计算机。

另外，还有如下甚至更为“有趣”的声明：

在 2010 年，克林顿总统可能会在他的办公桌上面设置两个红色按钮——其中一个用于发射导弹，另一个则用于关闭所有位于美国的 PC 机的电源……

幸运的是，这种奥威尔式的预测实在是没谱(从各个方面来看均是如此)。无论如何，对于惯常偏执和猜疑的作者来说，关于 NGSCB 如何才能够精确地控制和达成上述任何一种场景，还不是很清楚。尽管如此，从这些各式各样的考虑中，还是可以引出一些颇有影响力的批评。

Clark Thomborson 也已提出了一些问题，这些问题直指 NGSCB 概念的核心(见参考文献[302])。在 Clark Thomborson 看来，NGSCB 应该被视为安全卫士。通过被动观测，真实世界中的安全卫士可以了解到大量的有关他(或她)所守卫的设施的工作原理及信息。就这个意义而言，通过被动观察就能够了解关于用户的某些敏感信息，NGSCB 安全卫士与现实中的真人安全卫士还是很类似的。

那么，Alice 如何才能够有把握确信 NGSCB 并没有对其进行暗中的侦查活动呢？微软可能会据理力争，声称这样的事情绝对不会发生，因为 Nexus 软件是公开的，而 NCA 也是可以被调试的(对于应用程序开发来说这是必需的)，并且除此之外，NGSCB 还是严格意义上的一种“选择参加”型技术。但是这里可能仍然存在着疏漏。NCA 的发布版本就不可以被调试，而调试版本和发布版本必然会有不同的哈希值。因此，对于 NCA 的发布版本来说，我们完全有理由相信发布版本可以完成一些调试版本没有实现的功能——诸如对 Alice 实施暗中的侦查活动之类。

说起 TCG/NGCSB 计划，其实归根结底就是想要尝试将可信操作系统嵌入到某个开放的平台当中。如果没有与此类似的东西，那么说起 PC 有可能退出历史的舞台就不再是杞人忧天了，尤其是在娱乐相关的领域里，在这些行当中，版权持有者可能会坚持基于封闭系统解决方案的安全性。

NGSCB 的批评者担心用户将会失去对 PC 的控制——或是被他们自己的 PC 暗中侦查。但是，也可以有理有据地说，用户必须选择后才能够启用，如果用户并没有选择 NGSCB 的特性，那么也不会失去任何东西。既然如此，那还有什么大不了的呢？

无论如何，NGSCB 是可信系统，同时正如我们在前面提到的，只有可信系统才能够破坏你的安全性。从这个角度来看，NGSCB 还确实是值得仔细推敲的。

13.5 小结

在这一章中，我们探讨了操作系统安全，另外还专门讨论了可信操作系统的角色。然后，我们讨论了微软的 NGSCB 计划，这个计划是要尝试为 PC 平台构建可信操作系统。NGSCB 为许多安全相关的领域都带来了不少启示，这其中就包括数字版权管理，在第 12 章中我们已经相当详细地介绍过这个主题。对于 NGSCB 计划，当然也存在着持有不同意见的批评者，我们在这一章中也讨论了一些来自他们的批评，此外我们还讨论了针对这些批评的一些抗辩之词。

13.6 思考题

1. 展开如下缩略语并逐一给出它们的定义：TCG、TCB、PITA、MAC、DAC、NGSCB。

2. 这个问题针对的是可信系统的定义。

   a. 请问，我们称一个系统是“可信的”，这意味着什么？
   b. 请问，你是否认同这样一个说法——“只有可信系统才能够破坏你的安全性”？请说明原因。

3. 在这一章中，我们讨论了分段和分页两种内存管理模式。

   a. 请问，分段和分页之间的主要区别是什么？
   b. 请给出分段相对于分页的主要安全优势。
   c. 请问，分页相对于分段的主要优势是什么？

4. 请说明在系统中，如何能够将分段和分页结合起来。

5. 这个问题针对的是强制性访问控制(MAC)和自主性访问控制(DAC)。

   a. 请给出强制性访问控制(MAC)和自主性访问控制(DAC)的定义。
   b. 请问，MAC 和 DAC 之间的主要区别是什么？
   c. 请给出两个具体的例子，说明其中使用了强制性访问控制；再请给出两个例子，说明其中使用了自主性访问控制。

6. 请问，为什么 Trudy 几乎肯定会更愿意破坏操作系统，而不是成功地攻击某个特定的应用呢？

7. 在这一章中，我们简要地比较了黑名单和白名单。

   a. 请问，什么是黑名单？
   b. 请问，什么是白名单？
   c. 作为一种通用的安全策略，白名单和黑名单哪一个更可取呢？请解释为什么。
   d. 请问，对于用户而言，黑名单和白名单哪一个可能会更加方便呢？请解释为什么。

8. 请回顾一下，可信计算基(TCB)包含了我们赖以实施安全性的操作系统中的一切。那么请问，NBSCB 中的哪些部分组成了 TCB 呢？

9. 在这一章中，我们提到了几个引人入胜的 NBSCB 的应用，其中包括“所见即所签”、数字版权管理(DRM)以及多级安全性(MLS)。请再讨论一个其他的有吸引力的应用，也是基于类似 NGSCB 这样的可信操作系统。

10. 请说明，NGSCB 如何能够帮助解决一些数字版权管理(DRM)中的基本问题？

11. 请说明，NGSCB 如何能够帮助解决一些多级安全性(MLS)中的基本问题？

12. 可信操作系统，类似 NGSCB 这样的，将会令多级安全性(MLS)切实可行得多。假如果真如此，那么军方和政府就很可能会对 NGSCB 产生兴趣。请问，为什么商界可能也会对 NGSCB 非常有兴趣呢？

13. 有人认为，商界将会发现 NGSCB 富有价值，并且 NGSCB 最终将会成为 PC 中司空见惯的东西。如果这种情况被言中，那么大部分 PC 最终都会有可信操作系统，但这并不是因为消费者发觉它特别有用。请问，你认为这种情况有可能会发生吗？请解释为什么。

14. 有时候人们会说，数字版权管理(DRM)在某种意义上就是多级安全性(MLS)的现代化身。

    a. 请罗列出 DRM 和 MLS 之间一些主要的相似性。
    b. 请罗列出 DRM 和 MLS 之间一些主要的不同点。

15. 假设你碰巧有安全的多级安全(MLS)系统。那么请问，MLS 系统是否能用于实施数字版权管理(DRM)呢？

16. 假设你碰巧有安全的数字版权管理(DRM)系统。那么请问，DRM 系统是否能用于实施多级安全(MLS)呢？

17. 这个问题针对的是 NGSCB。

    a. 请问，什么是证明？目的是什么？
    b. 请问，什么是 NCA？这些 NCA 的两个服务目的是什么？

18. 在这一章中，我们提到了 NGSCB 的两个批评者，分别是 Ross Anderson 和 Clark Thomborson。

    a. 请总结一下 Ross Anderson 对于 NGSCB 的批评。
    b. 请总结一下 Clark Thomborson 对于 NGSCB 的批评。
    c. 请问，你认为这两个批评者的观点中哪一个更有吸引力呢？请说明为什么。

19. 在第 12 章中，我们讨论了软件逆向工程。对于大部分硬件来说，也是有可能实施逆向工程的。既然实际情况如此，那么基于 NGSCB 系统的 DRM 系统会比基于非 NGSCB 系统的 DRM 系统更加安全吗？

20. 请给出两个真实世界中封闭系统的例子。请问，这两个系统对于自身软件的保护，各自的情况如何？

21. 请给出两个真实世界中开放系统的例子。请问，这两个系统对于自身软件的保护，各自的情况又如何？

22. 请问，下面所列系统分别是开放系统还是封闭系统？请对其中每一个系统，给出一个真实世界中已经发生过攻击的例子。

    a. PC
    b. 手机
    c. iPod

d. Xbox

e. Kindle

23. 请找出一名针对 NGSCB 的有影响力的批评者(除了本书中提到的批评者之外)，并对他(或她)反对 NGSCB 的辩词进行总结。

24. 请找出一名 NGSCB 的支持者，并对他(或她)拥护 NGSCB 的辩词进行总结。

25. 请阅读参考文献[13]中关于“treacherous computing”的讨论，并总结出作者的主要观点。

26. 公开密钥加密在 NGSCB 中用于证明特性。对于这个解决方案的顾虑之一就是匿名性可能会丧失。请回顾一下，在 Kerberos 中，Alice 的匿名性获得了保护(例如，当 Alice 将她的 TGT 发送给 KDC 时，她无需提供自身的身份证明)。既然匿名性是考虑的要素之一，那么请问对于 NGSCB 来说，使用一种类似于 Kerberos 的方案是否有意义呢？

27. 请问，为什么 NGSCB 中密封存储的完整性检测利用哈希运算实现，而不是利用公开密钥签名实现呢？

28. 请问，为什么 NGSCB 中的证明特性利用数字签名实现，而不是利用哈希运算实现呢？

29. 在 NGSCB 中，下面所列各项对于防范恶意软件，都是如何提供辅助的呢？

    a. 进程隔离
    b. 密封存储
    c. 安全路径
    d. 证明

30. 为什么 NGSCB 的证明特性是必需的，请给出两个理由。

31. 在 NGSCB 中，4 个“特性组”中的每一个显然都是必需的，但是要确保安全性也都是不够的。请讨论某个特定的攻击，该攻击针对 NGSCB 系统是非常困难或是不可能的，但是当指定的特性组缺失时，这个攻击就会很容易得手。

    a. 进程隔离
    b. 密封存储
    c. 安全路径
    d. 证明

32. 请解释 Rivest 的评论：TCG/NGSCB 就像“位于 PC 之内的虚拟机顶盒”。

33. 假设学生们在他们自己的便携式计算机上参加课堂测试。当他们完成了问题解答之后，他们利用无线的互联网连接，将自己的结果以电子邮件的方式发送给指导老师。假定无线接入点在测试期间是可以访问的。

   a. 请讨论学生们可能会尝试作弊的方式。
   b. 请问，如何使用 NGSCB 才会令作弊更加困难？
   c. 请问，在 NGSCB 系统中，学生们可能会如何尝试去作弊呢？

34. Google 的原生客户端(Native Client ，简称为 NaCI)是一种技术，允许不可信的代码能够在 Web 浏览器上安全地运行(见参考文献[332])。其主要的优点就是速度快，但是也存在着许多的安全问题，其中有一些容易令人联想到 NGSCB 面临的问题。

   a. 请概述 NaCI 的安全架构。
   b. NaCI 使用“trampoline”来将控制从非可信代码转交给可信代码。请解释其中的工作原理。
   c. 请将在 NaCI 中使用的安全方法与以下各种技术中的情况进行比较和分析：Xax、CFI、Active X。

附　　录

本附录包括两部分。前半部分包含对网络技术的简短介绍，重点放在安全议题上面。后半部分提供对相关基础数学知识的快速回顾，这些数学基础都是在本书各部分中使用到的。

F.1 网络安全基础

There are three kinds of death in this world.
There's heart death, there's brain death, and there's being off the network.
— Guy Almes

F.1.1 引言

接下来，我们通过安全这个棱镜，对网络技术给出简明扼要的介绍。网络技术是一个庞大并且复杂的主题。这里，我们将只覆盖这本书其他章节需要的最少量的相关信息，另外，对于相互独立的若干特定于网络的安全议题，我们还将增加一些时下的评论。

网络包括若干主机和若干路由器。主机这个术语是无所不包的大箩筐，可以表示网络连接的各种各样宽泛的设备类型，包括便携式电脑、台式计算机、服务器、蜂窝电话、PDA等等。网络的目的则是在主机之间传送数据。理想情况下，我们希望网络对于用户是透明的。我们主要关注的是所有网络的母体——互联网[1]。

网络都有边界和核心。前面提到的主机位于网络的边界上，而核心则包括相互之间全连接的路由器网络。网络核心的目的就是对数据进行路由和转发，从而通过网络实现主机到主机之间的通信。在图 F-1 中就给出了常规的网络示意图。

1. 当然，所有人都知道互联网是由 Al Gore 发明的(译者注：这是关于美国副总统 Al Gore 的一个笑话，这个笑话源于 Wolf Blitzer 在 CNN 晚间节目中对 Al Gore 的一次访谈，其中 Al Gore 提到自己对于互联网发展的推动作用)。

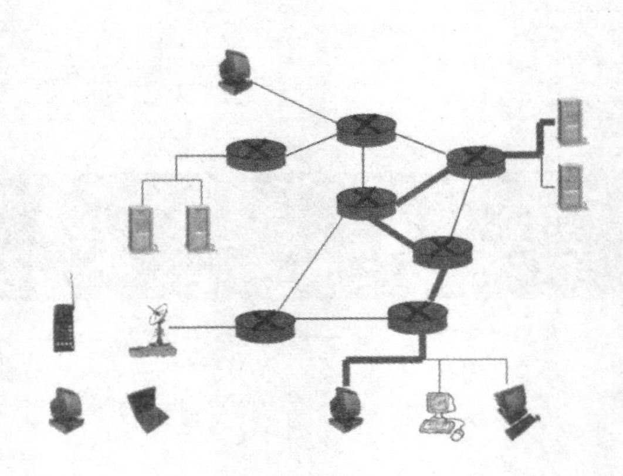

图 F-1　网络

互联网是包交换网络，这意味着数据是以离散的被称为“包”的组块进行发送的。与此相反，传统的电话系统则是电路交换网络。对于每一次电话通话，要在两个端点之间建立起独占带宽的专用电路。包交换网络能够使可用带宽的利用更加高效，虽然也存在着某些额外的复杂性，而且如果想要达到类似于电路交换的行为特性，事情就会变得牵连甚多，尤为复杂。

针对现代网络技术的研究主要是对于网络协议的研究。网络协议精确地指定了为网络使用的通信规则。对于互联网来说，这些协议的具体细节往往通过 RFC[2]文档进行阐明，这些文档就是事实上的互联网标准。

有许多不同的方式可用于对协议进行分类，但是在安全领域，一种特别有意义的分类标准就是无状态和有状态。无状态协议不会“记忆”任何事情，而有状态协议则会保留一些“记忆”。许多的安全问题都与状态有关。举个例子，拒绝服务攻击(或者简称为 DoS)，这种攻击就常常会利用有状态协议，而无状态协议也会有其自身的安全问题，这一点我们在下面就将会看到。

F.1.2　协议栈

以分层的方式研究网络是一种标准做法，在这种方式中，每一层都要负责某些特定的功能和操作。当将这些层次全部都堆叠起来时，其结果就形成了所谓的协议栈，这是很自然的一种表示。有一点非常重要，就是要认识到协议栈更多是强调概念性，而并非是一种实际的物理结构。尽管如此，协议栈的思想确实也简化了对于网络的研究——虽然对于网络技术中的初来乍到者，我们可以原谅他们对此不屑一顾。虽然臭名昭著的 OSI 参考模型包含了 7 个层次，但是我们将对其进行剥离以保留真正要紧的层次，于是就只剩了如下 5 层：

2. RFC 的意思是征求评议文件(Request For Comments)。不过，RFC 文档的作者实际上并不是想征求评议。相反，RFC 文件扮演的是 Internet 标准的角色。但是说来也奇怪，大部分的 RFC 文件都不是官方的 Internet 标准，而且事实上只有相对而言很少的 RFC 文件被提升到了官方 Internet 标准的层次。那么，出身低微的 RFC 文档是如何成为高贵的冠冕堂皇的 Internet 标准的呢？好的，关于这个过程在 RFC 2026 中有完整的阐述(译者注：在 RFC 2026 中，介绍了 RFC 文件在成为官方标准之前需要经历的几个阶段，包括 Internet 草案、建议标准、草案标准、Internet 标准等)，但是 RFC 2026 本身却并不是 Internet 标准。

- 应用层(*application layer*)负责处理从主机发送至主机的应用数据。应用层协议的例子包括 HTTP、SMTP、FTP 以及 Gnutella。
- 传输层(*transport layer*)负责处理逻辑上数据的端到端传送。传输层协议主要是指 TCP 和 UDP 两个协议。
- 网络层(*network layer*)负责对在网络中传送的数据进行路由和转发。对我们来说，IP 协议是最重要的网络层协议。
- 数据链路层(*link layer*)负责处理网络中基于特定链路的数据转发操作。有许多的链路层协议，但是我们在这里只需要提及两种——Ethernet 和 ARP。
- 物理层(*physical layer*)负责通过物理介质发送比特值。如果你想要了解有关物理层的内容，可以考虑参加电子工程相关的课程。

从概念上说，数据包在源端自上至下穿过协议栈(从应用层至物理层)，然后在目的端再自下而上通过协议栈得到还原。处于网络核心位置的路由器必须对数据包处理至网络层，这样才能够做出合理的路由决策。在图 F-2 中给出了这种分层机制的详解。

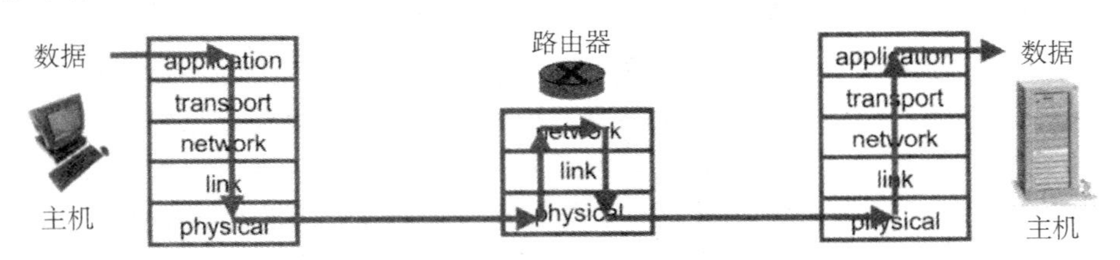

图 F-2　网络分层工作机制

假设 X 是新鲜出炉的应用数据包。当 X 沿协议栈下行时，每一个协议都会在其上增补附加的信息，通常都是以头信息(*header*)的形式进行添加，这些头信息中包含了在特定层次上相应协议所要使用的信息。令 H_A 为在应用层添加的头信息，那么应用层将把数据(H_A, X)向下沿协议栈传递给传输层。如果 H_T 是传输层的信息头，那么再将$(H_T, (H_A, X))$传递给网络层，之后再添加另一个信息头，比如说 H_N，于是就得到$(H_N, (H_T, (H_A, X)))$。最终，数据链路层也添加头信息 H_L，便得到如下数据包：

$$(H_L, (H_N, (H_T, (H_A, X))))$$

这个数据包被传递给物理层。特别需要注意的是，应用层信息头是最内层的信息头，这一点可能会容易被弄反，除非你想到的时候略加一点儿思索。当该数据包在目的端(或在一台路由器上)沿协议栈自下而上被处理时，头信息会被一层一层地剥离——就像剥洋葱——而包含在每一个信息头中的信息都会被相对应的协议使用，以便确定需要正确执行的一系列动作。

接下来，将要对上述每一个层次都做一次简单的浏览。我们参照参考文献[177]中的方式，沿协议栈自顶向下展开，从应用层介绍到数据链路层。

F.1.3　应用层

典型的网络应用包括 Web 浏览、电子邮件、文件传输、P2P，如此等等。这些都是运行在多台主机上的分布式应用。对于这些主机而言，当然希望网络是完全透明的。

正如前面提到的，HTTP、SMTP、IMAP、FTP 以及 Gnutella 都是应用层协议的例子。请注意，协议对于应用来说只是其中的一部分。举个例子，电子邮件应用包括电子邮件客户端(就像 Outlook 或 Thunderbird 之类)、发送主机、接收主机、邮件服务器以及各种各样诸如 SMTP 和 POP3 之类的网络协议。

大部分的应用程序都被设计成客户端-服务器模式，其中的客户端是请求服务的主机，而服务器则是对请求做出响应的主机。换句话说，客户端是首先说话的一方，而服务器是尽量满足请求的一方。举个例子，如果你请求 Web 网页，那么你就是客户端而 Web 服务器就是服务器，这看起来再正常不过了。但是，在某些情况下，客户端和服务器之间的区别并不是这么明显。举个例子，在文件共享应用中，当你请求文件时，你的计算机就是客户端，然而当某人从你这里下载文件时，你的计算机则是服务器。这两件事甚至还会同时发生，在这种情况下，在同一时刻，你既是客户端，又是服务器。

基于对等网络(peer-to-peer)或简称为 P2P 的文件共享应用提供了与传统的客户端-服务器模型有所不同的一种解决方案。在 P2P 网络模式中，主机既扮演客户端也充当服务器，这一点与前面一段中提到的情况一样。但是，在 P2P 网络中真正的挑战在于，如何定位一台包含了某个客户端所期望内容的“服务器”。对于这个问题，有几种有趣的解决方法。举个例子，某些 P2P 系统会将“实现可用内容到相对应主机的映射的数据库”分布在某些特定的节点上，而其他的节点则只是对每一个请求进行传播，以快速将请求遍及整个网络。在后一种情况下，拥有某个请求所期待内容的主机将会直接对请求者做出响应。举个例子，KaZaA 就利用了分布式数据库方案，而 Gnutella 则采用了基于泛洪的搜索机制(query flooding)。

接下来，我们简短地讨论几个特定的应用层协议。首先，我们来考察 HTTP 协议，即超文本传输协议(HyperText Transfer Protocol)，这是当你在浏览 Web 网页时会用到的应用层协议。正如前面提到的，客户端请求 Web 页面，服务器对这个请求做出响应。因为 HTTP 是无状态协议，所以 Web cookie 被开发出来作为一种巧妙实用的维持状态的方式。当你最初接触到 Web 网站时，Web 网站可以选择为你的浏览器提供一 cookie(如果你的浏览器愿意接受的话)。cookie 只不过就是标识符，目的是用于索引由 Web 服务器维护的数据库。当你的浏览器以后再发送 HTTP 消息给这个 Web 服务器时，你的浏览器就会自动地将 cookie 传送给服务器，于是服务器就能够据此查阅自身的数据库，并回忆出有关你的信息。通过这种方式，Web cookie 使得不但有可能在单一会话之内维持状态，而且也完全有可能跨越会话来实现状态信息的维护。

Web cookie 有时候也会用来作为一种非常弱的认证形式，而且 cookie 还使得诸如购物车和推荐列表之类的现代化便利设施成为可能。但是，cookie 确实引发了一些对于个人隐私的担心，因为一旦 Web 网站有了记忆的能力(这正是通过 cookie 实现的)，就可以了解大量有关你的个人信息。如果有多个网站将他们的信息汇集到一起，这个问题就只会变得更加糟糕，因为他们有可能获得关于你的 Web 人格特征的相当完整的画像。

另一个有意思的应用层协议是 SMTP，即简单邮件传输协议(Simple Mail Transfer Protocol)，这个协议用于将电子邮件从发送方传送到接收方的邮件服务器。然后再使用 POP3 协议、IMAP 协议或 HTTP 协议(对于 Web 邮件而言)等将邮件消息从邮件服务器转移到接收端。当电子邮件通过网络被传递时，SMTP 邮件服务器就可以作为服务器或客户端来看待。

和许多其他的应用层协议一样，SMTP 协议的命令对于人也是可读的。举个例子，在图 F-3 中列出的命令都是合法的 SMTP 命令，这些命令是作为 telnet 会话的一部分被输入的——用户输入的行以 C 开头，而服务器响应的行则被标识为 S。这个特定会话导致的结果就是，一封恶作剧邮件被从 arnold@ca.gov 发送给了极易上当受骗的作者的信箱 stamp@cs.sjsu.edu。

还有一个与安全有着牵连的应用层协议，这就是 DNS，即域名服务(Domain Name Service)。DNS 协议的主要目的就是将友好的对于人而言易读的名称，诸如 www.google.com 之类的名称，转换成与其等价的 32 位 IP 地址(在下面我们还要讨论有关内容)，而这样的 IP 地址才是计算机和路由器喜闻乐见的。DNS 被实现成分布式的层级数据库。在全世界范围之内一共只有 13 个“根”DNS 服务器，针对这些服务器的一次成功攻击，就将会令整个互联网陷入瘫痪。时至今日，这也许是互联网中存在的最接近于单点故障的问题了。针对根服务器的攻击已经获得成功，不过，因为 DNS 的分布式特性，对于这样的攻击，在其将要对互联网造成严重影响之前，必须先能够持续一段较长的时间。没有哪种针对 DNS 的攻击行为具备如此持久能力——至少目前还没有。

```
C: telnet eniac.cs.sjsu.edu 25
S: 220 eniac.sjsu.edu
C: HELO ca.gov
S: 250 Hello ca.gov, pleased to meet you
C: MAIL FROM: <arnold@ca.gov>
S: 250 arnold@ca.gov... Sender ok
C: RCPT TO: <stamp@cs.sjsu.edu>
S: 250 stamp@cs.sjsu.edu ... Recipient ok
C: DATA
S: 354 Enter mail, end with "." on a line by itself
C: It is my pleasure to inform you that you
C: are terminated
C:  .
S: 250 Message accepted for delivery
C: QUIT
S: 221 eniac.sjsu.edu closing connection
```

图 F-3　SMTP 形式的恶作剧电子邮件

F.1.4　传输层

网络层(下面将会介绍)提供不可靠的、“尽力而为”的数据包传送服务。这就意味着，网络层试图令数据包抵达目的地，但是如果数据包未能抵达(或者其中的数据已被破坏，抑或某个数据包未能如期有序到达，再或者……)，网络也不会负任何责任，这一点很像美国的邮政服务系统。任何超出这种有限的尽力而为型服务的改进服务——诸如可靠的数据包传送服务——就必须在网络层之上的某个其他地方来实现。同时，这样的附加服务还必须在主机上获得实现，因为网络的核心只是提供这类所谓尽力而为型的传送服务，而可靠的数据包传送服务就是传输层的主要目标。

在我们投入到输层的讨论之前，还是很值得先仔细地考虑一下，为什么网络层从设计上就允许是不可靠的。别忘了，我们现在面对的是包交换网络。基于这一点，就有可能会发生主机向网络上抛出了太多的数据包，以至于超出了接收主机的应对处理能力。通常路由器设备包含缓冲区以存储临时多出来的数据包，直到能够将其转发出去，但是这些缓冲区容量有限——当一台路由器的缓冲区被装满时，这台路由器就别无选择地只能丢弃一些数据包了。而且，数据包中的数据也有可能在传输的过程中被损坏。另外，因为路由行为是动态选择的过程，所以在某个特定连接中的多个数据包就有可能遵循不同的路径行进。当这种情况发生时，数据包到达目的地的次序就会与它们从源点被发出时的次序不同。处理这类可靠性事务正是传输层的任务。归根结底就是说，对数据包进行路由转发以令其通过网络的核心是很困难的，所以互联网的设计者决定最小化这一层次的工作负担，于是乎就在网络层上成就了最小化的所谓尽力而为方案。

有两种非常重要的传输层协议：TCP 和 UDP。传输控制协议(Transmission Control Protocol，TCP)提供了可靠的数据传输服务；TCP 协议确保你的数据包能够抵达目的地，并确保这些数据包能以正确的次序排列，还能够确保数据包中的数据未被损坏。TCP 协议采取了一种极为简化的处理方式来提供这些服务，具体就是通过在数据包中包含序列号，并且当检测到问题时就通知发送方重新传送数据包。请注意，TCP 协议运行在主机上，而且所有的通信都承载在用于数据传输的同一(不可靠的)网络上。图 F-4 中给出了 TCP 协议头信息的数据格式。

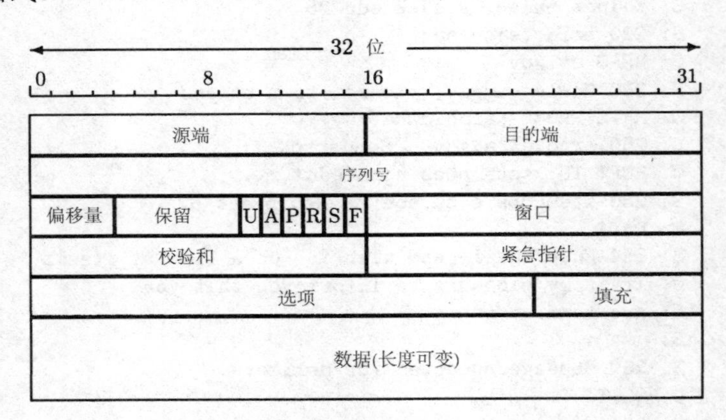

图 F-4　TCP 协议头信息

TCP 协议要保证数据包到达既定的目的地，并被正常有序地进行处理。TCP 协议还要确保，对于接收方而言数据包不至于被传送得太快，这就是所谓的流量控制。除此之外，TCP 协议还提供了整个网络范围内的拥塞控制。这种拥塞控制特性说来非常复杂，但是其中有一个非常有意思的方面，就是试图令所有的主机能够公平地分享可用的带宽资源。这也就是说，如果检测到拥塞发生，每一个 TCP 连接都将会获得数量大致相同的可用带宽。当然，每个人都想要得到比他自身应得份额更多的带宽资源，所以主机就有可能(也确实做到了)通过打开多个 TCP 连接的方式，设法骗过这样的拥塞控制机制。

TCP 协议被称为是面向连接的，这意思是说，在传送数据之前，TCP 协议要求先连接服务器。也就是说，TCP 协议要检测目标服务器是否处于活动状态，并对特定的端口进行监听。这里有很重要的一点，就是一定要认识到这个 TCP“连接”只是逻辑上的连接——实际上并没有产生真正的专用连接。

TCP 连接的建立特别重要。建立连接的过程利用了所谓的三次握手(*three-way handshake*)操作序列，其中的三条消息按照如下方式进行交换：

- SYN——客户端请求与服务器进行“同步”。
- SYN-ACK——服务器确认接收到 SYN 请求消息。
- ACK——客户端确认接收到来自服务器的 SYN-ACK 应答消息。这第三条消息也可以包含数据内容。举个例子，如果客户端在进行 Web 浏览操作，那么客户端就可以将对某个特定 Web 网页的请求包含在其中，与 ACK 应答消息一起发送。

图 F-5 中给出了这个三次握手过程的图解说明。

图 F-5　TCP 协议的三次握手过程

TCP 协议还提供对有序拆除连接的支持。该协议通过包含了 FIN(完成)数据包的过程来终止连接，或是通过单独的 RST(复位)数据包来断开连接。

TCP 协议的三次握手过程使得拒绝服务攻击，即 DoS 攻击成为可能。每当有 SYN 数据包被接收到时，服务器就必须记忆这个所谓的“半开”连接。这种记忆需要耗费少量的服务器资源。但结果是，太多的半开连接将会导致服务器资源被耗费殆尽，以至于在这个临界点上服务器再也无法对外响应新的连接请求。

从一台使用单一 IP 地址的独立计算机发起的直截了当的 DoS 攻击，相对来说还是比较容易防范的——目标受害者可以简单地忽略或是阻塞任何发送了过多 TCP 连接请求的 IP 地址，即可奏效。然而，攻击者可以通过源 IP 地址欺诈的方式，使得攻击行为中的 TCP 连接请求看起来仿佛就是来自于许多不同的机器，这样就能够令攻击很难被阻塞。但是，这种攻击要想对受害者造成严重的影响，所需要的网络流量很可能要比一台机器所能产生的流量大。所以，大部分成功的 DoS 攻击实际上都是分布式拒绝服务攻击，或者也可以简称为 DDoS 攻击。在 DDoS 攻击中，许多不同的计算机被用来累积规模效应以淹没和摧垮受害者。如果数量巨大的计算机被用在 DDoS 攻击中，那么产生的网络流量可能足以淹没受害者，令其无法再对合法的连接请求做出响应。这样一种攻击行为的分布式特性使其非常难以防范。

传输层包含的另一个值得注意的协议就是用户数据报协议(User Datagram Protocol)，或者可以简称为 UDP。TCP 协议提供了无所不包的诸多内容，甚至还包括了厨房中的水槽设施。与之不同的是，UPD 协议则是真正的极为简约不加任何装饰的服务。UDP 协议的好处是需要的开销最小，但是相对应的折中就是无法保证数据包能够如期送达，也无法保证数据包最终会正确有序，还有其他如此等等的无法保证。换句话说，UDP 协议对于其所运行的不可靠网络基本上没有增益。

那么，为什么 UDP 协议还会存在呢？UDP 协议的效率更高，因为其中包含更小的信息头，但是主要的潜在收益则源自一个事实，那就是 UDP 协议没有流量控制特性和拥塞控制特性。由于缺少这些控制机制，因此不存在任何意在减缓数据发送者的限制和约束。但是，如果数据包被发送的速度过快，它们就将被丢弃——或是在一台中途的路由器上，或是在目的设备上。那么，UDP 协议如何才能算是有用的好东西呢？在某些应用中，时延是不可忍受的，但是却可以接受丢失数据包的一些片段。流形式的音频和视频就恰好符合这样的描述，于是对这些应用而言，UDP 协议一般来说要优于 TCP 协议。事实上，UDP 协议允许应用获得比其应得的带宽份额更多的带宽资源，而相应的代价就是发生数据包丢失的风险。最后，值得注意的是，基于 UDP 协议进行可靠数据传送也是有可能的，但是这样的可靠性必须由应用开发者内建在应用层中。这种做法看起来能够在两个方面都获得最佳的支持——既有可靠性，又没有对于带宽的限制——代价就是要有更加复杂的应用层协议。

F.1.5 网络层

网络层对于网络核心来说是至关重要的。我们不妨回顾一下，所谓网络核心，就是相互之间全连接的路由器网络。而网络层的目的就是提供所需要的信息，以便对数据包进行路由转发，使其能够通过这个全连接的网络。在此，我们所涉及的网络层协议就是网际互联协议(Internet Protocol)，通常简称为 IP 协议。正如前面提到的，IP 协议遵循一种尽力而为的工作方法。请注意，IP 协议必须运行在网络中的每一台主机和路由器上。图 F-6 中给出了 IP 协议头信息的数据格式。

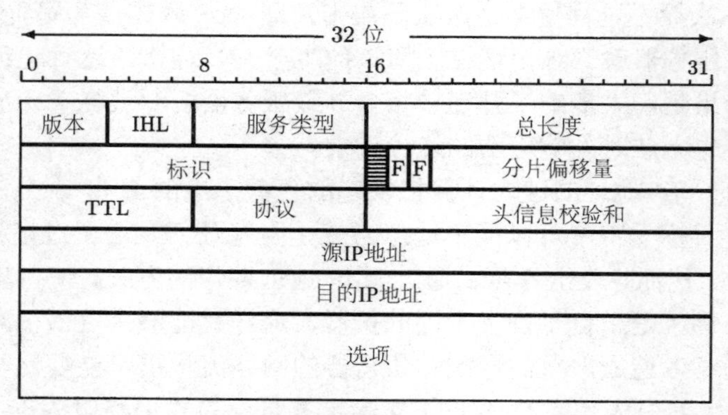

图 F-6 IP 协议头信息

除了网络层协议之外，路由器还运行着路由协议。路由协议的目的就是：在发送数据包的时候，确定要选用的最佳路径。有许多不同的路由协议，不过最为流行的就是 RIP、OSPF 以及 BGP。这些协议都非常有趣，但是在这儿我们并不打算对它们展开讨论。

在互联网上，每一台主机都必须关联 32 位的 IP 地址。遗憾的是，没有足够多的 IP 地址供数量众多的主机使用，结果就是，人们使用许多的技巧来设法有效地扩展 IP 地址空间。IP 地址通常都以所谓的点分十进制表示法(dotted decimal notation)来表达，形式如 *W.X.Y.Z*，其中的每一个值都介于 0 到 255 之间。举个例子，195.72.180.27 就是有效的 IP 地址。请注意，主机的 IP 地址可以——并且确实常常会——发生变化。

虽然每台主机都有 32 位的 IP 地址，但是有可能会有许多的进程运行在单独一台主机上。举个例子，你可以浏览 Web 网页、发送电子邮件，并且进行文件传送，所有这一切都在同一时间进行。为了有效地实现跨网络通信，有必要对这些进程进行区分。实现这一点的方式，是为每一个进程分配 16 位的端口号。小于 1024 的端口号通常被称为知名端口，这些端口被保留，用于赋给某些特定的应用。举个例子，端口 80 就用于 HTTP 应用，而端口 110 则分配给了 POP3 应用。从 1024 到 65535 的端口号是动态的，可以根据需要进行分配。IP 地址再加上端口号就定义了 socket，socket 唯一标识了互联网上的进程。

IP 协议头信息由路由器使用，以便为数据包确定通过网络的恰当路径。IP 协议信息头包含了用于存放源 IP 地址和目的 IP 地址的字段，还有生存时间字段(time-to-live)，或者称为 TTL 字段，这个字段限定了在数据包失效之前还能够旅行的跳数。这个机制防止了这样一种情况：有一些意想不到的数据包可能会永无休止地在互联网上东突西撞，日夜徘徊。另外，还有一些字段用于处理分片，这是我们下面要讨论话题。

互联网上的每一个连接都对数据包的最大尺寸做了限制。如果数据包太大，那么将其分裂为较小的多个数据包就是路由器的任务。这个处理过程就被称为分片(fragmentation)。为了避免多次分片和再组装的繁琐步骤，只有在数据包到达目的端时，才会对分片进行组装并恢复。

分片引发了许多安全问题。其中的一个问题就是，通过将某个数据包打成分片的方式，很容易就能够掩盖住该数据包的实际目的。在对分片进行重新组装时，分片可以被安排成互相交叠的形式，这就使这个问题进一步地恶化了。这样的结果就是：对于接收方主机来说，只有接收到所有的分片并对其完成组装之后，方才可以确定数据包的真实目的。另外，在处理分片的数据包时，防火墙也有大量的额外工作需要完成。最终的后果就是，分片为 DoS 攻击以及其他类型的一些攻击手段敞开了门户。

当前，我们使用的 IP 协议版本是版本 4，也就是 IPv4 协议。这个协议有许多的不足，包括过短的 32 位地址长度以及较弱的安全性(分片问题只是其中的典型例子而已)等。所以，一种新的改进版本——IP 协议版本 6(IPv6)已经被开发出来了。IPv6 协议包含 128 位地址——这提供了几乎取之不尽、用之不竭的 IP 地址——以及 IPSec 形式的强大安全性。遗憾的是，IPv6 协议恰是典型案例，可以说明人们还不知道如何开发一个替代性的协议。从 IPv4 协议到 IPv6 协议的迁移过渡，目前看来还没有很自然的方法，因此，IPv6 至今尚未站稳脚跟并获得大规模的应用(见参考文献[30])。

F.1.6 数据链路层

数据链路层负责将数据包加载到网络中的每个独立的链路上。也就是说，数据链路层要处理的工作是令数据包从一台主机到一台路由器，从一台路由器到另一台路由器，以及从一台路由器到一台主机等；或者从逻辑上说，就是令数据包从一台主机到另一台主机。当数据包穿越网络时，经过的不同链路可能有着天壤之别。举个例子，单独的数据包在从源端转移至目的端时，可能会经过 Ethernet 链路、有线的点对点链路以及无线的微波链路等。

在每一台主机上，数据链路层和物理层都实现在半自治的适配器中，这个适配器通常被称为网络接口卡(Network Interface Card)，或者简称为网卡(NIC)——常见的例子包括 Ethernet 网卡和无线的 802.11 网卡。网卡(大部分)都不在主机的控制之内，这也是为什么称之为半自治的原因。

一种特别重要的数据链路层协议是 Ethernet 协议。Ethernet 协议是一种多址接入访问协议，意思是说，Ethernet 协议用于许多个主机竞争同一共享资源的场合。这样的场景通常出现在局域网(Local Area Network)中，局域网也可以简称为 LAN。在 Ethernet 协议中，如果两个数据包分别由两个不同的主机在基本相同的时间进行发送，它们就会发生冲突，在这种情况下这两个数据包都会发送失败。于是两个数据包都必须再被重新发送。这里的挑战就是要在分布式网络环境中有效地处理发生的冲突。针对共享的传输媒介，有许多种可能的处理方式，但 Ethernet 协议是到目前为止最为流行的方法。在任何正式的网络技术课程中，都会花费相当多的时间投入到 Ethernet 协议的讲解上，但是在这里我们不打算深入介绍这个主题的细节。

IP 地址在网络层使用，而数据链路层也有其自身的寻址方案。我们下面将会把数据链路层地址称为 MAC 地址，但是这些地址有时候也被称为 LAN 地址、物理地址等等。MAC 地址共包含 48 位值，并且是全球唯一的。MAC 地址被植入在网卡(NIC)中，与 IP 地址不同，MAC 地址不能改变(除非是安装新的网卡)。MAC 地址用于在数据链路层转发数据包。

那么，为什么我们既需要 IP 地址又需要 MAC 地址呢？一个常常会被使用的类比是家庭地址和社保号码。家庭地址就像是 IP 地址，因为可以改变。另一方面，即使你搬家了，你的社保号码仍然保持不变，这就令其很像是 MAC 地址。但是，这并没有真正回答前面的问题。事实上，也可以设想将 MAC 地址废除不再使用，但是，同时使用这两种形式的寻址方式，在某种程度上会更加有效率。从根本上说，这种双重寻址的方案之所以必要，是因为分层的关系，分层机制要求数据链路层应该能够与任何网络层寻址方案协同工作。实际上，有一些网络层协议(诸如 IPX 之类)并不使用 IP 地址，而数据链路层则需要不加修改地与这类协议共同运行。归根结底来说，正是对于网络分层机制的这种恪尽职守，才要求我们有两种完全不同的寻址方案。

有许多非常有意思也非常重要的数据链路层协议。我们在前面已经提到了 Ethernet 协议，现在我们只再提及一种数据链路层协议，即所谓的地址解析协议(Address Resolution Protocol)，或者也可以简称为 ARP。ARP 协议的主要目的就是，为主机在同一 LAN 网络里找到与给定 IP 地址相对应的 MAC 地址。网络上的每一个节点都有自己的 ARP 列表，其中包含一系列 IP 地址和 MAC 地址之间的映射关系。这个 ARP 表——有时候也会将之称为 ARP 缓存——是自动生成的，表中的条目在经过一段时间(典型情况下是 20 分钟)之后就会失效，所以必须对这些内容定期更新。无论你是否相信，ARP 就是用于确定这个 ARP 表中条目信息的协议。

那么 ARP 协议是如何工作的呢？当网络节点不知道某个特定 IP 地址到 MAC 地址的映射时，就会向 LAN 网络上的所有节点广播 ARP 请求消息。然后，就由 LAN 网络上的特定节点(也就是拥有给定 IP 地址的那个节点)响应 ARP 应答消息。于是请求节点就可以在自身的 ARP 缓存中填入这个对应的条目了。

ARP 是无状态协议，也正因为如此，网络节点并不会保持已经发出的 ARP 请求记录。这样的结果就是，节点将会接受自己收到的任何 ARP 应答消息，即使并没有发出相应的 ARP 请求。这就为一种利用 LAN 网络上某台恶意主机发起的攻击打开了方便之门。这种攻击，被称为 ARP 缓存中毒(ARP cache poisoning)攻击，在图 F-7 中给出了图解说明。在这个例子中，拥有 MAC 地址 CC-CC-CC-CC-CC-CC 的主机向另外两台主机都发送了假冒的 ARP 应答消息，于是那两台主机就都相应更新了自己的 ARP 缓存内容。最后的结果就是，无论什么时候，AA-AA-AA-AA-AA-AA 和 BB-BB-BB-BB-BB-BB 之间相互发送数据包，这些数据包都会首先通过恶意主机 CC-CC-CC-CC-CC-CC 之手，于是攻击者就可以修改消息内容、删除消息或者保持不变只是让其通行，等等。这种类型的攻击也就是所谓的中间人攻击(man-in-the-middle)，也可以简称为 MiM，无论攻击者的性别如何我们都可以这么说。

我们不妨回忆一下，TCP 协议提供了有状态协议遭受攻击的例子。另一方面，ARP 协议则是易受攻击的无状态协议的例子。所以，无状态协议和有状态协议都有各自潜在的安全弱点。

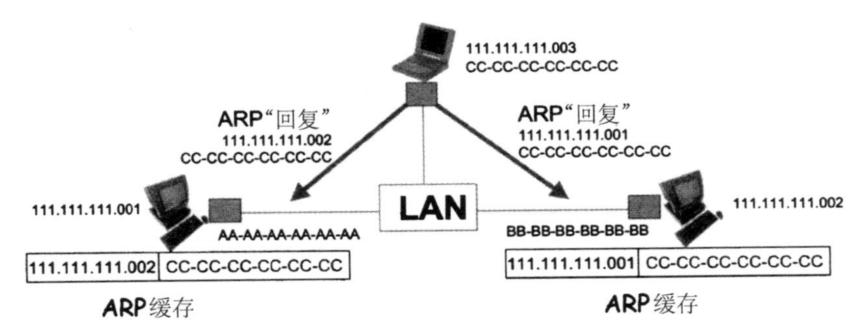

图 F-7 ARP 缓存中毒

F.1.7 小结

在这一部分中，我们勉强地对网络技术这一庞大主题进行了浮光掠影式的快速浏览。Tanenbaum 在参考文献[298]中面对一系列宽泛的网络技术主题提供了非常棒的引言，而他的书也非常适合于独立自主地开展学习。另外一本优秀的关于网络技术的入门型教科书就是 Kurose 和 Ross 的书(见参考文献[177]。在参考文献[113]中，你可以找到关于网络协议的更为具体细致的讨论。如果你需要了解更多的具体细节，并且在参考文献[113]中也无法得到满足，那么就请查阅相应的 RFC 文件吧。

F.2 数学基础

7/5ths of all people don't understand fractions.
— Anonymous

F.2.1 引言

这部分内容包含对相关数学主题的简要概览，这些数学主题关系到对这本书中所提供素材的理解。首先，我们涵盖了一些模运算的基础知识。模运算在公开密钥加密技术领域有着非常重要的地位。然后，我们讨论了几个关于排列置换的非常基本的事实。排列置换是密码技术中的基础性构件——从经典密码技术一直到现代分组密码技术，莫不如此。接下来，我们要考察几个源自离散概率的概念。到最后，我们还提供了对线性代数的快速介绍。在第 6 章中，包含有针对背包加密系统的格规约攻击(lattice-reduction attack)的具体内容，那是这本书中唯一一处使用到线性代数的地方。

F.2.2 模运算

对于整数 x 和 n，x 模 n 的值，可简写为 $x \bmod n$，这个值被定义为 x 被 n 整除时的余数。请注意，当一个数被 n 整除时，余数必然是 0,1,2 ... , $n-1$ 这些值中的一个。所以，当你被要求计算 $x \bmod n$ 时，结果也只能是这些值。

在非模运算中，数轴被用于表示数值的相对位置。对于模运算而言，一个模 n 的“表盘”，在其上标注了整数 0,1,2 ... ,$n-1$，就可以充当与数轴类似的功用，而且也正是由于这个原因，模运算也可以被视为时钟运算。举个例子，在图 F-8 中就给出了模 6 运算的时钟。

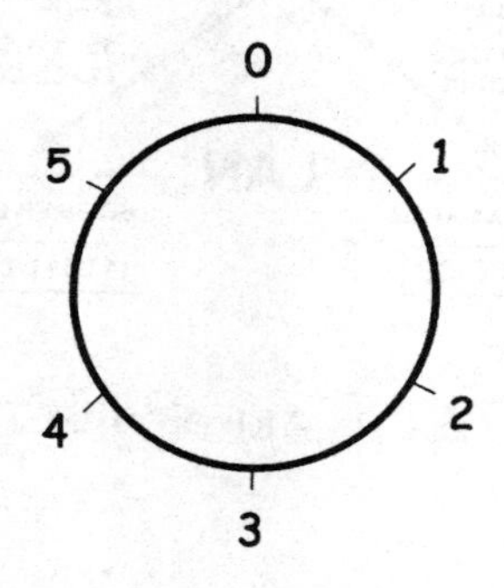

图 F-8 模 6 运算的数“轴”

模运算的表示方式非常灵活——我们可以写作 $x \bmod n = y$ 或是 $x = y \bmod n$，又或者 $x \pmod n = y$，再或者 $x = y \pmod n$。这里的关键点就是，如果“mod n”出现在等式中的任何位置，那么就表示整个等式都以模 n 的方式执行运算。通常情况下，我们会直接“简约”地说 $x \bmod n$，当然如果你实在是很想给你的朋友们留下深刻的印象，你也可以直接说“模 n”而不是“mod n”。

模加法运算的基本特性之一是：

$$((a \bmod n) + (b \bmod n)) \bmod n = (a + b) \bmod n,$$

所以，我们可以得到下面的示例：

$$(7 + 12) \bmod 6 = 19 \bmod 6 = 1 \bmod 6$$

和

$$(7 + 12) \bmod 6 = (1 + 0) \bmod 6 = 1 \bmod 6$$

这就是说，我们可以将模操作置于任何位置(或者任意多个位置)，只要我们喜欢，而运算结果将保持不变。很多情况下，为了运算效率(或便利性)起见，我们在执行模规约计算时，会采取一些并不是这么显而易见的次序。

对于模乘法运算，同样的特性仍然成立，意即：

$$((a \bmod n)(b \bmod n)) \bmod n = ab \bmod n$$

举个例子

$$(7\cdot 4) \bmod 6 = 28 \bmod 6 = 4 \bmod 6$$

和

$$(7\cdot 4) \bmod 6 = (1\cdot 4) \bmod 6 = 4 \bmod 6$$

这个简单的特性对于高效地执行模幂运算至关重要，而模幂运算是 RSA 公开密钥加密系统中使用的基本运算操作。

模逆运算在公开密钥加密技术中扮演了非常重要的角色。在常规(非模)的加法操作中，x 的加法逆，就是我们用以将其加上 x 之后能得到 0 值的那个值。当然，在非模计算中，我们可以简单地说 x 的加法逆就是$-x$，这只是一种经过精心设计的表述方式。$x \bmod n$ 的加法逆被表示为$-x \bmod n$，但是我们必须给出相应的定义，以明确“-”的含义。我们不妨回顾一下，在执行模 n 运算时，结果只会存在于“0,1,2, ... ,$n-1$”之间。那么根据定义，$-x \bmod n$ 的值就是在这个范围之内我们将其加到 x 上之后能够得到 $0 \bmod n$ 的那个数。举个例子，$-2 \bmod 6 = 4$，因为 $2+4 = 0 \bmod 6$。这就是说，$-2 = 4 \bmod 6$，这也可以看成在模 6 运算的表盘上，从 0 值点开始逆时针转动两个数值的位置。

在常规运算中，x 的乘法逆被表示为 x^{-1}，值是我们将其与 x 相乘可以得到值 1 的那个数值。在非模运算的世界里，这很容易，因为 $x^{-1}= 1/x$，只要 $x\neq 0$。但是，在模运算的情况下，不可能有分数，所以就不会像常规的乘法逆那么直观。根据定义，$x \bmod n$ 的乘法逆，可以表示为 $x^{-1} \bmod n$，值就是我们将其与 x 相乘可以得到值 $1 \bmod n$ 的那个数。举个例子，$3^{-1} \bmod 7 = 5$，因为 $3\cdot 5 = 1 \bmod 7$。这就是说，$3^{-1} = 5 \bmod 7$。

现在我们来看，$2^{-1} \bmod 6$ 是多少呢？既然我们在执行模 6 运算，那么可能的结果就只会出现在 0、1、2、3、4、5 中，然后通过穷举方式查找很容易就能验证，这些值中没有一个能够满足上述定义。所以，2 就没有模 6 的乘法逆。这表明，对于模运算而言，除了 0 值以外，还有其他的数值不存在乘法逆元。

那么，什么时候(模)乘法逆元会存在呢？要回答这个问题，我们必须再挖掘得稍微深入一点儿。一个数 p，如果除了 1 和 p 之外不存在其他的因子，就可以被称为是素数。两个数 x 和 y，如果它们除了 1 之外不存在其他的公因子，就可以被称为是互素(互质)的。举个例子，8 和 9 就是互素的，虽然 8 和 9 都不是素数。可以证明，$x^{-1} \bmod y$ 存在，当且仅当 x 与 y 是互素的时。当模运算的逆存在时，通过 Euclidean 算法(见参考文献[43])很容易——在计算意义上——就能够找到相应的逆元。同样，也很容易(在计算意义上)判定什么时候逆元会不存在，也就是说，很容易检测出 x 和 y 是否互素。

为了便于我们对公开密钥加密技术的讨论，我们需要了解数论中的另一个结论。欧拉函数(totient function，或称 Euler's totient function)，通常被记作$\phi(n)$，是指与 n 互素的小于或等于 n 的正整数的个数。举例来说，$\phi(4) = 2$，因为 4 分别与 3 和 1 互为素数，但是与 2 不互素。还有，$\phi(5) = 4$，因为 5 分别与 1、2、3 和 4 互为素数；而$\phi(12) = 4$，因为不大于 12 的正整数中与 12 互为素数的只有 1、5、7 和 11。

对于任意的素数 p，我们容易知道$\phi(p) = p-1$。更进一步地，也非常容易证明：如果 p 和 q 都是素数，那么$\phi(pq) = (p-1)(q-1)$。从 Burton 的优秀参考书(见参考文献[43])中可以找到相关内容的具体细节。这些$\phi(n)$的基本特性在本书第 4 章的 4.3 节中会用到，该部分内容涵盖的是 RSA 公开密钥加密系统。

F.2.3 排列置换

令 S 为给定的集合。那么，S 的排列置换就是 S 中元素的有序序列，其中每个元素在序列中恰好出现一次。举个例子，(3,1,4,0,5,2)就是集合{0, 1, 2, 3, 4, 5}的排列置换，但是(3,1,4,0,5)就不是该集合的排列置换。另外，(3,1,4,2,5,2)也不是。

对于包含 n 个元素的集合来说，很容易计算出排列置换的个数：共有 n 种方式来选择排列置换的第一个元素，于是就剩下 $n-1$ 种选择留给了下一个元素，依此类推。因此，对于任何包含 n 个元素的集合，共有 $n!$ 个排列置换。举个例子，对于集合{0, 1,2, 3}来说，就存在 24 个排列置换。

排列置换在加密技术中扮演着很重要的角色。经典的加密方案常常都基于排列置换，而许多现代的分组密码加密方案也会大量地使用排列置换。

F.2.4 概率

在本书中，我们只需要了解离散概率领域的少数几个基本事实即可。令 $S = \{0, 1,2, \ldots, N-1\}$表示由某个试验可能会产生的所有结果组成的集合。如果其中每一个结果产生的可能性都相等，那么事件 X 发生的概率如下，其中 $X \subset S$

$$P(X) = X\text{ 中的元素个数}/\ S\text{ 中的元素个数}$$

举个例子，如果我们投掷两个骰子，那么集合 S 就可以表示为 36 个等概率的有序数对：

$$S = \{(1, 1), (1, 2), \ldots, (1,6), (2, 1), (2, 2), \ldots, (6, 6)\}$$

然后，当我们投掷两个骰子时，就可以得到

$$P(\text{和等于 } 7) = 6/36 = 1/6$$

因为在集合 S 中，共有 6 个元素的和等于 7。

在很多情况下，使用如下事实来计算 X 的概率会更加容易：

$$P(X) = 1 - P(X\text{ 的补集})$$

其中，X 的补集是由属于集合 S 但不属于集合 X 的元素组成的集合。举个例子，当投掷两个骰子时：

$$P(\text{和} > 3) = 1 - P(\text{个数} \leqslant 3) = 1 - 3/36 = 11/12$$

虽然关于离散概率有很多非常好的信息资源，但是对于作者本人而言，或许最为钟爱的就是 Feller 的那本书(见参考文献[109])了，这本书虽然古老但却品质优秀。Feller 涵盖了所有的基础知识，以及许多非常有趣也很有用的高级主题，而且所有这些内容的表述都通俗易懂，引人入胜。

F.2.5 线性代数

在本书第 6 章中，在讨论针对背包加密系统的攻击时，其中需要少量线性代数领域的知识。在这里，我们只提供所需要的最少量的线性代数方面的素材，以便更好地理解这一特定部分的内容。

我们用 $v \in \mathrm{R}^n$ 来表示包含了 n 个元素的向量，其中的每个元素都是实数。举例如下：

$$v=[v1,v2,v3,v4]=[4,7/3,13,-3/2]\in \mathrm{R}^4$$

对于两个向量 $u, v \in \mathrm{R}^n$，它们的点积(dot product)表示如下：

$$u \cdot v = u_1 v_1 + u_2 v_2 + \cdots + u_n v_n$$

请注意，点积运算仅适用于长度相同的向量。此外，点积的结果是数值而并非向量。

矩阵是由多个数值构成的 $n \times m$ 数组。下面就是一个矩阵的例子：

$$A = \begin{bmatrix} 3 & 4 & 2 \\ 1 & 7 & 9 \end{bmatrix}$$

式(F.1)

这是一个 2×3 矩阵，我们有时候会将之写作 $A_{2\times3}$，以便强调维度信息。我们将位于矩阵 A 中第 i 行及第 j 列的那个元素标记为 a_{ij}。举个例子，在上面的矩阵 A 中，有 $a_{1,2}=4$。

要将矩阵和数值相乘，只需要将矩阵中的每个元素都与该数值相乘即可。举个例子，对于式(F.1)中的矩阵 A，我们可以得到下式：

$$3A = \begin{bmatrix} 3\cdot3 & 3\cdot4 & 3\cdot2 \\ 3\cdot1 & 3\cdot7 & 3\cdot9 \end{bmatrix} = \begin{bmatrix} 9 & 12 & 6 \\ 3 & 21 & 27 \end{bmatrix}$$

矩阵相加只定义在参与运算的矩阵具有相同维度的情况下。如果符合条件，就令对应位置的元素执行简单相加即可。举例如下：

$$\begin{bmatrix} 3 & 2 \\ 1 & 5 \end{bmatrix} + \begin{bmatrix} -1 & 4 \\ 6 & 2 \end{bmatrix} = \begin{bmatrix} 2 & 6 \\ 7 & 7 \end{bmatrix}$$

另一方面，矩阵相乘就不如矩阵相加或矩阵与某一个数值相乘那么直观了。给定矩阵 $A_{m\times n}$ 和 $B_{k\times l}$，它们的乘积 $C=AB$ 仅定义在 $n=k$ 的场合中。在这种情况下，乘积 0 的维度为 $m\times l$。如此定义矩阵的乘积时，对于乘积 C 中位于第 i 行及第 j 列的那个元素——G_{ij}，就由矩阵 A 中的第 i 行和矩阵 B 中的第 j 列的点积给出。举个例子，对于式(F.1)中的矩阵 A 以及

$$B = \begin{bmatrix} -1 & 2 \\ 2 & -3 \end{bmatrix}$$

乘积为

$$BA = C_{2\times3} = \begin{bmatrix} [-1,2]\cdot\begin{bmatrix} 3 \\ 1 \end{bmatrix} & [-1,2]\cdot\begin{bmatrix} 4 \\ 7 \end{bmatrix} & [-1,2]\cdot\begin{bmatrix} 2 \\ 9 \end{bmatrix} \\ [2,-3]\cdot\begin{bmatrix} 3 \\ 1 \end{bmatrix} & [2,-3]\cdot\begin{bmatrix} 4 \\ 7 \end{bmatrix} & [2,-3]\cdot\begin{bmatrix} 2 \\ 9 \end{bmatrix} \end{bmatrix}$$

$$= \begin{bmatrix} -1 & 10 & 16 \\ 3 & -13 & -23 \end{bmatrix}$$

请注意，对于这两个矩阵，乘积 AB 就是未定义的。这表明在一般情况下，矩阵乘法是不可交换的。

单位矩阵(identity matrix)$I_{n\times n}$ 在主对角线上的元素均为 1，并且在其他位置上的值均为 0。请注意，单位矩阵总是正方形矩阵，也就是说，这个矩阵有相等的行数和列数。举个例子，3×3 的单位矩阵如下所示：

$$I = \begin{bmatrix} 1 & 0 & 0 \\ 0 & 1 & 0 \\ 0 & 0 & 1 \end{bmatrix}$$

对于正方形矩阵 A，相对应尺寸的单位矩阵就是其乘法单位，也就是说，$AI = IA = A$。

我们还可以定义分块矩阵，其中的元素本身就是矩阵。我们同样能够对分块矩阵执行乘法运算，只要其中的维数满足矩阵相乘的要求即可。并且对于其中所有要执行乘法操作的独立分块，其维度也要适合于执行矩阵相乘。举个例子，如果

$$M = \begin{bmatrix} I_{n\times n} & C_{n\times 1} \\ A_{m\times n} & B_{m\times 1} \end{bmatrix} \text{并且} \ V = \begin{bmatrix} U_{n\times \ell} \\ T_{1\times \ell} \end{bmatrix}$$

那么

$$MV = \begin{bmatrix} X_{n\times \ell} \\ Y_{m\times \ell} \end{bmatrix}$$

其中 $X = U + CT$ ，$Y = AU + BT$。你应该能够验证，所有这些操作都是有明确定义的。

在线性代数中，另外只有一个结论是我们还需要了解的。假设 x 和 y 是空间 R^n 中的两个向量。那么，我们称 x 和 y 是线性无关的，能够令下式成立的标量(即数字)α 和 β 的值只有 $a = \beta = 0$。

$$\alpha x + \beta y = 0$$

举个例子：

$$\begin{bmatrix} 1 \\ -1 \end{bmatrix} \text{和} \begin{bmatrix} 1 \\ 2 \end{bmatrix}$$

就是线性无关的。线性无关可以扩展到多于两个向量的情形。线性无关的重要性源自如下事实：如果一组向量是线性无关的，那么其中任何一个向量都不能够被表示为其他向量的线性组合。也就是说，没有任何一个向量可以写作该向量组中其他向量的倍数和的形式。这就是向量之间线性无关的意义所在。

F.2.6 小结

这样一来，对于本书中使用到的数学知识，我们就结束了短暂的回顾。但愿你仍能保持清醒。无论如何，在这本书中需要的数学知识已经是最少的了。所以，如果在这里讨论的某些具体细节看起来还有点儿晦涩难懂的话，也没必要担心。如果你在安全启蒙的道路上撞入任何数学减速带中，你都可以根据需要，随时再对这些素材进行简单查阅。

参考文献

If you can't annoy somebody, there is little point in writing.

— Kingsley Amis

[1] 3GPP home page, www.3gpp.org/

[2] @stake LCS, en.wikipedia.org/wiki/@stake

[3] M. Abadi and R. Needham, Prudent engineering practice for cryptographic protocols, *IEEE Transactions on Software Engineering*, Vol. 22, No. 1, pp. 6-15, January 1996

[4] E. Aboufadel, Work by the Poles to break the Enigma codes, faculty.gvsu.edu/aboufade/web/ eniglna/polish.htm

[5] Access control matrix, en.wikipedia.org/wiki/Access_Control_Matrix

[6] E. Ackerman, Student skirts CD's piracy guard, SiliconValley.com, technews.acm.org/articles/2003-5/1008w.html#item2

[7] AES algorithm (Rijndael) information, csrc.nist.gov/archive/aes/ndexl.html

[8] Aleph One, Smashing the stack for fun and profit, Phrack, VOlume Seven, Issue Forty-Nine, File 14 of 16, www.phrack.com/issues.html?issue=49&id=14&mode=txt

[9] D. Anderson, T. Frivold, and A. Valdes, Next-generation intrusion detection expert system (NIDES): summary, citeseerx.ist.psu.edu/viewdoc/summary?doi=10.1 .1.121 .5956

[10] R. Anderson and E. Biham, Tiger: a fast new hash function, www.cs.technion.ac.il/˜biham/Reports/Tiger/

[11] R. J. Anderson and M. G. Kuhn, Improved differential fault analysis, jya.com/akdfa.txt

[12] R. Anderson, Security in Open versus Closed Systems——The Dance of Boltzmann, Coase and Moore, www.cl .cam.ac.uk/˜rja14/Papers/toulouse.pdf

[13] R. Anderson, TCPA/Palladium frequently asked questions, www.c1.cam.ac.uk/˜rja14/tcpa- faq.html

[14] R. Anderson, *Security Engineering*, Wiley, 2001, www.c1.cam.ac.uk/˜ria14/book.html

[15] R. Anderson, *Security Engineering* Errata, www.c1.cam.ac.uk/˜ria14/errata.html

[16] Z. Anderson, Warcart, web.mit.edu/zacka/www/warcart.html

[17] W. A. Arbaugh, N. Shankar, and Y. C. J. Wan, Your 802.11 wireless networks has no clothes, www.cs.umd.edu/~waa/wireless.pdf

[18] G. Arboit, A method for watermarking Java programs via opaque predicates, crypto.cs.mcgill.ca/~garboit/sp-paper.pdf

[19] D. Aucsmith, Tamper resistant software: an implementation, *Proceedings of the First International Information Hiding Workshop, Lecture Notes in Computer Science 1174*, Springer-Verlag, Cambridge, UK, pp. 317-334, 1996

[20] Audacity, The free, cross-platform sound editor, audacity.sourceforge.net/

[21] J. Aycock, *Computer Viruses and Malware*, Advances in Information Security, Vol. 22, Springer-Verlag, 2006

[22] J. Aycock, *Spyware and Adware,* Springer-Verlag, 2010

[23] D. V. Bailey, inside eBook security, Dr. Dobb's Journal, November 2001, www.drdobbs.com/184404845

[24] I. Balepin, Superworms and cryptovirology: a deadly combination, wwwcsif.cs.ucdavis.edu/~balepin/files/worms-cryptovirology.pdf

[25] B. Barak, O. Goldreich, R. Impagliazzo, S. Rudich, A. Sahai, S. Vadhan and K. Yang, On the (im)possibility of obfuscating programs (extended abstract), in J. Kilian, editor, Advances in Cryptology-CRYPTO 2001, Lecture Notes in Computer Science 2139, www.iacr.org/archive/crypto2001/21390001.pdf

[26] E. Barkan, E. Biham, and N. Keller, Instant ciphertext-only cryptanalysis of GSM encrypted communication, cryptome.org/gsm-crack-bbk.pdf

[27] M. Barren and C. Thomborson, Using NGSCB to mitigate existing software threats, www. cs.auckland.ac.nz/~cthombor/Pubs/cses.pdf

[28] BBC News, Afghan girl found after 17 years, news.bbc.co.uk/1/hi/world/south_asia/1870382.stm

[29] Beale Screamer, Microsoft's digital rights management scheme-technical details, web.elastic.org/fche/mirrors/cryptome.org/beale-sci-crypt.htm

[30] D. J. Bernstein, The IPv6 mess, cr.yp.to/djbdns/ipv6mess.html

[31] P. Biddle et al., The darknet and the future of content distribution, crypto.stanford.edu/DRM2002/darknet5.doc

[32] Biometrics comparison chart, ctl.ncsc.dni.us/biomet%20web/BMCompare.html

[33] A. Biryukov, A. Shamir, and D. Wagner, Real time cryptanalysis of A5/1 on a PC, home .in.tum.de/~gerold/KryptDokumente/a5_Angriff/a51-bsw.htm

[34] M. Bishop, *Computer Security: Art and Science*, Addison Wesley, 2003

[35] I. Blake, G. Seroussi, and N. Smart, Elliptic Curves in Cryptography, Cambridge University Press, 2000

[36] blexim, Basic Integer Overflows, *Phrack Magazine*, Volume OxOb, Issue Ox3c, Phile #OxOa of 0x10, www.phrack.com/issues.html?issue=60&id=10

[37] L. Boettger, the Morris worm: how it affected computer security and lessons learned by it, hackers news.org/hackerhistory/morrisworm.html

[38] N. Borisov, I. Goldberg, and D. Wagner, Intercepting mobile communications: the insecurity of 802.11, www.isaac.cs.berkeley.edu/isaac/wep-draft.pdf

[39] Botnet, en.wikipedia.org/wiki/Botnet

[40] J. Bowen, Formal methods, *The World Wide Web Virtual Library*, formalmethods.wikia.com/wiki/Jon athan_Bowen

[41] D. Brumley and D. Boneh, Remote timing attacks are practical, crypto.stanford.edu/~dabo/papers/ssl-timing.pdf

[42] S. Budiansky, *Battle of Wits: The Corrzplete Story of Codebreaking in World War II*, the Flee Press, 2000

[43] D. M. Burton, *Elementary Number Theory*, fourth edition, Wm. C. Brown. 1998

[44] Cafebabe bytecode editor, cafebabe.sourceforge.net/index.html

[45] K. W. Campbell and M. J. Wiener, DES is not a group, *Advances in Cryptology*, CRYPTO '92, S pringer-Verlag, 1993, pp. 512-520

[46] P. Capitant, Software tamper-proofing deployed 2-year anniversary report, Macrovision Corporation, www.cs.sjsu.edu/faculty/stamp/DRM/DRM%20papers/Software_Tamper-Proofing.ppt

[47] CAPTCHA, en.wikipedia.org/wiki/CAPTCHA

[48] A. Carlson, Simulating the Enigma cypher machine, homepages.tesco.net/~andycarlson/enigma/simulating _enigma.html

[49] J. Carr, Strategies & issues: thwarting insider attacks, *Network Magazine,* September 4, 2002

[50] L. Carroll, *Alice's Adventures in Wonderland*, www.sabian.org/alice.htm

[51] CERT coordination center, www.cert.org/

[52] Certicom Corporation, Certicom ECC Challenge, November 1997, www.certicom.com/index.php/the-certicom-ecc-challenge

[53] P. Cerven, *Crackproof Your Software: Protect Your Software Against Crackers*, No Starch Press, 2002

[54] H. Chang and M. J. Atallah, Protecting software code by guards, *Workshop on Security and Privacy in Digital Rights Management 2001*

[55] G. Chapman et al., *The Complete Monty Python's Flying Circus: All the Words*, vols. 1 and 2, Pantheon, 1989

[56] K. Chellapilla, K. Larson, P. Simard, and M. Czerwinski, Computers beat Humans at Single Chara cterRecognition in Reading based Human Interaction Proofs (HIPs), Microsoft Research, www.ceas.cc /2005/papers/160.pdf

[57] T. Cipresso, Software Reverse Engineering Education, Master's Thesis, Department of Computer Science, San Jose State University, 2009, reversingproject.info/

[58] T. Cipresso, Java bytecode anti-reversing exercise, reversingproject.info/?page_id=65

[59] Clipper chip, en.wikipedia.org/wiki/Clipper_chip

[60] F. B. Cohen, Experiments with computer viruses, 1984, www.all.net/books/virus/part5.html

[61] F. B. Cohen, Operating system protection through program evolution, all.net/books/IP/evolve.html

[62] F. B. Cohen, *A Short Course on Computer Viruses*, second edition, Wiley, 1994

[63] C. Collberg, SandMark: a tool for the study of software protection mechanisms, sandmark. cs.arizona.edu/

[64] C. S. Collberg and C. Thomborson, Watermarking, tamper-Proofing and obfuscation——tools for software protection, *IEEE Transactions on Software Engineering*, Vol. 28, No. 8, August 2002

[65] Common Criteria——The Common Criteria portal, www.commoncriteriaportal.org/

[66] Computer Knowledge, Virus tutorial, www.cknow.com/cms/vtutor/cknow-virus-tutorial.html

[67] M. Gooney, IBM touts encryption innovation: New technology performs calculations on encrypted data without decrypting it, ComputerWorld, June 25, 2009, www.computerworld.com/action/article.do?command=viewArticleBasic&articleId=9134823&source=CTWNLE_nlt_security_2009-06-25

[68] D. Coppersmith, Small solutions to polynomial equations, and low exponent RSA vulnerabilities, *Journal of Cryptology*, Vol. 10, 1997, pp.233-260

[69] Coventry blitz, en.wikipedia.org/wild/Coventry_Blitz

[70] S. Graver, The underhanded C contest, underhanded.xcott.com/

[71] S. A. Graver et. al., Reading between the lines: lessons learned from the SDMI challenge, Proceed ingsof the 10th USENIX Security Symposium, Washington, DC, August 13-17, 2001, www.usenix.org/events/sec01/craver.pdf

[72] R. X. Cringely, Calm before the storm, www.pbs.org/cringely/pulpit/2001/pulpit_20010730_000422.html

[73] Cryptographer's Panel, RSA Conference 2002, www.cs.sjsu.edu/˜stamp/cv/tripreports/RSA2002.html

[74] Cryptographer's Panel, RSA Conference 2004, www.cs.sjsu.edu/˜stamp/cv/tripreports/RSA04.html

[75] J. Daemen and V. Rijmen, The Rijndael block cipher, csrc.nist.gov/archive/aes/index.html

[76] J. Daugman, How iris recognition works, www.cl.cam.ac.uk/users/jgd1000/irisrecog.pdf

[77] D. Davis, Defective sign & encrypt in S/MIME, PKCS≠7, MOSS, PEM, PGP, and XML,world.std.com/˜dtd/sign_encrypt/sign_encrypt7.html

[78] E. X. DeJesus, SAML brings security to XML, XML Magazine, Volume 3, No. 1, January 11, 2002, pp. 35-37

[79] Defcon 11, www.cs.sjsu.edu/˜stamp/cv/tripreports/defconil.html

[80] Defcon 16, www.defcon.org/html/defcon-16/dc-l6-post.html

[81] Definition of John Anthony Walker, www.wordiq.com/definition/John_Anthony_Walker

[82] Definition of Purple code, www.wordiq.com/definition/Purple_code

[83] Definition of Zimmermann Telegram, www.wordiq.com/definition/Zimmermann_Telegram

[84] M. Delio, Linux: fewer bugs than rivals, Wired, December 2004, www.wired.com/software/coolapps/news/2004/12/66022

[85] D. E. Denning and D. K. Branstad, A taxonomy for key escrow encryption systems, *Communications of the ACM*, Vol. 39, No. 3, March 1996, www.cost.georgetown.edu/˜denning/crypto/Taxonomy.html

[86] D. E. Denning, Descriptions of key escrow systems, www.cosc.georgetown.edu/denning/crypto/Appen dix.html

[87] Denver International Airport, en.wikipedia.org/wiki/Denver_International_Airport

[88] Y. Desmedt, What happened with knapsack cryptographic schemes? *Performance Limits in Communication, Theory and Practice*, J. K. Skwirzynski, ed., Kluwer, pp. 113-134, 1988

[89] J. F. Dhem et. al., a practical implementation of the timing attack, www.cs.jhu.edu/~fabian/courses/CS600.624/Timing-full.pdf

[90] W. Diffie and M. Hellman, New directions in cryptography, *IEEE Transactions on Information Theory*, Vol. IT-22, No. 6, pp. 644-654, November 1976, www.cs.jhu.edu/~rubin/courses/sp03/papers/diffie.hellman.pdf

[91] DI Management, RSA Algorithm, www.di-mgt.com.au/rsa_alg.html#pkcsischemes

[92] I. Dubrawsky, Effects of Internet worms on routing, RSA Conference 2004, www.cs.sjsu.edu/faculty/stamp/cv/tripreports/RSA04.html

[93] I. Dubrawsky and L. Hayden, Wireless LANs and privacy, www.isoc.org/inet2002/inet-technologypro gram.shtml

[94] D. Dumars, Stephen King's The Plant withers, www.mania.com/stephen-kings-plant-withers_article_26 476.html

[95] J. E. Dunn, Encrypted image backups open to new attack, Techworld, October 2008, www.techworld.com/security/news/index.cfm?newsid=105263

[96] P. Earley, Family of spies: The John Walker Jr. spy case, *The Crime Library*, www.crimelibrary.co m/spies/walker/

[97] Easy solution to bypass latest CD-audio protection, www.cdfreaks.com/news/4068

[98] EFF DES cracker, en.wikipedia.org/wiki/EFF_DES_cracker

[99] E. Eilam, *Reversing: Secrets of Reverse Engineering*, Wiley, 2005

[100] G. Ellison, J. Hodges, and S. Landau, Risks presented by single sign-on architectures, October 18,2002, esearch.sun.com/liberty/RPSSOA/

[101] C. Ellison and B. Schneier, Ten risks of PKI: what you're not being told about public key infrastructure, *Computer Security Journal*, Vol. 16, No. 1, pp. 1-7, 2000, www.schneier.com/paper-pki.html

[102] P. England et. al., a trusted open platform, *IEEE Computer*, pp. 55-62, July 2003

[103] A. C. Engst, Mac OS X trojan technique: beware of geeks bearing gifts, TidBITS, No. 726, April 2004, db.tidbits.com/getbits.acgi?tbart=07636

[104] enigma machine, en.wikipedia.org/wiki/Enigma_machine

[105] U. Erlingsson, Y. Younan, and F. Piessens, Low-level Software Security by Example, to appear in *Handbook of Communications Security*, Springer-Verlag, 2009

[106] evaluation assurance level, en.wikipedia.org/wild/Evaluation_Assurance_Level

[107] B. Everett, trusted computing platforms, www.netproject.com/presentations/TCPA/david_everett.pdf

[108] Exploit Systems, Inc., www.exploitsystems.com/

[109] W. Feller, *An Introduction to Probability Theory and Its Applications*, third edition, Wiley, 1968

[110] Fernflower——Java Decompiler, www.reversed-ava.com/fernflower/

[111] U. Fiege, A. Fiat, and A. Shamir, Zero knowledge proofs of identity, *Proceedings of the Nineteenth Annual*

ACM Conference on Theory of Competing, pp. 210-217, 1987

[112] S. Fluhrer, I. Mantin and A. Shamir, Weaknesses in the key scheduling algorithm of RC4, www.drizzle.com/˜aboba/IEEE/rc4_ksaproc.pdf

[113] B. A. Forouzan, *TCP/IP Protocol Suite*, second edition, McGraw Hill, 2003

[114] S. Forrest, S. A. Hofm, and A. Somayaji, Computer immunology, *Communications of* the ACM, Vol. 40, No. 10, pp. 88-96, October 1997

[115] S. Forrest, A. Somayaji, and D. H. Ackley, Building diverse computer systems, www.cs.unm.edu/forrest/publications/hotos-97.pdf

[116] L. Fraim, SCOMP: A solution to the multilevel security problem, *IEEE Computer*, pp. 26-34, July 1983

[117] J. Fraleigh, A First Course in Abstract Algebra, Addison Wesley, seventh edition, 2002

[118] K. Gaj and A. Orlowski, Facts and myths of Enigma: breaking stereotypes, ece.gmu.edu/courses/ECE543/viewgraphs_F03/EUROCRYPT_2003.pdf

[119] M. R. Garey and D. S. Johnson, *Computers and Intractability: A Guide to the Theory of NP-Completeness*, W. H. Freeman & Company, 1979

[120] B. Gates, Keynote address, RSA Conference 2004, www.cs.sjsu.edu/faculty/stamp/cv/t ripreports/RSA04.html

[121] D. Geer, comments from "Who will kill online privacy first-the lawyers or the techies?", www.cs.sjsu.edu/˜stamp/cv/tripreports/RSA2002.html

[122] W. W. Gibbs, Software's chronic crisis, Trends in Computing, *Scientific American*, September 1994, p. 86, WWW.CIS.gsu.edu/˜mmoore/CIS3300/handouts/SciAmSept1994.html

[123] R. Glenn and S. Kent, RFC 2410——The NULL encryption algorithm and its use with IPsec, www.faqs.org/rfcs/rfc2410.html

[124] D. B. Glover, *Secret Ciphers of the 1876 Presidential Election*, Aegean Park Press, 1991

[125] D. Gollmann, *Computer Security*, Wiley, 1999

[126] S. W. Golomb, *Shift Register Sequences*, Aegean Park Press, 1982

[127] D. Goodin, Buggy 'smart meters' open door to power-grid botnet: grid-burrowing worm only the beginning, *The Register*, www.theregister.co.uk/2009/06/12/smart_grid_security_risks/

[128] S. Goodwin, Internet gambling software flaw discovered by Reliable Software Technologies software security group, www.cigital.com/news/index.php?pg=art&artid=20

[129] E. Grevstad, CPU-based security: the NX bit, hardware.earthweb.com/chips/article.php/3358421

[130] GSM cloning, www.isaac.cs.berkeley.edu/isaac/gsm.html

[131] A guide to understanding covert channel capacity analysis of a trusted system, National computer security center, November 1993, www.fas.org/irp/nsa/rainbow/tg030.htm

[132] A guide to understanding data remanence in automated information systems, NCSC-TG-025, www.cerberussystems.com/INFOSEC/stds/ncsctg25.htm

[133] B. Guignard, How secure is PDF?, www-2.cs.cmu.edu/˜dst/Adobe/Gallery/PDFsecurity.pdf

[134] E. Guisado, Secure random numbers, erngui.com/articles/rng/index.html

[135] A. Guthrie, "Alice's Restaurant," lyrics at www.arlo.net/lyrics/alices.shtml

[136] Hacker may be posing as Microsoft, *USA Today*, February 6, 2002, www.usatoday.com/tech/techinvestor/2001-03-22-microsoft.htm

[137] D. Hamer, Enigma: actions involved in the 'double-stepping' of the middle rotor, *Cryptologia*, Vol. 21, No. 1, January 1997, pp. 47-50, www.eclipse.net/~dhamer/downloads/rotorpdf.zip

[138] Hand based biometrics, Biometric Technology Today, pp. 9-11, July & August 2003

[139] N. Hardy, The confused deputy (or why capabilities might have been invented), www.skyhunter.tom/marts/capabilityIntro/confudep.html

[140] D. Harkins and D. Carrel, RFC 2409——The Internet key exchange (IKE), www.faqs.org/rfcs/rfc2409.html

[141] B. Harris, Visual cryptography, two levels, personal correspondence

[142] History of GSM, www.cellular.co.za/gsmhistory.htm

[143] G. Hoglund and G. McGraw, *Exploiting Software*, Addison Wesley, 2004

[144] J. J. Holt and J. W. Jones, Discovering number theory, Section 9.4: Going farther: RSA, www.math.mtu.edu/mathlab/COURSES/holt/dnt/phi4.html

[145] B. Home et, al., Dynamic self-checking techniques for improved tamper resistance, *Workshop on Security and Privacy iv Digital Rights Management 2001*

[146] HotBots'07, USENIX first workshop on hot topics in understanding botnets, www.usenix.org/event/hotbots07/tech/

[147] IDA Pro disassembler, www.hex-rays.com/idapro/

[148] Index of Coincidence, Wikipedia, en.wikipedia.org/wiki/Index_of_coincidence

[149] Iridian Technologies, Iris recognition: science behind the technology, www.llid.com/pages/383-science-behind-the-technology

[150] D. Isbell, M. Hardin, and J. Underwood, Mars climate team finds likely cause of loss, science.ksc.nasa.gov/mars/msp98/news/mco990930.html

[151] A. Jain, L. Hong, and S. Pankanti, Biometric Identification, *Communications of the ACM*, Vol. 43, No. 2, pp. 91-98, 2000

[152] A. Jain, A. Ross, and S. Panka,nti, *Proceedings of the end AVBPA Conference*, Washington, DC, March 22-24, pp. 166-171, 1999

[153] C. J. A. Jansen, *Investigations on Nonlinear Streamcipher Systems: Construction and Evaluation Methods,* PhD thesis, Technical University of Delft, 1989

[154] D. Jao, Elliptic curve cryptography, in *Handbook of Communication and Information Security*, Springer-Verlag, 2009

[155] H. S. Javitz and A. Valdes, The NIDES statistical component description and justification

[156] John Gilmore on the EFF DES cracker, www.computer.org/internet/v2n5/w5news-des.htm

[157] John the Ripper password cracker, www.openwall.com/john/

[158] M. E. Kabay, Salami fraud, Network World, Security Newsletter, July 24, 2002, www.nwfusion.com/newsletters/sec/2002/01467137.html

[159] D. Kahn, *The Codebreakers: The Story of Secret Writing*, revised edition, Scribner, 1996

[160] L. Kahney, OS X trojan horse is a nag, www.wired.com/news/mac/0,2125,63000,OO.html?tw=rss.TEK

[161] K. Kaspersky, *Hacker Disassembling Uncovered*, A-List, 2003

[162] C. Kaufman, R. Penman, and M. Speciner, Network Security, second edition, Prentice Hall, 2002

[163] J. Kelsey, B. Schneier, and D. Wagner, Related-key cryptanalysis of 3-WAY，Biham-DES, CAST, DES-X, NewDES, RC2, and TEA, *ICICS '97 Proceedings*, Springer-Verlag, November 1997

[164] A. Kerckhoffs, La cryptographie militaire, Journal des Sciences Militaires, Vol. IX, pp. 5-83, January 1883, pp. 161-191, February 1883

[165] Kerckhoffs' law, en.wikipedia.org/wiki/Kerckhoffs'_law

[166] P. C. Kocher, Timing attacks on implementations of Diffie-Hellman, RSA, DSS, and other systems, www.cryptography.com/resources/whitepapers/TimingAttacks.pdf

[167] P. Kocher, J. Jaffe, and B. Jun, Differential power analysis, *Advances in CryPtology——CRYPTO'99*, Vol. 1666 of Lecture Notes in Computer Science, M. Wiener, editor, Springer-Verlag, pp. 388-397, 1999, www.cryptography.com/resources/whitepapers/DPA.html

[168] Kodak research and development, www.kodak.com/US/en/core/researchDevelopment/worldwide/index.jhtml

[169] F. Koeune, Some interesting references about LLL, www.dice.ucl.ac.be/˜fkoeune/LLL.html

[170] D.Kopel, Pena'5 new airport still a failure, davekopel.org/Mist/OpEds/op021997.htm

[171] D. P. Kormann and A. D. Rubin, Risks of the Passport single signon protocol, avirubin.com/passport.html

[172] M. Kotadia, Spammers use free porn to bypass Hotmail protection, *ZD Net UK*, May 6, 2004, news.zdnet.co.uk/Internet/security/0,39020375,39153933,00.htm

[173] J. Koziol et al., *the Shellcoder's Handbook*, Wiley, 2004

[174] H. Krawczyk, M. Bellare and R. Canetti, RFC 2104——HMAC: Keyed-hashing for message authentication, www.fags.org/rfcs/rfc2104.html

[175] D. L. Kreher and D. R. Stinson, *Combinatorial Algorithms*, CRC Press, 1999

[176] M. Kuhn, Security—— biometric identification, www.cl.cam.ac.uk/Teaching/2003/Security/guestslides/slides-biometric-4up.pdf

[177] J. F. Kurose and K. W. Ross, *Computer Networking*, Addison Wesley, 2003

[178] P. B. Ladkin, Osprey, cont'd, *The Risks Digest*, Vol. 21, issue 41, 2001, catless.ncl.ac.uk/Risks/21.41. html#subj7

[179] M. K. Lai, Knapsack cryptosystems: the past and the future, March 2001,www.cecs.uci.edu/˜mingl/knapsack.html

[180] B. W. Lampson, Computer security in the real world, *IEEE Computer*, pp. 37-46, June 2004

[181] S. Landau, Standing the test of time: the Data Encryption Standard, *Notices of the AMS*, Vol. 47, No. 3, pp.

341-349, March 2000

[182] S. Landau, Communications security for the twenty-first century: the Advanced Encryption Standard, *Notices of the AMS*, Vol. 47, No. 4, pp. 450-459, April 2000

[183] C. E. Landwehr et al., A taxonomy of computer program security flaws, with examples, *ACM Computing Surveys*, Vol. 26, No. 3, pp. 211-254, September 1994

[184] M. Lee, Cryptanalysis of the SIGABA, Master's Thesis, University of California, Santa Barbara, June 2003

[185] H-H. Lee and M. Stamp, P3P privacy enhancing agent, *Proceedings of the 3rd ACM Workshop o n Secure Web Services*(SWS'06), Alexandria, Virginia, November 3, 2006, pp. 109-110, www.cs.sjsu.edu/faculty/stamp/papers/swsl0p-lee.pdf

[186] H-H. Lee and M. Stamp, an agent-based privacy enhancing model, *Information Management & Computer Security*, Vol. 16, No. 3, 2008, pp. 305-319, www.cs.sjsu.edu/faculty/stamp/papers/PEA_final.doc

[187] R. Lemos, Spat over MS 'flaw' gets heated, *ZD Net UK News*, news.zdnet.co.uk/software/developer/0,39020387,2104559,00.htm

[188] C. J. Lennard and T. Patterson, History of fingerprinting, www.policensw.com/info/fingerprints/finger Ol.html

[189] A. K. Lenstra, H. W. Lenstra, Jr., and L. Lovasz, Factoring polynomials with rational coefficients, Math. Ann., 261, 1982

[190] J. Lettice, Bad publicity, clashes trigger MS Palladium name change, The Register, www.theregister.co.uk/content/4/29039.html

[191] S. Levy, The open secret, *Wired*, issue 7.04, April 1999, www.wired.com/wired/archive/7.04/crypto_pr.html

[192] Liberty alliance proiect, www.proiectmbertv.org/

[193] D. Lin, Hunting for undetectable metamorphic viruses, Master's Thesis, Department of Computer Science, San Jose State University, 2010, www.cs.sjsu.edu/faculty/stamp/students/lin_da.pdf

[194] A. Main, Application security: building in security during the development stake, www.cloakware.com/downloads/news/

[195] I. Mantin, Analysis of the stream cipher RC4, www.wisdom.weizmann.ac.i1/~itsik/RC4/Papers/Mantinl.zip

[196] J. L. Massey, Design and analysis of block ciphers, *EIDMA Minicourse 8-12 May 2000*

[197] D. Maughan et al., RFC 2408——Internet security association and key management protocol (ISAKMP), www.faqs.org/rfcs/rfc2408.html

[198] J. McLean, A comment on the "basic security theorem" of Bell and La-Padula, *Information Processing Letters*, Vol. 20, No. 2, February 1985

[199] J. McNamara, The complete, unofficial TEMPEST information page, www.eskimo.co/~joelm/tempest.html

[200] T. McNichol, Totally random: how two math geeks with a lava lamF and a webcam are about to unleash chaos on the Internet, Wired, Issue 11.08, August 2003, www.wired.com/wired/archive/11.08/random.html

[201] A. Menezes, P. C. van Oorschot and S. A. Vanstone, *Handbook of Applied Cryptography*, CRC Press, 1997,

Chapter 7, www.cacr.math.uwaterloo.ca/hac/about/chap7.pdf

[202] R. Merkle, Secure communications over insecure channels, *Communications of the ACM,* April 1978, pp. 294-299 (submitted in 1975), www.itas .fzk.de/mahp/weber/merkle.htm

[203] Microsoft .NET Passport: one easy way to sign in online, www.passport.net

[204] Microsoft shared source initiative, www.microsoft.com/resources/ngscb/default.mspx

[205] D. Miller, Beware the prophet seeking profit, www.exercisereports.com/2009/11/27/"beware-the-prophet-seeking-profit-"/

[206] M. S. Miller, K.-P. Yee, and J. Shapiro, Capability myths demolished, zesty.ca/capmyths/

[207] E. Mills, Twitter, Facebook attack targeted one user, *CNET News*, news.cnet .com/8301-27080_3-10305200-245.html

[208] F. Mirza, Block ciphers and cryptanalysis

[209] D. Moore et al., The spread of the Sapphire/Slammer worm, www.caida.org/publications/papers/2003/sapphire/sapphire.html

[210] A. Muchnick, Microsoft nearing completion of Death Star, bbspot.com/News/2002/05/deathstar.html

[211] D. Mulani, How smart is your Android smartphone?, Master's Thesis, Department of Computer Science, San Jose State University, 2010, www.cs.sjsu.edu/faculty/stamp/students/mulani_deepika.pdf

[212] G. Myles and C. Collberg, Software watermarking via opaque predicates, sandmark.cs.arizona.edu/ginger_pubs_talks/icecr7.pdf

[213] MythBusters, excerpt at www.metacafe.com/watch/252534/myth_busters_finger_print_lock/

[214] M. Naor and A. Shamir, Visual cryptography, Eurocrypt'94, www.wisdom.weizmann.ac.il/~naor/topic.html#Visual_Cryptography

[215] National Security Agency, en.wikipedia.org/wild/NSA

[216] National Security Agency, Centers of Academic Excellence, www.nsa.gov/ia/academic_outreach/nat_cae/index.shtml

[217] R. Needham and M. Schroeder, Using encryption for authentication in large networks of computers *Communications of the ACM*, Vol. 21, No .12, pp. 993-999, 1978

[218] R. M. Needham and D. J. Wheeler, Tea extensions, www.cl.cam.ac.uk/ftp/users/djw3/xtea.ps

[219] Next-generation secure computing base, www.microsoft.com/resources/ngscb/default.mspx

[220] NGSCB: trusted computing base and software authentication, www.microsoft .com/resources/ngscb/documents/ngscb_tcb.doc

[221] J. R. Nickerson et al., The encoder solution to implementing tamper resistant software, www.cert.org/research/isw/isw2001/papers/Nickerson-12-09.pdf

[222] A. M. Odlyzko, The rise and fall of knapsack cryptosystems, www.dtc.umn.edu/~odlyzko/doc/arch/knapsack.survey.pdf

[223] Office Space, en.wikipedia.org/wiki/Office_Space

[224] G. Ollmann, Size matters——measuring a botnet operator's pinkie, *Virus Bulletin: VB2010*,www.

virusbtn.com/conference/vb2010/abstracts/0llmann.xml

[225] OllyDbg, www.ollydbg.de/

[226] Optimal asymmetric encryption padding, en.wikipedia.org/wiki/Optimal_Asymmetric_Encryption_Padding

[227] Our Documents——High-resolution PDFs of Zimmermann Telegram (1917), www.ourdocuments.gov/doc.php?flash=true}doc=60&page=pdf

[228] P. S. Pagliusi, A contemporary foreword on GSM security, in G. Davida, Y. Frankel, and O. Rees, editors, *Infrastructure Security: International Conference——InfraSec 2002*, Bristol, UK, October 1-3, 2002, Lecture Notes in Computer Science 2437, pp. 129-144, Springer-Verlag, 2002

[229] J. C. Panettieri, Who let the worms out?——the Morris worm, *eWeek*, March 12, 2001, www.eweek.com/article2/0,1759,1245602,00.asp

[230] D. B. Parker, automated crime, www.windowsecurity.com/whitepapers/Automated_Crime_.html

[231] D. B. Parker, automated security, www.windowsecurity.com/whitepapers/Automated_Crime_.html

[232] Passwords revealed by sweet deal, *BBC News*, April 20, 2004, news.bbc.co.uk/2/hi/technology/3639679.stm

[233] C. Peikari and A. Chuvakin, *Security Warrior,* O'Reilly, 2004

[234] S. Petrovic and A. Fuster-Sabater, Cryptanalysis of the A5/2 algorithm, eprint.iacr.ore/2000/052/

[235] C. P. Pfleeger and S. L. Pfleeger, *Security in Computing*, third edition, Prentice Hall, 2003

[236] M. Pietrek, An in-depth look into the Win32 portable executable file format,msdn.microsoft.com/en-us/magazine/cc301805.aspx

[237] D. Piper, RFC 2407——The Internet IP security domain of interpretation for ISAKMP,www.faqs.org/rfcs/rfc2407.html

[238] Platform for Privacy Preferences Project (P3P), www.w3.org/pap

[239] PMC Ciphers, www.turbocrypt .com/eng/content/TurboCrypt/Backup-Attack.html

[240] A. Pressman, Wipe'em out, then sue for back pay, www.internetwright.com/drp/RiskAssess.htm

[241] P. Priyadarshini and M. Stamp, Digital rights management for untrusted peer-to-peer networks, *Handbook of Research on Secure Multimedia Distribution*, IGI Global, March 2009,www.cs.sjsu.edu/faculty/stamp/papers/Pallavi_paper.doc

[242] J. Raley, Ali Baba Bunny——1957, Jenn Raley's Bugs Bunny page, www.jenn98.com/bugs/1957-1.html

[243] J. R. Rao, et al., Partitioning attacks: or how to rapidly clone some GSM cards, *2002 IEEE Symposium on Security and Privacy*, May 12-15, 2002

[244] a real MD5 collision, *Educated Guesswork*, August 2004 archives, www.rtfm.com/movabletype/archives/2004_08.html#001055

[245] C. Ren, M. Weber, and G. McGraw, Microsoft compiler flaw technical note,www.cigital.com/news 八ndex.php?pg=art&artid=70

[246] G. Richarte, Four different tricks to bypass StackShield and StackGuard protection

[247] R. L. Rivest et al., The RC6 block cipher, www.secinf.net/cryptography/The_RC6_Block_Cipher.html

[248] Robert Morris, www.rotten.com/library/bio/hackers/robert-morris/

[249] S. Robinson, Up to the challenge: computer scientists crack a set of AI-based puzzles, SIAM News, Vol. 35, No. 9, November 2002, www.siam.orb/siamnews/11-02/gimpy.htm

[250] M. J. Rose, Stephen King's 'Plant' uprooted, *Wired*, November 28, 2000,www.wired.com/news/culture/0,1284,40356,00.html

[251] M. Rosing, *Implementing Elliptic Curve Cryptography*, Manning Publications, 1998

[252] RSA SecurID,www.rsa.com/node.aspx?id=1156

[253] Rsync Open source software project, samba.anu.edu.au/rsync/

[254] R. A. Rueppel, *Analysis and Design of Stream Ciphers*, Springer-Verlag, 1986

[255] R. Ryan, Z. Anderson, and A. Chiesa, Anatomy of a subway hack, tech.mit.edu/V128/N30/subway/Defcon_Presentation.pdf

[256] R. Sanchez-Reillo, C. Sanchez-Avila and Ana Gonzalez-Marcos, Biometric identification through hand geometry measurements,*IEEE Transactions on Pattern Analysis and Machine Intelligence*, Vol. 22,No. 10, pp. 1168-1171, 2000

[257] W. Schindler, A timing attack against RSA with the Chinese Remainder Theorem, *CHES 2000,* LNCS 1965,C.K. Koc and C. Paar, Eds., Springer-Verlag, 2000, pp. 109-124

[258] B. Schneier, *Applied Cryptography*, second edition, Wiley, 1996

[259] B. Schneier, Attack trees, *Dr. Dobb's Journal*, December 1999www.schneier.com/paper-attacktrees-ddj-ft.html

[260] B. Schneier, Biometrics: truths and fictions, www.schneier.com/crypto-gram-9808.html

[261] B. Schneier, Risks of relying on cryptography, Inside Risks 112, *Communications of the ACM,* Vol. 42, No. 10, October 1999, www.schneier.com/essay-021.html

[262] B. Schneier, the Blowfish encryption algorithm, www.schneier.com/blowfish.html

[263] H. Shacham, et al, On the Effectiveness of Address-Space Randomization, crypto.Stanford.edu/~nagendra/papers/asrandom.ps

[264] A. Shamir, How to share a secret, Communications of the ACM, Vol. 22, No. 11, pp. 612-613, November 1979, szabo.best.vwh.net/secret.html

[265] A. Shamir, A polynomial-time algorithm for breaking the basic Merkle-Hellman cryptosystem, *IEEE Transactions on Information Theory*, Vol. IT-30, No. 5, pp. 699-704, September 1984

[266] A. Shamir and N. van Someren, Playing hide and seek with stored keys

[267] C. E. Shannon, Communication theory of secrecy systems, *Bell System Technical Journal,* Vol. 28-4, pp. 656-715, 1949

[268] Sltachkov, Tamper-resistant software: design and implementation,www.cs.sjsu.edu/faculty/stamp/students/TRSDIfinal.doc

[269] S. Skorobogatov and R. Anderson, Optical fault induction attacks, *IEEE Symposium on Security and Privacy,* 2002

[270] E. Skoudis, *Counter Hack*, Prentice Hall, 2002

[271] SSL 3.0 specification, www.lincoln.edu/math/rmyrick/ComputerNetworks/InetReference/ssl-draft/3-SPEC.HTM

[272] Sonogram, Visible speech,www.dontcrack.com/freeware/downloads.php/id/266/software/Sonogram/

[273] Staff Report, U. S. Senate Select Committee on Intelligence, Unclassified summary: involvement of NSA in the development of theData Encryption Standard, Staff Report, 98th Congress, 2nd Session, April 1978

[274] M. Stamp, Digital rights management: for better or for worse? *ExtremeTech*, May 20, 2003

[275] M. Stamp, Digital rights management: the technology behind the hype, *Journal of Electronic Commerce Research*, Vol. 4, No. 3, 2003, www.csulb.edu/web/journals/jecr/issues/20033/paper3.pdf

[276] M. Stamp, Risks of digital rights management, Inside Risks 147, *Communications of the ACM*, Vol. 45, No. 9, p. 120, September 2002, www.csl.sri.com/users/neumann/insiderisks.html#147

[277] M. Stamp, Risks of monoculture, Inside Risks 165, *Communications of the ACM*, Vol. 47, No. 3, p. 120, March 2004, www.csl.sri.com/users/neumann/insiderisks04.htm1#165

[278] M. Stamp, A revealing introduction to hidden Markov models, www.cs.sjsu.edu/faculty/stamp/RUA/HMM.pdf

[279] M. Stamp, S. Attaluri, and S. McGhee, Profile hidden Markov models and metamorphic virus detection, *Journal in Comuter Virology*, Vol. 5, No. 2, May 2009, pp. 151-169

[280] M. Stamp and W. O. Chan, SIGABA: Cryptanalysis of the full keyspace, *Cryptologia*, Vol. 31, No. 3, July 2007, pp. 201-222

[281] M. Stamp and X. Gao, Metamorphic software for buffer overflow mitigation, *Proceedings of the 2005 Conference on Computer Science and its Applications,* www.cs.sjsu.edu/faculty/stamp/papers/BufferOverflow.doc

[282] M. Stamp and D. Holankar, Secure streaming media and digital rights management, *Proceedings of the 2004 Hawaii International Conference on Computer Science*, January 2004, www.cs.sjsu.edu/~stamp/cv/papers/hawaii.pdf

[283] Stamp and A. Hushyar, Multilevel security models, *The Handbook Information Security*, H. Bidgoli, editor, Wiley, 2006

[284] M. Stamp and R. M. Low, *Applied Cryptanalysis: Breakiing Ciphers in the Real World*, Wiley, 2007

[285] M. Stamp and P. Mishra, Software uniqueness: how and why, *Proceedings of the 2003 Conference on Computer Science and its Applications*, www.cs.sjsu.edu/~stamp/cv/papers/iccsaPuneet.html

[286] M. Stamp and E. J. Sebes, Enterprise digital rights management: Ready for primetime? *Business Communications Review*, pp. 52-55, March 2004

[287] M. Stamp, M. Simova, and C. Pollen, Stealt 饰 ciphertext, *Proceedings of 3rd International Confer ence on Internet Computing* (ICOMP'05), Las Vegas, Nevada, June 27-30, 2005, www.cs.sjsu.edu/faculty/stamp/papers/stealthy.pdf

[288] M. Stamp and S. Thaker, Software watermarking via assembly code transformations, *Proceedings*

of the 2004 Conference on Computer Science and its Applicatious, June 2004, www.cs .sjsu.edu/faculty/stamp/papers/iccsaSmita.doc

[289] S. Staniford, V. Paxson, and N. Weaver, How to Own the Internet in your spare time, www.icir.org/vern/papers/cdc-usenix-sec02/

[290] M. Stigge, et al, Reversing CRC——Theory and Practice, sar.informatik.hu-berlin.de/research/publications/SAR-PR-2006-05/SAR-PR-2006-05_.pdf

[291] H. L. Stimson and M. Bundy, *On Active Service in Peace and War*, Hippocrene Books, 1971

[292] D. Stinson, Doug Stinson's visual cryptography page, www.cacr.math.uwaterloo.ca/~dstinson/visual.html

[293] B. Stone, Breaking Google captchas for some extra cash, *New York Times*, March 13, 2008, bits.blogs.nytimes.com/2008/03/13/breaking-google-captchas-for-3-a-day/

[294] A. Stubblefield, J. Ioannidis, and A. D. Rubin, Using the Fluhrer Mantin and Shamir attack to break WEP, www.isoc.org/isoc/conferences/ndss/02/papers/stubbl.pdf

[295] C. Swenson, *Modern Cryptanalysis: Techniques for Advanced Code Breaking*, Wiley, 2008

[296] P. Szor, *the Art of Computer Virus Defense and Research*, Symantec Press, 2005

[297] P. Szor and P. Ferrie, Hunting for metamorphic, Symantec Corporation White Paper, www.peterszor.com/metamorp.pdf

[298] A. S. Tanenbaum, *Computer Networks*, fourth edition, Prentice Hall, 2003

[299] TechnoLogismiki, Hackman, www.technologismiki.com/en/index-h.html

[300] D. Terdiman, Vegas gung-ho on gambling tech, *Wired,* September 19, 2003, www.wired.com/news/print/0,1294,60499,00.html

[301] The Warhol, www.warhol.org/

[302] C. Thomborson and M. Barren, NGSCB: a new tool for securing applications,www.cs.auckland.ac.nz/~cthombor/Pubs/barrettNZISF120804.pdf

[303] Thompson, Reflections on trusting trust, *Communication of the ACM,* Vol. 27, No. 8, pp. 761-763, August 1984

[304] B. C. Tjaden, *Fundamentals of Secure Computing Systems,* Franklin, Beedle & Associates, 2004

[305] W. A. Trappe and L. C. Washington, *Introduction to Cryptography with Coding Theory*, Prentice Hall, 2002

[306] Trusted Computing Group, www.trustedcomputinggroup.org/home

[307] B. W. Tuchman, *the Zimmermann Telegram*, Ballantine Books, 1985

[308] Ultra, en.wikipedia.org/wiki/Ultra

[309] United States Department of Defense, Trusted Computing System Evalnation Criteria, 1983, csrc.nist.gov/publications/history/dod85.pdf

[310] US v. E1comSoft & Sklyarov FAQ, www.eff.org/IP/DMCA/US_v_Elcomsoft/us_v_elcomsoft_faq.html

[311] R. Vamosi, Windows XP SP2 more secure? Not so fast, reviews.zdnet.co.uk/software/os/0,39024180,39163696,00.htm

[312] S. Venkatachalam, Detecting undetectable computer viruses, Master's Thesis, Department of Compu ter Science, San Jose State University, 2010, www.cs.sjsu.edu/faculty/stamp/students/venkatachalam_

sujandharan.pdf

[313] R. Venkataramu, Analysis and enhancement of Apple's Fairplay digital rights management, Master's Thesis, Department of Computer Science, San Jose State University, 2007, www.cs .sjsu.edu/faculty/stamp/students/RamyaVenkataramu_CS298Report.pdf

[314] R. Venkataramu and M. Stamp, P2Pllmes: A peer-to-peer digital rights management system, Handbook of Research on Secure Multimedia Distribution, IGI Global, March 2009, www.cs.sjsu.edu/faculty/stamp/papers/Ramya_paper.doc

[315] VENONA, www.nsa.gov/public_info/declass/venona/index.shtml

[316] VeriSign, Inc., www.verisign.com/

[317] J. Viega and G. McGraw, *Building Secure Software*, Addison Wesley, 2002

[318] VMware is virtual infrastructure, www.vmware.com/

[319] L. von Ahn, M. Blum, and J. Langford,Telling humans and computers apart automatically, *Communications of the ACM*, Vol. 47, No. 2, pp. 57-60, February 2004, www.cs.cmu.edu/~biglou/captcha_cacm.pdf

[320] L. von Ahn et al., the CAPTCHA project, www.captcha.net/

[321] J. R. Walker, Unsafe at any key size; an analysis of the WEP encapsulation, www.dis.org/wl/pdf / unsafe.pdf

[322] what is reCAPTCHA? recaptcha.net/learnmore.html

[323] D. J. Wheeler and R. M. Needham, TEA, a tiny encryption algorithm, www.cix.co.uk/~klockstone/tea.pdf

[324] O. Whitehouse, an Analysis of Address Space Layout Randomization on Windows Vista,www.symantec .com/avcenter/reference/Address_Space_Layout Randomization.pdf

[325] Wi-Fi Protected Access, en.wikipedia.org/wiki/Wi-Fi-Protected_Access

[326] R. N. Williams, A painless guide to CRC error detection algorithms, www.ross.net/crc/crcpaper.html

[327] N. Winkless and I. Browning, *Robots on Your Doorstep*, Robotics Press, 1978

[328] Wireshark, www.wireshark.org/

[329] W. Wong, Revealing your secrets through the fourth dimension, *ACM Crossroads,*www.cs.ss.edu/faculty/stamp/students/wing.html

[330] W. Wong and M. Stamp, Hunting for metamorphic engines, *Journal in Computer Virology*, Vol. 2, No. 3, December 2006, pp. 211-229

[331] T. Ylonen, the Secure Shell (SSH) Authentication Protocol, RFC 4252, www.ietf .org/rfc/rfc4252.txt

[332] B. Yee, et al., Native client: a sandbox for portable, untrusted x86 native code, nativeclient.googlecode.com/svn/data/docs_tarball/nacl/googleclient/native_client/documentation/nacl_paper.pdf

[333] T. Ylonen, the Secure Shell (SSH) Transport Layer Protocol, RFC 4253, www.ietf .org/rfc/rfc4253.txt

[334] G. Yuval, How to swindle Rabin, *Cryptologia*, Vol. 3, No. 3, 1979, PP. 187-189

[335] M. Zalewski, Strange attractors and TCP/IP sequence number analysis——one year later, lcamtuf.coredump.cx/newtcp/

[336] L. Zeltser, Reverse engineering malware, www.zeltser.com/sans/gcih-practical/

[337] L. Zeltser, SANS malware FAQ: reverse engineering srvcp.exe, www.sans.org/resources/malwarefaq/srvcp.php

[338] J. Zhang, Improved software activation using multithreading, Master's Thesis, Department of Computer Science, San Jose State University, 2010, www.cs.sjsu.edu/faculty/stamp/students/zhang_jianrui.pdf

[339] M. Zorz, Basic security with passwords, www.net-security.org/article.php?id=117